U0313178

机场运行、安全和应急管理实务

当今和未来的方法

[美] 杰弗里·普林斯（Jeffrey C.Price）

[美] 杰弗里·福里斯特（Jeffrey S.Forrest）

著

茹毅　倪海云　孙佳 译

Practical Airport Operations, Safety, and Emergency Management

Protocols for Today and the Future

中国工人出版社

写给我的中国读者

　　您拿到手的这本书将向您介绍机场的三个重要功能：机场运行管理、机场安全管理和机场应急管理。阅读本书可以让您了解商业服务机场的维护要求，机场航班和地面运行的安全管理体系要求，以及在应对人为和自然灾害时的相关措施。

　　我希望这本书可以帮助中国的机场提升运行和安全管理水平，成为世界上安全水平最高的机场。虽然本书是以美国FAA规章要求为标准撰写，但是许多标准与国际民航组织的标准和建议措施相吻合。除此以外，机场应急管理也是本书的重点之一，虽然该领域的工作尚处于发展阶段，但是我们将应对突发事件的最佳做法、保护旅客以及让机场恢复运行的这些业内通用做法，第一次全部涵盖在了一本书中。

　　本书可以作为大学教材、讲师教案、研究和论文内容以及测试题库使用，也可以作为机场管理人员的参考资料。可以把本书作为您在校学习阶段以及进入工作岗位之后的一线实践的助手。

　　在机场应急管理部分，您一定可以找到感兴趣的内容，因为我们在编写《航空安保实务：预测并防范可能的威胁》一书的过程中，在自然灾害应对方面开展了大量的研究和实践工作，所以在本书的编写中，我们有很多具体案例可以进行分析和阐述。这种撰写方法可以让信息相互关联，便于记忆的同时更好地发挥作用。另外，本书还介绍了关于无人机运行和空间飞机设计的内容。无人机和空间飞机的发展恰如航空业在20世纪前10年里那样处于起飞的前夜，相关实践和规章制度尚未成熟，无法及时跟上快速发展，在相关章节中你可以了解它们的发展、影响和应对措施。

　　我们要再次感谢您拿起这本书开始阅读。如果在您开展教学或是培训机场员工的过程中需要任何参考资料，我们都乐意为您提供。同时，我们也希望听到您的意见和建议，以便在将来可以在书中加入更多该领域好的做法。在此，我们表示诚挚的谢意。

杰弗里·普林斯和杰弗里·福里斯特

机场运行、安全和应急管理实务：当今和未来的方法

You have acquired one of the first books in the industry that combines three vital functions of an airport, airport operations, including the maintenance requirements of a commercial service airport, overall safety of the airports flight and ground operations and how to develop airport Safety Management System programs. You will also find a comprehensive section on airport and emergency management that addresses manmade and natural disasters.

It is our hope that this book will help to make aviation at China's airports amongst the safest in the world. While the book is US centric in terms of regulatory requirements, many of the United States regulations closely mirror the International Civil Aviation Organization guidance and regulations. Additionally, airport emergency management is a developing field, but the best practices for how to manage an incident, protect the traveling public and ultimately get the airport back into business without undue delay, are common throughout industry – they just haven't been put into one book until now.

This book was written to be a university level textbook and comes with all of the requisite supplemental text book materials such as a slide deck, instructor's guide, research and essay questions and a test bank, it was also designed to be written for an airfield practitioner's perspective. You will be able to use this book both in your academic education in preparation for entry into the airport operations industry, and then continue to use it as a desk reference throughout your career.

You will find particularly interesting the chapters addressing emergency management. Since we are also the authors of the textbook Practical Aviation Security: Predicting and Preventing Future Threats, and we have done extensive research on and have practical experience in dealing with a variety of natural disasters, we approached this section from a case study and storytelling perspective. This will make the information more memorable, relatable and usable for you. We have also included sections that address unmanned aerial vehicle operations and spaceport design and operations. While the UAV industry is growing faster than any of us can keep up with it with practices and regulations changing almost daily, and the spaceport industry is about where aviation was that in the 1910s, meaning that it's on the precipice of taking off, literally, but standard operational practices have not yet been clearly identified, you will find some excellent guidance on how to handle the impact of both of these aeronautical trends.

Again we are very excited that you're adopting this book. Please let us know if there are any instructional support materials that you need whether you're teaching at a university or training your airport staff. We would also love to hear your feedback so that in future additions we can expand on the international best practices. Thank you once again.

Jeffrey C. Price and Jeffrey S. Forrest

Practical Airport Operations, Safety and Emergency Management:

Protocols for Today and the Future

译者序

　　机场，亦称飞机场、空港、航空站。除了跑道之外，机场通常还设有塔台、停机坪、航站楼、维修机库等设施，并提供机场管制服务、空中交通管制等其他服务。

　　机场规模虽有不同，但都有其必备的几种能力：需要具有让飞机安全、迅速起飞的能力；对于旅客的照顾要有舒适性，需要具有安全地运载旅客、货物的能力；需要有对飞机维修和补给的能力；需要有让旅客、货物顺利抵达附近城市中心的能力；国际机场的话，必须要有出入境管理、通关和检疫相关的能力；机场跑道要有良好的平整度，足够的宽度、长度，跑道表面要有良好的、均匀一致的摩擦系数，跑道要有足够的强度，能抵御大型载人航空器降落时对跑道的冲击和压力，并有较大的安全系数。

　　截至 2020 年 7 月，我国共有运输机场 200 多个。依托机场优势以及机场对周边地区产生直接或间接的经济影响，在机场周边形成与航空运输相关的航空港配套现代服务业等产业集群，促使资本、技术、人力等生产要素在机场周边集聚，形成一种新型经济形态。由于航空港集聚的往往是社会经济资源中的高端资源，同时具有技术先导性、市场速达性、全球易达性等特点，使得航空港经济的巨大集聚辐射作用得以充分体现，极大地带动了周边区域的快速发展，从而成为区域经济新的增长来源与依托。

　　乔治·克鲁尼在《在云端》中饰演的是一名叫瑞恩·宾厄姆的公司裁员专家，他的工作是为各地公司解决麻烦，他人生的目标则是乘坐飞机的英里数达到 1000 万，从而晋升为白金会员。当瑞恩真的成为了白金会员的时候，他突然间发现，这东西对于自己并没有太多的意义。他也需要爱，他也不希望自己孤独。

　　机场作为一个送别的地方，总是充满了离别的伤感。机场也成为了许多人的伤心之地。无论谁都会有情怀，无论对于故乡还是对于故人或者某种事物。我是民航院校的教师且经常出差，每年回老家都是乘坐飞机，对机场也是有特殊的感情和感想。乡愁是漂泊异乡游子的永恒主题，小小机场，道不尽的是乡愁、凝聚的仍是乡愁，是其中最大的感想；此外的感想就是，航站楼越来越大了，航空港已经成为集文化、艺术、购物、娱乐、休闲、观光等于一体的城市综合体，美食越来越多了，这似乎也印证了中国的交通在不断便民化，而这也是个好现象。

　　投入超过 800 亿建成的北京大兴国际机场已正式投入使用，其将成为目前全球最大航空港。这样一座标杆式的交通枢纽是世界上最大的减隔震建筑，拥有世界上最大单块混凝土板。除此之外，机场从外到内都融入了当今世界最先进的技术创新。大兴国际机场承载了推进京津冀协同发展的历史使命，其选择和定位的考虑不单单只为建设一座机场，而是京津冀一座重要的综合交通枢纽。对旅客来说，大兴国际机场的乘机体验是满满的科技感。值机、行李托运、安检、登机，四大关键环节实现全流程自助、无纸化通行、刷脸登机。探索未来机场的样子，现状的大兴机场仅仅是开始，未来大兴国际机场将继续探索全球领先机场的发展模式，在各方面坚持创新驱动，创造更多的世界之最。

2009 年，我国第一部民用机场建设管理法规正式开始实施，并对机场的公共基础设施性质作了明确规定：民用机场是公共基础设施。此种定位进一步强调了机场的公益性特征。公共基础设施是指为公众设置的、公众都可以共享、不允许某个人独占或排他的一些基础性设施。公共基础设施作为国民经济的基础产业，改革开放以来一直是我国经济与社会发展规划中的重中之重。公共基础设施的属性也决定了政府在机场运行中承担着投资者、建设者与运行管理者的角色。

机场管理者主要制定总体规划、运行标准和服务标准，监督服务质量和价格，充分利用社会资源创造机场经济效益和社会效益。机场的各级运行管理者是机场乃至所有组织的核心力量。尤其是在支线机场里，为数不多的中层管理者如中流砥柱般支撑着整个机场的运行保障，以确保机场的运行安全和服务品质。大兴机场的建设与运行，体现了北京新机场人的情怀，"苦干＋巧干"，打造世界级动力源。机场人以工匠精神来做好每一个细节，做精每一个产品，争得行业先锋，历经风雨彩虹，做百年企业。

每一代人都有自己的梦想和希望，正是这些人的梦想和希望，推动着社会的进步、国家的繁荣、民族的振兴、人民的富裕。多少人一代一代的付出，见证了机场的繁荣与发展；多少机场运行者的后代们，继承了父辈的事业，将航空港建成了城市的地标！

本书系统地介绍了机场在运行管理、安全管理及应急管理方面的专业知识，书中内容融入了作者多年在机场运行安全领域积累的实践经验。全书分为十三个章节。本书第一、第二章由孙佳（民航管理干部学院）翻译，第三、四、五章由颜虹（民航管理干部学院）翻译，第六、七章由茹毅（民航华北地区管理局）翻译，第八、九章由刘玉梅（民航管理干部学院）翻译，第十、十一章由倪海云（民航管理干部学院）翻译，第十二、十三章由钟文彬（中国东方航空云南有限公司）翻译，颜虹对全书进行了补充翻译，序言、前言、致谢由孙佳翻译。全书的校译工作由孙佳来完成。

本书是一本工具书，但是又不是一般的工具书，我看这本书时并不觉得枯燥乏味，全书图文并茂，作者用词简练，字字珠玑，能让人津津有味的读下去。机场运行管理人员们，大家如果按作者的写作思路来重新审视我们的机场运行、安全与应急管理，机场的法规符合性、机场安全管理体系的建设实施、机场资源、运行环境与效率问题，则会与作者产生很多共鸣，也会发现机场的运行安全会像我们吃饭、喝水一样，周而复始却又每天面对新的花样。管理的最终真谛恰恰是一个工作方式的转变、思维上的转变：从人治为法治，最后到"无为而无不为"。

如果你对本书有什么建议，欢迎批评指正。通过 sunjia@camic.cn 联系。

孙佳

2020 年 9 月 24 日

目　录

序言

  全球航空业是一个由机场、航空公司、制造商和空中交通管制系统组成的复杂且相互连接的网络，各个环节紧密协作，为人与人之间的联系以及货物的运输提供便利。2015 年，航空业在全球范围内提供了超过 5600 万个就业机会，为全球 GDP 贡献了超过 2 万亿美元。随着全球联系日益紧密，航空业必须满足甚至是超越当前旅客、托运人和商业的需求。

  当然，机场对于全球航空业的成功至关重要。机场为安全、成功地促进航空商务和航空旅行提供了必要的基础设施。不幸的是，我们国家的许多机场都迫切需要升级和扩容，因此，为了维持有效和高效的美国航空运输系统，需要增加投资，创新人员和创新观念，这些势在必行。像任何成功的行业一样，机场运行人员明白必须不断适应才能生存。5 年前，管理一个机场涉及的需求与今天的需求有很多不同，而且这种不同还在持续。机场运行人员已经了解到，现在必须以企业家的身份进行思考、交谈和运行，尤其是要有一种超越整体旅客体验相关的企业家精神！如今的机场经理必须通过增加适量的便利设施来不断地平衡监管要求带来的挑战。正是这些挑战使得机场管理这一职业充满刺激与收获。

  我想给您介绍一个激动人心的职业领域，该领域知悉度不高，也没有广为宣传，但对于航空业的成功而言却是富有价值、挑战和不可或缺的，即在机场运行、安全和应急管理方面的职业领域。无论您的机场规模大小或复杂程度如何，始终都会有运行、安全和应急管理等组成部分。如果您的机场规模不大，这些职能可能由一两位人员负责。相反，获得认证的大型机场可能雇用多达 100 名员工，以确保正确执行相关职责。随着机场的持续发展和航空旅行的增加，机场将寻找合格的候选人，以应对即将到来的诸多相关挑战。

  本书中的材料已经过仔细研究和审查，以帮助读者实现最大程度收获的方式进行呈现。无论您是机场管理专业课程入门学员，还是经验丰富的专业人员，都将在每一章的内容中有所收获，为您精彩的职业发展提供帮助，提高您在该领域的现有技能。这些章节内容及其顺序经过精心策划，以帮助读者建立基础知识体系，了解需要哪些知识来实现安全、有保障且高效的机场运行，这正是当前和未来旅客所期望的机场运行。

如果您曾经思考过如何掌管机场，如何使其融入一个更大的体系，如何为其融资，如何对机场进行监管或如何将安全性纳入机场环境中，那么这本书非常适合您。您将了解联邦航空管理局（FAA）在机场中发挥的作用，以及航空港不同的组成部分，包括滑行道、跑道以及用于飞机安全运行的辅助导航设备。

本书中确定的某些主题源自最近的事件、技术的变化或联邦法规，有助于理解并与时俱进。例如，安全管理体系（SMS）在包括航空在内的各个行业中已经存在多年了。但是，FAA当前要求将安全管理体系相关工作融入机场运行环境中，对机场员工提出了新的技能和知识要求。将技术和过程改进融入"应急管理"这一领域不断演化，无论是在飞机起火时协调消防员还是对社区自然灾害进行响应。另外，对于机场来说，采用国家突发事件管理体系（NIMS）和事故指挥体系也是新的体验。本书还讨论了行业内的创新性技术，比如在机场内或附近使用无人机（UAV）或无人机系统（UAS）；对激光瞄准器的响应；新一代空管的改进。

作为航空专业人士，看到学生和行业专业人士将这本书作为教材，学习里面的内容，令我感到兴奋和鼓舞。书中主题和教辅材料与我们机场行业当前面临的问题息息相关。机场运行、安全和应急管理领域正成为一个热门的职业选择，在航空业中得到了广泛的欢迎和支持。我在这一领域的工作颇有收获，并且充满挑战，对未来几年机场运行将面临的刺激和生存挑战满怀期待。这本教材不仅有助于学生掌握运行机场的基本方法、技术和体系，而且也为像我这样的业内人士提供了参考指南。

这本教材的作者是Jeffrey C. Price博士和Jeffrey S. Forrest博士，他们为完成本书进行了出色的研究和写作。他们都是行业内有口皆碑的专业人士，在相关富有意义与教育性出版物方面颇有经验，其出版物在世界范围内广为传播。例如，他们共同撰写了航空安保实务有关书籍，在航空业中得到了广泛的使用与参考。他们还撰写了美国机场管理协会（AAAE）认证成员知识体系（certified member body of knowledge），帮助全美航空专业人士作为美国机场管理协会认证成员获得专业评级。两位作者对整个行业作出的贡献是无价的。航空运输行业感谢他们编写了这份与日常工作紧密联系、富有意义与实用性的参考材料。

最后，我支持广大读者不断增进对机场运行、安全和应急管理伟大事业的了解。未来的旅程很有意义，仅代表我个人，感谢广大读者阅读本文。航空业需要具备这方面知识的人才，我们衷心希望会有越来越多富有积极性的合格人才加入我们，共同运行世界各地的机场。

Dan Sprinkle, A. A. E. , MBA

机场运行副总裁

美国丹佛国际机场

前言

1968 年，作家亚瑟·海莉（Arthur Hailey）的小说《机场》（Airport）荣登《纽约时报》畅销书榜首。这本书虚构了一位机场管理人员的日常生活，努力应对各种各样的运行安全和紧急问题，从而确保机场安全有效地运行。海莉的著作描述了机场运行的 12 个小时，简直可以看作机场运行者长久以来面对的典型难题清单，其中包括：暴风雪；航空公司和机场内部政治；噪音投诉；空中交通管制；偷渡者；不满的乘客以及急躁的飞行员；飞机的运行问题；人格问题以及对安保的威胁。在某种程度上，现代机场运行管理人员可能会将小说中出现的许多情况看作"黑色星期一"！

当《机场》出版时，机场运行并不是一个众所周知的职业。早期的机场运行人员通常默认由飞行员担当。在当今这个时代，很少有航空或机场管理方面的培训或教育课程，而飞行员是完成机场管理和运行工作的最佳选择。对于大多数人来说，通常也认为是由联邦航空管理局（FAA）或航空公司运行公共机场。时至今日，许多人惊讶地发现，通常是由一个城市或县负责机场运行人员的雇佣，以及当地机场的日常运行。

如今，有数十所高校为谋求航空运行或航空管理职业的人士提供不同水平的学位课程。相应地，出版物也越来越多，包括针对机场运行或"Ops"诸多方面和挑战的教材、认证培训课程以及行业出版物。

在现代专业的机场运行培训课程以及其他相关主题文本中，很多都着重于"旅客吞吐量模型"。建模在机场运行中非常有用，特别是在推进有效的航站楼设计过程中。但是，这些内容大部分侧重于与运行相关的终端或机场设计概念领域。不同的是，这本书探讨了为确保旅客、行李和货物高效、有效的流动与空运，机场运行所需满足的日常实际要求。

《机场运行、安全和应急管理实务：当今和未来的方法》面向的是当前和未来机场运行的专业人士，他们负责确保机场安全稳定并有效地发挥各项职能。机场运行人员站在我们国家机场的"前线"，解决安全和安保问题，确保法规遵从，成为面向公众的大使，在承租人和航空公司之间充当调停人，应对人为和自然灾难。本书介绍了这些以及更多的运行责任，旨在提高读者保护乘客、保护机场免于风险和责任的能力。尽管本书有几章内容涉及 139 款商业服务"认证"机场的运行，但所提供的信息也与希望了解机场运行最佳实践和监管要求的通用航空机场运行商高度相关。无论机场的规模或类别如何，了解如何实施有效的运行过程都有助于机场当局遵守联邦航空管理局的拨款保证，同时还可以降低运行成本和法律风险。最重要的是，有效而安全的运行政策和过程可以挽救生命。因此，《机场运行、安全和应急管理实务：当今和未来的方法》将详细探讨这些政策和过程，为读者提供安全有效运行机场所必需的基础知识。

第1章至第3章为机场运行人员提供了背景，阐述了机场运行人员取得成功必须了解的法规和政治环境。

第4章和第5章侧重于安全管理体系（SMS），这是世界各地机场广泛采用的国际安全标准。安全管理体系现在被看作机场安全文化的基本要素。安全管理体系有助于减少事故以及降低事故后果的严重性，能够认定最高优先级的风险和危害，从而可以更有效地划拨运行和安全资金。

第6章至第8章聚焦于139款运行以及与商业飞机场安全相关的内容。这些章节不仅仅是法规的摘要，还结合了机场合作研究计划（ACRP）、美国国家消防协会（NFPA）以及其他参考资料等方面的最佳实践，为有效的机场安全计划构建了基础。

第9章重点介绍航站楼和机场公共场所的运行。虽然机场安全是一种监管责任，航站楼和机场公共场所却为机场带来了巨大的收益，对旅客体验也至关重要。

第10章至第12章着重于机场的应急管理。探讨了机场应急计划、意外管理体系以及对特定危害的处理，例如飞机失事、自然灾害和有害物质等。

第13章探讨了机场运行的未来挑战，比如无人飞行器和航空港等。

最后，我们希望这本书能够对提高机场运行的整体效率和安全性有所裨益。我们也坚信，这本书能够为有抱负的航空管理专业学生提供理解和接受机场运行这一职业的坚实基础。《机场运行、安全和应急管理实务：当今和未来的方法》对于新的或潜在的机场管理专业人士来说也轻松易懂。本书对于经验丰富的机场运行管理人员也非常具有价值，可以作为有效安全机场运行的日常参考。

Jeffrey C. Price and Jeffrey S. Forrest

科罗拉多州，2016 年

致谢

与其他具有广泛性和挑战性的团队项目一样，我们要感谢很多人的帮助与奉献。尽管我们尽了最大的努力来感谢在本书创作过程中有所贡献的每一个人，但难免会有所遗漏。我们由衷地感谢大家，包括因疏忽而未在此提及的人。

首先要感谢我们各自的妻子 Jennifer Price 和 Betsy Forrest，她们特别不容易，尤其是在我们即将截稿的最后几个月里，她们不仅要完成额外的工作，还要"忍受"我们。Jefftey C. Price 想要感谢他的孩子 Austin、Alex 和 Ashton，为了完成书稿，孩子们在过去的一年里慷慨地牺牲了许多和爸爸在一起的时间；还要感谢他的父母 Zig 和 Dianne Price，当孩子和妻子需要帮助时，他们填补了繁重的父母职责；也要感谢奶奶 Marion Shelley 的帮助，培养了 Jefftey C. Price 对机场的热爱。

尤其要感谢 Megan Jones 和 Dawn Escarcega，他们在整个创作过程中发挥了关键作用，负责完成编辑、审查、引用文献、配图以及任何我们临时提出的其他紧急任务。也要特别感谢 Chris Hardaway，对我们许多文章进行了批判性分析，并指出了可整合到本书中的可行性法律资源。没有他们，这本书就不可能完成。另外，还要特别感谢我们在爱思唯尔（Elsevier）的团队，包括 Hilary Carr、Sara Scott、Pam Chester 以及 Punithavathy Govindaradjane，感谢你们的灵活机动、鼓励与耐心。

在这本书里，我们希望融入一些行业文章，从而为读者提供"真实世界"的视角。因此，许多专业人士在百忙之中抽出时间为我们编写了一些素材，或是安排一对一的访谈。感谢这些贡献出自己宝贵时间和专业知识的人，他们是 Tim Barth、Martha Edge、Meredith Champlin Eaton、Alex Gertsen、Robert Olislagers、Tim O'Krongley、Justin Overholt、John Paczkowski、Zechariah Papp、Jim Payne、Jim Schell、Rosemary Rizzo、Dave Ruppel、Dan Sprinkle、Jason Taussig、Steve Thompson、Jessica Birnbaum、Nick Meacher、William Payne。

特别感谢伯明翰机场管理当局董事会主席兼首席执行官 Alfonso Denson 和伯明翰/沙特斯沃国际机场（BHM）的运行与规划总监 Jim Payne。伯明翰/沙特斯沃国际机场在运行和维护人员的培训与发展方面非常先进，书中许多运行与应急管理部分的材料都是经由 Jefftey C. Price 在伯明翰/沙特斯沃国际机场培训过程中测试过的。Alfonso Denson 和 Jim Payne 都是我们行业中真正的领导者！

也要感谢美国机场管理协会（AAAE）对全美各机场专业培训的长期支持，以及国际机场协会（ACI）的支持。

我们还要感谢 Shaun Sederberg 和 Alex Gertsen 分享了他们优秀的摄影作品。感谢丹佛国际机场的 Kim Day 和 Stacey Stegman 授权使用照片，并允许机场团队其他成员投稿。

还有一些人以不同的方式对本书有所贡献，本人可能都没有意识到，比如给予笔者的支持、协助、友谊以及专业性指导的 Sherilyn Kadel、David Rigsby、Starla Bryant、Alex Sweetman、Greg Donovan、Kevin Matthews、Steve Runge、Steve Davis、Dawson Frank、Ron Fano、Stephen Flynn，以及 Arthur Hailey（小说《机场》的作者），他们启发了一代机场管理人员和运营商。最后，我们要感谢丹佛大都会州立大学职业研究学院院长 Sandra Haynes 博士，在我们忙于撰写本书过程中，给予了支持与包容。

第一章　机场运行、安全及应急管理

科罗拉多州丹佛国际机场航站楼 A 机场空侧 "Ops"
（沙恩·赛德尔伯格拍摄，由科罗拉多州航空部门提供，2013）

科罗拉多州丹佛国际机场南航站楼开发项目的机场陆侧施工和运行
（沙恩·赛德尔伯格拍摄，由科罗拉多州航空部门提供，2014）

科罗拉多州百年机场 ATCT 和行政楼
（沙恩·赛德尔伯格拍摄，由科罗拉多州航空部门提供，2007）

机场运行的主要职能是有效且高效地规划、执行并控制机场的空运服务。了解机场运行管理的人都知道，"每一次成功的飞行始于机场，也终于机场"。因此，机场运行侧重于提供品质服务，确保安全的机场飞行服务，为所有进出港的乘客和航班提供有效的运作保障。机场运行作为机场管理的重要组成部分，其在战略意义上也包括政策、制度、资源以及方法等内容，旨在机场环境中，为安全管理及应急管理提供支持。在机场运行的范畴内，安全管理包括识别并减少与机场航空服务相关的潜在危险或是威胁的规划、执行及控制行动。相反，应急管理主要是针对那些通过减少机场范围内生命财产面临的风险的方式，来缓解或应对危机的规划、执行及控制行动。

尽管机场运行和机场安全有一定的关联性和内在结合性，但机场运行[①]对机场安全并不具有直接的责任性，后者由机场管理部门、执法部门以及许多其他政府机构共同负责。机场工作人员负责识别并消除蓄意破坏机场公共秩序及财产和公共设施的威胁或是风险。在本教材中，机场运行与安全和应急管理消除了因意外、事故或是自然灾害而产生的威胁或是风险。

联邦、州和地方性法规都涵盖了诸多对机场运行、安全管理及应急管理的内容。机场在承担客运及货运的过程中，机场运行应注意并遵守相关规章制度。机场运行并不直接承担出于飞行目的的与飞机运行相关的安全制度管理工作。

机场运行管理必须确保安全的飞行服务，因为情况复杂多变，涉及成千上万的乘客、机场工作人员、供应商、货运及其他利益相关人和资源。机场运行的主要目标在于，从一座机场的地面运输区域[②]（公共通道及交通区域）将离港乘客（及其他利益

---

① 当提及机场运行或"机场运行经理"时，本文指的是直接为机场工作的人员。有些航空公司和其他机场承租人也可能被称为"机场运行经理"，但在那些情况下，指的是在特定机场负责该航空承运人或承租人设施运行的人。他们与实际运行机场本身没有任何相关的责任，这是本文的重点。同样，运输安全管理局（TSA）的一些称谓可能包括"机场安保经理"，这不能与实际的机场安保协调员或机场安保主管混淆。TSA 对安保经理或主管使用了不同的称谓，但是他们在安检区域之外没有任何管辖权，他们对机场安保计划也没有任何责任。除非另有说明，机场运行和机场安保人员为机场工作，对机场运行有直接责任。

② 地面运输区域通常指陆侧，如公路、轻轨。

相关人）、行李及货物，经由航站楼或其他相关设施，平安地运送到机场登机区[①]（候机区和航班运行区）。对于抵达的乘客而言，过程相反。即使面临诸多不断变化且高风险的运行条件，比如变幻不定的天气条件或是不断变化的乘客流量及其相关要求和需要，也务必要坚持实现这一目标。另外，机场运行在提供服务的同时，也要注意遵循复杂的制度及航空局规定，持续不断地实现"契合大环境的独立体系"功能。

机场运行及其他航空管理领域岗位工作，整体上都要求具有较强的职业道德。许多专业的航空机构和机场管理局发布了机场员工道德规范准则和价值观培养方法。航空业对全球诸多方面都有着重要的影响，因此，机场运行管理体系当中的所有利益相关人在机场开展业务的过程中，都应有共同的职业道德和价值观。

管理机场运行体系

机场运行管理人常常会提到，机场及其跑道系统是"城市中最贵的人行道"。这一说法强调了机场及其跑道系统作为一个费用相对较高的系统的重要性，机场必须支持满足国家空域系统及当地基础设施的要求，做到安全可靠。机场运行必须持续对机场系统内所有相关的基础设施进行充分的检查维护，从而确保每年数百万位乘客的安全。如果枢纽或是主要机场的跑道无法提供运行服务，那么就会对国家空域系统内部或是全国范围内，有时甚至是国际范围内的飞行流量产生影响。一家机场运行缓慢就会造成整个国家空域系统内飞行延误的"多米诺效应"，这就说明，各个机场的设计及运行必须要做到和世界范围内最繁忙的空域系统的无缝结合（沙吉，2012）。任何一个航班延误都可以轻易造成多家航空公司数万美元的损失。基于运行费用方面的考虑，也要平衡机场安全运行的能力，遵从相关法规及职业道德。机场运行方面涉及的所有利益相关人的安全问题也应得到高度重视，并公平地考虑他们的顾虑和具体需求。另外，旅行中的大众对机场存在社会期待，即意外、事故或是危险发生时，可以提供适当并有效的资源，实现应急管理和反应。考虑到相比其他交通方式来说，空运需要应对高强度的安检措施及相关制度，因而，这一期待并非没有道理。

在紧急情况下，提供有效并符合道德标准的运行服务，是机场运行管理的基本原则。在宏观层面上，这些价值观和流程体现在系统规划过程中，使机场能够适应技术的先进性，比如新型飞机，从大型"重量级"空客 380 到赛斯纳野马超轻型飞机。而且，当前新的创意和应用，比如无人机[②]的相关内容，也给机场和国家空域系统带来了较大的运行及制度方面的挑战。与此同时，美国也在各个机场推广商业航空站和商

[①] 机场登机区通常指机场周边围界内的区域或航空器运行的活动区域。

[②] 联邦航空管理局（2015），无人机系统（UAS）规章与政策，参见 http://www.faa.gov/uas/regulations_policies。

业航空服务。当前，有多于 12 家联邦航空管理局指定的航空中心及其他种类的机场相关设施可以支持各类飞行设备的起飞与降落。[①]

作为一项有助于确保机场合法有效运行的策略，联邦航空管理局鼓励机场管理局增加或是发展副业收入渠道。除了飞机及航班运行所得外，机场管理局积极采取措施提高非飞行（即非航空）的相关收入，从而有助于继续满足联邦和当地在政策和制度方面对机场基础设施和运行的要求。比如，许多机场也为公众提供了类似购物商场或是其他零售业务等服务。而各项购物商场及其他乘客或访客服务，包括餐厅、温泉疗养及商务中心等，必须要与机场功能区相结合，比如安检、货物接收与处理设备及飞机服务（如加燃料、维修和地勤）。这些盈利或是收费实体及设备对机场的创收具有重要意义，因此机场管理局也要为它们提供运行与应急服务。

机场运行和贸易

机场就像一座小镇一样，承载着多种多样的商务贸易业务。通常情况下，机场的业务活动分为两大类：与飞行相关的业务和非飞行业务。与飞行相关的业务包括商业航空公司、固定基地运行者、专业航空服务运营商（飞行学校、维修商）及其他类型的飞行相关活动，比如包机航班、跳伞运动、条幅广告及娱乐飞行。机场通常也有较大的企业飞行部门，基于机场设施或是通过飞机制造商运行的飞机；有时，机场会靠近军事基地。非飞行相关活动包括机场范围内的特许经营、地面运输（停车、商业及私家车接送停靠）、为租户和特许经营者提供供给和服务的供应商及提供服务和建设活动的承包商的活动。

航空城：机场运营商面临的重要挑战

当前，各种航空城区域不断发展综合商业及工业园区，促使机场成为有利于贸易开展的城市支撑点。这一概念常常被称为"机场城市"或是"航空城"。[②] 航空城类似于更具有传统地理意义上的"中央商务区"。相较于中央商务区，航空城源自以机场为中心、以贸易为焦点的土地利用战略和策略（普赖斯和福雷斯特，2014）。承载社区和商业场所的航空城所体现的综合本质，对机场管理和运行人员提出了新的要求。

航空城内的机场在运行方面，比传统意义上的机场需要更多地考虑地理、文化、周边社区等方面的内容。航空城中的主要机场对于整个社区而言具有重要意义：第一，促进机场内外部法律的实施；第二，在紧急或自然灾害的情况下，提供应急服

---

① 联邦航空管理局（·2013），有效许可证，参见 http：//www.faa.gov/data_ research/commercial_ space_ data/licenses/operatorlicenses。

② Kasarda, J.（2015），航空城，参见 http：//www.aerotropolis.com/airportCities/about－the－aerotropolis。

务；第三，促进整个航空城乃至国家空域系统范围内客运、货运及其他利益相关者的有效且高效运转。由于航空城容易成为潜在的犯罪及恐怖袭击的重要目标，所以，其在安全方面也存在新的问题。为航空城的乘客、货运及其他来访的利益相关者提供安全、有效且高效的通道，已经日益成为机场运行和应急服务未来面对的最大挑战（卡萨达，2015）。

机场运行管理

如上文所述，机场运行或"Ops"（在机场管理领域，机场运行通常简称为"Ops"。本文中，Ops 与 Operations 互换使用）及应急管理主要负责确保机场内安全、有效且高效的乘客与货物流通。机场运行负责在整个运行时间内，不论环境如何变化，确保机场的正常运转。机场运行及应急管理负责人必须在高压力、高风险的环境下，按照制度对机场人员及其他资源进行常规规划、安排、指导、控制及评估。机场运行涉及在严格控制的环境以及规定程序内，管理来自近似一座小型城市人口所承担的压力和风险。

机场运行部门的规模因机场而异。然而，尽管美国有 5000 多家民用机场，[①] 其中有 450 多家大大小小的商业机场，但机场运行职责本质上基本相同。大型机场的运行部门或是分部有数百名员工。相比之下，小型通用航空机场的运行管理可能由一位员工负责，而且同时可能担负维修或是整体机场管理等其他职责。

基于机场的规模，机场运行人员可能也肩负其他职责，比如消防员、医务人员、治安人员、乘客大使及客服代理的职责，几乎在各种情况下，都是作为机场管理局的代表履行职责。机场运行作为一个部门，通常构建在不同的功能区域内，比如：第一，起落场地机场运行；第二，航站楼机场运行；第三，通讯机场运行。尽管各个机场内，机场运行的人员、功能区域及组织结构可能存在很大差异，但许多机场运行人员和应急管理人员需要应对的问题却是一样的，比如，普遍的问题和应对方法包括：

1. 如遇下雪：确保所有运行区域内的积雪被清理，地面满足运行和规章制度要求；通知飞行员跑道状况。

2. 乘客在航站楼滑倒：确保医务人员能及时响应，并着手解决机场责任问题。

3. 飞机上发现可疑物体：与联邦、州以及地方管理部门合作，消除对机场运行构成的风险及潜在影响。

---

① 美国交通运输部（2014），美国机场数量，参见 http：//www.rita.dot.gov/bts/sites/rita.dot.gov.bts/files/publications/national_transportation_statistics/html/table_01_03.html。

4. 现场有施工：确保承包商未经授权，不会占用运行中的跑道和出租车道。

5. 飞机发生事故或意外：首先，着手救人、稳定局面，并保护财产和环境；其次，通知所有的利益相关人，协调应对问询、应对媒体，并尽快恢复机场的正常运行。

6. 机动车辆停泊在机场公共区域入口处：确保及时发现车辆并排除安全隐患，快速采取一系列措施，避免该车辆妨碍乘客进出机场。

安全、有效且高效地管理机场需要注意到许多功能区域。比如，机场规划人员、工程师及建筑师设计建造新的设施或更新现有设施时，机场运行管理人员需要为设计团队提供大量的信息反馈。机场运行也需要在建造过程中协助监管，从而确保其安全性并符合制度要求。建造过程中，如果是起降区域项目，运行人员需要变更原定航线；如果是航站楼项目，需要移置乘客；如果是开放的公共区域项目，需要移动车辆。机场运行可能也需要执行特许经营或租户的租赁合同。机场运行人员定期对租户进行审查，确保其遵守租约条款及机场的规定、制度及商业准则。

机场运行人员协助确保机场登机以及到达口符合联邦航空管理局及运输安全管理局的政策和规定。这一职责也包括监管机场管理局和航空公司建立的使用协议。在不同的机场，机场运行人员可能也负责飞机起降入口匝道控制及相关税款收取的职责，比如飞机登记记录（"飞机注册编号"或"机尾编号"），从而追踪和评估落地费。

整个机场布局的运行

尽管商用机场和通用机场有所不同，但所有的机场都有三个主要的区域需要进行运行管理：第一，开放的公共区域；第二，航站楼；第三，登机区（图 1.1）。各个区域在运行及应急管理要求方面有各自的特点。

开放的公共区域是乘客航空旅行以及与机场互动的起点或终点。开放的公共区域运行包括停车场、地面运输（私人或商业）及联合运输，比如地铁、轻轨或公路。出租车、豪华轿车及其他形式的地面运输等商用车辆费用为机场带来了大笔收入。安全、有效且高效的公共区域服务可以惠及机场乘客，使公共区域成为理想的交通接待中心。因此，为开放的公共区域基础设施及其实体运行提供相关运行支持十分关键。

航站楼是乘客值机及安检的区域。即使是小型机场，航站楼也可以通过出租场地及特许经营为机场带来可观的收入。因此，航站楼运行涉及有关资源和人员的管理，比如乘客可以在健康安全的环境中享受到满意的客户服务。到达机场开放的公共区域之后，乘客到搭乘的航空公司柜台处值机，通过安全检查，到达登机口。在机场着陆时，他们经由航站楼返回，到达大厅取回托运的行李，再重返开放的公共区域，继续

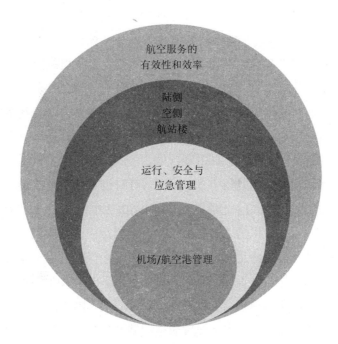

图 1.1 运行、安全与应急管理是航空管理的核心

前往其他目的地。

登机区是机场管制比较严格的区域，飞机在此起飞、降落、接受服务，并开展其他形式的相关飞行业务。登机区运行包括：第一，起降区环境；第二，机场运行核心要素，包括天气、通讯、安全系统及人员；第三，空运机构、供应商、租户、承包商及其他附属方的整合和管理。

管控要求和机场运行

依据《美国专利法》44706 号 49 款，联邦航空管理局有法定权限给服务于某些客运航空公司的机场颁发机场运行许可[①]，并为其制定基本的运行安全准则。联邦航空管理局利用此权限，通过《美国联邦法规》第 14 条 139 款，对某些地面机场的认证和运行提出要求[②]。这些管制内容要求制订安全计划应急预案、除雪预案与野生动物危害预案以及起降区域驾驶员培训计划，也保留了一些维修和安全准则。

不为超过一定座位数量的定期或非定期航班提供服务的通用机场[③]，通常豁免于139 款对联邦航空管理局运行授权的要求。然而，所有接受联邦拨款的通用机场还是受制于联邦航空管理局的拨款保证条例（义务）项目。机场运行方接受联邦航空管理

---

① 机场运行许可，49 U. S. C. § 44706（2010）。
② 机场认证，《美国联邦法规》第 14 条 139 款（2004）。
③ 30 座以上航空承运人的航空器和 10 座至 30 座之间航空承运人的航空器的定期运行。

局经管的机场改进项目基金时①，机场出资方或运行机构就必须同意某些拨款保证内容（或义务）。这些内容或义务要求经费接收方根据具体情况，开展安全高效的运行业务。即使通用机场不必和商用机场遵守同样的标准，"拨款保证#19"也要求机场在安全可用的状况下开展运行②。因此，通用机场运行方通常试图将"139款标准"作为最佳实践，并践行拨款保证的要求。除了139款有关各种类型机场的要求外，所有的民用机场也应遵守当地法规、政策或当地政府机构规定的其他运行要求。

一种普遍的误解是，美国的机场由联邦航空管理局运行。实际上，民用机场由所在城市、县或机场管理局（或运行方③）运行，有时也可能是州或港口管理局负责运行。机场管理局通常是一个经过当地立法过程成立的独立实体，在政府或是立法委员会管辖下提供服务。大多数机场，由联邦航空管理局空中交通管制部门控制机场活动区飞机和车辆的移动。机场活动区通常也称作"活动区域"，包括跑道、出租车道及其他由机场运行方和联邦航空管理局共同认可的区域。另外，根据不同的运行环境或条件，机场管理局，而非联邦航空管理局，决定开启或关闭机场。④

机场运行管理人员必须和空中交通管制部门紧密协作，以控制飞机在机场空域的进出。运行人员也必须和运输安全管理局的安检人员合作，以确保进出港乘客的高效流动。运行人员要应对许多有关安全或是效率的问题，比如，乘客不小心进了飞机起降区域，机场员工⑤没有佩戴安全鉴定显示标志，或是维修问题如扶梯故障。

机场运行的一项主要目标是维护并促进有效且高效的机场应急服务。比如，2013年韩亚航空214航班在旧金山国际机场的坠毁事故，就体现了行业内各方面对运行安全和机场应急方面能力的关注（图1.2）。

在214航班案例中，机场运行人员、警方、消防及急救医疗服务人员立即做出了反应。事故中一位乘客伤亡是由于事故发生后应急消防车作业造成。尽管坠毁情况十分严重，但仅有三名乘客丧生。如果不是旧金山国际机场的机场运行和应急服务贯彻实施了美国安全准则及相关管制要求，韩亚航空214航班空难后果或将更为惨重。

---

① 当公用机场通过机场改善计划（AIP）接受美国联邦政府的资金时，机场必须遵守资助或赞助保证。这些保证允许联邦政府强制执行某些要求，例如，在安全并可供使用的条件下运行机场；机场运行人员负责机场上空及周边空域的危险源；机场运行人员公正对待机场用户（以及其他保证）。

② 联邦航空管理局（2014），资助保证（义务），参见 http：//www.faa.gov/airports/aip/grant_assurances/。

③ 通常指的是"运行人""当局"或"提供者"等单位。有时，这些术语结合在一起，如"运行机构"。

④ 机场发生紧急情况期间，当人员正在处理紧急情况时，FAA通常关闭现用跑道或拒绝其他航班着陆许可，除非协议中明确规定，否则机场管理者有权开放或关闭机场。TSA的联邦安保主管也有这个权力，但是FAA没有。

⑤ 机场通常由来自不同公司的员工组成。"机场员工"指的是机场运行人员的员工。航空公司员工是为商业航空公司工作的。承租人员工是为在机场租赁财产的公司工作的。承包商和供货商是机场及其承租人的服务提供者。在机场工作的政府员工包括TSA人员、边防、移民和海关执法人员、州和地方执法人员、FAA人员以及其他人员。总的来说，这些人员在行业内通常被称为"机场员工"。

图 1.2　上图为韩亚航空 214 航班在旧金山国际机场坠毁；下图为运输安全管理局主席 D. Hersman 和 SFO 主管 J. Martin 带国会议员 N. Pelosi 和 J. Speier、市长 E. Lee、消防队长 J. Hayes – White 和警察局长 D. Schmidt 调查坠毁现场

[由 Morrow，J.（2013）提供坠毁的韩亚航空 214 航班数字图像；由 Nancy Pelosi.（2013）提供国会议员 N. Pelosi 调查韩亚航空 214 航班坠毁现场数字图像]

机场管理与机场运行

机场运行包括规章制度、政策、程序、资源及人员，所涉及的基础设施和组织涵盖了机场管理的四个要素：第一，机场安全；第二，机场运行；第三，机场应急管理与响应；第四，机场规划。本书详述了这几个方面，请参见具体介绍（图 1.3）。

第一部分：机场运行与机场环境

本质上，机场环境中的所有实体都离不开一个完善的机场运行部门。这一部分阐述了机场运行在机场环境当中各个环节所承担的整体组织和任务及作用。机场运行根据机场公共场所、航站楼及登机区等具有的功能，结构有所细化。

不论服务的规模或水平如何，所有的通用机场都有运行功能或要求。对于许多小型通用机场而言，可能由一到两位工作人员负责运行工作。随着机场的发展，在运行人员方面，一般最先增加维修及其他行政人员的岗位。维修人员通常也同时接受运行职责培训，并发挥岗位作用，直至机场负责人认为需要成立独立的机场运行部门。第一部分阐述了如何规划并组织机场运行部门。

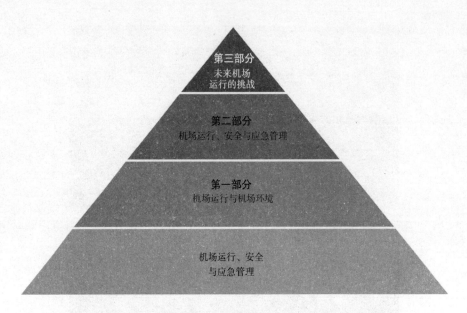

图 1.3　本书解决的涉及机场运行、安全与应急管理相关的主题

第二部分：机场运行、安全与应急管理

这一部分阐述了机场运行的整体内容，并侧重于安全和应急管理流程，还重点阐述了包括安全管理体系和《美国联邦法规》第 14 条 139 款的内容。安全管理体系是正规、详尽的安全风险管理方法，包括必需的组织结构、职责、政策及程序等一系列内容。本书这一部分介绍的安全管理体系四要素包括：第一，安全政策；第二，安全风险管理；第三，安全保障；第四，安全提升。

139 款——机场认证（一般称为"139 款"）阐述了商用机场安全及某些运行要求。139 款主要关注三个方面的内容：第一，安全自查；第二，安全程序；第三，维修程序。安全自查要求机场运行人员确保在日常的工作中落实联邦航空管理局标准。联邦管制人员为机场运行情况提供认证，并定期检查；然而，机场运行应当负责检查飞机运行的各个区域，确认人行道、助行设备、标志、标记及照明系统等元素是否都正常运转。机场运行例行维护的示例包括：围栏及喷流偏向板是否正确放置；修缮人行道、保养助行设备；机场冰雪控制。

机场运行负责的其他的安全程序包括：机场应急预案；野生动物危害预案项目；飞行员通知项目（飞行员指导服务，比如，出现危险或异常情况时）；建造安全与阶段性预案；各种地面车辆运行与管制；飞机救援与消防要求。

许多飞机事故发生在起降阶段，通常就在机场或离机场不远的地方。机场运行必须制订联邦航空管理局认可的机场紧急预案，符合联邦应急管理与响应的管制和指引。大型机场的机场运行人员通常与前线应急人员、警察及消防方面协作。在小型、商用及通用机场，机场运行人员通常接受多方面的训练，包括消防、急救，以及有时需要的执法与维稳。

本书这一部分关注于应急响应预案的制订与执行，其中包括机场应急预案。应急预案要求应急响应人员应掌握管制条例、政策、策略及技巧，从而发挥相关的核心职能，包括：指挥与控制；沟通；预警与警告；紧急公共通知；防护措施；执法与维稳；消防救援；健康与救治；整体资源管理；机场运行与维护。这一部分也介绍了具体危害的情况，如飞机事故、自然灾害、安全意外及有害材料意外。这一部分内容还介绍了机场使用，并结合国家意外管理体系及相关意外指挥体系的要求。

第三部分：未来机场运行的挑战

随着民用和商用无人机以及宇航中心运行的研究与发展，机场运行方面临着新的挑战。融入使用下一代空运体系也会给整个产业带来新的挑战。

民用和商业无人机的发展和应用已经成为全球趋势。民用无人机用途广泛，包括农业、搜索营救、执法、监察、线路巡检、火灾测点定位等。联邦航空管理局针对民用和商业用途无人机的运行管制进行了提议和评估。当前，联邦航空管理局要求民用无人机驾驶员在视距范围内操控，但依旧是远程起飞。仅这一方面就要求机场要有新的运行方式，逐渐将无人机活动融入其空域或地面移动范围内，收放操作不得不结合到机场登机区环境中。无人机运行也要求特定的跑道使用注意事项、人行道维护准则及其他问题，比如应急回收操作。

在近地轨道空中交通工具运行领域，水平起飞垂直降落飞机的出现创造了可行的商业性航空工业。一些美国的机场已经提交了申请，要求联邦航空管理局根据《美国联邦法规》第14条413款认证商用宇航中心。[1] 批准联邦航空管理局依据《美国联邦法规》第14条139款，机场进行航空作业，必须由联邦航空管理局商业航天运输办公室负责协调。宇航中心认定给机场运行方带来了新的安保及安全问题。对于运行进出近地轨道的飞行器将有新的营救及消防要求和新的维护及人员培训要求。其他需要制定并评估的运行注意事项，包括可以应对乘客进入航空环境可能出现新型健康问题的现场医疗设备、通往商用航空作业区域的登机区运输，以及针对航空交通工具及旅行的整体应急要求。

对于机场运行的另一个未来的挑战是，联邦航空管理局从基于地面到星载系统、航空交通管制系统的广泛转变。这一转变成为联邦航空管理局下一代空运体系[2]项目，该项目极大地促进了飞机在机场交通区的流通，也促进贯彻美国国家飞机标准。下一代空运体系也运用了机载天气和冲突规避技术，进一步提升了美国国家飞机标准领域飞机更有效飞行的能力。下一代空运体系提高了航空交通管制的能效性和效率，机场

---

[1] 许可证申请程序，《美国联邦法规》第14条413款（2001）。

[2] 有关 NextGen 的更多信息参见 https://www.faa.gov/nextgen/programs/。

也需要提高地面运行服务，采取许多新的相关工序及技术，从而安全、有效且高效地应对进出港客运流的上涨。

招聘机场经理
——对机场管理和运行责任的思考①

招聘机场经理：须在航空领域具备大量的经验和背景知识——不能太年长或太年轻。

获选的候选人必须在市或县的机场、机场地区、机场管理局、联合使用机场或私人机场有过管理经验。必须能够胜任所有的机场运行职能，包括但不局限于 139 款和 1542 款的要求；通过了相关认证、认可、批准及审查；熟悉国家意外管理体系及应急管理；熟练掌握现场急救设备及其在机场内外发生意外和事故时的部署。候选人必须能够预测冰雪天气，且了解何时铲雪、何时清扫及何时除冰，同时进行制动报告，且能为阿拉斯加丛林飞行员和阳光地带飞行员所理解。

必须具有工科背景，并对跑道、出租车道、道路、飞机库、油库、航站楼、行李系统、污水系统、电子通讯系统、公共设施系统、安保系统、风暴排水系统、除冰系统、能量与环境设计及加热、通风与空调建设的各个阶段都有实践性的了解。能够读懂蓝图、法律说明、地理信息系统地图、通行权、经纬坐标、全球定位系统坐标、机场平面图及 77 款假想曲面。

必须熟悉所有的法律，包括但不局限于当地土地利用及分区法律；州、地方、部落及联邦法律；拨款保证条例，特别是税收转移相关内容；消防规范、用电规范，水、管道及天然气规范；资产租赁；地役权如航行地役权；民事权利及行政规则；弱势企业和女性企业家企业认证参与；机场改进项目拨款、经费、会计及财务，包括现金管理、公认会计原则，政府会计标准委员会；以及萨班斯—奥克斯利法案，杠杆融资，乘客机场设施使用费项目，投资，单一及年度审计范围内的规则，并有能力以通俗易懂的语言解释同样的内容。

必须精通心理学和社会学；必须了解当地、国家及世界地理的繁杂之处，以及国家安全问题；必须在空勤业务发展、劳工关系、公开演讲、公共关系、市场营销、航空及非航空发展、耕作、矿产开采、根治害虫及野生生物管理等方面具有丰富经验。

必须有能力和当选官员紧密合作，包括县级委员和特派员、市长、市议会议员、州长，还有城市管理者、主要的县级行政人员、办公室主任、警察局长、州警察、市

---

① "招聘机场经理"最初是 1965 年 4 月 27 日在得克萨斯州沃思堡举行的美国机场管理协会年会上，洛克福德机场管理局主席 Foster Smith 在演讲中提出的，由百年机场的首席执行官 Robert P. Olislagers 修改。

政工程主管、建筑检查员、卫生检查员、消防队长、消防局长、分区官员及规划人；而且，必须和联邦航空管理局飞行准则区公所、联邦航空管理局机场区公所负责人和工程师、联邦航空管理局区域管理人员、航站楼雷达进场控制设备人员、联邦航空管理局华盛顿特区工作人员，包括联邦航空管理局所有分支负责人，以及州航空部门官员和航空委员会及人员建立起极好的工作关系。理想的候选人不要求和上述人一样，但要有能力和他们愉快相处并共事。

候选人应该与州长、国会成员（两派都要有）、参议员和代表及所有的当地报纸编辑和电视台长建立紧密的联系，并为对方所熟知，包括：有他们各自工作人员的邮箱地址；能够为尚未上任（或有可能上任）的主要当选官员及其政治行动委员会作出贡献；熟悉社交媒体并可以全时候地使用至少两部智能手机，不分日夜解答任何可能及将会出现的问题；必须至少与一名州或联邦说客关系亲密，最好是托德·豪普特利。①

必须愿意在经费紧张、工作保障很少或没有的条件下工作，一周7天、全天24小时待命——而且，能够在暴风雪、飓风、贵宾来访、超级杯赛、飞行特技表演及国家安全活动期间，做到一连几天不睡觉。在耐着性子看完要求免租、捐税及经济发展资金的航空业建议书的同时，能够做到非常圆滑老练。

必须具有必要的忠诚度，而且在以下方面拥有前瞻和预想的能力，包括下一代航空运输体系、区域导航、大都会、无人机及系统、宇航中心、航线拓展/收缩及合并计划、美国运输安全管理局案例及临时飞行管制；并且，能够参与联邦航空管理局和运输安全管理局下周和下个月的相关决策，包括土地使用、通用航空问题、高层建筑、机场关闭、进出路径、机场安全责任、运输安全管理局筛选合作伙伴关系项目、运输安全管理局机场安全项目及运输安全管理局人员配置；且能够保持跟进运输安全管理局的人事变动，甚至要比智能手机通知栏还要快！

理想的候选人应该能够从社区的角度设想机场问题，能够处理与租户、纳税人、飞机业主和飞行员协会、乘客、决策者、联邦航空管理局、州运输部及其航空分支、市议会及县委员会以及机场委员会和咨询委员会的关系。

必须能够在同样的时间、环境里，与最伟大的一代、婴儿潮一代、千禧一代及新一代员工和谐相处，并激励他们为实现本书提到的共同目标而努力。理想的候选人必须充分了解警察和消防部门，并且能够与警察和消防部门打交道；了解现行及最低工资、经济适用房、加班规则、劳资谈判合同、工作制度方面的权利与利益，以及其他退休和养老计划、假期时间应计费用、医疗与福利计划及其相关费用、保险费用、主管及负责人责任保险、风险管理及安全管理体系。

---

① 本书写作时（2015年），托德·豪普特利是美国机场管理协会的在任会长和CEO。

理想的候选人应该十分了解成本回收、现行合同与租赁期限及落地费、占地面积和使用面积、大门、停车区、燃料流量、车辆租赁、特许经营、酒类营业执照，以及保管其他服务内部和外包的人工费，遵守联邦航空管理局有关规范合同要求的所有非歧视条款——除了牵涉市长亲戚的交易。

成功的候选人也要善于获取"无用"的多余设备，并能够重建或恢复这样的设备，包括维修不再可用的部件，不给机场增加开支。另外，候选人要向公众及当选官员传播机场的价值，并向机场所在税区的男女老少及企业解释每一分钱都实现了其最大价值。

当地机构要求借用机场产权、跑道和出租车道，用于短程赛车道、临时停车场、五公里和十公里跑、独特的改装汽车活动、野餐、偶尔的飞行教官婚礼，他们应该尤其擅长与这些当地机构周旋。同样地，理想的候选人必须要向寻求捐赠的慈善机构代表展示出情感共鸣，捐赠对象既包括警员慈善协会、男童子军、女童子军以及其他慈善组织和基金会，也包括癌症、多发性硬化、不听话的男孩和女孩、无家可归的人及周日之家的教堂。

综上，他们必须脸皮厚并且有幽默感。美国机场管理协会或国际机场理事会北美分会的推荐将有助于获选但并不能保证，最好是二者都有。

请将求职信、申请书及简历寄到 13 号邮箱，但不要联系现任经理——他还不知道他要离职了。

短篇杂记

机场运行
——生活中的一天

丹佛国际机场是美国第 5 繁忙的机场，是全世界第 13 繁忙的机场。它坐落于科罗拉多州东部，占地 53 平方英里。每年接待 5300 多万乘客，同时还有稳健的货运和 16 家商业航空公司。

运行部门包括运行支持（应急管理及相关功能）、空侧 Ops、安保、公安、消防、紧急医疗服务（EMS）和终端与客户服务。Ops 人员分配在运行终端、空侧或 B 塔台（为航空器从 FAA 管制移交到机坪登机口之间提供机坪管制）。

机场运行经理（AOM）通常在早上先与交班的 AOM 进行简报，交流关于机场的任何信息、将要进行的活动（如施工）和任何相关的维护或安保问题。

丹佛国际机场太大了，不能只由一个人进行机场检查，所以几位助理运行经理协助 AOM 进行此项工作。除了检查机场来确保运行安全并遵守 139 款的标准，AOM 还会与消防人员、机场警长和通信与维护中心的人员进行确认。

AOM 也会确认天气，这些信息可以预测可能不符合 139 款或危险情况的机场区域，如出现建筑起重机、机场标记牌、灯光断电。

一旦完成了早上检查单，AOM 的工作就类似于警察。AOM 巡查机场和航站楼，查找问题并对协助请求进行响应。

一整天，AOM 可以对类似以下情况进行响应：

- 导致安检排队停滞的问题
- 乘客接送区域的交通争执
- 航空器事故征候，如错误的起落架指示
- 维护问题，如地下自动轨道交通系统的问题
- 安保问题，如人员没有出示通行证
- 监管机构来电话，如 FAA 要讨论或解决运行差异

在一天结束的时候，AOM 完成日志记录，做好与来接班的 AOM 的简报。AOM 会移交车辆、无线电和手机，并且总结自己的工作。

参考文献

Kasarda, J. (2015). About the aerotropolis. Retrieved from：http：//www. aerotropolis. com/airportCities/about – the – aerotropolis.

Price, J. C. , & Forrest, J. S. (2014). Securing the aerotropolis：city – centric airport security. Aviation Security International, 20(5), 28 – 31.

Sharghi, K. (2012). Congested airspace. Retrieved January 21, 2015, from：http：// svs. gsfc. nasa. gov/cgi – bin/details. cgi？ aid = 11147.

第二章 将机场作为综合受管制的全球资源进行运行

从 APA 空中交通管制塔台看科罗拉多州百年机场上的通用航空和公务机运行，百年机场每天处理来自全世界的通用航空和公务机运行

（沙恩·赛德尔伯格拍摄，由科罗拉多州航空部门提供，2007）

科罗拉多州丹佛国际机场主航站楼与 A 航站楼之间的乘客通行天桥

（沙恩·赛德尔伯格拍摄，由科罗拉多州航空部门提供，2013）

科罗拉多州柯林斯堡拉夫兰机场行李员给忠实航空公司麦道 80 飞机卸行李
（沙恩·赛德尔伯格拍摄，由科罗拉多州航空部门提供，2010）

机场运行的出现

怀特兄弟首次完成了人类第一次动力、可控制的持续飞行。有观点认为，怀特兄弟在俄亥俄州霍夫曼草原的飞行场地上，创建了世界上第一座机场。他们在这片场地上开发、建造、起飞、降落飞行器，奠定了现代机场运行的基础。在霍夫曼草原的飞行场地上，怀特兄弟率先探索了类似于现代机场运行的相关问题，比如动物及野生动物控制、场地积雪、访客及最终的乘客控制。怀特兄弟曾预言，其探求人类飞行的激情"会花掉我一大笔钱，如果不是丢掉性命"，这预示了未来的全球航空业也是如此，特别是鉴于机场运行的复杂性。

在控制飞行的早期阶段，飞行员们学习在不同的情况下降落，而不管降落硬件如何。随着时间的推移，飞行员、土地所有人及政府官员认识到，特定的有所安排的降落场可以提高飞行安全率，并降低运行成本。已有的飞行操作保留区域也快速发展成为飞行员们维修保养飞机的场所。在早期这样的环境下，谷仓及其他农用建筑普遍被临时用作航站楼及飞机维修中心。跑道就是粗糙的圆形或方形区域，通常轮廓鲜明且按照某种方式分级。燃料存储及分配罐或燃料供给车通常停放在方便服务飞机的位置。因此，一片清空的地面可以用作跑道，附近的谷仓可以用作服务和存储，燃料存储及分配罐成为机场（或航空①）及相关机场运行的标志性基础设施（图 2.1 和图

---

① Airport（航空）在全球很多地方地也通常被称为"Aerodrome"。

2.2）。在现代，降落场、航站楼及燃料存储及分配区域依旧是大部分商用及通用机场的核心运行元素。①

　　随着商用航空业务的发展，以及付费客运和邮件与货物等货运的发展，人们需要更大的建筑物供乘客在候机时不受天气限制，以分拣进出港货物和包裹。很快，象征性的谷仓进化成航站楼，清空的起降场成为固定的跑道，并由运行方或业主定期进行铺设维护。

图 2.1　"一战"前（1908 年）莱特飞行器的军事运行（请注意背景中的"谷仓风格"机库和清理了的跑道区域，参观的人在运行区域很近的地方，在这个时期是惯例）

（来源：http：//history. nasa. gov/SP－4406/chap1. html）

　　早期客运机场发展的地理区域，可能也有野生动物或是农业资产。另外，早期来机场的访客经常是骑马或乘车，而且通常在跑道附近停泊、坐憩或横穿，从而更好地观察飞机起降。机场监察员或土地所有者很快意识到，人类或动物在跑道或其他机场运行区域出现和停留，增加了安全风险。因此，他们安置了栅栏以防止无关人员和大部分的野生动物意外侵入运行区域。

　　随着乘客流量的增长，为乘客提供"迎来送往"的服务②也更为有必要，包括餐饮、公共洗手间和停车场以及其他公共需求。为满足飞机更高频率的进出港要求，有必要完善基础设施，从而促进乘客更有效且高效地进出机场。

---

　　① 即使在现代，也并不是所有的机场都有文中所述的运行基础设施。例如，已建成的偏远地区机场，如果没有基础设施、航油或人员的话，可能仅是一块空地，作为跑道来使用。在这些情况下，飞行员很难确定以飞行为目的的机场运行可行性。

　　② 通常指机场迎宾服务人员的服务。

图 2.2　两架美国陆军 Jennys 在执行加油操作（请注意背景中开放的运行场地和在草地区域的人们，虽然图像难以辨认，但沿着两架飞机的机翼上沿可以看到一些隆起的点，那是在自己停的车旁观察飞机的人们）

（来源：http://vintageairphotos.blogspot.com/search/label/Jenny）

随着更为大型、复杂的客机出现，飞行员们需要更好更安全的操作环境。机场开始出现更多的紧急情况、意外及故障，这要求可以更快响应相关安全问题的人员和设备能够及时就位。

上述问题也说明，机场有必要组织并配备相应人员，组织访客、乘客、货物及飞机的流通，确保支持并贯彻相关运行安全措施。这些需求也助长了对正式的、侧重于运行控制、安全保障及应急响应的机场管理的需求。

将机场作为社会图标进行运行

机场是各个国家和地区的门户。机场通常会使旅客产生到达一个新的目的地时的第一印象。因此，机场已经逐渐进化为社会图标，向周边群体及使用机场的旅客展示其内在和外在的价值。就这一点而言，许多城市和郡县在其机场乘客区域安排艺术品、独特的建筑或教育性展览，作为建立或推广社会及社区价值的策略。因此，机场运行的一个附加任务是采取各种策略与战术，以确保公众认识到机场的活力形象，最重要的工作是要确保机场运行环境牵涉的所有利益相关人的公共安全。

机场运行的发展

早期的航空业实际上不受约束，而且包括很多临时的飞行员，从一座城市飞向另一座城市，降落在农场或任何可供起降操作的区域。这些飞行员经常设立临时营地，提供不受当地或国家政府机构约束的搭乘服务和飞行课程。20 世纪 20 年代，航空业从一个新奇事物发展为一个全民形式的商业活动。1925 年《航空邮政法案》的通过允许美国邮政局承包私人飞行服务，1926 年《商业航空法案》要求飞行员、技工及飞机进行认证。这些法案随后对空中勤务供应商提出了新的要求，即要求其在全国范围内设立固定的位置，这逐渐发展为固定基地运营商①。固定基地运营商发展出了早期的机场航站楼。固定基地运营商功能多样，也是世界范围内满足机场需要的必要组成部分。固定基地运营商运行形式多样，与整个机场运行及各种管制和安全机构在日常的基础上有着广泛的合作。

1925 年的《航空邮政法案》授权美国邮政部将航空邮件递送业务由政府转交给商业实体，也因此需要更为丰富的、有组织的空运法规。相应地，美国邮政部、美国商务部、美国州际商务委员会这三个美国联邦部门共同执掌空运及航空邮件递送业务。对航空旅行和航空邮件业务进行管制的组织机构，其关系并不紧密，这就需要中央机构进行监督。因此，1938 年的《民用航空法》设立了民用航空管理局，也就是联邦航空管理局的前身。

1928 年，第一家机场管理贸易组织成立。美国机场管理协会第一次会议由十位机场负责人列席，并在矿山区域（现如今的洛杉矶国际机场）参加了全国飞行比赛。②1954 年，美国机场管理协会颁布了第一版认证机场管理人员项目的职业认证标准。美国机场管理协会通过认证成员项目为机场员工提供培训。认证成员项目提供机场管理和机场运行人员必需的培训和知识手册，这是认证机场管理人员的前身。③

第一次世界大战和第二次世界大战极大地促进了飞行技术和飞行能力的提升，让航空领域从小型螺旋桨式飞机进入了"喷气机时代"④ 和高容量的客运航班时代。

飞行速度的提升及全球范围内商业航空旅行的增加，要求各个州及国家建设跑道更长、航站楼更大的新机场。随着这些发展，运行能力也需要提升，以供飞机停泊⑤、服务、加燃料及维修。最重要的是，公众及航空服务乘客对商业航空服务的预期也有了提升，希望可以始终做到安全飞行，政府可以发布相关政策和制度以确保安全性，其他机构——尤其是机场——可以对紧急情况、事故或意外做到及时响应。

---

① 参见 http：//www. desertjet. com/what－is－a－fixed－base－operator/。
② 参见 http：//www. aaae. org/about_ aaae/history/。
③ 参见 http：//www. aaae. org/training_ professional_ development/professional_ development/accredited_ airport_ executive_ program/program_ study_ materials/bodyofknow. cfm。
④ 喷气机时代通常被认为始于 1958 年并延伸到现代，其标志是涡轮喷气发动机用于商业航空服务的发展（如 1958 年泛美航空公司的波音 707）。
⑤ 飞机停泊通常被称为"chalking"（即机轮停住）或"tie－down"（即用绳子将飞机系紧固定在地面上）。

机场运行和联邦补贴

第二次世界大战之后，美国机场有些过剩，这些机场满足了战时需要而现在不再为军方所需。美国历史上一再上演的一个范式就是，每次大型军事斗争之后，都会紧随军事方面包括人员、设备及资源的削减，第二次世界大战也不例外。1946 年，联邦政府将过剩的机场所有权转交给当地县市政府。然而，转交也有一定的要求，比如：第一，机场应继续运行，并用作民用；第二，不可区别对待飞行用户；第三，机场运营商应维护机场的安全性和服务性及跑道环境。最终，这些"承诺"被称为拨款保证或出资保证。[①] 机场运营商在接受联邦拨款时，需要遵守拨款保证，拨款最初用于1946 年《联邦机场法案》规定范围内的机场发展和运行。

自 1946 年开始，政府立法极大地提升了全美范围内机场的运行能力。1982 年，《机场和航线改善法》的制定，进一步改善了机场基础设施、运行环境及安全性。该法案促生了现今的机场改善项目。不论天气状况如何，机场运营商必须遵守《美国联邦法规》第 14 条 139 款的规定，任何接受机场改善项目经费的机场必须遵守拨款保证。[②] 拨款保证从根本上解释了联邦拨款资助的机场应该如何运行，从而持续收到联邦补贴。尽管有 39 条拨款保证，但其中与机场运行关系密切的有以下几条：

#11 人行道预防性维修

#17 施工监测与许可

#19 运行与维修

#20 风险消除和减缓

机场运行、安全和安保

其他机场部门也负责机场改善项目拨款保证类别的部分内容。然而，机场运行的独特之处在于，其职能包括促进整个机场各个职能的有效运转。就这点而言，运行不可避免地成为整座机场环境中促进安全和稳定性的基础所在。如第一章所介绍，此处展开阐述了机场环境的三个运行类别：开放的公共区域；航站楼；登机区。

1. 开放的公共区域，是机场联合运输的结合处，通过私人及商用车辆、

---

① 在后面部分会对此进行更详细的讨论。

② 拨款保证要求从接受资助开始保持 20 年，除非该资助用于获得财产，在这种情况下，要求是无限期的，或者直到该财产从 FAA 购买回来。虽然本质上 FAA 并不拥有土地，但是它确实代表了土地的所有权，因为是用联邦资金来购买土地的。

轻轨、地铁系统等途径，将机场和整个区域联结起来。开放的公共区域也包括停车场及场外乘客接送点。

2. 航站楼，是机场停靠路边和售票柜台之间的过渡区域。航站楼也包括行李认领区及各种乘客便利设施，比如卫生间、询问处及特许经营区域。航站楼由乘客安检区域划分为两部分，分别是公共区域和隔离区域（通过安检才可进入的区域）。①

3. 登机区，包括飞机移动、停泊或保养所在的跑道、滑行道及坡道区域等全部位置。登机区的内部边界一般始于隔离区门的位置。登机区的外部边界则为机场周围的外部栅栏。从机场规划的角度来说，登机区也被看作隔离区，但从实际出发，一提到登机区，一般会联想到建筑外的部分，也就是飞机移动的区域。登机区一词并没有在联邦航空管理局或运输安全管理局的管制内容中有明确的定义，而是在航空业界内被广泛认同，以用于指示机场周围栅栏范围内的区域。

几项立法内容奠定了当今机场在安全及安检方面的运行基准。1970 年《机场和航线发展法案》的通过及《美国联邦法规》第 14 条 139 款——"机场认证"共同建立了机场安全运行的最低标准。另外，《美国联邦法规》第 14 条 107 款②——"机场安检"概述了安检指导方针的最低标准和对机场运行的要求。

如前文所述，机场受到社会上不同参考体系的评估和制约。对社区而言，机场可以带动经济发展，但也会造成噪声和环境污染。对酒店、餐厅、出租车及旅游业而言，机场是其利润来源。对政府而言，机场是保证国家空域系统有效性的必要设施。政府也将机场视为国防的重要资源，也是自然灾害时期安全管理和社区支持的关键因素。对航空公司而言，机场也是其运行维持盈利必不可缺的一部分。

不论一座机场被如何评价，其运行方的首要任务是确保安全、稳定并且有效率地运行机场。必须达成以下目标：第一，为机场管理局实现最大收益；第二，为航空器运行方持续降低成本；第三，满足公众交通需要；第四，促进航空商业的流通（比如乘客、货物及邮件）。人们期望机场在承载诸多不同类型的飞行器及飞机起落路线的同时，可以在各种天气条件下安全运行。机场代表了一系列安全、稳定运行的资产和服务。

---

① 隔离区域被认为是需要进行安检才允许进入的机场区域。一般来说，它是通过安检通道后进入机场运行区的区域。

② 现在为《美国联邦法规》第 49 条 1542 款（机场安保）。

机场运行与通讯

安全、稳定的机场运行，离不开对有效且高效的通讯及相关基础设施的管理和运行。机场运行通常负责执行并管理机场通讯和系统，比如机场运行管理基本的通讯服务、机场调度室及其运行以及应急"通信中心"或"运行中心"。这些设备一般一年365天、一天24小时配备运行人员。通信中心通常负责收集并传递信息，信息来自：警方、消防及急救人员；天气监控和报告服务；安全和火警系统；供暖、通风及空调/环控系统；火车或乘客动态报告系统。通信中心的人员也监测机场的整体状态，并在有需要的情况下，派遣运行、安保及其他人员解决问题。通信中心通常位于紧急事件处理中心附近。机场发生意外时，需要通信中心人员负责支援紧急事件处理中心。

大型机场使用的许多功能性通信，在小型机场也会采用，但通常由一位运行负责人兼职担任管理，其可能同时肩负机场起降地的检查和响应。

作为一个复杂系统的机场

机场可以是简单的系统，有一条小型跑道和几个飞机棚，由县市官员或当地承包商运行。在有些情况下，当地"机场经理"也经常是承租人和飞行员。机场也可以是高度复杂的系统，每年承运数百万乘客、数百万吨货物及几十亿个包裹（图2.3）。

根据联邦航空管理局综合机场系统国家规划[①]，美国有19360个着陆设施（联邦航空管理局，2015）。然而，其中14212个并不对公众（个人）开放，也没有资格享受联邦资金支持。综合机场系统国家规划认定了5148家通用机场，其中3331家有资格享受联邦经费拨款。截至2015年，在综合机场系统国家规划中，现有或计划中的机场有3345家（图2.4）。有些机场，比如布兰森机场和密苏里机场，是私人所有但却公开运行。在综合机场系统国家规划中，有450家机场提供商业服务，并受制于《美国联邦法规》第14条139款，其余的则是通用机场，通用机场主要经营私人飞行，包括对公或商务旅行、飞行培训及包机业务。通用机场也可能包括低水平的商业服务活动，但如果活动中的登机旅客不超2500人，就依旧定级为通用机场。

机场管理局和组织管理

机场出资方是对运行机场的法人实体的一般称谓。机场出资方可能是一座城市、

---

① 综合机场系统国家规划根据机场发挥的作用以及以5年为增量有资格获得在AIP下的联邦基金的发展量和类型，来确定有资格获得联邦基金的美国机场。

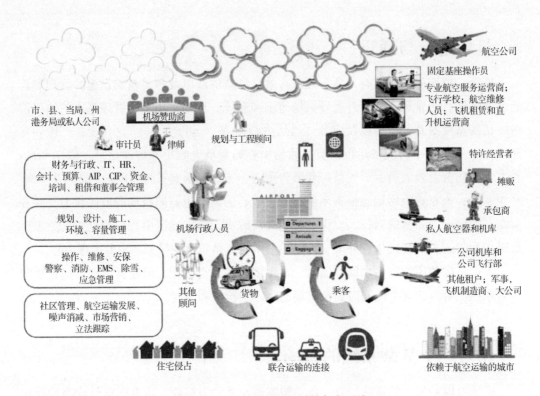

图2.3　机场管理运行区域的复杂系统

美国机场特征

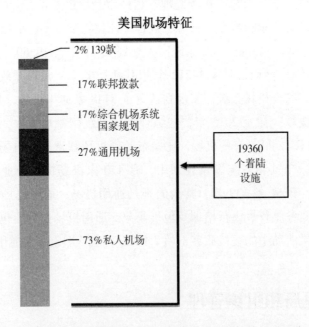

图2.4　与所有美国着陆设施相关的美国机场特性的相对百分比

机场管理局、港务局、私营企业。美国差不多有多少个机场，就有多少种不同的机场出资方。联邦航空管理局并没有要求机场出资方以特定的机场组织结构进行运行。联邦航空管理局对商用机场和领空的运行进行管制。对于有塔台的机场，联邦航空管理局控制跑道和滑行道的空中与地面交通，但并不运行机场。如果不算军用机场，联邦政府也不参与机场运行。在大多数情况下，机场由当地政府来经营。

市政府运行美国范围内几乎全部的公共机场。一些市政府当局建立了机场管理局或管理委员会，在地区范围内负责运行某个机场或机场系统。一些机场由州运行，比如阿拉斯加州；或由港航局①运行，比如纽约和新泽西港航局。

在城市运行的机场，机场董事长也称机场总经理或航空董事长，一般由市长任命，或由部门负责人聘用，比如市执行长或市政工程主任等。在县运行的机场，负责人可能由董事会聘用，并对其直接汇报，或由县主管、经理、部门负责人聘用。如果机场负责人是直接的政治任命，那么，他们可能也要参与上司的改选或有失业的风险。

机场出资方的支持对于机场运行而言至关重要。机场出资方在以下几个方面具有关键作用：第一，确保机场安全稳定运行所需必要设备和材料的资金来源；第二，拥护必要的规定和制度；第三，维持最低的业务运行标准（下文简称最低标准）。机场出资方着重维持符合规定、制度及最低标准的流程和政策，对整个机场的安全稳定性具有重要意义。

在有些情况下，市或县会成立机场管理局。成立机场管理局旨在运行机场或机场体系，比如洛杉矶世界机场，负责运行洛杉矶国际机场、帕姆戴尔机场和范奈斯机场。管理局委员会成员通常由城市或县进行任命，但大多由当选官员独立负责。管理局只能由其创建的实体通过类似法规解散。

在有些情况下，管理局也运行其他交通相关体系，比如纽约和新泽西港航局，除约翰肯尼迪国际机场、纽瓦克自由国际机场、拉瓜迪亚机场、斯图尔特国际机场及蒂特波罗机场 5 座机场外，也负责地铁、铁轨、过路费、桥梁及航运港，最近同意其担负大西洋城国际机场的一部分管理职能。各州运行机场，比如，阿拉斯加州，运行州内全部公用机场；华盛顿州，运行州内 16 座机场；夏威夷州，运行全部公用机场。

私营企业也运行一些机场，或承包机场某些运行部分，比如纽约和新泽西港航局下属的蒂特波罗机场，其运行人员都由一家私营企业来承包。相似地，约翰肯尼迪国际机场和拉瓜迪亚机场的某些航站楼就承包给了私营企业，而且大型的特许经营权获得者通常在美国多个商用机场都有特许经营。

机场管理者有不同的称谓，比如，机场经理、机场董事长、航空董事长，② 主要

---

① 港航局与机场管理局类似，但是港航局通常包括其他的运输形式，如海运、铁路、公路、桥梁和收费站。

② 每个机场的组织机构都会略有不同，就像机场主管的称谓。虽然机场经理、机场主管、航空主管、航空副经理等称谓之间没有规定的区别，但是在内部会区分这些术语。

负责机场安全、稳定并且高效地运行。机场经理必须监管机场的所有职能，并可根据设施规模，采取多种途径实现该目的。在小型机场，一个人可能担负整个机场的所有岗位，并任职机场经理，同时负责寻求市或县资源，招聘人员，从而完成某些职能，比如除雪、停机坪维护及传播公共信息。

随着机场的发展，机场需要更多更专注的工作人员来完成各种管理和运行职能。大型商用机场通常有几千名员工，担任着多种多样的职务，包括：机场运行和维护；行政和财务，如为机场创收；短期或长期资产规划；通过债券或机场改善项目基金，为大型项目筹措资金；处理环境和噪声控制问题；人力资源管理；公共关系。机场经理也是财产经理，负责机场的营销和开发，招纳租客和航空公司，协商管理年值数百万美元的租约合同。在履行所有这些职能的同时，也必须定期向机场出资方汇报机场的活动与即将面临的问题、条例和法规。

机场总经理必须平衡利益相关人的需求，同时确保飞机、人员及货物以一种安全有效且高效的方式持续不断地运转。为实现这些目标，机场经理寻求外部人员支持或服务也并不罕见。外部人员的类型主要包括机场审计员、机场律师、工程师与规划咨询公司人员。

1. 机场审计员通常是一位业外代理，直接向机场出资方汇报，或者有时候由第三方从事审计，从而确保机场资金管理得当。

2. 机场律师也通常是业外代理，直接向机场出资方汇报，或者由外部法律顾问向机场经理提供法律建议和指导。律师通常参与协商航空使用协议（航空公司/机场合同）、租约和合同，从法律的视角为机场出资方提供建议。

3. 几乎每一个公用机场都使用了工程师与规划咨询公司的服务。因为机场建设和总体规划十分复杂且管制颇多，机场在这些领域，需要这样的公司给予专业意见。小型机场可能雇佣一家公司提供整个机场的规划和工程服务，而大型机场除了内部的规划师和工程师之外，可能同时还要与几家公司合作。

在飞机场建设项目运行期间，机场运行人员必须和机场的工程师和规划师合作。机场运行方一定要确保建设期间机场的安全，并将其对飞行运行的干扰降到最低。机场运行人员经常参与机场建设项目的规划阶段，就安全的机场运行提供指导和建议。最后，机场经理必须在机场运行人员和机场工程师及规划师之间作出调解，因为前者希望尽可能地维持最安全的飞机运行环境，而后者尽管也希望有安全的环境，但也力求降低建造成本。

表2.1　在美国很多机场中发现的最基本的机场管理功能区域

机场管理划分	财务和行政职能
	市场营销和航空业务发展职能
	运行、维护、安全和安检职能
	规划和设计职能

由于机场运行方包括城市、县以及管理局等多个政府及部门，机场组织架构也各有不同。表2.1 展现了一个基本的组织架构，体现了在大部分机场中比较典型的四个管理部分。

1. 财务和行政职能包括人力资源、会计、预算、收益及资产管理、特许经营权管理、租约和法务以及风险管理。

2. 市场营销和航空业务发展职能与机场招商有关。在商用机场中，航空业务发展着重为机场招纳新的航空公司，并激励现有航空公司增加或改善服务。

3. 运行、维护、安全和安检职能直接关系到公众乘客的安全和安保。本文探讨了运行职能，但最主要的是应确保所有的机场基础设施、体系及人员以安全稳定的方式运行。运行方面的维护人员主要负责三个领域：第一，飞机起降区域维护，侧重于相关标志、标记、照明及某些航标；第二，建筑维护，侧重于供暖、通风、空调系统及航站楼建筑整体维护（照明、铺管等）；第三，机队维护，涉及机场车辆状态维护，包括扫雪机及其他必需车辆。应急管理通常归属于机场运行职能。安全职能涉及运输安全管理局针对商用机场的《美国联邦法规》第 49 条 1542 款机场安检和通用机场的安全指导。这些职能通常由警察、非武装安保人员及机场运行人员共同负责。

4. 规划和设计职能与资产改良项目、飞机起降区域设计元素、整体规划、噪声控制、建设项目及环境管理有关。

机场、联邦航空管理局以及运输安全管理局

机场由美国运输部下属的联邦航空管理局管制。大部分的联邦航空管理局的规章制度涉及拨款保证条例规定的机场安全性和管理流程。在 2001 年以前，由联邦航空管理局负责航空安全管理，直至当年 9 月 11 日恐怖袭击的发生，安全管理转移到了新成立的运输安全管理局。

运输安全管理局依据《美国联邦法规》第 49 条 1542 款要求，由最大起飞重量[①]超过 12500 磅商业运输的机场安检及商业飞行运营商来管理商用机场。美国大部分的通用机场，无论是公用的还是其他用途的，都不受运输安全管理局管辖，除了华盛顿三个限飞区（马里兰大学帕克分校、华盛顿高层及波托马克机场）。

机场也要求遵守各种政府机构的其他规定。比如，环境保护署、海关边境保护局与移民海关执法局，及其他州和当地的法律与组织。机场运行的一个主要职责是确保严格遵守管制政策和法律。机场运行在这一方面，不仅对遵守规定来说非常重要，而且对整个机场所有利益相关人和美国航空体系的安全和稳定性都有极其重要的意义。

机场运行和州航空分部

各州普遍在其运输部门内有分支部门，负责促进、开发或支持州范围内的机场运行需要。各州航空分部之间的目标和支持水平有着极大的差异。然而，一般航空分部都会推进许可认证、拨款经费、分包服务等直接促进机场运行改善的业务。州航空分部可以为机场运行人员提供可行的专业建议和潜在的资金支持，从而满足机场改善需求，特别是在提升安全和安检水平方面。比如，田纳西州运输部航空分部的职责如下：

这个部门负责给公共机场发许可证、监督对联邦资助的符合性并给州政府的分支部门提供飞行服务。他们为当地机场执行工程服务、航空规划研究、机场改进和项目设计咨询，确保州航空设施体系的运行安全和效率。[②]

科罗拉多州航空分部推出了稳健的《科罗拉多州自由支配航空拨款项目》[③]（图 2.5）。科罗拉多州航空分部定期通过该项目，为寻求支持的机场提供经费支持，从而实现了该州有效的航空运输。这些奖项适用于运行功能，包括跑道扩建、机场环境修复、机场安全强化及稳定性项目。

机场运行和行业贸易组织

行业贸易组织有助于理解并遵守各种机场运行的规章制度。贸易组织为机场运营商提供服务，其主要形式包括协助处理问题，提供行业主题、最佳实践及趋势方面的培训和信息。美国机场管理协会和国际机场理事会是两家主要的机场管理贸易协会，

---

① 也被称为最大设计起飞重量，即航空器起飞运行允许的最大总重。此限制使用特定航空器适航要求和结构性能来确定。

② 参见 http：//www.tdot.state.tn.us/aeronautics/。

③ 参见 https://www.codot.gov/programs/aeronautics/AviationGrants。

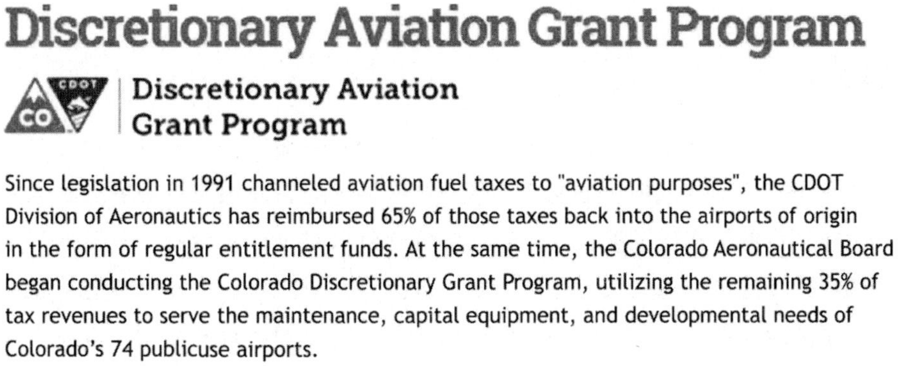

Discretionary Aviation Grant Program

Discretionary Aviation Grant Program

Since legislation in 1991 channeled aviation fuel taxes to "aviation purposes", the CDOT Division of Aeronautics has reimbursed 65% of those taxes back into the airports of origin in the form of regular entitlement funds. At the same time, the Colorado Aeronautical Board began conducting the Colorado Discretionary Grant Program, utilizing the remaining 35% of tax revenues to serve the maintenance, capital equipment, and developmental needs of Colorado's 74 publicuse airports.

图2.5　科罗拉多州运输部的航空部门支持其自由决定航空资助项目，全国认可此项目为机场运行问题提供的支持

［来源：科罗拉多州运输部（CDOT）］

两家都可以为机场人员提供认证和培训项目，主要涉及机场管理和运行领域。

不仅机场管理行业有其相关贸易组织，其他的每个机场租户也是如此。航空公司有美国航空协会和国际航空运输协会；公务机运行方有美国国家公务航空协会；通用飞行员有飞机业主和飞行员协会；固定基地运营商和专业飞行服务运营商有美国航空运输协会；直升飞机运营商和飞行教官也有他们自己的行业组织。

当机场经理或其他利益相关人希望在机场做出可能影响租客的政策改变时，负责人可以预见以上组织代表就该问题可能会有不同的观点。有些情况下，租户团体或贸易组织可能支持机场运营商，但也有些情况下，他们可能积极反对政策或程序推进，利用政治施压或社区支持，修改或否决提议的措施。国家航空部门也有自己的国家代表性组织，称作国家航空官员协会。[1]

政府和非营利、非政府机构也支持提倡满足公众在航空旅行方面的需要，比如即时服务及安全性服务。[2] 除了这些组织，公众也可以接触到航空领域最具影响力的政策和决议机构——美国国会。比如，鉴于市民（及相关组织）的压力，最终促使国会立法通过了《美国联邦法规》第14条259.4款——停机坪长时间延误应急预案，也称为"停机坪规定"。该规定对于长时间困于机舱内候机起飞的航空旅客而言是一种安慰。尽管该制度对乘客最有利，但要意识到机场经理将承担责任，想方设法照顾那些由于航班停机坪长时间延误而涌回航站楼的大批乘客。

---

① 参见 http：//www. nasao. org/。

② 参见 http：//www. dot. gov/airconsumer 和 http：//www. thirtythousandfeet. com/organ. htm。

总结

机场运行的基本任务是为航班运行及其他相关元素提供一个安全、稳定且高效的环境。随着飞机的出现，很快也迎来了第一座机场。随着商用飞行的发展壮大，机场管理和机场运行的形式也发展壮大，航空旅行的公众对飞行安全有了一定的预期。机场经理确保机场停机坪适宜飞行运行。第二次世界大战之后，许多市政府从联邦政府手中接管了战时建造的机场。然而，将机场从军方转交到市政府使用，也应确保市政府有能力以安全、稳定的方式运行机场，因此，机场运行应运而生。本文也介绍了"机场出资人"一词，今天依旧在使用，指代负责机场运行的法律实体。

临时航站楼建造在起降地附近，形成了最早的固定基地运营商。许多早期的固定基地运营商后来被商用航空航站楼所取代，形成了更有利于乘客休憩和公共区域交通的设计结构，比如停车场、乘客抵达和出发的车辆交通通道，以及乘客候机时可以休憩餐饮的特许经营区域。这些在设施方面的特殊要求，对确保公共安全也提出了新的要求，不仅是跑道和滑行道方面，而是针对整个乘客供应链——从开放的公共区域到航站楼、候机区以及返回。运行的职责从起降地扩展到了整个机场的方方面面。

机场设施耗费巨大，利用与航空公司签订的运行合同，以及特许经营权获得者和其他租客的土地租约，机场经理力求为机场创收。机场运行人员通常负责租约的履行。随着 20 世纪六七十年代开始出现的空中劫持及航线机场爆炸事件，机场运行的职责也包括了安全管制。

现今，许多机场由市、县政府或管理局运行，通过州法或市政决议等立法程序，具有独立的管理权限。机场管制颇多，在机场运行方面最具影响力的机构是联邦航空管理局和运输安全管理局。一些贸易组织为机场负责人提供与履职相关的认证、培训和协助，但这些贸易协会代表的其他飞行组织或利益团体可能有时会与机场运行方存在利益冲突。尽管机场和其他航空相关机构之间存在着摩擦或竞争，但是机场运行人员还是必须要确保整体上可以在安全、稳定且高效的环境中运行。

新任 GA 机场经理对机场 Ops 的思考

Zechariah Papp

科罗拉多州萨利达哈里特亚历山大机场经理

能够接任科罗拉多州萨利达哈里特亚历山大机场（ANK）（图 2.6）的机场经理是难得的机遇和挑战。[1] 当我在丹佛大都会州立大学入学时，我从未想过能在不到 4 年的时间运行一家机场，更不用说还是在我的家乡。

我是这家小型、公共所有而且没有管制的机场上唯一的员工。作为经理，我负责所有的地面维护，包括除雪、割草、修理损坏的设备和维护跑道与灯光系统，我还有其他责任，如处理机库租赁、机场新建工程、结算和为设施订购。由于我们是由萨利达市和查菲郡联合所有，所以我被要求参加市和郡的会议，告知委员会关于机场的活动。

我们一直在为我们的设施推进两个 FAA 资助基金项目。我们正在计划对整个机场进行雾封层和再画线。这会帮助保护所有道面，使其能够在我们这里的山谷中面对极端天气变化保持更长的时间。我们还在进行新的机场总体规划，为 ANK 的未来发展规划愿景。

运行一家机场可能极具挑战，我不得不训练自己分解任务、优化排序并逐一完成。

当我看到郡里在接收新的机场经理的申请时，我认为我对运行一家机场的所有事情有很好的想法。令我惊讶的是，我走进了一个需要很多关注的设施。仅仅是修理损坏的设备并进行所有的维护就已经是挑战了。过去的日子，我对这个职位更加了解，而且能够看到山在"变小"。毫无疑问，我认为这家机场的潜力很快就会真正闪耀。

---

① 参见 https://www.codot.gov/programs/aeronautics/PDF_Files/AirportDirectory/2015_2016COArptDir.pdf。

纬度	经度	海拔
38-82.296667N	106-02.918333W	7523'MSL

导航

VOR	GPS	ILS
114.9（BLUE MESA）	YES	NO

跑道数据

跑道	长度	宽度	道面	灯光	VGSI	App Lgts
6/24	7348'	75'	ASPH	MIRL	P2L/P2L	NONE
H1	36'	36'	CONC	NONE	NONE	NONE

通信

CTAF/UNICOM	灯光	气象	ATIS	APP/DEP	塔台	地面	ROC
122.7	122.7	AWOS 133.85 719-539-5268	—	—	—	—	—

萨利达　　　　　　　　　　　　　哈里特亚历山大机场　　　　　　　　ANK

图2.6　科罗拉多州萨利达哈里特亚历山大机场（ANK）
［由科罗拉多州运输部（CDOT）提供］

参考文献

Federal Aviation Administration（FAA）.（2015）. National plan of integrated airport systems. Washington, DC: U. S. Dept. of Transportation, Federal Aviation Administration.

第三章 运行与机场环境

科罗拉多州信息技术办公室的技术人员对伯绍德通道——矿山高峰自动气象观测系统进行保养与维修

（沙恩·赛德尔伯格拍摄，由科罗拉多州航空部门提供，2014）

位于哥伦比亚州斯廷博特斯普林斯市机场的自动气象观测系统（背景：风向袋和圆形着陆标志，背景中还可以看到斯廷博特斯滑雪胜地和维尔纳山）

（沙恩·赛德尔伯格拍摄，由科罗拉多州航空部门提供，2014）

典型的、公开使用的机场的环境复杂性使机场运行天生带有机场的很多功能和作用。美国的公共使用机场本质上是联邦监管当地所有的设施，其负责创建活跃的企业环境，同时在国家空域系统中担负关键作用。公共机场既不是百分之百的公共设施，也不是百分之百的商业企业。当机场由当地政府单位（市政当局、行政管理机构或其他国家机构；见第 2 章）运行时，机场赞助商必须制订运行计划与提升能力，以满足联邦规章、公众的需要和商业要求。正如之前所描述的，通过《机场改进项目》接受联邦基金资助的公共使用机场必须遵守资助保证，按照联邦航空管理局的《机场合规手册》——Order 5190.6b 中的定义。正如我们在本章中所要揭示的，联邦航空管理局《机场合规手册》是基准运行手册，机场管理者和赞助商使用它来解决其机场的运行需要。

《机场合规手册》(Order 5190.6b) 与资助(赞助) 保证

所有按照 139 款运行的机场必须制定明确的安全标准和相关项目。获得《机场改进项目》资助的机场也必须遵守那些安全标准，但是通常得到《机场改进项目》的支持并进一步加强现有 139 款有关安全、安保、改造和容量的运行标准。书面授权或资助保证①是机场赞助商对联邦航空管理局提供财务资金的合同承诺。虽然没有像资助保证中那样明确指出，但是每个资助保证协议中的条件，本质上要提供包括机场运行指南与要求的管理手册。

资助保证中规定的条件通常是 20 年的期限，而这一期限每次机场接受另一个《机场改进项目》资助时都要更新。举例来说，如果机场在 2016 年接受了《机场改进项目》资助，那么此机场遵照资助保证直到 2036 年，如果此机场之后在 2020 年接受了另一个《机场改进项目》资助，那么此机场需遵照资助保证直到 2040 年。另外，属于《1944 年剩余财产法案》②范畴的或者按照此法案已经接受《机场改进项目》资助购买不动产的任何机场，通常有责任满足资助保证中对以下两种情况规定的条件：在不动产情况下的机场期限；用于购买设备或基础设施的使用年限。③ 不论哪种情况，机场都必须从联邦航空管理局回购联邦政府资助的财产（不动产或设备/基础设施），以便尽早从资助保证的条件中解除。④

资助保证要求

一般来说，资助保证要求接受《机场改进项目》资助的机场遵守很多联邦法律、行政命令和特定联邦规章（以及其他很多要求）。机场运行经常受到监管，以确保机场及其承租人遵守这些保证。直接与机场运行功能相关的保证如下：⑤

1. 道面预防性维护（资助保证 11）：要求机场有预防性维护管理项目，而且报告道面状况恶化情况的通常是机场运行的功能。139 款中机场要求每天进行道面检查，所以这项功能是规章里固有的，但是资助保证也使之适用于接受联邦资助的非 139 款机场（大多数通用航空机场）。

2. 遵守计划与规范（资助保证 16）：机场运行人员通常负责监管机场上的施工安全，但是可能还要负责确保联邦资助项目的承包商遵守计划与规范。

3. 施工检查与批准（资助保证 17）：要求机场对施工现场保持合格的技术监督并确保任何项目工作都遵守联邦航空管理局的规章和程序。一般来说，机场运行人员负责对机场施工项目进行每日和定期的检查。（注：机场规划人员和工程师通常不直接负责遵守资助保证 16 和资助保证 17，由于项

---

① "Grant assurances（资助保证）"和"sponsor assurances（赞助保证）"是同义术语，机场运行与管理人员通常互换使用。

② 参见 http：//disposal. gsa. gov/SurplusAct。

③ 参见 http：//www. faa. gov/airports/resources/publications/orders/compliance_ 5190_ 6/media/5190_ 6b_ chap3. pdf。

④ 有些机场赞助者试图避免资助义务将机场关闭用作其他用途。

⑤ 参见 http：//www. faa. gov/airports/aip/aip_ handbook/media/AIP – Handbook – Order – 5100 – 38D. pdf。（参考 AIP 手册关于所有资助保证类别和适用性的列表）。

目可能安排在周末和下班时间的缘故，他们总在现场或发生施工问题的时候不能联系上。)

4. 运行与维护（资助保证 19）：要求机场运行人员在安全并可供使用的条件下运行机场。《机场合规手册》第 7 章直接阐述了机场运行的本质（联邦航空管理局，2009），并重点关注赞助商对机场运行与维护的职责。（注：当联邦航空管理局提到机场运行的区域，通常是指维护的区域。）对于我们的目的来说，我们认为维护的问题与标准从本质上来说是机场运行问题，除非特别规定。资助保证 19 包括很多内容，其核心要素包括：第一，需要时，运行机场航空设施；第二，为空中航行做标记并照明危险源；第三，通知飞行员任何影响机场航空使用的情况。为了有效满足此要求，机场运行人员必须持续检查机场和机场周围的空域以寻找影响导航的危险源。

5. 危险源消除与缓解（资助保证 20）：要求机场采取合适的措施保护空域（包括机场活动区）远离影响航行的障碍物或危险源。此活动区①包括跑道、滑行道和用于航空器滑行、起飞和着陆的机场其他区域，不包括装卸机坪和航空器停放区。机场运行人员必须持续监视和检查机场运行中可能出现的影响机场周围空域的危险源。例如，建筑起重机通常也在夜间进行架设施工，而且没有警告标志。因此，在资助保证 19 的机场运行与维护中，机场运行人员必须发布航行通告②（表 3.1）预先通知飞行员有航空危险源，并且跟进施工方危险源以确保他们已经正确地告知联邦航空管理局。另一个航空危险源的例子是外来物，包括活的或死的野生动物、掉落在机坪的航空器或车辆部件以及散开的地面服务设备。如果物品不能立即移开，那么必须发布航行通告。此资助保证直接针对机场运行的核心功能，即为航空运行提供安全的运行环境并且如果机场有不安全的情况要告知飞行员。

表 3.1　航行通告

> 航行通告——是与飞行活动有关的人员必须及时了解的，以电信方式分发的关于任何航行设施、服务、程序或危险的建立情况和变动的资料的通知。

［来源：普洛克 G.（2010），联邦航空管理局信息手册的航空通告运行］

6. 经济不歧视（资助保证 22）：要求机场以合理的条件用于公共用途，

---

① 有时被称为机场活动区。

② 参见 https://www.faa.gov/about/office_org/headquarters_offices/arc/programs/pacific_aviation_directors_workshop/2010/media/0415_10am_prock.pdf。

并且公平无差别地对待所有类型的航空活动。此要求的结果是，机场为机场运行建立了一个关键文件，称为"最低标准"，联邦航空管理局《咨询通告150/5190－7》将其称为商业航空活动的最低标准。[①] 最低标准是商业运行标准，要求机场上的所有航空企业都要遵守并坚持。通常，最低标准与承租人某些功能需要租用的空间大小有关，很多最低标准也与航空承运人或航空承租人的运行要求有关，如固定基地运营商、飞行学校、包机、商业机库承租人和机场上的维修运行。通常来说，确保承租人遵守发布的最低标准是机场运行的责任。

7. 费用与租赁结构（资助保证24）：联邦航空管理局要求机场建立费用与租赁结构以使机场尽可能地自我可持续。在这里，自我可持续的意思是机场依靠自己的运行收入来运行，而不是依据当地的市政税收资金。自我可持续并不意味着机场不能接受《机场改进项目》的资助基金。运行人员有时需要负责确保收取起降费、记录使用设施的航空器注册编号[②]，以便可以对他们收取使用费（在适用的情况下），或者以收益为目的的核实固定基地运营商或空管塔台正确记录机场使用。

机场通常给所有机场用户建立并发布一系列的"规章制度"，以便满足适用的资助保证的要求。机场运营商也建立并发布适用于他们机场上的航空企业的最低标准。大多数商业服务机场对特许经营有商业标准，他们不受联邦航空管理局的监管，通常是机场运行人员负责确保特许经营者也遵守这些最低标准。

最低标准中的条例、政策和规章

以下是机场公布的最低标准中描述的条例、政策和规章：

1. 安保：这些条例通常与《美国联邦法规》第49条1542款机场安保里的安保要求相关。1542款包括的政策和规章适用于：第一，进入机场的受保护区域和无菌区域的授权；第二，要求机场人员佩戴批准的通行证；第三，要求机场人员盘问安保区域内没有佩戴正确证件或没有佩戴任何证件的个人；第四，要求机场人员在安保区域内正确陪同其他没有通行证的个人。其他与安保相关的规章可能还包括：第一，确保机场入口、大门和内部的门正确地被保护并且在这些入口点响应警报；第二，控制机场区域以确保没有侵

---

① 参见 https：//www.faa.gov/regulations_policies/advisory_circulars/index.cfm/go/document.information/documentID/22332。

② FAA航空器注册编号。

入围界；第三，确保有一个干净整洁的区域，以便车辆或其他物品放置的位置足够远离围界，不会让人穿越围界。机场运行人员通常也代表机场对安保事件进行响应，有时候承担事件指挥或者以其他方式代表机场资助者决策。

2. 适用于机场人员和承租人的行为：这些政策和规章通常关于以下五点。第一，商业和特许经营的行为；第二，未授权广告和宣传单；第三，保护区里旅客的游览或移动；第四，关于机场内自行车、轮滑鞋、滑板或其他交通工具的规章；第五，安全措施，包括在特定区域内的反光服装的使用，例如，交通管制或施工现场。此类别倾向于涵盖各类规章，例如，丹佛国际机场的规章禁止携带大麻。机场运行人员经常要负责执行这些规章，要么在发生违规的时候采取直接的干预措施，要么通知合适的警察机关进行响应。这些条例可能也处理机场上报纸、传单或其他材料的合法分发，以及在机场内抗议的个人的要求。

3. 车辆运行：这些规章通常处理地面和空侧的交通和公共安全问题。通常包括：速度限制；在机场内驾驶车辆的许可；空侧车辆的许可证和标志；事故报告。在陆侧公共区域的车辆运行是执法部门的管辖权，而机场运行人员负责空侧车辆活动。空侧违规，按照严重程度，有时是在机场违规通告系统内处理，有时是民事违规，要求出庭并可能进行处罚、财务影响和驾照扣分。

机场通常建立"违规通告"来执行条例和规章。没有按照安保或机场安全与运行规章执行公务的员工可能会被发给违规通告，需要其雇主给出反馈。通常的处罚包括通过正式信件告知员工的雇主其违规的情况，并要求：第一，向机场安全或安保经理咨询；第二，要求员工重复进行与安保相关或与安全相关的培训；第三，暂停一段时间员工进入机场的授权，例如，撤销其机场通行证。有时候，机场赞助者将其条例和规章编纂后形成民事条例，把罚款加入处罚列表。机场运行人员通常处理与机场上航空承运人的员工和考勤相关的违规问题。但是，如果不在机场工作的人员非法进入机场，这种行为需要执法行动，当地或联邦机关可能会起诉。

4. 陆侧规章：陆侧区域包括停车场、旅客上下客区域和商业客运区。该规章通常关于：第一，人员允许在哪里停车、停多久；第二，出租车及其他商用车辆运营商进入机场，如到机场的豪华轿车服务；第三，进入机场的商用车辆税收收入的收集；第四，在机场上下客区域的人员和商用车辆的停留时间；第五，涵盖商用车辆运营商征集的条例。租车业务与通行要求通常也包含在条例和规章的这些部分里。机场运行人员监督这些区域中的车辆活动，通常是加强商用车辆的征集与运行，报告报废车辆或超过停留时间的车辆，并确保商用车辆有合格的许可证。陆侧规章可能还处理"行李搬运工"①的业务，包括他们的仪表、举止、小费政策等。

5. 空侧规章：这些规章关于以下四点。第一，机场上航空器的使用与活动，如航空器在哪里可以启动和在哪里可以试车；第二，关于航空器起飞、着陆、滑行和停放的条例；第三，航空器维护和清洗的要求或限制；第四，在某些情况下，直升机运行的要求。航空器加油、放油和除冰的规章通常也在此部分进行处理。机场运行人员通常负责确保航空器承运人遵守这些条例。回想一下，联邦航空管理局空中交通管制塔台（如果存在的话）管理航空器在活动区的运行，而机场运行人员管理航空器在非活动区的运行，并全面负责整个设施的安全运行，包括跑道和滑行道。

6. 环境管理：要求机场遵守环境法，很多机场已经添加了环境管理系统以识别并优先考虑环境问题。这些环境问题主要包括除冰液的使用、偶然的燃料泄漏、危险废物的产生和使用（主要由航空承运人来使用）、湿地问题、固体废物的产生（部分来自施工项目）、污水、破坏臭氧层的化合物、道面除冰剂、润滑剂、溶剂、洗涤液和噪声。机场运行人员通常负责监督环境问题，如燃料的泄漏和清理，以确保承租人遵守有关环境责任的最低标准。

7. 登机口的运行与控制：在商业服务机场，航空使用协议通常包括登机口的优先使用选择。机场运行人员通常负责管理登机口的优先使用或提供监督，以确保正确的承租人在正确的时间正确地使用登机口。

8. 噪声治理与跑道程序：通过批准的噪声治理研究和各种联邦航空管理局法令，机场经常实施噪声治理程序。机场运行人员通常监督这些程序，如优先跑道使用、最大性能爬升、宵禁及其他。当观察到违规行为时，运行人员向机场运行人员报告航空器的注册编号以评估相应的处罚或其他类型的后续处理措施。

有些机场有"未授权的飞行教员"或"未授权的维修提供者"，他们没有达到机场最低标准的要求，但仍在机场上试图提供飞行训练或航空器维修服务。机场运行人员通常负责定位这些活动并禁止这些活动，并视情况将这些人员报告给机场管理层或执法部门。

最低标准也与机场上航空企业的商业运行标准有关。机场运行人员确保这些企业达到机场运行人员提出的这些要求的标准。表3.2给出了机场最低商业运行标准的示例。

由机场运行人员列出的没有遵守最低标准（政策或规章）的机场利益相关方，可

---

① 行李搬运工是指搬运工或行李员。

能会被传讯、被开罚单或被起诉。根据违规情况，当机场运行人员确定了违反最低标准的情况，他们可以立即采取授权的措施来纠正违规并与机场管理层跟踪后续改正情况，也可以将事件报告给机场管理层做进一步的评估及提出可能的措施。

表3.2　机场最低商业运行标准

- 运行时间
- 设施维护与外观
- 人员仪表与举止
- 加油：确保固定基地运营商向所有承租人及时提供燃料，并确保自己拥有油库的企业运营商不向其他承租人提供燃料
- 遵守环境规章
- 将跑道上或活动区内的故障航空器移走
- 确保在机场上运营商业业务的都是经过授权的
- 确保承租人安全运行其设施

机场商业运行最低标准有很多，而且各个机场区别很大。此列表只是给出了标准类型的一小部分示例。

机场利益相关方

很多私人企业依靠机场为生，包括航空公司、固定基地运营商、专业航空服务运行人员、特许经营者、供货商和不从事商业的其他运行人。所有这些运行人员依靠机场提升其业务或功能利益。这些承租人也可以包括军工企业（其航空器在作战基地需要仓库、维护和燃料公司）、航空器制造商和需要机库的休闲飞行员。联邦机构，包括美国海关与边防局、美国移民与海关执法局、美国运输安全局和联邦航空管理局空中交通管制以及联邦航空管理局助航设备，都有必须在机场上需要被满足的需求。机场周边是依靠机场的商业，如宾馆、租车和餐饮业。依靠航空运输的居民，对机场上运行的航空器产生的噪声或机场运行产生的相关环境因素并不感到满意。

航空承运人

航空承运人、客运和货运航空公司，是有助于商业服务机场的最重要的利益相关方。在航空使用协议谈判的过程中，航空承运人了解并利用动力机制作为优势。航空承运人不仅以起降费、租赁场地（用于机票柜台、行李提取区域和行政区域）和燃料流动费的形式为机场带来大量的直接收入，而且还会为机场带来大量剩余收入，如特许经营和其他商业收入。

航空承运人与机场赞助商谈判航空使用协议，在一段时间内为机场运营商提供有

保障的收入来源，并允许航空承运人在机场拥有运行权，除非他不幸破产了。在机场投入大量资金和资源的航空承运人通常会获得签约方地位。签约方地位可以为航空承运人提供某些与决策和管理机场相关的审批权。最重要的是，与机场使用协议里的多数利益条款相关的签约方，为航空公司对机场资本改进项目进行少量控制，此项目对机场运行关注点有直接影响。

机场使用协议对机场运行人员有两个方面的影响：一方面，很多用户协议要求某些航空承运人提供绩效标准，如登机门使用率，通常是由机场运行人员监控；另一方面，签约方承运人的航空公司员工可能有时会觉得，由于他们对机场管理的某些要素可以进行更多的控制，如资本改进项目过程，所以其在其他方面的控制也延伸到了机场管理方式。虽然很少谈到或写到，但是机场运行人员通常很清楚，这意味着影响有时变成政治资本了，而且还会偶尔导致用户协议以外的某些偏袒。这个情况被认为是机场运行政治现实的一部分。

航空承运人吸引或带来旅客到机场，这些旅客要求有停车服务，或者通过商业或私人方式抵达，如公共交通、私家车和租车。停车场和地面交通通行费，如豪华轿车公司、机场巴士、出租车及其他服务所交的费用，为机场运行人员带来了大量的资金来源。如果没有航空承运人的服务，这些资金来源就减少了，正如大多数通用航空机场，其失去了航空承运人的服务，因为没有大量的消费者基础可以用来对停车场或陆侧通行进行收费了。在某些情况下，通用航空机场由较低水平的航空承运人服务，每年低于 2500 位登机旅客，这跟航空承运人的运行很相似，因此可以与机场有租赁和使用协议。在这些情况下，在通用航空机场必须指定机场运行人员监督运行、执行处罚和遵守规定，有时像商业机场运行人员要求的一样收费。

航空承运人也非常依赖机场运行人员来维持安全、安保、高效的机场运行环境。当航空承运人的航空器出现问题或发生应急时，航空承运人通常需要机场运行部门帮助解决问题。当下雪时，航空承运人和机场运行与维修人员通常一起工作来协调除雪和跑道的开放与关闭，以便在除雪间隙进行飞行运行。如果航空承运人的航空器发生了安保事件，机场运行部门会在公安、消防、急救服务和其他机构之间协调事件响应。此协调工作的一部分是在事件期间继续飞行运行（如果可能的话），如果飞行运行必须停止，则要处理事件并尽快重新开放机场。

固定基地运营商与通用航空机场

固定基地运营商主要是向私人飞行群体提供航空器和旅客服务。在某些商业服务机场，固定基地运营商也可以向航空承运人提供加油服务。在大多数通用航空机场，固定基地运营商等同于航空承运人，作为机场上最重要的承租人。固定基地运营商可以为大型商务喷气式飞机或涡轮螺旋桨飞机提供服务，也可以为小型飞机提供服务，如系留、机库存储（短期和长期）和小型维修服务。固定基地运营商可能不会获得与航空承运人相似的签约方权利，很多机场高管认为，固定基地运营商通常通过土地租赁、燃料销售、航空器租赁和飞行培训为机场带来很多收入。固定基地运营商通过刺激就业和私人商业航空旅行，因而对当地经济也很重要。

固定基地运营商为私人和包机航空器提供私人终端运行。他们还可以提供燃料、维修、地面运输、天气与飞行计划服务、互联网、飞行员休息室和餐饮服务。有时，固定基地运营商也会为机场赞助商提供办公地点，因为不是所有的通用航空机场都有单独的航站楼。很多固定基地运营商也租培训室或会议室。在小型通用航空机场的有些固定基地运营商也提供机场管理服务，如跑道检查、联通①服务和对事件的响应。在这些情况下，基于条款，固定基地运营商通常是机场赞助商的承包商。

由于固定基地运营商的客户属性，所以固定基地运营商通常允许豪华轿车和私家车进入其机坪区域直接在飞机旁上下客。通常情况下，固定基地运营商的人员负责确保这些车辆不离开租赁区，并遵守机场上的车辆和航空器活动相关的机场驾驶规章。通用航空机场运行人员往往强制执行和监督，注意车辆可能离开租赁区域并进入活动区或其他空侧地点的情况。

机场运行和固定基地运营商人员一般一起工作进行除雪和处理活动区故障航空器。贵宾②的协调沟通工作是要求机场和固定基地运营商人员一起配合的另一个功能。商务/私人航空器行业本质上是私人的，有些情况下，媒体、狗仔队及其他可能会对使用私人航空器系统的某些人的活动感兴趣。通用航空运行人员、商业服务机场运行部门与航空公司和私人航空器运营商一起限制这些人接近贵宾。

在通用航空机场上的航空器包机运行通常是飞行学校或固定基地运营商所拥有和运行。通用航空的航空器包机服务提供很多服务，包括观光和商务旅行。有些包机运营商甚至被要求遵守美国运输安全局安检程序，如美国运输安全局 12 - 5 安检程序③或私人包机标准安检程序，④ 这意味着美国运输安全局人员或授权的机场运行人员可以在包机或固定基地运营商区域进行筛查。机场运行部门（通用航空或商业机场）不负责确保航空器运行人遵守美国运输安全局规定的安检程序。但是，包机运行人可能需要机场运行部门协助进行某些美国运输安全局或安检相关的功能，如设备布置、摆渡人员或提供执法支持和事件管理。

---

① 在无管制机场或空中交通管制塔台未运行的管制机场上，FBO 人员可以给飞行员提供风和天气通告以及其他相关的航空情报。

② 当由 FAA 指定时，这种运行被称为"要客活动"或 VIP 活动。

③ 安检程序应用于重于 12500 磅的航空器，并用于多种飞行运行，如定期航班、货运或包机飞行运行。

④ 对于使用最大起飞重量大于 100309.3 磅或座位数 61 个及以上航空器的航空器运行人的额外要求。

专业航空服务运营商

专业航空服务运营商是驻场单位，提供与特定航空相关的服务，其中，有些服务也可以由固定基地运营商提供，但是通常专业航空服务运营商把特定客户作为目标，提供的服务包括飞行培训、航空维修运行、航空器包机与租赁、航空电子设备维修、螺旋桨车间和直升机运行。虽然专业航空服务运营商可能不提供一般与航空承运人或固定基地运营商相关的重要收入来源，但是他们通常对机场（特别是通用航空机场）的收入是很重要的，他们为机场的利益相关方提供必需的服务。

机场运行人员通常监督固定基地运营商或专业航空服务运营商运行机场的最低标准、条例和规章的执行情况。当机场运行人员发现违反了最低标准的情况，他们可以提供即时、短期的介入，并与机场管理结构中的相关单位经常跟踪后续以采取进一步的措施。在这种能力上，机场运行人员是执行者。

机场运行人员也可以依靠固定基地运营商和专业航空服务运营商协助解决机场事件或问题，甚至在特殊事件期间支持机场活动，如贵宾活动、航展和公共开放日。机场运行人员应牢记要求固定基地运营商和专业航空服务运行人遵守的最低标准、条例和规章，虽然他们也是机场客户并提供重要的收入来源。或者说，不管固定基地运营商或专业航空服务运营商对机场的经济有多重要，违反安全或安保相关的最低标准、条例和规章的情况也很少被容忍。其他最低商业标准或"次要"条例和规章，根据运行人员和机场管理层的解释，可以不像机场与固定基地运营商或专业航空服务运营商之间的经济关系本质上的结果那样严格执行。

特许经营商

特许经营商对大多数商业服务机场而言是很重要的，虽然在通用航空机场比较少有。在通用航空机场，从自动售货机到提供全面服务的餐馆范围内的特许经营，很多情况下是固定基地运营商的一部分。在商业服务机场，特许经营通常代表了重要的收入来源，是对到机场的旅客、员工和接待员提供必需的服务和产品的补充。特许经营商不受联邦航空管理局合规指南监管，他们与机场或主承租人签订协议，通过协议，必须保持特定的商业、卫生和客户服务标准。机场运行人员通常也负责管理特许经营商的安保职责。与特许经营相关的安保职责主要是，确保在机场隔离区内允许特许经营拥有和使用的违禁物品被公众看到或拿到。

供货商

供货商为机场提供各种服务，包括为特许经营商提供货架进货。供货商向机场隔离区或安保区送货要接受美国运输安全局的检查。虽然这些货的检查通常是机场安保部门的职责范围，但是机场运行人员可以承担此过程中一小部分监督或检查的职责，以确保进货工作按照机场安保项目的要求进行。

承包商

承包商通常与机场的施工项目有关。承包商也提供持续的服务，如信息技术支持、日常维护、承租人的公用事业设备维护。有些施工项目可能是短期的，如几周或几个月，但是有些会持续几年。在机场上使用承包商是运行所必需的，但是会产生安全和安保问题，因为承包商的工作人员并不总是习惯于在机场环境里工作。施工过程中，施工可能会穿过隔离公众和安保区域的围界、进入点和建筑物内的墙，这会产生安保和安全问题。机场管理层在机场施工期间负责运行安全，通常将对施工项目的日常安全与安保监督工作交给机场运行部门。

私人与商务航空器承租人

机场接待种类广泛的航空器。小型航空器所有人通过与机场运行人员签订租赁协议，或者通过与固定基地运营商（有时也称为商业机库运营商）签订租赁协议，来租赁机库空间，这些机库空间根据构造和型号，通常被称为 T 机库、盒子机库。在有些情况下，私人在直接从机场运营商那里租赁的机场土地上建造机库。这样，机场运营商管理他们的机库就类似于公寓管理员出租并管理他们的公寓一样。

一些公司的承租人是大规模运行，拥有相当大的机库、租赁资产和大型支持结构，如维修设施、办公和会议场所以及自己的油库。在资助保证中，机场被要求允许承租人自供油，只要承租人达到自供油的最低标准就行。这些标准通常要求燃料仅用于承租人，不能抽出、共享或卖给其他航空器使用，因为承租人没有所有者权益；而且承租人必须用其自己的在职人员进行加油操作，而不是雇佣第三方。偶尔也会发生滥用自供油政策的情况，机场承租人按成本价或者按照一定的利润，为其朋友或其他航空器加油。机场运行人员通常有执行能力监控加油操作，以确保公司运行人仅使用自己的人员为自己的航空器加油。大型公司运行人也可以有为贵宾准备的停车场，在其租赁区域会常看到豪华轿车和私家车接送旅客。

一种独特的航空器运行类型被称为"部分所有权"。部分所有权与包机运行很类似，除了旅客在某种程度上代表了在航空器上的所有者权益。因此，从监管的角度来说，部分所有权的航空器运行与航空包机是不同的。但是，从运行的角度来说，部分所有权运行可能更像传统航空器包机运行那样，在机坪区域有很多航空器，在候机区域和停车场有很多客流。部分所有权运行人通常跟机场或固定基地运营商签订租赁协议。部分所有权的航空器运行也必须遵守机场运行部门执行的任何相关的最低标准、条例和规章。

军方

有些公用机场周围会有军事设施，这些设施可能比较小，如旧金山机场上的美国海岸警卫队的航空站，或者有重要驻军，如西北佛罗里达支线机场在埃格林的空军基地。埃格林是联合使用机场，意思是它属于国防部，军方同意民用赞助商使用机场。共用机场意味着美国政府所拥有的、139 款指定的机场（即军方），在此活动区和安全区的部分由双方共用。共用机场的一个很好的例子是科罗拉多州的科罗拉多斯普林斯支线机场。机场的南侧和西侧是 139 款规定的公共使用的商业服务机场，机场北侧是彼得森空军基地——空军第 21 航天联队的运行总部，为北美空防司令部提供导弹预警和航天控制。两家单位，商业和通用航空的航空器与军机共同使用跑道和滑行道系统。

在联合使用机场或共同使用机场上的运行，会对设施的公共使用部分带来有利的有时是有挑战的动力。例如，像科罗拉多斯普林斯支线机场或西北佛罗里达支线机场可以利用军方的救援以及消防部门和人员来满足 139 款航空器救援与消防的要求。通常，军方对航空器救援与消防的标准高于联邦航空管理局 139 款的标准。但是，驻军也可能使机场成为恐怖袭击更有可能的样板。科罗拉多斯普林斯的彼得森空军基地，是一个具有战略性和至关重要的军事基地，其会优先成为攻击的目标。因此，在联合或共同使用机场的运行安保对运行规划及管理来说是极其复杂的。

联合或共同使用机场的其他运行挑战包括管理能力、空域问题和服务国家优先权。例如，商业服务或通用机场的航空器可能会给美国海岸警卫队直升机救援任务提供优先权造成延误。

机场运行人员必须清楚理解其在联合或共用机场上的职责。在某些联合使用机场，军方负责机场检查和很多 139 款要求的其他职责，并且不允许民用人员，包括机场运行、公安、消防和机场管理人员，在没有事先批准的情况下进入军方控制区，如跑道滑行道。在共同使用机场，机场运行人员可以负责除了航空器救援与消防响应以外的所有 139 款功能。每个联合或共用机场都有独特的程序和协议，以此来定义哪个单位负责哪种运行功能。

政府航空功能

除了军方，美国州政府和地方政府直接通过协议运行大量航空器，如天气研究航空器（如国家海洋与气象局）、执法航空器（缉毒署、联邦调查局、州和地方固定翼与旋翼航空器）、搜寻与救援航空器和消防航空器。这些运行可能要求机场改变运行方式，特别是消防航空器的情况，当机坪上有大量空中灭火机运行时。

政府机构与机场运行人员确实有租赁协议，而机场运行人员必须清楚理解租赁协议里对于进入机场设施和资源的要求。基于某些政府运行的性质，可能会发生对机场运行的改变，如优先处理某些政府所有的航空器。

航空器制造商

有些机场专门经营机场上航空器制造的各方面的业务。航空器制造商常被视为机场的重要收入来源，其表现为对社区的就业和经济刺激。航空器制造商偶尔在机场上对大量航空器进行飞行测试或制造航空器部件，有时被称为"工业机场"。虽然联邦航空管理局在美国国家综合机场系统规划中对工业机场还没有明确的分类，但是工业机场被美国机场管理协会和机场行业中的一些人使用。有些航空器制造商不租赁机场的土地，而是租赁或拥有机场附近的土地并与机场管理层签订进入协议来使用着陆设施。通常称为穿过围界协议，机场运行人员可能需要监控任何有穿过围界特权的单位，或为其通行提供便利。一些机场在其附近或机场土地上也建有航空维修学校，可能也有需要进入机场或在机场与其学校维修设施之间移动航空器的情况。

美国运输安全局

在美国，约有450家商业服务机场配有美国运输安全局人员。除了筛查员被称为美国运输安全局人员以外，美国运输安全局还有安检员，以确保机场、航空器运行人和航空货物运行人遵守其要求的安保项目，还有指派的各种其他人员，包括炸弹鉴定官员、行为监测官员、联邦安全主管、联邦安全助理主管及监督各种安保功能的监督和管理人员。

每天，机场运行人员与筛查员很少接触。美国运输安全局人员在旅客检查点和托运行李筛查区执行筛查职能。美国运输安全局人员告知机场管理与运行人员发生在筛查检查点的任何重要问题。通常，每天在旅客筛查检查点发现违禁物品，而且每个事件往往都要求执法人员响应。这些问题通常都会很快处理，不会严重干扰旅客们的活动。

但是，如果发现了潜在的简易爆炸装置或高度可疑物品，那么机场运行人员必须实施机场安保项目中规定的事件管理程序。美国运输安全局人员可立即决定疏散检查点或托运行李筛查处理区。同时，当地机场警察和炸弹处理人员抵达危险区域。这时，机场运行人员必须关闭筛查检查点，并决定如何最好地处理客流，同时还要为作为事件管理行动小组的一部分的联邦航空管理局和其他机构的抵达做好准备。

一般公众最熟悉美国运输安全局的运输安全人员在安检点进行筛查。相反，美国运输安全局的安保检查员是不为人知的，而且通常不穿任何类型的制服，可能的例外是背后写着"美国运输安全局检查员"的夹克。美国运输安全局安保检查员是航空安保系统的主要部分。在机场里，几乎在任何地方都能看到检查员——航空运行、航站楼或陆侧区域——检查机场和航空承运人的安保程序以确保遵守联邦规章。他们有权对安保系统进行测试，而且经常让机场运行人员参与关于某项安保措施如何实施的讨论。如果检查员发现了违反机场安保项目的情况，检查员可以对机场开罚单。这些发现的范围从几十美元到成千上万美元不等。

从本质上来说，机场运行人员拥有机场上活动的更高的专业知识，因此应该接受培训并保持与机场安保项目中的要求同步。运行人员通常是机场安保项目的主要执行者，他们不仅为机场节省了成千上万的罚金，更重要的是，他们可以防止针对机场或航空公司的犯罪或恐怖活动。从实践的角度来说，机场运行人员启动事件指挥并对安保事件进行响应，因此，其应接受安保条款、规章和最佳措施的完全培训。

联邦航空管理局与管制塔台

一个常见的误解是，每个机场都有管制塔台，而且联邦航空管理局为每一个机场的管制塔台配备人员。管制塔台位于大容量机场，由空中交通管制塔台（ATCT）来增强安全并提供航空器间隔。联邦航空管理局运行大多数的空中交通管制塔台，但是一些低交通量的机场有协议塔台，配备的是协议管制员而不是联邦航空管理局人员。更低交通量的机场可以使用联通或公共交通咨询频率来运行，即飞行员使用公共无线电频率搜索或发布与空中交通和机场情况相关的资讯情况。机场提供空中交通管制的类型对机场运行人员管理机场运行环境所使用的过程是至关重要的。

塔台里的工作人员通常至少包括两个席位："塔台管制员"和"地面管制员"。塔台管制员负责跑道上的空中交通和车辆交通，以及在空中交通管制航线上和紧邻机场的空中交通。根据其他空中交通管制设施的覆盖范围，塔台管制员可以处理 10 英里及以上距离的空中交通，如终端雷达进近管制设施或航路交通管制中心。地面管制员负责机场活动区滑行道上的航空器、其他车辆和人员的活动。

在有管制塔台的机场，机场运行部门和联邦航空管理局的管制员必须密切合作，以确保安全、高效的空中交通流量。机场管理层控制整个设施的运行，而联邦航空管理局控制交通管制员负责批准跑道和滑行道系统上的活动。当机场运行人员必须执行跑道和滑行道检查时，他们必须与航空器运行相结合，接受控制交通管制地面管制员的许可和指令。如果发生航空器应急情况，那么，公安、消防和其他救援单位，以及机场运行部门，有时还有机场维护、航空器维修的车辆和人员，都必须与空中交通管制和地面管制员进行协调。

在大型枢纽机场，多个塔台和地面管制员处理机场的不同扇区。有些塔台可能有放行许可功能，为飞行员进入空中交通管制系统提供飞行许可信息。放行许可也可以协调航空器推出和发动机启动工作，但是在一些机场，"机坪管制员"也可以处理此功能。机坪管制员可以是在非活动区协调航空器移动的机场运行人员或航空公司的运行人员。

除了空中交通管制人员，在机场的其他联邦航空管理局人员包括：设施维护员，负责助航设备和进近灯光系统的维护；机场区办公室检查员，负责监督机场按照139款的要求运行；飞行标准区办公室检查员，其持有专业资格证书，被授权对飞行员和航空器进行"运行检查"或"机坪检查"。进行这些检查是确保飞行员合法安全地运行航空器。机坪检查不受飞行员欢迎，可能会需要机场运行人员协助解决飞行标准区办公室检查员与飞行员之间的争执，或者某些极端的情况。联邦航空管理局的检查员可能会发现导致航空器或飞行机组停飞的原因，这可能会影响客流和航空器的运行。

机场上的其他政府机构

各种其他政府机构在机场上进行日常运行，还有很多其他的机构是定期运行。美国海关与边防局和美国移民与海关执法局在机场上从事国际交通运行工作，即使是小型通用航空机场偶尔的航班也需要海关服务。如果有大量的国际活动，那么就需要海关官员驻在机场，否则就要求附近区域的美国海关与边防局来处理到来的国际航班。

国际航班对机场运行人员来说是重要的收入来源。国际航班的旅客在机场社区停留的时间更长，而且倾向于花更多的钱。国际航班使用的航空器比国内航班更大、更重，这就要产生更多的起降费，因为起降费通常是基于重量计算的。航空器在机场购买更多的燃料，因此增加了燃料流动费。国际运行对大多数机场社区也很重要，经常是机场社区和机场营销努力的目标。让国际航空承运人对机场提供的服务和通行满意，这对保有国际服务是很重要的。

机场运行人员经常负责协助海关运行，包括在可能的范围内确保高效的客流、解决国际设施与国内连程航班之间的通行问题、监督海关和移民活动。机场管理者依靠机场运行人员解决问题，这样国际运行可以顺畅进行。机场要求机场运行人员与其他政府机构一起工作的各种其他运行包括：

1. 与美国特勤局人员一起工作，协调空军一号的抵达和离场。这些运行通常要求与联邦、州和当地执法人员，以及代表美国总统和白宫的人员，进行很高级别的协调。当空军一号在机场或机场周围某些区域运行时，所有其他航空器的交通运行停止，直到特勤局确定可以恢复正常运行。联邦航空管理局发出的临时飞行限制在此期间也适用于机场或机场周边区域。

2. 与美国国务院安保人员一起工作，协调国内和国外外交官通过机场的活动。

3. 与州和当地执法人员一起工作，安排当地贵宾（如政要或高知名度的名人）通过机场。虽然有些公众可能不认同这些人因为其社会地位而应该受到特别的对待，但是机场管理者认为，这些人会吸引大量的注意力，会干扰客流，或在某些情况下增加对公众的安保风险。因此，加强贵宾通过机场的活动保障是最符合机场利益的。此任务通常是美国运输安全局的工作人员与机场运行人员协调在指定位置护送贵宾，而不是在筛查检查点。通常，贵宾与机场运行人员会在机场安全门或公共停车区域碰面，然后直接送上航空器。美国运输安全局的工作人员会对机场运行人员及其护送人员执行筛查程序。押送犯人也可以按这种方式进行，如果执法办公室不想带犯人通过筛查检查点的话。

4. 机场运行人员可能会从其他政府机构接到护送人员的任务，如美国环境保护局、美国鱼类和野生动物服务局、美国农业部和联邦航空管理局，来检查与机场相关的问题。虽然通常会给这些人员机场通行证，但是为了安全考虑，他们通常没有在机场驾驶车辆的特权。[①]

除了政府人员要求进入机场，很多其他非政府机构，如承包商、供货商或急救人员，可以要求临时通行。可能要求定期进入机场的目的和单位有很多，但不管怎样，运行部门负责处理这些需求。机场运行部门也应注意要求不只是偶尔进入机场的情况，并向机场管理层推荐这些人员或公司，以通过机场通行证流程、机场车辆许可流程和参加相关的驾驶员培训。如果需要的话，运行部门也应确认这些人和公司使用的第三方车辆和设备达到了保险要求的最低标准。

机场运行的核心功能

从本质上来说，机场运行确保机场持续运行，机场运行人员解决可预见的问题，如下雪和其他与天气相关的事件、机场施工、总统活动，而且确保对不可预见的事件做出快速响应，包括航空器应急。不管机场规模如何，每家机场的核心功能运行相对类似。

机场检查

按照139款运行的机场要求要有自检程序，要对机场运行区的某些区域进行检查，这些区域包括道面、安全区、助航设备、机场灯光和其他区域，而且要对机场上的人员和车辆的活动、野生动物危险源和其他风险进行持续监控。没有按照139款运行的机场仍可以进行检查，作为最佳措施的一部分，而且要帮助确保机场达到资助保证要求19（维护与运行），使机场保持安全和可用的状态。检查人员必须接受如何进

---

① 在机场驾驶车辆是危险的活动，这种特权应仅授予已经受过培训并有需要定期进入机场运行区域的人员。

行检查的培训，包括如何报告缺陷。检查构成了机场运行的核心功能。

运行人员也可以进行航站楼检查和陆侧区域检查。虽然不受监管，但是航站楼和陆侧检查确保机场整体顺畅运行，并且识别和立刻处理任何危险源或问题。在小型机场，机场检查员也可以负责检查航站楼和陆侧运行，但是在大型枢纽机场，这些功能通常被分成不同区域的责任。由于机场是高度负责的系统，所以必须要组织有序的、协调的和高效的检查系统有效地运行。

机场通信

运行与通信中心

组织有序的、高效的通信和协调系统也是有效运行机场所必需的。机场的中心枢纽通常称为通信中心、安保运行中心、调度、机场运行指挥中心等（参见图3.1）。术语通信中心通常在提到通信和监视设备放置的位置以及通信中心相关人员运行的地点时使用。在这里，机场运行中心或运行中心指的是机场运行人员执行业务的一般区域。运行中心通常包括通信中心、应急调度、安保运行中心、维护控制中心和应急运行中心，也被称为事件指挥中心。通常，通信中心的工作人员有专业技术可以迅速实施并支持应急运行中心、启动需要的设备、为房间建立通行控制和修复通信系统。

通信中心

机场运行的枢纽是通信中心，其核心功能包括天气监测和与机场、航站楼和陆侧运行人员相互沟通，以支持机场运行功能。通信中心的工作人员有权进入以下系统并通常接受使用这些系统的培训，包括天气与通信报告系统、无线电调度面板、基本通话与办公室软件系统以及如何发布联邦航空管理局的航行通告。运行人员通常是机场功能的主要协调人，特别是在应急或非常规运行期间，他们主要服务于内部利益相关方，包括机场管理和其他运行与维护人员、要求信息的航空承运人和承租人的问题。有些通信中心也提供公共广播运行功能（如白色寻呼电话）。通信构成了机场运行的主要核心功能。

安保运行中心

安保官员或机场运行人员的安全技术、警报门、闭路电视和无线电调度通常安置在机场通信中心。工作人员监视机场通行控制与警报监视系统，此系统监视进入机场安保区域的各门口。安保运行中心的工作人员也监视防火门，并连接到通行控制与警报监视系统。当门警报器响起，安保运行中心的工作人员能够获得与警报器连接的特定门的监控影像。但是，并不是所有机场的所有安全门都配备有闭路电视，因为目前美国运输安全局对此没有要求。通行控制与警报监视系统通常会告知安保运行中心的操作人员警报的性质，并能够给出相应的建议。门警报器通常在以下情况下响起：

图3.1 机场通信中心的示例
（由丹佛国际机场提供）

1. 持有有效通行证的航空员工试图进入其未被授权进入的门。多次试图进入此门的员工会知道没有通行权并走另一个门，结果警报解除，不需要安保运行中心的工作人员做进一步的响应。

2. 未授权人员试图进入或成功进入通向安保区域的门。这种情况会导致强行破门警报，安保、运行或执法官员会接到调度进一步调查原因。通常，这种警报的结果是护送非授权人员离开安保区域返回到公共区域。这些警报通常发生在想要抽烟或错误尝试进入机场另一部分的人。在极端情况下，如果不能很快找到非授权人员，那么这可能被视为安保破坏事件。在定位非授权人员和进行事件调查期间，机场可能会被要求短暂关闭。

3. 授权人员正确进入安保区域之后没有关门。这种情况可能发生在风或其他天气因素使门不能正确关闭的时候，或者航空承运人的工作人员正在登机让门打开时间过长的时候。在这种情况下，可能要对最后通过门的人员采取强制措施。此措施由安保运行中心的工作人员决定如何执行，或者交给机场安保协调人来解决。

4. 安保运行中心的工作人员也可以负责监视围界入侵，包括任何安装的围界入侵探测系统。当探测到入侵时，执法、安保和机场运行人员通常会联合响应。执法人员负责逮捕入侵者；安保人员负责保护破坏区域；运行人员可能必须关闭跑道或机场以确保飞行运行安全，直到事件得以解决。

公安、消防和应急医疗调度

向公安、消防和应急医疗人员呼叫请求服务是由调度人员来处理的。调度员对接到的呼叫进行优先排序，评估适当的响应者和响应级别，确定哪个呼叫更需要紧急响应，并调度工作人员。他们也可以协调附近机构的其他响应者，并向响应人员提供关于事件的性质或涉及人员的信息。

很多州要求调度人员必须通过认证程序批准，这个要求的结果是，调度人员可能不是通信中心的工作人员。在有些机场，调度人员仅处理公安、消防和应急医疗服务的呼叫，非调度认证人员处理安保和机场运行人员的其他呼叫。有些机场交叉培训其通信中心的工作人员来处理所有功能，包括应急调度。在某些情况下，公安调度人员也会调度安保人员。①

在一些机场，调度由场外的应急呼叫中心来处理，其对包括机场的一个区域处理调度功能。大型枢纽机场通常有自己的驻场公安、消防和应急医疗服务调度中心。这种配置能让机场上的响应各方之间进行更好的协调，但是可能会引起驻场和场外响应者之间的问题（如互助响应）。选择驻场还是场外调度，应从每个机场运行人员及其独特的情况来考虑。

通知

有应急预案的机场被要求对某些事件要有通知程序，如飞机失事或机场灯光系统断电。但是，很多机场对各种事件都有通知列表，如预测有恶劣天气或其他事件和应急情况。机场运行的常见功能是担当通知的发起人，此系统可以只是基本的其他响应机构和人员的电话号码列表，或者是高级电子通知软件，允许紧急通讯通过短消息服务、短信、邮件、电话或其他系统发布出去。某些系统是高度复杂的，而且使用全球定位系统让通信中心的工作人员看到通知收件人的位置。此位置信息可以帮助工作人员协调对事件的响应。通知运行人员确保更新通知列表，确保列表上的人员受到通知，并处理被通知的人员提出的问题和询问，同时持续提供可用的额外指导和信息。

天气监测与报告

天气对机场运行有很大的影响。暴风雪、雷暴、闪电、龙卷风、飓风和任何其他恶劣天气都可能导致机场和周边空域从运行能力少量下降到大面积关闭，甚至引起对机场的损坏。恶劣天气情况会影响飞行和地面运行，因为进入机场的周边道路关闭，会使旅客多天困在航站楼里，威胁机场人员的安全。因此，机场必须有高度精确的天气监测和通信报告能力。

---

① 安保人员通常不配武器也未经过宣誓。

机场可以进入当地多普勒雷达信息、卫星天气报告数据、自动气象观测系统①、低层风切变告警系统②、自动道面监测系统（在机场上的天气报告设施）（图3.2）。依据模型，自动气象观测系统可以报告：

1. 气压是正确的航空器高度计设置所必需的。

2. 风速、风向、阵风、可变风向、温度、露点和密度高度。

3. 能见度和降水。更复杂的模型识别降水类型（雨、小雨、冻雨和雪）和累积降水率。

4. 云高计，提供云高、云密度和天空状况。

5. 最强的自动气象观测系统提供雷击数据，冻雨传感器探测结冰条件的状态。在航空历史中，有几起航空器事故是由结冰引起的。

图3.2 自动气象观测站
（来源：国家海洋和大气管理局）

机场运行人员通常订阅专业的、商业的天气报告服务，而且可以直接与国家气象局的工作人员联系。集成了下一代航空运输系统（联邦航空管理局对国家空中交通管制与国家空域系统的整体升级的术语）的机场将可以进入全系统集成管理。根据联邦

---

① 自动气象观测系统（AWOS）单元由FAA运行并控制。这些系统在最古老的自动气象站之中，早于自动道面检测系统（ASOS）。它们通常每间隔20分钟报告，而且不报告快速变化的天气情况的特别观测（如ASOS）。参见http：//ncdc. noaa. gov/data – access/land – based – station – data/land – based – datasets/automatedweather – obser ving – system – awos（关于ASOS的信息参见http：//ncdc. noaa. gov/data – access/land – basedstation – data/land – based – datasets/automated – surface – observing – system – asos）。

② LLWAS给机场区域里运行的管制员和飞行员提供风切变和微下击暴流预警。

航空管理局：

全系统集成管理是联邦航空管理局的先进技术计划，目的在于提高普遍情景意识，并且更广泛地共享空中交通管理系统的信息。作为下一代航空运输系统的五个过渡计划之一，全系统集成管理是基础设施，可以让航空团体成员使用促进国家空域系统创新、高效运行所需的信息。全系统集成管理处于国家空域系统的中心，用户在需要的时候可以得到所需的实时信息。①

全系统集成管理通过整合各种数据系统和软件解决现有问题，数据系统包括天气（如图形化描述）、通信雷达信息、交通流量管理系统，软件分析航路飞行计划变更、进离场程序、微下击暴流信息、航行通告、风暴中心、风切边和终端区高空风。联邦航空管理局的网站有关于如何进入全系统集成管理产品的信息。全系统集成管理目前对航空公司、机场、研发行业（包括研究所）和其他行业（如航空、航天制造商和运行人）均可用。

虽然全系统集成管理的复杂性超出了本书的范围，但是有助于航空利益相关方之间互相联系——联邦航空管理局举例论证说，航空公司运行、空中交通官员与管制员、联邦空警和军方可以通过全系统集成管理实时共享信息。这样，全系统集成管理对航空安全、安保、容量、交通流量和运行都是有利的。

机场维护与系统监控

机场维护与系统监控包括供暖、通风、空调、电力、供水和废水管理，在某些机场还包括火车交通系统。大型机场可能还有单独的维护控制中心来执行这些监控功能。当发生问题时，维护控制中心的工作人员就调配电工、水管工和其他人员来解决问题。

维护和对维护的需求与状态的交流对机场的运行至关重要。但是，维护工作是一个专业领域的工作，通常要求认证和专门培训（电工、柴油机修理工等）。因此，对于最少员工的小型机场，通常要先成立维护部门，然后给维护人员分派与运行相关的职能。随着机场容量和规模的增大，机场随后通常建立运行部门，维护工作就进入运行的领域。

总结

所有接受联邦资助的公共使用的机场都被要求遵守资助保证。商业服务机场必须

---

① 参见 http://www.faa.gov/nextgen/programs/swim/qanda/。

遵守《美国联邦法规》第 14 条 139 款，这意味着，其必须要达到机场运行的某些安全要求。所有公用机场，包括通用航空机场，还必须要达到安全的高标准，按照《机场合规手册》中明确要求的进行运行。机场运行人员通过使用最低标准、条例和规章在机场上执行安全。机场运行人员通常负责执行条例和规章，在适当的时候通知执法部门，并且执行机场最低标准的某些要求或个人、承租人租赁的要求。

在机场上进行常规运行的公司和个人有很多，而且机场依靠机场运行人员通过解决发生的问题和最大化地提高旅客、行李和货物的运转效率，来保持机场以安全和可用的方式运行。运行人员对机场收入非常重要。当旅客吞吐量降低或飞行运行量降低时，降低的容量对机场收入有直接的财务影响。通常，机场运行人员不能直接解决问题，而是通过他人解决问题。

机场运行的核心功能是通信、通知和对机场资产、设备和人员的运行协调，以确保旅客、货物和航空器安全、高效地运转。此任务包括进行机场检查、监控系统和解决问题，如维修问题、通信和响应。

关于机场通信中心的思考

梅瑞狄斯·钱普林
丹佛国际机场运行代表

我的同事埃里克·科纳蒂曾经对我说，机场通信中心是机场的心脏，是中枢，通过这里，机场内外、上下、周围运行相关的所有信息均被审查。保持机场的安全和安保是通信中心最基本的目的。此中心每天 24 小时运行，以支持机场管理层对标准和非标准运行以及紧急事件的处理。通信中心人员负责监视，为实时事件调配合适的应急响应人员，将不同机构和机场分支机构合适地连接到一起。记录发生的事件也是通信中心运行的重要内容。在机场日常繁忙的工作中，每天有上千名员工在工作，每年有上百万旅客通过，机场通信中心是快节奏的，处理各种富有挑战性的工作。

通信中心由四个主要的工作站组成，每个工作站有其自己指定的职责：第一，通信工作站；第二，安保工作站；第三，应急调度员或航空应急调度工作站；第四，监控工作站。通信工作站工作人员的职责范围广泛，他们是机场运行的主要联络点，因此处于在机场范围发布信息和将信息传递到不同部门的主要位置上。其标准的运行工作包括监测并记录天气，发布航行通告，将相关信息传递给机场和航站楼的运行管理者，通知机场维护部门修理和预防维护问题，监测机场内的消防系统，调配消防部门的结构单元和机场救援与消防紧急事件，如火灾、漏油、严重医疗呼叫和航空器告警。在紧急事件期间，通信工作站负责通知并调配合适的各方，而且为机场运行管理层提供支持。在这些情况下，应急运行中心启动，通信中心代表作为应急运行中心和通信中心之间的联络员进行协助，并作为情况小组和文件小组的领导。

机场上最重要的紧急事件是"航空器告警"，即地面或空中的航空器被告知或被质疑有运行缺陷并且可能、即将或已经发生航空器相关的应急。航空器告警通常由管制塔台启动。塔台报告航空器会在哪条跑道上着陆、航空器的类型和呼号、航空器发生的问题（初始由申请紧急着陆或优先着陆的飞行员报告）、遇难人数、剩余油量、预计的抵达时间。通信中心负责通知所有适合响应部门待命（或在有机场救援与消防的情况下，在航空器将着陆的跑道附近响应），以防发生事故或事故征候。

安保工作站负责确保机场的安保整体不受影响，其职责包括视频监控，监测机场内部的门和大门的通行控制系统，给违反安保规章的机场员工发违规通告，联系并调配协议安保人员去处理不同的事件。除了监控摄像头和安保软件程序，安保人员是安保工作站的"眼睛和耳朵"，他们对安保工作站操作人员的任何警报或事件进行响应，并且要对需要进一步采取措施或需要更多人员的任何事件进行报告。安保工作站的操作人员也被要求对事件进行交叉检查、核实，并在有些情况下恢复和取消员工的安保身份显示区域证件。

航空应急调度工作站负责监视和调配警察和医护人员。机场管辖的 9·11 电话连接到通信中心的航空应急调度工作站，操作员负责调配、核实应急响应人员并通知通信中心的其他工作站，随后启动指定的通知和检查单。大型机场等同于小型城市，在城市中发生的不同类型的应急事件会发生在机场。这些应急事件有很多种，从需要医护人员响应的医疗事件、交通事故、家庭纠纷、机场或航空器干扰，到旅客试图携带武器或毒品。航空应急调度也可能接到其他区域或机构的报告，需要寻找某些个人（原因可能是通缉犯、需要精神健康治疗的个人或走失的儿童）。航空应急调度也可能接到飞行机组的报告，通知不守规矩的旅客情况、机上医疗问题和由于许多原因改变航线抵达的航班。

通信中心的监控工作站监控其他三个工作站，是通信中心和机场管理层与公安、联邦调查局、美国运输安全局、国家气象局、机场安保协调人和公共信息官员之间的联络员。通信中心的值班主管必须确保所有适当的信息得以正确发布，而且通信、安保和航空应急调度操作员都在岗并且正确执行了他们的功能。当其他工作站的操作员需要休息或者由于同时发生的应急事件而无法分身时，通信中心的主管也可以作为接替人或备份支持。

除了航空器告警以外，每个工作站的操作人员都接受过培训以响应员工和旅客可能面临的潜在的安全危险源，如恶劣天气事件（龙卷风、严重雷暴、暴风雪等）、可疑物品和炸弹威胁、航空器劫持、安保破坏、危险品①泄漏、基础设施和陆侧损坏/事故等。所有通信中心的工作站以不同的方式响应这些应急事件，并对潜在事件的响应

---

① 参见 http：//www.iata.org/whatwedo/cargo/dgr/Pages/index.aspx。

有特定的检查单。通信中心的员工必须要具有团队精神，并且有特殊的通信技能。每个工作站的操作人员都接受过培训，并可以相互支持。通常，通信中心的工作人员有资格进行多种操作，在繁忙工作期间，能够帮同事收拾烂摊子。因为应急事件不是计划的，所以他们可能发生在最不方便的时候而且通常同时发生。并不常见的是，已经发生的应急事件导致发生新的不同的应急事件，进而增加了情况的复杂程度。因此，通信中心的工作人员必须随时做好准备，熟练优先排序，并且尽力处理多个事件。具有处理情景意识的能力，能够预测下一步需要采取的措施，并采取事前预防性措施，是通信中心运行的本质。

机场通信中心是一个具有挑战性的、忙乱的环境，处理从标准运行程序到需要采取事关生死措施的问题。在通信中心工作如同驾驶航空器——重复监视驾驶舱仪表，完成常规程序，当发生问题时保持冷静并依靠培训和检查单。在保持机场尽可能流畅的运转和运行的不懈努力下，通信中心起到了重要和关键的作用，其永远将机场员工和旅客的安全放在心上。

参考文献

Federal Aviation Administration（FAA）.（n. d. a）. Joint Civilian / Military（Joint - Use）Airports. Retrieved December 21，2015，from：＜http：//www. faa. gov/airports/aip/military_ airport_ program/join_ use_ airports/＞.

Federal Aviation Administration（FAA）.（n. d. b）. Definitions. Retrieved December 21，2015，from：＜http：// www. faa. gov/airports/airport_ safety/part139_ ert / definitionsl#shared ＞.

Federal Aviation Administration（FAA）.（2009）. Lifetime of airport real property or useful life of equipment under Surplus Property Act of 1944. Order 5190. 6b. Washington，DC：Federal Aviation Administration. Retrieved from：http：//www. faa. gov/airports/resources / publications / orders/compliance_ 5190_ 6/media/5190_ 6b_ chap3. pdf.

Prock，G.（2010）. Notice to Ainneiz（NOTAM）：Procedures update：Issuing a NOTAM today digital NOTAM tomorrow. Retrieved from https：//www. faa. gov/about/office_ org/headquarters_ offices/arc/programs/pacific _ aviation _ directors _ workshop/2010/media/0415_ 10am_ prock. pdf.

第四章　安全管理体系与机场运行

丹佛国际机场跑道
（由科罗拉多州丹佛国际机场提供）

在科罗拉多州丹佛国际机场的加油操作
（沙恩·赛德尔伯格拍摄，由科罗拉多州航空部门提供，2012）

安全管理体系

　　机场运行的核心功能一直是安全、高效地运行机场，使其成功的关键是，机场运行在概念化和实施安全相关的政策和实践中不断取得进展。经过一段时间，这些努力对形成高度明确的安全管理体系已经变得很重要了。正如本章将研究的，安全管理体系由一系列主动的、系统的、规范的指导、政策和实践组成，用于对特定机场、航空公司或通用航空相关的运行进行安全管理。联邦航空管理局将安全管理体系定义为："管理安全风险的正式的、自上而下的、商业化的方法，包括安全管理的系统程序、实践和政策（包括安全风险管理、安全政策、安全保证和安全促进）。"（联邦航空管理局，2007）

航空安全的动机

　　对加强安全方法的需要，例如，安全管理体系，主要是由事故征候和事故导致的对国家社会和商业的经济损失所激发的。由于这些生命和基础设施的损失，政策和法律被制定出来以强制要求降低航空风险。但是，机场运行经理必须认识到，对安全的需要是基于道德和社会价值的，而不仅仅是基于经济损失的。为了主动并创建"安全文化"，精明的航空专家认识到，要宣传持续增强安全的需要，不仅要从经济的角度考虑，还要从道德的角度考虑。

　　航空被认为是最安全的运输方式之一。根据国家安全委员会的数据，个人死于交通事故的概率是 1：212，而与飞行或航空相关的死亡概率是 1：8012（2010 年）。尽管如此，事故仍然发生，而这些案例的大多数，其根本原因是原本很有可能避免的与安全相关的故障（图 4.1）。机场管理者不再采用反应式的安全政策，基本上就是等着事故发生之后来决定实施哪种新程序以避免再次发生。

　　管理航空安全的主动系统现在是全球关注的问题。2005 年，国际民用航空组织要求成员国建立并实施安全管理体系，用于管理航空运行、维护、空中交通管制、飞行训练、航空器制造和机场运行的安全风险（联邦航空管理局，2014a）。作为响应，美国航空公司现在被要求到 2018 年要有正式的安全管理体系方案。联邦航空管理局现在正在评价和鼓励美国 139 款的机场为运行问题建立并实施安全管理体系。与此同时，联邦航空管理局发布了咨询通告 150/5200 – 37——《机场运行人员的安全管理体系介绍》，作为机场运行中实施安全管理体系的建议指导（联邦航空管理局，2007）。在 2015 年初，联邦航空管理局仍处于 139 款机场实施或强制要求安全管理体系的条例制订阶段。到 2016 年春天，强制要求 139 款机场完成建立安全管理体系的条例制订工作。

图 4.1　人类的任何努力都有风险

（尽管飞行依然是最安全的运输方式之一，主动的安全管理总是假设飞行会遭受危险源和人的差错）

机场安全与安全管理体系

当安全管理体系首次引进美国的时候，很多机场运行的专家认为，已经建立的 139 款就等同于安全管理体系。航空业的其他人认为，安全管理体系仅用于特别项目，如机场施工。因此，安全管理体系在美国机场运行中一直是临时性的。但是，安全管理体系不只是联邦航空管理局对商业服务机场建立的机场安全方案。目前，航空事故率相对很低，如果没有一个主动的方法管理安全，其关注焦点在过程控制并使安全成为商业运行的完全整合的一部分的话，那么，很难继续提高安全管理水平。因此，安全管理体系在美国和全世界的商业航空和通用航空设置的很多领域被强制要求或以其他方式采纳。

安全管理体系正变成航空安全的全球行业标准。商业航空公司、公司运行人、直升机运行人和航空业中的其他利益相关方已经在其运行中实施安全管理体系。类似形式的安全管理体系在医疗和职业健康行业中被使用。安全管理体系类型的方案也被用于其他领域，如安保和环境管理。

作为管理安全的正式的、自上而下的、商业化的方法，安全管理体系建立于四个基本原则基础之上，由机场合作研究项目（路德维格、安德鲁斯、杰斯特·维恩、拉奎和 MITRE 公司，2007）给出。这四个基本原则为：

1. 安全管理承诺；
2. 主动识别危险源；

3. 采取措施管理风险；

4. 评价安全措施。

安全和安全管理体系在美国的发展

安全管理体系主要是在整个组织内实施安全决策方法。在美国，联邦航空管理局采用的安全管理体系是联邦航空管理局在整个航空领域（商业和通用航空）持续努力提高安全水平的一部分。早期，航空先驱们在有政府安全规章之前运行航空器，更多的是依靠实践经验（联邦航空管理局，2014b）。随着时间的发展，事故的发生使得规章制度开始出现并实施。人类飞行出现之后的几十年，预防事故的传统方法是反应式的，即从之前的事故中获得经验教训。在这一过程中，发生的事故促进了新的安全政策和规章的出现，并不是识别可能导致事故的现有风险因素，而是在发生事故征候或事故之前处理那些风险的主动方法。当发生事故时，调查人员关注可能的原因，通常他们确定是人的不安全行为，然后是责备并对未能安全操作做出惩罚。这个过程确定了事件在什么情况下发生，包括发生了什么、涉及什么人和什么时候发生。此过程通常不考虑导致事故的"为什么和如何"的影响因素，这原本可以在事故之前被发现；这个"为什么和如何"原本可以用来防止将来的事故（国际民用航空组织，2013）。

技术进步，如结构设计与航空器性能、助航设施、天气预报与通信系统，对航空安全的收益作出了极大的贡献。随着这些收益变成现实，事故的出现较少是因为技术故障，更多的是由于人的差错，如飞行机组人员之间的低效率的协调和沟通。到19世纪80年代，行业开始更加关注安全的人的方面的因素，使用的方案有驾驶舱资源管理和航空中的人因工程学。新世纪正在见证一个组织中所有利益相关方对提高安全绩效的关注焦点的转变。航空业中的焦点正由安全管理体系作为主要构造建立起来。缺乏与安全相关的组织绩效的一个灾难性的例子是1986年航天飞机挑战者号爆炸，我们将在下面的案例研究中给予描述。

案例研究

航天飞机挑战者号与组织安全

戴安娜·沃恩在她《挑战者号发射决定：美国国家航空航天局的冒险技术、文化与偏差》的书中，认为挑战者号爆炸是几个因素共同作用的结果，每个都指向组织的安全文化，而不是特定人的行为（1996，p. 204）。沃恩使用术语常态偏差来描述这一种情况，即当违反标准发生时，没有发生任何事件，因此违规成为新的标准（p. 78）。

　　一个常态偏差的例子是我们经常说的"加利福尼亚停"，广泛的解释为，在停车标志前滑行停车而不是将车辆完全停住。第一次，司机在特定的停车标志前可能停住，没有发生危险，并且正常行进。第二次，司机可能没有完全停住，仍然没有发生危险，并且继续行进。第三次，司机再次没有完全停住，继续行进，没有事情发生。最终，滑行通过停车标志变成正常行为。这种故意差错，也称为实用偏差，其增加了事故的可能性。沃恩指出了导致灾难的五步过程：

1. 将潜在危险的"信号"或迹象合理化为等同于接近正常运行性能的标志；

2. 官方承认此升级的风险（莫顿聚硫橡胶公司告知了美国国家航空航天局此问题）在技术简报中被缓和并推迟，以便让此警告看起来只是次要问题；

3. 对此风险的审查（由美国国家航空航天局）导致了合理化的和错误的自信；

4. 在直接指出风险严重程度的一位工程师被责备后，做出了常态偏差的官方行为；

5. 发射航天飞机的决定导致其在发射后立即毁坏。

　　在美国国家航空航天局的案例中，以及根据美国总统委员会的结论，莫顿聚硫橡胶公司，即制造可能最终导致航天飞机发生故障的 O 型圈的承包商，没有接受在项目初期对其设计有严重和无法预测的缺陷的检验（沃恩，1996，p. 90）。美国国家航空航天局进一步否认其工程师判断设计是不可接受的。最终，涉及发射挑战者号的工作组将助推器技术的统计数据正常化。

　　2005 年 11 月，国际民用航空组织修订了附件 14 第 1 卷（《机场设计与运行》），要求成员国对认证的国际机场建立安全管理体系（2013）。此要求的目标是，将安全管理体系作为一种方法来使用以识别、检查和评价航空运行决策过程中的安全。它允许组织调整与安全相关的战略与战术，以适应运行改变的要素，如增加运行复杂程度与有限的资源或资助。安全管理体系也促进安全的持续改进，通过特定的方法和过程努力识别现有危险源并预测潜在的危险源。自从国际民用航空组织于 2005 年修订文件之后，随着安全管理体系带来了可定义的安全和财务效益，其获得了广泛的支持。例如，机场运行人员采用安全管理体系后可以看到诉讼、工人索赔和设备损坏的减少，同时认识到了收入以及机场对公众的可感知的社会价值或善意的增加。

　　2010 年，针对 121 款航空承运人运行人安全管理体系的条例制订通告①出台了，最终条例在 2015 年 1 月 8 日发布（联邦注册办公室，2011）。此条例要求运行人建立并实施正式的安全管理体系。联邦航空管理局对自愿实施安全管理体系的非 121 款运行人提供指导，包括维护、维修、大修设施和培训组织。

---

　　① 条例制订通告（NPRM）是官方文件，宣布并解释一个机构解决问题或完成目标的计划。所有制订的条例都必须在联邦公告中发表，以告知公众并给公众提交评论的机会。制订的条例和公众对其的评论形成最终条例的基础。参见 https://www.federalregister.gov/uploads/2011/01/the_ rulemaking_ process.pdf。

2007 年 2 月，联邦航空管理局发布咨询通告 150/5200 - 37：《安全管理体系介绍》。此咨询通告是在机场安全管理体系条例制订（2008 年）之前发布的，但是到本文撰写时，最终的条例制订还没有发布。虽然预期是 2015 年 1 月，但是最终条例制订要到 2016 年才发布。尽管如此，几个机场运行人员基于联邦航空管理局咨询通告中的指导，已经在其机场创建并实施了安全管理体系，这是联邦航空管理局的安全管理体系测试项目的一部分。

安全管理体系的益处

安全管理体系允许组织识别潜在的危险源，而且在发生问题之前对风险和其他有缺陷的区域进行评估。有了安全管理体系，机场运行人员创建特定响应来管理风险，并对每个问题采取合适的措施。此外，运行人可以不断监测和缓解风险。趋势表明，安全管理体系会变成美国商业服务机场的主要安全方案，因为在组织安全方案中采用安全管理体系的机场运行人员发现有很多益处。这些益处包括：

1. 主动预防事故和事故征候；
2. 承诺安全的组织文化，由于是全系统的运行道德而不是经济驱动；
3. 使用必需的数据和信息，推动政策制定者资助与安全相关的项目并优先排序资助申请；
4. 可持续标准运行程序；
5. 通过更有效的风险识别和风险缓解来增强机场应急管理；
6. 工人更遵守安全条例。

详见表 4.1 中的机场合作研究项目总结。

表 4.1 关于安全管理体系的机场合作研究项目总结

1. 降低事故的直接和间接成本：更少处罚和维修成本并降低保险费。
2. 通过促进整个组织中管理层和员工之间的沟通，来提高员工的士气和生产力。
3. 建立始终如一的安全运行记录，可以用于吸引新的商业和新的投资到机场。
4. 通过强调风险缓解措施、提供对安全和机场底线的最大影响，对安全需求进行逻辑优先排序。
5. 遵守安全法律责任。安全管理体系直接与机场建立的安全方案有关，附加的利益来自在整个机场运行和所有区域实施安全管理体系。
6. 通过报告危险源和主动安排维护任务，更有效地进行安全维护和使用资源。
7. 通过改进沟通和风险缓解以避免事件调查产生的成本和运行中断，这会预防很多事故的发生。
8. 通过吸取经验教训持续改进运行过程。

（来源：《机场合作研究项目报告 1 机场安全管理体系卷 1：概述》）

虽然安全管理体系有很多优势，但是机场运行人员一直不愿意实施此方案，有些是担心要花费金钱还得不到联邦批准，只能等最终条例发生重大改变。尽管如此，规章从来都不应优先于有效的安全实践。

有些机场运行人员犹豫是否在其机场实施安全管理体系，直到联邦政府发布关于与机场相关的安全管理体系过程和要求的最终条例制订。然而，一旦实施，任何安全方案都有可能成为建立安全管理体系的关键原则之一，即安全文化。狄姆·欧科隆雷是圣安东尼奥国际机场运行部助理主任，他认为，如果与机场相关的安全管理体系联邦条例制订与现有条例制订通告有很大改变，那么，圣安东尼奥已经实施的安全管理体系会更容易适应这些改变而不是从草稿开始——主要是因为安全文化已经渗透在整个组织中了。

安全管理体系的四个支柱

安全管理体系将安全运行的职责扩展到组织的所有级别和领域。此努力增加了寻找安全问题的利益相关方的数量，因此降低了未检测到的危险源的可能性。整个航空业的主要安全危险源一直是人的差错或人的因素，人的差错直接影响组织的安全管理绩效，因此，安全管理体系的主要关注点是处理人的差错。

缓解人的差错的一个方法是由瑞森提出的，现在已经完善并成为瑞森瑞士奶酪模型（图4.2）（瑞森，2000）。瑞森描述了人的差错的四个层面，每个层面影响下一个。从不良事件反向工作，第一个层面描述了最终导致事故的不安全行为。在瑞森模型中，图中代表有四个部分的通用的组织，如设施、运行、安全和管理。瑞森的原始模型包括以下四个要素：第一，组织因素；第二，不安全监管；第三，不安全行为的前提条件；第四，不安全行为。

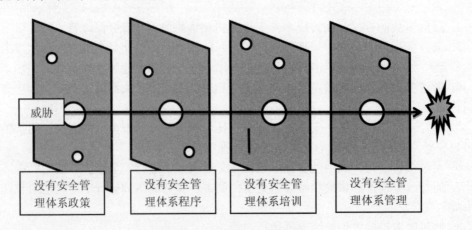

图4.2　瑞森瑞士奶酪模型

正确设计的安全管理体系应具有一系列定制的安全"层面"——政策、程序、规章、培训和其他策略，目的在于在组织内创建安全文化。每个层面都有固有的风险（图4.3），象征了导致事故征候或事故的潜在安全危险源。但是，当层面通过安全管理体系统一时，危险源就不大可能穿透所有层面而不被发现和缓解了（联邦航空管理局，2007）。例如，图4.3展示了一个安全威胁能够通过政策和程序的层面，但是培训的某些方面挡住了此威胁穿过安全管理体系而导致事故或事故征候。

在一个反应式的安全体系中，各种情况的连续层面被各种缺陷所突破，因此使危险源（如人的差错、技术故障、环境因素）成为事故或事故征候的影响因素。瑞森模型是制订正确设计的安全管理体系中的主要结构。

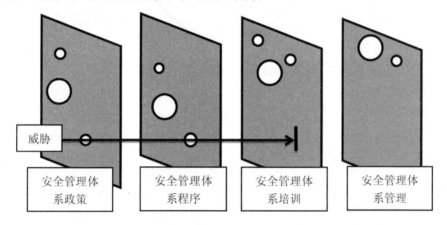

图4.3　主动安全管理体系中的连续安全层面的示例，威胁影响到了政策和过程，但随后被正确的安全培训所挡住，来源于瑞森瑞士奶酪模型

国际民用航空组织芝加哥公约的附件6要求各成员国商业服务机场运行人员实施包括以下原则的安全管理体系：第一，危险源识别；第二，用于保持可接受的安全水平的补救措施；第三，持续监测；第四，对达到的安全水平进行评估；第五，持续改进整体安全水平。安全管理体系也依赖于以下努力所固有的安全质量：第一，对安全的管理承诺；第二，主动识别危险源；第三，采取缓解风险的措施；第四，评价安全行动。这四个要素对任何组织中可持续的安全管理体系方案的成功是很关键的。

前面提到的原则和质量形成了国际民用航空组织安全管理体系的四个支柱的哲学基础。拓扑结构（支柱）建立了制订、实施和维持主动安全管理体系方案的基础（图4.4）。

支柱1：安全政策

对任何安全管理体系方案来说，成功很重要的一点是，在整个组织中对所有安全管理体系政策进行沟通。安全管理体系政策必须清楚地反映出管理层对安全长期承诺的方式进行陈述和传达。该政策也必须解释，安全管理政策是如何在现有组织结构中整合和实施的。安全政策包含在来自高级管理层的书面文档中，包括对安全管理体系

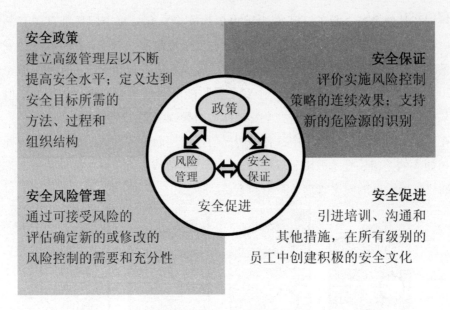

图 4.4　联邦航空管理局定义的安全管理体系的四个支柱
（来源：联邦航空管理局，2014a）

的最高层的承诺。这些文件也必须清楚地对执行主管们做出以下保证：第一，会监控安全绩效；第二，会鼓励员工报告安全问题而不必担心报复；第三，会对与安全相关的可接受的行为建立清楚的标准；第四，会对安全管理体系的长期持续性提供所需的资源（路德维格等人，2007）。

支柱 2：安全风险管理

风险管理，可能最常见的是与保险行业相关，它是在很多设置和行业中通过长时间的应用建立起来的一个过程。安全风险管理的主要价值不是消除所有的风险，而是降低风险到可接受或可预测的级别。安全风险管理包括识别危险源、评估每个危险源（包括可能的范围、严重程度和发生频率）、实施风险缓解过程、后续跟踪事件（路德维格等人，2007，p. 10）。

支柱 3：安全保证

安全管理体系的安全保证功能包括内部审计、外部审计和纠正措施。安全保证也包括对组织的绩效提供反馈，因此包括对实施的风险缓解策略的有效性进行测量。

支柱 4：安全促进

安全促进关注的焦点在于创建一个极大地促进任何安全管理体系方案成功的"安全文化"。安全促进意味着所有员工对安全负责，作为商业文化的关键价值。为了让安全促进有效，员工们必须相信，他们会得到高级管理层的支持，领导的决策就是为了安全，故意破坏安全是不可接受的。

实施安全管理体系

安全管理体系可以用很多方式进行设计和实施，精明的机场运行人员会花时间规划并使安全管理体系计划适用于其特定的机场。最初，作为基线，所有 139 款运行者会使用《美国联邦法规》第 14 条 139 款里的安全要求，作为制订安全管理体系的第一步。139 款要求实施《机场认证手册》，用文件来体现机场如何遵守 139 款的说明要求。《机场认证手册》也包括野生动物危险源管理计划、除雪计划（在适当的情况下）、机场应急计划、标记牌和标志计划、道面管理计划。所有这些文件应作为制订安全管理体系的基线。机场合作研究项目报告 1 在对《机场认证手册》彻底进行分析之后提供了三种实施安全管理体系的策略（路德维格等人，2007，p. 24）。

1. 渐进式的安全管理体系：安全管理体系原则在几年的时间里进行整合和实施，把安全作为文化价值慢慢地根植到员工的态度和行动中去。在机场合作研究项目所提供的所有选项中，这种方法是花费时间最长的采用安全管理体系的，但是其可以获得管理改变和保持安全文化的最可行的环境。

2. 分阶段方法的安全管理体系：为采用安全管理体系建立特定的日期和里程碑，在进入下一个阶段之前，用两个阶段之间的时间来评估和解决任何问题。此方法以项目管理属性作为基础，反馈和成果评估是其潜在的优势。此策略要求正确管理最大的资源和努力。

3. 加速进程采用的安全管理体系：此方法比上面的策略实施安全管理体系更快。但是，即使这个方法可以很快让机场符合安全管理体系，不过可能会导致安全实践和态度的根本性改变。换句话说，员工们可能没有时间发展安全文化，而安全文化是安全管理体系的一个关键组成部分。

最终，选择使用何种类型的战略和战术来实施安全管理体系，在很大程度上依靠机场的结构和文化。不管是哪个机场，运行经理可以预料到实施安全管理体系的过程会高度反复并且容易受到改变的影响。由于安全管理体系要求有广泛的计划和动态的实施，所以，有些机场推选聘用有安全管理体系专业知识的安全经理或顾问。有些大型机场雇用外部顾问协助内部人员负责制订和实施安全管理体系。机场合作研究项目报告 1 明确了机场实施安全管理体系的几个最佳措施和建议：

1. 建议：不要等法规完成 139 款安全管理体系的要求才行动。而是，现在就开始安全管理体系的实施过程，作为主动的方式达到最终的规章要求。这个提议是很有挑战性的，因为最终的条例制订与最初的条例制订可能有极大的不同。因此，一些机场运行人员犹豫是否等到最终条例发布再分派资源、时间和资金建立安全管理体系。然而，条例制订完成后，会有一段时间正规化，因为批准安全管理体系方案的联邦航空管理局的工作人员会交流其最佳措施并确定什么是"符合"什么是"不符合"。无论如何，安全管理体系在世界上很多地方已经实施了。因此，安全管理体系的四个支柱及其下面的原则应该不会有很大改变。在条例制订之前实施安全管理体系也是为建立安全文化而大力推荐的策略，这样对联邦航空管理局来说，其会对初始和随后的安全管理体系相关的规定做出的可能的改变更容易接受。

2. 鼓励机场运行人员使用已经有的并且可以用于安全管理体系框架的这些方案，如自我检查方案。风险管理很好地建立起来了，因此识别风险、确定其后果和频率、确定减缓策略的基础很大程度上不会改变。通过使用已经有的而且模仿安全管理体系原则的方案（如机场自我检查方案），鼓励机场人员把安全管理体系"新的"原则与他们已经有的原则相联系。

3. 文档对展示机场已经尽职达到了安全管理体系的要求是很重要的。安全管理体系的目的在于，在所有日常运行中降低危险源、事故征候和事故的风险与可能性。需要有详细的文档和记录保存来展示机场已经负责任地进行了风险的识别和减缓，而且持续使用主动的、系统的方案识别危险源、审计现有安全方案、在整个组织中灌输安全文化。文档也为每一代工作人员创建历史记录用于分析和改进提供了条件。

4. 制订和实施安全管理体系时应按照准确计划的时间框架来完成。虽然加速工作进程是实施安全管理体系的一种方法，但是它不是一种有效的或可持续的策略。不幸的是，很多机场运行人员不可能领先于最终条例制订之前的安全管理体系规章和要求。因此，一旦条例制订完成，有些机场实施适合的安全管理体系方案可能"面临压力"。所以，当管理和一线人员发现匆忙制订的安全管理体系方案存在的缺陷时，很多机场可能需要重新审视其安全管理体系方案。

5. 与机场利益相关方和联邦航空管理局建立并保持良好的工作关系。当各方在过程初期就一起参与时，方案更容易实施而且经历更少的阻碍。这个策略使机场利益相关方（如机场承运人，已经实施了安全管理体系）可以更好地理解在机场实施安全管理体系所带来的挑战。

实施安全管理体系的挑战包括确定谁负有法律责任，并负责确保实施和保持安全管理体系方案。安全管理体系引入概念责任执行官，即在安全管理体系方案中指定一个人，使其主要负责安全管理体系的成功实施。额外的挑战包括：第一，找到有知识的安全经理；第二，确定收集用于风险评估数据的最好的方法；第三，确定如何解读数据；第四，开发无惩罚报告系统；第五，将安全管理体系与其他领域的规定制度相结合，如航空承运人和联邦航空管理局的空中交通管制塔台（路德维格等人，2007，p. 26）。

建立安全管理体系的程序可以分为四个基本要素：第一，建立安全政策和分配安全责任；第二，进行差异分析；第三，制定实施安全管理体系的策略；第四，制定安全管理体系的个人要素（路德维格等人，2007，p. 29）。

实施安全政策

在安全管理体系发展的过程中，设立原则或指导行动对方案的实施和持久的整体成功是很重要的。安全管理体系采用和交付的计划应包括至少以下政策声明：

1. 安全政策
2. 安全目标
3. 安全管理体系组织
4. 安全责任
5. 安全委员会
6. 文档
7. 安全管理体系信息控制

安全政策

安全政策明确地表达了一个组织保持安全的机场环境的愿景、使命和目标。通过使安全绩效监控跟财务绩效监控一样重要，政策声明表明了管理层对实施安全管理体系的承诺。政策声明必须鼓励员工报告安全问题而不必担心报复；对可接受的行为建立标准；承诺管理层会提供资源（包括金钱、人员和材料）来解决安全问题。在安全政策声明中管理层承诺支持这一政策的关键标志是，当对影响机场的运行或收入来源的与安全相关的问题进行决策时，有充分的资源和一线人员的支持。

组织可以通过发布政策为管理有效的安全管理体系宣扬"安全第一"的理念，来表明他们有安全文化，但是，灌输准确反映那些政策中的预期目标的安全文化需要更多的长期计划和努力。同样地，也很容易发布宣称支持无惩罚的安全体系的安全政策，即确保利益相关方不会因为采取了把保持安全放在最高优先地位的纠正措施而处境危险或被惩罚的安全政策。利益相关方需要看到管理层支持其实施无惩罚的安全管理体系的核心价值的证据。有时，机场运行经理可能需要确定，从安全的角度来说，在恶劣的天气期间临时关闭机场是最好的选项。但天气告警解除之后，可能会发现关闭机场不是必需的选项。如果机场值班经理因为这个决策被惩罚或被斥责，那么，很有可能一线人员不会把政策声明当作真实意图和机场安全管理体系的文化。

机场管理者可能不得不向机场赞助者申辩其员工做出的不正确的或有缺陷的与安全相关的决策。在这些情况下，机场董事可能会得到安全方案和来自其他一线员工的更多的支持，但是可能会面临机场赞助商不高兴的风险。虽然发布安全管理体系与安全相关的政策是有益处的，但是机场运行人员应理解安全管理体系方案的实际实施不会没有挑战。尽管如此，有效的安全管理体系政策及利益相关方的认同，包括机场赞助商的认同，会极大地增强机场董事和一线人员在机场有效管理强大安全文化的有效性。

安全目标

清楚的安全目标明确地表达了对特定活动或过程所期望的结果。目的可能需要花费很长的时间才能达到，而且通常要求复杂的或多阶段的解决方案。长期的、与安全相关的目的应包括一系列可以测量的中间目标——通常结合定量和定性指标作为降低解读数据分析的偏差的策略。这些目标为组织中的个人努力提供了可测量的指标（埃尔等人，2009）。他们为安全管理活动提供方向和指导，而且用于绩效衡量的基础。

与安全相关的目标的例子是，在未来 12 个月内降低跑道侵入 25%。与此目标相关的可测量的目标可以是，要求所有维护人员每 6 个月参加活动区驾驶员培训。安装增强型滑行道标志或标记牌可以是支持整体目标的另一个目标。为了使机场内的每个运行小组为组织声明的整体安全目标而努力，组织的目标应得到部门安全目标的支持（埃尔等人，2009）。

安全管理体系组织

任命和组织关键航空安全人员的目的是建立专家团队，以支持研究、实施和监控整个组织中的安全问题。然后，该团队就可以进一步运行和加强安全管理体系（埃尔等人，2009）。安全管理体系组织有助于确保安全方案和过程在整个组织内实施的连续性。此团队也协调并推进特别项目，支持一线管理，收集并分析与所有运行和安全相关问题的反馈。安全管理体系组织本质的作用是"突击队"，其使命是确保安全管理体系在整个机场环境中被整合和使用。

安全管理体系经理（或安全管理体系安全协调人）来监督整个安全管理体系方案。此人应具有：第一，运行领域的经验，安全管理体系在此领域实施；第二，对安全管理体系的全面理解；第三，当需要讨论运行部门内部和贯穿各运行部门的安全问题时，可以直接向高级管理层报告（埃尔等人，2009）。安全管理体系经理不应有其他作用或职责。在有些情况下，安全管理体系团队中的一人可以被指定为"安全管理体系捍卫者"，并作为安全管理体系小组的使命及其与整个机场运行问题的所有领域的相互作用的主要指导者。在这个位置上，安全管理体系捍卫者在为安全管理体系方案建立组织支持上的安全管理体系经理。需要注意的是，安全管理体系经理和安全管理体系安全协调人这个称谓，是比传统的称谓安全经理更好的选项，因为安全经理这个词通常会给人这样的认知，即机场的安全是一个人或者一个部门的责任，而不是机场的每一个人的责任。

安全管理体系小组（或至少是安全管理体系经理）应包括在机场组织图中，以及和其他部门沟通相联系的其他职能报告系统中。此小组应可以直接向高级管理层报告，为了避免利益冲突，不应向其他职能部门报告。有些机场可能倾向于让运行主管也做安全管理体系经理，但是，我们不建议这样的安排，也不建议安全管理体系经理直接向运行主管报告（埃尔等人，2009，p.12）。运行主管的职责是以安全、高效的方式运行机场，如果被要求控制用于预防事故征候或事故的安全机制，他可能会妥协。

安全责任

安全责任指的是管理、执行和核实特定运行的那些个人的作用、职责和权力应被确定和包括在安全管理体系文档中（埃尔等人，2009，p.12）。安全管理体系的这个部分介绍了责任执行官的职位：

责任执行官是最终负责"机场组织的人员、商业过程和活动"安全的人。

责任执行官应对人力和财务资源问题有完全的权力，并且负责安全管理体系所有领域的管理，如负责所有安全问题和所有机场活动。在很多机场组织中，有这个级别权力的唯一的人是机场执行官（如机场主管）。除了有能力可以指定责任执行官外，人们还希望机场主管倡导支持安全管理体系方案的决定和过程。这些因素可能包括雇用（或解雇）有助于或有损于安全的过程和文化，并在安全设备、培训、材料等方面花费财务资源的特定人员。

安全在很多组织中是一线的责任，而且每个部门都应指定人来倡导安全。通常，只有一线人员直接经历和理解与其活动或一线相关运行的安全问题。这些人员专注于过程，这些过程在正常运行期间可能是"安全的"，但是在恶劣情况期间会变成不安全的，如恶劣天气或如果运行过程被加速超出了可接受的计划安排。

安全委员会

安全委员会由责任执行官任命，为讨论安全管理体系的绩效和健康提供环境。本质上，安全委员会是作为机场安全管理体系方案的质量保证的一种形式。委员会提供考虑安全问题的建议、政策决定和专家建议来缓解特定问题（埃尔等人，2009，p.13）。在小型机场，常备的安全委员会可能没有必要，而是临时建立安全委员会来解决特定问题。安全委员会应定期开会，讨论问题、定义成果、为行动建立目的和时间表。

安全委员会的主席是安全经理，如果适当并有益的话，那么，安全委员会可以包括承租人、航空承运人和其他机场利益相关方。如果安全委员会缺少解决特别问题的专业技术人员，那么，可以指派额外人员到委员会，或常驻或临时。

文档

机场政策和程序通过多种形式的文档进行传播。文档包括进行业务必需的所有书面材料，书面材料也发展了"公司记忆库"，并且帮助机场达到维持有效安全方案的法律要求（埃尔等人，2009，p. 14）。为了控制文件，机场应有清楚的标准关于如何在文件整个生命周期追踪文件，从创建、经过修订到最终存档或销毁。随着应用到安全管理体系，存储、搜索和分析（如数据仓库、数据挖掘、分析和统计过程控制）文档化的旧数据和信息的能力对考察机场安全的趋势是非常重要的。与管理文档相关的另一个重要的方面是，使机场与监管和最佳措施变更保持一致。联邦航空管理局、美国运输安全局和其他机构定期发出对条例、咨询通告和其他与安全相关的更新。追踪所有这些变更，并按需要修改安全程序以遵守这些通知，这是非常重要的。安全管理体系经理可以通过订阅联邦航空管理局的电子邮件查阅追踪变更，但是变更或通告不总是这样简单，因此要花相当多的时间和资源来处理。在有些情况下，如在美国运输安全局，安全管理体系经理可能没有所需信息的访问权限，如敏感安保信息，[①] 因此甚至可能不知道规章变更了。[②] 在大型机场，各部门应追踪监管变更和要求来遵守影响安全的联邦、州和当地法律和条例。当变更影响到机场安全时，部门领导负责通知安全管理体系经理，可以安排随后的会议和讨论来确定新程序对安全的影响。

认证机场被要求遵守 139 款和 1542 款（机场安保）的要求。没有认证过但接受联邦资助的机场，受资助保证影响，要求接受者遵守某些措施（如道面维护、安全和可供使用的运行），并保持了解与安全相关的通告。安全管理体系的文档部分要求机场确定适用于机场的联邦、州和市政监管要求，追踪变更和修订，而且确保信息发送给有需要的人（埃尔等人，2009，p. 14）。正确的文档有助于确保程序的执行。如果机场被起诉或牵涉到法律或监管问题，文档可以帮助讲述与达到安全目标及和目标有关的应该发生的事情的"故事"。

安全管理体系信息控制

安全管理体系中的信息控制有助于确保信息是可用的、及时的、与现有规章保持同步的。控制系统进一步确保过期的文件或程序被存档。安全管理体系信息控制系统也应包含政策和程序，例如，如何进行危险源分析、事故征候和事故的调查、安全绩效测量过程（埃尔等人，2009，p. 15）。文件应结构良好、交叉参考并定期检查变更。有时，这个过程会很困难，尤其是大型机场，其制订了各种过程，通常是由

---

① 美国 TSA 将 SSI 定义为：公开发布会对运输安保不利的获得的或开发的信息。参见 http://www.tsa.gov/stakeholders/sensitive – security – information – ssi。

② 建议 SMS 经理用有要求的许可来获得 "需要知道" 的 SSI 信息。

不同的单位制订的，包括外部和内部的利益相关方，每个都有自己特别的需要或标准用于文件的格式、结构和内容。

很有必要的是，机场的安全管理体系经理发布制订文件的标准，以便参与维持遵守监管和通告要求的单位使用。标准必须足够严格，以便实现信息控制功能，但是，不要过度严格以至于阻碍信息有效和高效的实际传输。很多软件程序可用于文件控制。传统的方法是，将有新的页面的文件分发给拥有文件的个人，让他们在自己的副本中替换受影响的内容。软件程序可以自动进行这些更新，但是仍然要通知到个人关于变更的情况。

某些文件，如按规章要求保存的记录和文件，在事故征候或事故期间会被审查和分析。这些记录和文件变成了法律过程的一部分，通常是为了确定责任。国际标准组织①将记录定义为：证据被创建、接受和保留的信息。不管机场运行的规模如何，从法律的角度来说，机场必须保留记录，但是记录也用来分析活动和找出安全的趋势（埃尔等人，2009，p. 16）。

应急计划与响应安全管理体系的主动安全管理体系协调

每个活跃的机场可以预期会经历的应急事件或事故。应急事件可以被宽泛地定义为：为了抢救生命或者保护财产或环境而批准进行响应的任何情况，而且这样做的最终目标是恢复机场的正常运行。众所周知，机场不是装备齐全可以处理所有类型的应急事件的，而且必须依靠机场外的响应者的协助——事实是，为应急响应而与外部利益相关方做好计划和协调是安全管理体系经理所必须要做的工作。

认证机场要求有机场应急计划，它描述了机场在事故征候或事故期间会如何响应，而且还包括机场外的响应。未认证的机场也应有用于航空器事故征候和事故的机场应急计划或社区响应计划。

有效的安全管理体系应急准备和响应方案，可以降低航空器事故的影响，降低责任和保险费用，减少事故或事故征候之后的负面公共关系。公众期待政府单位为应急和其他类型的灾难做好准备。虽然未认证机场可能没有认证机场的安全管理体系能力，但是，在联邦应急管理局可以获得很多关于如何制订安全管理体系应急响应方案的指导、资源、材料和培训。机场外的人员，如市、郡或应急管理专家，也可以帮助制订这个方案。

在认证机场，安全管理体系方案可能被整合为《机场认证手册》的一个附录，它

---

① ISO 9000 为质量管理提供政策和过程的基础。参见 http：//www. iso. org/iso/iso_ 9000 for further information。

应被视为一个动态文件，可以并且应该适应运行程序和活动的变动。图4.5显示了在安全管理体系中管理变更和相关文档工作的流程，许多利益相关方要求互相之间进行沟通协调。

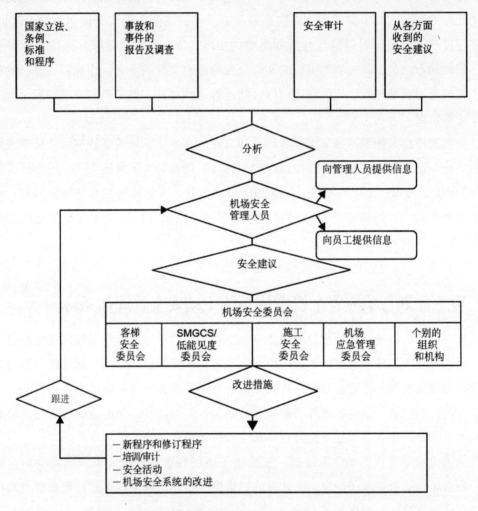

图4.5　在安全管理体系中管理变更、文档流程和协调的示例

案例研究

南非商务航空公司航班5191

　　作为协调和管理安全管理体系主动方法的一部分，机场人员应查看并清楚发生在其他机场或类似情况下的事故征候和事故。这些事件应被定期进行研究，以协调机场上的主动安全改进。例如，2006年，南非商务航空公司航班5191在列克星敦市肯塔基机场起飞期间坠毁，机上47位乘客和3名机组人员中的2名全部遇难。

从此，事故得到了几个教训。在这种情况下，确定的事故影响因素之一是混淆了跑道构型和标志。其他机场运行人员，特别是那些有类似跑道构型的，可以使用此事故在其自己的设施内进行安全改进。

此航班从错误的跑道离场，美国运输安全局认为，飞行员差错可能是事故的原因；南非商务航空公司为事故负责，其宣称，模糊的机场标记牌和标志导致了事故的发生（皮奇，2006）。根据皮奇的观点，这个案例做出了几项指控，强调有缺陷的机场安全运行是事故的因素，包括：

1. 机场员工没能确保"跑道和滑行道始终处于安全和无障碍的状态"和遵守政府规章。

2. 机场员工给联邦政府提供了机场布局的错误信息，并交给了飞行员。

3. 机场灯光、标记牌和标志"没有按照普通护理标准或法律/规章的要求设置，而且是缺失的或模糊的"。

4. 施工障碍挡住了通向正确跑道的视野和入口（美国运输安全局，2006）。

列克星敦市肯塔基机场是139款认证机场，而且有联邦航空管理局批准的《机场认证手册》。列克星敦市的《机场认证手册》在南非商务航空公司航班5191事故时解释了机场运行人员的安全要求。列克星敦市的运行人员负责（大多数139款机场也是这样）完成安全要求，通过机场检查、发布适用的航行通告，以及特别跟此案例相关的，确保施工障碍或相关的运行不干扰飞行安全。

在经历像航班5191这样的事故之后，主动的安全管理体系经理应组建团队，进行案例分析，从事件中学习，寻找可能的策略让其机场防止类似的风险。像下面示例这样列出来的问题，应由很多利益相关方公开提出并进行审查，安全管理体系方案对学到的经验教训进行调查。

1. 有证据表明，在事故发生前机场布局让其他运行人感到迷惑吗？如果有，那些问题是如何报告的？如果报告了，向谁报告的，而且报告有后续的分析和行动吗？

2. 发布航行通告的过程在飞行员要求所需的飞行信息方面可能会很漫长。从航行通告发出的时间到联邦航空管理局批准并公布给公众的时间可能有20分钟的延迟。机场运行人员、当地联邦航空管理局办公室或空中交通管制员发现了航行通告出现的平均时间吗？这在过去是问题吗？如果是，谁发现的这个问题？做了什么？

3. 之前有报告机场标记牌、标志和灯光令人混淆的情况吗？如果有，他们报告给谁了？后续又怎么样了？机场检查单会说明标记牌、标志和灯光最后一次是什么时候检查的以及它们的整体状况。在事故发生时，如果有渐进的问题，那么，对报告进行分析了吗？

4. 提交工作单给维护项目了吗？作为《机场认证手册》的一部分，机场也有批准的标记牌、标志、灯光计划。虽然机场计划部门可能会直接负责任何令人混淆的标记牌、标志和灯光的配置，但是机场运行人员是负责确保标记牌、标志和灯光符合联邦航空管理局的标准的，而且应报告任何令人混淆的标记牌或能见度受阻挡的区域。

5. 机场运行人员在施工期间也负责机场的安全。虽然我们可以认为，施工项目有联邦航空管理局批准的安全计划，但是运行人员上一次是什么时候检查施工区域的？之前的缺陷被指出来了吗？

上面关注的点代表问题出现的机场运行的范围。从此例中发现的另一个经验教训是，在会议室里制订安全计划是一回事，而计划必须被实施的时候就是另一回事了。计划具体实际实施的时候总会揭露出很多没有想到的变数，如人员不理解计划、当主要人员不在的时候备用人员在现场、由于延误或天气原因施工活动在反常的时间段进行。

最后，在航班5191的案例中，机场不应为事故负责，在随后的案件审理中，肯塔基最高法院发现不能起诉机场，因为其有豁免权。美国运输安全局强烈建议加强在列克星敦使用的滑行道中线。但是，美国运输安全局不认为在这个案例中机场有错。其他机场运行人员从这个案例中学到的主要经验是，通过实施寻找最佳措施和经验教训的主动的安全管理体系，机场可以降低其责任并提高整体安全水平。

南非商务航空公司的航班事故对机场运行专家来说是很好的经验，机场的所有要素对飞行运行都很重要。虽然美国运输安全局没有让机场以任何方式对事故负责，知道机场符合关于机场标记牌、标志和灯光的联邦规章，但是美国运输安全局确实在其报告中指出，更好的机场标记牌和标志可能会预防事故的发生。这强调了安全管理体系计划和响应的关键点——监管合规并不总等同于最佳的安全。

有些机场运行人员可能会得出这样的结论，因为机场不对事故负责，所以机场做了认为它应该做的事情来预防事故发生。但是，最佳安全管理体系的安全政策会考虑所有这些因素并制订额外的过程和行动计划，有时间表和最优化的资助，以进一步降低此类事故征候或事故的可能性。

安全风险管理

之前介绍了安全管理体系的一个关键支柱——安全风险管理，它包括：第一，识别危险源，在工作场所或在机场，或为特定运行行为，如施工；第二，确定危险源变成事故征候的频率；第三，确定危险源的后果；第四，应用缓解和准备策略。通过工序或对结构的物理改变可以消除有些风险。其他风险，如航空器事故，不能完全防止。不过，风险评估可以帮助确定机场更有效、高效响应这些事件可以采用的方法。安全风险管理的关注焦点在于主动识别危险源，并且采取措施要么减少导致的负面后果，要么极大地降低风险的发生。

安全风险管理过程

国际民用航空组织将风险定义为："人员伤害、设备或结构的损失、材料损失或进行描述的功能降低的可能性，用概率和严重程度来衡量。"联邦航空管理局对风险的定义是："危险源在最不可靠的系统状态下的潜在影响的预计严重程度和可能性的组合（施托尔策和哈尔福德，2008）。"

国际民用航空组织对危险源的定义是："潜在导致人员伤害、设备或结构的损失、材料损失或进行描述的功能降低的条件、对象和活动。"联邦航空管理局对危险源的定义是："可能导致人员受伤、生病或死亡，系统、设备或财产的损坏或损失，以及环境破坏的任何现有的或潜在的情况。"危险源是一种条件，"事故或事故征候的前提条件"（施托尔策和哈尔福德，2008）。

安全风险管理是安全管理体系基本的决策支柱，它来自"保守的"保险行业风险评估，因此安全风险管理的概念既不是独特的也不是新的，但是在安全管理体系中起到了很重要的作用。安全风险管理包括 5 个步骤：

1. 描述系统或活动；
2. 识别危险源；
3. 确定风险；
4. 评估和分析风险；
5. 分类风险。

描述系统或活动

通常，通过首先研究具有广泛基础的、宏观层面的描述，如"机场运行"或"陆侧运行"，安全管理体系经理会为定义和分类运行系统建立本体。但是，为了有效地识别系统和给相关的潜在风险建立目录，这些顶层分类必须缩小到子系统。必须对主要系统或活动进行精确定义，以便有限数量的危险源可以被识别并有可能缓解。例如，一些危险源会与位置或活动有关，而另一些危险源可能与机场的地理位置有关，如可能的自然灾害或技术灾害（如机场附近的核电站）。安保问题可以通过安保管理体系来单独处理。

一旦定义了宏观本体，就可以在每个相关的本体周围群集子系统类别的分类。例如，空侧可以是定义了的本体边界，其物理子分类如"跑道 29L"或"候机大厅"列表作为系统用于进一步的安全风险管理审查。其他自系统可以是组织属性的，如"机队维护部门"，或基于活动的，如"在滑行道 A 上施工"。一旦风险识别的边界确定下来了，那么，不同级别合适人员的头脑风暴会给出现有或潜在风险的完全列表（路德维格等人，2007，p. 18）。

所有为安全风险分析描述的系统应包括功能、一般物理特征与资源、相关的运行关注点。模型通常用来表示系统的特征。《机场合作研究项目报告 1 机场安全管理体系卷 2：指导手册》使用了 5M 模型，因为它考虑到了被检查系统的设备、人员、环境和过程的相互关系和集成。5M 模型有 5 个组成部分：

1. 使命：这是活动或进行活动的原因，如航空器编组集结、航空器加油和机场自我检查。

2. 人：这是系统的人的要素，假设系统要求人的相互作用的话。示例包括机场施工活动、航空器救援与消防、在安保检查点的车辆检查。

3. 机器：这是系统的设备或材料要素。示例包括用于进行自我检查的车辆、航空公司的拖车和维护设备、通信中心的设备或危险物品。

4. 管理：此要素包括涉及运行和维护系统的组织、政策、程序、条例和规章。示例包括由工程师、承包商和检查员监控的施工活动，在机场运行区的护送车辆或人员，或与应急响应相关的程序。

5. 媒介：这是运行、维护或安装系统的环境。可以包括运行环境（包括交通量和工作量这些因素的条件）、外界条件（如温度、适度、可见光和能见度要求）。其示例包括冬季运行或高外界噪声级别的机坪运行。

其他循环模型也在这个过程中使用。联邦航空管理局行业培训标准 3 步模型——观察、处理、执行——关注通用航空培训的重新设计，但是也可用于安全管理体系危险源评估。传统通用航空培训的重点是让学员通过联邦航空管理局的应用考试标准，但是联邦航空管理局的行业培训标准关注的是熟练管理现实的挑战，也称为基于情景的培训（联邦航空管理局，2013b）。联邦航空管理局行业培训标准模型的优势是把风险管理、决策、情景意识和资源管理集成到每一个运行中（施托尔策和哈尔福德，2011）。另一个常见的模型是"观察—定向—决策—行动"循环模型，是一个包括 4 个步骤的风险解决过程，是美国空军上校约翰·博伊德制订的，而且已经被应用于持续的改进过程。另一个模型，通常被称为"5 步过程模型"，基于运行风险管理包括以下要素：

1. 系统分析和设计；

2. 识别危险源；

3. 风险分析；

4. 风险评估;

5. 风险控制。

识别危险源

联邦航空管理局的咨询通告 150/5200 – 37 将危险源定义为:"可能导致人员受伤、生病或死亡,系统、设备或财产的损坏或损失,以及环境破坏的任何现有的或潜在的情况。"(埃尔等人,2009,p. 18)识别危险源可以让机场运行人员对可能发生的事故征候和事故采取行动进行缓解、消除或准备响应。危险源分析也可以帮助机场运行人员确定危险源为什么存在及哪些危险源可能是系统的——培训(或缺乏培训)、预算、错误程序、缺乏计划、提拔不够资格的人员或其他组织因素的结果。

有些危险源可能不明显,直到某些条件出现,如道面区域有雪或冰时打滑。某些危险源在不同的运行条件下可能会增加事故的严重程度或频率。在机场开车本身就是一个风险,但是在应急运行期间,当操作者以更快的速度驾驶响应车辆时,这一风险水平就会增加。危险源也不应与结果或后果相混淆。跑道侵入是危险源——在飞行运行期间未经管制塔台授权在跑道上开车的行为是一个危险源(如上面的人的模式)。数量不足的机场标记牌和标志是一个危险源(如上面的机器模式)。对机场上车辆操作者的培训不足是一个危险源(如上面的管理模式)。每个危险源或这些危险源的组合可能导致的后果就是——跑道侵入。

各种方法和分析可用于识别危险源,这些方法包括:第一,基于定量和定性度量的研究;第二,研讨会;第三,集体讨论会;第四,德尔菲法,以及很多其他的方法,包括检查单、审计表、记录分析、趋势、场景分析。最好的办法是使用各种方法,而不是只用一种方法。定性方法应与定量方法相结合,以降低和平衡两种方法固有的偏差。危险源识别应包括各种分析的组合,反应式的(事故调查、趋势分析、事件报告)和主动的(自我检查、检查单、安全管理体系评估、访谈、德尔菲小组)。我们不可能识别每一个危险源,但是人们期望公共机构在识别合理的、可预见的危险源方面进行尽职调查(埃尔等人,2009)。下面的示例提供了对此关注点的见解:

一个组织决定在夜间进行飞机失事后的生存技能训练,训练在远离城市灯光的农场进行。为了获得该训练的批准,小组必须首先回答几个与风险评估相关的问题:有人在白天对机场明显的危险源进行检查了吗?已经把已知的危险源移除了吗?如果可行,对它们进行标记了吗,以便夜间能够看到?会有接受过医疗培训的人在现场协助需要轻伤治疗的人吗?如果有人严重受伤,有运送其到附近医疗设施的计划吗?会有安全主管在现场监控运行吗?如果安全主管看到危险情况,那么其有权停止或推迟训练吗?参加训练的人看到危险情况,能够拨打安全电话而不受到影响吗?会出现作为此区域检查的一部分,或作为任何集体讨论会的一部分,或作为必须考虑的之前经验的一部分的危险源出现吗?当出现差错时,这些是律师会问到的相同类型的问题。

对于机场来说，《机场合作研究项目报告1 机场安全管理体系卷2：指导手册》使用机场施工项目作为示例。不仅必须要识别关于机场上的施工会如何影响设施的安全（如不熟悉机场环境的在机场上操作的车辆和人员、建筑垃圾、活动区、助航设施关闭）这样的危险源，而且还要识别机场运行部门也会对施工人员产生安全问题（如飞机喷射气流和航空器从活动区或安全区偏出，可能会对施工或其他运行关注点造成风险）这样的危险源。在危险源分析中通常要考虑的因素包括：

1. 进入工作场所的人员（旅客、员工、供货商）。

2. 由各种活动引起的危险源，如行李处理或维护活动，包括提起、搬运、运输重物和夹伤。

3. 由使用设备或监督设备而引起的危险源（灭火器、除冰运行、车辆）。

4. 由实际操作引起的危险源（如除雪）。

5. 由天气引起的危险源（如能见度、温度、日照、风）。

6. 监管过程与程序，如跑道检查，可能由这些操作引起的危险源，或者要求解决的危险源，如在《机场应急计划》的《咨询通告150/5200 – 31C》中列出的那些。

7. 警报和报警系统探测或通知机场运行人员有系统或机械故障。

8. 任何组织因素，如政策或培训，以及为达到安全目标的预算和资源配置。

确定风险

确定风险就是要问："会出什么差错？"在"实践风险管理"中，路易斯写道："实践风险管理是关于认识到，未来也会有不幸的事故发生，除非产生风险的多种危险源被识别和控制。风险管理过程是驱动有生产力的安全管理体系的动力"（施托尔策和哈尔福德，2011）。路易斯推动了美国海军风险管理模型的使用，其包括以下步骤：

1. 识别危险源；

2. 评估危险源；

3. 风险决策；

4. 实施控制；

5. 监督并注意变化。

在上面路易斯的模型中，危险源被定义为可能导致人员伤害、死亡或财产损坏的状况。危险源可能由不好的系统设计、不专业或不安全的工作实践、不足的培训、缺少准备带来，或者在军事航空中高要求和威胁的环境中产生。在有些情况下，这些状况可能是隐藏的，直到外部影响或环境改变进而产生了影响（施托尔策和哈尔福德，2011）。

识别危险源的一个重要组成部分是个人能够报告危险源或情况而不必担心报复；否则，危险源可能继续被隐藏。这种报告系统在安全管理体系的安全保证部分中。美国国家航空航天局已经很长时间拥有一个受欢迎的、众所周知的危险源报告系统，被称为航空安全报告系统（美国国家航空航天局，2015）。经历了应急或危险的飞行员可以提交一份航空安全报告。航空安全报告系统接收、处理和分析来自飞行员、空中交通管制员、签派员、客舱机组、维护技师和其他利益相关方自愿提交的事件报告。提交给航空安全报告系统的报告可以描述不安全事件和危险情况。我们可以从这些报告中收集信息，并把信息分发给利益相关方。航空安全报告系统的主要目的是提高国家空域系统中人的绩效的质量（美国国家航空航天局，2015）。航空安全报告系统项目是自愿、保密、非惩罚的。

提交航空安全报告可以保护航空人员免受证书的影响，如果不是故意违规而且不牵涉犯罪行为的话，在其他限定中。报告系统让研究人员可以研究很多危险，并为提高航空安全水平提供建议。航空安全报告系统服务包括航空安全报告系统告警消息，其描述了可能影响安全飞行的危险情况，并且立刻被分发给飞行员群体。这反映了美国海军的方法，如果发现了安全危险，报告方预期会立即采取行动缓解危险，如果可能的话，然后尽快汇报以便采取进一步的行动，如果合适且可行的话。

美国国家航空航天局通过《供你参考》通知发布次紧急安全信息。这些通知定期由安全电话会议和安全通信项目进行补充。航空安全报告系统每月的安全新闻自1979年开始发行，以受欢迎的"经验教训"的格式，提供重要的、有教育意义的、及时的航空安全报告系统报告摘录。《航空安全报告系统直通车》是一个类似过去航空安全报告系统的出版物；过期刊物可在线获取。美国国家航空航天局、联邦航空管理局和其他政府机构也已经出版了大量的与安全相关的评估报告，其主题如天气、除冰、交通防撞系统、跑道侵越和人的因素（包括沟通、记忆、混淆、压力和判断）。

前面提到的所有文件可用于识别和评估现有的或潜在的对安全的威胁。除了这些出版物以外，例如，航空安全行动项目[①]和空中交通安全行动项目[②]还进行了访谈，来预测可能会发生的事情（施托尔策和哈尔福德，2011）。

保密报告和无惩罚要素被认为是安全信息共享系统成功的关键（福里斯特，

---

① 联邦航空管理局（2013），航空安全行动计划。参见 https：//www.faa.gov/about/initiatives/asap/。

② CSSI 公司（2015），空中交通安全行动计划。参见 https：//www.atsapsafety.com/home.seam。

2006）。根据美国国家航空航天局和许多其他全球安全报告系统，保密报告有以下两个益处：

1. 利益相关方更愿意分享他们的知识，如果他们的身份受保护而且不会有惩罚或法律后果的话。

2. 保密报告系统有能力更充分地解决关于为什么特定系统或组成部分出故障或者为什么人出差错的问题。

危险源可以由个人、安全委员会、审计团队和利益相关方来识别。由承担各种职能的人和外部观察员来识别危险源是非常重要的。日常执行某项工作的个人，有时会变得习惯于可能产生危险源的情况；但是，由于常态偏差的结果，此危险源就变得更不可识别了。在这些情况下，外部观察员更倾向于识别风险或危险源。

《机场合作研究项目报告（1b）》（埃尔等人，2009）有机场常见的已知危险源的详细列表。此数据库包括：第一，危险源类别；第二，危险源的主要组成部分（特征或方面）；第三，危险源的潜在后果。众所周知的危险源的例子太多了，下面给出示例以说明危险源风险评估通常比初始可能预计的更复杂。危险源风险评估高度反复而且通常导致运行程序和政策的改变。

示例危险源：

冬季服务程序

1. 主要组成部分：程序、设备、培训、材料、不好的运行条件、时机、道面情况监视、道面情况报告。

2. 潜在的后果：

①缺少或错误的除冰程序可能降低航空器的飞行能力；

②错误的除雪或防冰可能导致降低在跑道上的刹车能力，有冲偏出的风险；

③运行期间的非对称阻力可能导致偏出；

④不好的刹车性能导致在活动区和非活动区的碰撞；

⑤缺少充分的材料；

⑥设备协调中断；

⑦推迟使用安全措施；

⑧跑道低摩擦力；

⑨飞行员不清楚道面情况。

使用上面示例，安全管理体系经理必须确定什么措施是他们可以控制的。虽然机

场运行人员或责任执行官能够通知航空承运人已经识别的风险，但安全管理体系经理或机场运行人员不能处理他们控制范围之外的危险源。一旦风险已经被识别，那么，下一步就是评估并分析风险。

评估和分析风险

风险评估通过问两个主要问题开始：第一，危险源造成的潜在伤害是什么（或后果是什么）？第二，风险发生的可能性有多大（概率）？根据这些问题的答案来确定先处理哪个风险。

评估风险的过程包括，根据对运行、人员、设备或活动的潜在影响，来确定威胁的严重程度。"假设"分析在评估风险中是一个有效的工具。为避免低估风险，严重程度应基于最坏的可信场景。如果直接相关的历史信息可用的话，那么，特定危险源的概率就可以确定。在其他情况下，评估风险的可能性可能需要查阅类似评估过的事故、事故征候或情况。通过努力，可以做出一个推论来评估所检查的问题的潜在风险。行业事故和事故征候数据，如来源于联邦航空管理局、美国运输安全局和美国国家航空航天局的数据，也可以提供与导致事故或事故征候的危险源可能性相关的、高质量的数据（埃尔等人，2009）。

分类风险

建立风险矩阵是优先排序风险常用的方法，最重要的风险是对机场活动有最大潜在影响的那个风险。一个现实的风险评估，应包括最熟悉检查危险源的专家团队的分析，其他专家的意见可以来自规章、行业最佳措施与统计、制造商、培训组织和安全顾问（埃尔等人，2009）。

风险矩阵必须易于使用、便于理解而且必须不需要定量风险分析的广泛知识。如果风险矩阵使查阅者"陷于数字"中不能自拔，那么，风险矩阵不大可能被有效地使用或被负责减缓风险的人员所理解。风险矩阵也应把事故的严重程度和可能性的级别限制在可能的最低水平。太多区分词导致矩阵失去了其整体意义。大多数人能够理解"频繁、可能和很少"之间的区别，但是，有些信息使用者可能会混淆，如果有其他分类如"极其少有"或"极其不大可能"的话。在这些情况下，利益相关方通常要求澄清不大可能和极其不大可能之间的区别。甚至，当可能性和严重程度以概率形式表达时，应该采用较大差异的区分词。很少有人能区分风险发生的可能性85%与95%之间的区别，相反，人们更容易区分风险百分数基准，如25%、50%、75%。

表4.2　风险严重程度分类

标准	风险严重性分类				
	没有安全影响	轻微的	严重的	危险的	灾难性的
对飞机运行的影响	对安全没有影响	安全裕度或功能性略有降低	安全裕度或功能性有显著降低	安全裕度或功能性有巨大下降	飞机报废
对人员的影响	不方便	身体不适	可能包括受伤的身体不适	对少数人有严重或致命伤害	多人死亡
对机场声誉的影响	轻微到中度的冲击	丧失社区声誉	丧失州省声誉	丧失国家声誉	丧失国际声誉
经济损失	少于10000美元的轻微损失	10000到100000美元之间的明显损失	100000到1000000美元之间的重大损失	1000000到10000000美元之间的巨大损失	超过10000000美元的严重损失

正如之前展示的例子，分类风险可以是主观的努力。在给定相同原则的前提下，一个人可能认为一个后果是次要的，而另一个人可能评估其为主要的，因为两个人对次要和主要的价值和意义有不同的观点。《机场合作研究项目报告（1b）》（埃尔等人，2009）建议进一步描述形式的区分，例如：使人生理不适替代次要后果，生理痛苦，可能包括需要立即医疗护理的受伤替代主要后果。根据查阅信息的不同的人，这些描述语的意思可能没有任何疑问，也可能容易产生宽泛的解释。表4.2的风险严重程度分类来自《机场合作研究项目报告（1b）》。

优先排序、处理和监控风险

按照风险识别和评估，机场运行人员制订政策、战略和战术以缓解识别出的风险。缓解风险包括降低风险的可能性或严重程度。降低可能性的策略包括培养风险的意识；建立标准运行程序在某些危险情况下停止运行；建立安全运行参数；增加对活动的监管。降低严重程度的策略包括：提高应急响应；培训；进行训练；改进基础设施，如跑道安全区；安装工程材料拦阻系统（埃尔等人，2009，p.80）。

风险通常可以通过一种或两种方式来缓解，即工程解决方案或人的解决方案。机场运行的准则是"如果不能用工程方案解决，那么必须用运行或人的方案解决"。但是，依靠人的绩效的风险缓解策略通常可靠性参差不齐（埃尔等人，2009，p.81）。降低或缓解风险的其他方法包括：风险规避、风险转移、风险承担或风险控制。

通过使用风险规避策略，机场运行人员采用运行、程序或系统修正（如关闭施工区域附近的跑道），努力防止中等和严重程度的风险发生。风险可以共享或从一方转移给另一方，如机场运行人员发布航行通告。一旦运行人通知了所有使用机场的飞行员关于风险的情况，飞行中的风险就转移给了飞行员。但是，在这种情况下，发布航行通告不能免除机场其他问题的责任，如维护障碍路障或障碍轮廓灯的正常使用。

风险承担认为，风险在可接受的水平上进行了分类，而且没有进一步干涉的可能或需要。风险控制包括实施额外的政策、程序和工程解决方案以降低风险。缓解行动不总是"一次性"类型的解决方案。有些风险需要多种策略，有工程的，有不同的替换方法或技术的，有程序的，有人的。有些策略包括立即、短期、中期、长期的实施。

安全风险管理示例

杰弗逊郡机场[①]，是位于加利福尼亚中部的繁忙的通用航空机场，正在经历高级别的跑道侵入和车辆/行人违规。机场有失去联邦资助的危险，因为不能维持资助保证 19，保持机场安全、可供使用的状态。

机场人员分析了很多侵入和车辆/行人违规情况，确定事件没有共同的致因。确实有比其他位置发生更多侵入事件的"危险区域"，但是，不是所有的侵入事件都发生在机场的同一个位置。分析的结果表明，整个机场都有问题，而最严重的问题之一是机场文化，久而久之对安全违规变成可容忍了。

冒着失去机场资助保证的风险，机场人员制定了风险管理策略，整合了几个要素，分类为立即、短期、中期和长期的不同阶段。一个立即采取的措施是，关闭机场每年使用时间不到 5% 的侧风跑道，而且如果需要的话，可以在没有不适当延迟的情况下重新开放。另一个立即解决方案是"新闻泄露"，机场现在开始起草违反车辆/行人违规或侵入的人员的处罚条例。虽然起草条例的过程可能是几年，但是新闻泄露的结果是，通用航空刊物已经发表了关于此主题的文章，传言整个机场开始实施处罚系统了。文化转变启动了。

短期方案涉及机场访问权限的程序改变和要求某些车辆进入机场部分时使用指定的车辆服务道路而不是滑行道。另一个短期方案是，重新指定运行人员进行更多的机场巡逻。由于成本和人员的工作职责所限，此方案仅是临时的，不能长期持续。中期方案涉及对机场所有人员的驾驶员培训项目。长期方案涉及在整个机场周围安装野生动物围界和车辆使用读卡系统进入控制门（以限制机场通行，仅允许完成驾驶员培训项目的人进入）。结果，几天内，车辆/行人违规和跑道侵入的数量就开始下降，而且在之后的数月数年持续下降。

---

① 现在称为落基山大都会机场。

总结

飞行仍然是最安全的运输形式之一。在整个航空历史中，政府机构、航空器与机场运行人员、航空器制造商一直在寻求提高安全水平的方法。但是，行业中的很多安全改进只是在发生事故之后才有的，通常是那些导致生命损失的事故。技术改进，如天气预报，持续降低了航空风险。

安全管理体系是一种方法论，目的在于识别与飞行相关的风险和危险源，并且对其应用缓解策略。实施安全管理体系的益处包括，降低事故和事故征候产生的成本，提高士气和员工生产力，对安全需要进行逻辑优先排序。

安全管理体系的四个支柱是安全政策、安全风险管理、安全保证和安全促进。本章研究了前两个领域，安全政策和安全风险管理。安全政策建立了对安全的管理承诺。安全风险管理用于识别危险源，并确定其严重程度和可能性以应用缓解和预防策略。安全保证过程的作用是，作为安全管理体系的质量控制系统，确保缓解措施是有效的。安全促进阶段的关注焦点是在机场内建立安全文化。

安全风险管理过程包括监控以确保纠正措施发挥需要的作用；为安全的违规和新识别的危险源建立报告系统；确保进行内部安全调查以确定事故和事故征候的致因；改进标准运行程序；评估与安全相关的变更的影响。

圣安东尼奥机场系统跳入安全管理体系的世界
——经历和学到的经验——我们做了什么、我们为什么这样做、我们怎么做的和今天变成怎样

狄姆·欧科隆雷
国际航空出版社助理航空主任

2007 年到 2009 年间，联邦航空管理局进行了三个试点的一系列研究，关注安全管理体系的各个方面。第一个安全管理体系试点研究要求参与的机场制订自己的安全管理体系手册和实施计划。26 家机场参与了第一个研究项目。第二个安全管理体系试点研究关注可扩展性的信息收集和小型机场是如何实施安全管理体系的，而且该试点仅限小型机场参与。第三个安全管理体系试点研究是 139 款机场的安全管理体系实施研究，而且仅限参与了第一个或第二个研究的机场参与。因为圣安东尼奥国际机场参与了第一个试点项目并且是中型枢纽机场，所以我们参与了第一个和第三个联邦航空管理局的安全管理体系试点项目。

那么，为什么圣安东尼奥机场系统决定参与试点项目？通过国际机场协会关注国

际航空规章的几个不同的培训项目，我熟悉了安全管理体系的概念。在进行我们自己的研究之后，我们又阅读了联邦航空管理局关于这个专题的国际民用航空组织的文件和信息，我们决定申请参与初始试点项目。从个人角度来说，作为飞行员并且有航空运行的背景，我理解而且能够领会安全的主动方法的概念，及其与传统反应式方法的区别。我向机场执行管理团队的其他成员提出了安全管理体系的概念以达成共识；我们申请了第一个试点项目。第一个试点项目对我们的机场系统极其有益，因为我们的员工能够获得对正确开展安全管理体系方案可以为我们机场带来的益处的详细理解。它也让我们完全理解了与设计、实施和监管此方案相关的挑战。除了强调益处和挑战外，试点项目也描述了要求执行管理团队在使项目成功的支持和行动上的坚定承诺。

我们不符合参加第二个试点项目的条件，因为它关注的是小型枢纽机场。当宣布第三个试点项目的时候，机场系统热切地自愿参加，而且被接受参与研究。到第一个试点研究结论得出的时候，我们认识到了如果选择在条例制订之前实施安全管理体系机场系统可以获得的益处。那就是为什么第三个试点项目非常吸引人的原因。我们如此强烈地感受到，在提高的安全水平、用户服务水平和风险缓解有效性中我们可以获得的益处，胜过了条例制订完成后要重新来过并改变方案的任何可能的缺点。此外，我们决定在整个机场实施安全管理体系。我们决定不把我们的安全管理体系方案只关注在空侧，或更确切地说，只关注在活动区。

那么，为什么我们要在条例制订之前进行？当我们完成了试点项目时，顶层驱动、主动的安全体系的益处对我们来说是非常明确的。通过我们的研究，我们发现安全管理体系的概念在军方和其他行业已经很长一段时间了，而且有证实的益处。鉴于我们的试点项目和我们进行的独立研究的结果，我们的机场系统选择在园区范围内实施安全管理体系。我们知道，这会是一个巨大的、令人怯步的任务，特别是在条例制订之前。我们冒着实施一个在条例制订完成后可能彻底改变机场运行的风险。从另一个方面说，没有正式条例制订和联邦要求的束缚，我们可以很有创造力地设计我们的方案，这会带来一些独特的挑战。

首先，发展一个不但能生存下来而且还要繁荣下去的安全管理体系文化，在过程初期需要解决以下几个关键事项。

1. 它必须被机场的最高管理层接受并拥护。

2. 除了获得真正的认同，在新的安全文化中"必须"有员工们的接受和参与。

3. 如果实施仅局限在部分机场员工，那么该项目就会带来严重的挑战。我们认为，如果安全管理体系仅应用于机场的一部分，那么我们就不能实现需要的文化和所有级别员工们的认同。我们怎么能要求我们的一部分员工主动地、忙碌地参与到这个新的安全文化中，而其他（如陆侧运行）员工不参与其中呢。

4. 我认为，安全管理体系在人员配置和实施中都是可扩展的，但是这需要一个深思熟虑的、良好执行的计划，该计划首先基于正在实施的合适的文化。

那么，我们做什么？我们从差异分析开始。差异分析的目的是检查我们现有的政策和程序，并且发现条例制订草案语言中的缺陷。

其次，我们进行了一系列研讨会。我们邀请了承租人、员工和利益相关方。研讨会的目的是收集数据、通知承租人和利益相关方、征求意见。我们与运行自己企业级别的安全管理体系的公司进行了访谈和分组座谈，如美国电话电报公司、美国汽车服务协会和美国空军中的瓦莱罗动力公司。对我们来说，一个令人惊讶的结果是，一些我们的承租人已经使用安全管理体系好几年了。我们认识到，通过跟这些伙伴合作，我们的项目实施可以更快地进行。我们为安全管理体系手册和内部工作组建立了草案审查委员会，内部工作组在项目建立的基础工作中是很关键的。这个基层工作方法和观点认同也为改变文化提供了坚实的基础。

公司文化通常被定义为公司的员工们所采纳的价值和行为。每个公司的文化如何发展各不相同，可以以书面声明的正式方法建立，如坚持使命声明，或者以非正式的方法，如仅仅是理解。安全管理体系有两个与文化发展相关的首要的原则：第一，员工必须采用主动的态度而不是被动的；第二，方案必须被组织的顶层以语言和行动的方式全心全意地支持。这两个原则是创建安全管理体系安全文化的基础。我们在创建我们的安全管理体系方案中采用了这些原则。但是，我们很快就认识到，当讨论组织中的其他领域和行为时，这两个原则也可以被借鉴使用。最类似的例子是，将这两个原则用于你的安保计划。我们采用了安保管理系统的原则。就跟在安全管理体系中一样，安保管理系统的根本原则是主动的，而且能够获得顶级管理层在关于安保的所有事情上的支持。虽然对安全和安保来说这看起来像是常理，但是这两个基本原则也可用于你的组织的其他领域。如果你发展了一种文化，该文化清楚地将所有员工的关注点指向主动性，而且被执行管理层所支持，那么，公司文化会在组织的所有方面反映这个态度；例如，用户服务和财务责任会从相同类型的文化中受益。

那么，在这个过程期间，我们发现的一些要点是什么？

1. 差异分析是一个好的学习工具，促使你寻找与规章相关的改进领域。

2. 其他行业一直在使用安全管理体系，有好多年了，我们有机会学习并请教他们的建议。

3. 安全管理体系简单来说就是对风险的一个不同的方法，主动就有益。

4. 实施安全管理体系不是一个快速的过程。

5. 我们把创建文化视为我们更有挑战的任务之一，而且没有执行领导和支持，方案不会成功。

6. 我们认识到，为了方案的成功，我们需要建立报告系统可以被测量的机制和确定我们达到安全要求的方法。我们与内部审计、外部审计和自我检查一起进行。

7. 你必须通过无惩罚报告系统来征求意见。

8. 我们认为安全管理体系是可扩展的。我们重组了目前的职位来创建一个安全部门。我们在安全部门重新安排了一个职位，而且针对安全和安全管理体系给现有职位分类了称谓和职位描述。

我们第一年的目标很简单：

1. 聘用安全管理体系经理。

2. 制订安全管理体系政策声明。

3. 制订安全政策。安全政策是雇主对员工的书面承诺，使工作场所成为工作的安全场所，它是你的公司安全方案的支柱。在安全审计期间最开始要看的东西之一，是你的安全政策是否由现有所有人、管理者或执行人签字。

4. 开始写安全管理体系手册并且创建委员会，如安全管理体系计划中概述的内容。

5. 完成对所有航空部门员工的初始安全管理体系培训。

在我们聘用了安全管理体系经理之后，下一步是制定安全管理体系政策声明。在我们的声明中有三个要点：

1. 圣安东尼奥机场系统的安全政策明确了其对航空安全的承诺：圣安东尼奥航空部门对其员工和机场用户承诺提供安全的环境，同时支持旨在降低事故征候到最低水平的安全方案。

2. 航空部门承诺为其员工、用户和公众的安全和健康提供和保持一个有益的环境。

3. 航空部门对建立安全管理体系负有主要责任，但是安全是所有在工作场所的员工共享的责任。支持并主动参与到安全管理体系和事故征候预防项目中是每个人的责任。

下一步是制订 5 年计划。我们的 5 年计划包括以下内容：

1. 制订标准运行程序中的实践。

2. 制订安全促进活动和计划。

3. 进行我们的第一次内部和外部审计。

4. 为员工和承租人制订培训计划。

5. 制订年度安全目标。

6. 完成无惩罚报告系统。

那么，我们现在做的怎么样？基于很多因素，我们的安全管理体系方案取得了巨大的成功。我们已经撰写了我们的安全管理体系手册，培训了我们的员工，实施了内部审计系统，而且实施了此方案。我们定期参加国家的和国际的关于安全管理体系的论坛，而且让员工成员参与到美国认证协会的 APEX 团队进行了安全管理体系审查。联邦航空管理局已经给我们发了几次关于安全管理体系的机场寻求信息。我们已经接待了想要看看我们已经如何构造并实施我们的安全管理体系方案的很多机场负责人。

我们已经看到了实施此计划带来的财务效益，以及来自内部和外部资源的安全报告所带来的文化转变。这些报告对安全运行很重要，而且感受到如果没有安全管理体系方案我们从不会获得的信息，特别是来自外部利益相关方的信息。知道我们很重视安全并且彻底研究了所有报告，各单位很愿意向我们报告信息。现在，我们享受我们的安全管理体系方案带来的益处，并且期待最终的条例制订。

参考文献

Ayres, M., Jr., Shirzai, H., Cardosos, S., Brown, J., Speir, R., Selezneva, O., & ... McCall, E. (2009). Safety management systems for airports (Vol. 2): Guidebook. Washington, DC: Transportation Research Board.

Federal Aviation Administration (FAA). (2007). Introduction to safety management systems (SMS) for airport operators. Washington, DC: Federal Aviation Administration, (Advisory Circular 150/5200 – 37).

Federal Aviation Administration (FAA). (2013b). FAA – Industry Training Standards (FITS). Retrieved from: https://www.faa.gov/training_testing/training/fits/more/.

Federal Aviation Administration (FAA). (2014a). Safety management system – components. Retrieved from: https://www.faa.gov/about / initiatives/sms/explained/components/.

Federal Aviation Administration (FAA). (2014b). Safety management system – evolution of safety management. Retrieved from: https://www.faa.gov/about/initiatives/sms/explained/basis/#evolution.

Forrest, J. S. (2006). Information policies & practices of knowledge management (KM) as related to the development of the global aviation information network (GAlN) – an applied case study & taxonomy development. Dissertation Abstracts International. (UMI No. 3226963).

Ludwig, D., Andrews, C., Jester – ten Even, N. R., Laqui, C., & MITRE. (2007). Safety management systems for airports (Vol. 1). Washington, DC: Transportation Research Board.

National Aeronautics and Space Administration (NASA). (2015). Aviation safety reporting system. Retrieved from: http://asrs.arc.nasa.gov/.

National Safety Council. (2010). Lifetime odds of death for selected causes, United States, 2010. http://www.nsc.org/learn/safety – knowledge/Pages/injury – facts – odds – of – dying.aspx.

National Transportation Safety Board (NTSB). (2006). Attempted takeoff from wrong runway Comair Flight 5191 Bombardier CL –600 –2B19, N431CA. Lexington, Kentucky. Retrieved from: http://www.ntsb. gov/investigations/AccidentReports/Reports/AAR0705. pdf.

Office of the Federal Register. (2011). A guide to the rulemaking process. Retrieved from: https://www. federalregister. gov/uploads/2011/01/the_rulemaking_process. pdf.

Pitsch, M. (2006). "Comair suing FAA, Lexington airport. " The Louisville (KY) Courier – Journal. Retrieved from: http://archives. californiaaviation. org/airport/msg38649. html.

Reason, J. (2000, March 18). Human error: Models atuJ management. Retrieved July23,2015,from: http://www. ncbi. nlm. nih. gov/pmc/articles/PMC1117770/.

Safety Management Systems, 14 CPR § 119. 8 (2015).

Stolzer, A. , & Halford, C. (2011). Practical risk management. Implementing safety management systems in aviation (Vol. 1). Farnbam, Surrey: Ashgate.

Stolzer, A. , & Haiford, C. (2008), Safety management systems in aviation (Vol. 1). Aldersbot. Hampshire: Asbgate.

Vaughan, D. (1996). The Challenger launch decision: Risky technology, culture, and deviance at NASA. Chicago, IL: University of Chicago Press.

延伸阅读

Federal Aviation Administration (FAA). (2013a). Aviation safety action program. Retrieved from: https://www. faa. gov/about/initiatives/asap/.

Federal Aviation Administratioll (FAA). (2014c). Safety management – international collaboration. Retrieved from: https://www. faa. gov/about/initiatives/sms/intemational/.

Ferguson, M. , & Nelson, S. (2014). Aviation safety: A balanced industry approach. Clifton Park, NY: Cengage.

International Civil Aviation Organization. (2013a). Aerodrome standards (6th ed.). Montreal, Quebec: lCAO.

International Civil Aviation Organization. (2013b). Safety management manual (SMM) . Montreal, Quebec: ICAO.

Lewis, K. (2011). Practical risk management. In A. J. Stolzer, C. D. Halford, & J. J. Goglia (Eds.), Implementing safety management systems in aviation (Vol. 1, pp. 351 – 352). Farnham, Surrey, England: Ashgate.

Transportation Security Administration. (2012). Sensitive Security information (SSI). Retrieved from: http://www. tsa. gov/stakeholders/sensitive – security – information – ssi.

Wood, R. (2003). Aviation safety programs: A management handbook (3rd ed.) Englewood, CO: Jeppesen Sanderson.

第五章　安全保证与安全文化

美联航支线喷气式飞机在科罗拉多州阿斯彭皮金郡支线机场五边进近跑道 15
（沙恩·赛德尔伯格拍摄，由科罗拉多州航空部门提供，2013）

安全保证是安全管理体系的第三个支柱，而且是质量控制过程，以确保危险源和风险缓解策略有效。安全保证的特征是内部无惩罚报告系统、外部审计和纠正措施。

安全保证是一个监督过程。在某种程度上，安全保证是通过安全风险管理的一些要素获得支撑的，包括事件报告和事故与事故征候调查。但是，安全保证项目要求参与者基于可用的数据主动寻找潜在的危险源。安全保证建立在安全风险管理的基础上，通过收集和评估数据以监测符合性、评估安全措施的绩效、发现安全趋势。安全保证过程和项目有助于发现之前未发现的潜在的危险源和风险控制，这些危险源和风

2012 年，丹佛国际机场商业客机五边进近和接地时的进近灯光系统
（沙恩·赛德尔伯格拍摄，由科罗拉多州航空部门提供，2014）

2014 年，在阿斯彭皮金郡支线机场的机场运行车辆
（沙恩·赛德尔伯格拍摄，由科罗拉多州航空部门提供，2014）

险控制是过时的或不再有效的（联邦航空管理局，2014c）。安全保证为确定设备运行
和程序是否达到或超过可接受的安全水平提供方法。

安全保证

　　安全保证是安全管理体系最难理解的要素之一。本质上，安全保证是识别表示组
织是否达到其安全绩效目的和目标的指标的过程。例如，很多施工现场使用性能指标

来表示每次与工作场所相关的受伤天数——前提是，施工现场没有与工作现场相关的事故的时间越长，现场就越安全。在机场结构中，常见的安全指标可以是跑道侵入或车辆行人违规的数量。

确定单一的安全性能指标很少能描述组织中的安全状态。例如，频繁发生跑道侵入可能表示几个潜在问题之一：或许，运行人在机场采用了不安全的运行实践、机场人员缺乏培训或培训项目有差错；或许，此问题与通行控制问题相关，允许未授权的人进入机场导致了侵入。安全保证力图确定在特定领域中不良安全绩效的所有影响因素，不管错误是单一事件还是一系列相连的影响因素。

安全保证也力图发现可能预测潜在危险源或风险的迹象。安全保证包括内部和外部数据分析报告和审计，这些报告和审计过程通常会帮助机场管理者判断可能揭示潜在危险源或风险的趋势或潜在问题。

根据联邦航空管理局的定义，"安全保证指的是一系列过程，监测组织在达到其现有安全标准和目标以及有助于持续安全改进方面的绩效"。安全保证是一个质量控制系统，用于确保风险缓解战略和战术达到预期的效果（国家科学院运输研究委员会，2012）。安全保证和安全风险管理的区别在于，安全保证的目的是确定并评价缺陷，同时改进系统绩效，而安全风险管理是评估各个危险源及与其相关的风险。

安全保证的要素

通过识别新的危险源或风险，可以使用安全保证来评价风险控制战略和战术的连续有效性。安全保证应用控制并确保组织符合安全管理体系的要求（联邦航空管理局，2014b）。随着新的危险源被识别出来或运行程序被改变，安全管理体系的过程会不断反复，其反馈也将不断持续。例如，对于机场施工事件来说，安全保证会要求对这个新的风险进行持续评价、缓解和监测（联邦航空管理局，2014b）。

航空业发展的历史充满了主要事故或事故征候之后应用安全保证的例子。在这些情况下，我们进行了调查，识别了危险源或影响因素，应用了缓解措施以降低相同危险源或风险再次发生的概率。相比之下，现代安全保证的指导原则是：第一，先发制人式地确保危险源被识别出来，并被评估用于预测；第二，选择合适的方法或过程用于缓解或控制识别出来的或预测的危险源；第三，为实施和评价用于控制现有或预测的风险或危险源的战略和战术分配责任（施托尔策和哈尔福德，2008）。这样，安全保证的重点在于测量用于缓解或消除风险或危险源的控制的有效性上。

安全保证通过安全监督和内部与外部审计获得支撑。安全保证的这些主要组成部分要求通过员工反馈、数据分析和安全保证系统评估进行持续的安全评价（联邦航空管理局，2014b）。为了保持有效性，安全保证系统评估既不能太广泛又不能太复杂（机场安全与运行部门，2007）。安全保证的安全管理体系评价应包括：

1. 安全绩效指标和目标。
2. 对安全政策坚守情况的监控。
3. 为安全监督调配资源。
4. 使用无惩罚安全报告系统征求意见。
5. 对来自自我检查、评估、报告、安全风险分析和安全审计的反馈进行系统审查。
6. 与员工交流获得的发现，实施达成共识的缓解策略。
7. 在机场的整体运行中推进安全的系统方法。

系统方法处理重要的安全危险源和这些危险源相关的潜在风险。安全监督、绩效监控和持续改进过程提供需要的反馈用于评估安全管理体系方案的有效性。安全审计展示机场达到其安全目标的程度。

内部审计由组织里的每个部门进行，以确保人员遵守征求的程序，而且组织能够实现其安全目标（路德维格、安德鲁斯、杰斯特·维恩和拉奎，2007）。运行人员通常被认为是其分配的工作职责或任务功能中的主要技术专家，因此，安全管理体系的安全保证内部审计重点关注有运行控制权的人在工作或任务的安全上的直接责任（施托尔策和哈尔福德，2008）。内部审计应定期进行，可以通过员工问卷调查和正式或非正式的检查进行（路德维格等人，2007）。

外部审计由外部人员或机构对组织或被检查的部门进行。在航空业中，监管机构通常进行外部审计。但是，机场运行人员和安全管理体系经理应保证其他外部机构也进行外部审计，如有审计安全项目专业知识的公司。当监管机构进行审计时，可能会对机场运行人员进行罚款或其他处罚。此外，监管机构不监管机场的所有运行，因此会忽略不在他们监管权限内的审计领域。

安全保证的定期管理审查和审计结果是任何可持续的安全保证项目的最重要的部分之一。如果审计或管理审查发现了纰漏，那么应采取纠正措施以确保危险源或风险被缓解或解决（路德维格等人）。

由于美国大多数机场运行人员的安全保证项目都仍处于实施的初始阶段，所以安全管理体系经理可能会从检查航空公司和其他行业现有的安全保证项目中受益。与航空公司相关的一个例子是，安全保证过程属于飞行运行质量保证项目。飞行运行质量保证数据通过航空器数据记录器收集并放入数据库供航空公司和联邦机构分析使用。飞行运行由软件来分析，确定趋势并寻找超过规定容差范围的区域（施托尔策和哈尔福德，2008）。飞行运行质量保证数据可以降低或消除指定的安全风险，也可以将违规程度最小化。联邦航空管理局使用飞行运行质量保证来分析国家航空公司的安全趋势，以便为国会提供可以缓解现有或潜在相关风险的建议。飞行运行质量保证可以确定涉及增加的风险的运行情况，使航空公司运行人在风险导致事故征候或事故之前采取纠正措施（联邦航空管理局，2013）。

另一个外部航空公司安全保证过程的例子是航空运输监督系统。航空运输监督系统是联邦航空管理局用于监督国家航空公司安全的主要工具。航空运输监督系统的基本原则是，航空承运人必须有正确设计的系统，在风险导致事故或事故征候出现之前消除或降低风险（联邦航空管理局，2014a）。航空运输监督系统要求联邦航空管理局的检查员将航空承运人作为整体进行考察，而且还要考察系统和系统是如何相互作用以保证安全的，而不是简单地考察规章的合规性（联邦航空管理局，2014a）。联邦航空管理局的航空运输监督系统航空承运人评估工具检查风险指标，以寻找在航空承运人的系统中可能创造危险源的条件，这使检查员可以优先排序在外部安全保证审计过程中的监督活动。

航空安全行动计划由一线人员使用，向安全管理体系部门和管理层自愿报告潜在的安全危险源。此计划是无惩罚的，而且确保报告方不会因为无意的报告差错而被惩罚（施托尔策和哈尔福德，2008）。航空安全行动计划的目的是获得与安全相关的关注点或事件的报告，以便确定相关的根本原因。

信任管理与安全文化

信任管理是安全保证的关键方面，而且对建立安全文化是必需的。信任管理是以道德为基础的——它在很大程度上依赖于组织中所有利益相关方的相互尊重，不管职位或权力。它要求公开和诚实地交流，在无惩罚的环境中跨越组织边界共享与安全相关的信息。它要求管理者是可见的、亲切的，而且主动向员工发布与所有安全问题相关的反馈、通告和培训。

一旦通过航空安全行动计划数据和信息确定了根本原因或影响因素，那么就要制订纠正措施，并评价那些纠正措施的方法，以解决风险或危险源的影响因素。航空安全行动计划依靠并且增强信任管理，信任管理是可持续安全文化的一个重要组成部分（见"信任管理与安全文化"）。

《美国联邦法规》第49条139款被行业中的很多人认为是安全管理体系的一种形式。作为139款认证发放的固有内容，联邦航空管理局对商业服务机场进行了危险源分析，并规定了一系列缓解策略、绩效标准和检查要求。但是，139款仅应用于机场的某些领域，包括商业服务使用跑道和相关的滑行道。139款中的某些其他特殊措施，如野生动物控制，只是在某种程度上影响到了整个机场，即野生动物只可能影响商业飞行的运行范围。机场制订的安全管理体系方案应将安全保证要素添加到其之前存在的 139 款自我检查过程中，通过包括所有机场非规定的部分，如机坪区、非活动区、油库和行李整理区。虽然联邦航空管理局之前已经声明不打算要求机场将安全管理体系扩展到陆侧和航站楼区域，但是机场可以自愿进行。

安全保证监督与衡量

正如上面所描述的，信任管理和安全保证是相互关联的。为了通过信任管理增强安全水平，对管理层至关重要的是建立并公布安全保证监督与结果衡量过程。安全保证监督项目应包括以下活动：

1. 固定周期间隔对运行过程进行内部评估。
2. 进行安全评价时使用检查单。
3. 当承包商和承租人的活动可能影响机场的运行安全时进行评估。
4. 使用外部单位评价过程。
5. 文件记录结果和纠正措施。
6. 文件记录积极的观察结果。
7. 对调查和审计的发现进行分类，并优先排序纠正措施。
8. 与员工共享结果。

根据国际民用航空组织的《安全管理手册》，充分的安全管理要求对安全绩效进行反馈（国际民用航空组织，2013）。很多各方对改进安全过程感兴趣，但是，关于如何分类或评价安全，组织中的利益相关方有各种观点。例如，员工通常会期望安全、可持续的工作环境，而监督人员倾向于更加关注调配资源和资产以满足安全目标和规章，同时牢记运行的生产目标。旅客关注他们自身的安全和准时、不受伤害地抵达他们的目的地。高层管理者可能关注保护公司形象，而利益相关方对保护其投资感兴趣（国际民用航空组织，2013）。

决定过程或运行是否"足够安全"取决于利益相关方对安全的看法或重视程度。高层管理者通常对设置"零事故"为安全目标感到内疚（见"零事故"的神话）；[①]但是，只要航空涉及风险，事故就会发生。

---

① 1995 年，交通运输部部长 Federico Pena 和 FAA 局长 David Hinson 对航空界承诺"零事故"的安全目标。与此"零事故"目标相一致，FAA 启动了 Challenge 2000，全面检查机构的安全监督能力。参见 http://www.gpo.gov/fdsys/pkg/FR-1995-11-02/html/95-27229.html。全球航空信息网络的主要动力也是为了寻求"零事故"目标。

"零事故"的神话

为了追求零事故的运行安全目标而创建计划和过程的理念是很多文化、组织和行业一直追寻的。虽然意图是崇高的，但是已经设计出来的人类系统或人造物都会面临某种程度的风险。就这一点而言，安全管理体系经理和机场权利者应引起注意。专注在机场运行的任一要素上实现零事故率，可能实际上会导致整个机场环境的安全退步。为了实现零风险，这可能会发生调配不成比例的时间和资源来解决指定的安全问题。安全管理体系方案应寻求平衡并投入资源以帮助确保安全，处理机场上最大风险的那些要素，而不是专注于一个与安全相关的目标，该目标在长期发展过程中不可持续。

一个更现实的目标是，专注于在整个组织和所有过程中缓解风险和识别危险源。监管要求是组织安全另一个不可靠的方法，因为它们通常描述最低"安全"的运行参数，而不是至少是最好的或最有效的。这个事实在为商业服务机场起草《机场认证手册》中是很明显的。

《机场认证手册》是由机场员工所撰写的文件，说明机场会如何遵守《美国联邦法规》第49条139款的内容。这个实践做法有效地让机场运行人员创建自己的规章，这是被美国联邦航空管理局审查并批准的。一旦批准，《机场认证手册》就成为那个机场的"规章"，而且具有监管执法实践。在行业中，被监管方（如机场运行人员）通常被建议写自己的程序，如《机场认证手册》，以遵守最低监管要求，但是在实践中试图超过此最低安全标准。写更高的监管标准可能会使机场处于不现实或不可持续的规章的情况下。此外，一旦成为"规章"，就容易让政府检查员产生主观解释，检查员可能会或不会完全理解运行本质或规章的意图。类似的情况存在于航空安保领域。机场运行人员起草自己的《《机场安保计划》》，说明他们的机场会如何遵守《美国联邦法规》第49条1542款（机场安保）的要求，然后被美国运输安全局审查并批准。写在《机场安保计划》中的任何内容都会成为对机场运行人员的规章，而且，如果机场不能遵守《机场安保计划》的要求，就会受到监管执法（如罚款）。虽然有些人认为，有安全意识的组织应坚持更高的标准，并且愿意撰写相匹配的规章，但是有太多监管者容易误解要求，与机场不断争论罚款而不是关注于安全运行实践。

虽然统计方法，如自上一次与工作场所相关的受伤天数或无事故的上千飞行小时数，可能对评估安全是否变好或变差是有用的，但是我们在使用它们的时候必须针对具体情况。例如，在阿拉斯加运行的小型航空公司，与在美国中西部使用相同类型航空器的航空公司相比，可能会有更高的事故率。虽然阿拉斯加的飞行员在辨认天气类型和在恶劣天气下飞行是很优秀的，但是与美国大平原相比，地形和动态天气对飞行造成了更多的风险。此外，虽然一个组织可能很长一段时间没有发生事故或事故征候，但是那可能并不准确地反映了一个安全的组织——可能存在一段时间才会显现的潜在条件，如常态偏差，航天飞机挑战者号爆炸的致因之一。

在机场的安全报告

很多政府规章已经要求机场运行人员在与安全相关的事件或问题发生时报告。很多这些要求被采用作为绩效衡量，但是因为没有把每一个要求都报告可能会导致违规，所以最好是找出导致这些没报告的因素。然后，这些影响因素可以作为安全保证项目的一部分进行追踪。

在《机场合作研究项目综合报告58》中，研究人员发现，机场在收集和报告问题中通常使用三种类型的数据。内部机场使用包括机场安全数据、事故、事故征候、健康与安全、机场上的侥幸脱险和终端与陆侧事故。在州、地区或多机场报告系统，信息在整个系统里共享，是追踪安全数据和趋势的另一种方法，例如，通过美国联邦航空管理局、美国运输安全局和其他政府机构的外部机场安全数据报告系统，被用于以报告数据的方式收集信息，以及对后续实践和程序的分析（国家科学院运输研究委员会，2012，p.1）。

139 款认证的机场被要求收集几个与安全相关的数据要素以维护安全运行。最多的是日常检查单。139 款要求机场运行人员进行安全自我检查，至少在当天商业飞行运行开始之前有一次，在夜间商业飞行运行开始之前有一次。这些检查单识别了符合139 款所要求的要素，并且包括如道面状态、安全区状态、标记牌、标志、灯光和很多其他因素。除了任何事故或事故征候以外，机场运行人员也被要求通过美国联邦航空管理局野生动物袭击数据库来报告野生动物袭击。

检查记录被要求保留连续 12 个日历月，而且必须对每一个机场检查员进行关于如何每年对机场进行检查的培训。对这些人员的培训记录以及他们的初始和换发新证的培训项目的课程要存档 24 个月。每年，美国联邦航空管理局机场认证安全检查员进行审计以确保符合 139 款的要求。

机场运行人员也被要求使美国联邦航空管理局了解机场的最新情况。短期情况通过航行通告过程发布，永久的变更必须使用《美国联邦航空管理局5010－1表》向美国联邦航空管理局上报，也叫作机场数据记录。机场数据记录包括关于机场运行、客流量、飞行运行与类型、机场提供的服务（如提供某种类型的燃料和氧化剂（热稳定性/混合燃料））的信息。机场数据记录还包括与跑道相关的信息，包括强度、宽度和长度；是沥青还是混凝土；表面是否有沟槽。进近与机场灯光系统，以及任何永久的航行通告，也包括在此数据记录中。机场的基础设施无论何时进行改变，必须使用《表7460申请施工或改变的通知》，而且在更新期间必须对机场数据记录进行适当的更新。

空域障碍物也必须报告给美国联邦航空管理局。短期障碍物通常包括没有提前通知美国联邦航空管理局而一直通宵施工的建筑起重机。机场施工产生的障碍物，或者机场上或机场外施工产生的永久障碍物，按照《美国联邦法规》第 14 条 157 款的要求报告给美国联邦航空管理局，提交《表 7460—1 申请施工或改变的通知》。对于机场上的施工，一旦施工完成，机场运行人员提交《表 7460－2 实际施工或改变的通知》。

美国职业安全与卫生管理局要求报告涉及人员的事故，但是，州和当地政府的工人不包括在联邦文件规定的范围内。1970 年的《职业安全与卫生法》鼓励各州运行自己的与安全和健康相关的项目。职业安全与卫生管理局的表述是，要求每个州计划包括"州的公共员工"，而且"至少与联邦职业安全与卫生管理局对私营部门员工的保护同样有效"（国家科学院运输研究委员会，2012）。

《美国联邦法规》第 49 条 830 款要求航空器运行人向美国运输安全局报告事故或事故征候。虽然 830 款按照 139.325 款机场应急计划没有规定机场运行人员有报告要求，但是机场运行人员必须为 139 款明确要求的航空器事故和事故征候以及其他应急做计划，并把这些事故报告给美国运输安全局。

除了报告，机场运行人员还被要求制订很多自愿计划，提供事件或危险源追踪。此自愿安全数据报告可能来自机场承租人或用户组，包括事故或事故征候信息、安全关注、机场上的危险情况或者机场运行人员或承租人的危险行为。一些机场实施了美国联邦航空管理局的"跑道安全行动小组"，而且也制订了"跑道安全行动计划"，鼓励机场利益相关方帮助减少跑道侵入和车辆行人违规现象。这些小组通常创建可与机场安全相关的分析数据，以便风险可以被识别和缓解，而且追踪安全对策的成功。

机场寻找更多的数据来源用于追踪，其渠道也应包括机场警察和机场消防人员。由于法律报告要求以及调配警察、消防和应急医疗人员的记录，通常来说，应急响应事件必须要有精确的记录、报告数据的手段与方法以及后续实践和程序的分析（国家科学院运输研究委员会，2012，p.17）。例如，火灾次数、航站楼内的滑倒跌倒或车辆事故，可以为整体安全环境提供指标。

追踪警察响应，传讯或罚单的签发，逮捕和逮捕的类型以及追踪犯罪报告，这些都可以为机场运行人员提供机场上犯罪活动的相关信息。此数据能够表明其与一般条例和规章的合规性，这些报告的数据通常是关于摩托车违规的方式和方法的，以及后续实践和程序的分析。这些违规可以在机场飞行区或陆侧被追踪到。此外，很多大型商业服务机场聘用没有武装的安保人员，他们必须通过某种类型的违规通告过程执行机场的条例和规章。通过评估发出的违规通告的类型和数量，机场运行人员可以更好地确定条例与规章的整体合规性。

机场承租人也可以参与提供与安全相关的数据，如机场上的外来物或加油运行附近抽烟的方式和方法的各种行为，以及后续实践和程序的分析（国家科学院运输研究委员会，2012）。旅客、飞行员、第三方供货商和施工承包商可以向机场管理部门提供与安全相关的信息。当从旅客候机厅观察机坪运行时，飞行员可能会看到不安全行为。飞行员可以报告外来物、野生动物袭击、天气相关问题。机场施工经理和人员监督施工安全计划，也可以提供工地上与安全相关的违规或关注的数据。

虽然有很多渠道在报告安全问题，但是机场运行人员必须分析和理解所有的数据，并在适当的时候采取行动。任何对人员或飞行运行产生即将来临的危险的行动应立即被处理。很遗憾的是，很多危险源不是很容易就能被识别的。在很多情况下，人们可能注意到了他们认为是危险的活动，但是没有发现执行此职能的另一种方式，也没有确保工作仍然完成。报告这些问题的类型并确保它们得到正确的解决是很重要的。

一些机场的员工每天都要共享他们关注的安全，作为每天换班会的一部分。口头报告通常被认为是最有效的方法，特别是对于短期的或立即修复型的问题（国家科学院运输研究委员会，2012）。虽然问题可能一直都是口头报告的，但是为了追踪，还是应该创建书面记录。对员工报告安全问题，管理层交流解决方案或寻求额外的意见来说，每天、每周和每月的运行和维护人员会议是最常见的形式。

保护报告方的身份

《机场合作研究项目报告 58：机场报告系统》引用了飞行安全基金会的报告："通过自愿披露项目获得的预计接近 98% 的航空安全相关信息将不再得到，如果参与者可能受到起诉和惩罚的话。"（国家科学院运输研究委员会，2012）为了让任何安全方案起作用，报告安全问题的人员必须是在感到舒服的匿名状态。

组织层面的安全保证

在国际层面，国际民用航空组织普遍安全监督审计计划监测缔约国的安全绩效。[①]然后，每个国家负责安全监督，这通常通过建立规章，由每个国家机构的检查员来执行。不管涉及哪些国家机构，任何机场的组织层面必须确定建立和保持有效、安全监督计划的最佳方法。建议使用以下方法：

1. 一线主管通过监测每日活动保持警戒。
2. 对每日活动定期进行检查。

---

① ICAO 把国家称为缔约国，指的是 1944 年国际民用航空公约的特定签约国。

3. 来自员工关于他们如何看待安全的调查。

4. 对识别的安全问题进行系统审查和跟踪。

5. 收集与每日绩效有关的数据（如机场自我检查记录）。

6. 进行安全研究。

7. 进行定期审计计划，内部的和外部的。

8. 与所有受影响的人员交流安全项目、危险源等的结果。

检查可以是安全检查员或监督人员"四处走走"那样简单地评估组织的所有区域。以非结构化的方式，与工人和主管谈话以及见证工作实际是如何完成的，可以提供有价值的安全见解（施托尔策和哈尔福德，2008）。员工调查也可以给管理层提供对环境中固有的危险源和风险的理解。调查提供运行人员的看法和意见、团队合作问题、问题区域、现有异议或混淆的区域和对安全文化的整体评估。匿名调查可以揭示出在正常的直接访谈中未提及的信息。

安全审计

安全审计是一项核心管理活动。审计提供了评估机场达到安全目标程度的一种方法，以及为管理者提供了关于组织安全绩效的反馈。《机场合作研究项目指导手册》将内部审计定义为："对组织使用的与安全和安全管理体系相关的活动、系统和过程的内部检查或评估。"[①]

考虑到很多机场实施安全管理体系的历史仍处于发展阶段，比较有用的是看类似的安全审计计划。航空承运人行业使用各种安全审计过程。一线运行安全审计是一种这样的审计计划，该计划已经看到了航空公司行业优秀的安全结果。

一线运行安全审计与美国运输安全局

在一线运行安全审计中，受过严格培训的观察员坐在航空承运人航空器的折叠座椅上收集与安全相关的数据，这些数据是关于飞行机组绩效、运行因素和环境情况（环境情况指的是航空器内部状态驾驶舱情况、机组状态旅客问题等因素）的数据（施托尔策和哈尔福德，2008）。此计划依靠的是保密数据收集和保证不会对发生差错的被观察的飞行员采取行动。总的来说，航空公司行业认为，一线运行安全审计带来了以下益处（施托尔策和哈尔福德，2008）：

1. 识别航空公司运行环境中的威胁。

2. 调职程度的培训评估。

3. 质量保证和程序可用性。

---

① 参见 http://onlinepubs.trb.org/onlinepubs/acrp/acrp_syn_037.pdf。

4. 识别人/机界面问题。

5. 识别飞行员的捷径和变通（对识别常态偏差很重要）。

6. 评估安全利润。

7. 建立组织变更的基线。

8. 确定资源调配的基本原则。

在任何报告系统中，最重要的挑战之一是保密性和担心报复。在个人报告安全违规时，他们必须受到合法的保护，不会受到管理层或同事们的报复。为了使任何安全报告系统能够有效，在报告系统中的资源和信息必须一直保密。虽然这种匿名的方式对保护提交安全报告的个人身份是很重要的，但是对于有"自我报告"违规的系统的公司来说，很重要的是清楚系统的目的，不是保护公司不受法律反制或监管传票，而是可以解决安全问题。

航空业使用的一个计划是自愿披露报告项目。根据自愿披露报告项目，如果一个公司发现已经或可能已经发生了潜在的违反规章的现象，那么，它应立即通知美国联邦航空管理局办公室，披露此信息并提出纠正措施（施托尔策和哈尔福德，2008）。然后，美国联邦航空管理局审查该情况，以确定该事件的发生是否是因为公司对安全粗心大意或不计后果的漠视造成的，这种情况很少见（施托尔策和哈尔福德，2008）。然后，美国联邦航空管理局可以接受报告并同意不对航空公司进行处罚或采取认证措施，如果公司"全面修复"解决了事件的潜在原因（施托尔策和哈尔福德，2008）。

在机场行业中，美国运输安全管理局有类似的项目，称为"自愿披露"。在美国运输安全管理局下属监管安保项目的机场和航空承运人安保单位，在发现安保规章的潜在违规时可以自愿披露。假设监管违规不是故意的，假设其立即得到了纠正，而且假设行动计划发挥作用进一步防止或降低了这类事件的可能性，那么，美国运输安全管理局会同意不对机场或航空承运人进行处罚或采取认证措施。很遗憾的是，由于这些美国运输安全管理局报告的性质被归类为敏感安保信息，所以它们不能提供给公众或其他机场运行人员。

学术界的一些人已经尝试创建类似自愿披露报告项目的安保报告系统，但是美国运输安全管理局没有传播此信息给其他机场和航空承运人的方法。，美国运输安全管理局可以追踪事件，并通过绩效与结果信息系统做一些趋势分析，此系统与运输安保运行中心一起，用于追踪并报告安保违规（国土安全部总检察长办公室，2012，p. 3）。但很遗憾的是，美国运输安全管理局没有集中分配机制来合并所有关于安保违规的信息，因此，监测安保趋势或对安保整体改进的能力有限。美国运输安全管理局的员工不总是正确地报告、追踪和分析所有的安保违规问题，也不总是以文件记录他们自己纠正安保违规缺陷的行动。

美国运输安全管理局在支持安保信息共享中的另一个挑战是，当他们成为美国运输安全管理局的员工时，美国运输安全管理局对标准机场运行和一线安保关注的责任就结束了。他们不再参与一线安保人员，如机场安保协调员、警察和安检人员遇到的日常挑战和问题。在机场运行和安保中，这种参与分离情况降低了美国运输安全管理局人员能够报告的信息的容量和有效性。这一问题，再加上没有方法共享敏感安保信息的安保数据或信息，或甚至没有方法对数据或信息进行并共享分析，使得安全管理体系经理和机场运行人员缺乏与机场安保相关的最佳实践或对现有问题的理解。

安全（或安保）信息共享系统必须有一个反馈过程，以保持可持续并且为系统中的所有利益相关方建立信任。作为任何安全保证项目的一部分，为了项目能够有效，必须保持报告方的匿名；但是，识别到的危险源和风险不能保密，缓解危险源或风险所采取的措施也不能保密。在某些情况下，实施仅可以被熟悉运行的其他人所辨认的特殊类型的解决方案，可能更有风险。换句话说，安全保证不存在于真空中。如果一个问题报告给了管理层，管理层应与所有利益相关方合作来确定合适的纠正措施。为了通过控制链获得几方的观点的益处，以便确定最佳纠正措施，风险和危险源必须被共享。

国际民用航空组织安全审计建议

处理安全审计中的关键问题包括监视与符合、风险的领域和程度、能力与安全管理（国际民用航空组织，2013）。虽然国际民用航空组织安全审计指导是为缔约国及其监管机构服务的，一些学到的经验还是可以用于机场安全管理体系方案的。

1. 监视与符合：机场运行人员应确保遵守监管要求和标准运行程序。检查、观察和报告系统可以提供对于规章是否被违反和到什么程度的见解。

2. 风险的领域和程度：安全审计应确保组织的安全管理体系是基于合理的原则和程序建立的。机场必须有系统定期审查程序以确保所有安全标准持续得到满足。[①]

3. 能力与安全管理：员工必须接受充分培训以确保安全管理体系按预期进行运行。这并不意味着安全经理必须接受训练，并成为机场系统所有人中最高水平的人。但是，在组织中应该找出业务能力较高的人，具有评价一个程序的能力，并确定其是否在标准范围内。

在其《安全管理手册》中，国际民用航空组织为组织引入了自我审计检查单以评估组织的安全过程的完成性和有效性。检查单包括各种类别，如管理结构、公司稳定性、财务稳定性、管理选择与培训、劳动力和与监管当局的关系。

安全审计是安全管理体系的核心活动。审计确保了安全管理体系的结构是合理

---

① 参见 http://www.icao.int/safety/SafetyManagement/Documents/Doc.9859.3rd%20Edition.alltext.en.pdf。

的，而且有合适级别的人员配置。审计确保了组织遵守程序、规章和标准运行程序。它们确保了人员在培训中有令人满意的能力，以保持他们的绩效水平，而且设备在期望的水平上充分运行（国际民用航空组织，2013）。审计也可以识别出，是否一直存在一个促进安全和监测安全绩效的有效系统，以及组织是否能够处理可预见的应急事件（国际民用航空组织，2013）。

安全审计应定期进行，并且包括对每个工作单元的安全绩效和实践的详细审查，该审查可以分配安全责任。审计小组也必须评估使用的程序是否适合于处理指定的风险或危险源，而且他们也必须测量那些过程的能力，这些过程缓解了由安全问题造成的潜在不良后果（国际民用航空组织，2013）。

检查单通常用于确定审计期间要审查的条目，帮助确认所有要检查的区域都被覆盖到。审计的本质从来都不应是惩罚，其目的应是获得关于机场运行系统内的安全状态的知识。审计员应建立书面报告，描述他们的发现和建议，之后提交给合适的工作组。审计员也应提供积极的反馈，发现缺陷，并制订行动计划来解决缺陷（国际民用航空组织，2013）。应进行跟踪审计，以确保采取了任何已经规划过的纠正措施。

此审计过程类似于美国联邦航空管理局每年认证的 139 款商业服务机场。美国联邦航空管理局检查员对所有 139 款检查单条目进行年检以确保规章的合规性。如果发现缺陷，那么就建议并期望机场运行人员建立行动计划来纠正缺陷。美国联邦航空管理局可能整年都在做现场检查，特别是对截止日期少于 1 年的纠正措施条目，以确保此措施被实施。缺陷随后几年重复发生会带来执法处罚，或者由于未能遵守资助保证，危及机场的机场改进计划资助。

安全保证——学到的经验

从机场安全管理体系试点研究学到的经验，《机场合作研究项目综合报告 37》评估了几个机场试点研究的结果。很遗憾的是，由于安全管理体系实施研究是短期的，很多参与的机场不能在 13 个月的研究时间框架内进行审计。在很多试点研究中，机场仅对空侧区域实施了安全管理体系。几个机场表示，他们正在计划或已经扩展到了活动区以外。只有几个被调查的机场正在计划扩展安全管理体系到机场的其他区域。虽然美国联邦航空管理局还没有要求机场在空侧运行区域以外实施安全管理体系，即陆侧和航站楼区域，但是机场可以自愿进行。

尽管如此，一家机场确实把其安全管理体系方案扩展到了行李整理区来解决安全问题，如拖车司机超速、外来物、地面服务提供者、员工、承租人行李车和拖车运行（国家科学院运输研究委员会，2012）。但是，研究的主要结果还是关注在空侧运行。

参加研究的很多机场不得不为他们的安全保证过程确定绩效衡量。几个机场仍在确定绩效衡量的过程中，而有些为了捕获并关联数据，正在获取软件或数据库系统。但是这些机场回复说，他们正在使用安全管理体系的安全保证系统，该系统包括 3 个主要的分类：事故、事故征候和野生动物（国家科学院运输研究委员会，2012）。

《机场合作研究项目综合报告 37》也表明，第一年施行安全保证项目审计对任何机场来说都是挑战（国家科学院运输研究委员会，2012）。报告进一步建议，在实现里程碑式的增长时进行项目评价对管理层评估安全管理体系政策目的和目标更有益处（国家科学院运输研究委员会，2012）。数据收集也是一个问题，但是几个商业现成的软件程序可用于安全保证审计数据的收集和相关解析。[①]

根据《机场合作研究项目法律研究文摘 19》中"在美国机场制订安全管理体系和安全风险管理相关的法律问题"，美国联邦航空管理局已经声明，会在内部和外部同步其在安全管理体系方面的努力（班纳德、福利和拉德纳，有限合伙人，2013）。美国联邦航空管理局致力于安全管理体系的综合方法，包括一般定义、对风险的理解、分析与评估安全风险的一致的方法、风险管理技术、安全保证程序和定义可接受风险水平的一般方法（班纳德、福利和拉德纳，有限合伙人，2013）。

安全保证是安全管理体系更困难的要素之一。随着安全管理体系在美国机场中的发展，很清楚的一个问题是，在风险管理项目和缓解策略已经实施后，不应太快采取纠正措施，否则会阻碍安全管理体系的采纳并降低信任管理。虽然安全管理体系和安全保证策略的效果在实施后会很快显现，但是在大多数的情况下，会需要一段时间通过安全保证审计确定合适的结果评估和评价。

安全保证过程的另一个挑战是，对每一个缓解的风险或危险源，必须对某些绩效指标进行测量。这些绩效指标可能不能完全被识别，直到风险被确定并且采取了合适的缓解措施。花费时间追踪活动用于正确的分析也是必需的。即使在可以使用某些绩效衡量措施（如跑道侵入的数量）时，还可能有潜在的影响危险源的绩效衡量，需要过一段时间才能确定。

从组织和行业的角度来说，用于机场运行安全的安全管理体系仍处于初期水平。共同的绩效衡量还没有确定，因此没有安全保证审计中的共同主题能应用于美国所有 139 款涵盖的机场。随着时间的流逝，这些绩效衡量办法应被确定下来，而且会有某些共同点显现出来。此外，建立安全保证并不只是一个当地活动，而是需要监管者主动（如美国联邦航空管理局和其他联邦、州以及当地监管机构）参与的一个活动。无惩罚报告计划必须在所有级别的机构建立起来，以便学到的经验可以在整个行业和机场之间进行共享。

---

① 参见 http：//www.asms - pro.com/和 https：//cmo - software.com/solutions/other/aviation - sms - safety - management - system/或者 http：//www.etq.com/airsafety/。

安全文化

安全文化可以被定义为组织的所有级别对安全的承诺。安全文化可能很难描述和定量，但是当它建立的时候，是可以感觉到而且是显而易见的（埃尔等人，2009）。安全管理体系的安全促进支柱涉及安全文化的建立。丹·麦丘恩、柯特·莱维斯和唐·阿伦特在《实施安全管理体系》中写道：安全文化是"最难培养的"（施托尔策和哈尔福德，2011）。虽然专家们同意安全文化是预防事故和事故征候的基本要素，但是有效的安全文化必须包括灌输并加强此文化的促进活动。作者进一步认为，实施并保持有效的航空安全文化最重要的挑战之一是保护（安全）与生产力之间的持续斗争。

遗憾的是，通常来说，验证安全措施的实施是提高生产力或财务收益的一种方式并不容易。可能很难向高层管理者展示通过强有力的安全文化已经预防了多少次事故（施托尔策和哈尔福德，2011）。但是，当事故或事故征候确实发生时，通常会暴露组织中的安全文化问题。美国运输安全管理局对其很多安保项目也有类似的挑战。有些项目被批评没能抓到恐怖分子；但是，很难衡量用于阻止犯罪和恐怖活动的一个策略的有效性。

安全文化自己本身并不是安全管理体系的一个支柱，但是它对安全管理体系的促进有很大贡献。安全促进通常包括培训和教育、安全通信和持续改进。这些促进要素是否有效，依赖于工作场所已经建立起来的安全文化。此文化要么奖励安全行为，要么奖励危险行为。如果一个机场内的文化容忍冒险行为，那么所有可得到的海报、安全培训和安全保证项目不会促成安全的运行环境。

安全的传统模型

几十年来，很多事故调查已经开始关注技术故障、恶劣天气和人的差错，将其作为根本原因（埃尔等人，2009）。但是，调查员最终做出的结论是，可能有其他触发风险的条件，如通信故障、决策冲突和缺少有效协调，这些也可能导致事故和事故征候（埃尔等人，2009）。由于这些原因，航空公司开始关注例如，驾驶舱资源管理以及随后的机组资源管理的概念，以鼓励全体机组人员互相之间有效沟通，而且在决策时尊重其他飞行机组成员的意见。

詹姆士·瑞森将安全文化概括为 5 个特征，其从属关系是：第一，通知安全相关的问题；第二，鼓励并看重报告风险的行为；第三，促进了解安全相关的信息；第四，支持公正文化；第五，灵活文化的一部分，愿意适应改变（瑞森，1990）。在一个告发的文化中，工人们明白他们工作中的固有危险，而且也明白他们的工作是如何影响他人安全的；在一个报告文化中，员工们被鼓励报告安全关注而不必担心收惩罚或嘲笑，而且会基于提供的反馈采取实际行动；学习文化的特征是对持续改进质疑的态度，员工们不断提问："我们怎样才会做得更好？"（埃尔等人，2009，p. 92）。灵活的文化由所有来自不同层级的人员组成，为了提高安全水平愿意并能够接受必需的改变。公正文化承认，大多数差错不是故意的，管理层试图理解并纠正使差错有可能发生的工作条件——即他们从反馈和错误中学习。

强有力的安全文化的主要特征是保留那些主动质疑程序的员工，这些程序他们知道是过时的或是更安全和更有效的。这样，员工们就把安全视为他们自己的责任，而不仅是管理层的责任。他们知悉自己的工作在安全关注和固有的相关风险方面的本质，以及组织为了安全保证而持续提高安全声明的目的和目标。

安全促进的要素

促进并增强安全文化的内容，包括培训、人员能力、沟通和意识。一个好的安全文化是，高层管理者强调安全，愿意接受批评，愿意对改变做事的方式进行投资（施托尔策和哈尔福德，2011）。额外的管理措施包括促进现实的、灵活的安全条例并确保人员经过了良好培训。

在有效的安全促进系统中，安全经理负责提供现行信息并对所有员工进行有关安全问题的培训。培训项目应包括处理任何监管要求的课程，衡量培训是否有效的确认，以及包括人的因素和组织因素的培训。安全经理应对所有人员进行初级培训，处理工作场所的一般安全，同时也要进行复训。新员工应被接纳到安全管理体系的过程中，同时还要将最高层官方向所有员工传达的安全目标和程序也纳入安全管理体系中。但是，员工可能会怀疑高层管理者的动机；因此，很必要的一点是，安全目标和程序也要传达给中层管理者、主管和一线人员。那些看到安全是做业务的一种方式的新聘用人员，会以更开放的姿态采纳合适的安全实践，而且还会变成安全管理项目的大使。但是，如果仅仅是顶层管理者传达安全目标，而且这些目标没有被主管或一线人员强化，那么，新聘用人员很快就会看出来，政策不是被组织的所有级别所支持。

安全促进的一个例子可以在美国海岸警卫队航空项目中看到。海岸警卫队飞行人员通常在危险条件中飞行。虽然海岸警卫队中有一句俗话：你必须出去但你不是必须回来，意思是你从来不能拒绝任务，但是海岸警卫队现在已经完全接受了安全文化，同时继续完成其使命。

帕特里克·哈德森教授提供了一个模型，提高标准水平来评价安全文化的强度（哈德森，2011）。此模型中的最低级别指的是病态的，特征是类似"只要我们不被抓住我们就不在乎"的态度。这个态度在任何任务或职业中都是危险的，特别是在航空业中。在某些组织中，安全程序不被鼓励，但是，危险行为被鼓励，并得到非正式的奖励（托里斯，2011）。虽然没有管理者愿意公开炫耀其组织有病态的安全文化，但是这样的文化在航空环境中确实存在。在病态的组织中，员工们公开冒不必要的风险的例子——常炫耀他们能这样做。

在哈德森（2011）模型中的下一个级别，组织的安全文化是反应式的，其特征是类似于"安全很重要，每当有事故我们都会处理"的态度。遗憾的是，航空业受困于反应模式很多年，只在损害发生后才对危险源进行反应。因为其规模或缺少提供足够级别的安全保证的财务能力，一些组织仍然是反应式的文化。在某些产业中，财务困难或更高级别产品的推动，可能会产生反应的安全管理环境，等到出现问题才处理风险。

计算文化的特征是类似于持有"我们有相应的系统来管理所有的危险源"的态度（哈德森，2011）。虽然此文化比反应的文化有了很大进步，但是它把组织放在反应的和主动的之间。虽然组织可能在管理现有危险源中是有远见的，但是它没有做出承诺识别未来的危险源或随着过程、技术和程序发展而导致的危险源。计算文化也提供了安全的错觉——预知所有可能的危险源是不太可能的。

在主动文化中，管理层和员工主动找出危险源和导致危险源及事故征候的潜在要素。管理者使用安全审计、自愿报告系统和问卷调查把组织的思维模式转换成主动的而不是反应的（哈德森，2011）。主动的管理文化的挑战在于维护。通常，在事故征候或事故之后，组织会采取很多主动的措施、开展安全运动和重点关注识别风险和危险源，而事件过去一段时间后，项目就半途而废了。

创造型安全文化是终极目标。创造型安全文化的特征类似于"安全是我们的经营方式"。在创造型安全文化中，管理层使用逻辑分析方法，特别是预测工具和建模技术，在缺陷发展成危险源之前识别它们（哈德森，2011）。

案例研究：美国海岸警卫队中的航空安全

美国海岸警卫队的座右铭是 Semper Paratus，意思是"时刻准备着"。美国海岸警卫队拥有世界上航空搜寻与救援、执法、缉毒和海洋渔业执法最先进的一体化进程。9·11之后，美国海岸警卫队在国家反恐中承担了额外的责任。美国海岸警卫队的航空器必须在所有天气条件下警报发出30分钟内升空。为了支持美国海岸警卫队队员必须忍受的要求和高风险，海岸警卫队设立了强健的安全方案，每个航空站都有专门的安全部、飞行安全官和地面安全官。

飞行安全官在所有域航空安全相关的问题上作为指挥官的代表和顾问，每月向指挥官报告本单位的安全形势，分发航空安全文献，并管理安全激励项目。飞行安全官进一步协调航空安全培训，管理安全问卷调查，确保完成事故报告，并分发纠正措施结果。

使用瑞森（1990）定义的安全文化的性质，美国海岸警卫队的特征可以归为知情安全文化。例如，美国海岸警卫队根据本单位确保人员安全的能力发布高风险但现实的指导。美国海岸警卫队沟通并确保所有人员能理解每个操作所固有的所有已知风险。它也和队员沟通安全措施应如何应用，以使风险保持在可接受的范围内。对每个具体任务而言，向所有人员专门讨论并培训降低伤亡和财产损失的措施等问题。最终，这些努力在高风险环境中保证了安全和任务准备（托里斯，2011）。

作为知情安全文化的一部分，美国海岸警卫队也指导人员练习专业判断，特别是在没有清楚指导或立即监督的情况下。海岸警卫队的飞行员们通常是在远海没有立即通信的条件下决策。即使当海岸警卫队飞行员能够与指挥机构联系时，机长在任务期间也有与安全相关的决策权，特别是在应急或威胁现场。

美国海岸警卫队人员主动互相注意安全，也互相学习安全。其所有级别的人员都被培养采用主动的方法来识别安全危险源，并后续采用适当的纠正措施。美国海岸警卫队让安全控制情况，而不是让事故征候或威胁控制安全。

安全文化中安全信息的重要影响者和分享

在很多工作环境中存在着"重要影响者"——这些人都是一些同事，他们可能不具有正式的权力，但是在组织中对各种利益相关方有影响力或非正式的权力。重要影响者通常工作了很多年，其他人会找他们寻求建议或指导。对于初级员工如何在文化中表现，重要影响者提供的指导是很重要的。当新人被聘用到工作场所时，他们会通过观察重要影响者的行动来遵守什么行为是被奖励的或被惩罚的。

当重要影响者冒险，例如，报告其差错或其他安全关注，在工作文化中他们既没有被惩罚也没有经历负面后果——其他人会视安全报告为文化规范。但是，如果重要影响者报告的这些被惩罚或被管理层揭发关注来源，那么现有员工会不愿分享与安全相关的关注，而且重要影响者会指导初级员工或同事不传递安全关注给管理层或其他利益相关方。在这一点上，发展安全管理体系的工作努力就被大大削弱了。在安全和信任的文化中维持安全管理体系的能力，依靠组织管理层的诚信，展示对安全文化的目标和目的以及在其中无惩罚分享安全信息的承诺。

海岸警卫队培养报告文化，在这个文化中，通过清楚定义的指导，所有人员都准备好报告自己的差错和侥幸脱险（托里斯，2011）。然而，激励队员自愿报告与安全相关的差错或威胁，仍然是美国海岸警卫队知情安全文化中最困难的挑战。肯特·霍林格（2013）提倡树立几个报告先锋为组织的其他人作榜样的理念。这些人员或"重要影响者"（见"安全文化中安全信息的重要影响者和分享"）可以是那些有确定的指导声誉或有正式或非正式权力的人，他们影响组织中的成员采纳期望的文化价值。

除了使用报告先锋，美国海岸警卫队对有助于发展安全报告文化的报告差错和安全问题的优秀表现发布正式认可。如果识别合理的风险或问题一直被奖励，那么，队员们很快就会将此视为比运行生产力更高的目的。

作为支持知情安全文化的重要组成部分，美国海岸警卫队培养公正文化，创建了信任的氛围，在这一氛围中，利益相关方因为提供与安全相关的信息被鼓励和奖励。为了使这些价值观保持下去，美国海岸警卫队认识到，调查报告和分析的某些要素可能包含一些信息，这些信息只应用于安全目标，而且只应被事故调查和事故征候预防相关的人员审查。这些情况的主要目的是，对报告人或涉及安全相关问题人员的身份保密。除非违反法律或由故意的行为或过失导致的情况，那么，保护相关人员的身份对在美国海岸警卫队创建知情安全文化是很重要的。

美国海岸警卫队知情安全文化的另一个价值是，承认人的安全优先于航空器或其他基础设施的潜在风险。在这种情况下，人员能够理解，在寻求成功完成任务的过程中，损坏设备但是仍把保护人的生命和健康作为第一优先权的决策是可接受的。

美国海岸警卫队也提倡学习文化。在学习文化的过程中，组织愿意了解从事故和事故征候中学到的经验，愿意报告安全问题，当需要改革时愿意做出改变。这些改变建立新的政策和运行程序，作为更高安全水平的标准被采用。作为知情学习文化的一部分，这些标准毫无疑问确保了飞行和飞行运行的持续性。例如，在卡特里娜飓风期间，从全美国召集起来美国海岸警卫队人员和运行单位一起响应暴风雨。由于运行要求和安全的高级标准化，所以不管绞车操作员、救生员还是飞行员以前是否一起工作过——通过他们在标准和安全方面的培训，他们仍然可以安全、有效地执行任务。虽然可能看起来标准化会降低人们做与安全相关的决策的灵活性，但是正好相反，标准化是常规和重复过程的基本方法，一旦人们接受了标准程序的培训并遵守这些标准程序，那么，他们可以将这些经验和技巧作为更安全的、短暂的并且合适的决策的基础。美国海岸警卫队也理解尽快修订标准以安全处理新的或意料之外的风险或危险源的重要性。在这一点上，知情学习文化在面对这些挑战的过程中保持灵活性。但是，海岸警卫队能够这样做是基于培训和运行标准的强有力的文化。

学到的实施经验

经常发生的是，学到的经验很快被忘记，或在努力促进培训之后没有得到实施。在某些情况下，培训是由管理层来检查的，并将其作为在安全管理体系中证明尽职审查的一种方法，而不后续实施学到的经验。安全管理体系中的学习文化必须花费时间和经费由培训和知识产生有效的程序改变来提高安全。

在使用标准运行程序时，个人和组织进行多任务并保持情景意识的能力与保持灵活是相互依赖的（见"安全文化中的目标固定与冲动行为"）。通过在其知情安全文化状态中保持主动，美国海岸警卫队在高压力、多任务环境中保持安全和灵活。托里斯（2011）将以下特征概括为美国海岸警卫队知情安全文化的关键：

1. 对人员进行组织安全目标的沟通和培训。
2. 使用有效的安全过程并确保资源充足。
3. 为了运行安全有效，需要标准化的协作过程。
4. 在将安全放在首位的运行程序中，提倡灵活性。
5. 培养一个全系统的信任文化，特别是关于自愿分享或报告安全数据或信息。
6. 为美国海岸警卫队的使命维持一个作为首要指导性的安全文化。

安全文化中的目标固定与冲动行为

在高压力/高风险的工作环境中，员工们通常专注于"完成工作"。根据组织结构和人员在压力下执行的权限级别，此动机可以来源于内在或外在。关注于单一目的或目标的驱动可能导致损失情景意识，并降低维持安全环境的能力。军方把这种现象称为目标固定。例如，在军用和民用飞行环境中，飞行员可能非常专注于完成任务，以至于飞行员不能继续安全驾驶飞机。

在民用航空领域，俗话"get – there – itis"和"get – down – itis"与目标固定是类似的表达效果。例如，当飞行员受到激励"把飞机落到地面"时，由于某些因素（如恶劣天气或应急情况）而感受到压力，飞行员有时可能会做出错误的决定或使用错误的运行程序。航空器所有者与飞行员协会将此危险的态度称为冲动行为。在类似飞行员的这种高压力情况下（如恶劣天气、机场应急、紧张的截止时间等），负责机场运行的工作人员也可能会经历冲动行为。

特别是当机场或跑道由于除雪或外来物检查而关闭时，运行人员就会经历危险的冲动行为。在这些情况下，机场运行检查员知道，快速完成他们的任务对于满足航空公司的时间安排是很重要的。检查员可能会面对来自空中交通管制、航空公司和私人航空器运行人要求他们加快跑道检查的压力。在安全文化中，工作人员必须能够轻松地报告目标固定和冲动行为等相关问题。这些相互关联的危险动机，对在高压力和高风险环境中的安全来说是很重要的问题。目标固定或冲动行为必须由所有受影响的运行人员向最高管理层报告，而他们不必担心报复或受惩罚。

强有力的安全文化

一般来说，一种文化是员工和组织坚持的一系列的共同价值观（埃尔等人，

2009）。改变文化意味着改变价值观，这可能不容易，特别是现有价值观根深蒂固地持续很长时间的话。改变价值观是一个过程，通过改变实践来实现（埃尔等人，2009）。虽然安全海报和新闻刊物是安全促进过程的工具，但是，安全促进也包括管理层的态度和领导力中可展示的、看得到的改变，其重点在于工作如何完成（埃尔等人，2009）。

在有效的安全评估中，管理层可能会发现影响其组织安全的强的和弱的文化价值观要素。管理层应努力加强薄弱领域，并弄明白强的领域为什么是那样的方式，因为这可以为如何提高整体安全文化提供线索。

一个强有力的安全文化的标志，包括会报告不安全情况并认为他们有责任这样做的员工。员工们应真正相信，管理层的政策和言辞已经反映在其行动中，而且高级管理层在安全促进中发挥了积极的作用，通过以他们希望员工仿效的方式来做榜样（埃尔等人，2009）。在一个强有力的安全文化中，差错被理解为是否是故意的；但是，故意违规不应被高级管理层和同事们所容忍（埃尔等人，2009）。在薄弱的安全文化中，员工们认为安全是其他人的责任，通常他们的主管和高级管理者把安全功能授权给低级别的员工。

在促进安全文化发展方面，波士顿洛根国际机场是一个强有力的领导者。9·11之后，波士顿/洛根的管理层采用了"从此不再"的理念。在这种情况下，"从此不再"指的是，他们的机场从此不再被用作对美国发动恐怖袭击的发射现场。波士顿/洛根对9·11恐怖袭击中离场并使用的飞机不负有责任或甚至不负有间接责任。然而，其管理层决定确保未来不会从波士顿/洛根产生相同方式的袭击。在此努力期间，管理者采取的关键策略之一被称为"早上8:30分安全与安保会议"（见"每日安保与安全会议"）。每天早上，机场、航空公司、联邦机构、马萨诸塞警察局及其他关键利益相关方的最高管理者在早上8:30分开会讨论安全和安保问题。此会议为在机场工作的最高级别的决策者提供了一个机会来讨论关注安全管理的众多问题。警察、消防长官、机场运行的高级经理、航空公司官员、美国运输安全管理局安全保证和联邦调查局通常都要参加这些会议。波士顿/洛根机场通过要求高层领导参加每次会议展示了强有力的安全促进。

每日安保与安全会议

机场运行人员必须确保高级管理层和对机场运行环境很重要的利益相关方（如警察、消防、美国运输安全管理局安全保证）参加日常的安全与安保会议。分享知识和解决问题是这些会议的根本目的。随着时间的流逝，最高管理层必须确保这些会议没有降低重要性，而且不会变成由仅被指定为记录人员的初级人员或助理参加。

一个强有力的安全文化及相关的安全促进努力，也可以包括政府官员和监管者出席安全会议。让政府监管者参与到安全促进努力中的挑战是，他们在监管执法中的任务和责任可能导致利益冲突，并成为分享航空安全信息的障碍。例如，监管人员可以提供关于监管最佳实践的建议，但是他们不会告诉机场运行人员具体如何遵守规章。虽然此立场可能被认为是没有帮助的，但是它反映了监管机构试图允许机场运行人员确定，在为机场使命服务的同时，如何最好地遵守规章。对机场来说，愿意帮助机场达到更高安全级别的安全监管员或合规检查员是无价之宝。监管者在规章应用方面是专家，而且最重要的是，在满足监管要求的安全程序的选择方面，他们可以提供指导建议。

薄弱的安全文化

机场的安全健康是机场缓解危险源和响应威胁或意料之外情况的能力的体现（国际民用航空组织，2013）。在安全方面，对于一个机场来说，被认为是健康的最低标准是，满足监管合规性最低可接受的水平。但是，在此最低水平上，合规性的违规或严重的危险源，对于机场维持一个安全水平是脆弱的，该水平指的是保护个人幸福和基础设施的安全水平。因此，管理者应测量组织的安全健康水平，以确定组织在最低合规性标准之上多高的水平运行（国际民用航空组织，2013）。

组织参与最佳实践，实施安全管理体系，保持与安全管理原则和机场运行实践的最新研究同步，而且对所有员工（不是只对高级管理层）用强健的培训项目，来提高其安全健康。组织可以使用统计安全绩效指标，例如，跑道侵入或机场事故的数量，从安全的角度来确定组织健康。但是，因为事故征候和严重事故在航空飞行中相对罕见，所以这些统计数字可能提供不了完整的评估。不太令人满意的安全管理体系仅依靠通用标准，而不管其有效性或可靠性。应为健康的安全文化开发其他绩效指标，例如，人员在机场上操作的培训小时数、复训频率、考试分数和综合审计的结果。

机场安全健康的关键是管理层的支持和领导，其将所有机场人员的知识和技能用于安全管理体系和机场安全运行中。例如，商业服务机场必须对其 139 款机场检查员提供内部培训和重新换证培训。很多机场通过使用基于计算机的培训系统或每年外请培训师对其所有员工进行复训来满足此职责。上述两种方法都是增加员工知识基础并保持合规性的有效策略。与此相反，有些机场管理者会派他们的一名员工参加培训课程，要求从课程中收集尽可能多的培训材料，如果可能的话包括教员材料，然后回到机场使用那些经验和材料来培训其他所有利益相关方。这种类型的培训通常是无效的，因为培训是一种技能，并不是每个人都是有效的培训师；当信息从参加培训课程的学员那里传递到机场同事那里时，信息就变成二手的了。具有潜在更强安全健康的机场，至少会让专家资源对所有员工循环进行所需的培训。

另一种降低安全培训的方式是派人员参加要求的培训课程，但是给他们预订必须提早结束培训的返程航班。这种情况会导致参加培训的人员对培训导师施加压力以加快培训进程。但这种实践很普遍。提供培训的公司或人员知道，如果他们不能满足客户的要求，客户就会去其他地方接受培训。很多培训师认为，最好是在允许的时间内"尽其所能"。

管理层通过在获得必需的设备和材料中投机取巧也会破坏有效的安全促进。虽然机场为其运行人员（让我们假设，这些人员已经被培训为机场应急员与消防员）配置了消防装备，这可能是一个不错的公共关系声明，但是，如果这个装备是损坏的，并且不再满足对此装备要求的标准，那就说明，管理层并不是真正支持自己的安全政策。

安全管理体系经理应认识到，可能会花费多达10年的时间来改变文化（霍林格，2013）。如果最高管理层不能保持对此可能性的认知，那么安全管理体系评价及其相关的安全文化可能会被错误解读。为了弥补此劣势，管理层可能要回到仅凭直觉或感觉来评价安全管理体系方案。此直觉的方法是，简单地认为机场有强有力的或薄弱的安全文化，但是缺少任何有效或可靠的数据。仅依靠直觉的主要挑战是，对安全状态的感觉和看法以及处理那些可行策略会发生改变。此外，如果发生事故征候或事故，那么，从法律的角度来说，机场可能会被要求说明其一直通过存档、有效和可靠的过程来评估其安全项目（见"内部安全问卷调查"）。在这一点上，仅靠直觉会在很大程度上增加很多级别的风险，从监管问题到事件发生的可能性。

内部安全问卷调查

内部安全问卷调查是测量员工对安全问题的态度和认知的有用的工具（埃尔等人，2009）。这里展示的示例是很多安全管理体系经理喜欢的李克特量表响应问卷调查：

1. 强烈反对；
2. 赞同；
3. 既不赞同也不反对；
4. 赞同；
5. 强烈赞同。

李克特量表可以被改进用于提高每个响应获得的信息的精度。例如，可以去掉选项3，要求回答者在赞同和反对中做选择。增加选项"6. 不适用"可以用于问题与人员的功能、经历或与知识不相关的那些情况。

机场管理者也可以进行外部审计，这被认为是评价组织安全文化实力的最客观和

最准确的方式。外部审计员通常与员工没有紧密的联系，因此，不会出现偏袒或被不同的方式所影响。但是，在某些情况下，审计员和顾问被管理层所控制并给出预期的结果。此做法过分地影响了审计过程，并破坏了审计结果。这是另一个例子，说明领导者必须进行干净的审计，接受审计员的发现，努力改善差距，而不是试图影响审计员。

建立安全文化

一个健康的安全文化在机场的所有领域都应该是可测量的，特别是从最高管理层开始发展一种安全文化。得不到管理层支持的安全对策通常会失败。安全文化基于组织如何重视安全。没有强有力的安全领导，机场通常会使用他们自己的价值观发展一种默认样式的安全文化。这种"默认的安全"很少是令人满意的或安全的（弗格森和纳尔逊，2014）。默认的安全文化不是深思熟虑的、有意的或主动的，而很可能是事件驱动的和极端保守的（弗格森和纳尔逊，2014）。有效的安全文化要求管理层具有坚定、始终如一、不动摇的支持（弗格森和纳尔逊，2014）。这些价值观必须传达给一线人员，并始终如一地通过有安全意识的决策和对安全的积极声援进行支持。对做出良好安全行为和决策的员工给予积极的肯定，可以有助于在员工及其领导之间培养信任，而且鼓励其他人展示正确的安全特征和价值观（弗格森和纳尔逊，2014）。有助于安全的另一个行为是，管理层四处走动的做法。一线员工，如果看不到其经理或主管在工作场所日常走动并与员工讨论问题和面临的挑战以更好地理解他们的看法，那么，他们会认为管理层与自己是分离的，而且不理解运行环境中发生了什么问题（埃尔等人，2009）。

管理者必须通过电子邮件或发布的备忘录，记录安全的书面公告，而且在创建安全政策和程序的过程中表现积极。正式的激励项目，例如，"月度安全员工"或"月度安全团队"，可以为员工或团队对组织中的安全的想法和贡献提供认可，也可以在安全海报或解决安全问题方面组织比赛（埃尔等人，2009）。

管理层也必须积极参与并相信无惩罚安全报告。一旦有人因为无意报告了一个安全关注而被惩罚，那么，长期的信任会被严重破坏。但是，一个无惩罚的安全信息分享系统的实施，不会妨碍由于过失或故意违反安全政策或法律的人员行使行政或法律诉讼。提高安全促进的其他工具包括：

1. 安全新闻刊物：这些出版物讨论安全问题，特写行业相关活动和学到经验的报告，作为认可获得安全奖励的个人和团队的一个平台。关于安全的行业白皮书、机场合作研究项目报告总结及其他相关信息也可以包括在内。虽然新闻刊物可以制作成电子版，但是应考虑以书面形式和易于阅读的 HT-ML 格式两种方式分发。

2. 安全简报：可以指定安全管理体系经理或责任执行官这样的人员仔细阅读机场和行业相关的出版物，并总结与机场安全、挑战、解决方案和学到的经验相关的这些来源。另一个有效的安全促进做法是，吸引、鼓励和至少认可那些主动研究并发表他们自己与安全相关的出版物的机场员工。

3. 安全海报：用海报或布告来提醒员工危险源和预防措施，或者培养他们的思想观念及与安全相关的价值观。它们常被认为是一种被动的培训方法，而且因此通常被改变，不然它们会变成环境的一部分并最终被忽视。安全海报也可以以电子版的形式分发。例如，员工或其他利益相关方登录他们的电脑时，可以弹出一条安全信息，他们在继续操作电脑前必须清除此信息。在一些情况下，弹出的可以是一个安全问题，员工必须正确回答之后才能登录电脑。安全问题应相对简单，不要求进行与安全相关的研究，但必须进行思考。

4. 安全研讨会：研讨会将不同行业领域的人们聚到一起，包括安全或运行方面的专家，来讨论最好的做法并交流看法。机场运行人员应尽力成为这些研讨会的重要组成部分。有航空项目的大学偶尔为行业和公众主办安全研讨会。此外，商贸组织经常主办与安全相关的会议或与机场运行各种元素相关的会议。机场管理局应该通过委派安全管理体系人员、运行人员和高级管理层参加来支持这些项目。

5. 安全停工：美国军方使用被称为安全停工的做法。在安全停工期间，单位停止其运行，并用一天的时间来关注与安全相关主题。每年至少有一次停工。如果一个运行区域内有重复发生的问题，那么司令部可以仅针对那些安全问题区域发布停工命令。安全停工并不意味着停止所有的正常运行。在美国海岸警卫队中，保持准备就绪以防止停工期间发生应急事件，但是飞行训练、循环飞行、维护、维护检查及其他活动停止。虽然商业服务机场不能合理地"停工"，但是可以采取其他方法，可以付给工作人员加班费，让其在休息日来上班进行一天的安全简报和活动，同时要不断满足最低人员配置的要求。当然，如果发生了大规模事件，可以取消停工。

6. 培训：最高管理层应支持与安全相关的培训和安全复训。所有工作人员应接受起步阶段一般工作场所的安全培训以及指定的工作培训。重要的是，培训干部的态度反映了组织的安全价值观。新聘人员通常信任指定培训他们的高级人员，如果那些高级人员不能为组织期望的安全价值观做出榜样，那么，新员工在今后的工作中很难采用那些期望的价值观。安全促进也应强调"培训培训师"，这样他们就可以有效地把知识传递给组织中的其他人。但要认识到，培训是一项易变质的技能。在某些领域的定期再培训应成为任何强健的安全管理体系培训项目的一部分。

7. 行业新闻：美国联邦航空管理局、美国运输安全局及航空公司与机场商贸组织（如美国机场管理人协会、国际航空运输协会、国家商业航空协会、航空器拥有者及驾驶员协会及其他）经常发布安全公告，并主办关于当前安全相关问题的培训和在线研讨会。应该委派安全管理体系经理或在每个运行工作组中指定一个人员密切关注这些公告及其他活动，在整个组织中分发和分享指导意见。

安全促进过程根据可测量的结果也与安全保证过程相关联。正如之前所述，因为航空中实际的事故和事故征候的数量较少，基于事故征候或事故的数量来标记组织的安全状态可能不是有效的。但是，组织可以使用前面提到的列表设置可测量的活动。组织可以设定以下目标：

1. 每年出版至少四次与安全相关的新闻刊物。

2. 每年派员工参加至少三次与行业安全相关的会议。

3. 由员工就安全相关问题做至少六次讲座（希望参加安全会议的人员都做讲座，同时在工作场所不能参加安全会议的人员可以做他们自己的研究并展示他们的发现）。

4. 每年主办或参加至少一次安全研讨会。

5. 确保所有人员完成初训和复训。

6. 确保安全公告栏每两个月更新信息。

安全培训与美国军方

美国军方特别强调安全培训。军方也花费大量的时间和金钱在培训其培训师，以便他们能够有效地把他们的知识传递给其他人。通常，民间没有相当于军队服役人员接受培训级别的培训，除了某些苛刻的工作之外。从军方学到的重要经验是：广泛的、重复的培训对高水平的安全来说是很重要的。

当每个被培训过的运行人员接受新知识和技能时，日常严格的安全培训是力量倍增器。在超出 139 款要求的领域中交叉培训运行人员对机场安全文化的构建来说是有利的。例如，因为机场运行代理与机场所有领域相互作用，所以如果他们也培训像急救和现场急救员行动的技能，并提供给《机场安保计划》基本执行政策、事件指挥、除雪和客户服务领域的知识的话，那么就会提高整体安全水平。在联合使用或军方共用机场，关于军事安全和应急响应的培训也可以提高机场的整体安全水平（见"安全培训与美国军方"）。

总结

一个有效的安全项目从根本上要求最高管理层对安全做出书面承诺，由充足的资金、资源和持续的培训予以支持。必须识别那些与运行机场相关的因素的固有风险，包括航空器和旅客的正常流量、机场施工、应急或非正常运行以及恶劣天气事件。评价风险并按照后果指定其严重程度等级，而且确定可能的频率。最严重、最频繁的风险的缓解和准备的优先等级最高。一旦采取了缓解措施，那么就可以通过审计和员工报告对它们进行监控，并在必要的时候采取纠正措施。对于安全关注的运行，必须在员工中灌输安全文化。改变文化需要时间，而且要求管理层和关键人员强有力的支持，或者支持反映安全组织价值观的重要影响者。

关于安全管理体系实施的思考

斯蒂芬·汤普森

科罗拉多州丹佛国际机场[①]安全经理

几十年来，世界上的机场以令人印象深刻的、持续提高的安全记录的方式运行着。在这些年，机场学到了无数的经验，做了无数的改进以提高安全水平。但是，行业处于这样的一个时点，即为了确定对安全的下一个改进，我们不需要对重大事件进行调查。相反，机场运行人员使用专业知识和过去的经验就能主动处理危险源和管理风险。通过实施安全管理体系，此进展是最容易向前推进的。

机场发展和管理成功的安全管理体系所需的资源，在很大程度上受到机场规模、范围和很多运行因素的影响，按照商业运行量、机场员工数量和承租人组织的数量来说，这些影响因素存在一个很广的范围。安全管理体系的一个重要特征是，概念是可扩展的。安全管理体系提供了一个平台和结构，其适合我们国家空域系统中存在的很大范围的机场。

实施安全管理体系最初的考虑是，理解现有的机场安全与运行项目的各种要素是如何被用于支持整个机场范围内的安全项目的。然后，采用安全管理体系平台就变成了不那么令人生畏的任务，而是努力把现有项目与新的安全管理体系对策相结合来开发适合机场环境的项目。可以使用差异分析法，该方法让运行人能够确定其项目处于什么状态和需要进展到什么程度。按照安全管理体系提供的构造结构，当确定了差异、时机显露出来时，安全项目就会成形。安全管理体系的四个支柱或组成部分为发

展成功的项目提供了路线图，而且提供了评价要处理的差异或时机的标准。安全管理体系结构也让机场上可能使用相同的安全管理体系构造的利益相关方之间有更大的协同能力和更好的沟通。

任何规模的项目，其关键的基础部分在于其安全政策。发布支配一切的安全政策为机场员工和承租人提供了基本方向。全面的政策展示了高层领导的承诺，而且还应强调跨越组织边界的重要性，以产生全机场范围的安全努力。当此政策描述了机场运行人员的整体安全焦点和项目追求的具体目标时，清晰的路线就形成了。另外的运行安全政策和程序，为关于从个人防护装备到车辆运行再到施工现场活动的主题提供了具体指导。此文档成为项目的支柱。

将此政策和工作方向传达到机场的所有领域，对于成功实施安全操作是很重要的。通过安全促进，可以给所有利益相关方提供关键信息，包括机场运行人员落实到位的政策和指示。有效的安全促进确保了高层领导者的支持与一线员工落到实处的努力相互连接了起来。与一线员工的安全委员会会议和与中高级管理层的"峰会"，为公开沟通提供了很好的环境。经常召开安全委员会会议，为机场利益相关方提供了分享看法和安全成功经验的机会，而且应被认为是追求安全项目促进的一个关键舞台。通过此途径和很多媒介一直传递信息，机场展示了机场运行人员对安全的承诺和所有级别领导者提出的期望。

安全促进也包括为安全管理体系争取支持和为人员提供工具和必要的培训让他们在维持强有力的安全文化中发挥作用的各种努力。一个强健的"安全认可项目"可以用于突出在支持安全中努力超越自我的员工。当团队成员看到他们的同事在使机场环境更安全的工作中做出贡献而被认可时，他们就会做好他们的工作。公众认可对安全管理体系获得支持大有帮助。强调承租人组织的最佳做法，如电子安全公告栏、新闻刊物及其他沟通的方法，在认可承租人成功的同时，也有助于安全促进的各种努力。

安全风险管理部分是机场安全管理体系派上用场的时候。机场运行人员不再只是等着事件发生，而是基于躲避并调查致因和影响因素。虽然此功能仍是项目的一项整体能力，但是通过风险评估过程，机场也可以主动管理风险。基于过去的事件、主题专家的意见和我们员工的经验，我们可以预料很多危险源。我们的运行经理每天都在做这项工作，他们进行了139款检查，彻底检查机场是否有潜在的危险源。运行与维护人员持续缓解危险源并预防事件发生，不论他们是收集外来物、驱赶野生动物还是识别无效道面标志，这些专业人员对机场的风险管理来说都是很关键的。

通过更正式的风险评估过程，机场人员分析可能引入机场新的危险源的施工项目、重要事件和运行变更。通过采用识别危险源、分析风险和制订缓解策略，我们可以使用五步风险评估过程来指导主题专家组。此存档的过程有助于在施工项目、事件或运行变更之前确保风险管理在可接受的水平上。通过涵盖机场上承租人组织的人员，就可能统一努力识别所有类型的危险源和形成最有效的缓解策略。并不仅是安全人员或运行人员有助于此过程的形成，现场急救人员、航空公司人员和支持人员都可以对主动管理风险贡献必要的知识。很重要的一点还有，安全小组明白，并不是所有预料到的风险都会被消除，但是通过将风险管理规划到可接受的水平，潜在的事故征候和事故可以被最小化。

机场运行人员的努力和各种安全项目对安全有积极的影响，确信这一点完成了安全管理体系中的闭环。通过安全保证，项目有效性可以被测量。跟踪并分析员工受伤、危险源缓解实施和车辆事件的趋势都为高层领导提供了评价和指导（有时是再指导）安全项目的措施。当测量证实项目成功时，花费的资源和时间都是值得的。

安全保证也是通过执行机场现有安全条例和政策的有效方法来进行的。渐进式的纪律项目可以用于为以下条例建立问责制度，如在机场运行区穿反光外套或在指定区域内进行吸烟活动。对各种违规设置分数的积分制度提供了跟踪个人违规的方法。如果人员累积到指定的分数，那么就会导致升级的惩罚措施。这类问责项目有助于确保员工理解安全政策和条例的重要性，并让每位员工为自己的行为负责。渐进式的性质也创建了一个不是一击出局的环境，员工可以在一种违规模式发展之前被再培训和再教育。

机场安全管理体系的每个组成部分提供了对发展成功的安全项目来说很重要的各种工具和技术，但是这些工具和技术只有在员工使用时才是强有力的和有效的。机场的安全文化为安全管理体系每个组成部分的茁壮成长提供了保障。高层领导的支持和对一线员工的承诺对成功来说都是很重要的，每位员工在确保机场每天的安全工作环境中都发挥着关键作用，没有他们的承诺，对安全政策充耳不闻，风险管理就达不到期望。

通过培养信任、承诺和分享价值观的文化，机场运行人员可以将人力资源运用在机场上运行的每一个组织中。当每个员工感受到对航空器和旅客的安全活动和他们同事的安全负有责任感时，安全管理体系就强有力地充满生机。机场工作人员处于一个理想的位置，在各种员工组中实现协同作用、树立榜样和标准以及奖励突出的安全努力，并让不符合要求的人员强制遵守规定。安全管理体系为成功的团队合作提供了剧本。

丹佛市政机场系统条例与规章

丹佛国际机场官网

35 款——违规问责项目与申诉流程

35.01 基础

所有丹佛国际机场的员工，包括丹佛的市和郡、承包商、供货商和承租人雇用的员工，均被期望遵守机场条例和规章、公司政策和指示以及标准安全实践。每位丹佛国际机场证件持有人都有责任努力维护安全的工作环境。为了鼓励参与创建此安全环境并确定必要的再培训和教育，机场会使用违规积分系统记录规范条例，并使机场员工和资源暴露到不必要的风险中的事件。按照附录A中的分配图对个人的积分进行评估。

35.02 行政管理

a. 由机场运行高级副总裁指定的工作人员会对不遵守机场条例和规章的个人发出违规通知。违规通知会通过发出者手持装置上的应用或电脑工作站进行电子记录。违规人员的证件编号、违规性质及其他必要信息会被收集并录入电子违规通知表中，这些获得的信息会被传输并存储于违规问责数据库中。

b. 指定的项目行政管理人员会检查数据库，除了生成一份违规通知书以外，还生成一份发送给员工的公司信函。此信函会发送给丹佛国际机场安保部门文件上的授权签字人。此信函会描述违规的性质和评估的分数。进一步的再教育和惩罚措施会由雇用公司和员工的主管来判断。如果一个员工在连续12个月累积12分以上，那么此员工会接受由指定人员进行的听证会。听证会会确定要采取的措施，这可能包括临时取消驾驶特权、再培训或暂停证件。在听证会上，证件持有人就"为什么违规通知不适当"给予说明事实和辩论的机会，而且听证官应考虑支持违规通知的事实。然后，听证官将确定累积的分数是否能证明员工的证件行为是正当的。申诉程序在下面的35.05。

35.03 范围与程序

a. 此项目适用于拥有丹佛国际机场证件的所有丹佛国际机场员工，员工包括丹佛的市和郡、承包商、供货商和承租人雇用的人员。此项目不是为了代替现有的执法方法，如丹佛警察局和丹佛机场安保使用的那些项目。

b. 会对违规通知列出的每个违规的分数进行评估。分数是累积的，而且会成为接受者记录的一部分，只要他们在机场有证件。分数会按人进行跟踪，而不是按不同的证件，在有些情况下，一个员工可能有多个证件。

35.04 责任

a. 希望雇用公司和主管协助对其员工进行关于条例和规章的培训，处理违规并确定纠正措施。

b. 丹佛国际机场运行部负责维护违规数据库、分发违规通知给受影响公司的授权签字人，而且按照管理层的要求建立报告。

c. 当一个员工在12个月内累积达12分以上，丹佛国际机场运行部召开听证会。听证会前，信函会通过电子邮件和邮寄通知授权签字人或高级公司经理，其必须在信函时间10个工作日内与机场运行部或指定人安排听证会，而且公司/部门的管理代表或授权签字人必须与员工一起出席。如果没有按照指定的时间期限出席，那么机场可以暂停违规员工的机场证件直到听证会召开。如果召开了听证会，运行部助理主任或指定人确定违规有效，那么，机场会以书面形式通知公司/部门的授权签字人，说明此人员确实违规以及违规行为的后果。此决定（除撤销违规通知的决定以外）可以按照此条例35中详述的内容进行申诉。

35.05 运行违规问责项目申诉流程

a. 员工听证会后，员工可以向机场运行部高级主管或机场安全经理（"申诉官"）要求申诉，而且可以通过其主管要求协调。申诉必须在听证会决定给出10个工作日内提出。如果没有按照指定的时间期限，那么，听证会的决定不可更改。申诉听证会应尽可能地迅速进行。在所有情况下，申请人应负责展示优势证据来证明其正确性。然后，申诉官应对申诉的行为做出最终的书面决定。

b. 机场运行部，代表丹佛的市和郡，基于合理的依据并适当考虑违规的性质，保留否决、撤销或限制员工机场证件、签注或特权范围的权力。

c. 如果在决定发出的15个日历日内向机场运行高级副总裁提交书面申请，那么可以申请对决定进行复议，或者按照科罗拉多州民事诉讼规则条例106（a）(4)，对申诉官的最终决定进行审查。如果提出复议申请，机场运行高级副总裁应审查记录，并且给出关于复议的书面指示。自发布之日起，复议决定应被视为代表航空业负责人的最终裁定。复议决定应为最终裁定，而且可以按照科罗拉多州民事诉讼规则条例106（a）（4）进行审查。

d. 申请机场证件的员工在继续办证流程之前必须处理所有待定或有效的违规。如果员工不在违规通知列表上的公司工作，而且试图被其他公司所雇用，那么"新"公司的管理代表必须与员工一起出席违规通知听证会。

参考文献

Airport Safety & Operations Division. （2007）. Introduction to safety management systems (SMS) for airport operators. Washington, DC：Federal Aviation Administration (Advisory Circular 150/5200 – 37).

Ayres, M., Shirazi, H., Cardoso, S., Brown, J., Speir, R., Selezneva, O.,&…Puzin, T. (2009). Safety management systems for airports. Washington, DC：Transportation Research Board (ACRP Report 1, Vol 2).

Bannard, D. Y., Foley & Lardner LLP. (2013). Legal issues related to developing safety management systems and safety risk management at U. S. airports. Legal Research

Digest, 19. Retrieved from: http://onlinepubs. trb. org/onlinepubs/acrp/acrp_lrd_019. pdf.

Department of Homeland Security, Office of Inspector General. (2012). Transportation Security Administration's efforts to identify and track security breaches at our nation's airports (redacted). Retrieved from: https://www. oig. dhs. gov/assets/Mgmt/2012/OIG_12 – 80_ May 12. pdf.

Federal Aviation Administration (FAA). (2013). Flight operational quality assurance (FOQA). Retrieved from: https://www. faa. gov/about/initiatives/atos/air_carrier/foqa/.

Federal Aviation Administration (FAA). (2014a). Air transportation oversight system (ATOS). Retrieved from: http://www. faa. gov/about/initiatives/atos/.

Federal Aviation Administration (FAA). (2014b). Safety management system – components. Retrieved from:https://www. faa. gov/about/initiatives/sms/explained/components/#srm.

Federal Aviation Administration (FAA). (2014c). SMS safety management system manual. Version 4. 0. Retrieved from: https://www. faa. gov/air _ traffic/publications/media/faa_ato_SMS_manual_v4_20140901. pdf.

Ferguson, M. , & Nelson, S. (2014). Aviation safety: A balanced industry approach. Independence, KY: Cengage.

Forrest, J. S. (2006). Information policies & practices of knowledge management (KM) as related to the development of the global aviation information network (GAIN) – an applied case study & taxonomy development. Dissertation Abstracts International. (UMI No. 3226963).

Hudson, P. T. W. (2011). In A. Stolzer, & C. Halford (Eds.), Implementing safety management systems in aviation. Aldershot, Hampshire: Ashgate.

Hollinger, K. (2013). Safety management systems for aviation practitioners: Real – world lessons. Reston, VA: American Institute of Aeronautics and Astronautics.

International Civil Aviation Organization (ICAO). (2013). Safety management manual (SMM) (3rd ed.). Montreal, Quebec.

Joint Helicopter Safety Implementation Team of the International Helicopter Safety Team. (2007). Safety management system toolkit. Paper presented at The International Helicopter Safety Symposium 2007, Montreal, Quebec.

Ludwig, D. A. , Andrews, C. R. , Jester – ten Veen, N. R. , & Laqui, C. (2007). Safety management systems for airports. Washington, DC: Transportation Research Board.

Reason, J. (1990). The contribution of latent human failures to the breakdown of complex systems. Philosophical Transactions of the Royal Society of London. Series B, Biological Sciences, 327(1241), 475 – 484. Available from: http://dx. doi. org/10. 1098/

rstb. 1990. 0090.

Stolzer, A. , & Halford, C. （2008）. Safety management systems in aviation. Aldershot, Hampshire, UK：Ashgate.

Stolzer, A. , & Halford, C. （2011）. Implementing safety management systems in aviation. Aldershot, Hampshire：Ashgate.

Torres, R. H. （2011）. In A. Stolzer, & C. Halford （Eds. ）, Implementing safety management systems in aviation. Aldershot, Hampshire：Ashgate.

Transportation Research Board of the National Academies. （2012）. Lessons learned from airport safety management systems pilot studies. Washington, DC：Federal Aviation Administration.

延伸阅读

Wood, R. （2003）. Aviation safety programs：A management handbook （3rd ed. ）. Snohomish, Washington：Jeppesen Sanderson.

第六章　空侧运行：安全自查

CO 机场飞行区空侧运行自查车
（沙恩·赛德尔伯格拍摄，由科罗拉多州航空部门提供，2013）

美国农业部生物学家肯德·拉克罗斯在丹佛国际机场监测野生动物活动（经肯德·拉克罗斯许可使用）

（沙恩·赛德尔伯格拍摄，由科罗拉多州航空部门提供，2009）

机场运行人员通常由高层管理人员直接委任，以确保该委任符合相应的联邦、州、地方和机场的相关安全规定。一般来说，商业机场的机场运行人员通常会监督和强制安全规章的执行。除此之外，还有额外的人员一起工作，例如，警察和不配备武器的安保人员，这些人负责加强安保规章的执行。随着机场规模的缩小（中等枢纽、小型枢纽、非枢纽和通用航空机场；见表 6.1），飞行区内所需的安保人员逐渐减少。不管机场规模或者组织结构如何，机场经理必须对机场安全负责。

虽然通用航空机场不强制要求遵守 139 款的规定，但是许多通用航空机场的机场运行人员努力做到 139 款或安全管理体系所要求的标准，作为他们管理安全的最佳做法。不论是商业航空或者通用航空，满足 139 款要求的机场给承租人带来的好处是降低了保险费率，即便是没有打算降低保险费率，许多承租人也都喜欢选择满足 139 款安全政策和程序的机场。

除 139 款之外，申请补贴的机场（特别是第 19 号——运行和维护）其运行人必须努力为航空运行、机场承租人和其他相关方提供安全和可用的机场。这对于飞行区运行来说就更是如此。在机场这个大环境下，飞行区包含了旅客、货物和飞机的活动。商业机场飞行区的安全规定、政策、程序制定严谨，执行严格。确保这些运行参数和标准首要的一步就是能通过飞行区的安全自查审计。机场运行经理首要的工作就是管理飞行区并依据 139 款进行自查。

139 款规定，机场要开展安全自查，具体的步骤在《机场许可证手册》中进行了规定。

表 6.1　依据年旅客登机数量的机场枢纽规模

机场分类		枢纽类型： 年登机旅客比例	习惯叫法
商业服务：国家所有的机场每个自然年至少有 2500 人乘机并且有定期运输航班 §47102（7）	主要机场：每个自然年登机旅客超过 10000 人 §47102（11）	大型： 1% 或更多	大型枢纽
		中型： 小于 1% 不小于 0.25%	中型枢纽
		小型： 小于 0.25% 不小于 0.05%	小型枢纽
		非枢纽： 小于 0.05% 不小于 10000	非主要枢纽
	非主要机场	非枢纽： 小于 10000 不小于 2500	非主要商业服务
非主要机场（除了商业服务）		不适用	舒缓机场 §47102（18）

虽然有一部分的机场危险源形成比较迅速，但是其他大部分都比较缓慢。机场运行人员必须有机场安全自查大纲，能够监控具体的机场情况，来发现不利的状况以便采取纠正措施。一部分机场运行人员已经具备了某种形式的安全自查大纲，这些大纲的范围和效力各不相同，从口头指示和未计划及未记录的检查到非常全面的每日计划检查和全面的责任分布（联邦航空管理局，2004）。

机场经理和空侧运行

具备正式运行部门的机场通常会指派一名员工负责协调机场的整体运行。在小型机场，这一职责通常与其他责任联系在一起，例如，在维修部门指派一人，或者是机场经理。该岗位的头衔名称各不相同，例如：机场运行经理；值班机场运行经理；机场值班官员；机场代理人；机场安全经理；机场安全官员；运行官员。在这些背景下，机场运行经理是最常用的头衔。

大型枢纽机场可能有若干个机场运行经理"在岗"，此外还有多个助理机场运行经理。每个经理被分配了具体的职责，例如，空侧和路侧运行、航站楼运行、机坪管制、应急救援管理，或者通讯中心经理或者值班经理。在某些情况下，机场运行经理也是139款机场安全自查监察员。在这种情况下，机场运行经理监督机场的总体运行，139款监察员执行139款自查要求的内容。被任命为139款的自查人员必须知道联邦航空管理局的全面要求。139款自查人员最基本地要满足以下要求：

监察员应当了解机场设施的位置和类型，以及机场的相关规则和规定，在机场，熟悉联邦航空管理局批准的《机场合格证手册》：

1. 熟知机场，包括机场标记牌、标志和助航灯光。
2. 机场应急救援预案。
3. 航行通告的通知程序。
4. 行人和地面车辆在活动区和安全区的程序。
5. 机场监督检查程序和技术。
6. 不符合情况的报告程序（联邦航空管理局，2004）。

机场运行经理通常实行轮班制，在紧急情况下也会被召回机场开展或参与工作，例如，除冰雪或重大的应急救援任务。机场运行经理具备大量机场运行的实际经验，以及出色的沟通能力来做出高质量的决策。机场运行经理是机场经理和机场投资人的延伸，必须反映这些工作的价值，清晰理解机场的使命。机场运行经理经常会被叫去处理机场驻场单位的纠纷，包括航空公司、商户及施工合约商。机场运行经理监控天气在合适的时候启动除冰雪预案，同时也处理安保问题；作为指挥官处理与机场相关的紧急事件，同时作为联络官协调机场与驻场单位之间的关系。虽然 139 款没有做具体要求，但机场运行经理通常会做出安保问题方面的决策，同时作为事件指挥官，或者是安保事件中的处理总指挥。

机场安全的首要任务是空侧运行的安全自查。在空侧安全管理中，机场运行经理和 139 款监察员（如果有的话）全面理解：第一，139 款的要求；第二，各种飞行运行规章；第三，《机场运行合格证》和《机场许可证手册》的内容如何与自查要求相结合是非常重要的。接下来的章节阐述了以上每一项与空侧运行相关的内容。

139 款和空侧运行规章回顾

1970 年，作为《机场和航路发展法案》的一部分，《美国联邦法规》第 14 条 139 款《机场许可证手册》随之诞生。139 款要求商业机场满足一定的飞行区安全和维护要求，并且具备处置冰雪、自然灾害和机场突发事件的能力。

139 款适用于服务航空承运人运行的商业机场或者服务航空承运人的其他类型机场。在联邦航空管理局国家机场系统一体化计划中定义每年机场的旅客登机数量大于等于 2500 人次的机场是商业机场。最初，139 款适用于起降定期和非定期大于 30 个座位的航空承运人飞机的机场（威尔斯和杨，2011，p.143）。但是，2004 年联邦航空管理局将 139 款的适用范围扩大到起降定期大于等于 10 个座位的航空承运人[①]飞机的机场。同样在 2004 年，根据航空承运人运行类别和飞机大小，联邦航空管理局将机场分为 4 类（见表 6.2）。在阿拉斯加州，139 款不适用于 30 个座位以下的航空承运人飞机运行的机场。

表 6.2　每种 139 款机场中运行的航空承运人飞机类型

航空承运人运行类型	I 类	II 类	III 类	IV 类
定期大型航空承运人飞机（大于 30 座）	√			
非定期大型航空承运人飞机（大于 30 座）	√	√		√
定期小型航空承运人飞机（10—30 座）	√	√	√	

机场包括以下几种类别：服务于私人飞机运行的机场、取得 139 款认证的机场及不需要获得 139 款取证的其他包含商业运行的机场。即便有些私人运行被认为是商业取向的，但通过规章的描述可以判断其是否为私人运行、私人但是为了商业目的，或者商业运行。例如，个人拥有一架私人飞机，以供休闲使用，但是也将其用于商业中。这样的运行就不认为是商业运行，而是偶然商业目的的使用。如果一架商业飞机拥有者决定雇佣一名专业飞行员，联邦航空管理局不认为这样就说明飞行活动就是一

---

① 航空承运人按照《美国联邦法规》第 14 条 121 款运行的飞机通常被称为定期航空公司飞机，其运行要求为：国内、载旗和补充运行。

种商业行为。如果是商业飞行，飞行必须是以商业为目的，飞机拥有者需要向飞行员支付报酬，而飞行员也是公司或该组织的合约人员。如果飞机拥有者允许他人以商业目的的使用该飞机，但不收取超出燃油消耗和维修保养之上的费用，那么，也不能称其为"商业航空服务"。但如果飞机拥有者（或承租者）向个人收取运行服务费用，或者向飞机使用者收取费用，那么，飞机拥有者就必须遵守《美国联邦法规》第14条119款《合格证：航空承运人和商业运行者》的要求。

另外，会让机场运行人员感到迷惑的飞行运行类别是"部分所有权"的飞行运行。"部分所有权"的飞行运行不是一种传统意义上的商业航空运行。《美国联邦法规》第14条91款K分部有详细的解释。"部分所有权"的运行类似于时间分享，一架飞机或者一个机队的拥有人是一群人，每个人都购买了其中的一部分权益。该类运行介于私人和商业飞行运行之间的灰色地带，而开展"部分所有权"运行的机场运行人员不必满足139款的要求。

飞行和相关空侧运行规章回顾

为了弄清楚机场是否需要遵守139款的要求，或者新增或现有的商业运行会要求机场考虑需要满足139款的要求，弄清楚各种飞行运行规章是很重要的。通用航空机场通常提供不同水平的包机和空中出租飞行服务，这些运行满足《美国联邦法规》第14条135款通勤和按需运行的要求（联邦航空管理局，2015a）。但在有些情况下，包机公司可能会寻求或开始提供符合121款承运人的服务。这些运行需要机场成为139款取证机场；但是，没有人可以强迫通用航空机场成为取得139款合格证的机场。这种情况会造成飞机运行人、社区、机场投资人和联邦航空管理局之间出现冲突。121.590（f）有以下相关规定：

在139款取证机场运行的特殊规章要求。依据《美国法典》第49条，每家航空承运人提供定期包机航空运输，提前计划好包含出发地点、离港时间，而且其飞行出发地和到达地的机场均为139款取证机场。这部法典包含了独立的航空承运人和美国领土以外或阿拉斯加地区运行的例外情况。从139款取证机场出港和到港，开展380部公共包机运行的航空承运人进行的一些特定运行已经包含在了法典要求中。

而且，《美国法典》第49条特别禁止航空承运人，包含间接航空承运人，涉及座位数大于9座的飞机，在没有取得139款合格证的机场起降。

《美国联邦法规》第14条91款《一般运行和飞行规则》，提出了美国空域中飞行的"道路规则"。相对于商业飞行运行，91款运行被认为是私人飞行运行。所有飞机都要遵守91款要求飞行，但是91.1适用性（c）段规定："该款应用于每个登上在该款规定下运行的飞机的人，除非有其他规定，"这就意味着，如果运行是在不同的规定下，例如，121款或者135款，那么，其他规定也适用。当国家交通运输安全委员会调查一起事故时，会明确指出发生事故时运行的类别。例如，定期承运人飞机坠毁就是一个 121 款的运行。如果飞机不是商业目的运行，国家交通运输安全委员会的报告会指出这是 91 款运行，也就是私人飞行运行。

航空承运人是指一个人或者一个实体，通过租赁或其他安排直接承担了商业航空运输。联邦航空管理局规定，航空承运人包括"个人、公司、合作制、企业、协会、合资组织、政府实体及信托、受让人、指派人或其他相关的代表"（《机场合格证》，2004）。

承运人飞机是指飞机由航空承运人运行，由民航管理机构签发的飞机合格证确定类别。大型航空承运人飞机至少有 31 个座位，小型承运人飞机大于 9 个座位小于 31 个座位（《机场合格证》，2004）。

定期运行是指，任何普通运输、乘客携带运行、航空承运人执行的，提供了离港地点、离港时间及到港地点的运行。该运行不包含任何 121 款中的补充运行，或者 380 款规定的公共包机运行。"定期运行"这一术语（在很多规章中都提到）同样意味着定期运行。

《美国法典》第 49 条规定，定期运行不包含离港时间、离港地点及到港地点特别需要与客户或者客户代表协商的运行。121 款补充运行通常是租用的运行，而不属于 121 款承运人的常规运行，通常是不定期运行。这一类的飞行运行，将包含运动队员的乘客包机。当旅行社例如，度假俱乐部出租或者包机一架 121 款的航空公司飞机，就适用于 380 款运行。以上两种类型就不是定期运行，但不意味着飞机不在定期时间离港。

非定期运行是指任何普通运输、乘客携带飞行运行，为了补偿或出租，使用座位数大于 31 人的飞机，航空承运人执行的，离港位置、离港时间及到港地点与客户或者客户代表特别商定的飞行运行。这包含了 121 款载客补充运行，以及 380 款公共包机载客运行《美国联邦法规》第 14 条 121 款（2004）。因此，非定期意味着不满足 121 款要求的运行，事先提供离港地点、离港时间及到港地点，就不是一个定期运行。

《美国联邦法规》第 14 条 135 款《运行要求：短途和需求运行和要求登机后的规定》，强调了什么是"空中出租车"或"空中包机"。135 款运行在通用机场很普遍，该机场不要求具备 139 款合格证。

机场营运人可以找到额外的关于航空承运人信息的要求在《美国联邦法规》第 14 条 119 款《合格证：航空承运人和商业营运人》。119 款规定了最基础的航空活动要求，例如，航空承运人可能要遵守的 121 款或 380 款或 135 款。使用简单的对比方法，从飞行运行到汽车运行，都可以参考表 6.3。

表6.3　联邦航空管理局规章和飞行运行与类似的汽车运行对比

汽车运行	飞行运行	联邦法规
私人所有/租赁汽车	私人所有/租赁飞机	91 款
出租车/豪华出租车	包机/空中出租车运行（非定期）	135 款
定期公交	定期航空运行	121 款
包租大巴车	包机（非定期）	380 款或 121 款补充运行私人包机

139 款：《机场运行合格证及机场合格证手册》

139 款 A 章——《总则》是第一部分强调若干机场获得合格证的管理要求。对于要满足 139 款要求的机场，必须要证明满足一系列管理、运行和规划程序和过程。符合这些规定的机场，联邦航空管理局会颁发《机场运行合格证》。该合格证，通常定义为 139 款合格证，代表了机场有经批准的《机场合格证手册》。139 款商业运行机场被分为 4 类。为了确定机场营运人是否需要满足 139 款的要求，以及满足规章中的哪个类型，就是要知道在该机场飞行的飞机的运行类型。

机场类型取决于航空承运人运行的类别，不论飞行是定期或非定期及飞机大小。Ⅰ类、Ⅱ类和Ⅲ类机场要满足 29 项 139 款的要求，Ⅳ类机场可以不满足一些要求。

1. Ⅰ类机场——服务于定期大型航空承运人飞机，同样也服务于非定期大型航空承运人飞机，定期小型航空承运人飞机的取证机场。在美国有 450 个商业服务机场属于Ⅰ类机场。

2. Ⅱ类机场——服务于定期小型航空承运人飞机及非定期大型航空承运人飞机运行的取证机场。Ⅱ类机场不服务于定期大型航空承运人飞机。

3. Ⅲ类机场——服务于定期小型航空承运人飞机运行的取证机场。Ⅲ类机场不服务于定期和非定期大型航空承运人飞机的运行。

4. Ⅳ类机场——服务于非定期载客大型航空承运人飞机运行的取证机场。Ⅳ类机场不服务于定期大型或小型航空承运人飞机的运行。

在美国，139 款适用于大约 450 个大小规模和特点不同的商业服务机场。联邦航空管理局认为，每个机场的运行要求各不相同，因此，在机场提交《机场运行合格证申请》时，联邦航空管理局允许机场当局描述和判别不同的符合 139 款要求的方法，该说明文件将编入《机场合格证手册》中。机场营运人编写《机场合格证手册》，说明如何满足 139 款的要求。联邦航空管理局会评审并签署意见，使其成为有法律效力的手册，并成为该机场的有效规定。如果机场未能遵守它自己编写的《机场合格证手册》的要求，就认为其未遵守 139 款的要求。换句话说，如果机场未能遵守《机场合格证手册》中的某项要求，就不能声称《机场合格证手册》中使用的表达方法和139款规章存在出入而未能执行。

如果某机场是121款营运人遇到天气或航路情况的计划备降场，那么，该机场可以不具备139款合格证。美国政府所有的机场或直升机机场都不需要取得139款合格证。同样，在阿拉斯加，仅服务于小型非定期航空承运人运行的机场不需要遵守139款的规章要求。包括军队机场在内的美国政府机场，不论是分享使用或合用，在商业航空承运人运行的区域必须遵守139款规章的要求。机场的军用区域不需要遵守139款的规章要求，但是军队区域有相应的安全和维护标准。

通常来说，在合用或分享使用的机场，军队提供了自查服务、应急救援服务和消防服务，或其他139款提到的服务。合用或分享使用机场的管理人员要熟悉美国国防部的《统一设施标准机场》和《直升机场规划和设计标准》，《空军指南13－204机场运行程序和大纲》及《空军手册32－004飞机消防保护练习和应急反应操作》。这些文件随附其他的美国国防部出版物，提供了合用或分享使用机场安全检查的标准。

美国政府愿意在合用或分享使用的军用机场使民用部分满足139款的要求。但是，机场管理人员必须确保军队标准满足或超出民用139款的标准，同时还要有协议或备忘录来确保军队提供必要的服务，以满足139款的标准落地。除此以外，当军队设备或人员的标准不达到139款的要求时，军队要承诺立刻通知民用机场的值班人员。因为处于当前军队基地管理的原因，机场偶然关闭和建设都会不时地发生。同样，在特定的情况下，军队会部署相应的设备来满足139款的标准。

在应急救援工作中，民用机场的值班人员要密切联系军队机场的值班人员，来明确指挥权。军队的人员熟悉联邦应急管理局的国家事件管理系统；但是，他们缺少国家事件管理系统在民用设施应用的经验。机场管理人员应当安排桌面演练、训练和专项演练，以及定期组织有军队人员参与的综合演练。事件的发生就是军队应急队伍出动的指令，当军队飞机出现情况时，军队应急队伍要全部负责。演练工作可以帮助民用机场管理人员弄清军队方面的事件会如何影响到民用部分的运行。

139款分为三大部分，第一部分为管理，包含起草和保持《机场合格证手册》、139款记录保留要求及培训要求。第二部分是维护要求，例如，道面、标记牌、标志和灯光的维护要求。第三部分是具体的预案，例如，机场应急救援预案、野生动物危害管理方案、除冰雪方案及不停航施工方案。所有这些预案都应当作为《机场合格证手册》的一部分递交联邦航空管理局审批。

139款的A章是规章适用性及定义。A章指出，合格证持有人（即拥有批准《机场运行合格证》的机场投资人）可以参考联邦航空管理局咨询通告的方法和程序来满足联邦航空管理局的要求。通用航空机场营运人可以参考咨询通告来获得最佳实践方法。

第一次申请《机场运行合格证》的机场，应当恰当并充分地配备和提供安全的运行环境。尤其是，《机场运行合格证》的发布不受《国家环境政策法案》管理，因为《机场运行合格证》排除了《国家环境政策法案》的考虑。但是，如果《机场运行合格证》的发布有可能造成环境争议，比如涉及影响到现有社区，那么，就需要按照联邦航空管理局的命令5050.4《国家环境政策法案》第606段"特别情况"来评估环境影响（联邦航空管理局，2006）。

机场的《机场运行合格证》同样指出了报告不正常飞机运行的具体要求。例如，139款运行人（包括未取证机场）必须通知联邦航空管理局计划的非定期运行，例如，空中消防任务，航空承运人完成"空军一号"任务，以及公共使用包机。

管理要求和空侧运行

139款B章规定了各种关于规章和鉴定过程的管理要求。总体来说，这部分内容禁止139款机场在未鉴定的情况下运行，或者在违反鉴定及经过批准的《机场合格证手册》的情况下运行。这部分还包含初次鉴定的机场如何满足139款要求的应用方法。这个过程包括允许联邦航空管理局进行未事先通知的检查和验证，已确认是否满足139款的要求。在联邦航空管理局地区办公室工作的联邦航空管理局机场合格证安全监察员开展这些检查和验证。合格证颁发要求及有效期也在本部分进行了说明。139款规定，《机场运行合格证》一直有效，除非合格证持有人（机场投资人）退回或联邦航空管理局撤销。如果未能遵守139款的要求，合格证就会被撤销；但是，在大多数情况下，机场鉴定安全监察员会努力帮助机场营运人符合相关规定，而不是威胁撤销合格证。机场鉴定安全监察员通常会通过处罚机场营运人的方式来使其达到规章要求。撤销机场139款合格证对于联邦航空管理局也是非常严肃的话题，因为这会影响到众多在该机场运行的航空承运人。

B章包括139款豁免条款。因为联邦航空管理局对139款的态度严肃认真，所以，未经充分审查是不会批准豁免条款的。豁免会让机场可以不遵守139款的某些规定，但是，联邦航空管理局批准某些机场可以豁免"飞机救援和消防"的要求却是比较常见的。一些非枢纽机场，它们的登机旅客数量小于美国全国商业机场登机旅客数量的0.25%，就收到了"飞机救援和消防"要求方面的豁免。豁免建立在"飞机救援和消防"的成本超出了合理水平且负担过于繁重的基础上，一些非枢纽机场没有财力支撑全职或兼职的"飞机救援和消防人员"及设备（联邦航空管理局，2014）。

在紧急情况下发生的为了保护生命或财产而采取的行为，在139款中被称为偏离。在这些情况下，机场可以偏离139款或《机场合格证手册》中的任何要求，以应对紧急事件。任何出现偏离139款规章行为的机场，都要在紧急事件发生后的14天之内通知联邦航空管理局地区机场的部门经理，告知事件的性质、程度和偏离时间（若联邦航空管理局要求应出具书面材料的话）。如果联邦航空管理局要求的话，那么，这一说明应为书面材料。不论联邦航空管理局是否要求书面材料，最佳的做法就是提供书面材料。书面的材料可以成为公开的行动记录，有助于保护机场投资人本身免受法律责任。

偏离和豁免的区别就是，偏离仅能在紧急情况下才能使用。偏离不能成为放松管理的借口。例如，如果机场出于维修目的将消防设施移走，而航空承运人还在机场运行，进而降低了机场的飞机救援和消防应急救援水平，那么，这种行为就不是偏离问题而是管理问题，其将面临联邦航空管理局的处罚。

如果机场按照正规程序进行偏离，应当发布航行通告，并且直接通知航空承运人，确保每个驻场单位知道机场飞机救援和消防水平的变化。

平均每一份联邦航空管理局的命令 5280.5C——《机场合格证大纲手册》，联邦航空管理局都保留了检查机场是否遵守了 139 款的每一条规定的权力。检查方式包括，未事先通知的检查和测试、审查记录、人员岗位熟练性测试及资质检查。

《机场合格证手册》和空侧运行

《机场合格证手册》解释了机场运行人员符合 139 款规章要求的方法。139 款鉴定的机场必须具备经联邦航空管理局批准的《机场合格证手册》。《机场合格证手册》的每一页都由联邦航空管理局地区办公室的指定人员签署并标明日期。在所有时间里，至少在联邦航空管理局和机场各保留一份完整的现行有效的《机场合格证手册》以供检查。联邦航空管理局《咨询通告 150/5210-22》提供了编写联邦航空管理局可以接受的《机场合格证手册》的方法和程序。另外，在《机场合格证大纲手册》中也可以找到指南。联邦航空管理局的命令是联邦航空管理局人员的技术备忘录，提供了联邦航空管理局如何检查和审计机场规章合规性的方法。

《机场合格证手册》解释了 139 款的规定都应当由谁来具体负责，以及怎样实施。《机场合格证手册》同样指出了执行各种职能的时机，例如，机场自查、除冰雪及应急救援工作（联邦航空管理局，2004）。

《机场合格证手册》必须包含操作程序、设备描述、职责分配，以及任何其他需要遵守 139 款的信息。联邦航空管理局要求的限制措施也是要特别强调的内容。强制措施通常发生在机场的特定区域，例如，限制航空承运人使用机场的特定区域。在一些机场，只有一条跑道是按照 139 款要求鉴定的，而邻近的跑道仅用来起降通用航空飞机。不是所有的机场都能按照 139 款的标准来维护所有的跑道和滑行道。

《机场合格证手册》的编写方式应当便于理解，清晰描述哪些是必须要满足的 139 款要求。《机场合格证手册》应当指出负责开展《机场合格证手册》规定工作的个人身份和角色，例如，在开展自查工作时机场运行经理的角色。该文件的编写应当可以让新员工立刻理解《机场合格证手册》的内容和要求。《机场合格证手册》既不是岗位说明，也不是机场所有工作的操作手册；但是，最起码，要包含满足 139 款要求的所有关键工作的指南（联邦航空管理局，2004）。

《机场合格证手册》要包含修订日志记录变更，同样还是新版本发布后更新《机场合格证手册》的方法。与 139 款规定不直接相关的内容不应包含在《机场合格证手册》中。表格、地图、图等有补充意义的必须包含在《机场合格证手册》中。《机场合格证手册》一般包含若干独立文件，例如，除冰雪预案、机场应急救援预案、野生动物危害管理方案。

《机场合格证手册》的第一部分列出了若干条要求，有关于机场安全和维护的标准。在第二部分，139 款机场必须包含机场应急救援预案。该预案通常与《机场合格证手册》独立存在，但是被认为是《机场合格证手册》的组成部分，并要由联邦航空管理局审批。除冰雪方案、野生动物危害管理方案及机场标记牌和标志方案也是《机场合格证手册》的一部分。不正常运行方案并不是《机场合格证手册》的组成部分，该方案解释的是机场是如何处置飞机长时间在机坪等待的问题的。这通常被称为"道面规则"，而且导致机场编写《处置长时间地面等待预案》并且提交给了美国交通运输部。《机场联合研究大纲报告 65：机场不正常运行指南预案》，提供了机场营运人在编写和实施这些预案时的指南。

最根本的是，《机场合格证手册》必须反映机场实际的情况、运行和程序。联邦航空管理局机场合格证安全监察员评估机场的《机场合格证手册》，应当发现机场的实际运行与《机场合格证手册》中规定的是一致的，并且实际可行。

《机场合格证手册》的编写应当把符合规章作为最低要求，同时鼓励机场运行人员高于规章的要求，但是经理明白，《机场合格证手册》中的要求都是联邦航空管理局批准且具有法律效力的。在这种情况下，超出 139 款标准的要求应当成为机场的安全文化，而不是写入官方的《机场合格证手册》。这种做法降低了违反联邦航空管理局规章的风险，同时让机场经理有更大的自由度管理安全和运行。

如上所述，机场通常编写独立的高于规章要求的运行政策和应急救援方案，而不是正式包含在《机场合格证手册》中。例如，佛罗里达州的彭萨科拉国际机场有一份《破坏性气候预案》，其是与联邦航空管理局批准的机场应急救援预案相独立的。在机场的应急计划中也有飓风和龙卷风的处置措施，但是额外的《破坏性气候预案》允许机场运行人员拥有更大的自由度来准备和应对以及从气象事件中恢复运行，要采取的措施不需要经过联邦航空管理局的批准就可以立即执行。

彭萨科拉的《破坏性气候预案》强调了许多机场应当提早采取的预防措施，包括航站楼和飞行区的关闭，损失评估和飞行区开放的恢复工作。机场应急计划强调了在天气事件中必须发生的总体功能（例如，执法人员、消防和救援、拥堵控制），每个行动相应的部门都在方案中有规定。

除了 139 款规章要求外，机场营运人必须清楚证书安全警报。联邦航空管理局定期给联邦航空管理局监察员和员工发布证书安全警报，作为 139 款机场鉴定和相关问题快速周知和指南的方法。内容上，证书安全警报通常分为建议、警告和非指令性质（威尔斯和杨，2011）。联邦航空管理局同样使用《大纲指南信函》来修订《机场改进大纲手册》。

《机场合格证手册》定期更新，成为一个"活着的文件"。《机场合格证手册》的维护对于满足 139 款的要求十分重要。联邦航空管理局建议将《机场合格证手册》分割为更小的部分，分配给专职人员定期进行审核并进行更新。选择专职人员的原则是，每个人对应的都是《机场合格证手册》中相应专业的人员。

机场运行人员通过邮件订购来自联邦航空管理局相关规章和咨询通告的更新。由于更新的频率和数量是较大的，所以，应当由多人共同进行审核和更新工作。联邦航空管理局同样建议，《机场合格证手册》的部分内容要定期进行评审，以便在一段时间内就进行一次修改，避免积攒过多一次进行大量的修改。

《机场合格证手册》应当随时保持更新。《机场合格证手册》的变更，在变更之前的 30 天，机场运行人员应当通过备忘录必须通知联邦航空管理局。只要在 7 个工作日之前通知，联邦航空管理局也可以发起《机场合格证手册》的修订。相应地，机场运行人员可以提交有关修订计划的书面信息或者提议。联邦航空管理局对修订做出决策，并在 30 天之内通知机场运行人员，以便进行变更或者撤销变更。对联邦航空管理局修订决策持不同意见的机场，可以向联邦航空管理局机场司副司长上诉，但是在上诉期间依然要遵守修订条款。联邦航空管理局也可以发布应急修订，立即生效并立即发布。在这种情况下，联邦航空管理局应当解释应急修订的原因以及没有一个最终期限的原因，如果可行的话。

空侧运行必要的《机场合格证手册》元素

对于Ⅰ类、Ⅱ类和Ⅲ类机场，《机场合格证手册》必须包括：

1. 机场运行责任的描述；

2. 联邦航空管理局发布的任何豁免；

3. 可以确认机场周边位置和地形特征的方格网图（现场应急救援工作人员通常不知道如何辨读飞行区标记牌和标志或者机场平面图，但是方格网图可以提升判断事件现场的不同位置和特征）；

4. 机场内有障碍物的位置必须要进行照明或标识；

5. 可供航空承运人使用的活动区和安全区的描述；

6. 不停航施工期间，避免干扰或影响机场设施的程序，包括动力和助航设施；

7. 留存记录系统的描述；

8. 人员培训的描述；

9. 维护铺筑面区域的程序；

10. 维护安全区的程序；

11. 标志—标记牌—灯光规划；

12. 除冰雪预案，如果需要的话；

13. 满足飞机救援和消防设施、设备、人员和程序的要求描述，以及豁免内容，如果适用的话；

14. 风向标维护描述和程序；

15. 机场应急计划；

16. 开展自查大纲的程序；

17. 控制行人和地面车辆在活动区和安全区的程序；

18. 障碍物移除的程序，或者障碍物标志和照明的程序，如果要求的话；

19. 保护动力和助航设施的程序；

20. 飞机运行中保护旅客的程序，包括发动机尾流或螺旋桨影响；

21. 野生动物控制的程序；

22. 机场情况报告（即航行通告①）的程序；

23. 发现标志和照明障碍物及其他不在使用范围区域的程序；

24. 其他联邦航空管理局认为对确保安全和航空运输有必要的。

IV类机场要满足以上所有要求，除了以下几条：

1. 不停航施工期间，避免干扰或影响机场设施的程序，包括动力和助航设施；

2. 控制行人和地面车辆在活动区和安全区的程序；

3. 保护动力和助航设施的程序；

4. 飞机运行中保护旅客的程序，包括发动机尾流或螺旋桨影响；

5. 野生动物控制的程序；

6. 发现标志和照明障碍物及其他不在使用范围区域的程序。

空侧运行的记录保留

139 款的 A、B、C 章主要是管理要求。D 章是取得《机场合格证手册》的机场要满足的运行要求。D 章还包括一些管理要求，例如，记录保留、人员和培训要求。联邦航空管理局要求机场保留与 139 款合规性有关的记录（例如，自查记录、飞机和事件记录以及机场情况报告）12 个"连续的日历月"。联邦航空管理局使用连续的日历

---

① 通用的行业缩写，航行通告的复数形式为 NOTAMS 或 NOTAMs。

月是为了参考期间以上一个日历月的结尾终结。例如，如果一条记录是在 5 月 14 日创建的，那么，这条记录就必须保留到下一年的 5 月 31 日。139 款要求在机场自查、应急救援服务、活动区和总体安全情况等方面的培训记录要保留 24 个连续的日历月。唯一不一致的是，飞机加油员的培训记录仅要求保留 12 个连续的日历月。

联邦航空管理局规定了各种机场运行记录和培训记录留存的最低时间要求。但是，许多城市和乡镇有不同的记录留存时间要求，机场也会受到影响。通常，联邦航空管理局对于记录留存的要求是 12 至 24 个月，如果是飞机事件或事故的记录，机场可以根据情况留存得更久。飞机事件和事故的记录留存至少 3 年是非常重要的，因为事件或事故发生之后法律诉讼和调查可能持续很长的时间。

空侧运行自查人员

机场安全的一项重要组成部分就是在空侧运行区域人员的培训工作。联邦航空管理局要求，检查空侧安全符合 139 款规章要求的人员每 12 个连续的日历月要接受一次培训。空侧的机场自查人员至少接受以下培训：

1. 包括机场标记牌、标志和灯光系统的机场熟悉性培训；
2. 机场应急计划；
3. 活动区运行程序；
4. 与空中交通管制塔联系的程序，或者在塔台不在服务期间，使用；
5. 使用航行通告报告机场不适用区域的程序；
6. 《机场合格证手册》规定的任何职责；
7. 机场飞机救援和消防的要求；
8. 危险品和材料的处理和存储；
9. 自查大纲；
10. 行人和地面车辆运行；
11. 《野生动物危害管理程序和野生动物危害管理大纲》；
12. 相关的适用于机场的联邦航空管理局咨询通告。

飞行区监察员在现场要完成一项重要的工作，他们必须确保起飞和着陆以及周边的空域对于所有飞机运行是安全的。当监察员发现不能立刻纠正的问题时，就必须要立刻通知空中交通管制塔，并且发布航行通告，下发整改通知，要求问题得到尽快的整改。在某些情况下，问题严重的话，需要立即关闭受到影响的跑道、滑行道或其他活动区，直到问题得以解决。

联邦航空管理局《机场合格证手册》安全监察员评估机场自查监察员的能力。联邦航空管理局监察员每年对机场进行年度检查时，不能奢望一个问题都不存在，因为整个飞行区完全符合规章要求几乎是不可能的。问题一定存在，并且是"系统中的噪声"。安全区中被雨水冲出的车辙和水坑，气温急剧变化引起的道面损坏，天气现象损坏的标记牌，以及野生动物或人的错误引发的问题都属于这些情况。这些都是《机场合格证手册》安全监察员指出的问题，评估工作中的一项任务就是检查之前发现的问题，下发整改通知书，要求解决这些问题，但是在问题发现最初的几周时间里，还没有进行过复查。对于问题的存在，联邦航空管理局监察员与机场营运人研究决定解决问题的措施。

联邦航空管理局不对机场开展自查工作的人员数量进行规定，仅要求机场要配备足够和合格的工作人员来开展检查。机场应当确保有足够的受过培训的监察人员担负《机场合格证手册》规定的职责，并且这些人员有一定的技能、知识和能力完成相应工作（普拉瑟，2011）。开展自查任务的监察员要在运行的飞行区内工作，这一区域具有挑战性甚至有时还是一个危险的环境。因此，除了要能理解《机场合格证手册》的要求以及自查标准外，开展自查任务的监察员还能够熟练地在周边起降和滑行飞机的活动区内驾驶车辆，并且能够熟练和联邦航空管理局空中交通管制员通过无线电台沟通。[1]

自查人员必须配备开展工作所必需的装备。他们至少要有按规定喷涂并装有警灯的车辆，以备在夜间或者不利天气的条件下使用，一台能够与空中交通管理塔台通信的甚高频电台。通常，还要配有一部可以与机场运行、飞机维修、机场公安、消防队联系的无线电台。监察员应当有覆盖必要检查项目的检查单、正在建设工程的安全协议书及机场平面图。

虽然不是必须的，手电筒、照相机、急救箱和喷漆也应当是在机场跑道与运行区配备的。照相机用来将问题道面或损坏的标记牌拍照留存，喷漆可以用来标记需要维护的特定区域。机场运行人员尤其是监察人员是最早赶到飞机事故和事件发生现场的，因此，急救箱、毛毯及安全马甲就是标准的装备。在机场跑道与运行区，安全马甲可以识别出哪些是必须退出机动车辆的人来。写有特别标记的反光背心有助于在应急救援中识别机场运行人员。其他设备还包括液体喷雾和危险品工具箱、测距尺及安装有自查软件的平板电脑。

一些机场运行人员还提供自查人员急救、消防和第一反应最佳实践的培训。在一些机场，监察员携带枪支和火药用来消灭（驱散）野生动物。铁锹、水桶、垃圾袋及手套用来清理野生动物的痕迹。我们同样建议配备双筒望远镜、护目镜和耳塞（普拉瑟，2011）。

机场运行监察员通过接受国家事件管理系统事件指挥培训提升自己的能力。ICS/

---

[1] 使用空中交通管制频率交流对一些人来说是有挑战的事情。空中交通管制员和飞行员习惯了用语速较快并且是习惯性用语的对话交流，熟练过程是有挑战性的。

100、ICS/200 和 ICS/700 组成了基本的国家事件管理系统资质要求。如果监察员要完成事件指挥官的工作，他们还要完成 ICS/300 和 ICS/400 的培训，他们使用的车辆还需要配备事件指挥工具，例如，白板和额外的无线电台。

最佳实践：飞行区自查培训

《机场联合研究大纲综合报告 27：机场自查实践》，评估了最佳的 139 款符合性机场安全自查实践。报告发现，不同的机场用来培训自查人员的培训大纲和方法都存在差异（普拉瑟，2011）。普拉瑟指出，机场培训人员的方式有若干种，包括课堂教学、基于电脑的培训、在线培训大纲和会议培训。对于初始培训，大多数机场使用在岗培训和自学的方式。大多数机场的复训依靠在岗培训和交互式的方法（基于电脑的培训、多媒体等）（普拉瑟，2011）。使用在岗培训或基于电脑的培训产生的担忧是缺乏定期升级，错误的或过时的信息会被当作有用的信息进行教学。因此，安全管理体系要求，培训大纲必须进行及时的和有规律的升级。

更加有效的培训是，应当聘请有资格的培训师对新人进行标准的课程教学，这个内容安排在在岗培训完成之后进行。在岗培训大纲应当要求新人与多位资深人员每日共同开展自查工作来获得一手的知识，同时知道如何开展检查（普拉瑟，2011）。即便该名员工在其他机场已经获得了足够的机场运行和 139 款自查经验，标准的课程和恰当的在岗培训对该名员工理解机场的特点也是必要的。

机场可以使用本机场的照片和视频、案例资料开展互动式的培训，以及开展与老员工的座谈（普拉瑟，2011）。培训应当以学员为中心，关注学员应当掌握的知识及应用到机场的方法（普拉瑟，2011）。在某些机场，培训大纲要求监察员在独立工作之前要进行数周甚至数月的培训。普拉瑟认为，在美国的大多数机场，机场的运行人员负责监察员的培训，其很小一部分是靠电脑的培训、指定的培训经理或者机场经理开展培训。

联邦航空管理局监察员检查培训课程和教材是否满足 139 款的培训要求。联邦航空管理局重点审查自查培训大纲和活动区培训大纲。联邦航空管理局 139 款监察员通常不批准非正式的培训，例如，非正式讨论或者偶然组织的授课活动。[①] 联邦航空管理局的监察员认定能够确保 139 款自查项目正确讲解的组织良好实施细致的培训大纲。

美国军队在许多培训领域使用人力资格系统。人力资格系统要求个人在特定的领域独立开展工作之前表现出具体的及使用知识的能力。自查过程就是这类培训的应用。

---

① 非正式或者茶歇式的会晤在其他背景下是可以的，但是，这些非正式的会晤未达到活动区自查工作培训要求的全面性。

高层管理者要确保自查监察员具备 139 款中开展每项工作的知识和能力。培训大纲要定期进行审计，保持实时与行业最佳实践相接轨，与规章和飞行区运行的变化相适应。可以使用定期按照最新信息和实践更新过的、基于电脑的培训或者基于网页的系统，有效地开展复训。监察人员应当定期参加课堂培训或者行业论坛和会议，交流最佳的实践做法，同时发现需要改进或提高的领域。

联邦航空管理局的空侧监察过程

联邦航空管理局机场合格证安全监察员要对机场进行一年一次的监察，以确保139 款和其他修订条款的规章符合性。从理想的角度来说，机场需要持续努力来符合139 款的规章，但在现实中，机场营运人要接受联邦航空管理局监察需要提前准备数月。评审过程包括若干步骤：

1. 预先评审：机场合格证安全监察员评审机场的《机场合格证手册》及其他与机场相关的内部记录，例如，以前的监察记录和机场必须完成的纠正方案。

2. 简报：联邦航空管理局和机场人员讨论监察计划并且访谈若干名机场员工。机场管理人员通常会让最好的员工接受监察员的访谈，因为在一般情况下，联邦航空管理局的监察员会向机场员工提出有关安全和 139 款的问题。

3. 监察机场记录：机场合格证安全监察员评审机场必须留存的文件，包括飞行区检查记录、人员培训记录、培训课程、机场数据（机场主记录，表格 5010①）及航行通告。

4. 活动区监察：道面、标记牌、飞行区标志、飞行区灯光和安全区结构符合性及总体情况，每条跑道进近面障碍物的检查。联邦航空管理局的监察员还观察地面车辆运行和行人在机坪的活动情况。为确保法规的执行，联邦航空管理局的监察员核查野生动物的管理情况，并评估野生动物管理技术的有效性。检查交通和风向标的总体情况，并且检查飞行区围界和尾流栅（威尔斯和杨，2011）。

5. 飞机救援和消防检查：监察员实施紧急出动演练验证时间，确保消防设备在法规规定的有效期内。评审人员培训记录、年度消防实操演练、基础急救培训。监察员还要检查必要的设备和防护服装的总体情况和可用性（威尔斯和杨，2011）。

6. 加油设施检查：检查加油站和流动加油设备，检查加油设备季度检修记录，检查每家驻场单位的加油服务商，以确保开展了充足的消防安全培训

① 参见 https://www.faa.gov/forms/index.cfm/go/document.information/documentID/185474。

（威尔斯和杨，2011）。

7. 夜查：如果机场开展了航空承运人夜间运行或者机场配备有仪表进近，监察员应当开展灯光、标志反光和机场灯标、风斗及障碍物灯光的检查。

8. 检查后的总结：联邦航空管理局的工作人员与机场工作人员讨论发现的问题，发布整改通知书，并且双方就整改期限达成共识。会上，监察员还会给出额外的安全建议（威尔斯和杨，2011）。

联邦航空管理局139款检查结束后，机场合格证安全监察员在全年内开展抽查也是正常的。这些检查通常是针对检查中发现的问题进行复查，确保在上一个年度中发现的问题在商定好的时间内得以整改。

安全自查大纲

联邦航空管理局批准机场运行合格证之后，机场运行人员必须持续实施自查来确保满足139款的要求。机场运行人员有责任持续遵守规章要求，应对不安全事件和事故，管理不正常的机场运行状况（除冰雪、天气事件、野生动物），并且上报任何可能影响航空承运人的安全问题。当联邦航空管理局明确机场已经符合139款要求，并且每年开展一次检查，每日安全运行的职责就是机场管理人员的工作内容了。

飞行区状况随时可能会发生改变。飞机起降的道面可能受到外来物或者野生动物的影响。机场运行人员每日检查机场，除非《机场合格证手册》另有规定，在发生如不停航施工或者天气等特殊情况时开展特殊的检查，这些特殊情况可能会影响到航空承运人发生飞机不安全事件或事故。检查人员不一定是机场运行部门的工作人员。根据机场规模，检查人员可以是维护人员、机场经理或者飞机救援和消防人员。在任何情况下，监察人员必须满足139款机场监察员的培训要求。

自查大纲包括4种不同的监察：

1. 定期监察，也被称为"每日检查"。每日至少在航空承运人开始运行之前进行一次，并且在航空承运人夜间运行开始之前进行一次。

2. 持续监控监察，指派一名受训的人员全天进行监察。

3. 定期情况监察，定期进行问题查找监察，针对每日无法发现的问题的监察。

4. 特殊监察，发生不正常事件或情况开展的监察，例如，天气事件、在活动区内发现野生动物或者报告在道面发现外来物。

监察检查单帮助机场监察员开展监察，避免盲目自信，提供每次自查的历史记录（普拉瑟，2011）。监察检查单的样例在附件B中，其核心内容为：

1. 道面区域；

2. 安全区；

3. 标志；

4. 标记牌；

5. 灯光；

6. 动力和助航设施；

7. 障碍物；

8. 加油操作；

9. 冰雪；

10. 不停航施工；

11. 飞机救援和消防；

12. 公共保护；

13. 野生动物危害。

许多机场还在使用基于纸质的自查检查单系统，但是，机场应转变为基于电子的检查单，利用网络连接中央数据库系统。从纸质系统向基于计算机或网络的自查信息系统转变提供了诸多好处，包括提升使用全球定位系统、快速报告发现的问题，并且发布航行通告。这些信息和数据管理系统还可以提供一些冗余功能，例如，备份、归档、开展分析及发布相关数据和信息给相应的运行人员。

在开展自查之前，监察员必须评审之前的检查单和当前的航行通告，应当检查包括自动终端信息系统的天气报告，以在实施监察之前来获得最新的飞行区状况。许多监察人员在飞行区内依据标准模式或"流"，使用检查单和其他文件来帮助确认所有必要的监察要素都进行了检查。

但是，当实施未知安全风险的机场跑道与运行区监察时，有时候改变自查流程是一个有利的决策。例行检查标准化的流程可能会造成监察员降低情景意识，导致不能发现风险或者未知的问题（见"空侧例行自查和情景意识"）。

空侧例行自查和情景意识

每日都要遵循相同的监察模式，监察员可能会忽略监察必要的元素或者新发生的和预料之外的安全风险——即便使用了检查单。这就是自查过程成为例行检查的后果，即导致了情景意识的降低。通过调整流程，监察员可以从稍微不同的角度观察每一个区域。例如，始终从北向南检查跑道的话，那么，标记牌、标志甚至外来物都可能观察不到。警告：使用改变的监察模式可能导致机场监察员忽略某些区域。所以，机场运行人员最好针对每个自查设计两到三个标准的模式，来最大化地监察覆盖面，以确保在一天内所有区域都能够检查完成。

　　联邦航空管理局建议，跑道检查的方向应当与着陆飞机运行的方向相反。但是，许多机场为了不降低飞行运行能力，更愿意安排检查人员按照飞机着陆的方向驾驶车辆检查跑道。如果机场监察员开展的是航前检查，那么，除了货机和通航飞机外没有其他飞机着陆。除此以外，机场经理应当理解开展定期自查和非定期特殊检查的区别，例如，外来物的移除或野生动物的防治。如果可能，定期自查应当与飞机降落方向相对，以便可以随时观察着陆飞机的情况。对于特殊监察，可以与飞机着陆方向一致，以达到快进快出跑道的目的。

　　在更小些的机场，值班人员通常自己完成所有的自查工作。在大型枢纽机场，就需要若干名监察员的团队一起工作。团队可以使用一辆车或者若干辆车完成各种自查工作，或者覆盖飞行区内的各个区域。一个团队使用一辆车是最佳的方案，因为驾驶员可以专心驾驶，而乘务员可以专心开展检查任务（普拉瑟，2011）。这一方案还可以降低跑道侵入和交通事故的风险，因为开展定期自查是一件乏味的事情，尤其是在大型机场，这些机场通常会安排人员在不同的 139 款要素的检查工作上，比如标志或灯光自查、道面和安全区自查。

　　在某些情况下，机场运行人员会带上驻场单位人员参与自查，以便可以获得不同角度的意见，并且让驻场单位人员在机场安全工作上参与度更高（普拉瑟，2011）。但是，一些机场在联合第三方代表开展自查时会出现一些责任问题。

空侧定期自查

　　139 款和《咨询通告 150/5200－18C》之《机场安全自查》提供了具体的机场运行安全评估指南。该咨询通告的亮点有：

　　1. 道面区域：机场道面是机场安全自查工作的重要组成部分。监察员核实道面边沿、承受全重运行区域和周边道肩或者安全区，允许水渗进去并且边沿的高度不超过 3 英寸。更大的道面边沿可能导致方向控制问题或者损坏起落架。监察员寻找道面上足以导致飞机出现方向控制问题的裂缝和孔洞。检查道面的总体情况，标注任何明显的会导致飞机损坏的裂缝、凸起、杂草或外来物。道面裂缝中生长的杂草是个严重的问题，这会导致更多的水渗入基层，加速孔洞的形成并且导致加速裂缝。

　　2. 安全区：跑道和滑行道包括安全区。安全区包括跑道和滑行道道面，从跑道的中线向两边延伸出去，一直延伸到铺筑面以外。安全区的尺寸各不相同并且取决于机场设计标准。例如，对于精密进近跑道的安全区为跑道中线两侧各 250 英尺，跑道端外 1000 英尺。安全区类似州际公路的道肩，允许飞机在不正常或紧急情况下使用。虽然设计这个区域是为了减少损失，但是，飞机进入这个区域可能会损坏飞机的结构。监察员要检查并确认只有"必须存在"（是指必须要在那个位置的物体，例如，飞行区标记牌和灯光）

和"易折件"在安全区内。监察员还要注意运行差异，可能导致在安全区运行的飞机损坏。

3. 标记牌、标志和灯光：监察员检查并确认机场的标志颜色正确，并且没有因为受环境影响，颜色退化变得模糊（例如，天气、飞机尾流、轮胎磨损）。检查飞行区标记牌，确认能够容易辨读并且在夜间点亮，不会被杂草、污物或冰雪遮挡，并且没有丢失的标记牌。尤其是在夜间，要对飞行区灯光进行检查，确保灯光运行正常，颜色和构型正确，没有损坏或者排列错误。同样要在夜间确认标志能够反光。

4. 动力和助航设施：机场的动力和助航设施通常属于联邦航空管理局所有。但是，机场运行人员自查项目包括动力和助航设施，如果发现问题要立即向联邦航空管理局（或者相应的动力和助航设施所有者）报告。动力和助航设施必须要进行例行检查的内容包括：分割圈、风斗、跑道道面灯、目视下滑道指示（紧密进近下滑道指示灯或目视进近下滑道指示器），以及进近灯光系统。在某些情况下，这些灯光系统的正确运行不能完全由地面检查人员，而是需要飞行员进行确认。例如，飞行员可能报告动力和助航设施停止工作，这时机场运行人员就要发布航行通告，并且同时通知动力和助航设施的所有者。一般来说，自查监察员要确认动力和助航设施没有杂草并且能在空中看到。

5. 障碍物：监察员目视检查机场附近可能影响飞机运行的正在建设的工程和塔吊。如果发现新的建设项目，机场运行人员必须确定是否被正确标志和照明，以及是否使用了表格 7460 向联邦航空管理局进行了报告。通常来说，机场合约建设方不会向联邦航空管理局提交书面文件，所以，机场运行人员必须确保书面文件已经提交并且发布了航行通告警告飞行员有障碍物。自查监察员应当报告任何不工作的障碍物灯。

6. 加油操作：为了符合防火规定，要对机场加油操作进行每日检查。加油检查包括评估总体风险、防火准备及总体管理。自查监察员必须检查加油员是否遵守了当地防火规定，开展了恰当的飞机加油服务，并且加油过程中没有人吸烟。

7. 除冰雪：监察员要熟悉《机场除冰雪方案》通过有关飞行区情况的航行通告系统，《机场除冰雪方案》的运行情况通常要求持续地检查。作为定期《机场除冰雪方案》自查的一部分，监察员必须确定是否有动力和助航设施、灯光或标记牌在除冰雪过程中被遮挡或损坏；雪堆不能超过距离飞机翼梢、发动机和螺旋桨一定的距离；道面状况适于飞机运行。

8. 不停航施工：监察员应当熟悉机场的施工和安全方案。监察员应当确定材料堆放正确，不会受到风和飞机尾流的影响。邻近活动区的建设设备应当恰当地被标记并照明，并且对于有危险的区域要加以分隔。监察员特别要关注外来物——一个不停航施工中的显著问题。他们必须报告并且监控不停航施工中的危险情况，例如，损坏标记牌、灯光和标志及动力和助航设施。在不停航施工中经常会出现调整建设区域周边路线的情况，这可能会产生令人混淆的标记牌和标志。监察员要查找这种情况，并发布相应的航行通告。

9. 飞机救援和消防：飞机救援和消防检查包括必要灭火设施的状态和可用性，必要飞机救援和消防人员的部署，并且确保警铃系统正常工作。监察员必须检查飞机救援和消防车辆的出动路线，排除可能影响出动的问题。如果必要的飞机救援和消防车辆不能工作，机场必须立即发布航行通告。

10. 公共保护：这些自查项目包括确认大门、围界和锁都在正常运行，避免未授权人员和车辆的无意中进入。必须保护公众免受尾流的伤害。139款没有直接规定安保方面的问题，交通运输安保局对于机场的规定有其他报告和应对未授权人员和车辆进入机场跑道与运行区或安保区域的要求。

11. 野生动物危害管理：机场监察员应当熟悉《野生动物危害管理方案》，并且按照方案开展检查。不论《野生动物危害管理方案》是否可用，监察员都要注意机场里面和周边的鸟群，活动区周边的哺乳动物对飞机的运行会带来危害，或者其他会导致危害的动物。即便是不会给飞机运行带来危害的小型动物，也有可能会吸引大型动物，进而对飞机运行造成危害。野生动物不论死的或活的，与飞机相撞都要向联邦航空管理局报告。监察员应当检查围界和大门，查看是否可能有野生动物进入的可能性。

除了以上提到的自查项目外，每个机场的《机场合格证手册》会包括额外的检查项目，其符合标准与每个检查项目相关联。

空侧自查持续监控

定期自查包括所有批准的检查单，加上其他《机场合格证手册》必需的要素。139款检查提出了"持续监控"的自查要求。但是，《机场联合研究大纲综合报告27：机场自查实践》指出，以下这些方面的内容应当作为持续监控的重点。

1. 地面车辆运行：监察员必须确保车辆驾驶员按照机场规定和规章安全驾驶；按照正确的程序进出活动区；报告发生的地面车辆事件和事故。

2. 机场不停航施工活动：监察员必须确保建设人员遵守进出建设工地的授权，并且寻找碎片和停放在飞行运行或动力和助航设施附近的设备。这些检查应当关注查找容易引起混淆的建设标记牌、标志或灯光，这些会误导飞行员（或车辆驾驶员）。

3. 加油操作：监察员要确保加油操作在国家消防保护协会的规定和相关机场规则和规定的要求下开展。监察员应当关注加油操作过程中正确的飞机服务程序，例如，油车与油车之间停放的距离不小于 10 英尺，或不停放在建筑物 50 英尺以内；[①] 加油员不能吸烟；有效的消防器材要到位。防错装置要可用并且无阻挡。可能导致火灾的泄漏、遗撒、碎片或其他材料的迹象，要立即在自查中提出来。

4. 除冰雪：监察员要确保除冰雪工作根据天气情况在合适的时间内实行，并且通过航行通告发布飞行区的状况。

5. 公共保护：监察员要确保飞行区围界和尾流栅处于良好状态，并且被恰当地放置和固定。

6. 野生动物危害管理：监察员必须确保野生动物不会对航空承运人的运行造成危害，在跑道、滑行道或安全区发现死亡的野生动物要立即移除。

7. 外来物：监察员必须确保移除飞行区内的外来物（普拉瑟，2011）。

安全管理体系和机场运行主张，安全是每个人的职责。但是，机场运行人员要对确保机场首要责任机场的持续观察、维护 139 款的要求，报告不符合的情况。持续自查程序帮助机场运行人员完成该项职责，尤其是在空侧的运行。

定期状况监察

定期状况监察可以包含标准定期自查评估中的项目，但是增加了特殊任务，例如，飞机起落架橡胶和轮胎痕迹除胶工作。机场监察员在定期的自查中就会发现，轮胎痕迹或橡胶残留会在跑道接地区逐渐堆积。因此，定期监察需要测量橡胶堆积厚度，并且判断除胶工作何时开展。

一些定期监察项目每年开展一次，而其他的需要 3 或 6 个月开展一次。监察的频率需要根据道面管理系统、安全管理体系或类似的根据运行情况规定。

铺筑面对于飞行安全来说非常重要，监察必须要有规律地、定期并且持续开展。持续监察是按照间隔或一天中合适的时间进行的。在定期自查中，机场监察员查看：第一，道面错台垂直高度没有超过 3 英寸；第二，道面有很好的排水性能且没有积水；第三，没有裂缝、车辙或孔洞可能导致影响飞机的纵向控制。

在定期监察中，道面按照规定的时间间隔进行监察，该间隔根据可以预测长期道面维护问题的评级系统给出。机场运行人员要定期评估飞行区标志、标记牌和灯光的总体状况来确定是否需要维护。当这些项目通过了每日检查后，定期监察就可以决定标记牌或灯光什么时候可以全部更换或者标志可以进行重新喷涂或清洁。

---

① 一些建筑物在建造时经过了防火认证，可以允许储油罐车辆停靠在楼内或紧邻的位置。

　　飞机救援和消防服务是每日和定期监察的一部分。每日监察的重点是飞机救援和消防设备与人员的准备情况，定期监察的重点是设备和消防材料的更换或维护。

　　定期监察障碍物的重点是每日监察中所关注不到的项目。障碍物限制面是一组空域的标准，其用来确保机场周边空域没有障碍物。在这一标准下，飞机可以按照正常导航的方式飞行。在航图上同样要正确标明障碍物的位置，如果可行并且可操作，应当进行标志和照明以提升可见度。动力和助航设施检查同样需要定期进行，以确保机场运行人员所有的和管理的动力与助航设施接受校准（图6.1）。

图6.1　描绘虚构的表面应用于直升飞机场的一个例子和妨碍通知要求
（来源：美国联邦航空管理局，2014）

　　具备执法权部门的消防人员必须定期监察油库（储油的地区），对于大多数机场来说，承担这一职责的是消防官。每季度对油库进行检查的细节和标准139款、《咨询通告150/5200 – 18C》和国家消防保护协会《飞机加油服务标准》都有规定。定期监察油库包括许多在持续监察中的计划监察的项目，但是也包含：

1. 确保油库区域有足够的围栏和安保措施来避免未授权人员的进入；
2. 油库和加油车上要有清晰可见的"禁止吸烟"的标记牌；
3. 设备故障或维护问题可能会导致火灾，包括管道和检查燃油泄露；
4. 足够数量的可用消防器材符合标准；
5. 防爆设备、开关和电线要与点燃来源分离；
6. 可用的线束和正确的超控电门控制；
7. 移动储油设施上的"易燃性"标识；
8. 紧急切断开关和控制可见并且没有阻隔；

9. 电气设备、开关、电线和灯罩（尾灯、防爆灯）正确覆盖避免成为火源。

特殊监察

特殊监察是收到机场运行人员、航空承运人、空中交通管制或其他部门投诉或问题报告，或者是不正常事件触发（例如，飞机重着陆或者报告了发现道面问题或者是异常天气情况）后进行的检查。特殊监察最常见的是回收外来物或死亡野生动物的尸体。对于已经完成的不停航施工区域，机场监察员可以实施特殊监察来启用该部分，或者是在不安全事件或事故之后已经移除了所有的外来物，准备重新开放之前的监察。天气事件，例如，暴风雨启动的特殊监察是为了检查坑洼和道路边沿损坏，暴风雨下水道堵塞、入口覆盖物、磨损都可能会影响飞行运行安全。除冰雪完成后也要进行特殊监察，以确保跑道和滑行道的状况。监察员检查、确认飞行区标记牌、标志和灯光可见，并且堆起来的雪不会影响飞机导航。如有可能，损坏的标记牌或灯光或不清晰的标志应当立即进行维修，或者立即按照命令进行报告。航行通告应当立即进行发布，以明确损坏的部件。监察员应当小心阻碍动力和助航设施无线电频率信号的那些堆起来的雪。

特殊监察同样适用于不停航施工来确保：第一，施工区域进行了封闭，并且照明良好；第二，施工人员在指定区域停车；第三，材料的堆放一定是在安全区之外，并且不会阻碍飞行区标记牌。监察员应当监察施工地点来确保遵守了施工安全方案，并检查确保安保要求符合规定。

一些机场配备了场面活动指南和控制系统。场面活动指南和控制系统是一系列围绕飞行区的灯和标志，在低能见度的情况下帮助飞行员。场面活动指南和控制系统由空中交通管制塔台控制。场面活动指南和控制系统监察包括停止排灯、间距条灯及滑行道边灯及一系列其他标志。① 机场在水平能见度小于1200英尺的跑道目视范围时，可以启用场面活动指南和控制系统。一些机场有额外的场面活动指南和控制系统设备，让机场跑道目视范围小于600英尺的时候可以持续运行。不是电子监控的场面活动指南和控制系统，其灯光系统应当2至4小时进行一次检查。对于跑道目视范围低于600英尺的，监察员应当每隔一小时检查一次。

机场状况报告

机场运行人员有责任通知机场使用者不安全的状况或任何不符合《机场许可证手册》或139款要求的情况。有责任将不符合情况报告给机场维修人员或其他纠正人员。当FAA监察员审计机场记录时，他们不期望发现完美的机场，但是他们的确希望

---

① 场面活动引导和管制系统（SMGCS）灯光和标志的标准在第7章中详述。

看到当发现飞行区出现不符合情况时，立即发布航行通告给机场使用者并向局方报告了信息，立即有人去进行纠正问题（普拉瑟，2011）。139 款要求机场"确保快速和可靠的在许可证持有人以及航空承运人之间发布信息"。这就有可能要求机场关闭或限制使用某些存在问题的区域直到安全问题得以解决。

总结

《美国联邦法规》第 14 条 139 款的基本前提就是为所有驻场单位创造并维护一个飞机安全运行的环境。FAA 制定规章和规章内容的指导材料，并且给出如何通过使用 FAA 咨询通告来证明符合性的建议。另外，机场运行人员也可以阅读 FAA 命令，了解 FAA 的人员如何确保 139 款的要求得以执行。

年登机人数达到 2500 人次并且承载了商业运行的机场，必须获得 139 款的机场运行许可证。机场运行许可证颁发之前，机场运行人员要通过 FAA 的检查，表明机场满足所有安全标准和必须的安全项目，例如，机场应急方案、机场除冰雪方案和野生动物危害管理方案。

机场运行许可证一旦颁发，FAA 就会将符合性检查的职责通过安全自查过程委托给机场运行人员。检查包含 4 项内容：常规自查，机场人员按照检查单对 139 款的内容进行检查；特殊监察，当有不正常状况时开展，例如，天气或收到飞行区 FOD 报告；定期监察，对于检查单上每隔一段时间会发生变化的项目进行检查；持续监察，只要计划和时机允许可以每日随时开展的检查。

电子监察"从黑板到键盘"

亚历克斯·格森
美国机场管理者协会认证会员

当《美国联邦法规》第 14 条 139 款在 1970 年制定出来的时候，大型电脑可以占据整个房间，打孔卡片和磁带盘在大个的卷轴上，这就是当时最先进的数据输入和存储方法了。一个黑板和一支粉笔就是 139 款监察员最主要的记录他们自查情况的工具。大量的纸质表格，用三孔活页夹进行存档，它们可以装满机场运行部门办公室里面的许多书架，在装箱或处理掉之前等待着接受联邦航空管理局监察员每 12 个日历月一次的到来。纸质形式的工作指令将会从一个收件箱到下一个收件箱。机场运行部门和维修部门之间，就一些需要维修和跟踪的问题进行沟通。即便是仅需要几分钟就可以在飞行区内完成的维修而且物料充足，但从发现到解决这个问题的周期也会花上好几天，就因为纸质流转的限制和效率低下，需要人员因素来流转和管理。

从 1970 年快速前进 45 年来到 2015 年——被称为"智能电话"的计算机相较于 1970 年的大型电脑来说，其功能更加强大，体积也更加小巧，可以直接装到衣服口袋中。这些设备不仅有明亮的高分辨率屏幕，而且有存储数 GB 数据容量的能力，通常还配有摄像头、全球定位系统接收器、无线数据连接及进行音频和视频的通话功能。装有应用软件的这些设备，可以阅读文件联邦航空管理局咨询通告、实时的气象资料、航行通告、飞机追踪及其他有用的信息，可以把普通的《机场合格证手册》专家变为飞行区版本的詹姆斯邦德（图 6.2）。

图 6.2　机场运行维护专家在 139 款规定的一部分自我检查
（由 Alex Gertsen 供图）

即便有了这些先进的技术，为什么大多数机场的运行部门还依赖于一块黑板、一支笔和一张纸，而不去使用智能手机或平板电脑上的虚拟键盘来管理 139 款的工作呢？为什么不使用设备内建的全球定位系统接受器定位问题发生的坐标呢？为什么机场不使用可以指定空间坐标到数据过程的地理参考功能（即根据位置组织数据），将飞行区内发现问题的地点用经纬度进行标注，并呈现在高分辨率的地图上，以取代基于地点和《机场合格证手册》自己想象的对问题发生地点的冗长描述？《机场合格证手册》为什么不发挥设备上安装的摄像头的作用来记录问题，并改进问题的沟通？毕竟，俗话说"一张图超过一千个字的描述"，将其应用在飞行区运行的安全问题中最恰当不过了。利用可以从飞行区内或者世界上的任何地点使用基于云端的系统轻易搜索无纸化的含有地理参考的信息，与摆满整个书柜的活页夹和装满整个房间的档案相比不是更好吗！

每个机场的答案各不相同。但是，阻碍"从黑板到键盘"这一进程的原因总体上来说就是有限的预算、员工对于计算机使用能力的欠缺、担心数据丢失和系统无法一周 7 天每天 24 小时都可以可靠运转，以及不去思考电子系统带来的优势——毕竟，经过验证的纸质方法已经使用超过了 40 年。

当前，有多家供应商提供诸多系统可以供机场选择，使 139 款的工作脱离纸质介质进入数字化成为可能。所有这些电子解决方案提供了记录和追踪飞行区问题和保持联邦航空管理局要求的 139 款符合性的能力。系统可以安装在机场内部的服务器上或者外部的云端上。大多数解决方案可以根据大型枢纽机场进行扩充，或者依据通用航空机场进行缩减，来满足 139 款要求的最佳安全实践。

所有系统提供了电子表格来录入文字信息，将附带有照片和相关文件的问题和事件记录在案，生成工作单和报告，并帮助追踪还未解决的问题项目及分析安全趋势。大多数基础版的系统不包含地图，因此，也就不能利用其地理参考功能。高级版本提供了移动地图，并且有些还提供了跑道侵入警告系统，该系统是特别为飞行区车辆设计的，并符合联邦航空管理局的《咨询通告 150/5210－25》的要求。应用中的地图可以标明飞行区内的设施（即灯光、标志、标记牌等），存储在地理信息系统的数据库中，监察员点一下资产柜的图标就可以获得指定全球定位系统位置所有的信息，记录问题生成工作单。该系统提升了地理信息系统的效能，以允许快速录入地理空间数据的分析，从而帮助决策。这些工具让机场运行人员从地图上直观地看到问题的分布，分析图形化趋势，并且快速确认经常发生问题的区域或者维修完成的部分。例如，地理空间分析可以指出哪里会发生非独立性的道面问题；密集的点状图表示野生动物聚集的区域，表明在围界可能会出现孔洞；或者在哪个区域有吸引动物的东西；或者哪里经常需要更换灯泡就可以发现电路中的问题。一些系统具有工作单的功能，而其他的系统还具备整合了基于计算机的维修管理系统。

简单的"家庭自制"的电子解决方案是机场运行人员自己开发的，用于没有预算购买商业系统的机场。该方法的流程类似于完成纸质表格，但是，电子方法让机场更加快速和便捷地实现了黑板和活页夹到键盘的转变。通过使用微软产品，《机场合格证手册》可以复制现有的纸质表格和记录，通过在 Word 和 Excel 中创建电子表格模板。可以使用电脑或者智能手机或者平板电脑在现场填写这些模板，并存储在公共网络驱动器上面，并利用检查日期和轮班编号或者检查的具体时间等单独的识别码进行区分。每日的监察文件可以按照日历月建立文件夹进行管理，这样一来，联邦航空管理局的监察员每年进行的检查就可以很容易地找到而不需打印了。除了机场选择的方案外，按照 139 款的要求，通过数据安全和备份做好相应的数据保护程序也是很重要的。

当向电子解决方案转型时，建议机场与联邦航空管理局的监察员密切协作使其过渡顺利。机场同样要考虑的是，要对《机场合格证手册》做出必要的修改，以便体现出新的表格、报告、电子工作流程和其他的变化，这些变化都是转型过程中会发生的结果。当完成了电子化的转型后，大多数机场会仅仅模仿纸质的工作流程，为了使转变过程简便且无缝衔接，可以使用电子表格和报告。但是，一些机场可能会选择利用这一转型的机会，来评估他们的自查工作的开展情况和工作单的流程程序，以便做出改进使这些流程更加顺畅和简便，从而获得额外的效率。

除了机场行业要适应电子化的 139 款监察和报告系统外，一系列例如，联邦航空管理局提出的机场地理信息系统要求、电子机场平面图、机场的安全管理体系的因素，正在成为新的、典范的有力推动因素，并且正在创造 139 款可接受的解决方案的强大基石。降低跑道侵入和提供更好的飞行区车辆驾驶员情景意识的努力，已经形成了实现快速地图显示系统的资助机制，该系统可以作为 139 款解决方案的基础。当前，不同机场之间的自查表格区别很大。139 款电子解决方案的应用可以使所有联邦航空管理局取证机场所提交的报告有相同的标准格式，并且很有可能成为另一个推动机场转变的驱动力，同时也会使联邦航空管理局鼓励甚至强制要求电子系统在未来的应用。

电子解决方案除了可以使 139 款符合性及记录保持更加容易外，对于机场还有许多好处。利用现代化的电脑系统可以提高监察工作效率和准确率，为监察员和车辆驾驶员在飞行区内导航提供跑道侵入警告和增加情景意识的手段，降低周转时间，提高效率，改进部门间的信息传递，增加数据监控和所有管理层级的安全意识，并且提供地理空间趋势分析的能力。

下一代机场运行经理专家很有可能会完全适用电子手段管理 139 款符合性工作，在 20 世纪 70 年代的先驱所达成的成就之上，使 139 款的安全实践和程序再上一个台阶。

机场运行管理

吉姆·佩恩

BHM 运行与规划总监

机场运行是一个独立的实体。大多数组织机构的部门都是以它们的目的来界定的。如果你和任何公司谈起并且问及它们的财务部门在做什么，无论你问的是哪一家公司，你将会得到非常相似的回答；公司必须要平衡会计单据、支付票据、接收收入并且执行其他各种财务工作。奇怪的是，除非业务划分非常细，否则公司不会设立很多部门，每一个组织中这些功能都归结于财务。相同的情况还发生在人力资源、行政管理等部门。但是，如果你和一些机场员工进行交流，并且问及他们的运行部门负责什么工作，你可能会得到许多不同的答案。事实上，一些宽泛的话题可以归结到标准运行的定义上：符合 139 款，符合交通运输安保局 R1542 部，机场总体运行和公共安全。但是，每个机场指派这些任务的方式都各不相同。一些机场有独立的安保部门来处理交通运输安保局符合性工作；一些机场有独立的公共安全部门来处理安保事务、执法和消防职责；一些机场指派维修成为运行的一部分，而另外一些机场将维修作为独立的部门。相似地，这些具有宽泛功能的任务通常在职责上差异很大。这些独特的区别意味着两件事情：第一，机场运行经理要一直向其他人解释他们靠什么过活；第二，机场运行经理必须灵活，并且应变能力很强。

理解机场运行的第一步就是试着去定义它。正如前面所述，可能区别很大，但基础目的是相同的。运行部门负责确保机场运转和功能在全天平稳正常。财务部门交钱，人力资源处理人员问题，行政管理部门关心商业目标，但是，运行部门处理的是机场这一部分的事情：确保乘客能够安全、安心、高效和愉快地从一个地点到达另一个目的地。机场运行的最简单定义就是"安全、安保和规章符合"。

一旦我们对机场运行的基本定义有了了解，那么，我们就可以开始理解如何管理这样一个功能。正如目前这么明显的例子，管理运行部门要求一个人戴好几顶帽子，许多职能需要一些任务。例如，139 款符合工作要求遵守诸多规定。虽然 139 款本身只有 30 多页，但是，每一条项目都要求项目经理去参阅不同的文件，尤其是参阅《联邦航空管理局咨询通告》，以获得详细的符合性方法。139.311 标志、标记牌和灯光包含了不到 2 页的内容，但是要想符合该段的内容要求，运行经理必须查阅其他支持性文件，包括《咨询通告 150/5340 – 1》之《机场标志标准》，《咨询通告 150/5345 – 44》之《跑道和滑行道标记牌标准》，《咨询通告 150/5340 – 18》之《机场标记牌系统标准》，《咨询通告 150/5340 – 30》之《机场目视助航设施设计和安装要求》，《咨询通告 150/5300 – 13》之《机场设计》及更多。这些文件包含了具体的要求。例如，《咨询通告 150/5340 – 1》包含了 136 页标志外观位置和尺寸的细节。在机场里，你看到的每一个标志都必须有包括位置、颜色和尺寸的具体到英寸的要求。机场运行涉及的每一个大类都包含相似的努力。交通运输安保局或安保方面都几乎与详尽的规章一样复杂，正如你读的本篇文章一样复杂。第三方面，规章符合性是宽泛的，并且涉及了州和地区法律的每个方面，这会反映或帮助现存的交通运输安保局和联邦航空管理局规章去对抗法规、健康部门的规定、地理方位等其他方面。该领域无疑是文件数量最多的。

从以上对运行的描述不难发现，有效的管理巨型部门就如同大规模的杂耍表演。不仅要求运行经理要有良好的基础知识以应对突然发生的情况，同样，还要清楚相关的规定以便在紧急情况下知道从哪部规章中可以找到。处置一个问题需要查阅许多文件要求。维修滑行道安全区需要查阅《机场合格证手册》、139 款、《咨询通告 150/5300 – 13》《咨询通告 150/5370 – 2》、地方规定、内部合同及采购程序等。知道在什么地方找到文件规定很重要。优先任务和需求在机场运行领域非常重要。原因很明显，因为很多涉及的功能立即并直接影响机场使用者的安全，所以，必须立即进行处理。但是，还有很多牵涉到运行管理的问题。运行经理必须确保乘客可以找到途径以及有效利用的设施。通常，诸多问题会同时显现出来，经理必须快速找到解决每个问题适宜的方法，例如，之前提到的安全区维修，安检系统出现故障，航站楼出现医疗事件，车辆事故导致楼前道路被堵塞。高效的运行管理要求负责人能够分清主次、清晰评估并且采取行动，委派人员采取措施以合适的方式保持机场平稳运行，同时，还能够接受每件事情艰巨的安全责任，勇于承担。

附录 A　运行培训记录样例

员工姓名

IET 培训			
项目/大纲	完成日期	员工姓名	管理员
SIDA			
非活动区驾驶员			
活动区驾驶员			
基础安保意识			
车辆检查			
材料内容			
项目/大纲	完成日期	员工姓名	管理员
139 款			
自查			
飞行区标记牌			
飞行区标志			
飞行区灯光			
航行通告			
1542			
安保条例			
BHM 机场许可证手册			
BHM 机场安保方案			
BHM 机场应急方案			
程序备忘录			

续表

现场培训			
飞行区熟悉			
无线电使用			
护送程序			
AMA 程序、通信			
活动区驾驶——白天			
活动区驾驶——夜间			
跑道检查			
飞行区自查			
围界自查			
SIDA 检查			
摆渡车检查			
SIDA 引用			
安全违章			
运行中心培训			
项目/大纲	完成日期	员工姓名	管理员
气象电脑			
驱鸟炮系统			
弹药使用			
点火系统			
摄像机系统			
PA 系统			
登机口内通			
应急电话			
关键检查点			
检查点警告			
过渡系统			
无线电系统			
电话程序			
药物分配			
名牌系统			
指纹系统			

续表

管理员职责			
项目/大纲	完成日期	员工姓名	管理员
时间系统			
出勤政策			
每日文案			
事件报告			
计划			
评估			
惩戒			
应急处置			
车辆使用			

附录 B 机场安全自查检查单

检查单 1

设施	状况	D	N	备注	执行人（日期）
道面区域	错台超过 3 英寸				
	孔洞直径 5 英寸、深度 3 英寸				
	裂纹/起皮/剥落				
	FOD：砂石/碎片/土				
	橡胶积累				
	水坑				
安全区	车辙/痈包/侵蚀				
	排水/施工				
	设备/飞机				
	易折件				
	未授权的物体				
标志	清晰可见/符合标准				
	跑道标志				
	滑行道标志				
	等待位置标志				

设施	状况	D	N	备注	执行人（日期）
	玻璃珠				
标记牌	符合标准规划				
	模糊的				
	损坏的				
灯光	模糊的/脏的				
	损坏的/丢失的				
	错误调校的				
	跑道灯光				
	滑行道灯光				
	飞行员控制灯光				
助航设施	旋转灯标				
	风斗				
	RENLs/VGSI 系统				
障碍物	障碍物灯光				
	塔吊/树木				
加油作业	树立围栏标识				
	油料标记				
	灭火器				
	油料泄漏/回收				
冰雪	道面状况				
	雪堆高度				
	灯光和标记牌模糊				
	助航设施				
	消防通道				
施工	围栏/灯光				
	设备停放				
	物料堆放				
	混淆的标记牌/标志				
飞机救援和消防	设备/人员可用性				
	通信/警告				
	应对路线				

续表

设施	状况	D	N	备注	执行人（日期）
公众保护	围栏/登机口/标识				
	尾流				
野生动物危害	野生动物出现位置				
	符合《野生动物危害管理方案》				
	鸟的尸体				

检查单 2

持续监控检查单

日期	星期		
时间	监察员		
设施	状况		备注/采取措施
地面车辆	规则/程序		
油料运行	火灾爆炸危害		
	禁止烟火标识		
冰雪	道面状况		
施工	安全方案		
	跑道侵入		
	跑道和滑行道使用		
	FOD		
公众保护	非授权人员		
	非授权车辆		
	登机口清理		
野生动物危害	鸟/动物		
其他	活动区内的行人		
	旅客		
	活动区内的碎片		
备注			

检查单 3

定期状况检查单

日期	星期		
时间	监察员		
设施	状况		备注/采取措施
道面状况	橡胶积累		
	抛光		
标志和标记牌	可见		
	标准		
加油作业	设施		
	移动机油车		
	灭火器		
	油料标注		
助航设施	RENLs/VGSI 目标		
灯光	发电机检查		
	线路绝缘性检查		
	目标/调整		
障碍物	观测的树木/构筑物		
	架空电缆线		
飞机救援和消防	反应时间		
	消防演练		
	培训		
备注			

检查单 4

特殊检查单

日期	星期		
时间	监察员		
设施	状况		备注/采取措施
道面区域	水坑		
标志和标记牌	雨后可见		
	建设后的标准		
安全区	排水沟		

续表

日期	星期		
	重新开放跑道		
	重新开放滑行道		
冰雪	道面状况		
	雪堆高度		
	灯光和标记牌模糊		
	FOD		
	刹车情况/MU 报告		
施工	隔离设施		
	施工灯光		
	设备停留区		
SMGCS	SMGCS 灯		
备注			

检查单 5A

每季度检查——移动加油车

禁止吸烟标识

易燃标识/危险品标牌

管路无缠绕

间断控制

2 个灭火器

应急关断正常

无油料渗漏

车辆尾气系统经过隔离且无渗漏

驾驶室没有抽烟痕迹

车辆停放（车与车之间 10 英尺，车与建筑物之间 50 英尺间隔）

灯光为防爆电器

无火种

加油程序正确

加油员满足培训要求

加油员培训记录完备

检查单 5B

每季度检查——油库区域

 围档/锁/标识

 油罐与车辆有间隔

 禁止吸烟标识

 装载间断控制器

 2 个灭火器可用

 应急关断位置的标识醒目

 没有油料泄漏

 加油站的线路可用

 油泵管路贴地

 没有额外可能导致火灾的物体

 没有吸烟的痕迹

 加油口状况良好

 电气设备防爆

附录 C　机场运行人员推荐工具、教育和培训

机场运行人员的背景多种多样，他们来自航空公司和军队，以及在过去的 20 年里，许多没有工作经验但是毕业于航空和机场管理学科的本科生。虽然多样的背景很有益处，但是每个人的水平千差万别，对于特定的运行工作，导致了不均衡的工作能力。

卡特里娜飓风之后，美国海岸警卫队注意到，他们可以将全国的海岸警卫队力量进行无缝整合，原因就是得益于标准化的培训方法（即每个人都按照标准进行培训，随时可以加入其他部门扮演角色）。因此，在机场运行领域，建议推广标准化的培训。

培训标准

1 级（基础级别），运行人员应当至少具备：

1. 139. 303（培训）规定的所有专业的初始和年度培训，即《机场合格证手册》、活动区驾驶员培训、无线电通信等；

2. 按照《美国联邦法规》要求，商业服务机场要开展安保识别显示区域（SIDA）培训。如果在通用航空机场，按照运输安保局（TSA）《总体航空机场安保指南文件》

开展基本的安保意识培训；

3. 国家突发事件管理体系（NIMS）；

4. 急救和心肺复苏（CPR）；

5. 野生动物控制方法。

2 级（中等级别），运行人员应当至少具备：

1. 所有 1 级要求的内容；

2. FEMA 事件指挥系统 ICS – 300 和 ICS – 400；

3. 基础机场运行和安全（或等同于美国机场经理人协会大纲）；

4. 车辆检查；

5. 机场运行人员安保或机场安保大纲培训和机场安保协调员培训；

6. 急救包的使用；

7. 按照 139. 319（i）开展的飞机救援和消防培训；

8. 航站楼和路侧运行课程；

3 级（高等级别），运行人员应当至少具备：

1. 所有 1 级和 2 级要求的内容；

2. FEMA IS – 701《NIMS 多机构协调系统（MACS）》，IS – 702《NIMS 出版物信息系统》，IS – 703《NIMS 资源管理》，G – 191《事件指挥系统/应急运行中心界面》和 G – 775《应急运行中心（EOC）管理和运行》；

3. 机场取证员工——运行（AAAE 大纲或等同）；

4. 机场取证员工——安保（AAAE 大纲或等同）；

5. 高级机场安全和运行专业学校（AAAE 大纲或等同）；

6. 139. 319（4）要求的基本急救，或急救证书。

作为职业化发展和培训的一部分内容，机场运行人员应当持续参加相关组织在运行、安全和应急管理方面的活动以便保持对行业问题的了解。其他的培训可以包括FEMA的危险品课程、ARFF 的消防员课程、AAAE 组织的认证培训、机场应急管理、机场员工培训、ACI机场经理领导力培训和其他ACI课程。其他对机场运行人员有帮助的培训包括安全管理体系（SMS）、安保管理体系、环境管理、客户服务、机场商业运行、直升机运行和医疗服务。

运行人员使用的车辆和设备

机场运行人员使用的车辆和设备与其工作职责相关。大多数运行车辆是 SUV 或者中大型的皮卡。车辆上要印有机构和部门的名称，车顶装有横排灯（黄色或者黄色与红色交替，取决于当地的要求）、报警器以及探照灯，结实的防撞杠以便可以推动其他车辆。

设备包括：

1. 无线电（VHF 无线电和当地用无线电）；

2. 带摄像头的手机；

3. 名片和机场人员联系信息；

4. 耳塞；

5. 自查检查单；

6. 铁锹；

7. 皮手套；

8. 护目镜；

9. 雨衣；

10. 液体回收工具箱；

11. 塑料袋（野生动物尸体回收）；

12. 乳胶手套；

13. 瑞士军刀；

14. 灭火器；

15. 手机充电器；

16. 飞行区方格网图；

17. 毛毯；

18. 标记物和可移动的危害标识；

19. 路障/警用隔离带；

20. 反光背心（标记有指挥官字样）；

21. 手电筒。

其他物资可以装在专用包中，交接班的时候进行传递。每个接班的人员要对车辆和专用包进行检查。更完备的医疗用工具包可以按照人员资质进行配备。（特别感谢丹佛国际机场的杰西卡伯恩鲍姆和丹斯普林格，以及伯明翰/舒特尔斯沃国际机场的吉姆佩恩提供文献撰写该附录）

参考文献

Certification of Airports，14 CFR Part 139（2004）.

Federal Aviation Administration（FAA）.（2004）. Advisory Circular 150/5200 – 18C：Airport safety self – inspection. Retrieved from：https：//www. faa. gov/regulations_policies/advisory_circulars/index. cfm/go/document. information/documentID/23179.

Federal Aviation Administration（FAA）．（2006）．5050. 4B National Environmental Policy Act（NEPA）implementing instructions for airport actions. Retrieved from：https://www. faa. gov/regulations_policies/orders_notices/index. cfm/go/document. information/documentID/14836.

Federal Aviation Administration（FAA）．（2015a）．Air transportation division：135 air carrier operations branch. Retrieved from：https://www. faa. gov/about/office_org/headquarters_offices/avs/offices/afs/afs200/ branches/afs250/.

Federal Aviation Administration（FAA）．（2015c）．Part 139 Airport certification：definitions. Retrieved from：https://www. faa. gov/airports/airport _ safety/part139 _ cert/definitions/.

Federal Aviation Administration（FAA）．（2014）．Airport categories：airports. Retrieved from：http://www. faa. gov/airports/planning_capacity/passenger_allcargo_stats/categories/.

Federal Emergency Management Agency（FEMA）．（2014）．National incident management system. Retrieved from：https://www. fema. gov/national-incident-management-system.

Prather，C. D.（2011）．Airport self – inspection practices（27th ed. ，Synthesis）（United States，Transportation Research Board，Airport Cooperative Research Program）．Washington，DC：National Academy of Sciences. Wells，A. T. ，& Young，S. B.（2011）．Airport planning and management. New York，NY：McGraw-Hill.

延伸阅读

Federal Aviation Administration（FAA）．（2003）．Form 5010 – 1 Airport master record（existing public use airports）．Retrieved from：https://www. faa. gov/forms/index. cfm/go/document. infor – mation/documentID/185474.

Federal Aviation Administration（FAA）．（2015b）．Part 139 Airport certification：airports. Retrieved from：http://www. faa. gov/airports/airport_safety/part139_cert/？ p1 = classes.

第七章　机场维护标准、空中交通管制和航空运行

机场活动区信息标记牌，丹佛国际机场
（沙恩·赛德尔伯格拍摄，由科罗拉多州航空部门提供，2012）

滑行道灯以及滑行道指示参考标志，Centennial 机场
（沙恩·赛德尔伯格拍摄，由科罗拉多州航空部门提供，2007）

安全自查所列示的检查项目都是机场运行必要的安全要素。本章的"机场维护标准"部分，主要是 139 款所要求的核心维护和安全标准要素，包括：道面类型；设计标准；道面破损；飞行区标记牌、标志和灯光；进近灯光系统；助航设施；安全区；跑道和滑行道。这些运行内容对机场以内和周边的安全、交通管制和航空运行至关重要。本章的"空中交通管制和航空运行"部分，给机场从业人员介绍了空中交通管制和航空运行。机场运行和应急救援部门的所有人员，应当对飞行运行、一般导航程序和空中交通管制有清晰的认识。

飞行区维护要求

在第六章中，我们讨论了 139 款飞行区自查项目，这些项目是与机场的安全和高效运行密不可分的。按照 139 款自查内容，机场必须完成 139 款规定的每日和定期维护目标。在机场同样一个环境下，维护的内容就是自查范围。例如，维护内容包括：跑道和滑行道道面养护；飞行区标记牌、标志和灯光；助航设施；安全区；空中交通管制基础设施和施工活动。139 款规定了这些区域可接受的维护标准，机场监察员必须确保每日或者定期检查时都符合相关标准。

维护机场跑道和运行区内的道面，是机场运行人员最重要和最耗时的维护工作。安全和正常的道面是机场的生命线，在机场内支撑着乘客和飞机的正常进出港。在机场业的所有会议或者研讨活动中，都少不了道面设计、施工、检查和预防性维护内容的主题。机场跑道被誉为城市中最贵的一块道面，因此，维护好机场道面是每一个机场经理的首要职责。

机场跑道与运行区

机场跑道与运行区通常由跑道、滑行道、机坪滑行通道[①]、飞机停机区域[②]和停机位[③]这些铺筑道面组成。与机场安保相关的《美国联邦法规》49 款将机场跑道与运行区定义为："在《机场安保大纲》中针对机场的这一部分区域，实施相应的安保措施。该区域包括：飞机活动区、飞机停机区域、保障机坪和安全区，以上这些区域是《美国联邦法规》49 款规范下的飞机所使用，以及任何没有被充足安保系统措施或程序隔离开的相邻区域（例如，通航区域）。该区域不包括安保区域。"

---

① 机坪滑行通道是为低速和精确滑行设计的滑行道。与设置在机场活动区并且按照 139 款管理的滑行道不同，提供从机坪到滑行道之间通道的机坪滑行通道通常设置在非活动区。

② 飞机停机区域也称为飞机系留区。

③ 停机位也称为机坪。

虽然机场跑道与运行区这个术语通常是指，必须按照 1542 部规定实施安保措施的区域，但是，该术语也指飞行区内的关键要素。飞行区通常由跑道、滑行道、滑行通道和飞机停机区域所组成。飞行区还包含如乘客候机厅、空侧部分航站楼、航空公司维修设施、飞机救援和消防站、机场维修设施、除雪设备存储区、油库、电气室、飞行区灯光、进近灯光系统的组成和其他助航设施。固定基地经营人设施、主运行基地航空公司，飞行培训学校及其他商业航空公司的设施将飞行区路侧（公共区域）和空侧（限制区域）分隔。飞行区内有各种其他的建筑或设施，包括空中交通管制塔、机场旋转灯标及气象站的自动化场面观察系统。

商业服务机场必须至少指定一条以供商业飞机起降的跑道。这条跑道及相关滑行道必须满足《美国联邦航空管理局咨询通告》之《机场设计》（150/5300－13A）（2013a）的要求。跑道的定义是：机场内适于飞机着陆或者起飞的长方形表面。滑行道是为飞机从机场内一处滑行到另外一处而建造的通路。

机坪区域是飞机停泊的位置。近机位紧邻航站楼，乘客在这里可以直接上下飞机，通常还可以开展多项保障作业，例如，飞机加油、维修、供应餐食、装卸行李和货物、飞机保障、旅客登机桥的活动，乘客上下飞机及飞机停靠和推出（联邦航空管理局，2013a）。远机位是飞机长期停放或者开展较长时间保障作业停泊的区域（联邦航空管理局，2013a，p.165）。在一些大型的商业服务枢纽机场，乘客乘坐摆渡车等运载方式到达远机位登机。这种形式可以在不增加航站楼基础设施或者不增加航站楼面积的条件下扩大机场的容量。维修机坪是位于飞机维修机库外的机坪，用来让飞机进出机库。

道面

如前所述，维护好道面是机场经理的首要职责。如果机场跑道维护不佳，那么，飞机受损及事故或事件数量的增加将极大地负累机场。航空承运人希望道面有足够的强度、等级、干燥和良好的维护。《机场投资人承诺书》要求，对飞行区道面机场要采取预防性维护，同时，机场应当向美国联邦航空管理局保证，确保任何道面的修补或建设，都实施了有效的道面维护管理大纲。而且，美国联邦航空管理局要求，"任何维护大纲的目的是在最小的成本下提供安全和可靠的道面系统"。因此，除机场工作人员每日开展道面检查以外，机场还应当有全面的飞行区道面管理系统，以确保出现问题时能得到快速的处理，并且对于道面持续维护和修补要有一个长期的战略规划。

及时的维护可以改善机场道面的状况，同时延长道面的寿命。根据美国联邦航空管理局的要求，在道面早期预防性维护上花费的每一美元，相当于花费在道面寿命晚期修复上的 4 至 5 美元。飞行区道面管理系统的目标是，以最小的开支保持道面的良好状况，同时确定有效使用维护资金的最佳频率。

道面类型和结构

虽然实际上任何的道面都可以被认为是起降区域，但飞机营运人还是希望美国的机场是有铺筑面的。机场跑道和滑行道的铺筑面有两种类型，柔性（沥青）或刚性（水泥）材料。为起降目的使用的草地、土地和砂石地同样被认为是柔性地面，但航空承运人使用这些道面类型的机场仅在美国阿拉斯加或其他边远地区存在。大多数大型商业服务机场都有水泥混凝土跑道和滑行道，以便起降重型商用飞机。一些小型机场，尤其是通用航空机场使用沥青混凝土跑道，即便这些机场拥有水泥混凝土跑道，它们的滑行道仍旧是沥青混凝土道面。沥青混凝土道面不需要预留胀缝，沥青道面通常比水泥道面便宜，并且摊铺速度更快，但是维护标准更严格。沥青主要是石油的副产品，因此，容易被氧化或者与燃油或润滑油发生反应。

水泥道面更加坚固，按照明确的分仓摊铺，之间留有空隙或接缝，以解决水泥膨胀和收缩的问题。水泥道面可以不受天气或燃油和润滑油的影响，同时，也是沥青道面寿命的两倍。

机场的道面全年暴露于各种气候条件下，同时，还会经历气温变化所造成的伸缩和融化。每天都暴露于雨、雪、风和飞机发动机的尾流之中。根据机场坐落位置的不同，道面可能会铺筑在不是那么稳固的土面上，例如，膨胀的黏土，或者机场建造在地震多发地区。铺筑面必须要使表面平整、防滑，可以安全滑行（普拉瑟，2014a）。尤其是跑道，必须足够结实以便支撑飞机施加的载荷，同时，跑道还要承受不利的气候条件及摩擦、重压和飞机降落时突然产生的压力（联邦航空管理局，2009）。在各种气象条件下，跑道道面必须按照飞机重复起降的条件来设计。

一个典型的、柔性道面结构最下面是土基，这些土紧挨着道面并支撑着道面。如果需要提供防冻保护，就在土基上设置垫层；上面再铺基层和搅拌好的沥青面层。一个典型的刚性道面结构由防冻保护的土基和垫层组成，这种结构可能不稳定（图7.1）。

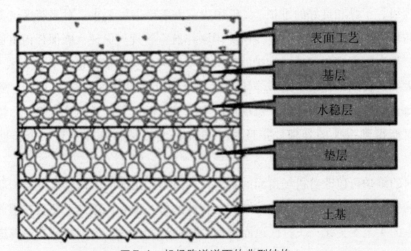

表面工艺

基层

水稳层

垫层

土基

图7.1　机场跑道道面的典型结构

1. 土基：在沥青道面中，土面提供了道面其他结构的基础。

2. 垫层：用于冻胀发生的地区，与沥青道面垫层所使用的材料一样。

3. 水稳层：需要在刚性道面的且承载大于 100000 磅重量的飞机必须有水稳层。该层通常由碾碎或未碾碎的混凝土砂石原材料组成，例如，硅酸盐水泥或沥青水泥。

4. 基层：基层为道面板提供了稳定且统一的支撑。基层同时控制冻胀，提供了面层以下的排水，减少了土基的膨胀，为刚性道面的建造提供了稳定的建设基础，同时避免了地下水的涌出[①]。

5. 表面工艺：面板提供对于飞机结构支撑，同时防滑的道面防止了地面上的水进入土基。一种常用的水泥跑道道面被称为硅酸盐水泥道面[②]（图7.2）。

图7.2　水泥跑道道面（有胀缝）

硅酸盐水泥道面

硅酸盐水泥道面是机场使用最广泛的道面材料。它的建造比沥青道面更加复杂。它是机场常用的非支撑道面，也可以用来在不同基层类型下使用。

沥青道面工艺通常包括以下四步：

1. 土基：土基就是构成道面基础的土。土基承受的压力比面层、基层和垫层少。垫层、基层和面层加起来的厚度必须足够减轻对于土基的压力，以

① 水带着道面材料从道面接缝或断裂处涌出。涌出的水携带着沙砾、泥土或者淤泥，导致道面失去支撑进而断裂。

② 参见 http：//www.faa.gov/airports/northwest_ mountain/engineering/design_ resources/media/des－pcc.pdf。

便不会对土基造成压力过多而变形或错位。组成土基的土壤条件会影响土基的稳定性，例如，土的密度小或者含水量高。

2. 垫层：垫层由于冻胀，经常发生土基土壤松动的情况。垫层的工艺与基层工艺相似，但是，材料的要求没有那么严格，这是因为垫层所承载的压力较低。垫层由稳定的或适当压缩的颗粒状材质组成。

3. 基层：基层由许多种不同的材质组成，或是加工的或是未加工的，未加工的基层由压碎或未被压碎的混凝土砂石原材料组成，而经过加工的基层由碾碎或未被碾碎的混凝土砂石原材料与稳定剂混合后组成，例如，cement或 bitumen（联邦航空管理局，2007）。基层工艺是柔性道面的主要结构组成，用来分散机轮对道面基础、垫层或土基的压力（联邦航空管理局，2007）。基层由硬质且耐久性强的混凝土砂石原材料组成，这些混凝土砂石原材料或者加入了稳定剂，或者加入了粒料。水稳层通常由压碎的或未压碎的混凝土砂石原材料混入稳定剂组成，例如，硅酸盐水泥或沥青水泥。粒料基层通常由压碎的或未压碎的混凝土砂石原材料建造在土基之上。

4. 沥青面层①：搅拌热沥青可以防止道面的积水渗入基层，同时提供平整、紧实并且可以防滑且不会对飞机的机轮造成过大的磨损和能承受飞机压力的地面（联邦航空管理局，2007）（图7.3）。

图7.3 沥青跑道道面

---

① 沥青道面是利用沥青或者其他方式黏合在一起的多种混合的集料（FAA，2007，p.4）。沥青是在自然中获得或通过石油提炼后的副产品得到的有黏性的碳氢化合物。

对机场道面详细描述的文献请参阅《机场道面设计和评估》（AC150/5320 - 6）[①]以及《机场建设标准》（AC150/5370 - 10）。[②]

道面性能退化

任何一种道面铺筑好后，都会面临磨损和其他类型的性能退化。在道面铺筑过程中和铺筑完成时，首先要检查道面的各种缺陷。未进行初始检查和之后的例行维护，就会导致严重的道面损坏，这就会需要昂贵的修理费用。道面需要持续的维护、修整和升级。刚性道面的寿命最长可达30年，而柔性道面的寿命通常为5至15年。最终，道面的寿命高度依赖于飞行区的道面管理系统，这是一套关注预防性维护的管理系统。维护工作包括所有日常或重复性的工作，这些工作对维护机场道面处于良好状态是十分必要的。维护过程包括例行清洁、缝隙填补、打补丁、涂层封口及道面标准施划。只要机场的营运人开展定期维护，机场道面的寿命通常为20年。

作为每日自查的内容，机场监察员可以发现机场道面出现的断裂现象，并且确认断裂、变形或其他类型的道面损坏情况。在定期自查中，通常是机场工作人员开展详尽的机场道面检查，以确定出现断裂位置的类别和原因，该情况会添加进机场道面维护系统。大部分商业服务机场因为道面面积大，所以传统的定期检查以持续的方式开展，在全年飞行区内道面的每一部分都是检查的重点。

结构性载荷和天气都会影响机场的道面，尤其是水对道面的影响是巨大的。水渗入道面的内部最终到达基层、垫层和土基，导致混合有气体的水将土壤和底基层润滑和磨损。在刚性道面，如果水进入道面以下，飞机的重量会导致"唧泥"，加速底层磨损，进而造成缝隙，进入空气，进一步产生壶穴或者道面沉降。因此，尤其是跑道的道面，必须让水流走，而不能让水渗入道面之下，破坏道面的基础。

机场道面应当建造为可以让雨水、雪水和冰水从道面边缘流走的外形。一些渗入道面以内的水，可以通过可渗入式的混凝土砂石原材料或者横向的排水管道将水排走。作为机场检查工作的一部分，尤其是在暴风雨或降雪之后，要检查排水系统是否能够确保正确排水，而没有在道面周边形成水坑。其他排水系统问题的现象包括：道面边缘土的垒砌；出入口淤塞；排水管破损或变形；道面接缝处颜色的褪变。水洼同时还会吸引野生动物对运行产生其他风险。

维护机场跑道、滑行道和其他铺筑面的最有效方法是全面地实施维修程序。《机场改进项目》同样要求机场开发并维护一个有效的机场道面维护管理程序。在《AC150 - 53890 - C》中，美国联邦航空管理局规定了《道面管理项目》的使用方法，

---

① 参见 http://www.faa.gov/airports/resources/advisory_circulars/index.cfm/go/document.current/documentNumber/150_5320 - 6。

② 参见 http://www.faa.gov/airports/resources/advisory_circulars/index.cfm/go/document.current/documentNumber/150_5370 - 10。

机场运行人员通常将其称为飞行区道面管理系统，飞行区道面管理系统（或《道面管理项目》）提供了通过创造以开展维护和恢复性系统化的程序工作建立有效维修系统的方法，飞行区道面管理系统评估当前道面状况，同时预测其未来的情况。飞行区道面管理系统通过预测道面退化率可以帮助制定最优的维护周期。如果维修频率过高，那么就会导致机场运行人员花费不必要的资金而且道面的寿命也未得以施展。如果维护频率太低，那么将会导致道面退化加剧，这就意味着，机场将需要花费更多的资金来维修道面。飞行区道面管理系统的主要测量方法是道面状况指标或指标系统。道面状况指标可以对道面的状况给出评定等级，同时显示出道面的工作能效。通过开展定期的道面状况指标评估，可以发现道面性能水准的变化，同时还可以进行最优的修复。

机场道面需要承受多重结构载荷，以抵御天气变化和其他环境因素（例如，冰冻、日晒），道面要为各种飞机和车辆的运行提供足够的摩擦特性。道面的摩擦特性随着时间的变化而变化，同时，主要受到飞机起降频率和类型的影响。道面防滑特性的衰减是飞机轮胎造成的机械磨损（即抛光作用），同时在道面上橡胶累积的结果。橡胶的存留物通常发生在跑道接地区，这些存留物会导致飞机丧失方向控制，并降低刹车效能。除此以外，橡胶的累积会完全覆盖道面上跑道的标志，造成更大的运行安全风险。其他污染物，例如，燃油和滑油、水、雪、冰和雪浆同样也会降低摩擦力（联邦航空管理局，2007）。

不论是柔性道面还是刚性道面，都会发生各种性能退化或变形的情况，例如，柔性道面的裂缝是随着温度的波动和时间的推移，由不稳定基础、皱缩、膨胀和收缩所造成的道面偏转。裂缝包括横向和纵向的裂缝、龟裂、反射裂缝、鳄鱼或疲劳型裂缝、滑动型裂缝。道面的破碎是由气候，跑道道面压紧压实不足，缺少沥青黏合剂，沥青和混凝土砂石原料中缺少黏合，或者沥青搅拌过热造成的。松动的沥青碎片、沥青脱模、发动机尾流侵蚀和道面修补，同样会导致柔性道面的瓦解。沥青的变形通常是由于基础不实，不充足的道面压实，缺少沥青搅拌稳定性，土壤膨胀或基层冻胀及道面表层和下层之间的连接不足造成的（联邦航空管理局，2007）。柔性道面变形包括搓板、轮辙、道面推挤、沉陷或隆起。防滑特性的丧失是由于过多的沥青及例如，橡胶这种污染物的增多及不良的易于磨损的混凝土砂石原料造成的（联邦航空管理局，2007）。

柔性道面裂缝举例

1. 纵向和横向裂缝

纵向裂缝和跑道方向平行，而横向裂缝与跑道方向垂直。这些裂缝通常来说都不是因为载荷造成的，而是由于搅拌热沥青的收缩和一段时间后沥青的氧化和变硬造成的。温度的变化导致了沥青的收缩。随着沥青变硬，其随温度和各种运行载荷的弹性变化能力降低，这就最终导致了裂缝。纵向的裂缝被认为对飞机运行的危害更大，因为其更可能影响飞机的方向控制。

2. 龟裂

龟裂不是由于载荷引起的，因为这些裂缝把道面分成了一个个长方形的块状。通常来说，龟裂是由于每日温度变化造成的，这是沥青开始变硬的表现。

3. 反射裂缝

由于温度、湿度及交通载荷造成的扩张和收缩，导致了沥青覆盖下的水平和垂直位移，这就是反射裂缝。搅拌热沥青上的裂缝能反映下层道面的裂缝类型或连接方式（联邦航空管理局，2007）。在大多数情况下，定期维保会造成新的沥青覆盖到之前有裂缝的沥青上面，而这种反射裂缝就是老沥青在新沥青下移动造成的结果。

4. 鳄鱼或疲劳型裂缝

这种类型的裂缝是由于反复的交通载荷所致。在搅拌热沥青道面的底层，受到飞机机轮载荷压力和拉伸力最大（联邦航空管理局，2007）。在重复的飞机载荷下，这个裂缝发展到道面表层，这些裂缝连接在一起形成鳄鱼皮的样子。

5. 滑动型裂缝

滑动型裂缝发生在飞机刹车或转弯的道面区域，因为有车辆或飞机运行，造成道面表层向着受力的方向滑动。这些裂缝呈现出新月或半月的形状，这种问题通常发生在温度较高及飞机载荷较大的时间段。

柔性道面松散举例

1. 磨损

这种类型的分解是由于面层混凝土砂石原材料的移位造成的，表示沥青开始老化和变硬。道面呈现出粗糙的外形，并且造成了一块块沥青形成外来物。

2. 风化

风化的发生就是混凝土砂石原材料从道面面层侵蚀剥落，这主要是由于气候和其他环境因素造成的。风化通常与沥青颜色变浅同时发生。

3. 壶穴

道面面层以下的一些材料破损会导致壶穴的发生，留下一个坑。大多数壶穴的发生都是由于道面面层以下的材料失效导致的面层性能下降或失效。随着这种破损程度的加大，破损的地方互相交织并最终带来面层的松散。

4. 沥青剥落

当潮湿开始侵蚀搅拌热沥青时，混凝土砂石原料上的柏油开始脱落。水蒸气进入混合原料中，把黏合剂从混凝土砂石原料中磨掉，同样会导致剥落，造成跑道丧失弹性。

5. 喷气尾流侵蚀

喷气发动机尾流会在铺筑面上留下深色的印记，这是柏油黏合剂被灼烧或热的尾流气体碳化的痕迹。

6. 修补过的道面

原有道面移除后填入新的材料进行修补，修补过的道面较原来的道面更容易老化并形成外来物。

柔性道面变形举例

1. 轮辙

飞机反复出现在相同道面区域而形成的轮辙，轮辙就是沿着道面形成了一条凹陷带。轮辙形成早期的迹象就是有积水的地方出现。

2. 褶皱

褶皱的产生原因是道面稳定性变差或是材料层之间出现了分离，从表面上看，褶皱就是道面出现了波浪。

3. 下陷

下陷通常是由于道面承载了超出设计重量的载荷、道面基层沉降或者建设质量不合格。洼地是道面中的低洼区域，只有在雨后出现积水时才容易被发现。

4. 冻胀

冻胀通常是由于道面基层不同材质发生了冰冻或者是膨胀的土壤，例如，黏土。冻胀会造成道面表层出现拱形，同时在一段时间之内快速发展和形成。

柔性道面丧失抗滑性举例

1. 抛光的混凝土砂石原料

因为飞机反复摩擦造成混凝土砂石原料失去了粗糙性，进而抗滑性能降低。

2. 污染物

橡胶或其他材料会降低抗滑性并增加飞机滑水的可能性。

3. 泛油

在道面表层上出现的沥青材质产生的一种薄膜，看起来很像闪光的、镜面一样的物质，并且会变得很黏。泛油通常是由于沥青黏合剂在混合时加入了过多或者进入的空气太少。还有可能是，在搅拌热沥青道面之前使用了太多的黏结层。

4. 燃油、滑油泄漏

较早期的滑油泄漏到搅拌热沥青道面上，会造成沥青变软。少量的泄漏通常不需要道面维修，但是，大量的泄漏会对道面产生显著的影响，同时会加速道面老化（联邦航空管理局，2007）。

刚性道面裂痕与柔性道面裂痕相似，也发生在道面承载压力后的拉伸和收缩之下。飞机的重量及不恰当的道面施工同样会造成"裂痕"。刚性道面裂痕包括纵向、横向和斜向裂痕，掉角、耐久性裂痕，收缩性裂痕，断板或交叉裂痕。只有刚性道面才会发生嵌缝料失效，同时，当土和石子聚集在板块相接触时，会导致水渗入道面基层造成唧泥。断板是道面断裂成小块的松散的情况，通常是由于不正确的水泥固化和整理，不正确的混凝土搅拌或者使用了不合适的混凝土砂石原料。变形是道面从原有位置发生了位移，通常是由于道面基层沉降，发生冻胀的土壤发生了扩张或者是由于排水设计不当造成的集料流失[①]。刚性道面丧失抗滑性与柔性道面发生该问题的原因相同，通常是由于橡胶的积累或者是常年使用和气候影响使道面涂层磨损（联邦航空管理局，2007）。

刚性道面裂缝举例

1. 纵向、横向和斜向裂缝

混合型裂纹是由于刚性道面反复使用出现了收缩。收缩发生在道面干燥并且承受了飞机机轮载荷的摩擦之下。在刚性道面，这些类型的裂纹将板块分成了很多个小块。

2. 角隅裂缝

角隅裂缝发生的原因是重复性的载荷加上失去支撑或者在接缝处丧失了力传导。卷曲力同样会形成角隅裂缝，这种情况多发生在季节交替温度变化较大的时期。

3. D 型裂缝

D 型裂缝是由于混凝土砂石原材料在 PCC 板中出现了冻胀，这是使用扩张型混凝土砂石原材料的结果。D 型裂缝可能会造成水泥最终被分解。

4. 收缩裂缝

收缩裂缝是在设置 PCC 时形成的发丝状裂缝，并且通常不会扩展到板块整个深度，一般是由于建设中的问题或不当的维护技术造成的。这些裂缝可以用填缝料维修，并且一般不作为一个非常严重的问题，除非置之不理。

5. 破碎板或交叉型裂缝

破碎板裂缝发生在板块破碎数量达到四块或更多的时候，通常是由于超载使用或不良基层造成的（联邦航空管理局，2007）。

刚性道面松散举例

1. 分层剥落、网状裂缝及细裂缝

这种情况通常是由于道面面层的涂层分化或丧失造成的。面层在不正当的维护或冻融循环之后就会导致防护性能减弱最终导致起皮。

2. 碱硅酸反应

碱硅酸反应通常与地图裂缝共同发生，并且是由于水泥粉末中的碱和混凝土砂石原材料中的碱发生了反应。反应产生了一种胶状物质，这种物质吸收水分。一旦胶状物质吸收足够的水分，它就形成碱硅胶状物，然后出现在周边的裂缝中。混有水的胶状物同样会导致水泥的扩散和损坏。典型的碱硅酸反应现象以地图形状表现出来就是白色、棕色、灰色或另外一种颜色出现在面层。这种类型的道面分解给美国中西部的

[①] 集料是沥青混合后的副产品，通常是作为搅拌热沥青填补成分的一部分进行回收。集料包含压碎石、沙子。

机场造成了数以百万计美元的损失，因为该区域的土壤含碱性明显高于美国其他地区。在某种程度上碱硅酸反应是可以被控制的，通过避免水泥混凝土砂石原材料中含有石灰石、砂石和河水中的石头。使用含碱量低的水泥或者水和水泥比例较低的都可以有助于减少碱硅酸反应。在最严重的情况下，道面会在混凝土砂石原材料中折断，导致断裂凸起和水泥剥落。

3. 连接处剥落

连接处剥落通常是由于接缝处承受了过大压力或者进入了一种不相容的材料再或者水泥强度低。在板块边缘两英尺以内会发生这种连接处的剥落并且不会垂直延伸到板块中。

4. 边角剥落

边角剥落是板块边缘两英尺以内发生的断裂。发生原因和连接处剥落相同，但是由于边缘处受到环境因素影响会更早出现。

5. 隆突

这种情况是进入了不相容的材料或者是碱硅酸反应导致的连接处扩张而形成封闭造成的。当这种扩张的压力不能够缓解时，道面之间互相挤压，边缘处破碎同时拱起。这种问题通常在几分钟之内就会发生，但是它的生成过程需要一段时间，这就需要机场安全监察员提早检查潜在的隆突形成迹象。

6. 起泡爆裂

这种问题是道面中的一小块从水泥板块上脱落。通常是因为水泥混凝土砂石原材料扩张、碱硅酸反应和冻融反应，起泡爆裂的直径通常为 1 至 4 英寸。混在水泥中的黏土球也会导致起泡爆裂。

7. 补缀

这是一种道面原来的被移除后进行的重新的填补。小型的填补定义为小于 5 英尺，大型的填补和道面切割定义为大于 5 英尺的区域，在功能性切割的情况下修补发生在需要重置地下设施的情况中（联邦航空管理局，2007）。

刚性道面变形举例

1. 唧泥：由水力学喷涌造成的在道面连接处或裂缝处喷射出的水或者下层材料。

2. 沉降或断层：由冻胀隆起或者膨胀土壤引起的道面连接处或裂缝处高度不同会发生沉降或断层。

3. 挤浆：由于混合料缺乏稳定性、中间层移动或者由于波特兰混凝土水泥道面在膨胀时的横向压力造成的局部道面膨胀（联邦航空管理局，2007）。

刚性道面丧失抗滑性举例

1. 粒料磨光：当表层混凝土砂石原材料在交通载荷磨损下变得光滑时发生。

2. 污染物：例如，橡胶轮胎残留物、滑油和水等污染物会降低刚性道面的摩擦力。跑道刻槽可以降低污染物导致飞机轮胎打滑或滑水现象的发生。

正确的道面维护要求具备裂缝和嵌缝料、电锯、手提钻以及其他工具和物料。具体的维护技术可以在美国联邦航空管理局《咨询通告 150/5380 - 6C》中找到。

跑道安全区

美国联邦航空管理局《机场设计》（《咨询通告 150/5300 - 13A》）定义了跑道安全区。跑道安全区是包围在跑道四周的区域，可以降低飞机在滑行、着陆或者起飞过程中在跑道前接地、冲出跑道或偏出跑道损坏飞机的风险。滑行道（滑行通道）安全区是沿滑行道特定的区域，用来降低飞机偏出滑行道的风险。

跑道设计和运行

跑道设计标准由以下参数决定：

   1. 飞机进近类别；
   2. 飞机设计组别；
   3. 滑行道设计组别。

飞机进近类别和飞机设计组别加上美国联邦航空管理局规定的进近最低能见度三个要素合称跑道设计代码。跑道设计代码为设计和运行人员提供了确定应用于某一条跑道的设计标准。

跑道设计代码的第一个要素用字母表示是飞机进近类别，与飞机进近参考速度或者跑道入口速度相关。跑道入口速度与 139 款规定的飞机性能要求相关（图 7.4），确定所需跑道宽度、跑道到滑行道间距、跑道到固定物体的间距以及其他必须的跑道运行区域位置。[①]设计飞机的着陆和起飞距离同样与跑道长度有关，但并不在跑道设计代码中表示出来。

飞机进近类别	V 参考速度/进近速度
A	进场速度小于 91 节
B	进场速度大于等于 91 节，小于 121 节
C	进场速度大于等于 121 节，小于 141 节
D	进场速度大于等于 141 节，小于 166 节
E	进场速度大于等于 166 节

图 7.4　跑道设计飞机参考速度/进近速度分类
（来源：机场设计咨询通告，AC：150/5800 - 13A）

---

① 例如，跑道安全区（RSA）、跑道无物体区（ROFA）以及跑道保护区（RPZ）。参见 http：//www.faa.gov/documentLibrary/media/Advisory_ Circular/draft_ 150_ 5300_ 13a. pdf。

跑道设计机型

139 款批准的跑道，其建设标准是为了满足在该跑道运行的飞机所需的最高性能要求。从规划和运行方面考虑，这些性能限制统称为"设计机型"。设计机型可以是单个机型或者多个不同飞机中最高性能要求的机型。设计机型是跑道物理尺寸和载荷要求的关键影响因素（其他因素包括机场规划和设计）。超过最大设计机型限制的运行是不安全的，安全边际随之减小，运行容量也受到影响。机场总体规划中要明确设计机型，该设计机型会在未来跑道建设规划及设计中应用。

跑道设计代码的第二个要素（用罗马数字表示）是飞机设计组别，这个要素反映飞机翼展或垂尾高度，两者取最严格的（联邦航空管理局，2013a）数据。翼展和垂尾高度用来设计滑行道和机坪或无障碍物区①、飞机停机位构型、飞机机库位置、滑行道到滑行道间距以及跑道到滑行道间距。

跑道设计代码的第三个要素是跑道能见度（飞行区内安装的大气透射表②测量的飞机着陆时的地面水平能见度距离，用英尺表示，例如，1200、1600、2400、4000 和 5000 英尺）表示的最小能见度。跑道能见度同样影响跑道保护区的设计和尺寸及飞机进近坡度。跑道保护区是一个梯形的区域，"防止飞机着陆时在跑道前接地，在跑道末端外设计的保护行人和财产安全"。③

其他的跑道设计考虑包括总体安全、环境影响、不同飞机仪表进近的能见度类别④、空中交通管制塔的位置、地面区域扩展的可能性、获得土地扩建的成本、潜在的安保威胁和必要的安保措施及现有设施的位置。除了这些要素外，当地的天气状况、周边地形⑤和空中交通容量都会影响到机场跑道系统的设计、位置和方向。

滑行道设计

滑行道的设计要满足设计机型。影响滑行道设计组别几何尺寸的主要飞机特性包括驾驶舱到主起落架距离及主起落架的轮间距。滑行道设计组别决定了滑行道宽度、增补面设计、机坪区域和飞机停机坪布局。

---

① 在设计机型运行区域的周边，障碍物或构筑物满足规定的三维净距要求。

② 大气透射表是安装在地面的能见度监测系统，通常利用激光监测能见度的变化。

③ 参见 FAA 机场跑道保护区。

④ 例如，目视进近、非精密进近、有垂直航向指引的进近程序以及精密进近。参见 http：//www. faa. gov/ regulations_ policies/handbooks_ manuals/aviation/instrument_ procedures_ hondom mediv/Chapter_4. pdf。

⑤ 道面的增补面区域是在滑行道标准宽度外增加的区域，提供了飞机转弯时额外的空间，可以维持滑行道侧边安全裕度（TESMs）。滑行道侧边安全裕度是当飞机前起落架在滑行道中线时，飞机主起落架最外侧轮到滑行道铺筑面边缘的距离。

跑道位置、方向和活动区

最重要的三个跑道设计考虑因素是：跑道位置；方向；与盛行季节性风向保持一致，也就是让跑道的方向与在机场地理位置区域的年平均盛行风平行。飞行员需要逆风起降。为确定跑道方向要对风速和风向等风的数据进行分析，需要利用历史和预报的气象数据。逆风起飞可以缩短飞机起飞滑跑的距离，逆风降落也可以使滑跑距离更短，并且接地速度也可以更小。因此，跑道位置和方向对机场安全、空域有效性和经济性及环境影响起着重要的作用（联邦航空管理局，2013a）。

在理想的情况下，跑道方向应当满足机场每年95%的飞机运行。如果单跑道机场，每年提供少于95%的飞机运行，那么就建议修建"侧风跑道"（联邦航空管理局，2013a）。跑道设计代码还可以反映设计机型（一种或多种）应对侧风的能力。跑道设计代码为A－Ⅰ和B－Ⅰ（小飞机）的机场允许的侧风分量是10.5节，而跑道设计代码为E－Ⅰ到E－Ⅵ的机场允许的侧风分量是20节。一些更大的飞机还允许有顺风分量，可以在低速顺风中起飞。大多数飞机可以在起飞和着陆过程中有很小的顺风；但是，飞行员还要将增加的起飞和着陆滑跑距离计算进去。[①] 未能做好这项工作的后果就是，在起飞过程中无法在跑道用尽之前达到足够的空速，或者在着陆过程中无法在有铺筑面的跑道上完全停住。

在规划和设计跑道系统构型时还需要考虑的因素包括：

1. 鸟类栖息地、垃圾填埋场和其他可能吸引野生动物的地点。
2. 机场陆侧与交通运输网络布局的界面（例如，道路和轻轨）。
3. 现有助航设施的位置。
4. 空中交通管制塔的位置（如果有的话）。

活动区

跑道和滑行道组成了飞行区内的活动区。飞机机坪区域（飞机停泊使用）及连接机坪和滑行道系统的滑行通道大多位于非活动区。飞行区内的其他要素还有航站楼建筑、候机大厅、飞机应急救援和消防设施、除冰雪设备存储和维修设施、飞机加油油库、地面车辆维修和加油区域、航空货运设施、私人租赁设施、固定基地运行人、提供各种航空服务（飞行训练、租赁服务、飞机维修）的专业航空服务运行人及特许经营场所。

---

① 顺风运行：在顺风中起飞的运行被认为是有潜在危险的运行。顺风起飞可能导致飞机失控、爬升角度减小以及很大程度上增加起飞距离。飞行员可以使用 FAA 批准的飞机飞行员运行手册（POH）查找具体机型的顺风起飞标准。

在 139 款机场运行的飞机和地面车辆，使用滑行道和跑道时需经美国联邦航空管理局或美国联邦航空管理局指定的塔台发布指令。但是，机场当局有权力开放和关闭滑行道和跑道。由美国联邦航空管理局控制运行的区域被定义为活动区。美国联邦航空管理局定义的机场活动区是：

机场内用于包括直升机和倾斜旋翼机在内的航空器滑行、悬停滑行、空中滑行、起飞和着陆的跑道、滑行道和其他区域，但是不包括保障作业机坪和停机坪区域。

每个机场活动区的位置由美国联邦航空管理局和机场当局通过订立协议信函的方式来确定。机场运行人员制定的规则和规定中包括进入活动区的程序。

139 款要求，机场运行人员要具备《机场活动区驾驶员培训大纲》，每个在活动区驾驶车辆的人员都要接受初始驾驶员培训和每 12 个日历月一次的复训。在非活动区运行不要求驾驶员接受培训。但是，在许多大型和中型枢纽机场，甚至更小一些的机场，要求在车辆服务道路、飞机停机坪、滑行通道和其他非活动区的驾驶员都要接受培训。

没有塔台或者管制部门的机场，没有指定的活动区。在非管制机场，飞行员使用公共交通咨询频率或航空咨询服务，发布自己相对于跑道的位置。对于在跑道或滑行道运行的车辆，机场当局都会指定有权限的人员进入这些区域。在非管制机场，计划进入跑道的车辆或行人要避让飞机，并且在公共交通咨询频率或航空咨询服务中报告自己的位置和进入跑道的意图。

跑道和滑行道要素

为提升飞行和滑行运行的安全，在跑道和滑行道周边设置了安全区和地带。一些区域是有形的，例如，安全区，它是围绕跑道或滑行道的平整地面，而其他是根据不可见的边界围绕着跑道（或滑行道）的一些区域。该边界为运行人员提供了在跑道或滑行道周边什么位置可以开展活动或安装设备的信息。

跑道防吹坪是位于跑道末端的铺筑面，提供了防止被飞机发动机尾流吹蚀的功能。防吹坪道面喷涂有黄色 V 形标志，表示该区域不能用于飞机运行。一些防吹坪位于跑道起飞方向的末端跑道中心线上，同样具备停止道的功能，机场当局设置停止道是为了飞机在中断起飞时作为减速区域使用（联邦航空管理局，2012）。

安全区是围绕在跑道和滑行道周围不可见的长方形区域。围绕在跑道四周的安全区可以在飞机跑道前接地、偏出跑道时降低飞机损坏的风险（联邦航空管理局，2015）。在航空业发展的早期，飞机在原始场地进行起降。由此，就形成了被称为"起降场"的起飞和着陆航迹的概念，它描述了在经过碾压的区域修建成跑道，而周边区域可以用于飞机冲出跑道时使用。这些周边区域现在就叫作跑道安全区（图7.5）。跑道安全区是按照跑道设计代码设计的围绕在跑道四周长方形的区域。安全区对称设置在跑道中心线两侧，在跑道进近和起飞两端各延伸到 1000 英尺以外的位置，宽度达到跑道中心线两侧各 250 英尺。滑行道也同样有安全区，但因为飞机在滑行道上运行的速度相较于跑道起降时速度较小，所以，滑行道的安全区尺寸也较跑道安全区更小。依据《机场设计》，目前的安全区标准是：

1. 清洁并且碾压过，确保没有潜在的车辙、隆起、下陷或其他表面变形。

2. 通过道面或排水管排水，避免出现水的留存。

3. 在干燥的情况下可以支撑除雪设备、飞机应急救援和消防设备，以及偶尔飞机的通行。

4. 除了因为功能而必须位于跑道安全区中的物体外，没有其他障碍物。常用语"因功能而设置"是指，必须在跑道安全区中存在的物体。飞行区标记牌、灯光和一些助航设施就属于这种情况。在跑道安全区中存在的物体超过 3 英寸高，就必须安装易折性连接点并且尽量低。易折性的连接点在飞机撞上时更容易折断而不会损伤飞机。

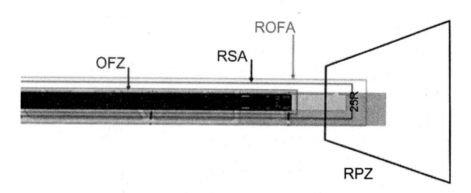

图 7.5　跑道无障碍区，跑道安全区，跑道无实体物区、跑道保护区
（经 Jeffrey Price 同意使用）

每条跑道安全区的尺寸各不相同，并且取决于许多因素，这些因素包括设计机型、环境因素、机场周边的特性，例如，已经存在的火车铁路、沼泽地、河流或其他花费太高而不能重新规划的地区。[①] 跑道安全区的尺寸可以涵盖 90% 的飞机冲出跑道距离（联邦航空管理局，2012）。在某些情况下，机场不能满足必须的安全区标准的话，可以安装跑道拦阻系统[②]以代替。跑道拦阻系统的材料是轻质可压缩、容易破碎的蜂窝状水泥混凝土，可以让冲出跑道的飞机安全停下。跑道拦阻系统还可以是回收

---

① 跑道安全区从跑道中线起算，包含了道肩、陆地区域、防吹坪和停止道。
② 参见 http：//www.skybrary.aero/bookshelf/books/2978.pdf。

玻璃制成的泡沫状二氧化硅，并固定在跑道末端的高强度塑料网格系统中。[①]

此外，还有两个保护飞机运行在机场跑道上空和附近的障碍物限制面。第一个是无障碍区，它是对称在跑道中心线并在跑道两端向外延伸 200 英尺的上空所定义的空间。跑道无障碍区的宽度根据最小进近能见度、飞机进近速度及飞机机型（小型和大型飞机）[②] 来确定。跑道无障碍区向上延伸到跑道道面以上 150 英尺的高度。尺寸各不相同的内进近无障碍区、内过渡无障碍区和无障碍区都是保护飞机运行的限制面。无障碍区的尺寸取决于很多因素，这些因素包括飞机类型和跑道允许的进近类别（即目视或精密进近）。

在飞机运行期间，无障碍区中不能存在障碍物，除了"因功能而设置"的物体外，可以存在但必须是易折件。在跑道保护区可以存在特定的物体或者开展特定的运行，包括耕种、灌溉渠、机场服务车道、地下设施及无人值守的导航设备。在某些情况下，会有建筑物和公路穿过跑道保护区。在洛杉矶国际机场，塞普尔韦达大道（一条主要干道）和一些酒店及商业设施穿过了跑道保护区。这种情况存在的原因是，跑道保护区这一概念提出的时间晚于机场周边这些建筑物建造的时间。作为美国联邦航空管理局机场设计的一部分要求，除非授权跑道保护区中不应当出现任何其他用途，否则，机场运行人员应当不遗余力地减少或消除在现有跑道保护区以内不合适的土地使用。这里要注明一点，滑行道没有无障碍区。

另外一个跑道和滑行道的障碍物限制面是无实体物区，通常在跑道附近称为跑道无实体物区，在滑行附近称为滑行道无实体物区。该区域除了"因功能而设置"是易折件以外，必须是无障碍物的；但是，可以允许飞机滑行或者在起飞等待位置（或者刚刚着陆正在脱离跑道）的时候进入跑道无实体物区。无实体物区的尺寸取决于飞机设计组别，也就是特定飞机的进近速度和翼展。

机场运行人员每天都要和无实体物区、跑道安全区、跑道保护区和无障碍区打交道，所以，他们必须清楚知道是否在飞行运行时开展例如，修理飞行区灯光、标记牌、除草和建设活动等工作。所有这四项工作都会在机场平面规划图[③]中进行标记，以便机场运行人员参考机场平面规划图做出在机场特定区域开展工作的决定。飞机运行时不能在跑道安全区中开展施工工作，但是，机场可以通过降低运行飞机的大小来降低跑道安全区的尺寸。以空中交通管制的目的来考虑，飞机和车辆不能在跑道安全

---

① EMAS 有效性的例证是，在 2015 年的前 8 个月里，EMAS 让 9 架冲出跑道的美国国内航班安全停下，飞机上共有 243 人。

② 大型飞机是指最大取证起飞重量超过 12500 磅，参考 14CFR1.1 中关于该定义的完整描述。参见 http://www.ecfr.gov/cgi-bin/text-idx? rgn=div8&node=14；1.0.1.1.1.0.1.1。

③ 机场平面规划图是带比例尺的图（通常将一套图称为机场平面规划图），传统或电子格式，表明了当前或将来机场的设施，以图的形式提供了机场现有和长期发展计划，展示出符合 FAA 要求的机场安全、功能和效率的连续性。

区运行。车辆、割草设备或其他大型设备在飞行运行时不能穿越无障碍区。根据美国联邦航空管理局《跑道安全区中的人员和设备》（《警报证书第03－07，11/23/2003》）的规定，割草设备和其他大型设备（不包含在不慎接触飞机时不会损伤飞机的手持工具或小型设备）在航空承运人运行时不能出现在安全区内，除非：

　　　1. 车辆、割草设备和其他大型设备仅限于进入距离跑道中线200英尺距离之外的区域。

　　　2. 如果人员必须进入跑道安全区放下灯具或小型设备，以及在航空承运人不运行的间隔时，车辆进入后要迅速离开跑道安全区。

非铺筑面

　　不是所有商业服务跑道都是铺筑面。有些跑道尤其是在阿拉斯加，是草皮、压实的冰雪或其他材料构成的非铺筑道面。美国联邦航空管理局要求，非铺筑的承载道面边缘到地面的坡度不能大于2∶1，并且，承载道面要有足够的坡度利于排水。除此以外，承载道面必须压实和稳固，防止形成车辙、出现松散或道面材料的隆起，这些现象都会影响飞机的方向控制以及跑道的排水。对于非铺筑的承载道面，不应当有孔洞或大于3英寸的下陷，并且应当没有碎片和外来物。

飞行区标记牌、标志和灯光

　　正确设置的机场标记牌、标志和灯光对于飞行安全和机场高效运行非常重要。飞行员要依靠各种标记牌、标志和灯光构型进行安全的运行，这包括：

　　1. 确认在飞行区内所处的位置，以及如何到达想去的地方。

　　2. 在起飞、着陆和滑行时提升活动区的能见度。

　　3. 为飞行员、空中交通管制员和车辆驾驶员提供飞行区有关的信息。

　　飞行区标记牌、标志和灯光与城市街道或高速公路上的标记牌、标志和灯光有不同的含义和不同的符号。理解飞行区标记牌、标志和灯光对于飞行区安全至关重要，尤其是对于驾驶车辆的人员。美国联邦航空管理局要求，所有在活动区内驾驶车辆的人员每年都要接受培训。培训内容必须包含辨读飞行区标记牌、标志和灯光系统（构型、样式和颜色等）。跑道侵入有时是因为驾驶员不理解某种标记牌、标志或灯光系统的含义所造成的。

　　虽然所有的要素都是标准化的，但是，每个机场却不一样，这就使得设计和安装飞行区标记牌、标志和灯光系统成为一项富有挑战性的工作。即便是在跑道和滑行道构型类似的机场，标记牌和标志的数量、灯光系统也会不同。139 款取证机场必须在《机场合格证手册》中包含标记牌和标志的规划内容。

标记牌

美国联邦航空管理局之《机场标记牌系统标准》（《咨询通告 150/5340 - 18L》）提供了机场跑道和滑行道标记牌的位置和安装的规定。机场内可以使用 9 种不同类型的标记牌。

1. 强制性指令标记牌（图 7.6）为红底白字，指示滑行道交叉口、跑道交叉口、仪表着陆系统临界区、精密无障碍物区边界、跑道进近区、CAT II / III 运行区域、军用着陆区及禁止进入区域。这些标记牌都是飞行区内最重要的标记牌，实际上这些标记牌起到了保护跑道、跑道进近区域及机场精密仪表进近系统正常工作所需要的干净区域的作用。飞行员都知道"看到红和白，跑道在眼前"这句话，以此来识别强制性指令标记牌。

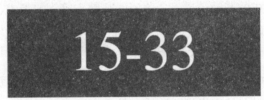

图 7.6 强制性指令标记牌
（来源：联邦航空管理局，2013b）

2. 位置标记牌告知飞行员或者车辆驾驶员位于哪一条滑行道或跑道上。位置标记牌为黑底黄字（图 7.7）。有一句"黑方块儿，你在那儿"的口诀来帮助记忆。

图 7.7 位置标记牌
（来源：联邦航空管理局，2013b）

3. 方向标记牌（图 7.8）指示交叉口处的滑行道方向，并用来指示跑道上的出口滑行道。方向标记牌为黄底黑字，并且有一个箭头。

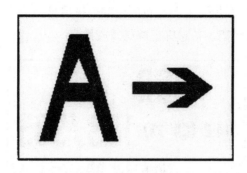

图 7.8　方向标记牌
（来源：联邦航空管理局，2013b）

4. 边界标记牌（图 7.9）用来指明跑道安全区、无障碍物区或仪表着陆系统临界区的边界。这些标记牌是黄底黑字。

图 7.9　边界标记牌
（来源：联邦航空管理局，2013b）

5. 滑行道终止标记牌（图 7.10）指示滑行道终止于交叉口。

图 7.10　滑行道终止标记牌
（来源：联邦航空管理局，2013b）

6. 目的地标记牌（图 7.11）类似于方向标记牌，为黄底黑字并且有一个箭头。该标记牌指示出较远区域的大致方向，例如，军用区域、固定基地经营人、货运区域、航站楼或其他区域。

图 7.11　目的地标记牌
（来源：联邦航空管理局，2013b）

7. 信息标记牌（图 7.12）安装在机场空侧提供信息，而不是强制性的等待位置、滑行道指示和跑道剩余距离。信息标记牌是黄底黑字。

图 7.12　信息标记牌
（来源：联邦航空管理局，2013b）

8. 行车道标记牌（图 7.13）位于飞行区并且仅用于车辆驾驶员使用。

图 7.13　行车道标记牌
（来源：联邦航空管理局，2013b）

9. 跑道剩余距离标记牌（图 7.14）为飞行员在起飞和着陆时提供跑道剩余距离信息。该标记牌是黑底白字。数字表示了跑道剩余距离，以千英尺为单位。FAA 机场标志指南见图 7.15。

图 7.14　跑道剩余距离标记牌
（来源：联邦航空管理局，2013b）

4 - 22	强制性：滑行道/跑道交叉等待位置	表明从滑行道进入跑道	位于滑行道等待标志左侧 10 英尺
22 - 4	强制性：跑道/跑道交叉等待位置	表明交叉跑道	位于跑道交叉位置之前的左侧以及当跑道宽度大于 150 英尺、作为滑行道使用或者有"着陆和等待"运行时的右侧
4 - APCH	强制性：跑道进近区域的等待位置	表明进入 ILS 保护区或者进近空域	位于穿越跑道进近区域的滑行道，该区域可能进入跑道安全区或者进近/起飞空域
ILS	强制性：精密进近无障碍物区等待位置	表明进入 ILS 保护区域或者进近空域	位于进入临界区的滑行道或者滑行道上的飞机会破坏 ILS 进近空域
⊖	强制性：禁止进入	表明不允许飞机进入	位于飞机不能进入的铺筑面区域
B	滑行道位置	指明飞机在滑行道的位置	可以独立使用的滑行道标记牌，也可作为一系列滑行道方向标记牌的一个，或者与跑道/滑行道等待标记牌一起使用
22	跑道位置	指明飞机在跑道的位置	通常在临近有两条跑道可能造成混淆的位置设置
▄▄▄	跑道安全区/无障碍物区和跑道进近区域边界	指明跑道安全区/无障碍物区或跑道进近的边界	位于跑道/滑行道等待位置标记牌或跑道进近区域标记牌的背面
▮▮▮▮	ILS 临界区/POFZ 边界	指明 ILS 临界区	位于滑行道 ILS 临界区域标记牌的背面
J →	方向标记牌	定义了交叉滑行道的方向/方位	在交叉口之前位于左侧，以从左到右的顺时针方向布置
↖L	跑道出口标记牌	定义了跑道出口滑行道的方向/方位	在出口之前，位于跑道出口同侧
22 ↑	目的地标记牌	定义了起飞跑道的方向	位于连接跑道的滑行道，不与其他标记牌同时使用

续图

 FBO ↘	目的地标记牌	定义了进港飞机的滑行方向	位于机场目的地滑行路线，不与其他标记牌同时使用
 NOISE ABATEMENT PROCEDURES IN EFFECT 2300 - 0500	信息标记牌	提供程序性或其他指定信息	位于滑行路线或者飞机停机位区域
 /////////	滑行道终止标记牌	提示滑行道在交叉口终止	安装在滑行道末端或者交叉口的远端
 7	剩余距离标记牌	起飞/着陆时剩余跑道距离信息	位于跑道一侧

图 7.15　FAA 机场标志指南

（来源：http://www.faa.gov/airports/runway_safety/news/publications/media/QuickReferenceGuide-Proof8.pdf）

　　机场标记牌应当清晰指明方向，容易让飞行员和运行人员判读，并且清晰指示出强制性的等待位置。在某些情况下，由于铺筑面较宽而不便于标记牌安装，这就需要在道面上划设。美国联邦航空管理局之《机场标志标准》（《咨询通告 150/5340－1》）规定了标记牌在道面上喷涂的要求。除非有向右侧的岔道，否则，标记牌通常应安装在铺筑面的左侧。在这些情况下，标记牌可以安装在跑道或滑行道的两侧（图 7.16）。

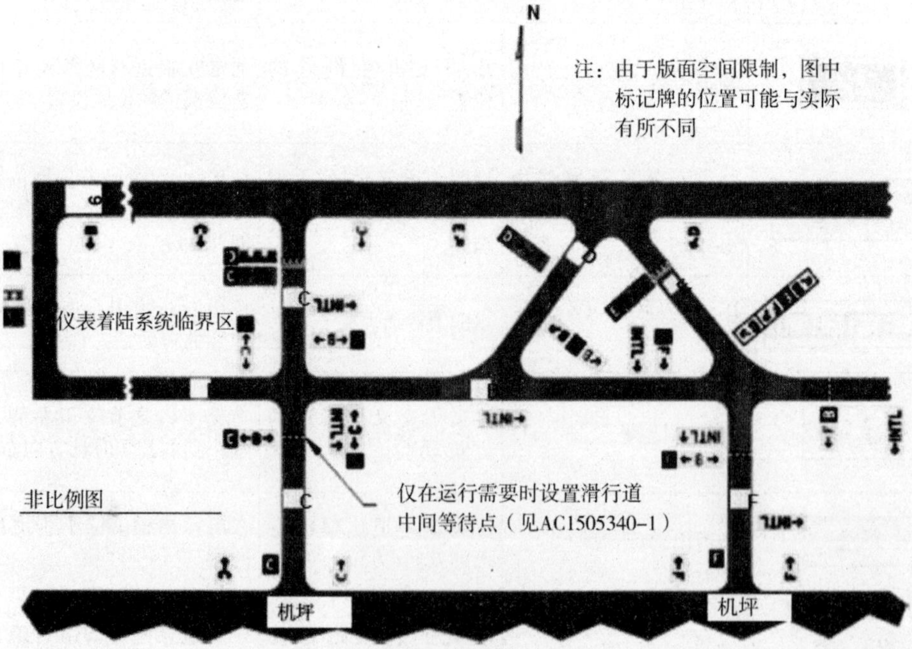

图 7.16　机场标志布局
（来源：联邦航空管理局，2010）

跑道灯光

飞行区内两种主要的灯光是机场灯光和进近灯光系统（图7.17）。机场灯光由跑道、滑行道和其他机坪和飞机运行区域的灯光组成。这些灯由机场运行人员控制和维护，但是必须遵守美国联邦航空管理局的标准。进近灯光系统由顺序闪光灯、进近灯和横排灯组成，并且由美国联邦航空管理局控制和维护。跑道入口灯是区分机场灯光系统和进近灯光系统的分界线。在一些机场，跑道入口灯由美国联邦航空管理局负责，而另外一些机场则是机场运行人员负责。跑道入口灯的责任可以在美国联邦航空管理局和机场运行人员的协议中明确规定。其他机场灯光包括障碍物灯和机场灯标。一些机场使用场面活动引导和管制系统来应对低能见度的情况，它要求增加额外的灯光和标志（图7.18）。

图7.17　MALSR（带跑道方位指示灯的中等强度进近灯光系统）

（来源：https://www.faa.gov/about/office_org/headquarters_offices/ato/service_units/techops/navservices/lsg/malsr/）

标志

飞行区标志为飞行员和车辆驾驶员提供了重要的位置信息，为飞行员提升跑道能见度和跑道长度信息及起飞和着陆过程中跑道剩余距离提供了相关信息（图7.19）。总体来说，跑道标志为白色而滑行道标志为黄色。车辆服务道路同样也有白色标志，但是和跑道的标志还是有很大区别。美国联邦航空管理局之《机场标志标准》（《咨询通告150/5340 - 1L》）规定了机场标志的位置、颜色、尺寸和其他特性。正确设计和使用机场标志要做到：

1. 确保标志指明了跑道或滑行道的信息，不要与附近的跑道或滑行道的标志混淆。

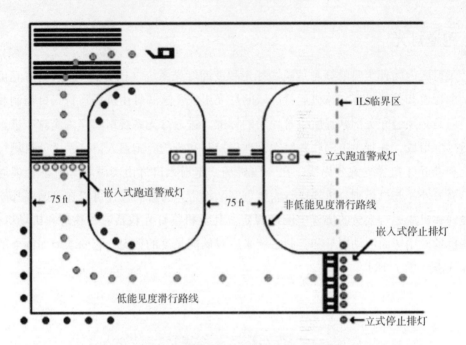

图 7.18　低于 600 英尺 RVR 的运行灯光配置
（来源：场面活动引导和管制系统咨询通告，AC：120－57A）

图 7.19　滑行道宽度等于或小于 35 英尺的道面上等待点位置标志
（来源：联邦航空管理局，2013b）

2. 在喷涂完标志后立即撒上硅砂或者在涂料中加入玻璃珠，以增加摩擦系数（让飞机在标志处刹车和转向时不会受到影响）。

3. 在容易发生冻胀的区域使用有条纹（沟槽或起皱）的标志。

4. 临时标志的使用，可能会导致不再使用后很难进行移除。

5. 移除不再使用的标志；在原有标志上覆盖的方法划设是错误的，因为以前的标志还存在会给飞行员带来混淆。应当使用喷水、或者化学方式清除原有标志。

除此以外，道面的状况还会影响标志的要求。浅色道面会降低标志的可见度，在这种情况下，美国联邦航空管理局要求在水泥混凝土或浅色道面上的标志喷涂黑色边框。通常可以使用玻璃珠来增加机场标志的夜间能见度。

空中交通管制和航空运行

如"机场维护标准"内容所述，《美国联邦法规》139 款要求的机场维护和安全标准，对于支持飞行安全和运行来说至关重要。空中交通管制与该复杂的规章和程序系统整合度很高，而空中交通管制服务航空运行的能力高度依赖于机场维护和相关安全规定。

上述章节"机场维护标准"提到，跑道标志的划设是依据该条取证跑道进近和着陆程序类型而定的。美国联邦航空管理局定义了各种进近程序和类型，常用进近类型有：

1. 不支持飞机在最低气象条件下运行的跑道必须用目视方式进近，并且必须报告天气状况：云底高至少 1000 英尺（高于机场表面或报告站的云底高）；至少 3 英里水平飞行或地面能见度。[①] 这些气象条件定义为目视气象条件。在目视进近中，飞行员可以持续目视跑道和飞机。美国联邦航空管理局取证的私人、休闲或体育类飞行员限制在以目视条件进近。如果飞行员想要在低于目视气象条件的气象条件下使用导航设施，也被称为仪表气象条件，那么，飞行员必须获得美国联邦航空管理局的仪表等级，仪表等级允许飞行员[②]按照非精密或Ⅰ类和Ⅱ类精密仪表进近（以下详述）。

2. 在非精密进近，飞行员使用助航设施提供横向的定位信息。在这种情况下，飞行员使用助航设施进入机场附近，并且下降到公布的最低下降高度。飞行员继续在该高度飞行，同时寻找跑道。[③] 如果在一定时间之内或者飞过特定的地点后飞行员还是看不到跑道，那么，飞行员必须爬升到更高的高度离开该机场。飞行员联系空中交通管制员，指引其回到初始进近点来尝试再次着陆，或者飞向备降场。

3. 在精密进近，飞行员使用导航设施，通常为仪表着陆系统，其提供了

---

① 对于私照飞行员，该要求可以降低到 1 英里的飞行和地面能见度（仅限于日间运行）并且在非管制区域的无云天气。必要的气象飞行限制、运行要求和飞行员取证比本章节所讨论的要复杂得多。为了总结这些要求，参见 http：//flight－training. aopa. org/students/solo/topics/SA02_ Airspace_ for_ Everyone. pdf。

② 休闲和运动类飞行员不允许在仪表气象条件下飞行或者获得 FAA 仪表等级执照。

③ 在指定的中止进近点，飞行员必须决定跑道环境是否可见并且可以继续安全着陆，如果不行就必须中止进近。根据环境不同，飞行员可以再次尝试降落或飞向备降场。

横向和纵向定位信息。仪表着陆系统进近分为三种，每种都有不同的决断高，通常称为"DH"①和能见度要求。这三种精密进近称为Ⅰ类精密进近、Ⅱ类精密进近和Ⅲ类精密进近。Ⅲ类精密进近也被称为自动着陆。具备仪表等级的飞行员可以执行Ⅰ类或Ⅱ类精密进近（只要机场有相应设施的话），只有接受了特定训练和获得批准的飞行员才可以执行Ⅲ类精密进近。对于Ⅲ类精密进近的飞机来说，也必须具备特殊的技术条件（允许飞机可以自动飞行），机场必须配备Ⅲ类精密进近仪表着陆系统。

4. 地标进近是仪表进近的一部分，当能见度大于1英里并且天空无云时，空中交通管制员可以发布使用地面目视参考进近的指令。一般是飞行员提出地标进近，而非管制员要求。

运行人员可以使用以下总结的各种特点来参考具体使用哪种类型的进近：目视气象条件存在时使用目视进近。仪表进近可以是精密进近，也可以是非精密进近。精密仪表进近使用美国联邦航空管理局建立的水平和垂直参考与航路；非精密进近仅使用水平参考。第三种类型进近是地标进近，它是仪表进近的一种，飞行员在能见度至少1英里的情况下，获得空管批准即可在地面目视参考的情况下使用。

跑道进近类型（目视、非精密或精密）决定了跑道标志划设的方案。目视跑道仅有最基本的标志，而Ⅲ类精密进近跑道要划设最复杂的标志。

跑道标志类型

跑道号码标志

跑道用数字进行确定，例如，35、9或者17。这些数字代表起飞、着陆或者其他运行的跑道一端。此两位数应是从进近方向看最接近跑道磁方位的角度数（从磁北方向顺时针方向计算）。该计数方法对应于飞机磁罗盘，对于美国大多数飞机来说，这是方向上最低的要求。对于一位数字的跑道，数字前不加零。对于两位数字的跑道也是省略了一个零，例如，指向360度磁北和180度磁南，数字零去掉保留36在向北运行的跑道进近端，18在向南运行的跑道进近端。东西方向的跑道朝向（90度和270度），标志数字9在向东运行和27在向西运行。在平行跑道的情况下，每条跑道用一个数字和一个字母来表示，例如，35R或者35L，来区分跑道35右和35左。跑道数

---

① DH是使用仪表着陆系统进近时的"中止进近点"，在这个高度飞行员必须看到跑道环境，否则就必须执行复飞或宣布中止进近。

字为白色。

跑道中线标志

跑道中线标志为间断的白色线条，给出了跑道宽度的物理中心，并且为飞行员提供了在起飞和着陆过程中对跑道的参考（联邦航空管理局，2013b）。

跑道入口标志

跑道入口标志为白色，由位置对称于跑道中线的纵向线段组成，表示了跑道的开始，也就是可用道面的起始点。但是，任何想要在跑道入口位置着陆的飞行员，都会出现在跑道前接地的安全裕度不够的情况。线段的总数应按跑道宽度来确定（图7.20）。

跑道宽度	线段总数
60 英尺（18.3 米）	4
75 英尺（22.9 米）	6
100 英尺（30.5 米）	8
150 英尺（45.7 米）	12
200 英尺（61 米）	16

图 7.20 跑道宽度和必须施划的跑道入口对称线段总数
（来源：联邦航空管理局，2010）

跑道瞄准点标志

跑道瞄准点标志是帮助飞行员判断接地点的目视参考。瞄准点标志应由两条明显的条块组成，距离跑道入口 1000 英尺远。

跑道接地带标志

跑道接地带标志表明前 500 英尺的范围是接地带，除了在 1000 英尺的位置和瞄准点重合以外。接地带标志帮助飞行员判断进入跑道入口之后的距离。接地带标志从跑道入口 500 英尺开始，由两组位于跑道中心线两边的三条平行线组成。在 1500 英尺到 2000 英尺，跑道中心线两侧各有两条平行线，在 2500 英尺到 3000 英尺，跑道中心线两侧各有一条线。在短跑道上，接地带标志划设在跑道两端。跑道中点两侧 900 英尺的范围之内不能划设接地带标志；因此，在某些情况下，精密仪表跑道可能没有接地带标志。

跑道边线标志

跑道边线标志提升了跑道边缘和周围地形、跑道道肩或跑道之间的岛屿和其他活动区的目视对比度。跑道边线标志为白色，要求支持精密仪表进近程序跑道的划设。在某些情况下，跑道道肩标志可以用来补充跑道边线，并且明确飞机不能使用的区域，除非是在紧急情况下。跑道道肩标志为黄色斜线（图7.21）。

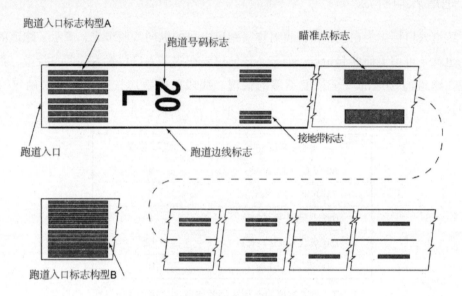

图7.21　精密仪表跑道标志

（来源：http://tfmlearning.faa.gov/Publications/atpubs/AIM/Chap2/aim0203.html.）

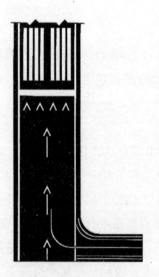

图7.22　跑道入口内移标志

（来源：http://tfmlearning.faa.gov/Publications/atpubs/AIM/Chap2/aim0203.html.）

跑道入口内移标志

在某些情况下，跑道入口可能不在铺筑面的起始位置。跑道入口内移有很多种原因，包括飞机越障需要，着陆飞机提高进近航迹来减少噪声，或者是飞行区建设或维护临时内移。跑道入口内移标志（图7.22）为白色箭头指向跑道入口，数条白色箭头标志在跑道入口。跑道入口内移缩短了着陆距离，但是可以提供比公布距离更长的起飞距离。入口内移可以用来起飞或者在另一个方向着陆时提供滑行区域。

跑道边界标志

跑道边界标志为黄色，标识出了跑道入口内移的起点。将跑道入口内移和防吹坪、停止道或滑行道相区分。在某些情况下，滑行道可以进入入口内移的跑道。在这种情况下，滑行道标志的黄色线条要一直延伸到跑道边界线，用黄色箭头在边界线之前标志。

防吹坪和跑道阻拦系统上的 V 形标志

黄色的 V 形标志用来表示跑道的这部分不能用于起飞、着陆或滑行。

跑道道肩标志

跑道道肩标志（图7.23）为黄色且不是强制要求，其用来提示飞行员不可以使用的铺筑面。仅与白色跑道边线标志一起使用。线条开始于跑道中点，与跑道中线夹角45度。

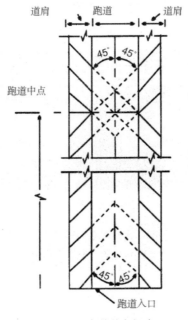

图 7.23　跑道道肩标志

（来源：http://tfmlearning.faa.gov/Publications/atpubs/AIM/Chap2/aim0203.html.）

滑行道标志的类型

所有的滑行道应当有中线标志，如果滑行道与跑道相交时还要有跑道等待位置标志。[1] 滑行道与跑道相交时，要有在道面上划设跑道标志，等待点标志和增强型滑行道中线标志。因为在飞行运行中误入跑道的结果是灾难性的，机场运行人员必须确保安装了正确的目视设施，以降低跑道侵入的概率。

等待位置标志

等待位置标志是飞行区内最重要的标志之一，因为它保护着跑道或是精密仪表着陆系统的临界区。等待位置标志，通常是指跑道边界标志或"等待线"，是一对平行的黄色实线[2]，紧邻的是一对黄色的虚线。实线在远离跑道的一边。飞行员或者车辆驾驶员未得到空管的允许不能越过实线。但是，如果飞行员或者车辆驾驶员从虚线一侧接近，他们应当立即跨越该标志，然后停下，联系空管获得指令（或者按照空管之前发布的指令前进）。具体的跑道边界标志取决于以下几种因素，例如，是否有侧风跑道、交叉跑道、仪表着陆系统临界区或者滑行道的位置。按照经验，机场运行部门将跑道边界标志划设在跑道安全区的外侧边界上。在某些情况下，跑道边界标志也有可能划设在跑道上，这种情况称为着陆后与短距离等待运行，着陆的飞机在着陆后与短距离等待运行标志前完全停下等待交叉跑道上的运行结果。仪表着陆系统临界区的等待位置标志是黄色、梯形并且垂直于运行的方向。通常，同时设置有仪表着陆系统临界区标记牌，目的是降低干扰仪表着陆系统无线电的传输（图7.24）。

图 7.24　跑道宽度和等待位置标志
（来源：联邦航空管理局，2010）

---

[1] 在管制机场，进入跑道等待位置标志的飞机滑行或车辆活动都要求获得 ATC 的许可。
[2] 所有滑行道标志均为黄色。

滑行道中心线标志

滑行道中心线标志（图 7.25）为飞行员提供了连续的目视参考，将飞机前起落架瞄准滑行道中心线稍微偏左或偏右可以提高滑行时的目视参考。[①] 滑行道中心线有时连续划设在跑道上，例如，跑道入口内移，低能见滑行运行，或者滑行道不是在跑道端与跑道交叉。在任何情况下，滑行道中心线都不能覆盖在跑道标志之上。增强型的滑行道中心线提供了额外的目视参考，以提高飞行员注意接近跑道边线标志，减低跑道侵入的潜在可能性，并且加强进入跑道前的情景意识（联邦航空管理局，2013b）。增强型的滑行道中心线由两条划设在标准滑行道中心线两侧的黄色虚线构成。当滑行道中心线会合、交叉或者在两条跑道等待位置标志时，还会有其他的标准。[②]

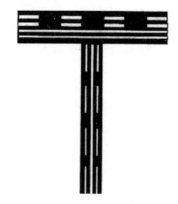

图 7.25　滑行道中心线标志
（来源：http：//tfmlearning.faa.gov/Publications/atpubs/AIM/Chap2/aim0203.html.）

滑行道边线标志

滑行道边线标志（图 7.26）是两条平行、连续黄色的标志，沿着滑行道路线设置，来警示飞行员滑行道和不能使用的邻近道面或区域的分界。在某些情况下，当滑行道边缘是可以使用的道面时，例如，机坪区域，滑行道边线标志可以是两条黄色的虚线。

道面划设等待点标记牌（标志）

道面划设等待点标记牌提供了额外的目视参考，警示飞行员和车辆驾驶员前方的等待位置。该位置取决于滑行道入口宽度和在同一点会合的滑行道中心线数量（美国联邦航空管理局，2013b）。[③]

---

① 一些飞行员喜欢在滑行道中心线稍微偏左或偏右一点滑行以获得较好的目视参考。
② 参考 AC150/5340 - 1L 获得更多信息。
③ 要特别强调的是这些标志都有各种构型和使用情况的具体要求。机场运行人员应当参考相应的咨询通告来确认不同飞行区构型下的具体要求。

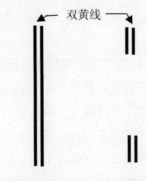

图 7.26　滑行道边线标志

（来源：http：//tfmlearning. faa. gov/Publications/atpubs/AIM/Chap2/aim0203. html. ）

道面划设的滑行道方向标记牌（标志）

道面划设的滑行道方向标记牌（图 7.27）与滑行道方向标记牌的颜色构型一样（黄底黑字和箭头），并且用来提供滑行道交叉口额外的方向指南。该标志是用来在不适合使用滑行道方向标记牌，但是在需要滑行道方向标记牌时，来帮助飞行员和车辆驾驶员进行地面导航的。

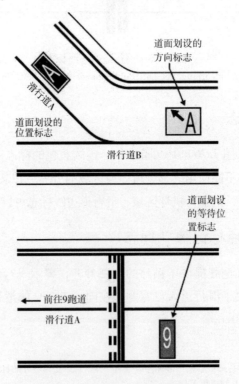

图 7.27　道面划设的滑行道方向标记牌

（来源：http：//tfmlearning. faa. gov/Publications/atpubs/AIM/Chap2/aim0203. html. ）

道面划设滑行道位置标记牌（标志）

道面划设滑行道位置标记牌（图 7.28）是滑行道位置标记牌的补充，且方法一样（黑底黄字）。美国联邦航空管理局认为，有必要或者可以帮助飞行员和车辆驾驶员提供更好的地面导航的话，就必须划设。

图 7.28　道面划设滑行道位置标记牌
（来源：联邦航空管理局，2010）

道面划设的目的地标记牌（标志）

道面划设的目的地标记牌（图 7.29）是黄底黑字，以帮助飞行员确认航站楼登机口的位置，尤其是在低能见度的条件下运行。

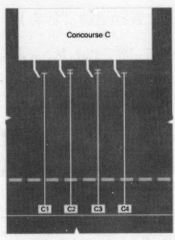

图 7.29　道面划设的目的地标记牌
（来源：联邦航空管理局，2010）

道面划设的机坪进出点标记牌（标志）

道面划设的机坪进出点标记牌（图 7.30）是亮黄色的标记牌（黄底黑字），帮助飞行员及其他车辆确认自己的位置，表明了大型连续机坪的边缘和航站楼登机口（联邦航空管理局，2013b）。有时是指道面位置的开始。①

滑行道道肩标志

滑行道道肩标志（图 7.31）用划设垂直于滑行道边线的线段来表示（用中心线作为参考）。滑行道道肩用来防止由于飞机尾流或雨水冲刷造成的道面侵蚀，但是，飞行员容易将其与可用的滑行道道面混淆，所以要划设道肩标志。

地理位置标志

地理位置标志（图 7.32）用粉色的圆圈黑色字来表示，有的时候被称为"粉色点"。其用来和飞行员在低能见度的情况下在指定的地理位置标志位置和空管联系。

机坪管制标志

机坪管制标志为黄底黑字，该标志是机坪管制塔台或美国联邦航空管理局空中交通管制塔，用来协助车辆在铺筑面区域、非活动区区域和活动区区域之间使用的标志。从规章的角度来说，这不是强制性的，但是，从运行的角度来说，尤其是在大型机场，机坪管制标志对于飞机停泊和推出过程中是否顺畅运行是有必要的。

---

① 飞机停放区域。

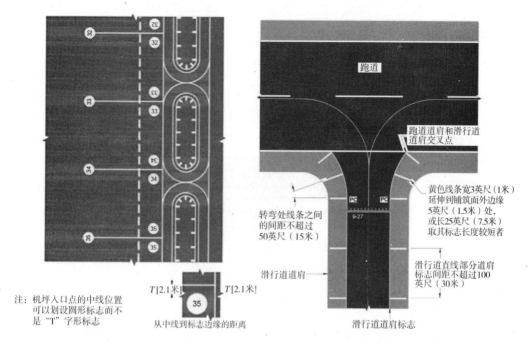

注：机坪入口点的中线位置
可以划设圆形标志而不
是"T"字形标志

图 7.30 道面划设的机坪进出点标记牌
（来源：联邦航空管理局，2010）

图 7.31 滑行道道肩标志
（来源：联邦航空管理局，2010）

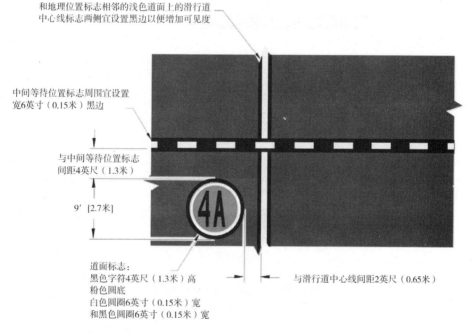

图 7.32 地理位置标志
（来源：联邦航空管理局，2010）

非活动区边界标志

非活动区边界标志（图7.33）为双黄线，一条为实线一条为虚线。实线位于非活动区一侧，虚线位于活动区一侧。该标志用于指明空中交通管制塔指挥的活动区，或者在没有塔台的机场，帮助指明飞机活动路线和停泊限制，同样也是车辆驾驶员必须额外注意的区域。

图7.33 非活动区边界标志
（来源：联邦航空管理局，2010）

滑行道中间等待点标志

滑行道中间等待点位置（图7.34）为单条黄色实线，宽度同滑行道。通常在机场拥挤的交叉口使用，在某些情况下，指明飞机除冰坪的等待点。

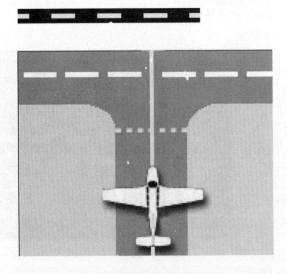

图7.34 滑行道中间等待点标志
（来源：联邦航空管理局，2010）

其他道面标志

飞行区内使用的其他标志包括：车辆道路或车辆服务道路；甚高频全方位信标；

接收点；暂时关闭跑道和滑行道；拦阻系统①；危险建设区域；飞机除冰设施；直升机机坪。

服务车道标志

飞行区的车辆服务道路标志与街道标志类似。标志是白色的，并且由白色虚线的中线组成。飞机交通活动的标志，包括跑道边界标志、方向标记牌（标志）及类似标志，不应当在仅为车辆交通的区域使用。美国交通运输部的《一致交通管制设施手册》② 为飞行区内的车辆行驶规定了标志。这不是说车辆驾驶员可以不遵守飞行区标志，例如，跑道边界标志，而是说，不应该在服务车道使用飞机标志而造成飞行员混淆从而增加运行风险。车辆道路标志边线或者是白色的实线或者是锯齿状线，且中间是虚线。当机场运行人员认为服务车道的边界需要特别指明的时候，例如，在低能见度的状况下运行，锯齿状线通常用在边线（图7.35）。一些机场运行人员将服务车道边线涂刷为红色以增加能见度。任何横跨滑行路线的道路都必须有停止标志（联邦航空管理局，2013b）。

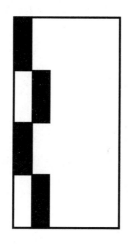

图7.35　服务车道标志
（来源：http：//tfmlearning. faa. gov/Publications/atpubs/AIM/Chap2/aim0203. html.）

甚高频全向信标接收器检查点标志

飞行员利用甚高频全向信标接收器校准点确定机载甚高频全向信标导航接收器的准确性。道面校准点用指向相应甚高频全向信标设施的黄色箭头来表示。圆圈内部涂刷为黑色，外圈是黑色线条（图7.36）。

---

① 拦阻系统主要可以防止飞机在起飞或着陆过程中冲出跑道造成人员伤亡。同样还可以降低飞机损伤并避免更严重的后果。见 AC150/5200 - 9A，参见 http：//www. skybrary. aero/bookshelf/books/2978. pdf。

② 参见 http：//mutcd. fhwa. dot. gov/。

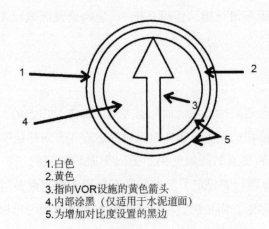

1.白色
2.黄色
3.指向VOR设施的黄色箭头
4.内部涂黑（仅适用于水泥道面）
5.为增加对比度设置的黑边

图7.36 甚高频全向信标接收器检查点标志
（来源：http：//tfmlearning. faa. gov/Publications/atpubs/AIM/Chap2/aim0203. html.）

永久关闭跑道和滑行道标志

永久关闭跑道和滑行道用黄色实线划设出的"X"来表示，位于跑道两端（图7.37）。

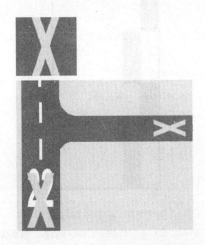

图7.37 永久关闭跑道和滑行道标志
（来源：https：//www. faa. gov/mobile/index. cfm？ event 5 Runway. card&cardNum 513.）

暂时关闭跑道和滑行道标志

暂时关闭跑道和滑行道有两种选择：在跑道两端使用立式灯光构成"X"形，或者在跑道两端使用可以移除的材料，例如，胶合板、挡雪板或者其他织物来构成一个黄色的"X"表。所用材料应当固定在地面，以便不会产生外来物危害或者容易被飞行区内的风吹动。

跑道和滑行道灯光

跑道灯光的构型有很多种，但是总体来说，目视进近跑道的跑道边灯和跑道中线灯为白色；滑行道边灯为蓝色；滑行道中线灯为绿色。进入跑道和脱离跑道的滑行道中线灯是黄绿色交替。精密仪表进近跑道的灯光构型位于跑道大部分的中线位置，且其边灯为白色。在距离跑道端 2000 英尺时，跑道边灯变为黄色。在距离跑道端 3000 英尺时，跑道中线灯从白色变为红和白交替，长度 2000 英尺，在距离跑道端 1000 英尺时中线灯全部为红色。跑道和滑行道边灯的高度可以在 14 英寸到 30 英寸。更高的固定支架可以在降雪天气中受到更小的影响（图 7.38）。

图 7.38 亚特兰大机场的跑道灯光
（来源：https：//commons. wikimedia. org/wiki/File. ）

按照《机场目视助航设施设计和安装要求》（《咨询通告 150/5340 - 30》），美国联邦航空管理局将灯光分为五类：跑道和滑行道边灯；跑道中线灯和接地带灯；滑行道灯系统；接地和等待灯光系统；飞行区其他助航灯具（例如，机场灯标）。《咨询通告 150/5340 - 30》同样规定了支架和固定、通用设备和材料、飞行区灯光电力分布和控制系统，以及在飞行区柔性和刚性道面安装灯具。

飞行区的灯使用 4 种灯泡：白炽灯、卤钨灯、荧光灯或发光二极管（LED）。LED灯具有更高的亮度、更高的灯泡寿命，消耗更少的能源，发出的热量也更小。LED灯具的缺点是发热量小，不能融化地面上的冰雪。因此，在天气条件为多降雪的地方，使用LED灯具需要额外的加热线圈，因此降低了使用 LED 灯所产生的节能效果。

跑道中线灯

在Ⅱ类精密进近或Ⅲ类精密进近的跑道，以及在跑道能见度低于 2400 英尺的Ⅰ类精密进近，都需要设置跑道中线灯。中线灯为嵌入式安装，并且有时候依据跑道进近方向，为双向发光的灯具。灯具安装间隔为 50 英尺。接地带灯提升了接地带标志的可见度，并且在跑道中心线两侧包含了两排横向的灯光带。

跑道边灯系统

跑道边灯系统定义了跑道的边缘等级，分为低、中或高强度。跑道边灯设置于跑道道面边缘以内 2 至 10 英尺，灯与灯的间隔不大于 200 英尺。①

滑行道边灯系统明确了滑行道的边缘等级，为中强度。跑道灯光的强度取决于跑道取证时的进近类别。低强度跑道灯光在目视飞行规则的跑道使用。中强度跑道灯光在目视跑道或非精密仪表跑道使用。高强度跑道灯光在精密仪表着陆系统跑道使用。中强度滑行道灯光在跑道灯光系统已经安装的滑行道和机坪使用（联邦航空管理局，2012）。

入口或跑道端灯

入口或跑道端灯（图 7.39）位于跑道端朝向进近方向，发绿色光表示跑道道面的开始；朝向跑道方向发红色光，表示跑道道面的结束。有入口内移、滑行道和防吹坪的跑道，其灯光构型也有不同之处。

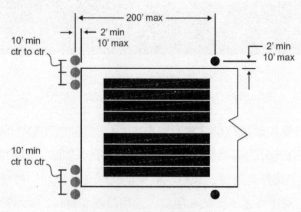

图 7.39　入口或跑道端灯
（来源：联邦航空管理局，2011）

---

① 不同情况下可以有个别偏离，例如，在跑道交叉处。

滑行道边灯

滑行道边灯为蓝色。在某些情况下，可以使用蓝色反光棒代替灯。在短滑行道、拐弯和交叉口的位置，机场可以同时安装边灯和反光棒（在灯光中间），以提升滑行道灯光系统（联邦航空管理局，2012）。当安装有滑行道中线灯时，反光棒可以代替边灯（联邦航空管理局，2012）。滑行道中线灯为绿色，类似滑行道中心线标志，提供跑道和机坪之间的引导功能。

地面和等待灯光用来表示某条批准使用着陆与短距离等待运行的跑道的等待位置。

场面活动引导和管制系统灯

为减少跑道侵入的可能性，许多机场安装了额外的灯光设施，例如，跑道保护灯、停止排灯和放行指令灯。除此以外，这些设施是场面活动引导和管制系统的组成部分，该系统在某些机场的使用经过了低能见度的考验。

跑道保护灯通常被称为"猫眼灯"。跑道保护灯可以采用立式的标记牌或者在道面上设置，为接近跑道的飞行员和车辆驾驶员提供目视指引。立式的跑道保护灯由并排设置的一组黄色灯组成，左右交替闪烁。道面上设置的跑道保护灯由一排单向灯组成。停止排灯是道面内嵌入式的一排红色灯，或者是安装在滑行道两侧的立式红色灯，给接近跑道的飞行员和车辆驾驶员提供目视指引。放行指令灯由一排道面嵌入式灯组成，表明低能见度等待点。

进近灯光系统

进近灯光系统为飞行员提供了着陆过程中仪表飞行向目视飞行的过渡手段。进近灯光系统是起始于跑道着陆端入口的一组由单灯组成的构型，精密仪表跑道向外延伸2400至3000英尺，非精密仪表跑道向外延伸1400至1500英尺。进近灯光系统通常由美国联邦航空管理局而不是机场运行人员进行控制和维护。同样也有经济型进近设施，它是成本相对更低的机场着陆目视设施。机场运行人员应当理解最基本的进近灯光系统的命名方法：[①]

1. 中强度进近灯光系统。中强度进近灯光系统是经济型非精密进近系统。

---

① 机场各种进近灯光系统不在本书介绍范围内，可以在 FAA 命令《目视指引灯光系统》（JO6850.2B）中获得更多信息。

2. 装有顺序闪光灯的中强度进近灯光系统。装有顺序闪光灯的中强度进近灯光系统在很难确定进近区域的位置装有三盏顺序闪光灯。

3. 装有跑道对正指示灯的中强度进近灯光系统。装有跑道对正指示灯的中强度进近灯光系统是用于美国联邦航空管理局规定的Ⅰ类精密进近跑道使用的经济型系统。

4. 装有跑道对正指示灯的简化短进近灯光系统。装有跑道对正指示灯的简化短进近灯光系统是另外一种经济型但是更老的进近灯光系统，使用在Ⅱ类精密进近跑道上，其具有双模式进近灯光系统的Ⅰ类精密进近情况下。

5. 全向进近灯光系统。全向进近灯光系统安装在跑道进近区域。由7盏按规定构型的顺序闪光灯组成。全向进近灯光系统提供了非精密进近跑道的盘旋、水平偏离和直线进近的目视参考。

6. 跑道识别灯。跑道识别灯用于识别跑道端头。在跑道端头的两侧，安装有单向或全向的、高强度的白色频闪灯。单向频闪灯朝向进近区域。在机场或跑道周边有其他灯光或者跑道与周边地形缺少明显对比的时候，跑道识别灯这种频闪灯的效果可以有效地使跑道容易被发现。

7. 引入灯光系统。在存在危险地形、障碍物或噪声减少程序的时候，引入灯光系统提供了沿曲线或直线进近的目视参考。引入灯光系统安装在进近航径下方或由地面上的一个或多个闪光灯组成。

8. 目视进近坡度指示器。目视进近坡度指示器（图7.40）是安装在跑道边的灯光系统，为飞行员在向跑道进近过程中提供目视下降指引信息。白天，灯光可见距离为3至5英里；夜间，可见距离可以达到20英里甚至更远，并且提供了在跑道中线延长线上从跑道入口到4海里外距离的10度左右越障安全裕度。目视进近坡度指示器的基本原理是，利用红白两种颜色区分。每个灯光单元投射出一组光线，光线的上半部分是白色，下半部分是红色。飞行员看到上下均为白色时，说明位于下滑道之上；飞行员看到上红下白时。说明位于正确下滑道；飞行员看到上下均为红色时，说明位于下滑道以下。

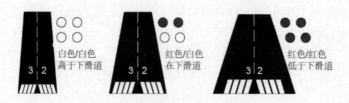

图7.40　目视进近坡度指示器

（来源：http：//tfmlearning.faa.gov/Publications/atpubs/AIM/Chap2/aim0201.html.）

9. 精密进近坡度指示器。精密进近坡度指示器（图 7.41）逐渐取代了更老的目视进近坡度指示器技术。精密进近坡度指示器提供了目视进近坡度信息，并且可以在白天 5 英里或者夜间 20 英里的范围内看到。精密进近坡度指示器目视下滑道可以提供按照跑道中线延长线向上 10 度左右延伸 4 海里的范围内的安全越障范围。精密进近坡度指示器装有 4 盏水平横排灯，工作原理与目视进近坡度指示器类似（目视显示方式为水平式而不是交错式）。在下滑道之上进近时，飞行员看到了 4 盏白灯。当飞行员看到 3 盏白灯和 1 盏红灯时，说明略微高于下滑道。当飞行员看到 2 盏白灯紧挨着 2 盏红灯时，说明飞机在正确的下滑道上飞行。如果看到 3 盏红灯和 1 盏白灯时，说明略微低于下滑道。而如果看到 4 盏红灯时，就说明飞机处于安全的下滑道之下了。

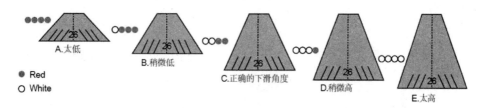

图 7.41　精密进近坡度指示器
（来源：联邦航空管理局，2014）

10. 脉冲目视进近坡度指示器。脉冲目视进近坡度指示器通常由安装在朝向跑道进近区域的投射出两种颜色目视进近坡度的单灯单元组成。脉冲目视进近坡度指示器安装在一些直升机机场。

11. 高强度进近顺序闪光灯 -2。高强度进近顺序闪光灯 -2 用于 Ⅱ 类精密进近跑道和 Ⅲ 类精密进近跑道。高强度进近顺序闪光灯 -2 由 5 盏均匀间隔的横排灯组成，开始于跑道端外 100 英尺，并且按照每 500 英尺安装一组的间隔向外延伸到 2400 英尺。排灯安装的角度与跑道中线延长线垂直，并且朝向跑道入口的反方向。位于跑道入口以外 1000 英尺的位置，中线横排灯的两侧各有 8 盏白色灯，构成了全长 100 英尺包含 21 盏灯的中心线横排灯。该横排灯作为 1000 英尺标记点被称为横排灯，另外一组横排灯位于距离跑道入口 500 英尺处。距跑道入口 900 英尺以内的侧边短排灯应对称于跑道中线横排灯，并由 3 盏红色灯组成。跑道入口灯设置于跑道入口 10 英尺以内的位置，按照 5 英尺的间隔对称于中心线，并且向外延伸到距离跑道边缘 45 英尺左右的位置。所有灯光朝向进近方向，并保证没有遮挡。

高强度进近顺序闪光灯 -2：当在进近灯光系统中安装了顺序闪光灯时，中线白色灯从常亮的灯光变为蓝白色的闪光灯。该灯光按照朝向跑道方向的顺序每秒闪烁两次，看起来就像是一个亮球向跑道入口方向移动。顺序闪光灯从跑道入口外 1000 英尺的位置开始，向外延伸到进近灯光系统的末端。跑道对正指示灯为 5 盏从跑道入口外 1000 英尺位置向外延伸的进近灯光。

其他机场灯光

机场旋转灯标的设置用于帮助飞行员在夜间或能见度降低的条件下寻找机场。机场旋转灯标类似于海事部门的灯塔，由间隔 180 度的两道光线从灯标射出。灯标按照机场类型有不同的模式。对于民用陆地机场，灯标颜色在白和绿之间变化，灯标从黄昏一直工作到清晨，有时白天也工作。当能见度小于 3 海里或者云底高小于 1000 英尺的时候，应当打开灯标，但是机场并不强制要求这样做。军用机场灯标为快速闪烁两次白光和一次绿光。直升机机场、水上机场和医院及应急服务直升机机场都有不同的模式与颜色。

风向标灯应能指明地面风的方向，并能显示大致风速。在有塔台的机场，风的信息可以通过空中交通管制塔或者通过使用公共交通咨询频率或航空咨询服务频率的固定基地运行人获得。当无法获得这些服务时，就可以使用风向标灯（或风筒）、四面体着陆标志、风向 T 形标志。四面体着陆标志仅能提供风向，无法提供风速信息。风向 T 形标志和四面体着陆标志随风自由摆动，朝向风的方向，但是也可以手动调整到与跑道起降方向一致的方向。对于没有 24 小时提供空中交通管制塔服务的机场必须设置基本的风向标灯。对于 139 款取证机场来说，不论是否有持续的空中交通管制塔服务，都必须安装风向标灯，并且如果航空承运人在夜间运行，那么，风向标灯还必须进行照明。如果基本的风向标灯

图 7.42 风向标灯

（来源：https://commons.wikimedia.org/wiki/File:Anemoscopi.JPG.）

（图 7.42）在跑道进近一端被遮挡或者机场地面风经常出现较大的变化，那么，就

需要在跑道端安装补充的风向标灯。①

　　障碍物灯用来标明机场周边可能有对飞机运行产生危害的障碍物。美国联邦航空管理局之《障碍物灯和标志》（《咨询通告70/7460－1》）包含了障碍物灯使用的相关规定，以及正确的障碍物灯安装位置和数量要求。

场面活动引导和管制系统

　　频繁在低能见度条件下运行的机场，应当安装场面活动引导和管制系统来提升能见度，并改善飞机滑行的安全水平。场面活动引导和管制系统包括一系列道面嵌入式和立式的灯具，以及飞行区标志和标记牌。场面活动引导和管制系统灯光系统由空中交通管制塔进行控制。空中交通管制员可以打开或者关闭滑行道中线灯来给滑行的飞机提供引导。滑行道用地理位置标志进行标记，以辅助飞行员确定位置。

　　场面活动引导和管制系统运行分为两种等级。当跑道能见度低于1200英尺时，启动第一等级系统运行。场面活动引导和管制系统与机场表面探测雷达协同工作可以获得更好的性能。机场表面探测雷达是一种表面指引雷达，它可以让空中交通管制员分辨飞行区内装有应答机的车辆和飞机的位置。场面活动引导和管制系统的第二等级在跑道能见度低于600英尺时启用，这种运行方式需要额外的飞行区照明。

　　当跑道能见度低于600英尺时，滑行道和运行跑道的交叉口需要装有停止排灯。当空管给飞行员发布了进入跑道的指令的同时触发计时器，与此同时，红色停止排灯熄灭，绿色的滑行道引入灯光点亮，表示可以安全进入跑道。当飞机越过停止排灯时，飞机身后的引入灯熄灭，飞机之前的灯光点亮，为飞机提供持续的进入跑道的引导。这样，就可以避免尾随的飞机或车辆误入跑道。飞机滑行过一段距离后触发另外一个感应器，让点亮的引入灯光熄灭。

飞机导航辅助设备

　　不管是航路飞行还是机场离港和进近，飞行员都要依赖于各种导航设备。在横跨各国的早期飞行中，飞行员依赖于地面目视参考物进行导航，例如，水塔或者道路交叉口。早期的助航设施由指向下一个箭头的黄色箭头组成。早期的邮政飞行员依赖夜间点亮的焰火照明该标志进行导航。随着航空业的发展，建设起类似于灯塔的装有灯标的塔台，从一个塔到下一个塔，飞行员就可以目视导航。

　　为了让导航有效，必须让飞行员得到从一个点到另外一个点的导航。同样，为了让航空运输可靠，也必须让飞行员得到从一个点到另外一个点的导航。导航由四个要

---

① 位于跑道两端和中段等可能因地形原因出现乱流和风切变的位置。在非管制机场，这一设施可以帮助飞行员决定起飞或降落的最佳跑道方向。

素组成：当前位置；飞行的方位或方向；从当前位置到目的地的距离；航路时间。早期的飞行家通常依赖于被称为领航的空中导航技术。领航就是通过利用像水塔、道路和乡镇等目视参考或地标的导航方法。早期的邮政飞行员，大多数情况下只能靠目视飞行运行（在基本良好的天气），并且使用目视参考、罗盘和手表的组合方法进行导航。早期的飞行员也利用海事导航方法推测进行计算，通过使用时间—速度—距离计算出位置。飞行员应当学会并使用领航和推测的方法。

导航辅助设施靠四个基本要求进行评判：整合性、准确性、可用性和可靠性。整合性是指挥系统监控自身的运行状态，并在不应当进行导航的时候有通知用户的能力。准确性是指挥系统在任何时候可以显示飞机真实位置的能力。准确性可能受到障碍物或者像无线电等电磁信号的影响。可用性是指不论用户何时需要，都可以提供服务的能力。该能力基于信号可以接收并使用在时间方面的比例。可靠性是指信号接收的持续性（类似于蜂窝手机信号覆盖）。

导航辅助设备可以在全国的导航中使用，或者作为仪表进近的一部分使用。飞行员使用导航辅助设备进行标准离场或标准终端进场航路运行。标准离场和标准终端进场航路的建立可以避免管制员重复发布相同的指令来降低负担，并且提升进港和出港飞机的流量。标准离场和标准终端进场航路是飞行员的指令性地图，图上标明了飞行航路、导航辅助设施和预期的性能要求。

按照规定建立机场仪表进近被称为终端程序。终端程序[①]可以扩充机场的容量。如果机场仅有在目视气象条件下运行的跑道而没有非精密或精密仪表进近的跑道，那么，天气低于运行最低标准时机场就必须暂停业务。机场运行人员要求建立终端程序，就是为了在天气不佳时跑道可以继续使用。终端程序的缺点是，飞机飞行的航路一旦固定下来，那么就有可能影响到进近或离场航路下方的社区和居民（普拉瑟，2014b）。

航图

除了无线电导航设施以外，飞行员在全世界大多数空域飞行时都使用航图或地图。在美国，飞行员通常使用包括目视飞行规则区域图、低高度航路图和高高度航路图的航图。

图

区域图

区域图（图 7.43）是飞行员使用的，但是这些图通常是中低速飞机的飞行员，

---

① FAA 批准的仪表进近程序发布的内容是飞行程序标准部门——终端仪表程序（TERPS）制定的。

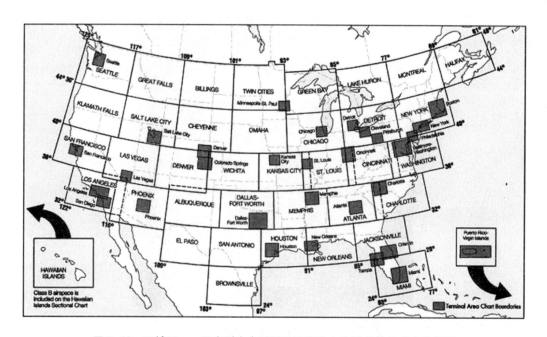

图 7.43 区域图——图索引中会说明是否附有大比例尺的 B 类空域详图
（来源：美国联邦航空管理局．http：//www. faa. gov/air_ traffic/flight_ info/aeronav/product-catalog/vfrcharts/sectional/．）

在执行目视气象条件运行并且高度低于 18000 英尺平均海平面时使用的。区域图包含了地理信息和其他飞行员使用的相关信息，例如：机场、障碍物、导航设施、航路、空域和无线电频率。区域图的一大显著特征是，包含了完整的障碍物和地形信息。因为区域图是在目视气象条件下使用的，飞行员必须能够看到并规避障碍物及识别明显的地标作为导航的参考。当有新的建筑物或塔出现时就会影响飞行安全，这类的建筑物通常要标在区域图上（图 7.44）。对区域图进行更正或修改，机场运行人员应当联系当地的美国联邦航空管理局飞行标准地区办公室和美国联邦航空管理局机场地区办公室。

仪表飞行规则低高度航路图和高高度航路图

在仪表气象条件下，飞行运行同时要使用仪表飞行规则低高度航路图（飞行高度低于 18000 英尺平均海平面）或者高高度航路图（飞行高度高于 18000 英尺平均海平面）。仪表飞行规则图上面标注的地形或建筑物数量显著减少。该图标注的都是天空中的"高速路"。低于 18000 英尺平均海平面的航路被叫作"胜利航路"，高于 18000 英尺平均海平面的叫作"喷气飞机航路"，航路通常从一个导航点连接到另外一个。只要飞行员保持在最低高度以上，那么这些航路就能确保规避障碍物（图 7.45）。

图 7.44　在区域图上描述的地理信息案例

（来源：美国联邦航空管理局．http：//www. faa. gov/air_ traffic/flight_ info/aeronav/product-catalog/vfrcharts/sectional/．）

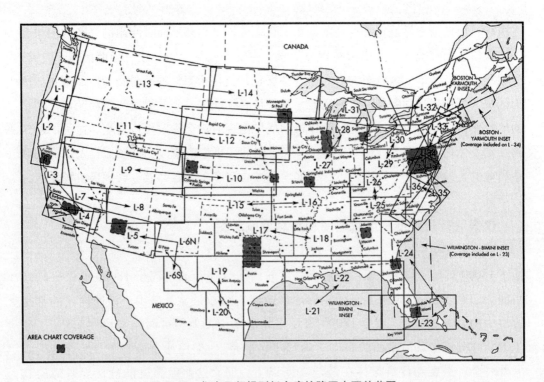

图 7.45　仪表飞行规则低高度航路图中覆盖范围

（来源：美国联邦航空管理局．http：//www. faa. gov/air_ traffic/flight_ info/aeronav/digital_ products/aero_ guide/．）

无方向性信标

随着飞行方式日趋复杂，相关机构建设了可以发射信号的无线电塔[①]，飞行员使用特殊的设备可以接收到这些信号。无方向性信标装有大型天线可以发射 AM 无线电频率，并且可以在山区很有效地工作。无方向性信标在美国作为低成本导航设施而被广泛使用，尤其是在落基山脉和阿拉斯加地区。无方向性信标的信号是全向性的，并且可以被装有自动定向仪设备的飞机接收到。当某无方向性信标的频率被自动定向仪接收到后，自动定向仪设备上的指针就会指向无方向性信标天线的方位（俗称"方位"）。通过使用定位点和在特定的位置使用"回家"模式，无方向性信标可以帮助飞行员更加精确地飞行。许多无方向性信标不再是美国政府所有，有可能是机场当局或者州航空部门所有。无方向性信标用来作为跨州界导航或者非精密仪表进近使用，但是，无方向性信标会受到天气、雷电、降雨和其他无线电台的干扰。

当飞行员在非精密进近下飞行，飞行员只有水平引导信息（飞行员知道跑道入口在当前飞行方向的左侧或右侧）。在非精密进近飞行方式下，飞行员飞向公布的最终的进近定位点，并且保持一定的高度（通常在 600 至 800 英尺地面高度以上）[②]，这时会目视寻找跑道（取决于目视条件）。如果飞行员无法找到跑道环境，那么飞行员需要复飞。如果飞行员发现了跑道环境，那么飞行员将转换到目视进近并着陆。在某些情况下，导航设施设定为盘旋进近，是指飞行员下降到一个特定高度，如果能看到跑道环境就进入空管模式并且在跑道着陆，该模式有时使用非精密进近的反方向。以机场运行人员经理的角度来看，复飞和终止进近在《航空情报手册》[③] 是有区别的。复飞这个术语是空中交通管制员向飞行员发出进行复飞的指令。中止进近是飞行员在无法完成仪表进近的时候的操作。

甚高频全向信标系统

甚高频全向信标系统以有限的方位角度发射甚高频无线电信号[④]。甚高频全向信标系统的安装点遍及全国，在全球定位系统得到应用之前，甚高频全向信标系统依旧是飞行员最主要的导航设施。甚高频全向信标系统发射的信号被飞机驾驶舱内甚高频全向信标系统接收器的设备所接收。甚高频全向信标系统接收器的指针会指向具体的方位角，允许飞行员向某一特定的甚高频全向信标系统电台按照"回家"模式飞行，或者使用多台甚高频全向信标系统三角定位自己的位置。军方版本的甚高频全向信标

[①]　在某些情况下，飞行员使用 AM 无线电塔作为归台，只要能够知道无线电塔从哪里发射。

[②]　高于地面的高度（AGL），单位是英尺。

[③]　参见 http：//www. faa. gov/air_ traffic/publications/media/aim_ basic_ 4－03－14. pdf。

[④]　VHF 电磁无线电波：30MHZ 到 300MHZ。

系统被称为战术航空导航。[①] 战术航空导航在超高频下工作，当与甚高频全向信标系统台协同工作时被称为甚高频全向信标系统塔康（图7.46）。

图7.46　FAA甚高频全向信标系统塔康地面站图例

（来源：美国联邦航空管理局．https：//www.faasafety.gov/gslac/ALC/course_ content.aspx？cID＝43& sID＝257&preview＝true.）

　　大多数甚高频全向信标系统是美国联邦航空管理局所拥有并运行，但是一小部分由当地机场或当地政府所拥有并维护。甚高频全向信标系统是基于直线形式的工作模式（甚高频全向信标系统台接收飞机信号），因此受到地形的影响。甚高频全向信标系统可以用于长距离的导航，部分用于机场进近使用；这些被称为中端甚高频全向信标系统，具有25海里的工作范围。中端甚高频全向信标系统位于机场以内或附近，并且需要750—1000英尺半径的区域作为保护区。通常来说，甚高频全向信标系统周边有围栏，以避免地面车辆驾驶员误入干扰信号。机场运行人员应当将甚高频全向信标系统列入每日持续检查项目，以确保该设施的安全和安保情况良好，尤其是要监控例如，吹入的外来物等障碍物或者人员进入1000英尺以内的范围。

　　测距设备提供了从特定甚高频全向信标系统台或仪表进近定位点天线起始的距离。甚高频全向信标系统和定位点天线仅能提供方位角的信息。测距设备与甚高频全

---

①　电磁无线电波：300MHZ到3GHZ。

向信标系统、定位点和全球定位系统的联合应用可以降低其他导航地面设施。

仪表着陆系统

在美国，仪表着陆系统是机场使用的精密仪表进近。该系统为飞行员提供了水平和垂直指引。仪表着陆系统包含坐落在跑道进近反方向的定位点天线，其朝向进近方向发射无线电频率。驾驶舱的甚高频全向信标系统接收器收到信号向飞行员指示飞机是在跑道中线的左侧还是右侧。仪表着陆系统的第二个组成部分是下滑坡度发射器。下滑坡度天线坐落在跑道进近端的旁边，并且以特定的进近角度向上发射出无线电频率信号。驾驶舱的仪表（与定位点使用相同的仪器）告知飞行员，飞机是否在下滑坡度以上或以下。指点信标传统上用在仪表着陆系统进近设备，但是已经逐渐被测距设备所取代。在可能的情况下，指点信标由距离跑道 4 至 7 海里的外指点信标、距离跑道入口 0.5 至 0.75 英里的中指点信标及在很少的情况下位于跑道入口的内指点信标所组成。仪表着陆系统的另外一个关键组成部分是进近灯光系统，这个在之前已经讨论过了。

仪表着陆系统引导飞行员下降到美国联邦航空管理局预先批准的决断高（图 7.47）。下降到决断高时，飞行员如果建立了跑道环境的目视参考，则转换到目视进近着陆；[1] 如果飞行员无法建立跑道环境的目视参考，则就要执行复飞。在复飞过程中，飞行员离开机场，按照公布的航向爬升到公布的高度。然后，飞行员通知空管来获取指令尝试再次着陆或者前往备降机场。复飞程序在仪表着陆系统"进近标牌"中公布，该标牌包含了文字和图形描述，执行具体进近到某机场的飞行程序。[2] 直到最近，飞行员携带纸质的进近标牌作为他们飞行运行的必需品。许多飞行员和航空承运人正在采用电子飞行包来取代传统的进近标牌和其他必要的飞行信息。电子飞行包是电子的、基于电脑的平板电脑，它和其他的飞机系统相整合以提升信息可视和可追溯能力。

仪表着陆系统分为：仪表着陆系统 Ⅰ、仪表着陆系统 Ⅱ 和仪表着陆系统 Ⅲ 三个进近等级。每种分类直接和特定的进近程序中要求和描述的决断高及能见度要求相关。仪表着陆系统 Ⅲ 是三种系统中最精确的，其对驾驶舱和机场都有特殊要求。仪表着陆系统 Ⅲ 还有子类（C），允许一些先进的航空公司使用自动驾驶仪自动着陆，着陆后刹停。在这种情况下，飞行员必须接受特殊的培训正确监控自动着陆系统，如果发现自动着陆功能不工作，那么他们必须立刻手动控制。

---

[1] 地基 VASI 或 PAPI 系统提供了目视参考来帮助飞行员在 DH 时进行决断是否继续降落。

[2] FAA 通过美国国家航空图表办公室（NACO）发布进近表和其他相关的飞行导航信息表格。FAA 飞行程序标准部门——终端仪表程序（TERPS）制定 FAA 批准的仪表进近程序（IAPs）。仪表进近程序随时进行更新且需要在有效期内使用。同时发布新的程序。

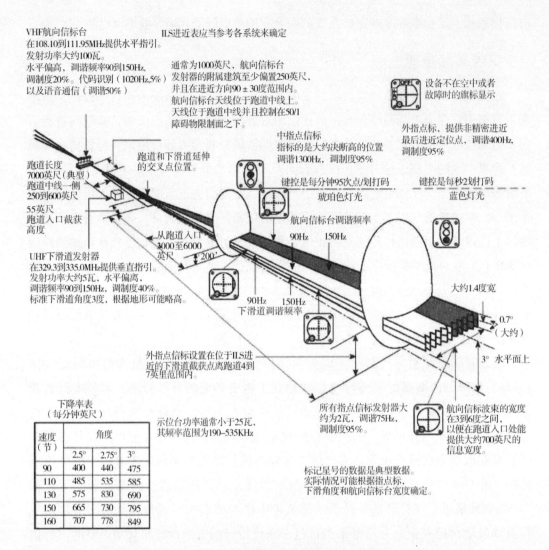

图 7.47　标准 FAA 仪表着陆系统的组件

（来源：http://tfmlearning.fly.faa.gov/publications/atpubs/aim/Chap1/aim0101.html.）

　　如前所述，仪表着陆系统的另一个组成部分是跑道能见度测量设备。雨、烟、霾和雾会影响飞行区的能见度。各种天气状况会折射出跑道能见度系统两点之间发射出的红外线。该设备计算出受影响的红外线程度，并将跑道能见度结果传送到控制中心。跑道能见度通常与独立位于跑道附近的自动气象观测系统或自动化场面观察系统共同工作。

　　从机场运行的角度来讲，在仪表着陆系统下滑坡度天线工作的时候防止车辆和飞机进入或停止在其信号区域是非常重要的。空管通常通过控制等待指令和飞行区标记牌及标志防止外来物，但是在某些情况下，例如，飞行区割草或施工活动，人员或留下的设备及堆放材料会误入下滑天线前面的区域。

全球定位系统

全球定位系统是基于卫星的导航系统，目前处于取代基于地面的导航系统的状况。全球定位系统实际上是由在地球低轨道上的 27 颗卫星组成的（图 7.48）（24 颗卫星处于工作状态，3 颗卫星处于备份状态，也被称为"可使用的 24"）。[①] 每颗卫星每天可绕地球一周，并且在地球上任何地点、任何时间至少有 4 颗卫星对全球定位系统的导航设备"可见"。4 颗卫星是完成工作的最低要求——3 颗卫星用于三边测量术（通过从已知的三个点画方位线进行某一点的三边测量），另外，还有一颗作为确定时间使用。飞机上安装的全球定位系统接收器和全球定位系统卫星之间通过以光速传播的无线电波互相确认。飞机的接收器可以通过计算接收信号的所用时间以确定信号传输的距离。同样，也可用该方法计算确定的位置和传输时间。

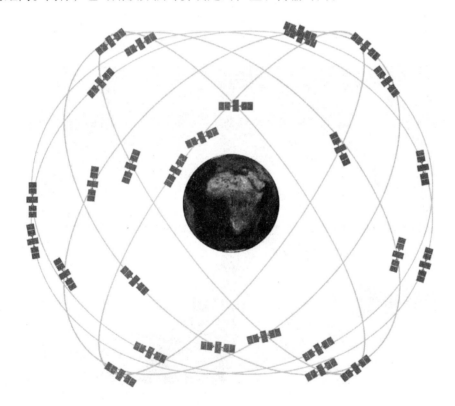

图 7.48　"可使用的 24"全球定位系统
（来源：美国国家海洋和大气管理局）

之前，通过被称为选择可用性的程序，许多全球定位系统卫星设计了拒绝恶意使用全球定位系统定位的功能，虽然当前不再是这样，但很多全球定位系统接收器仍假

---

① 参见 http：//www. gps. gov/systems/gps/space/。

设这一条程序依然存在。为了拒绝敌人使用全球定位系统接收器作为精密武器指引，选择可用性的程序将高达 100 米的各种国际时间错误添加到了导航信号中。选择可用性的程序在 2000 年已被关闭，并且军方已开发出了其他的系统来拒绝全球定位系统作为某一特定危机区域，而不是作为全系统的攻击性目的的使用。

全球定位系统在全球作为导航目的而被日常使用，但为提升全球定位系统的精确性、整合性和可用性，美国联邦航空管理局开发了广域增强系统。广域增强系统基站位于全美 24 个地区，并且可以改善机场跑道和在广域增强系统基站一定半径（大于 23 海里）范围内的全球定位系统信号。广域增强系统在不增加额外支出的情况下提升了机场仪表着陆系统 I 的进近水平（普拉瑟，2011）。美国联邦航空管理局还在开发地面增强系统（图 7.49）来增强全球定位系统信号，并且提供了相当于仪表着陆系统 II 或仪表着陆系统 III 最低进近的指引。地面增强系统和广域增强系统相同，是基于地面的发射器的工作方式。从机场运行人员的角度来看，机场人员应当知道地面增强系统的位置，并且如可行，应当每日对其进行安全和安保方面的持续检查。

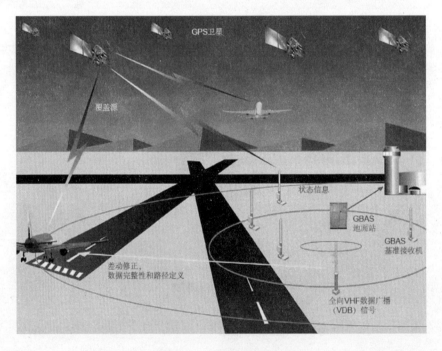

图 7.49　地面增强系统

（来源：美国联邦航空管理局．http：//www.faa.gov/about/office_ org/headquarters_ offices/ato/service_ units/techops/navservices/gnss/laas/．）

自动飞行服务站

飞行服务站是美国联邦航空管理局空中交通组织的一部分。飞行服务站是为飞行员提供简报、处理飞行计划、提供飞行中无线电通信、搜寻和救援服务、协助飞机应急情况等事务的设施。飞行服务站同样传递空管指令、处理航行情报、航空广播、气象和航空信息、通知海关和边防部门跨境飞行。这些功能中的许多内容已经通过合约方式交给私人公司在自动飞行服务站在线处理。自动飞行服务站让飞行员可以在线提交和关闭飞行计划，接收文字或电子邮件信息及关于危险状况的卫星告警，并启用搜寻和救援功能。自动飞行服务站也提供飞行前和飞行中的气象和航空简报、航行情报及目的地机场的天气预报。

许多飞行员目前使用用户直接存取终端系统作为在线获得飞行服务信息的方式。用户直接存取终端服务是美国联邦航空管理局电子化系统允许飞行员可以直接进入美国联邦航空管理局天气数据和飞行计划系统。该服务靠航空税收运转，并且对取得飞行员执照的个人免费。

基于机场的天气观测站

数百个自动化场面观察系统和自动气象观测系统已经在全国机场和其他地点安装，来为飞行员、自动飞行服务站和其他航空用户提供实时和可靠的气象信息。自动气象观测系统和自动化场面观察系统，使用高级阵列电子感应器来仔细测量气象状况。自动化场面观察系统和自动气象观测系统，是 24 小时的、实时的气象数据收集和显示系统，它将自动化场面观察系统位置的状况用电脑合成的声音报告传输出去。可以用电话接收到该报告。该自动系统持续监控气象情况，并每分钟上传观测到的数据（罗西耶，1998）。

自动气象观测系统基站是机场每日检查项目的一部分。虽然机场运行人员可能不会知道气象站是否正确报告了观测到的气象条件，但是，机场运行人员可以通过检查野生动物、外来物，由气象、风或吹动的物体造成的损坏以及结构的完整性来判断。

自动气象观测系统和自动化场面观察系统有几种等级。基本的自动气象观测系统测量大气压力和高度设定，然而，自动气象观测系统最大化地测量大气压力和高度设定、能见度、天空状况、云层高度，包括雨雪和小雨的降水量以及冻雨的降水量，并报告道面状况。自动化场面观察系统通常报告所有自动气象观测系统报告的内容，但是，自动化场面观察系统还报告气温、露点、当前气象情况和海平面压力。

空域和空中交通管制

虽然空域和空管考虑的事情不是 139 款规定的检查项目，但是，可以帮助机场运行人员理解这些要素是如何影响现场运行的。

空域

在航空业的早期，所有的空域都不是管制空域，飞行员通常认为，如果天气无云并且至少有 1 英里的能见度，那么，他们就可以看到其他飞机和地形，以便及时规避相撞的风险。该条件促使"看到并规避"飞行技术的形成，并促成了甚高频全向信标系统的出现（兰兹伯格，2014）。飞行员很快发现，在夜间他们的视力变差，因此，夜间飞行就规定了更高的天气最低条件和最低云高。

飞行仪表的发明使得在云中或者有限能见度条件下的飞行促成了空管和管制空域的形成。政府建立的航路系统，航路宽 8 海里起始高度为 1200 英尺地面以上水平，并将该空域作为管制空域（兰兹伯格，2014）。通过无线电信标网络定义了航路系统，多数信标位于机场或者机场周边。这些航路现在被称为"胜利"航路。

对于在低能见度或云层距离过小的情况下飞行，飞行员要获得美国联邦航空管理局仪表等级，以作为在该种情况下飞行的法律证书。飞行员必须有资质（美国联邦航空管理局的文件和相应的体检合格证）、现行有效（"近期经历"）及有仪表飞行设备。对于仪表飞行规则运行，飞行员提交仪表飞行计划，并且向空管提供坐标点。即便在好天气，飞行员依旧需要按照仪表飞行计划飞行，但是要负责观察和避让其他飞机。

管制空域并不意味着所有在该空域的飞行都要受到空管的指挥。相反，管制空域是指，有资质的飞行员在任何时候都可以得到仪表飞行规则服务。目视飞行规则的飞行员依旧可以在管制空域自由飞行，只要他们遵守天气情况下的飞行规则，例如，与云保持距离及能见度限制，以及其他各种通信和设备的相关要求。

随着基于地面的无线电导航设施的发明，仪表进近成为可能，这不仅扩大了机场的容量，而且还改善了飞机的效能。过渡区是在仪表飞行规则和在目视飞行规则条件下飞行的飞机出现"危险接近"（即马上会发生的碰撞）后产生的。机场周边的过渡区提供仪表进近服务，可以让在该空域进近和离场飞行接受空管服务的仪表飞行规则的飞行员与目视飞行规则交通保持安全的距离。

当今，为了提供安全的飞行运行，美国有多种空域分类方法。在美国，空域被分为 4 类：管制空域、非管制空域、特殊使用空域和其他空域。

管制空域是美国联邦航空管理局规范的空域，包括（图 7.50）：

1. A 类；
2. B 类；
3. C 类；
4. D 类；
5. E 类。

非管制空域包括（图 7.50）：G 类。

特殊使用空域由美国军队管制，包括：

1. 禁区；

2. 飞行限制区；

3. 军事活动区；

4. 军事训练航线；

5. 告警区；

6. 警戒区；

7. 控制火力区；

8. 国家安保区；

9. 空中防卫识别区。

其他空域分类包括：

1. 地方机场咨询区；

2. 暂时飞行限制区；

3. 跳伞区域；

4. 公布的目视飞行规则航路；

5. 终端雷达服务区。

管制空域

A 类空域适用于高速航路飞行的空域。在 A 类空域飞行的飞行员必须具有仪表等级，提交了仪表飞行规则飞行计划，并且始终和空管保持联系。A 类空域包括美国海岸线以外 12 海里以内的空域。A 类空域有时被称为航路空域，并且由美国联邦航空管理局航路交通管制中心进行管制（图 7.50）。

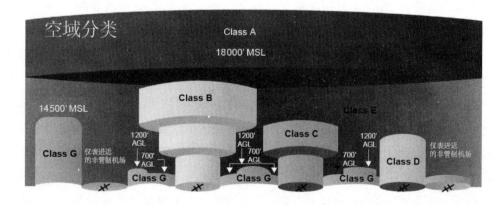

图 7.50　FAA 对于管制和非管制空域的分类

（来源：美国联邦航空管理局 . https：//www. faasafety. gov/gslac/ALC/course_ content. aspx？cID542 & sID5505&preview5true. ）

B 类空域适用于有显著航班交通量的大型机场。包含了在美国主要机场（大型枢纽）周边大约 30 海里范围的区域。飞机数量及飞机大小和飞行速度要求有足够的空间让空管可以安全指挥飞机在 B 类空域过渡到 B 类空域内的机场。B 类空域内的大多数飞行是按照仪表飞行规则实行的，但是，如果有空管运行，也可在目视飞行规则下飞行。[①] B 类空域从地面一直到 10000 英尺平均海平面。在 B 类空域的飞机，飞行速度不能超过 250 节[②]，但是，在 B 类空域之下最大速度不能超过 200 节。B 类空域的构型根据机场位置、机场周边情况来决定，但是，基本上被称为"上下颠倒的婚礼蛋糕"。学员飞行员不允许在 B 类空域中飞行，除非他们接受了有美国联邦航空管理局许可的飞行教员关于 B 类空域单独飞行的有记录的教学。其他商业服务和通用航空机场通常在 B 类空域以内或以下，在 C 类或 D 类空域或非管制空域。大多数 B 类空域内的飞行运行由终端雷达进近管制设施进行管制。终端雷达进近管制设施控制 B 类空域内的交通，并且处理进近和离开 B 类空域的交通。终端雷达进近管制设施也被称为"进近管制或离港管制"，具体取决于飞机进港还是离港。

C 类空域服务的机场交通量比 B 类空域服务的机场要小。C 类空域通常内圈半径为 5 海里，外圈半径 10 海里，从 1200 英尺距离地面高直到 4000 英尺距离地面高（航图标记为平均海平面）。C 类空域一般由空中交通管制塔通过雷达进近管制指挥。飞行员可以通过查阅正确的航图或者机场设施列表确定 C 类空域尺寸。[③] 飞机必须在进入空域之前和空管建立双向无线电联系，飞行速度不超过 200 节（图 7.50）。

D 类空域环绕在机场周边，该机场的交通量小于 C 类空域机场，但是还符合配备空中交通管制塔的标准。D 类空域半径在 4 至 5 英里，高度从地面到 2500 英尺距离地面高（航图标记为平均海平面）。该空域的构型要根据仪表进近程序做出变更。飞机进入 D 类空域之前，必须建立双向无线电通信，但是，可以没有雷达引导。最大速度为 200 节，范围在 2500 英尺距离地面高以下，并且在 D 类空域机场的 4 海里半径以内。

E 类空域是 A、B、C、D 类空域以外的全部空域，并认为是管制空域。在该语境下管制一词的意义比较模糊，因为前提是任何在 C 类空域的飞机都有空管指挥。但是，在该种情况下，管制一词的含义是指划定了仪表飞行的联邦航路，并且，具体是指能见度对于飞行员的要求及飞机和云层的最小距离。在该语境中，管制是指有仪表飞行规则服务，并且飞行员在仪表飞行规则下飞行具备交通信息。目视飞行规则下运行的飞行员也可以在 E 类空域中运行，但是，必须要了解空域联邦航路，要规避仪表飞行规则和目视飞行规则的飞行。因此，E 类空域最低能见度高于非管制空域。更高

---

① VFR 飞行员在进入 B 类空域前联系 B 类空域管制服务，并且要求在 B 类空域内运行。规章要求确认飞行员在 B 类空域运行的能力，包括飞机设备、飞行员资质以及气象状况。

② 所有民用飞机在 10000 英尺 MSL 下运行，速度不能超过 250 节。

③ 参见 https://www.faa.gov/air_traffic/flight_info/aeronav/digital_products/dafd/。

的能见度要求可以保证使用目视飞行规则的飞行员看到并规避仪表飞行规则的飞行员。当使用仪表气象条件时，仅有目视飞行规则飞行能力的飞行员不应当在 E 类空域飞行（图 7.50）。

非管制空域

G 类空域包含 A、B、C、D 或 E 类空域没有涵盖的空域。美国没有 F 类空域。G 类空域从地面直到 B 类空域出现重叠的区域或者 14000 英尺平均海平面。空管没有权力或责任在该空域实施管制工作。许多超轻型的飞机运行在 G 类空域中，并且超轻型飞机不能进入 B 类、C 类和 D 类空域，因为，其无法与其他飞机协调飞行（图 7.50）。

特殊使用空域

空域可以指定开展特定活动，例如，军事活动，或者在特殊使用空域禁止民用飞机进入。特殊使用空域在仪表航图上进行标注，并且在需要的地点标注有效的高度、时间和天气状况和管制单位。

禁区包含禁止飞机飞入的空域，主要是由于国家安全原因，例如，戴维营上空。

限制区是指可能会对飞机带来可见的危害的空域，例如，炮射区、导弹飞行区或迫击炮炮火区。仪表飞行规则的飞机可以经批准穿越该空域，但是，目视飞行规则运行的飞机应当在禁区之前确保限制区没有活动。

告警区是在国际海域上空距离海岸线 3 英里的位置。美国联邦航空管理局对该区域没有管辖权；告警区本质上是通告区域，并且对可能进入危险活动范围的飞行员进行告警。

军事活动区将高速军事交通与通用航空和商业航空交通相分隔。军事运行，例如，空中格斗训练、编队飞行和空中加油，可以在军事活动区中进行。飞行员可以在进入军事活动区之前要求管制单位提供交通通告。

军用训练航线是在 10000 英尺平均海平面以下的单向高速的军事交通航路。飞行员在军用训练航线中飞行是可以的，但是应当警惕军事行动。民用轻型飞机在军用训练航线中与军用飞机相撞的事件发生过若干次。

警戒区是非常规性活动发生的空域。警戒区用来提示飞行员潜在冲突，但是没有具体的规则。警戒区的例子有佛罗里达州彭萨科拉的周围。彭萨科拉海军航空站和弥尔顿机场海军航空站是海军航空兵训练的主要区域，所以，民用飞行员会收到大量固定翼和旋翼飞机交通的通告（通过在航图上标明警戒区的方法）。

控制火力区包含了可能对未参与活动的飞机造成危害的活动，但是，该活动当观察飞机、雷达或通过地面的观察发现有飞机接近时应当立即停止。这些区域未在航图上标注。

国家安保区由在某地上空定义的垂直和横向空域组成，该地点有必要增加安保和安全地面设施。

空中防卫识别区位于美国边境和华盛顿特区周边。所有进入美国国内空域的飞机必须提供识别信息。空中防卫识别区可以使飞机在美国附近和国际空域边界时尽早被发现。

飞行限制区位于美国国会、白宫及周边区域。仅有在仪表飞行规则的飞机可以经过批准飞行，例如，商业服务或特定通用航空运行。

其他空域分类

机场咨询区位于没有塔台的机场，但是有美国联邦航空管理局飞行服务站在运行。在该区域内，飞行服务站给进港和离港的飞机提供咨询服务。地方机场咨询区是典型的气象报告语音广播服务，当空中交通管制塔或塔台关闭时提供。

跳伞区是公布的跳伞活动地点。飞行员应当避开该区域，但是当无法避开时，应当观察载有跳伞人员的飞机。

暂时飞行限制区域禁止飞机飞入，该区域可能发生了例如自然灾害的事件，或者用于保护美国总统在该空域的使用，或者又例如超级碗、奥运会或国家航空航天局火箭发射的活动。

公布的目视飞行规则航路是用于如加利福尼亚州、洛杉矶空域穿越时在复杂空域周边内部或中间过渡的航路。该航路被称为目视飞行规则走廊或过渡航路，可以在目视飞行规则区域航图上找到。

终端雷达服务区是飞行员可以收到额外雷达服务的区域，并且通常和 D 类空域重合。

空中交通管制塔和相关服务

空中交通管制塔在机场周边提供安全、有序和快速交通流量。在航空业的早期，机场周边的空域没有几架飞机需要飞行员特别注意。但是，随着空中交通量的增加，尤其是在大型机场，进行某种程度的管制变得很有必要。空中交通管制塔应运而生，同时部分负责将进港和离港的飞机进行排序和间隔。美国联邦航空管理局将空中交通管制员的职责规定如下：

在机场内的玻璃塔台中工作。他们管理着机场周边半径 3 至 30 英里范围以内的交通。他们向飞行员发布滑行和起飞指令、空中交通许可和基于他们观察和经验的建议。他们提供进港和离港飞机的间隔，将到达航路高度的飞机移交给区域管制员，接收进入他们空域范围内的飞机。

当飞机在机场活动区和空域内由空中交通管制塔管制下运行时，所有操作的执行都必须先经过塔台的许可指令。[1] 地面管制员（位于塔台内）负有管理飞机和机场滑

---

[1] 在没有 ATCT 的机场，地面运行的飞机和车辆都要在航空咨询服务（UNICOM）或公共交通咨询频率（CTAF）发布自己的位置，无论是在跑道、滑行道或是任何其他的位置。

行道上车辆活动的职责。任何时候，车辆从非管制区域进入管制区域就是进入活动区域，必须得到地面管制员的许可，除非有协议和空中交通管制塔规定了不同的程序。塔台管制（或"当地管制员"①）负责处理活动跑道上的进港和离港飞机，并且负责指定的机场空域（图 7.51）。

图 7.51 在 Reno – Tahoe 国际机场的空中交通管制塔内的"指挥"位置

自动终端信息服务是空中交通管制塔录制的信息持续按照一定间隔和设定的频率通过机场的自动气象观测语音系统向外传输的机场信息。自动终端信息每小时更新一次，如果条件允许的话更新频率更高，同时，以字母编号的形式进行确认。它包含以下信息：机场识别码；世界协调时间；风速和风向；能见度；云底高；温度和露点；高度表设定；在用的仪表进近和跑道；处理航行情报着陆使用；气象咨询；飞机刹车情况报告；风切变报告；不停航施工活动；其他飞行员和机场使用者的重要信息。自动终端信息服务使飞行员第一次与管制塔台联系时不用重复要求基本信息。

随着地基增强系统和其他基于地面的监视雷达的使用，空中交通管制员可以更好地去"看"、确认和保持飞机间隔。其结果是，建立了两种类型的雷达设施：终端雷达进近管制设施及空中交通管制中心（空中交通管制中心通常是指"名字中心"，例如，"丹佛中心"；图 7.52）。空中交通管制中心是长距离雷达（100 至 250 海里），可以对全美的大部分空域进行管制。在美国有 19 个空中交通管制中心，包括阿拉斯加和夏威夷。空中交通管制中心在全美的边界类似于拼图游戏的样子。每一片拼图，空域被进一步细分，管制员在细分区域开展工作。当飞行员横跨美国飞行时，从一个区域进入另一个区域，每次需变更频率和不同的管制员通话，管制员会要求在高度和

① 在大型机场，管制员对特定活动区和跑道负责。

航向上进行变更。

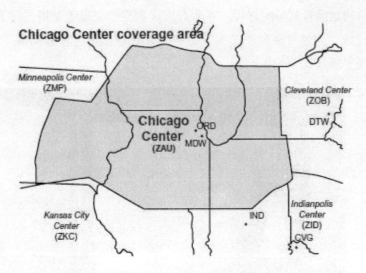

图 7.52　空中交通管制中心样例：芝加哥中心以及周围的空中交通管制中心
（来源：美国联邦航空管理局 . http∶//www. faa. gov/about/office_ org/headquarters_ offices/
ato/service_ units/air_ traffic_ services/artcc/chicago/information/media/chicago_ artcc_ coverage_
map. pdf. ）

　　C 类空域的设立是为更好地解决仪表进近及提供机场周边区域的雷达覆盖，代替目视参考和相应的情景意识。为区分仪表飞行规则和目视飞行规则交通设立了额外的空域。B 类空域是为最繁忙的空域所设立的，位于最繁忙的机场。通过扩大大于 C 类空域，B 类空域为空管保证空中交通间隔提供了方法，可以让管制员在远离机场的区域将飞机进行排队。空域的定义之前已经讨论过，但是让空域管制成为现实的关键发明是雷达。

雷达

　　雷达是管制和控制飞行中的飞机间隔的主要工具。雷达是无线电探测和搜索的意思，由以下内容组成：发射机、天线、接收机、显示器。发射机发射出无线电频率信号，当信号遇到像飞机这样的物体阻挡时，反射回来被接收机收到，就可以根据速度和距离计算出飞机的相对位置。装有应答机的飞机还可以在雷达天线提出要求的时候，发射回来高度信息和应答机代码。如果没有安装应答机，很难区分一架飞机和另外一架。在飞行高度层 180 以上飞行（A 类空域）及 B 类和 C 类空域必须使用应答机。

　　装有应答机的飞机可以输入由空管分配的离散编码。不在 A、B、C 或 D 类空域的目视飞行规则飞行的话，飞行员可以打开应答机编码 1200，这是目视飞行规则运行的通用编码。不是所有在美国的飞机都要求安装和使用应答机，除非在特定空域。装有 C 模式的飞机可以广播高度。增强型 S 模式应答机提供飞机速度、爬升率（或下降率）、磁方位、地速、指示空速和交通咨询信息。

通过使用一个旋转的天线，一次雷达发射出去的电磁波遇到像飞机这样的物体就会反射回来被天线接收到。基于发射和接收的时间差，雷达就可以计算出飞机的时间、速度、距离。数据是用来计算飞机和天线相对位置的方向。一次雷达容易受到天气状况的影响，并且不能提供飞机高度的数据。二次雷达使用了安装在一次雷达上的额外天线来接收飞机数据，例如，高度、识别码（应答机编码）及紧急情况。飞机可以使用以下应答编码表示 3 种特定的紧急情况：

1. 7700 是任何类型的紧急情况；
2. 7600 是无线电失效或者其他通信问题；
3. 7500 是劫机或者其他造成飞行员无法对飞机实施完全控制的行为。

民用航空交通管制员使用的主要雷达类型和军用雷达是：航路监视雷达、机场监视雷达、机场表面监测雷达①及精密跑道监测雷达等。军队也使用精密进近雷达，安装在合用或共享使用的机场上，但是主要是军队使用。② 自动雷达终端系统可以对以上几种雷达形成有益的补充，帮助进行飞行航迹的预测和发现潜在的飞机冲突。

机场表面监测雷达–3 是地面监测雷达，向空中交通管制员提供飞行区内飞机和车辆（需装有应答机）位置的信息。机场表面监测雷达在夜间使用，用来避免在低能见度下发生跑道入侵。与从一个雷达源（机场表面监测雷达–3）接收信息不同的是，机场表面监测雷达–X 从多个源头接收信息，包括雷达反馈、自动雷达终端系统和多点定位探测器。机场表面监测雷达–X 具有改进追踪目标的能力，并且产生更少的假信号。与机场表面监测雷达共同工作的是，被称为机场活动区安全系统的冲突预警系统，它可以在跑道处于活动状态或者有可能与另一架飞机产生潜在冲突时警告飞行员。

精密跑道监测雷达是一种高刷新率雷达，配有高分辨率的空管显示器，可以更加准确地追踪飞机，以便在仪表气象条件下让飞机可以小于 4300 英尺的距离在平行跑道上进近（不能小于 3000 英尺）。精密跑道监测可以让管制员在低能见度的情况下，监控两架或更多的飞机在两条或更多平行跑道同时进近。一个不能进入的区域将进近分隔开，一旦监控管制员发现任何一架飞机有进入该区域的趋势，那么就要进行干预。当能见度下降明显时，仪表着陆系统/精密跑道监测进近使机场容量在仪表飞行规则运行条件下得到提升。

---

① 近期发布的机场表面监测雷达–X 是机场表面监测雷达–3 的升级版，具有提升在活动区运行的飞机和车辆驾驶员以及机场周边飞行时情景意识的能力。

② 在一些军民合用机场，在美国军队管制员的指挥下，民用飞行员提出需求便可使用精密进近雷达。

精密进近雷达是军队使用的，可以提供横向和纵向的指引。精密进近雷达也包含空中交通管制员直接向飞行员提供的语音指引。

2003 年《21 世纪航空法案》通过时，飞行员使用的空管和导航设施都是基于地面系统的。甚高频全向信标系统或其他基于地面的导航设施确定的"胜利航路"和喷气飞机航路，并不总是效率最高的航路。随着全球航空旅行的增长及更加高效性能、更好和飞行速度更快的飞机出现，当前的空管必须满负荷运转。这些担心加上全新飞行技术的来临，例如，无人机系统整合应用及商业空间运行也需要改善空管方法和技术来满足更大的需求。

下一代空管

下一代空管是整个空管系统的全面升级。它包含了许多新的技术和系统，设计用来提升飞行安全和增加安保效率。最明显的变化就是，基于陆地的导航系统向整合了飞行和陆地导航技术的基于卫星的系统过渡。雷达需要 30 秒才能将飞机信息反馈到管制员，这段时间飞机正在以每小时 500 英里的速度飞行，飞过的距离达到 4 英里。卫星可以给飞行员和管制员提供实时的信息，允许管制员更加安全和高效地引导和跟踪飞机。

下一代空管允许更多的飞机更加近距离地进行直飞。新的电子数据给飞行员提供了实时气象信息、其他飞机位置信息和地面的信息。因此，飞行员可以做出更佳的决策，降低恶劣天气造成的备降，减少地面延误和燃油成本。

许多下一代空管的要素对飞行员、飞机运行人员和机场运行人员有着不同的影响，总体上提升航空运输系统的安全水平，同时，提升效率是下一代空管的目标。

下一代空管技术中的首要发展是基于性能的导航系统。基于性能的导航是飞行员遵循的一套"交通图"系统，用具体的航向、高度、爬升（下降率）、其他要求和机场区域定义的航路。基于性能的导航要求飞行员在驾驶舱内具备一些设备来操纵飞机执行程序中规定的操作，所以给出了"基于性能的导航"。基于性能的导航由区域导航和必要的导航性能组成，这些元素必须经过批准，并且可以在飞机驾驶舱内安装使用。基于性能的导航改善了在低能见度的情况下飞机进近，可以更加精准、灵活和进行可预测的飞行航迹。

基于性能的导航和其他新的基于卫星的飞行导航系统已经改变了传统的飞行航迹，并且，在航路下方生活的居民已经注意到了这些变化。飞行模式的变化使得之前没有噪声问题的社区也开始抱怨这一问题。

空管通信依旧使用双向无线电技术。一些飞机和地面站已经采用了被称为飞机通信寻址和报告系统的短信系统。语音通信效率较低并且经常引起重复和错误。在新的下一代管制通信技术中，数据通信可以使管制员通过数字文本向飞行员发送重要的航路信息，只要飞机驾驶舱内装有下一代空管设备，就可以代替双向无线电传输。数据通信可以加快离港排队，并且使管制员在飞机飞行中发布航路变更信息，以节省时间、降低燃油成本、使国家空域系统的流量更加顺畅（普莱斯和福里斯特，2014）。航空数据链系统是之前的叫法，数据通信将会取代或补充传统的语音通信为数字信息（即短信）。在宣布紧急事件时，数据通信可以直接将飞机数据传输给应急救援车辆（普拉瑟，2014b）。

系统宽广信息管理可以给飞行员、空中交通管制员、航空公司签派、军队、政府机构和其他 NAS 用户提供最新和相同的信息。系统宽广信息管理处理不同信息和数据系统来源的信息，例如，机场运行状况、天气信息、飞行数据、特殊使用空域状况及空域系统限制（普莱斯和福里斯特，2014）。

与下一代空管相关的机场提升包括地理信息系统整合，来提供详细的机场障碍物地理空间数据和在活动区内运行的地面车辆应答机技术，以便更好地利用自动相关监视广播。

自动相关监视广播是下一代空管的组成部分，终将代替空中交通系统的雷达。与雷达不同，自动相关监视广播使用传统的全球导航卫星系统技术①，并且将其作为基础部件的广播通信链。自动相关监视广播功能的飞机使用全球导航卫星系统接收器来计算具体位置和其他飞机的速度、航向、高度和飞行数字来计算准确位置。该信息同时广播给其他自动相关监视广播功能的飞机和地面或卫星通信接收器，并且实时地将飞机位置和其他信息传送给空管中心。自动相关监视广播正常工作的前提是，美国境内的所有飞机都安装了全球定位系统接收器和发射器。自动相关监视广播的特征有：

1. 自动——总处于开机并且不需要操作员干预。

2. 相关——取决于准确的全球导航卫星系统位置信号。

3. 监视——提供类似于雷达的监控服务。

4. 广播——持续广播飞机的位置和其他数据给装备有自动相关监视广播设备的飞机和地面站。

自动相关监视广播技术可以整合全球导航卫星系统的位置数据和其他飞机的飞行参数，例如，速度、航向、高度和飞行数字。该信息同时广播给其他自动相关监视广播能力的飞机，以及自动相关监视广播地面站或卫星通信接收器，可以实时地将飞机位置和额外信息传递给空管中心（普莱斯和福里斯特，2014）。雷达逐渐由自动相关监视广播所取代，在活动区行驶的车辆也要安装自动相关监视广播技术以便向空管广播其位置。

---

①　到 2015 年，美国 GPS 和俄罗斯 GLONASS 卫星系统以及开发中的欧洲航天局伽利略和中国北斗卫星组成了全球导航卫星系统。

融合式空域

作为下一代空管的一部分，融合式空域是雷达服务技术的新系统，目前在科罗拉多州开发和测试。该项目被称为科罗拉多监视项目，由美国联邦航空管理局和科罗拉多州交通运输主管部门共同管理。融合式空域通过在没有塔台和偏远地区提供雷达服务使空中交通管制进行整合和无缝化管理。在融合式空域构型中，多点位探测器或宽广区域多边探测器用来询问飞机的应答机，并且传递信息到位于传统雷达覆盖范围无法达到的很远距离的空管雷达管制员（图7.53）。多点位探测器分布在无塔台的机场和其他偏远地区，以提升为飞机服务的雷达性能。与自动相关监视广播设备共同工作的多点位探测器，提供对参与飞机从公布航路到机场表面的持续雷达覆盖。通过提高偏远机场交通量及要求在相关机场安装和使用新技术，融合空域一定会影响到许多机场的运行人员。

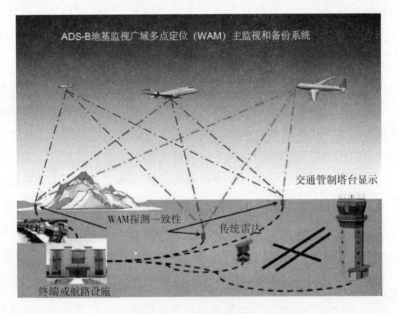

图7.53　下一代空管融合式空域描述能够向飞机提供的雷达服务
（来源：https://www.codot.gov/news/documents/WAMimage.jpg.）

总结

139款机场许可证包括飞行区维护和安全的标准，以便能够为飞机承运人提供安全和高效的运行环境。飞行区包括跑道、滑行道、机坪、航站楼和其他为航空活动开展必要的设施。虽然飞行区并没有明确的定义，但是总体上来说，就是机场围界以内的所有事物。

飞机在起飞和着陆过程中处于高速运动，无法避开跑道上的其他物体。因此，通过一系列的手段确保跑道安全，包括设立安全区、无实体物区、无障碍区和跑道保护区。安全区是 139 款要求的最重要和检查的一项内容。安全区由跑道两边以及进近和起飞端外的平整区域组成，以防止飞机离开铺筑道面。

对于美国每一个机场来说，道面的状况是机场最重要的资产。美国联邦航空管理局要求对道面进行检查以达到一定的标准，并且道面要按照特定的程序建造。机场标记牌、标志和灯光为飞行员和车辆驾驶员提供了机场内的导航信息，这些设施要按照规定的标准进行维护。

导航设备为飞行员在航路飞行及机场进近提供了引导信息。导航设施的状况必须由机场人员进行检查，以确保可以正常工作。导航设施的不正常工作可能影响到机场容量及飞行安全。

跑道侵入警告系统
——接近等待点，飞行区车辆跑道侵入警告系统

亚历克斯·格特森
美国机场管理人员协会认证会员

在动力飞行成为现实的 110 年间，安全水平不断进步，已经让航空成为最安全的交通方式。即便是这样，还是会偶尔遇到"白色关节飞行"，飞机起飞时他们紧抓座椅扶手，飞机降落后马上就轻松无比。但是统计数据表明，航空旅行最危险的阶段是在地面滑行及跑道上的时候。历史上，跑道侵入和偏出跑道事故在航空历史上曾经是最大的灾难性事故（图 7.54）。因此，要感谢空中交通管理和飞机安全实践的不断改进，我们才能看到更多的"白色关节滑行"而不是"白色关节飞行"。

跑道侵入事件总数图

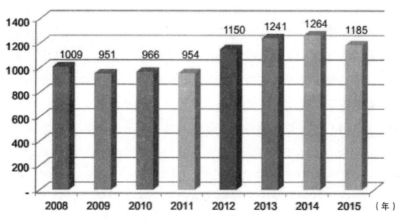

图 7.54　美国跑道侵入事件按年计算的次数
（经 Alex Gertsen 同意使用）

防止跑道侵入的重任大部分落在了机场运行人员和其他车辆驾驶员的肩上。当他们犯了错误时，跑道侵入类型就是车辆或行人差错。根据美国联邦航空管理局的统计，这类的跑道侵入占据了全年所有该类事件20%的比例。回顾近3年来的统计情况，每年将近有1200起跑道侵入记录在案，其中，200起归结于车辆或行人差错的原因。虽然跑道侵入的总数每年略微不同，但是，按照原因类型划分的事件每年却很稳定（图7.55）。

跑道侵入事件原因比例图

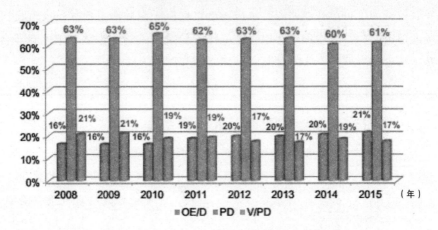

图7.55　运行差错偏差（OE/D）、行人偏差（PD）、车辆—飞行员偏差（V/PD）导致的侵入，按年相对比例

（经 Alex Gertsen 同意使用）

飞行区内的行车路线是一项挑战，丧失情景意识可能会导致跑道侵入，更严重的还会造成车辆和飞机相撞的恶性事故。驾驶员的情景意识可能受到如低能见度、夜间飞行区内变为灯光的海洋、恶劣天气、冬季降雪遮挡了道面的标志以及在时间压力下完成相关工作的压力、接打电话和使用无线电通信设备和电子设备等情况的影响而降低。疲劳、麻痹大意和其他人的因素都可能增加跑道侵入风险。

美国联邦航空管理局认识到了飞行区内驾驶面临的挑战，并且持续评估了降低跑道侵入的方法。最新的一项降低车辆或行人差错的技术是使用全球定位系统移动地图技术。作为一种有效的跑道侵入防范工具，移动地图设备可以实时显示驾驶员所处的位置，这样就提高了驾驶员的位置意识，并且在接近潜在的侵入区域时给出警告。

在2010至2011年，美国联邦航空管理局对飞行区车辆驾驶员跑道侵入警告系统开展了研究和评估。研究在位于新泽西州埃格港乡的大西洋城国际机场的威廉姆斯休斯技术中心。两套系统中的一套是进行了配置的，另一套是定制的，都用来进行评估。美国联邦航空管理局主张以进行推进建议的标准来对系统进行设计和运行。美国联邦航空管理局为机场车辆跑道侵入警告系统建立了最低性能指标和定义的最佳特性。这些项目和具体的研究结果呈现在美国联邦航空管理局报告——DOT/美国联邦航空管理局/AR－11/26《开发机场地面车辆驾驶员跑道侵入警告系统》和《咨询通告 150/5210－25》之《机场车辆跑道侵入警告系统性能要求》。

美国联邦航空管理局的评估结果和两份出版物中的一个关键点是，警告距离必须根据速度而变化。美国联邦航空管理局建议，当速度在每小时 10 英里或以下的时候，《机场车辆跑道侵入警告系统性能要求》接近警告在接近边界点 60 英尺之前触发，而随着速度每增加 1 英里触发条件就提高 6 英尺的距离。美国联邦航空管理局还建议，在例如等待位置标志、跑道安全区边界、仪表着陆系统临界区标志和活动区边界等可能造成不安全事件的关键警告区域，建立 30 英尺的警告缓冲区。如以每小时 30 英里的速度行驶的车辆在距离跑道等待点之前 210 英尺的位置收到警告。

《机场车辆跑道侵入警告系统性能要求》指出，设备用来起到补充作用，而不是替代必要的机场熟悉、情景意识和空管指令。美国联邦航空管理局建议，《机场车辆跑道侵入警告系统性能要求》中的设备提供目视和声音警告，以便驾驶员可以通过扫视屏幕和听到警告声音就可以分辨关键信息，并且鼓励驾驶员将主要的精力放在窗外而不是车内的地图屏幕。《机场车辆跑道侵入警告系统性能要求》设备对任何飞行区内的车辆都是有用的——从传统的机场运行卡车或 SUV 到冬季运行除雪车和其他维修设备。

移动地图显示和跑道侵入警告系统已经在技术先进、现代化的飞机驾驶舱内普遍使用，并且被证明是有效的防止跑道侵入工具。研究表明，直接对飞行员进行告警的技术可以比空中交通管制员通过无线电的传统方法告警更加减少时间延迟，并为飞行员争取到宝贵的时间来采取行动。近期开发的车辆《机场车辆跑道侵入警告系统性能要求》可以极大地帮助飞行区车辆驾驶员保持情景意识，来克服众多飞行区内驾驶的挑战，尤其是在夜间、低能见度和恶劣天气的条件下。采用该技术可以使得在飞行区内行驶更加安全，极大地降低了车辆或行人差错的数量，让与跑道侵入相关的事故伤亡人数成为过去。

注：见美国联邦航空管理局报告——DOT/美国联邦航空管理局/AR－11/26。

139 款符合性

"商业服务"机场的存在，就是为了让购买航空承运人机票计划从 A 点到 B 点的旅客愉快地飞行。为了允许定期航空承运人服务这些旅客，机场必须依据 139 款进行取证。这就意味着，虽然是繁重的任务，但是，139 款符合性就是商业服务机场的血液。机场管理中这一重要的方面却经常在航空管理的课堂教学中被忽略。如果没有符合 139 款的要求，机场就不能完成使命，并且为旅客服务了。准备在航空管理事业有所追求的人，应当多花些时间学习 139 款和相关的要求。

为了理解 139 款和相关要求，第一步就是要理解其适用范围。即便是在航空业内部，也存在着关于机场本身和机场运行规章的区别，这就是是否围绕着机场是否服务定期旅客。最佳的词汇就是"定期航空承运人"而不是"商业"。当涉及 139 款和相关的"商业"问题时，对于美国联邦航空管理局有不同的定义。任何机场可以允许商业交通，即为了利润的飞机运行。但是，为了让航空承运人使用，即定期大于 9 座的飞机或者不定期大于 31 座的飞机运行，机场必须符合 139 款。机场只有符合了美国联邦航空管理局的规章要求，才是取得使用许可证的机场，也就是 139 款机场。

139 款的目的是确保载客航空承运人的安全运行。乘坐通用航空飞机的个人明白该活动的风险，并且在选择飞行时接受该风险。但是，大多数乘客乘坐航空承运人的飞机是因为他们认为，他们将会安全地从 A 点飞到 B 点。美国联邦航空管理局设立的规定就是为了创造尽可能安全的飞行活动，并且创造一个飞行员和航空承运人可以期待的各个机场安全水平一致的情况。为了这个目的，139 款对许多物理条件进行了规范，例如，铺筑面、非铺筑面、安全区、标记牌、标志和灯光，风斗和储油罐。139款还规定了飞机应急救援和消防、除冰雪、车辆和行人管理、培训和台账记录等支持性和程序性的内容。这些规定将帮助机场保持安全水平。

符合不同方面的 139 款要求任务繁重。很多规章都是规范航空业，139 款设定了最基本的内容，并且制定其他文件进行了详细的规定。虽然规章的有些方面规定详细，但大多数情况，139 款仅仅提供了机场应当符合的概述要求。例如，139.323 交通和风向标规定，每个许可证持有者须以联邦航空管理局长批准的方式在其机场提供下列各项：

第一，一个向驾驶员提供目视地面风向信息的风斗。必须在每条跑道末端或能为正在最终进近或起飞前的驾驶员看到的至少一点设置辅助风斗。如果机场是在天黑时为航空承运人运行开放的，那么，风向标包括所需的辅助指示标必须是以灯光标示的。

第二，对没有管制塔台服务的而供任何航空承运人运行的机场，在每条按照右起落航线运行的跑道，必须在风斗旁边设置一个断开圆、升降带指示标和起落航线指示标。

第三，联邦航空管理局咨询通告，包括联邦航空管理局长可以接受的关于"交通和风向标"安装、照明和维护的方法和标准。

该段规定的第一行和最后一项内容是关键信息。这些项目可以通过美国联邦航空管理局的咨询通告获得具体的要求。取证的机场接受了联邦资助，并且接受了将咨询通告变为具备规章效力的要求，并且对取证机场具有约束性。为了满足以上该段要求，可以参考《咨询通告 150/5345-27》《咨询通告 150/5340-5》《咨询通告 150/5340-30》《咨询通告 150/5300-13》。这些要求加在一起一共数百页的数据和数十页关于风向和交通指示标的规定。将这些丰富的规定进行整合需要大量的时间和精力。

符合139款就是为了确保飞行区安全。规章有明确规定，机场运行人员必须要承担该项职责，并且要开展自查。虽然美国联邦航空管理局可以在不通知机场的情况下随时检查，但是，美国联邦航空管理局通常每年对机场检查一次139款的符合情况。该项检查抓取机场的一部分项目，查看是否满足了规章的要求。日常的符合性检查和自查工作是机场运行人员的职责。因此，取证机场的一大任务就是花费大量时间进行自查工作。但是，开展这项工作就可以很好地确保百万使用国家航空系统的旅客的安全，并且确保机场继续得到资助且正常运行。

参考文献

Alkali – Aggregate Reaction. （2008，July 1）. Retrieved June 26, 2015, from：http://www. pavementinteractive. org/article/alkali – aggregate – reaction/.

Federal Aviation Administration （FAA）. （n. d. a）. Airport obligations：Pave-ment maintenance. Retrieved June 8, 2015, from：http://www. faa. gov/airports/central/airport_compliance/pavement_maintenance/.

Federal Aviation Administration （FAA）. （n. d. b）. Roles and Responsibilities of Air Traffic Control Facilities. Retrieved December 10, 2015, from：https://www. faa. gov/jobs/career_fields/aviation_careers/atc_roles/.

Federal Aviation Administration （FAA）. （2007）. AC 150/5380 – 6, Guidelines and procedures for maintenance of airport pavements. Washington, DC：U. S. Department of Transportation, Federal Aviation Administration.

Federal Aviation Administration （FAA）. （2009）. AC 150/5320 – 6E, Airport pavement design and evaluation. Washington, DC：U. S. Department of Transportation, Federal Aviation Administration.

Federal Aviation Administration （FAA）. （2011）. Airfield Standards：A quick reference. Washington, DC：U. S. Department of Transportation, Federal Aviation Administration.

Federal Aviation Administration （FAA）. （2012）. AC 150/5340 – 30G, Design and installation details for airport visual aids. Washington, DC：U. S. Department of Transportation, Federal Aviation Administration.

Federal Aviation Administration （FAA）. （2013a）. AC 150/5300 – 13A, Airport design. Washington, DC: U. S. Department of Transportation, Federal Aviation Administration.

Federal Aviation Administration (FAA). (2013b). AC 150/5340 – 1L, Standards for airport markings. Washington, DC: U. S. Department of Transportation, Federal Aviation Administration.

Federal Aviation Administration (FAA). (2015). "Runway and taxiway safety areas FAQ." (n. d.): n. pag. Runway and taxiway safety areas. FAA Southern Region, 10 Feb. 2015. Retrieved July 8, 2015, https://www. faa. gov/airports/southern/airport_safety/runway_safety/media/rsa – tsa – faq. pdf.

Flight Service Operations. (2015, January 21). Retrieved July 22, 2015, from: http://www. faa. gov/about/office_org/headquarters_offices/ato/service_units/systemops/fs/.

Prather, C. D. (2011). Airport self – inspection practices (27th ed., Synthe-sis) (Transportation Research Board, Airport Cooperative Research Program). Washington, DC: National Academy of Sciences.

Prather, C. D. (2014a). Airport certified employee – operations (2nd ed.). Alexandria, VA: American Association of Airport Executives.

Prather, C. D. (2014b). ACE – operations [2nd ed., (2014). Print. Mod 3]. Alexandria, VA: AAAE.

Price, J. C., & Forrest, J. S. (2014). Certified member body of knowledge (5th ed., Ser. 3). Alexandria, VA: American Association of Airport Executives.

Rossier, R. (1998, October). Automatic weather. Retrieved July 22, 2015, from: http://flighttraining. aopa. org/magazine/1998/October/199810 _ Features _ Automatic _ Weather. html.

延伸阅读

Certification of Airports. (2004). 14 CFR Part 139.

Federal Aviation Administration (FAA). (2004). A/C 150/5210 – 22, Airport certification manual. Washington, DC: U. S. Department of Transportation, Federal Aviation Administration.

Whitlock, F., Barnhart, T. L. (2007). Capt. Jepp and the Little Black Book: How Barnstormer and Aviation Pioneer Elrey B. Jeppesen Made the Skies Safer for Everyone (Kindle version). Superior, WI: Savage.

第八章　机场安全方案

跑道照明清理系统和除雪，阿斯蓬皮金郡机场公司
（沙恩·赛德尔伯格拍摄，由科罗拉多州航空部门提供，2013）

跑道摩擦力测试车和摩擦轮，阿斯蓬皮金郡机场公司
（沙恩·赛德尔伯格拍摄，由科罗拉多州航空部门提供，2014）

《美国联邦法规》第14条139款要求，商业服务机场必须维护一些与安全和运行相关的方案，以符合联邦法规。这些方案涉及野生动物危害管理、冰雪控制、飞机救

跑道除雪作业
（由威奇托机场管理局提供）

援和消防响应、行人和地面车辆作业、危险物质管理、材料和建筑安全。在每个程序中都有绩效评估或标准，每个标准都需要一个书面程序，以说明达到了符合性要求。

《野生动物危害管理计划》《冰雪控制计划》和《机场应急计划》，通常是与《机场认证手册》实际分离的文件。行人和地面车辆运行、危险品、飞机救援和消防程序通常包括在《机场认证手册》的主体内容中，不管是分离的还是并入《机场认证手册》的主体内容，从美国联邦航空管理局和机场赞助商的角度来看，上述计划都被认为是经批准的《机场认证手册》的一部分。

机场情况报告——《航行通告》

除了机场维护、安全标准和《机场安全计划》外，139 款中一个最重要的部分是，报告安全隐患及不符合 121 款航空公司的情况。报告这些信息的主要方式是通过《航行通告》，但其他方法也可以被批准使用。一个显著的例外情况出现在除雪作业期间。通常，《航行通告》从发布到抵达航空公司的过程中需要额外的时间。在除雪作业期间，机场运行人员通常激活一个积雪控制中心，包括一个被指定作为"雪老板"的人。雪老板（其他名字根据机场使用）通常通过使用一个共同的"整体振铃电话"① 直接把机场信息传递给航空公司，每当有更新，航空公司的运行人员就能直接访问到。《航行通告》还发布给通用航空团体，以达到担负一般责任的目的，并满足通过《航行通告》通知航空公司的管理要求，以确保信息通过适当的机场传播渠道得以发布，但可能落后于实际的现场情况。

---

① 响铃电话自动连接在同一条线路上的其他指定的电话，拿起电话即可接通，不需要拨号。

第 139 款中所规定的与活动区、安全区、装卸活动梯和停机坪有关的需要报告的项目包括：

1. 机场建设活动；

2. 道面不平整状况或物体；

3. 雪、冰、雪浆或水，积雪或吹雪；

4. 机场照明故障，等待位置标记，或仪表着陆系统的关键区域标记；

5. 野生动物的危害；

6. 如果低于第 139 款所需的飞机救援与消防指标的话，飞机救援与消防设备、人员和材料的状况；

7. 任何其他可能影响航空承运人的安全操作或由《机场认证手册》要求的条件。

在美国联邦航空管理局《咨询通告 150/5200－28》中，《机场运行人员的航行通告》为机场运行人员提供了航行通告处理的指南（联邦航空管理局，2008b）。从实用的角度来说，《航行通告》是通过称为 ENII 系统或数字航空信息管理或航行通告管理器的计算机终端发布的。用户必须有电子邮件和密码才能登录，并且必须经批准才能发布《航行通告》。《航行通告》通常是由机场运行部门签发的，但只有运行部门内的某些人员有权发布《航行通告》。虽然另外一个人，例如，在通讯中心的人，可以做实际的数据输入，但《航行通告》中必须包含被批准发布通知那个人姓名的首字母。

以前，《航行通告》是通过直接与飞行服务站通电话、传真，或电话呼叫空中交通管制塔台来发布的。计算机技术使《航行通告》能够以电子方式传送，然而，美国联邦航空管理局仍将审查每个《航行通告》，然后才允许它进入国家空域系统。这一过程是费时的，从《航行通告》在机场输入计算机到最后批准并发送给飞行员往往造成长达 20 分钟的延迟。授权人员名单必须在机场设施目录中所列的航行服务站存档。《航行通告》可以在发现不安全或不符合条件的情况下立即发布，也可以提前 3 天为某些即将进行的活动发布，如由于施工而计划的跑道关闭。

《航行通告》必须按此处列出的顺序包含以下信息：

1. 自动数据处理代码。

2. 适用地点的三字母识别代码（通常为机场的三字母识别代码）和受影响地点的三字母识别代码。

3. 12 个关键字之一，如 AD 表示机场、AIRSPACE 表示危险所涉及的特殊用途空域、RWY 表示跑道或 TWY 表示滑行道，完整列表在《咨询通告 150/5200－28D》中。

4. 道面识别标志，如 RWY12/30，或设施组成部分，如 APRON PARK-

ING APRON ADJ TWY B，意味着受影响的区域是停机坪，特别是滑行道 B 附近的停机坪。

5. 情况开始和结束的年份、月份、日期和时刻，或有效时间的开始和结束的年份、月份、日期和时刻，《航行通告》只以世界协调时间发布。

6. 描述条件或状况的关键词，例如，CLSD（关闭）、WEF（自……起生效）、UFN（直到另行通知）。

这是《航行通告》的一个范例：ATL ATL APRON NORTH TWY L3 APRON CLSD 1505041300 – 1505041700。意思是：亚特兰大/哈兹菲尔德杰克逊机场发布了一份关于其自己机场的《航行通告》，通知用户，北滑行道 L3 停机坪关闭，有效期从 2015 年 5 月 4 日 13：00 至 5 月 4 日 17：00。

只要有可能，《航行通告》必须使用正式的简缩字，可以在美国联邦航空管理局的《命令 7930.2 航行通告》部分找到。《航行通告》必须始终陈述的是不正常状况，而不是正常的状况，并且必须清晰和简明。唯一的例外是，在更新以前发布的信息时，例如，发布一个《航行通告》，表明以前关闭的跑道现在开放了，这是可以接受的。

《航行通告》类型

美国《航行通告》办公室是确保航行格式的机构，航行类型包括：

1. D 系列《航行通告》：需要广泛传播的、有关导航辅助设备、机场设施目录所列的民用及公共使用的机场以及与国家空域系统有关的设施、服务和程序的信息。机场运行人员发布 D 系列《航行通告》。

2. 飞行数据中心《航行通告》：飞行数据中心《航行通告》通常用于发布与管理材料和所有仪表飞行程序有关的飞行信息的安全，并通过美国《航行通告》办公室发布。飞行数据中心《航行通告》一般处理标准仪表进近程序、仪表离场程序和特殊仪表飞行运行的变更。

3. 防空紧急状态《航行通告》：防空紧急状态《航行通告》以飞行数据中心《航行通告》的形式发布，例如，9·11 发布的《航行通告》，有效地关闭了美国空域系统。

4. 中心区域《航行通告》：中心区域《航行通告》发布有关航路变更、临时飞行限制及在航路交通管制中心①空域内经批准的激光照明活动②。飞

---

① "进入并对正跑道等待"（"Position and Hold"，现在用 "Line Up and Wait"）是空中交通管制（ATC）用语，指示飞行员进入现用跑道，将飞行员的航空器对准跑道中心线，然后原地等待直到得到起飞许可。

② 有些游乐场在夜间用激光作为表演的一部分，其他时间激光可以被批准用于室外音乐会及其他活动。FAA 必须预先批准这些活动类型中使用的大型激光。

行数据中心《航行通告》也用来通知用户助航设施和天气报告站不工作、公共机场关闭及跑道识别标志变更的信息。

5. 国际《航行通告》：国际《航行通告》通常涉及奥米加（ONS）和全球定位系统导航系统的运行中断及某些特殊用途空域和警告区域。

6. 军事《航行通告》：军事《航行通告》用于通知用户关于作为国家空域系统一部分的军用导航设施的运行中断。

7. 指向《航行通告》：指向《航行通告》由飞行服务站发布，以突出或指出另一份《航行通告》，例如，一份飞行数据中心或跳伞《航行通告》。这类《航行通告》帮助用户交叉参考在机场或导航设施识别标志中可能找不到的重要信息。

针对飞行员的数字通知

作为下一代空中交通运输系统的一部分，《航行通告》已经进行了几次升级。运行的联邦《航行通告》系统概念描述了《航行通告》系统的现代化。在运行概念中，《航行通告》过程已经被再造，以支持改进的《航行通告》生成、管理和分发，《航行通告》的生成者能够使用基于 Web 的标准模板生成和提交《航行通告》（联邦航空管理局，2014b）。联邦网络系统包括一个改进美国联邦航空管理局飞行服务过程以检查、批准和协调模拟《航行通告》的电子《航行通告》应用程序。电子《航行通告》，简称为 eNOTAM，允许《航行通告》同时快速地传送到所有空中交通管理系统。《航行通告》的生成者可以在准备过渡到发布数字版本时使用 ENII 应用程序。一些设施已经转换成了《航行通告》管理员，一个类似 ENII 程序的 Web 界面，是一个升级版的，其目标是所有《航行通告》的生成者，包括机场，将是数字《航行通告》系统的一部分。

防止跑道侵入

案例分析

特内里费岛洛司罗迪欧机场

航空史上最致命的事故，于 1977 年发生在特内里费岛的洛司罗迪欧机场（现在是特内里费北机场）的跑道上。尽管 9·11 事件中近 3000 人丧生，但是，特内里费岛事件仍然是由安全方面缺陷而造成的事件中最致命的事件，而不是恐怖主义或犯罪攻击。然而，恐怖主义在这一悲剧中发挥了作用。两架 747 飞机都是包机，一架是泛美航空公司从纽约飞往洛杉矶的航班，另一架荷兰皇家航空公司的飞机从阿姆斯特丹飞往加那利群岛，在那里旅客将登上游船。这两架飞机都不应该在特内里费岛上客。然而，加那利群岛分离主义者的一枚炸弹在拉斯帕尔马斯机场的一家机场花店爆炸，导致一些航班被改航到其他机场，其中包括这两架 747 飞机。两架747 客机相撞，造成两架飞机上 644 名乘客中的 583 人丧生。两架飞机都已经在特内里费岛的地面上，并已获得离场许可。然而，其他几架改航的飞机也在该机场，阻断了唯一的滑行道。飞机被迫使用跑道滑行到跑道的末端，届时他们将进行 180度的转弯，并于反方向起飞，这个过程被称为"回滑"。荷兰皇家航空公司的航班沿跑道向前滑行，泛美航班跟随其后。泛美应该转出到一个联络滑行道以便使荷兰皇家航空公司的航班在适当的时候起飞，但低能见度导致泛美的飞行员错过了转弯。为了到达下一个联络道而在跑道上多停留的那一会儿被证明是致命的。

荷兰皇家航空公司滑行到跑道的末端并且做了 U 形转弯，然而，由于通信的混乱和能见度低，荷兰皇家航空公司的飞行员认为他们已经得到了起飞许可，没有看到或意识到泛美飞机仍然在跑道上。荷兰皇家航空公司的飞行员在最后一秒意识到他们在相撞的路线上，并试图越过泛美航空公司的飞机，同时，泛美航空公司的飞行员意识到发生了什么，并试图驾驶飞机进入草地。荷兰皇家航空公司飞机的起落架撞击了泛美航空的顶部，引发了一系列的爆炸。在荷兰皇家航空公司飞机上的248 名乘客和所有机组成员丧生，而泛美航空公司航班的 61 名人员生存了下来，包括驾驶舱中的 5 名机组人员。

在整个航空史上，大量的飞机与其他飞机、车辆和人员的碰撞发生在起飞和着陆过程中。美国联邦航空管理局在防止跑道侵入方面付出了巨大的努力，这是《美国联邦法规》第 14 条第 139 款的一个重要内容。

跑道侵入和道面事件

美国联邦航空管理局将跑道侵入定义为："任何在机场发生的涉及飞机、车辆或人员错误出现在被指定用于飞机起飞或着陆的地面保护区域的事件。"美国联邦航空管理局将道面事件定义为："在指定的活动区域内的未经授权或未经批准的活动，或发生在与飞机运行有关的同样区域内的影响或可能影响飞行安全的事件。"为了清楚地进行说明，每当未经授权车辆、飞机或人员在活动区内或在活动区的错误位置出现时，该事件可列为道面事件。跑道侵入是一种具体涉及飞机、车辆或人员未经授权就出现在跑道上的道面事件。例如，一个车辆操作员无意中驶入活动区和进入使用滑行道将被视为一个道面事件，特别是车辆行人偏离类。如果车辆操作员未经允许进入跑道或越过等待线，这将是一个道面事件和跑道侵入。联邦航空管理局将跑道侵入分为五类：

1. 一个严重的事件，在这种情况下，碰撞勉强避免。A 类跑道侵入，通常是飞机驾驶员或车辆驾驶员必须采取规避措施以避免碰撞。例如，当飞机在着陆时车辆进入使用跑道，车辆驾驶员或飞行员必须采取规避措施以避免碰撞。

2. 间隔缩小的事件，有很大发生碰撞的可能性，这可能导致时间紧迫，为避免碰撞要采取纠正（规避）动作。通常，A 类和 B 类跑道侵入之间的区别是规避措施类型的严重性，以及飞机与车辆或人员的接近程度。继续前面的例子，B 类侵入飞机或车辆仍然采取规避动作，但间隔比在 A 类情况下更大。

3. 以有足够的时间和距离来避免碰撞为特征的事件。在这种情况下的例子可以是车辆进入了跑道，但飞机仍然是半英里或相当的距离，车辆在飞机到达前很长时间就退出了跑道。

4. 符合跑道侵入定义的事件，例如，单个车辆、人员、飞机误入指定用于飞机着陆和起飞的道面保护区，但没有立即产生安全后果。在这种情况下的例子是，车辆或行人未经许可进入跑道，没有飞机起飞或着陆，车辆退出跑道，没有发生事件。

5. 第五种跑道侵入是一场事故，侵入造成了相撞。

跑道侵入的严重性基于几个因素，包括可用反应时间、为避免碰撞而采取规避或纠正措施的必要性、环境条件、飞机和车辆的速度以及飞机和车辆的接近程度（图8.1）。

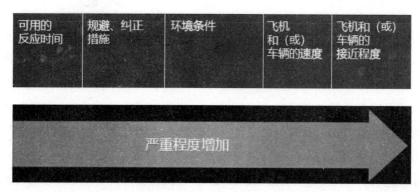

图 8.1 造成跑道侵入严重度增加的主要因素
（来源：http^/www. faa. gov aitports/runways – safety/news/rfunway – incursions/）

跑道侵入和道面事件也通过责任人可能存在差错来区分。运行事件是空中交通管制员造成的导致在两架或更多飞机之间或飞机和障碍物之间，如跑道上的车辆、设备和人员，小于所需的最小间隔的状况，或准许飞机在关闭的跑道上起飞、降落。空中交通管制员非正式地将其称为"情况"。飞行员的偏差是当飞行员采取了违反联邦航空条例的行动，如未经许可穿越道面。车辆行人偏差是当行人或车辆未经空中交通管制许可而进入了活动区域（跑道或滑行道）的任何部分。

在 2014 年，跑道侵入的数量总计 1264 件。其中，18% 属于车辆行人偏差，20% 属于运行事件，其余 60% 属于飞行员偏差。虽然 139 款具体阐述了车辆和行人在活动区域的行为，但机场运营商也应支持美国联邦航空管理局和贸易协会的安全计划，该计划关注飞行员在机场上的运行程序。对自 2011 年以来记录的跑道侵入和道面事件的总数快速回顾表明，车辆行人偏差的数量稳步上升。美国联邦航空管理局建议，采用以下方法来减少车辆行人偏差（维策尔，2014）：

1. 要求驾驶员进行初训和复训。

2. 向承租人分发关注于车辆行人偏差意识和预防的时事通讯、传单、电子邮件和海报 。

3. 在特别活动期间，例如，航展或机场的施工，确保所有人员了解其在机场的活动范围。

4. 告知并强化机场承租人认识到无人陪同的机场来访者有非常大的机会造成车辆行人偏差或跑道侵入。

5. 考虑公布涉及在机场上驾驶而不遵守机场规则和管理规定的后果，包括罚款、吊销或中止驾驶权力或中止护送权力，特别是涉及惯犯或极端恶劣事件的情况。

6. 确保所有参与施工活动的人员熟悉已确定的出入路线和施工运输道路。

第 139 款要求机场运行人员限制进入活动区和安全区，只限于那些为机场运行所必需的人员可进入，并进一步建立和实施行人和地面车辆在活动区和安全区内运行作业的程序。该条例将对有或没有管制塔台的机场划分不同责任，包括每年对所有在活动区运行作业的人员的必要培训。

与对概念的重视相比，这项规定较短的长度具有欺骗性。联邦航空管理局的大量资源和重点是防止跑道侵入。美国联邦航空管理局的《咨询通告 150/5210 - 20 之机场地面车辆运行》（联邦航空管理局，2002），为机场运行人员制定机场驾驶员培训方案和机场空侧地面车辆和行人安全活动方案提供了指导。虽然联邦航空管理局目前不要求那些只在非活动区运行的车辆驾驶员接受任何形式的驾驶员培训，但将此类计划付诸实施确是一种极好的做法。

根据联邦航空管理局的数据，每年机场都有涉及飞机、行人和地面车辆的事故和事件发生，造成财产损失、伤害和死亡。许多事件的起因是安全措施不充分，未能维护机场标记牌、标志和灯光，以及车辆驾驶员培训不足（联邦航空管理局，2002）。根据 2012 年联邦航空管理局的现代化和改革法案，美国联邦航空管理局制定了《战略跑道安全计划》（联邦航空管理局，2012）。这份长篇报告概述了许多减少机场跑道侵入的战略，包括美国联邦航空管理局为空中交通运行人员使用自愿、自我报告系统所做的努力；对在错误跑道上起飞成为需要重点关注问题的机场进行初步和定期的安全检查；在所有 139 款认证的机场实施增强滑行中线标志；审查机场车辆驾驶员培训（联邦航空管理局，2012）。

在一份题为《2009—2011 国家跑道安全计划》的报告中，美国联邦航空管理局概述了减少跑道侵入的几项措施。首先是建立跑道安全绩效指标（联邦航空管理局，2009）。这些指标包括频率、严重性和跑道侵入的类型。对跑道侵入进行分类，使美国联邦航空管理局和机场运行人员能够为减少侵入提供有针对性的解决方案。其次是提供许多更具体的适用于飞行员操作的建议；然而，提及的涉及机场运行的有分量的方案只有少数几个。跑道安全行动小组在经历了频繁或严重的跑道侵入事件的机场召开会议，小组开会确定并着手解决现有和潜在的跑道安全问题，确定纠正措施以进一步改善跑道安全（联邦航空管理局，2009）。这些小组还确定了机场上的"热点"。国际民用航空组织将"热点"定义为在活动区内曾经发生相撞或跑道侵入或有发生相撞或跑道侵入的潜在风险，需要飞行员（驾驶员）高度重视的地点。开发热点手册并分发到 50 个机场。这些热点现在也用符号标注在航图上。

限制进入活动区

第 139 款第 329（a）项要求机场运行人员限制进入活动区，只限于那些为机场运行和维护所必需的人员和车辆可进入，减少活动区内车辆和行人的数量，可降低车辆或行人干扰飞机活动的机会。机场运行人员对活动区的安全最终负责，并应针对哪些人员可以在活动区运行及什么时候可以的问题制定严格的政策。一些机场运行人员要求人员在向空中交通管制申请许可之前，与值班经理联系来获得进入活动区的许可。其他人则认为，一旦人员完成了活动区的驾驶员培训计划，人员就可以根据需要进入活动区来执行例行的工作任务。如果发现有人在工作范围之外进入活动区，则可能需要采取纪律处分。在某些机场条件下，例如，紧急情况、能见度低的时段和除雪作业时，机场运行人员可进一步限制获准进入活动区的车辆和人员。

在第 139 款要求下，所有在活动区内工作的人员都需要满足机场驾驶员培训计划。不过，机场运行人员可确定是否某个人员需要在活动区内驾驶车辆达到足够频次，那么这个人就需要接受培训或确定某个人员在活动区内的活动极少，因此，提供护送到工作地点更安全。机场消防员、机场运行人员和机场维修人员在必要时应被授权在活动区内操作车辆。一些机场人员，特别是美国联邦航空管理局的维修人员，一年只去机场几次，应被护送到其工作地点。美国联邦航空管理局的技术服务人员负责维护许多机场的助航设备和进近灯光系统。虽然这些人员熟悉在机场活动区内的工作，但每个机场都不同，而他们很少在某一特定机场工作，因此这可能会因为不熟悉而达到危险程度。机场运行人员必须做出判断。一些联邦航空管理局技术服务人员经常在机场工作，应该对其提供驾驶员培训，因为总是护送他们通过活动区也不切实际。

机场警察是否应被提供例行进入活动区的权力并接受活动区驾驶员培训，是业内争论的话题。一些机场运行人员辩称，警方应该可以随时进入机场的所有区域，包括跑道和滑行道。其他人反驳说，警察通常不巡逻跑道和滑行道，只需要在紧急情况下才可以进入活动区。如果发生紧急情况，那么，机场运行人员或空中交通管制塔台人员会立即对飞行运行关闭机场受影响的部分，在这种情况下，机场警察可自由进入事发地点。一个共同的妥协是，对所有警察提供机场驾驶员培训，但不要求他们把巡逻跑道和滑行道作为他们正常巡逻的一部分。这就减少了活动区域中不必要的车辆数量，但仍然为他们提供了必要的基本信息用于与塔台对话，以便在必要时对临时地点做出反应。

除某些例外情况外，机场承租人、承包商和供应商不应该接受活动区驾驶员培训，也不得进入活动区，除非在护送的情况下。在某些小型机场，穿越滑行道可能是承租人唯一可行的方法，例如，地面固定基地运营商或航空公司人员，要从机场的一个地点到另一个地点。在这种情况下，为地面固定基地运营商提供活动区驾驶员培训是有意义的，否则，承租人、供应商和承包商就没有理由在活动区内运行。

此外，无意中进入活动区和非活动区也对飞机运行造成危险。机场应使用栅栏、大门、天然屏障以及其他方法防止未经许可的人员无意中进入机场。也有个别人士通过跳过机场围界故意进入活动区的事件现场。应该制定程序，一旦意识到这种侵入，机场运行人员和空中交通管制员应立即停止航班运行，并通知警察拦截侵入者。经常在活动区工作的人员，也应始终注意未经授权的人员或车辆，或在活动区发生的异常活动。

机场驾驶员培训

139 款要求机场在最初和每年的基础上（每 12 个连续的日历月）向在活动区工作的人员提供驾驶员培训。许多机场也要求进行非活动区驾驶员培训。虽然联邦航空管理局目前没要求这样做，但这被认为是最佳做法。就这一点来说，通用航空机场在《授权保证#19——运行和维修》的主持下，按照 139 款执行，要求机场运行人员在安全的条件下运行设施。

活动区和非活动区驾驶员培训的另一个区别是，在大多数情况下，活动区驾驶员培训要求受训人员陪同教练进入活动区，在机场上练习从一个点移动到另一点的场景。在大型机场，要求受训人员展示其驾驶技能往往不现实，因此，跟随机场驾驶员教练和一车学员进行"驾车巡游"更为普遍。如果有人发生了道面事件或跑道侵入，那么，在他们未获准进入活动区之前就可能要求他们展示其驾驶技能了。

非活动区驾驶员培训通常由基于计算机或基于教室指导的方式组成，而不是实际的演练。一些承租人也有权对其雇员进行非活动区驾驶员培训。他们应该有一个强有力的培训计划，以确保他们的人员不被卷入道面事件或跑道侵入。

机场驾驶员培训还必须考虑到紧急情况和非常规运行，如机场施工活动、除雪活动、贵宾抵达和离开，以及低能见度作业。非常规运行也可能包括电影制作活动、飞机静态展示、航展及其他不时出现特别的情况。应仔细审查非常规运行期间的车辆和行人活动，以确保活动区和航班运行的安全。

任何关于谁可以进入活动区和什么时候可以进入的政策，必须包括最低车辆设备要求。最低要求：

1. 车辆在白天高能见度下应清楚标识或标记，在夜间作业时应安装照明。

2. 在活动区和非活动区的飞机始终比车辆具有优先权，甚至在紧急响应车辆上，除非空中交通管制员特别指示飞机等待或给车辆让路。常识必须占上风——如果空中交通管制员在飞机起飞或着陆时允许了车辆进入跑道，那么，车辆驾驶员就应该已经接受过有关这种情况的培训，并采取适当的措施。

3. 车辆驾驶员应配备双向无线电与空中交通管制塔台通信，配备无线电或其他经批准的通信手段与机场运行部门通讯。

4. 在没有运行管制塔台的机场，进入滑行道和跑道的车辆和固定基地运营商人员，应将意图通过空管使用频率在机场进行传播，以使机场运行人员受益，但应避免使用甚高频飞机频率与其他车辆驾驶员之间进行讨论。

5. 许多机场还为进入活动区的车辆制定了最低保险要求和最低车辆条件标准。

总体而言，在活动区和安全区内作业的车辆的一般最佳做法包括：

1. 只要可以，车辆驾驶员在任何时候都应使用指定的车辆服务道路，而不应穿越跑道或滑行道。此外，应尽可能在车辆服务道路上使用正常的路标，以减少因使用机场标志和标记牌而造成混乱。

2. 任何一辆由未接受过活动区驾驶员培训的人员驾驶的车辆在机场作业时均须由获批准的驾驶员护送。这点对于打算只在非活动区运行的车辆也是正确的。不熟悉机场标志的车辆驾驶员，如果在作业区独自驾驶的话，那么最后可能很容易驶上跑道。

3. 施工区域应有足够的标记牌或路障，以防止意外进入安全区或活动区。

4. 当操作高噪声的设备时，例如割草车，驾驶员应该使用调至塔台频率的降噪耳机。此外，机场维修车辆和运行车辆应该有一个外部扬声器，在活动区或安全区内，当工作人员位于车外时，能够监控到空管的通信。

5. 驾驶员应注重保持情景意识。情景意识是一个经常在飞行员团体使用的术语，通常表示对周围环境的注意和觉察。发短信、使用手机、模糊的通信、运行落后于时间表，或任务过重都会造成情景意识的丧失，会导致跑道侵入。恶劣天气、低能见度、疲劳和压力也可能降低情景意识。当在活动区（或其他任何地方）驾驶车辆时，车辆行驶中，驾驶员永远不要为了不必要的情况发短信或使用手机，应训练驾驶员持续扫视可能处于或与车辆路径交会的区域，以便采取适当的行动及早避免冲突。

6. 进入任何跑道前，检查可能正在进近、起飞或着陆的飞机，并确保空管的跑道进入许可是发给该特定车辆驾驶员的。

机场运行人员在制定政策及驾驶员培训计划时，应以活动区内运行人员的持续培训及与进出活动区有关的规则和管理规定的执行为重点。管理车辆进入控制计划的基础包括一个识别系统，该系统经常与根据《美国联邦法规》第49条第1542款（机场安检）要求有识别标识的机场的标识系统相结合。此外，机场运行人员应要求车辆驾驶执照不可转让给其他车辆，机场执法、运行和安保工作人员应定期检查，以确保在机场的人员有适当的授权。商业服务机场通常有标识系统，然而，进入机场要求有识别标识在通用航空机场不太普遍。某些使用率高的通用航空机场已经安装了栅栏（围界）和大门，并实施了识别标识过程，然而，在大多数情况下，在通用航空机场对标识的要求达不到在商业服务机场对机场识别标识要求的程度，因为通用航空机场通常不受美国运输安全管理局的管理。美国联邦航空管理局的《咨询通告150/5210-20》（联邦航空管理局，2002）包含了一个完整的建立机场驾驶员培训计划的课程。

除雪作业和跑道侵入

许多跑道侵入和道面事件发生在低能见度和恶劣天气期间，特别是冰雪控制作业期间。在2008年，公开发表的《机场合作研究计划综合报告12：在冬季运行和低能见度期间防止车辆和飞机事件》，记录了适用于这些问题的最佳做法（奎尔蒂，2008）。奎尔蒂确定了促成道面事件和跑道侵入的若干因素以及缓解和预防措施，并确定了7个具体类别：

1. 通信；
2. 环境；
3. 人的表现；
4. 情景意识；

5. 时间压力；

6. 车辆和设备资源；

7. 运行因素。

奎尔蒂还确定了一份广泛的技术发展清单，旨在减少道面事件和跑道侵入。

通信

糟糕的通信，常常被认为是增加碰撞风险的主要因素。车辆驾驶员未能切换频率，操作频率不正确，无线电通讯拥塞，或背景噪声都会导致通信问题（奎尔蒂，2008）。在塔台频率上讲话对于缺乏经验的人来说是很恐怖的。空中交通管制员和飞行员的谈话速度非常快，趋于进入一个让甚高频无线电的初次使用者听起来完全像外语的节奏。在机场，车辆驾驶员要与管制塔台通话，其过程首先是确保其在正确的频率上，然后倾听一会儿确定是否有飞行员或其他车辆驾驶员和管制员已经在交流。当通信中断时，压下无线电通话按钮，说出你在呼叫谁、确定你是谁，并等待地面或管制塔台的回应。当地面或塔台进行了回复，适当地回应了你的身份、你所在的位置及你的请求或意图。然后，等待回复。在回复之后，复诵所有涉及在等待位置等待的通话，最好复诵足够的指令，以便地面或塔台工作人员了解到你理解并将遵守的指令。

这种通信对飞行员来说略有不同，他们习惯于呼叫塔台或地面管制，在一次传输中识别自己，包括他们的位置和请求。在没有管制塔台的机场，通过联通或公共交通咨询频率陈述机场名称，识别你的车辆、位置和意图，然后再重申机场名称。通常，有几个机场在联通或共同交通咨询频率上使用相同的频率，所以，在开始和结束通信时重复机场的名称是一个好主意。

从培训的角度来看，对车辆驾驶员来说，花几分钟的时间来时不时地监测塔台频率，以适应空中交通管制员和飞行员所使用的速度和词汇可能是有益的。在活动区运行的车辆内严重分散注意力的，可能正是这个车辆驾驶员需要监测的无线电频率。有些驾驶员，特别是除雪车队的领头车辆，必须监测两个或三个不同的频率，所以从技术的角度来说，有能力在驾驶室内调谐不同的频率到不同的扬声器是有益的（奎尔蒂，2008）。为了对抗驾驶员的疲劳，一些驾驶员表示他们使用AM、FM的音乐广播来帮助其保持清醒。驾驶员疲劳是一个重要的问题，最好通过解决根本原因，而不造成驾驶员注意力分散的方法来管理（奎尔蒂，2008）。此外，个人音乐设备的使用往往涉及耳塞或耳机，研究表明，许多司机宁愿注意车辆的噪声，以听出反常现象或问题（奎尔蒂，2008），正确的无线电通信程序，以最少的不必要的无线电呼叫在正确的频率上监听、传输可以改善通信，减少机场上通信的差错。

环境

在冬季作业中通常遇到的并可以导致道面事件的环境因素包括：天气状况的变

化；阵风和吹雪；暴风雪情况；夜间作业；由于冰、雪、乙二醇或跑道上的除冰化学物质在机场上造成的牵引不良；车辆和飞机的拥挤（奎尔蒂，2008）。奎尔蒂指出，低能见度是最常被提到与环境条件和潜在事故有关的因素（奎尔蒂，2008）。虽然天气和能见度条件给车辆驾驶员造成了驾驶困难，但跑道和滑行道上明亮的灯光在潮湿的条件下被放大和折射、车辆的速度增加也促进了碰撞危险。机场运行人员可能希望建立跑道视程，低于跑道视程，机场上的车辆停止运行，或航班停止运行，而车辆继续清除雪和冰（奎尔蒂，2008）。

人的表现

疲劳是冬季飞行运行中影响碰撞可能风险的第二个常被提到的因素，而不仅仅是车辆驾驶员的疲劳，还有空中交通管制员和飞行员的疲劳。睡眠剥夺、感觉超负荷、无线电振颤、重复的活动、生理需要，以及保持机场开放的期望都会降低在机场上工作的人的表现水平（奎尔蒂，2008）。在清除积雪、开放跑道，使其可用于航班运行的推动下，机场的除雪作业在快节奏、高压力环境中进行。除雪人员通常在一次除雪的几天中工作12小时，休息12小时，同时，要么由于社区恶劣的天气条件，要么由于他们需要迅速返回岗位上班，他们可能没有机会回家。一些机场可能会在当地的酒店安排住宿，让除雪车作业人员在12小时的休息时间里暂住，而其他人员可能就没那么幸运，可能需要在别人的办公室找一个舒适的位置休息。一些机场已经为除雪人员安排了小睡休息房，以便在轮班期间休息。除雪作业也会导致疲劳，特别是在夜间。在降雪、吹雪或从另一台除雪车抛雪的条件下，车辆的前向能见度会受到严重限制，给驾驶员造成眩晕效果。疲劳基本上使人无法保持足够的工作警觉性（奎尔蒂，2008）。急性疲劳是短期的，是剧烈运动或高度精神集中的结果，在冬季暴风雪作业期间可能会发生。慢性疲劳是一种持续疲劳和警觉性降低的状态，直接与睡眠的生理需要有关，慢性疲劳更为严重，可能比急性疲劳需要更长的时间来恢复。通过睡眠和满足其他生理需要可以有效降低疲劳，包括充足的睡眠或休息设施、营养食品和饮料及车辆驾驶室设计中人体工程学的考虑。限制工作时间和提供频繁的休息，也可以减少疲劳，可以在使用不同运动技能和不同心理过程的推雪铲、鼓风机、扫雪车及其他任务之间轮换分配。在短期内使用兴奋剂是有效的，但也应该教给车辆驾驶员一些基本的伸展运动和介绍一些能为其提供长期耐力的饮食（奎尔蒂，2008）。

情景意识

如前所述，情景意识指的是个人注意和觉知周围环境的能力。虽然其他要素作为道面事件或跑道侵入的因素通常被提及，但奎尔蒂指出，在许多车辆行人偏差中的一个共同因素是，人员丧失了情景意识或从开始就没有情景意识。很不幸，在飞行员群体内，事故通常是由情景意识的丧失造成的。飞行员在这种情况下变得不知所措，没有注意到事故链已开始形成，注意到时为时已晚。同样，许多车辆事故也是由于失去了情景意识所造成的，很多时候是由于司机分心造成的。在机场，情景意识丧失可发生在车辆驾驶员、飞行员或空中交通管制员身上。车辆驾驶员可以通过在开始除雪作业之前，甚至在进入机场之前检查机场道面状况来提高情景意识（奎尔蒂，2008）。这种心理准备可以有效地"助力"，为驾驶员进入机场环境做准备。限制在跑道上的谈话，特别是与其他可能在车辆里的人员讲话，对机场的道面状况保持觉知，并核查来自塔台的无线电通信，可以提高情景意识。如果无线电失效或司机失去了情景意识，在停车之前，离开跑道一段安全距离比停在一个可能使用的跑道上要更好。机场应为无法通过无线电通信的车辆驾驶员制定应急程序。通常的通信失效程序是将车辆转向塔台、闪烁车灯、待命、等待来自塔台的光枪信号，但这在除雪作业中可能不太可行。此外，光枪信号技术是在手机问世之前开发出来的，因此，在当时，除了停放车辆并向塔台闪烁前灯直到有人注意外，失去通信的车辆司机几乎没有什么可选择的办法。

时间压力

从事除雪作业的人员经常受到来自空管、航空公司和自己的监督人员的强烈压力，要尽快完成除雪操作，以便保持飞机运动。这种压力，之前在本文的安全管理部分讨论过，可以使人做出导致碰撞的糟糕决策。《机场合作研究计划综合报告12：在冬季运行和低能见度期间防止车辆和飞机事件》确定了几个压力来源，包括由航空公司承租人要将积雪尽快从其运行区域清除、飞机延误或航班取消、其他机场关闭时机场管理层决定保持机场开放带来的压力，来自空管不关闭跑道，然后尽快重新开放及机场关闭对机场财务状况的影响带来的压力（奎尔蒂，2008）。管理层可以用来降低时间压力的方法包括设定关于清除积雪所用时间和除雪作业复杂性的现实预期；根据人员、材料和设备提供足够的资源；为任务提供更好的指导和优先次序；认识到不是事事都可以优先考虑；最终认识到有时大自然的力量会赢得胜利（奎尔蒂，2008）。有时机场必须偶尔关闭，以便除雪人员跟上暴风雪的步伐。

车辆和设备资源

车辆、设备或人员不足可能会造成碰撞危险。还有，车辆在机场的速度、机场标记牌和照明，以及车辆设计因素也是碰撞危险中被提到的因素（奎尔蒂，2008）。2006年12月，在丹佛国际机场，一场暴风雪使机场保持开放状态的能力陷入了崩溃。虽然大多数人都明白，任何机场，无论它有多少人员、物资和资源可用，都不能战胜每一次风暴。丹佛的批评来自他们在降雪停止数天后还无法迅速重新开放机场。在通过关键路径做出的一份事后分析中，顾问确定了机场没有足够的设备来处理机坪上4英寸的积雪，机场没有足够用于积雪倾倒的空间，应该购买融雪设备，机场应购买高速的、多功能的集推雪、扫雪和吹雪为一体的除雪设备（美联社，2007）。丹佛整个冬季在经历常规的风雪和偶尔的暴风雪时，太阳通常会在一天左右的时间内融化大部分的积雪，使除雪人员跟上融雪进度。2006 年的暴风雨表明，太阳融化并不总是一个有效的方案。丹佛国际机场购买了许多多功能设备和融雪设备，并修订了其整个除雪作业计划，以更好地适应未来的暴风雪（美联社，2007）。与设备相关的有助于减少碰撞危害的其他因素还包括，有效的挡风玻璃雨刷器和车辆的除霜系统及程序措施，以便使推雪车司机不要在后面跟随前方车辆太紧，那样会使其挡风玻璃结冰，达到雨刷器和除霜措施失效的程度（奎尔蒂，2008）。

运行因素

与综合报告 12 有关的运行因素包括各种其他因素，例如，非常规车辆和飞机交通模式造成的拥挤、由于风的变化或活动区内积雪阻断区域造成的机场布局的变化、新的或无经验的雇员或承包商在机场上作业。机场运行人员通常在冬季除雪作业中雇用承包商或临时工帮忙。运行因素包括在除雪期间增加机场发生碰撞危险机会的其他各种挑战。机场承租人通常需要在自己的租赁区内除雪，这将承包商置于机场之上，增加了发生道面事件或跑道侵入的可能性。然而，大多数机场运行人员还利用合同工或临时工进行除雪作业。尽管很多承包商只限于进行陆侧除雪活动，但机场运行人员通常会批准机场管理人员，让他们在冬季作业中加班，实际上是要他们离开办公室到外面除雪。虽然这些人对机场的熟悉程度可能很高，也很有经验，但他们通常没有近期的经验，因为每年只有一部分时间会用到他们。总的来说，减少跑道碰撞危险的一些通用做法，包括派一个人负责所有的除雪作业，并采用管制规则中的事件指挥范围，使得在任何给定的时间内没有人监督超过五到七人。其他措施包括：在除雪作业期间关闭跑道；使用既可以训练驾驶员如何在机场上作业也可以提供情境挑战的全尺寸驾驶模拟机；制定确保在跑道重新开放之前车辆远离跑道的方法或程序（奎尔蒂，2008）。

减少除雪作业期间跑道事件的技术

除了机场驾驶模拟机外，还采用了各种减少机场碰撞危害的技术。这些技术包括使用机场地面探测设备；机场活动区安全系统；广播式自动相关监视；跑道状态灯；在运行办公室安装全球定位系统车辆跟踪系统的计算机监视器；管制塔台及其他可在机场跟踪车辆的车辆；驾驶员增强视景系统，类似于抬头显示器或夜视镜，可以在黑暗中和能见度较差时提高能见度。跑道警戒灯、增强的跑道引导灯和增强的滑行道道面标志是正在实施的技术和解决方案。

冰雪控制计划

冰雪会在机场造成危险情况。积雪降低了飞机和车辆的摩擦力、刹车效应和方向控制，并可能妨碍飞机起飞的加速度。雪在飞机上积聚增加了飞机的重量，能够扰乱机翼上气流的空气动力，会造成灾难性的后果。1982 年，佛罗里达航空公司一架飞机离开华盛顿国家机场（现在被称为"华盛顿/里根国家机场"）时飞入波托马克河失事，以及 1987 年大陆航空公司一架飞离科罗拉多州丹佛市的斯台普顿国际机场的飞机失事，都归因于飞机表面积雪和结冰。两架飞机都在除冰作业后等待了太长时间才起飞，其控制面开始再次冻结。

降雪也会显著降低机场容量，造成航空公司取消航班和机场运行明显减慢，或者在某些情况下完全停止。139 款 313 条要求每个 139 款认证的机场要有一个《冰雪控制计划》。该计划必须包括关于迅速清除或控制活动区内的雪、冰和雪浆，把雪堆放到远离活动区的位置，使其远离螺旋桨、发动机吊舱、转子和翼尖，以及使用批准的材料方面的程序。该计划还必须规定及时开始实施冰雪控制行动，并将有关使用跑道和滑行道的情况迅速通知所有航空公司。旅客和航空公司期望经历降雪的机场应该能够处理日常的风雪，并尽可能多地保持飞机的移动。美国联邦航空管理局的《咨询通告 15015200 - 3OC》之《机场冬季安全和运行》（联邦航空管理局，2008a），重点放在了制定《冰雪控制计划》的最佳做法和技术、冰雪控制和清除技术及跑道道面的评估和报告方面。

虽然机场运行人员最终负责监督除雪作业，但执行该工作的人员可能会为各种实体工作。在市或县经营机场的情况下，小型机场可能依赖其赞助商的除雪资源。从这个角度来说，机场可能简单地被纳入市或县的整体除雪方案的组成部分。这种情况对航空承运人的机场是不可取的，同时，如果机场不能满足及时启动除雪作业的要求，那么，可能不会被美国联邦航空管理局批准。机场拥有自己的除雪设备是可取的，以便机场运行人员能够对设备保持控制，设备和材料是特别针对机场运行部门的，而不是通常的道路除雪机。

美国联邦航空管理局为机场运行人员提供了最佳的积雪清理时间，以指导他们确定适合其机场的除雪设备的数量。另外，除雪人员可以是机场运行部门人员或维修人员、合同工、机场承租人如航空公司及固定基地运营商，或市、县的除雪设备操作人员。美国联邦航空管理局为机场的除雪工作提供了重要的指导。除了咨询通告外，联邦航空管理局还发布了程序指导材料及证书警报，以详细阐述《冰雪控制计划》的某些方面，还有一个《冰雪控制计划》模板。

冰雪控制委员会

所有遭受冰冻天气或每年降雪 6 英寸或以上的机场都应设有冰雪控制委员会。冰雪控制委员会的工作重点是季前规划，改善跑道安全和降雪时的通信，满足机场用户的需要，并根据上季评价除雪绩效（美国联邦航空管理局，2008a）。委员会的规模因机场及其各自特点而异，但一般应包括机场运行人员和维修人员、航空公司航班运行人员和固定基地运行人员、空管人员和任何其他主要利益相关方，例如，在联合使用或共用的机场要包括美国军方。联邦航空管理局关于《冰雪控制计划》的模板包括一份重要的委员会议题清单，其中包括在除雪方面指定机场的优先事项、审查除雪和除冰材料采购合同的状态、培训问题、人员需求和设备库存。委员会还应讨论航空公司或固定基地运营商除冰、防冰和除雪作业。不需要除冰雪的季节正是委员会见面最频繁、修理设备、获取材料、对除雪作业人员进行培训的时节。还应建立设备和材料的准备时间表，至少早于预计降雪季节开始之前 30 至 60 天。

除了在不需要除冰雪的季节冰雪控制委员会召开会议外，每次降雪事件之后，机场管理层应该主持召开一次会议，邀请联邦航空管理局、航空公司和固定基地运营商对降雪事件和响应进行评估。在夏季举行更正式的冰雪控制委员会会议之前，还应在雪季结束时召开一次行动会议。

美国联邦航空管理局强烈建议，《冰雪控制计划》应该包含一个特定的安全程序，以减少和防止在除雪作业期间的道面事件、跑道侵入（联邦航空管理局，2008a）。

冰雪清除标准

《冰雪控制计划》应论述以下内容（联邦航空管理局，2008a）：

1. 谁或哪个实体负责天气预报及现有和需要哪些设备。

2. 指挥链，用以确定监测机场、检查机场、建立降雪警报发布的责任方。

3. 启动除雪作业的触发因素，如一定程度的降水（例如，以英寸计的雪浆、湿雪、干雪或冰或冻雨的深度）。

4. 负责机场检查的除雪作业人员、负责《航行通告》发布人员和负责指挥的人员。

5. 雪控中心的运行。根据机场的规模，雪控中心，有时被称为"雪桌"，可以是一个小型业务办公室，或是负责除雪的运行指导机构的指挥车，或是机场事件指挥中心。雪控中心管理除雪作业，是现场情况报告的主要来源，它要向空中交通管制塔台、航空公司和其他承租人提供有关跑道关闭和开放的建议，并发布《航行通告》（联邦航空管理局，2008a）。一些大型枢纽机场将分配一个"雪老板"，其唯一的职责是在除雪作业期间向航空公司提供实时更新情况。雪控中心还可以包含天气报告和监测设备，或与机场通信中心或运行中心相结合。

6. 机场清理的优先顺序：优先级 1 的区域是活动区和支持设施最关键的部分，包括主跑道、脱离道、关联的滑行道、航站楼和货运机坪、飞机救援和消防站。优先级 2 的区域比优先级 1 的区域的重要性要弱，通常包括侧风或次要跑道。优先级 3 的区域通常对飞行运行或日常使用来说是不重要的。

一些机场只建立了优先级 1 或优先级 2 的区域，而其他的则可能超过并建立了优先级 3、4 和 5 的区域，最后一个指标通常关注陆侧运行。然而，大型的户外的中型枢纽机场，它们通常会有单独的设备，以进行陆侧清除作业，同时进行机场除雪作业。尽管确保清除积雪，例如，清除活动区内的积雪，是个管理规定，但乘客必须能够进入机场陆侧，以便在降雪事件中机场继续运转，这却是一个实际的考量。

7. 机场的清理时间：联邦航空管理局公布机场清理的时间和目标，但这些目标不需要被满足（联邦航空管理局，2008a）。每个机场都应以美国联邦航空管理局用于商业服务机场的清理时间（图 8.2 和图 8.3）作为建立其自己清理目标的基础。联邦航空管理局表示，机场应该有足够的设备在合理的时间内清除 1 英寸厚的积雪。术语"合理的时间"以机场的类型和每年的运行量为基础。

8. 除雪设备清单：可用的除雪设备清单应按年份、制作和型号列出。作为用于应急管理的联邦应急管理中心的资源分类程序的一部分，机场运行人员可能还希望在合适的时候包括性能标准，如旋转式抛雪车在一段时间内能够处理的积雪量。

9. 除雪设备的贮存：美国联邦航空管理局建议，只要有可能，将除雪设备存放在一座加热的建筑物中，以延长其使用寿命（联邦航空管理局，2008a）。设施维修应在现场进行，并能够在降雪期间执行维护。设备应在每次使用后进行检查，以确定是否需要在下一次降雪之前进行额外的维护。

10. 定义：联邦航空管理局使用具体的定义来描述雪。通过区分各种类型的雪，美国联邦航空管理局可以更好地通知机场运营商如何除雪。例如，将"扫帚"除雪车辆用于湿雪收效甚微，用推雪铲就更适合。具体定义主要如下：

年度飞机运行（含货运）	清理时间[1]（小时）
40000 或以上	1/2
10000—40000	1
6000—10000	$1\frac{1}{2}$
低于 6000	2

一般情况：商业服务机场是指美国运输部部长决定每年至少有 2500 名乘客登机的公共机场，并且接受定期的客机服务。

脚注1：这些机场应该拥有足够的设备，可以在建议的时间里清除优先级 1 的区域内深 1 英寸的降雪。

图 8.2　商业服务机场的清理时间
（来源：联邦航空管理局，2008a）

年度飞机运行（含货运）	清理时间[1]（小时）
40000 或以上	2
10000—40000	3
6000—10000	4
低于 6000	6
一般情况：尽管没有具体定义，但非商业服务机场没有像商业机场那样分类的机场。	
脚注 1：这些机场可能希望拥有足够的设备，可以在建议的时间里清除优先级 1 的区域内深 1 英寸的降雪。	

图 8.3　非商业服务机场的清理时间
（来源：联邦航空管理局，2008a）

a. 污染物：跑道上的任何物质，包括雪、冰、积水或除冰化学物质。

b. 干雪：没有足够的水分引起凝聚的雪，在《航行通告》中，描述为一个既不潮湿也不受污染的地面。

c. 湿雪：有足够水分能聚成团的雪，但没有多余的水分。水不会从湿雪中挤出。在《航行通告》中，"湿"一词用于描述一个表面既不干也不受污染，但可见潮湿，有水分，和水的深度小于 1/8 英寸。在《航行通告》中，"THIN"一词用于报告积雪深度小于 1/8 英寸。

d. 雪浆：含水量高的积雪，水会从雪浆中自由流出。

e. 压实的雪：雪被压缩得很坚固，将抵抗进一步的压缩。

f. 分布不均衡的条件：这一术语指在积雪和冰覆盖的道面上有裸露的道面区域，在《航行通告》中用于描述有局部的雪或冰覆盖已清理的道面的 25% 或以下。

g. 批准的化学物质：化学物质，无论是固体的还是液体的，符合通用汽车工程师协会或美国军方的标准规定，并获准在机场使用。[①] 重要的是要记住，沙子和标准道路除冰或防冰材料通常不被批准用于机场。使用这种材料会造成飞机的损坏，特别是对起落架。

h. 主跑道：在现有的大气和风暴条件下使用的跑道，大多数起飞和着陆运行都发生在那里。

i. 次要跑道：支持主跑道的跑道。在这类跑道上的起飞和着陆运行通常比在主跑道上的频次少。

作为冰雪控制委员会年度会议的一部分，机场运行人员应审查《冰雪控制计划》，并在必要时进行更新或修改。联邦航空管理局可能不得不批准这些变化，因为《冰雪控制计划》是《机场认证手册》的一部分。此外，机场运行人员必须负责减轻机场除

---

① SAE 标准参见 http：//www.sae.org/standards/。

雪作业对雨水径流的不利影响。除冰和防冰化学物质含在机场产生的最重要的危险废物来源中，其次是建筑材料和活动。融雪，无论是通过太阳还是机械融化设备，都会污染到雨水排放系统的雨水径流中。

除雪作业和防冰

除雪的目标是尽快清除积雪（联邦航空管理局，2008a）。必须以某种方式进行除雪作业，以便防止跑道侵入或对飞机运行造成干扰。其间，道面摩擦可以通过除雪或冰及使用沙子、防冰或除冰的化学物质来改善。除冰雪作业后，必须确保机场标记牌和标志对飞行员可见（联邦航空管理局，2008a）。

听从应急管理方提出的建议，制定出《冰雪控制计划》后，机场运行人员应实施基于场景的演习或竞赛，以确定该计划的有效性。可以使用软件模拟、桌面和基于讨论的练习[①]。竞赛场景可以包括剔除关键设备或挑战团队在除去关键材料的情况下制订计划，如除去跑道除冰剂或机场沙子。竞赛中，机场人员的团队为最佳解决方案而竞争，建立团队，激发创造力，并找出解决问题的独特方法。机场运行人员经常犯的错误是，假设暴风雪和其他事件总是发生在所有人员都能随时可用，所有设备都以100％的效率运行，所有材料都全部储存充足的时候。

除雪原则

虽然冬季的情况反复无常和不一致，但有一些基本的准则适用于所有的机场，并应尽量遵守（联邦航空管理局，2008a）。最重要的是，机场运行人员应使用《航行通告》和其他合适的方法尽快把有关机场的情况，特别是跑道和滑行道的道面情况通知给机场使用者。

跑道和滑行道的清理目标应该重点放在，保持整条跑道没有雪聚积或结冰。如果无法清理整条跑道，除雪小组应该集中清除运输类飞机机型所需的最小宽度（一般100英尺）。由于不同类型的雪，通常是由于整个季节雪中的水分含量变化而造成的，应使用不同策略来处理不同类型的积雪条件。扫雪车通常最好用于清除干雪。然而，湿雪用扫雪车清除就不那么有效了；湿雪在飞机轮胎碾压时很容易被压实，必须用除雪铲的铲刃清理。除雪铲作业后剩余的雪可以通过除雪滚刷或高速鼓风机来清除。

当雪第一次开始降下时，机场运行人员通常使用扫雪车来清理，在雪开始融化或冰开始与路面分离时也是有效的。一旦积雪积累到一定深度，就不能用扫雪车有效处理，除雪铲和旋转式抛雪车或吹雪车应该接管主要的除雪作业。扫雪车可以继续清除

---

① 国土安全演习与评估项目（HSEEP）给施工演习提供指导，测试机构是否准备好对紧急情况的响应。在某些情况下，机场运行人员把除雪运行看作"事故征候"，使用联邦应急管理机构（FEMA）的事故征候指挥系统（ICS）模式来管理此事件。

剩下的积雪（联邦航空管理局，2008a）。

除雪铲通常的形状是梯形或楔形，把雪推到跑道边堆成一条，然后，可以用旋转式抛雪车抛雪使其越过跑道灯（联邦航空管理局，2008a）。道面状态传感器可以在很大程度上协助积雪控制作业人员确定跑道污染物的形态并确定路面的冰点。根据降雪的持续时间或当地的气候条件，雪可以抛到机场的草地上被太阳能融化，也可以通过旋转式抛雪车抛到运输车上，运到批准的积雪倾倒位置。还可将积雪运往工业融雪设备，在短时间内即可融化数千加仑积雪，并将其排放到雨水排放系统。虽然昂贵，但融雪能减少对大面积的、铺砌的积雪倾倒点的需要，其容量根据当年降雪水平，可能会被超过。

机坪和航站楼的除雪目标应考虑到，机坪和飞机停放位置上薄薄的冰层会造成安全隐患。飞行员也可以通过增加发动机推力来摆脱道面束缚，或在雪地上做机动，这种过度的发动机推力可能会导致物体吹过机坪区域，损坏其他飞机、租用设备或人员。此外，堆积的雪不应掩盖滑行道标志或终端目视助航设施，也不应干扰飞机运行或导航设施（联邦航空管理局，2008a）。

除雪设备

美国联邦航空管理局之《咨询通告150/522－20A 机场冰雪控制设备》（联邦航空管理局，2014a），描述了一般机场除雪设备的各种类型和功能，以及在选择合适的设备时应考虑的事项。正如我们在机场运行方面其他领域所看到的，设备的种类和数量取决于飞机运行的水平和性质。对于一个小型的通用航空机场来说，拥有多功能设备可能不切实际，而大型的航空承运人机场当然期望有这样的设备。《咨询通告150/522－20A》提供了必要的计算方法，根据机场优先级1的铺砌区域数量来确定机场满足所需的清除标准应具备的除雪设备数量。那么，机场运行人员就可以针对有关他们需要多少除雪设备，是否应该减少或改变其优先级1的铺砌区域以适应其预算和整体能力的问题做出有效的决定。

用于清除冰雪的7种器具有：

1. 除雪铲；
2. 旋转式抛雪车（吹雪车）；
3. 物料撒布机；
4. 扫雪车；
5. 运输车；
6. 多功能设备（除雪铲、扫雪车、鼓风机的组合）；
7. 除雪设备。

其他经常用于除雪的设备包括摩擦测试装置或专门的摩擦测试车、作业或维修指挥车辆，以及陆侧除雪作业车辆。

除雪铲由切割边缘和推板构成，切割边缘从道面上切割雪，推板把雪抬起并推到所清理道路的路边（图8.4）。切割边缘可以与路面接触，或使用轮胎或脚轮与道面保持一小段距离。有各种尺寸的除雪铲，从最小有一个6—10英尺的切割边缘，直到超大个的切割边缘长度超过22英尺。铲刃通常安装在运输车的前面，但也可以安装在侧面或车辆下方。

单向的、固定角度的除雪铲，主要用于大型开放区域除雪作业，需要大容量和高速。固定铲刃或是左切角或是右切角（联邦航空管理局，2014a），可反转的除雪铲有机械联接装置，允许铲刃转到左切角或转到右切角。

翻转的除雪铲用于大型开放区域的除雪作业，使用左切角或右切角。铲刃的设计通过限制减少了积雪溢出，机坪除雪铲主要用于需要宽范围除雪的受限制区域，但也可以用来运输和通过锥形板面设计倾倒积雪。除雪铲还可以固定在安装于运输车任意一侧上的延伸的或水平的翼板上，来增加除雪铲的除雪范围（联邦航空管理局，2014a）。

图8.4　机场运行除雪铲
（由 courtesy Jeffrey Price 供图）

旋转式抛雪车或吹雪车，用来清除大量积雪使其远离跑道和滑行道（图8.5）。吹雪车及其除雪的能力，以及它抛雪的距离，决定了剩余扫雪作业的速度和能力。虽然除雪铲可以把积雪从铺砌的道面上推开，但铲刃会在铺砌的道面旁留下一溜雪，基本是一个长长的雪堆。其对飞机运行是一个危险，应该在允许飞机使用道面前移除。因此，吹雪车迅速拆散雪堆的能力，是整个除雪过程中速度的决定因素。

图8.5 吹雪车，约翰·F，纽约肯尼迪机场
（由 courtesy Jeffrey Price 供图）

吹雪车决定了除雪铲的数量，反过来又决定了扫雪车、摩擦测试设备、运输车等的数量。通过增加吹雪车，机场可以提高其除雪速度，但必须考虑到其他因素（例如，如果不增加运输卡车，额外的鼓风机就增加了某一特定团队的速度吗？）。

机场使用两种类型的吹雪车：单级的和两级的。单级吹雪车使用一个旋转装置对积雪进行分解和抛撒，而两级吹雪车则将积雪的收集与抛撒功能分开。吹雪车根据其分解雪量和鼓风机的抛雪距离来划分等级。如上所述，吹雪车的能力以吨/每小时来度量。然而，抛雪距离也很重要，特别是对那些不把雪抛入运输车，而是把它们抛到机场的草地区域进行太阳能融化的机场来说。高速吹雪车应该能够按预定的抛雪距离从优先级1的铺砌区域清除积雪以满足（联邦航空管理局，2014a）跑道和滑行道雪堤清除标准。

物料撒布机在预先确定的撒布区域内向铺砌道面连续、无限制、流量准确地撒布沙子和固体或液体除冰剂（防冰剂）（联邦航空管理局，2014a）。干料撒布机用漏斗式喷撒器撒布沙子或固体除冰剂（防冰剂），包括将液体储存器用于除冰剂化学物质预湿沙子。液体物料撒布机可以是独立的或安装于运输车辆上，通过喷雾系统使用化学物质。

扫雪车用带硬铁丝的旋转辊刷高速地扫除和清理积雪、雪浆、冰和碎片（图8.6）。这些辊刷可安装在运输车前面、下面或装在由运输车拖曳的拖车设备上。一些扫雪车补充安装了一个鼓风系统，位于辊刷后面，清除跑道灯周围的碎片和剩余的雪。小型扫雪车的宽度不超过12英尺，而大型扫雪车的宽度大于12英尺（联邦航空管理局，2014a）。

　　运输车是自行驱动的车辆，在冬季作业期间运送铺砌道面上的积雪、雪浆、冰和其他碎片。有各种各样的运输车，包括那些还装有铲刃的或习惯地设计成能接受来自吹雪车的雪，然后运送到倾倒地点或融雪位置。

　　多任务设备，或多功能设备，能够利用前端铲刃除雪，用安装在中间的扫帚清扫残留的雪，然后用鼓风机推动剩余的雪越过机场灯。与单一功能的除雪车相比，多功能除雪车可以将除雪时间削减达50%之多。

图8.6　科罗拉多州丹佛国际机场的跑道扫雪车
（由 courtesy Jeffrey Price 供图）

　　融雪设备是工业化水平的科技，融化积雪、冰和雪浆，并将其排到排水系统。当积雪被放到融雪设备中的融化盘上，融化盘在装有热交换器管子的热水浴上方。当积雪被倾倒在融化盘上时，温暖的水喷洒在雪上，然后水流经过滤器拦住碎片，回到水容器中再次被加热。随着水位上升，水从融雪设备下方被排放到雨水排放系统、集水池，或进入一个软管转移到第二个位置。通过减少运输车司机和倾倒点的总数，消除积雪，而不是在有限数量的倾倒位置堆积雪，融雪可以减少与劳力和设备相关的成本。

　　随着技术的进步，除雪制造商继续开发未用过的、创新的除雪方法。其中一些方法包括设计得与倒转的除雪铲的铲刃相像的收敛式的旋转式抛雪车，在一个设备中既可以起到除雪铲的作用，又可以实现旋转式抛雪车的作用，并结合辊刷和鼓风系统。为了应对机场灯具周围铲起的雪带来的挑战，一些公司正在建造跑道灯清扫装置附件。附件是一对在旋转式抛雪机或除雪铲后面垂直安装的、高速的、旋转的硬铁丝刷。当该除雪车的驾驶员驾驶其到跑道或滑行道灯旁边时，附装的灯具清扫辊刷刷去灯具周围的雪。其中，一些新的附件是在侧面安装的，但在一种情况中，扫帚安装在除雪铲车的下面，配有一把刀片，当接近跑道或滑行道灯具时该刀片就会分开。全球定位系统技术还可以帮助除雪车驾驶员确定跑道和滑行道标志牌和灯具的位置，特别是在被降雪覆盖的次要优先区域内。

在不需要除冰雪的季节，一些除雪设备可以有其他用途，例如，从铺砌的区域清除外来物或在机场附近搬运维修和建筑材料。由于大部分机场除雪设备是在联邦基金的协助下获得的，因此，美国联邦航空管理局要求除雪设备不得用于除清除机场铺砌道面和机场道路上的冰雪以外的任何活动。然而，后来美国联邦航空管理局改变了其要求（针对非主要机场），在《机场改善计划手册》中指出，如果不明显降低设备的使用寿命，设备可以用于次要活动，但不得在机场外使用，将只能被机场员工使用，一般用于《机场改善计划》中符合条件的道面上的活动。

道面评估和报告

机场运行部门的一个关键作用是通知飞机运行人有关铺砌道面的情况。由于实施评估时采用的方法及对所报告信息做出的各种解释，使得实施跑道评估及跑道道面情况报告可能特别具有挑战性。飞行员通常使用《飞行员刹车效应报告》作为刹车效应信息的来源，但根据飞行员的经验，运行飞机的类型和报告所做出当时铺砌道面的实际情况与几分钟后道面的情况相比，这些报告会发生显著变化（联邦航空管理局，2008a）。

跑道报告的目标是为飞行员提供可用的最佳信息。在过去的几年中，机场通常做法是，先进行摩擦测试，将刹车效应报告为"好的""一般的"、"差的"或"零"。后来，这种做法被放弃，一段时间里被通过《航行通告》过程传输（不同条件下作为摩擦系数计算得出的mu值[①]）而取代。一般认为，mu 读数超过 0.4[②] 是"好的"的刹车效应[③]（等级 1.0 是最高的，等级 0 相当于没有刹车效应）。机场运行人员仍然可以报告 mu 读数，但千万不能把它们作为跑道打滑情况的唯一指标，而该数值与之前或随后的跑道摩擦测量值相结合，除了提供有关道面条件的变化趋势信息以外，没有特

---

① 例如，μmax = 最大摩擦系数。参见 http：//www. iata. org/iata/RERR – toolkit/assets/Content/Contributing%20Reports/ICAO_ Circular_ on_ Rwy_ Surface_ Condition_ Assessment_ Measurement_ and_ Reporting. pdf。

② 或者，常按 0 到 100 的比例表示，mu 40 等于 mu 0.4（即，百分数制报告）。

③ FAA 正在采纳 ICAO 术语表示跑道摩擦测量的过程中。ICAO 使用 "good" "good to medium" "medium" "medium to poor" 和 "poor"。

别的意义（联邦航空管理局，2008a）。

139 款要求，当通常可供航空公司使用的活动区的任何区域出现了低于飞机安全运行的条件时，机场运行人员须迅速通知使用其机场的航空公司。至关重要的是，现场情况的报告必须准确、及时，特别要指明污染物的类型和深度，因为，这些因素对起飞和着陆期间的飞机性能有着重大的潜在影响。跑道状况报告必须标明污染的类型，以及何时无污染物的跑道宽度小于了跑道总宽度。在任何时候，由于天气、化学物质或沙子的应用，或铲雪或扫雪作业带来跑道道面条件发生变化，都应发布新的跑道情况报告。发布情况报告（联邦航空管理局，2008a）之前，不应允许飞机继续运行。跑道摩擦测量可以使用美国联邦航空管理局批准的摩擦测量设备进行，但机场运行人员不得将摩擦读数（mu 数值）与好、中、差或零的跑道道面条件相关联，这些都是飞行员的刹车效应术语。

联邦航空管理局 139 款《证书警报第 11 – 13，2115/2011 号》指出，当《航行通告》超出了摩擦力评估参数范围时，机场运行人员必须取消《航行通告》中的所有 mu 的等级。这些参数是：

1. 使用减速仪或连续摩擦测量设备对冰冻污染的道面进行跑道摩擦测量的可接受条件。此种跑道摩擦测量所得的数据，在道面被下列条件污染时，才认为是可靠的：

a. 冰或湿冰。湿冰是一个术语，用来表示冰的表面由于融化造成的覆盖了薄薄一层水分薄膜。液态水膜深度最小，0.04 英寸（1 毫米）或更少，不足以引起打滑。

b. 任何深度的压实的雪。

c. 1 英寸或更薄的干雪。

d. 湿雪或 1/8 英寸或更薄的雪浆。

2. 使用减速仪或连续摩擦测量设备来评估这些参数以外的任何污染物是不能接受的。[①]

此外，当所有 mu 值都高于 0.4 时不发布《航行通告》。然而，如果三个mu值中有任何（为了《航行通告》报告之目的，跑道被划分为三个区域，即第一个三分之一段、中间的三分之一段和第三个三分之一段）低于 0.4 的，其余的 mu 值超过 0.4，那么，所有三个 mu 值都要重新报告。

有各种摩擦测量装置，包括减速仪和连续摩擦测量设备。连续摩擦测量设备首选用在有重要级别的飞机运行的机场，其中跑道关闭时间必须最小，连续摩擦测量设备

---

① 参见 https://www.faa.gov/airports/airport_safety/certalerts/media/cert1103.pdf.

为铺砌道面摩擦特性提供连续的、图形化的记录，算出每 1/3 跑道长度区域的平均值。减速仪是一种成本更低的摩擦测量方法，但需要更长的时间来测量。电子减速仪优于机械减速仪，电子减速仪通过自动计算和记录跑道每 1/3 地带保护区域的平均值，并提供摩擦测量数据的打印记录（联邦航空管理局，2008a），消除了潜在的人为差错。机械减速仪主要作为对电子减速仪的备份被推荐使用，因为它们不能提供自动的摩擦平均值或数据的打印副本。来自机械减速仪的测量值可能不得不通过无线电传输到雪控中心，无线电传输和对收到信息的解释过程增加了报告差错的可能性。

除雪注意事项

依据每年的降雪量，马萨诸塞州波士顿 2014 至 2015 年的降雪季节情况很严重，低于平均气温，这使得机场无法以以前的方式进行除雪。这种情况迫使机场运行部门制定了新的策略和考虑各种事项来应对降雪事件。在 2015 美国机场管理协会年度会议和博览会的一次演讲中，马萨诸塞州港务局航空运行部门副主任卡迪略介绍了经验和教训。概括地说，其关键点为（卡迪略，2015）（附作者注释）：

1. 与航空公司密切合作，确定他们是否在"撤下"他们的时间表，这表明他们正在停止运行，并与其他机场承租人核实他们的飞行运行意向（卡迪略，2015）。这可能会影响除雪作业的优先级和及时性。

2. 除雪的年度培训不应只包括对除雪车操作人员的驾驶员培训，而且还应包括《航行通告》、通信和通知的发布方面的培训（卡迪略，2015）。群发通知是很受欢迎的机场集中通知方案，但不是所有的机场都有自动通知程序，仍然必须通过电话通知个别的机构和人员。这些电话号码最好在夏季进行核实。还应核实公共警报和通知过程中的媒介。此外，还要从长远的角度出发来审查《冰雪控制计划》，例如，需要更换的设备或需要培训的不同标准作业程序。

3. 确定机场关闭后继续除雪作业的计划；与机场重新开放计划一起制订机场关闭计划；那就是：你需要什么条件和能力来重新开放机场？

4. 考虑人的因素，例如，疲劳的除雪车驾驶员能持续多久安全地除雪。

5. 制订应急计划，解决设备、人员或材料的替代方案。

6. 改善或改进天气报告和预报系统。

除雪作业和降雪给机场运行人员带来了重大的运行挑战。即使是只有少量积雪的机场，《冰雪控制计划》也要求机场关闭，直到积雪融化，仍然应该有一定程度的响应。全年有大量降雪的机场应将大量资产集中在管理除雪作业上，首先确保飞行安全，其次是以尽可能高的水平确保机场的可持续能力。

野生动物危害控制

2009 年，全美航空公司 1549 次航班在哈德逊河上的迫降，突显了野生动物对飞机运行的重大威胁。每年，野生动物的撞击事件数量达 1 万件，直接成本超过了 2 亿美元。然而，在与一群加拿大雁撞击后，直到机长切斯利萨林伯格、副驾驶杰弗里斯科尔斯，连同乘务组、乘客、现场急救人员和小船船长采取了英勇行动，才挽救了全美航空公司空客飞机上的所有人的性命，许多人才意识到了与野生动物袭击威胁有关的风险和成本的重要性。

自 1988 年以来，野生动物对飞机的撞击已经造成了超过 255 人死亡，并摧毁了超过 243 架飞机（联邦航空管理局，2013）。造成更多的野生动物撞击的原因是，空中交通及更加安静的涡扇动力飞机的增加。鸟类占据了所报告的撞击事件的 97%，其余的是哺乳动物和较小比例的蝙蝠和爬行动物。撞击数量在 1990 年至 2013 年之间增加了 6.1%，但对于商用飞机来说，这个数量最近下降了。然而，其对通用航空飞机的破坏性撞击没有减少（联邦航空管理局，2013）。鸟类更有可能在白天被撞击，而陆地哺乳动物更有可能在夜间被撞击，更容易发生在着陆阶段。多数鸟类撞击发生在距地面高度 500 英尺以下。

自从全美航空公司事件之后，联邦航空管理局和美国农业部已经将机场野生动物风险的缓解放在了他们清单列表靠近顶端的位置。以前，如果发生了某些触发事件，机场只需要进行《野生动物危害评估》。然而，截至 2014 年，联邦航空管理局报告说，100% 的 139 款机场已完成了或正处在完成评估的过程中，或已接受联邦拨款实施评估。联邦航空管理局还发布了绩效指标以监测撞击报告趋势和通用航空机场野生动物风险的缓解，包括破坏性撞击事件的百分比、撞击报告率和对实施评估的通用航空机场的跟踪。联邦航空管理局得出了一个相互关系，即当撞击报告增加时，破坏性撞击事件的数量就会减少（联邦航空管理局，2013）。进行野生动物危害评估时，野生动物撞击的准确数量可以更好地告知野生动物学家和机场运行人员有关所需缓解策略的类型，哪些起了作用，哪些无效。减少野生动物撞击的努力包括：

1. 减少机场对危险野生动物物种的吸引的替代栖息地管理策略；在野生动物管理方面也存在着生物多样性的因素——以前认为，野生动物缓解措施对野生动物的总体影响没有飞行运行安全重要。虽然飞行安全仍然是一个优先事项，但现在鼓励机场运行人员在其野生动物管理缓解方案中考虑生物的多样性。

2. 限制危险野生动物物种进入有吸引力特征场所的技术。

3. 袭扰和威慑危险物种的技术。

4. 对在机场或附近的鸟类进行探测和跟踪的雷达探鸟系统的评估。

5. 安装于飞机上的灯光系统，以提高飞机对鸟类的探测和避让。

139 款运行人的野生动物管理要求

139 款第 337 条要求机场管理人员表明，他们已经制定了防止或消除机场上吸引或可能吸引野生动物的各种因素的指导材料和程序。对野生动物有吸引力的物体被认为是任何可能吸引或维持危险野生动物在着陆或离场空域、飞机活动区、机坪或机场的飞机停靠区的人造结构、土地使用的实践活动痕迹或地貌特征（普莱斯和福里斯特，2014）。在 139 款中，野生动物危害评估的触发事件是：

1. 一架运输飞机经历多次鸟类撞击。

2. 一架运输飞机因撞击野生动物遭受严重破坏。

3. 一架运输飞机经历了发动机吸入野生动物。

4. 观察到有体型足够大或数量上能造成事故的野生动物进入任何机场飞行路线或飞机活动区域。

请注意，前三个触发因素直接与运输飞机有关，但第四个与所有的飞行都有关，几乎适用于任何观察到的机场或机场周围的野生动物。正如之前所述，尽管管理规定没有改变，但所有 139 款机场或者已经完成了《野生动物危害评估》或正处在完成的过程之中。然而，在 2009 全美航空公司事件之后，美国联邦航空管理局发现了 96 个机场，经历了上述事件中的一个或多个，但没有实施评估（联邦航空管理局，2010）。联邦航空管理局称，所有航空公司的机场都应实施《野生动物危害评估》，并正在制定方案以在 2000 多个通用航空机场实施评估。

《机场认证手册》之《咨询通告 150/5210 - 22》（联邦航空管理局，2004）要求，机场运行人员必须建立包括一个关于野生动物危害管理的文本部分，并且必须包括下述之一（Ⅰ、Ⅱ和Ⅲ类机场）：

1. 一个没有野生动物活动的声明（在大多数机场不大可能）。

2. 一项关于正在实施《野生动物危害评估》的声明。

3. 一个近期野生动物危害评估中没有发现危害的简短声明。

4. 一项表明目前正在制定《野生动物危害管理计划》的声明。

5. 一份表明机场有《野生动物危害管理计划》的声明，必须包括在《机场认证手册》中，通常作为一个附录。

野生动物评估可能需要 1 至 2 年的时间，才能正确记录每年周期性使用机场及其周边地区的鸟类和其他野生动物的季节性模式。评估必须由合格的野生动物学家进行，并应包括：

1. 分析促使评估的事件或情况。
2. 查明所观察到的野生动物物种及其数量、地点、当地活动、每日和季节性出现情况。
3. 机场及其附近吸引野生动物的特征的识别和定位。
4. 描述野生动物对航空公司运行的危害。
5. 减少已识别的对航空公司的危害的建议和措施。

在完成《野生动物危害评估》之后，文件必须提交给美国联邦航空管理局的管理人员批准；然后，管理人员确定对野生动物管理计划的需求。一旦实施，野生动物管理计划必须每年由帮助准备计划的生物学家和机场的野生动物危害工作组进行检查和评估。检查报告包括《年度数据摘要报告》，其中包括撞击报告，野生动物观测和控制措施，对机场内或附近重要吸引野生动物事物的检查，有关驱散和其他用于野生动物缓解的策略的有效性总结报告，以及更新现有野生动物管理计划的所有建议。

野生动物危害工作组（联邦航空管理局，2007）在形式和功能上与冰雪控制委员会类似。这个小组应至少每年召开一次会议，来评估《野生动物危害计划》的有效性，并确定是否有必要进行改变。该小组应包括机场主管、运行和维护部门、野生动物学家、规划或工程部门、美国联邦航空管理局的空管部门及主要承租人，如航空承运人或固定基地运营商。有些机场有一个巨大的、共同的运行部门，因此，应该代表集团出席。通用航空机场往往有承租人协会，该协会的代表也应该包括在该小组内。附近居民区、高尔夫球场、公园或垃圾填埋场的业主应该作为该小组的一部分被邀请。

《野生动物危害管理计划》

《野生动物危害管理计划》的目标是，最大限度地降低机场及其周围危险野生动物群体对航空安全、机场结构和设备以及人类健康带来的风险。实施《野生动物危害评估》后，制定《野生动物危害管理计划》，其包含一系列短期、中期和长期的措施，以及期望机场运行人员完成或实施的用以缓解机场野生动物的持续性措施。《野生动物危害管理计划》识别机场内或机场附近吸引野生动物的物体，确定适当的野生动物损害管理技术以尽量减少野生动物危害，同时提供管理措施的优先事项（联邦航空管理局，2007）。

有效的野生动物控制方案，包括针对具体类型野生动物问题的有效技术、机场人员能力和管理支持。野生动物控制基于两种主要的方法：[①] 第一，改变栖息地，包括

[①] 各种行业专业人员已经把这些分类为不止一种方法，分别处理排斥，或者从人口管理中分离排斥技术。

消除食物、水和住所，以及排除技术，例如，使用物理屏障阻止野生动物获得食物、水和住所；第二，主动控制技术，其中包括驱赶技术和种群管理。《航行通告》也偶尔被用作野生动物管理技术。尽管机场或机场附近观测到野生动物危害时机场运行人员将会发布《航行通告》，一些机场野生动物危害管理方案中要求《航行通告》的通知，要警告潜在的筑巢区域，特别是受保护的物种。

除了旨在减轻或消除野生动物对航空公司运行危害的措施之外，《野生动物危害管理计划》还必须包括一份具有规划权限和责任的人员名单，以及《野生动物危害评估》确定的行动优先次序连同预计完成日期的一份清单。野生动物学家还必须为受委托开展野生动物减灾工作的人员（通常是机场运行人员或维护人员）进行培训。

栖息地改变策略

美国联邦航空管理局之《咨询通告150/5200-33B——机场内或机场附近的危险野生动物吸引物》（联邦航空管理局，2007），针对土地使用管理策略来减少机场野生动物撞击的可能性。典型的栖息地改变措施包括：土地使用的变化、更有效的雨水管理策略（减少水洼）、废水处理设施审查、减少湿地和改变建筑设计以减少筑巢动物的可用性或可能性。美国联邦航空管理局还建议考虑除农业用途和高尔夫球场之外的机场土地和邻近土地的替代用途，然而，最后两项措施在一些依赖农业经营或高尔夫球场运行的机场财产收入的机场难以实施。

还必须考虑机场外的野生动物吸引物。美国联邦航空管理局建议，在机场运行区的远端与危险野生动物吸引物之间建立5英里的距离，特别要注意机场进近和离场路线附近的危险野生动物吸引物。野生动物的生存需求与人类的需求是一样的：水、食物和住所。野生动物也渴望繁殖和避免掠食者。消除满足这些需求的来源，就减少了机场内或附近野生动物出现的可能性。某些野生动物被某些地形特征所吸引（毕兰特和艾尔斯，2014），以便最大限度地发挥潜力来满足他们的需求。机场运行人员必须努力提供一个安全的运行环境，但也必须平衡飞机运行的需求与联邦、州和地方的法律，这些法律可能限制机场运行人员用于减轻野生动物灾害的程序。

《机场合作研究计划综合报告52——阻止机场野生动物的栖息地管理》（毕兰特和马丁，2011），讨论了7类栖息地缓解措施：

1. 机场草地管理：降低机场草的高度就减少了许多动物所需要的遮盖和隐蔽物。使用人造草坪或沥青取代机场草坪从实质上消除野生动物享受真草的优势，使用某些对野生动物没有吸引力的植物可减少它们筑巢的可能性（毕兰特和艾尔斯，2014）。

2. 园林绿化：电线杆、天线和高而密的树木吸引猛禽（毕兰特和艾尔斯，2014）。机场运行人员应避免在机场种植结果树木和灌木，而转向种植有更多垂直树枝结构的树木，对栖息和筑巢的吸引力较小。

3. 机场结构：栖息、筑巢和穴居：高层建筑对各种鸟类都具有吸引力，因为它们为捕猎和观察掠食者提供了观察周围环境的绝佳视野。减少构筑物的水平区域，而采用光滑弯曲的和倾斜的带有尖锐顶尖的表面来代替，使得鸟类较难栖息（毕兰特和艾尔斯，2014）。涵洞和下水道也被多种动物，尤其是土狼和浣熊用作窝洞或筑巢，或作为通往其他区域的地下通道。用笼线覆盖涵洞和下水道可起到有效的威慑作用。

4. 替代能源：除非妥善维护，否则太阳能发电结构可能为野生动物提供新的住所。

5. 农业：庄稼地、谷粒、小麦和家畜饲养场可能吸引各种动物，如白尾鹿和鸟类，特别是迁徙动物，如加拿大雁。在某些情况下，放牧牲畜可以作为草坪草管理的替代方法，为机场提供经济效益，减少偏好高草和浓密植被的野生动物的栖息地，如兔、鹿和啮齿动物。但是，关键的一点是，牲畜仍然要被围在远离航空运行区的地方，否则可能会对飞机运行造成严重危害。如前所述，机场可能难以消除机场内或机场附近的所有农业，特别是在它作为收入的来源时。在某些情况下，化学品已被用于播种作物，以防止鸟类接近，但迄今为止，这些化学品只对某些类型的鸟类有效（毕兰特和艾尔斯，2014）。

6. 其他植被：分析机场观测到的野生动物种类，以及它们的交配和饮食模式，可以帮助机场运行人员确定适当的缓解措施。总的来说，机场运行人员应该注意密集的植被、小块彼此临近的优质栖息地，以及诸如湿地、草原或森林地带和林地等保护区（毕兰特和艾尔斯，2014）。

7. 水资源：水是所有人类和野生动物的重要资源，即使是少量的，也是主要的吸引物（毕兰特和艾尔斯，2014）。开放的水域可以成为鸭、雁等鸟类的安全区域，被所有野生动物搜寻使用。机场运行人员应该尽可能地减少机场的积水。有效的雨水管理，减少机场积水，用诸如砾石或沥青等渗透性材料作路面，有效的斜坡和整个机场的排水系统，都有助于减少作为引诱物的水。

主动控制野生动物管理策略可能会引起争议，因为其对机场或机场附近的鸟类和动物有影响。针对机场野生动物种群控制的具体方法有：第一，直接增加机场野生动物死亡率；第二，直接减少繁殖；第三，间接控制死亡率、繁殖率，或两者兼而有之（德福斯科和安格斯特，2013）。栖息地改变策略的重点是为野生动物创造一个不受欢迎的环境，而主动控制措施的重点是消除、俘获和驱散野生动物。

作为机场野生动物管理方案的一部分，在使用任何野生动物种群控制措施（例如，捕捉候鸟、驱散栖息地、控制巢穴或鸟蛋、实时诱捕、使用毒剂进行致命诱捕及实弹射击）之前，机场首先必须拿到美国鱼类及野生动植物管理局的候鸟《劫掠性杀害许可证》以遵守联邦法律（德福斯科和安格斯特，2013）。除了受威胁或濒危物种或秃鹰或金雕之外（德福斯科和安格斯特，2013），恐吓或成群劫掠候鸟并不需要《劫掠性杀害许可证》。某些候鸟种类目前不需要《劫掠性杀害许可证》，但机场运行人员应该检查最新的联邦、州和地方法规，以确定哪些物种需要许可证，哪些不需要许可证。在某些情况下，使用陷阱、化学品、清除卵和巢以及实弹射击措施将野生动物清除出机场是必要的。

主动控制技术应在《野生动物危害管理计划》中予以确定。一旦确定了目标物种，机场运行人员必须使用适当的野生动物控制方法（德福斯科和安格斯特，2013年）。在机场使用以下主动控制方法：

1. 驱赶技术：包括使用各种音频、视觉或化学驱避剂来袭扰和驱赶问题野生动物（毕兰特和马丁，2011）。许多措施随着时间的推移而有效性逐渐降低，使用组合驱赶技术，而不是依靠单一技术更有效。听觉和视觉技术都可以使用。

a. 超声波装置驱鸟无效，气体爆炸装置（丙烷气体炮）对鸟类有短暂的效果，仿生学（警告和悲鸣声）对鸟类也有些效果，以及烟火技术都是听觉技术（毕兰特和马丁，2011）

烟火是最常见的技术之一，依靠爆炸或其他类型的巨大声响来阻止某一地区的鸟类。有些可以产生视觉刺激，如闪光或冒烟。装备包括步枪和霰弹枪发射实弹或放空枪，以及 12 号霰弹枪和信号枪发射产生爆炸声或噪声的弹丸（毕兰特和马丁，2011）。

b. 肖像、激光、反光带、灯光和镜子、狗和猎鹰被视为视觉技术。

肖像和捕食者模型（如稻草人、模仿捕食者的设备、如鹰或猫头鹰或人形肖像）有一定的效果，效果大小取决于物种（毕兰特和马丁，2011）。

在某些情况下，激光在阻止鸟类方面是有效的，但其有效性因种类和波长而异，即透射光的颜色（毕兰特和马丁，2011）。在飞机周围使用时，机场运行人员使用激光也应格外小心。

反光带、反射镜、旗子、灯光和镜子似乎效果有限，但需要更多的研究（毕兰特和马丁，2011）。

狗和猎鹰有不同程度的效果，特别是在特拉华州，使用狗可使鸟的数量减少 99.9%（毕兰特和马丁，2011）。猎鹰的效果还需要更多的研究，但是在肯尼迪机场的一项测试中，表明猎鹰并不比射击方案有更大效果，但却增加了公众对机场野生动物管理项目的接受度（毕兰特和马丁，2011）。

c. 化学品是驱鸟的另一种形式。亚致死剂量的某些毒药可能会导致定向障碍和古怪的行为，常常导致鸟在地面上翻转。这种行为往往会警告其他鸟类，导致它们飞走。但是，使用这种技术的机场运行人员可能会遇到一些公共关系问题。

2. 猎物控制：某些动物捕食其他动物，所以减少猎物数量将减少捕食者的数量（图8.7）。这种策略类似于通过消除某些植物的栖息地管理策略，但在这种情况下，是消除较小和丰富的生物体，如昆虫、蚯蚓、啮齿动物、鱼类和较小的鸟类（德福斯科和安格斯特，2013）。

图 8.7 用于野生动物控制的猎鹰，纽约肯尼迪机场
（由 courtesy Jeffrey Price 供图）

3. 致命诱捕：致命诱捕陷阱常用于小动物。为了尽量减少食腐动物及全面公共关系的目的，应该经常检查陷阱。应该咨询美国鱼类及野生动植物管理局和美国农业部，以及州和当地的野生生物管理机构，以确定在特定情况下使用的陷阱类型（德福斯科和安格斯特，2013）。

4. 活捕：活捕陷阱包括简单的网套和捕兽夹，箱子和桶型陷阱。必须经常检查捕捉陷阱，以评估其成效和最大限度地减少捕获的动物的痛苦。州和地方的规定也可能限制使用某些类型的陷阱和重新安置被困动物的能力。

5. 卵、栖息地控制：一定不能允许某些候鸟和其他危险物种在机场建筑物上筑巢（德福斯科和安格斯特，2013）。目前的控制技术包括打破鸟卵和消除筑巢材料，然后将成鸟从机场驱离。偶尔使用喷水设施、水炮和自动洒水系统防止它们在城市和农业地区栖息或筑巢。

6. 实弹射击：在机场使用枪炮受到严格限制，只能在所有其他野生动物防治措施失败后才能使用（德福斯科和安格斯特，2013）。射击鸟一般分为两类：安静地和大声地。鸽子可以用气枪在夜间射击，如果安静地射击，会造成很小的干扰，从而可以最大数量地消除它们（德福斯科和安格斯特，2013）。对各种驱鸟方法都没反应的鸥和雁可以用 12 号霰弹枪射击，这种霰弹枪的噪声也可以作为一种恐吓和驱赶的手段（德福斯科和安格斯特，2013）。可能只需要射击一只鸟就可以证明大而尖锐的噪声对鸟群其他鸟的重要性，使它们对噪声制造装置更容易产生反应，从而减少消灭更多鸟类的必要性（德福斯科和安格斯特，2013）。

7. 化学安乐死（农药、杀虫剂、杀真菌剂、灭鼠剂、熏蒸剂）：在某些情况下，也可以使用化学品和毒药，一般分为三类：急性毒素，摄入单一致死剂量后死亡；抗凝剂和脱钙剂，需要在数天内摄取几次剂量；以及使地下穴居动物窒息的熏蒸剂。毒药通常用于小动物，特别是啮齿动物（德福斯科和安格斯特，2013）。

机场运行人员应该意识到，许多野生动物控制技术会引起严重的负面公众反应，应尽可能地减少对野生动物的影响，特别是在实施致命诱捕、实弹或化学品或毒药策略之前。此外，某些物种受 1973 年《联邦濒危物种法》的保护，其他鸟类或哺乳动物可能需要获得猎物许可才能捕捉。《候鸟条约法》和相关条例规定了颁发捕捉联邦保护物种许可证的程序。联邦法律保护所有候鸟（几乎所有的美国本土鸟类），包括它们的巢穴和鸟蛋。必须获得由美国鱼类及野生动植物管理局颁发的《联邦劫掠杀害许可证》，才可以捕捉非猎物候鸟，或者在正常狩猎季节之外或者超出规定的限制范围捕捉猎物候鸟（德福斯科和安格斯特，2013）。某些州和地方法律也可能适用于保护受威胁或濒危物种。

野生动物撞击报告

2009 年 4 月 24 日，美国联邦航空管理局向公众提供了鸟击数据库。在一份对这些事件的分析中，揭示出了 1990 至 1994 年，撞击报告的总数上升了 20%，在 2004 至 2008 年上升了 39%，大部分的撞击报告都归档在 139 款机场（联邦航空管理局，2010）。机场和飞机运行人可以在美国联邦航空管理局的网站上报告野生动物撞击事件。

机场运行人员应报告重量超过 2.2 磅的所有鸟类、蝙蝠和陆地哺乳动物（例如，兔子、犰狳、鹿和郊狼应该报告，但大鼠、小鼠、田鼠或花栗鼠不用报告）以及重量超过 2.2 磅的所有爬行动物的撞击事件。

当撞击被目击到，或在飞机上发现了来自撞击的证据或损害，或在跑道中心线 250 英尺范围内或跑道 1000 英尺方位内发现鸟类或其他野生动物的整个或部分遗骸时，都应进行撞击报告。在滑行道上或机场内外其他地方，报告方有理由相信是与飞机相撞造成的结果的情况下，应进行撞击报告。如果机场内外的鸟类或其他野生动物对飞行造成了重大负面影响，例如，中断起飞或中断着陆，高速紧急停止或飞机离开铺砌道面避免与野生动物相撞，应进行撞击报告（联邦航空管理局，2013）。

物种鉴定对于野生动物—飞机撞击减少方案至关重要。不能由机场人员或当地野生动物学家轻易鉴定的野生动物遗骸，应以核准的方式收集，并送往美国史密森学会自然历史博物馆的羽毛鉴定实验室进行正确的鉴定。

野生动物仍然是机场和飞机运行人的挑战。野生动物管理不是一项"一人一做"的战略，而是一项减轻野生动物对飞机的破坏性影响的持续性努力。联邦航空管理局的网站列出了与野生动物管理相关的各种资源，包括《认证警报》、咨询通告和《机场合作研究计划》报告。

飞机救援与消防

整个研究领域致力于消防，特别是飞机救援与消防，而不是飞机救火的科学钻研，本文概述了139款关于商业服务机场满足其飞机救援与消防要求的管理要求。

表示飞机救援与消防，请注意，首字母缩略词以"飞机"开头而不是以"机场"开头。这意味着，飞机救援和消防的要求重点放在应对有关飞机的紧急情况上，是服务于飞机的，而非机场。作为 AEP 的一部分，机场仍然必须有结构性火灾响应计划，但是 139 款并没有对结构性火灾做出最低人员、设备和材料的要求（普莱斯和佛里斯特，2014）。在飞机坠毁中的生存能力取决于几个因素，其中最重要的是可生存的坠毁。其次是在事件初期阶段作为有效的第一响应者的机组人员的行动。即使在最好的情况下，飞机救援和消防工作人员也离事故现场有几分钟的路程，这就是为什么航空公司的机组人员接受了疏散程序、基本灭火和基本的急救和心肺复苏方面的培训。一到现场，飞机救援和消防人员就使乘客和机组人员脱离飞机，并使用灭火剂来减轻火灾和爆炸。

旅客和机组人员陷入事故发生后仍保持完整的机身大火中的最佳生存时机大约3分钟。大火烧过机身蒙皮仅需 90 秒。一旦温度达到 400 华氏度，机舱就不再被认为是可生存的环境。随着快速反应和迅速使用灭火剂，逃生和从重大飞机火灾中存活是可能的。

机场消防界的许多人都明白大型飞机事故是罕见的，如果他们的机场发生大型飞机事故，那么，他们的资源很快就将承受不住。机场消防部门通过互助协议严重依赖机场外救援人员。

飞机救援与消防指标

第139款确定了应急能力的水平（即指标），包括设备和灭火剂的数量，以及飞机救援与消防响应的运行要求（普莱斯和福里斯特，2014）。设备和灭火剂需求的确定基于机场的消防指标。该指标是根据服务于机场平均每天有五次以上起飞架次的最长民航飞机长度计算的（图8.8）。

指标	飞机长度（英尺）
A	小于90
B	大于等于90 小于126
C	大于等于126 小于159
D	大于等于159 小于200
E	大于等于200

图8.8 基于飞机长度的飞机救援和消防指标
（来源：联邦航空管理局，2011b）

如果每天平均起飞架次少于五架次，则应用下一个较低的指标。对于139款认证的机场，最低指标级别是指标A。该指标还定义了认证机场必须具备的最低数量的水、泡沫、干化学品或清洁灭火剂。飞机长度和服务频率这两个条件用于计算所需的飞机救援和消防车辆数量。除其他灭火剂外，飞机救援和消防车辆通常还配备有D级重金属灭火器。长度决定了火灾响应，而飞机的座位容量，则表明了可能需要的伤亡处理设施的水平（图8.9）。

所需灭火剂的数量和类型是确定灭火剂基于飞机燃油量扑灭和控制火情能力的研究结果，灭火剂通过盖住火焰来防止氧气与碳氢化合物混合，通过抑制燃料蒸汽释放，通过分离可燃材料，或通过冷却作用来降低温度而发挥作用，或者在某些情况下取决于试剂、这些因素的组合。

火灾被分类为：

1. A级：在普通可燃材料下的火灾，如木材、织物、纸张、橡胶和许多塑料制品；

2. B级：在可燃液体、油类、油脂、焦油、油基漆、清漆等易燃气体条件下的火灾；

3. C级：涉及"生活"电器设备的火灾，使用非导电抑制剂至关重要；

4. D级：涉及可燃金属及其合金，如镁、钠和钾的火灾。

由于飞机上存在碳氢化合物燃料，许多飞机火灾属于B级。

飞机乘客	伤亡人数	20%伤亡人员 及时就医 优先级Ⅰ	30%伤亡 人员延误治疗 优先级Ⅱ	50%伤亡人员 得到少量治疗 优先级Ⅲ
500	375	75	113	187
450	338	68	101	169
400	300	60	90	150
350	263	53	79	131
300	225	45	68	112
250	188	38	56	94
200	150	30	45	75
150	113	23	34	56
100	75	15	23	37
50	38	8	n	19

这些数字是基于这样的假设，即机场内或机场附近发生的飞机事故中最多幸存的伤亡人数估计约为飞机乘客的75%。

图8.9　预计的伤员清单

（来源：联邦航空管理局，2011b）

着火是因为四种要素存在：热源、燃料、空气和化学链式反应。在正常情况下，如果任何要素被移除或中断，火就会熄灭（普莱斯和福里斯特，2014）。水，如果用在标准的碳氢化合物燃料上，则比大多数这些液体重，如果直接用于燃料表面，则会沉到底部，对灭火或蒸汽抑制几乎没有作用。因此，泡沫是用在所有潜在的危险事物或易燃液体运输、加工、储存或用作能源的领域的主要灭火剂，如飞机火灾。不建议将水简单地用于易燃液体火灾。在飞机救援和消防车辆上运输水，与浓缩液混合生成水成膜泡沫（图8.10），这是一种更有效的灭火剂。水是一种很好的物质，但是，它只适用于建筑火灾或草地火灾。

水成膜泡沫是在机场使用的最常见的灭火剂。水成膜泡沫扑灭碳氢化合物和易燃液体的火灾同蛋白质或氟蛋白泡沫一样；然而，水成膜泡沫具有另外的特征，即当泡沫从泡沫覆盖层中排出时，在易燃液体的表面上会形成水膜。水膜是流体，漂浮在大多数碳氢化合物燃料的表面，如航空汽油和航空煤油，使水成膜泡沫用于典型的碳氢化合物溢出火灾时在控火和灭火方面具有优越的速度。水成膜泡沫是一种浓缩物，在施用时与水（海水或淡水）混合[①]。

[①]　当通过吸气设备应用时，它会扩大到原来的6倍到10倍。

图 8.10　飞机救援和消防卡车，丹佛国际机场
（由 courtesy Jeffrey Price 供图）

消防泡沫不会干扰化学反应，而是：

1. 火源与燃料表面分开。
2. 冷却燃料和任何相邻的金属表面。
3. 抑制可与空气混合的易燃蒸汽的释放。

两个基本的易燃或可燃燃料组是：

1. 标准碳氢化合物燃料，如汽油、柴油、煤油和航空煤油。这些产品不与水混合，而是漂浮在水的表面上，而且大部分不相互混合。
2. 极性溶剂或酒精型燃料是易与水混合或在水中易混合的那些。

在扑灭易燃液体火灾时，必须确定燃料组和所涉及的易燃液体所属的适当燃料组。在某些情况下，飞机救援和消防人员可能使用干化学灭火器，特别是在驾驶舱内或飞机上其他地方的航空电子设备发生火灾时。干化学灭火器主要通过阻断燃烧三角形的化学反应来扑灭火灾。包括哈龙在内的一些例子，也被称为清洁剂。

清洁剂是一种不导电的、挥发性的或气体灭火剂，蒸发后不会留下残留物。哈龙是一种液化的压缩气体，通过化学破坏燃烧来阻止火势蔓延。哈龙 1211（一种液体流动剂）和哈龙 1301（一种气体淹没剂）不会留下任何残留物，对人体是安全的。哈龙的等级为 B 级（易燃液体）和 C 级（电气火灾），但对于 A 级（普通可燃）火灾也是有效的（普莱斯和福里斯特，2014）。

许多飞机救援和消防车还备有一种 D 级火灾灭火器，它是一种干粉灭火器。D 级火灾由可燃金属，如镁、钾、钛和锆组成。水和其他常见的消防材料可能会激发金属火灾并使其恶化。在可燃金属上使用干化学灭火器实际上会增加火灾的强度。许多飞机轮子由铝或镁合金制成，所以，有可能扑灭需要 D 级灭火器的火灾。

美国国家消防局[①]建议用"干粉"灭火剂扑灭金属火灾。干粉剂是通过抑制和吸热发挥作用的，但不应与干化学品如哈龙或其他相关的清洁剂混淆（普莱斯和福里斯特，2014）。美国联邦航空管理局之《咨询通告 150/5220 - 10E——飞机救援和消防车辆指南规范》（联邦航空管理局，2011c）提供了确定和满足商用机场飞机救援和消防指标（图 8.11）的具体信息。

指标	设备	500 磅钠基干化学品，哈龙 1211 或清洁剂	450 磅钾基干化学品和水以及相应数量的水成膜泡沫，总计 100 加仑的干化学品和水成膜泡沫应用	所有车辆携带的最少加仑的水量和相应数量的水成膜泡沫用于泡沫生产
A	一辆车	X 或	X	
B	（选项 1）一辆车或	X		1500
	（选项 2）两辆车车辆 1 车辆 2	X 或	X	1500 水、水成膜泡沫
C	（选项 1）三辆车车辆 1 车辆 2 车辆 3 或	X 或	X	3000 水、水成膜泡沫 水、水成膜泡沫
	（选项 2）两辆车车辆 1 车辆 2	X 或		3000 水、水成膜泡沫
D	三辆车车辆 1 车辆 2 车辆 3	X 或	X	4000 水、水成膜泡沫 水、水成膜泡沫
E	三辆车车辆 1 车辆 2 车辆 3	X 或	X	6000 水、水成膜泡沫 水、水成膜泡沫
注 1：车辆 1 必须携带至少 1500 加仑的水和相应数量的水成膜泡沫用于泡沫的生产				

图 8.11　基本飞机救援和消防指标要求
（来源：联邦航空管理局，2011a）

性能要求

飞机救援和消防机组成员的主要责任是为飞机乘客和机组人员的疏散与救援创造

---

① 参见 http://www.nfpa.org/。

一条道路。次要责任是扑灭或压制火灾和爆炸以及潜在的火灾和爆炸。一旦火被熄灭，主要的飞机救援和消防的响应者就可以从疏散任务转变到紧急医疗功能，直到额外的医疗救助的到来。

下一点是业界存在广泛的困惑。飞机救援和消防在认证机场的性能要求如下：在指定的岗位上，符合指标的第一个响应的飞机救援和消防设备必须在距警报响起 3 分钟内到达最远的运输机跑道的中点，并开始使用灭火剂，机上所有人员都需要穿着全套的防护装备。所有其他车辆必须在 4 分钟内到达同一地点。这个标准是为了满足急救和心肺复苏第 14 篇 139 款的（h）、（1）、（ii）中提出和解释的认证目的。业内许多人认为，飞机救援和消防人员必须在 3 至 4 分钟内到达实际的飞机事件现场。虽然这是一个有价值的目标，但不能保证事件发生在最远跑道的中点。飞机救援和消防设备及人员必须尽快对任何实际发生的事件做出响应。

飞机救援和消防设备必须在航空运输飞机到达前 15 分钟到位，并在飞机离开后停留 15 分钟。如果由于设备修理或故障或人员不能到位而无法满足要求，则需要发布《航行通告》，并限制航空运输活动。法规允许在指标较低的航空运输活动期间暂时减少飞机救援和消防的存在，但必须符合某些基准条件并写入《机场认证手册》（普莱斯和福里斯特，2014）。

值得重视的是，美国联邦航空管理局不要求机场符合美国国家消防局第 403 号《机场飞机救援和消防服务标准》所制定的指导原则。该问题是在《美国联邦航空管理局 2009 年再授权法案》的 HR915EH 第 311 条下提出的，要求将 139 款中的飞机救援和消防规定与国际民航组织和美国国家消防局第 403 号标准更紧密地结合起来（Golaszewski, Helledy, Castellano, & David, 2009）。机场团体担心满足这些新标准的成本，因此委托《机场合作研究计划》的一份报告研究其对符合标准的机场的潜在影响。

美国国家消防局的标准是针对各种规模的机场的，包括全货运和通用航空运行，以及航空公司客运业务。传统上来说，美国联邦航空管理局和美国国家消防局一起合作，尽可能采用共同的机场标准（Golaszewski et al., 2009）。美国联邦航空管理局、美国国家消防局和国际民用航空组织之间的响应标准有所不同。虽然美国联邦航空管理局使用"到达最远跑道中点"的标准，但是美国国家消防局的操作指南规定"到达运行跑道上的任何一点"，而国际民航组织的标准是在最远跑道的末端。对于美国机场运行人员来说，美国联邦航空管理局的标准是必须要达到的标准。在确定所需要的人员数量和飞机救援和消防车辆的最小数量方面也有差异（图 8.12）。

《机场合作研究计划》报告的结论是，满足国际民航组织和美国国家消防局标准所增加的成本在最小的机场最为明显。将不得不增加额外的人员、车辆和消防站来满足新的标准，还有额外的维护成本和培训成本。报告还分析了各种飞机事故，并得出结论认为，即使美国国家消防局的标准生效，事故中的生存能力也不会改变。最终，要求美国联邦航空管理局达到国际民航组织和美国国家消防局标准的立法，在立法过程中将不会保留下来。然而，有些机场单独决定达到国际民航组织和美国国家消防局的绩效标准。

职责涉及飞机救援和消防的机场运行人员及监督飞机救援和消防对 139 款的符合性的管理人员，应该熟悉美国国家消防局的准则和词汇，因为有时飞机救援和消防人员在他们的计划和响应行动中会使用。例如，美国国家消防局使用"主管机关"这个词是一个组织、办公室或个人，负责执行法规或标准的要求，或负责批准设备、材料、装置或程

图 8.12 飞机救援和消防卡车内部，丹佛国际机场（由 courtesy Jeffrey Price 供图）

序，而美国联邦航空管理局使用"机场赞助商"这个词，或者简称为"机场"。

人员要求

美国联邦航空管理局之《咨询通告 150/5210－17B——飞机救援与消防人员培训方案》（联邦航空管理局，2009a），为批准的飞机救援和消防人员培训课程提供了额外的指导。正如本文所讨论的那样，负责特定任务的人员的确定，高度依赖于飞机运行的数量和机场的规模。根据飞机救援和消防的职责，机场管理人员还必须考虑可能存在军事基地与商业服务机场驻扎于一地的情况。在通常情况下，军队运行还将接管飞机救援和消防的职责，但这取决于军队运行的水平。例如，拥有空军国民警卫队基地或空军基地的机场，将具有飞机救援和消防设备，而拥有小型海岸警卫站或其他小型军事设施的机场，可能不得不依赖商业服务机场的消防能力。2012 年 7 月 13 日发布的《第 12—15 号证书警报》论述了联合使用的机场运行人员的职责，国防部负责提供主要的飞机救援和消防服务。

大型机场和小型机场还有另一个区别。大型的商业服务机场通常拥有自己专门的消防人员，这些人员可能是市或县的消防救援的一部分，被分配给机场，或者他们可能是专门用于机场的一个单独的消防部门。在某些情况下，当地的消防区可以提供响

应服务。在较小的商业服务机场和许多通用航空机场，运行和维护人员经常被作为飞机救援和消防人员交叉培训。还有一些其他的变化，例如，机场运行或者维护人员交叉培训，但是，当当地的市、县或者消防区负责为飞机事件提供救援和全面的支援时，仅被分配来灭火。谅解备忘录阐明了这些关系和责任。

139 款的规定要求机场飞机救援和消防工作人员需要进行初训和复训。负责初始飞机救援和消防响应的所有人员都需要在 11 个不同的学科领域接受培训和体验：[①]

1. 熟悉机场；
2. 熟悉飞机；
3. 救援和消防人员的安全；
4. 机场应急通信系统；
5. 使用消防软管，喷嘴，炮塔和其他器具；
6. 各种灭火剂的应用；
7. 紧急飞机撤离援助；
8. 消防作业；
9. 适应和使用结构救援（图 8.13）；
10. 飞机货物危害；
11. 熟悉 AEP 下的消防队员职责。

图 8.13　结构消防单元和卡车，丹佛国际机场
（由 courtesy Jeffrey Price 供图）

---

① 　这些关键点是分段要求的细目清单，超出了本文的范围，但是 AHJ 应参考机场消防部门或功能。

所有救援和消防人员都必须接受一次初级现场培训，且至少每 12 个月参加一次相同的培训。演习中使用的火的大小，必须复制在特定机场使用的典型飞机产生的潜在火灾的大小（普莱斯和福里斯特，2014）。而在消防界，飞机救援和消防是个特殊的认证，在机场业界，飞机救援和消防人员不要求符合基本消防员 1 和 2 的标准，但只要求接受所需的 40 小时的飞机救援和消防培训。然而，美国联邦航空管理局确实认为，符合美国国家消防局 1003《机场消防员职业资格标准》是一个有价值的目标（联邦航空管理局，2015）。在航空公司，必须至少有一名值班的飞机救援和消防人员接受过基本医疗培训，并且了解现行的基本医疗，至少有 40 个小时的培训，包括：

1. 主要患者调查；
2. 分诊；
3. 心肺复苏术；
4. 出血；
5. 休克；
6. 颅骨、脊柱、胸部和四肢受伤；
7. 内伤；
8. 移动病人；
9. 烧伤。

基本医疗培训并不意味着急救医务人员也必须具备飞机救援和消防资质，急救医疗技术人员或护理人员等级的认证符合培训要求，但是，这种认证水平不需要符合美国联邦航空管理局的要求。

飞机救援和消防的支持资源

支持飞机救援和消防的各种资源，包括飞机救援和消防工作组，都可供机场运行人员使用。美国联邦航空管理局传播支持飞机救援和消防的信息，包括所有相关的咨询通告、《证书警报》《安全警报》和《机场合作研究计划》报告。[①]

飞机救援和消防工作组是为了在机场消防救援专业人员之间建立一个活跃的信息共享网络。[②] 飞机救援和消防工作组制定并提供各种有关飞机救援和消防主题的综合教育方案，并为航空相关的组织提供关于飞机救援和消防相关问题的指导。飞机救援和消防新闻研讨会和年度会议，为飞机救援和消防团体成员提供支持。美国机场管理协会及飞机救援和消防工作组共同被称为飞机救援和消防培训联盟，目前主持飞机救援和消防认证项目。该项目包括机场优秀消防队员、飞机救援和消防专业认证项目的

---

① 参见 http：//www. faa. gov/airports/airport_ safety/aircraft_ rescue_ fire_ fighting/。

② 参见 www. arffwg. org。

第一级，确保人员理解管理机场消防部门的基本职责，并对机场行政和管理有基本的了解。

危险品和机场防火

139 款要求机场管理部门来防止在机场储存、分配和处理燃料、润滑油和氧气时引起火灾和爆炸。这一要求是除了机场必须遵守的众多环境法律法规之外的额外补充（普莱斯和福里斯特，2014）。

危险品

符合性是通过在《机场认证手册》中建立安全存储和处理危险材料程序来实现的。机场在处理这种危险时必须要考虑双重定义：一个定义适用于作为飞机货物运输的材料，另一个适用于飞机运行的燃料、润滑剂和类似的材料（普莱斯和福里斯特，2014）。前者归于危险材料的通用标题之下，而后者归于"燃料"的通用标题之下。

根据 139 款制定的加油安全标准，要求机场管理部门每 3 个月检查一次机场的各种加油作业。美国联邦航空管理局已经制定了被普遍接受的标准，并经常引用美国消防协会 407 号《飞机燃油服务标准》提出的指导方针，作为遵守通用标准可以接受的标准（普莱斯和福里斯特，2014）。

除了美国国家消防局之外，还有其他的标准，例如，各航空公司、地方消防与建筑规范及石油和燃料生产商的标准。制定的标准应该是确定各方根据经济和责任问题愿意接受的风险水平，以及风险管理的权力和责任水平的结果（普莱斯和福里斯特，2014）。

在检查飞机加油作业时，检查人员应该在燃料存储区域和移动式加油装置方面寻找符合当地消防安全法规的常见问题。检查应包括安保、消防、一般内务管理和燃油分配设施和程序（普莱斯和福里斯特，2014）。检查人员应确保使用适当的静电导电连接电缆，应该检查"安全手柄"未被阻遏、应急燃油开关未被阻塞、禁止吸烟标志可见，并且未在机库内加油。检查人员还应检查移动加油装置的正确停放（彼此间隔至少 10 英尺和离建筑物至少 50 英尺），以及燃料储存区域和移动加油装置周围的燃料泄漏或溢出情况。检查员应确定燃料库是否远离易燃材料，包括垃圾和植被。

机场安全自检员应持续：

1. 确定加油操作人员是否进行了不安全的加油操作或违反当地的防火规定，例如，在加油作业期间未能使飞机与移动加油装置连接在一起，或者在为飞机加油时加油作业人员吸烟；

2. 检查以确保安装了油库的适当标志，并且所有的大门都被锁闭，除非设施被经授权的用户占用；

    3. 检查设施在夜间是否有照明（普莱斯和福里斯特，2014）。

危险品要求只适用于机场是美国运输部急救和心肺复苏第 14 篇第 171 部分中危险材料法规所确定的危险货物处理机构的情况。如果处理机构是航空公司或航空货运运行人，则美国运输部的法规不适用于该机场。对于那些机场运行人员是危险材料代理商的情况，《机场认证手册》必须包括涵盖法规的程序。

对于涉及危险材料的紧急情况，一些机构提供通信"热线"，以协助响应人员处理化学危险材料的状况。尽管有严格的规定，飞机运输的易燃或危险化学品可能泄漏或溢出，造成紧急情况。对于那些涉及水体的情况，联邦法律规定，任何释放可报告数量的有害物质或被认定为海洋污染物（包括石油）的物质的人员必须立即通知配备美国海岸警卫队的国家响应中心。

根据《超级基金修正案与再授权法案》的社区的知情权规定，对于任何危险材料或物质，要求机场管理部门必须备有材料安全数据表，并张贴于所有存在危险材料的工作场所（普莱斯和福里斯特，2014）。材料安全数据表现在被称为 SDS，或者简单地说，安全数据表是描述如何使用、处理和处置特定化学危害的技术公告。机场还需要有一个防止泄漏、控制和应对计划及雨水污染防治计划，以控制意外泄漏危险品。机场运行人员应接受针对这些计划的内容和一旦泄漏应采取的必要措施方面的全面培训。

防火

139 款还要求机场管理部门负责对承租人的加油措施进行控制，并要求管理部门制定针对设施、程序和加油人员培训的标准。燃料火灾是由许多类似的原因造成的。造成燃料火灾的一些因素有：破裂的油箱、泄漏的燃油软管、泄漏的油罐车和泄漏的油库（普莱斯和福里斯特，2014）。机场安全自检人员应持续检查潜在的火灾危险，特别是在加油作业的周围区域。

当可燃或易燃物质在有氧气的情况下暴露于点火或热源时，就会引发火灾。传统的燃烧三角形由可燃物质（固体、液体或气体）、氧气和热源或火源组成。燃烧四面体对燃烧三角形中已经存在的三个组成部分提出了另外的第四个组成部分——化学链反应。一旦发生火灾，由此产生的放热链式反应会维持燃烧，并使燃烧继续，直到部分或至少一个燃烧要素被阻断。泡沫可以用来抑制燃烧需要的氧气。水可以用来降低燃料温度到燃点以下，或者去除或分散燃料。

点火的程度或易燃性，指的是各种材料或物质的燃点。当释放的蒸汽形成可燃混合物时达到燃点。虽然装满燃油的卡车可能会造成危险，但由于燃油蒸汽和油箱内的空气混合的原因，未装满的卡车会引起更大的可燃性风险。可燃材料的可用性和数量反映了遇到能量的大小。任何一个集装箱中的燃料越多，破坏的风险和危害就越大。然而，航空汽油，因其火焰蔓延速度快，比 Jet A 航空煤油更容易爆炸（普莱斯和福里斯特，2014）。

识别和防止点火源是联邦航空管理局为减少或消除机场火灾或爆炸风险的主要努力方向。点火源包括闪电、明火、电火花、静电放电、化学反应或任何能引发或点燃油气混合物的热源。安全处理措施将放在这些可能性上。

可燃物和易燃物的区别在于燃点，燃点在 100 华氏度或以上的材料被认为是可燃物。易燃物是通过燃点低于 100 华氏度和蒸汽压强不超过 40 磅每平方英寸来区分的。Jet A 燃油被认为是一种可燃液体，因为它的燃点高于 100 华氏度。航空汽油的燃点远低于 100 华氏度，被认为是易燃液体。

机场施工期间的运行安全

在大多数机场，施工是一个不可避免的现实问题。机场几乎总是处于要么建设新的，要么修复或维护现有的，或者替换旧的施工中。但是，机场施工必须对飞机运行产生最小的影响。正式的规定为：识别、标记及在施工和其他不能提供服务的区域安装照明。美国联邦航空管理局之《咨询通告 150/5370 2F——施工期间机场的运行安全》（联邦航空管理局，2011b），为施工活动期间机场的安全提供指导。尽管机场建设项目可以由许多不同的实体和人员组成，为不同的承包商、供应商甚至机场工作，但机场管理人员必须确保飞机和机场运行在施工期间的安全。施工活动对飞机的运行构成了重大风险，并使运行不可避免地受到影响。通过谨慎的规划、调度、培训、协调施工活动，机场运行人员可以避免危害机场安全的情况。

由于工作人员申请项目资金和设计，所以，机场资本改善项目通常起源于机场规划或工程部门。应尽早将机场运行人员纳入施工规划过程，以确定潜在的运行和安全问题。运行部门纳入规划过程越早，后期就会越省钱，因为不必重新设计项目要素或更改访问要求或项目进度安排。机场营运人员还必须了解将会有一些飞机运行受到施工影响，与机场用户协商后，飞机救援和消防、空管、租户和其他利益相关方应该计划适应飞机正常运行程序的变化。换句话说，在建设被认为对机场有必要的项目和继续以安全方式运行机场之间必须有一个平衡。采取我们如何做到这一点，而不是做不到这一点的态度，对确保规划与工程部门、运行部门及其他机场利益相关方目标的实现大有帮助。许多正在实施安全管理体系的机场，已经开始将安全管理体系原则应用于机场建设项目中。

施工安全计划

预建规划包括制订安全计划。该计划的重点不仅是要解决飞机运行的安全和效率问题，而且还要解决施工人员和与该项目有关的其他人员远离因碰撞、喷气冲击或其他机场危险造成伤害的安全问题。美国联邦航空管理局之《咨询通告 150/5370 - 2F——施工期间机场的运行安全》（联邦航空管理局，2011b）阐述了机场有效施工安全计划的要素。

安全、维护飞机运行和建设成本是相互关联的概念，因为安全不应受到损害，所以，机场运行人员必须在维护飞机运行和建设成本之间取得平衡。这种平衡取决于机场的运行需求和资源，需要与机场用户和美国联邦航空管理局尽早协调。随着该项目的设计，施工地点、支持活动和相关成本被确定和评估，与其对机场运行的影响相关。规划工作最终形成《施工安全与分期方案》（联邦航空管理局，2011b）。《施工安全与分期方案》形成的过程分五个步骤：

1. 通过确定受建设项目影响的机场地理区域及项目是什么（跑道扩建、跑道铺设、滑行道连接等）来确定受影响的区域和项目类型。

2. 描述当前的运行水平（容量、进离场率、机场基准代码和跑道设计组）、要求最高的飞机、场面引导与控制系统方案（如果有的话）及任何空管服务。

3. 通过根据阶段性建设活动计划确定机场最重要的业务，并确定其优先顺序来考虑运行的临时变化，以尽量减少对航班运行的影响。

4. 通过确定必要的安全措施和所需的运行变化，采取必要的措施修订运行，以便飞机可以继续安全运行，尽量减少收入损失，并确保项目完成。

5. 通过开展项目所要求的安全风险评估来管理安全风险，但是，作为最佳措施，无论是否要求，都应该管理安全风险。

每个认证的机场，由《航空港改进计划》或旅客机场设施使用费资助的机场建设项目必须完成《施工安全与分期方案》，机场运行人员负责制定并执行《施工安全与分期方案》（联邦航空管理局，2011b）。有效的《施工安全与分期方案》的关键要素包括：所有关键方的准确联系信息；每周（甚至每天）的安全会议；向飞机救援和消防、空管和利益相关方通报可能对航班运行产生不利影响的施工（通过《航行通告》）；作为日常的、连续的及每个施工日结束时的、专项检查的一部分的施工区域检查。专项检查确保没有未被覆盖的或未标记的洞穴或沟渠，仍然保持安全区标准，没有施工设备停放在可能阻碍飞机移动或影响导航设施精度和性能的地方。

机场运行人员还应在必要时监控所有《航行通告》的状态，并予以更新。机场运行部门应该使用施工启动和关闭清单。在作业开始和结束时还应检查施工现场。机场运行代理人员应该在轮班开始时就熟悉每个《施工安全与分期方案》，并简要介绍他们即将解决的变化。

机场运行人员还必须确保提交美国联邦航空管理局表格 7460 - 1——《建议建造或改建通知书》，并且已经解决了潜在障碍（起重机、库存等）的航空研究（联邦航空管理局，2011b）。如果《施工安全与分期方案》发生了变化，那么，美国联邦航空管理局必须被告知，并且必须与其他机构（如运输安全管理处、海关和边境保护局或环境保护机构）和州环保机构就任何其他施工要求进行协调。

承包商还需要提交一份《安全计划符合性文件》，以描述承包商如何遵守《施工安全与分期方案》。承包商必须：

1. 确保施工人员熟悉安全程序和规定，并提供可以解决问题的主要联系人；
2. 确定现场负责《安全计划符合性文件》的承包商员工；
3. 检查工作区域以确保符合《施工安全与分期方案》和《安全计划符合性文件》；
4. 利用标记、栅栏、临时围墙、批准的护送或其他方式将施工车辆和人员的活动限制于允许的施工区域内（联邦航空管理局，2011b）；
5. 确保承包商员工未经授权不得进入航空运行区；
6. 确保根据需要提交表格《建议建造或改建通知书》。

如果机场承租人执行施工，承租人必须制定一份《施工安全与分期方案》，其承包商需要制定一份《安全计划符合性文件》，这两份文件必须在施工前提交给机场。虽然大多数承租人的施工不会发生在活动区，但施工活动和人员可能会不经意地穿越活动区或安全区域。因此，承租人的《施工安全与分期方案》和《安全计划符合性文件》的主要焦点是防止未经授权进入活动和安全区域。

施工前计划

在施工前计划的会议上，机场运行部门的工作人员在施工前很早就要与承包商、承租人和受影响的各方会面。召集承租人、航空公司和规划、工程和承包商人员进行早期会议可能不太实际，因此，机场运行部门的代表还必须作为各方的联络人，并尽可能地表达他们所关切的事项。在施工前计划会议期间，重点关注的领域是解决施工车辆安全计划，建立运输路线和出入口进入程序，并尽量减少对飞机运行的影响。

运输道路是一个重大的安全隐患。在通常情况下，机场速度限制在最低限度，以便增加潜在的飞机与车辆冲突之间的反应时间。运输道路用于卡车和其他施工车辆直接从进入点到施工现场，以大型快速车辆为特点。无意中穿过运输道路的飞机可能是灾难性的，甚至是机场车辆，例如，运行或维护车辆，穿越运输道路也可能导致事故。在整个项目过程中，运输道路的位置和路线也可以改变。运输道路应清晰标记，运输道路上的运行人员应遵守设定的速度限制。

另外，施工人员通常不习惯在机场施工现场工作。虽然可能是去年在机场的同一家施工公司，但是，施工人员在性质上来说是临时的，随着工作的可获得性，从一个施工工作转移到另一个。即使经验丰富的施工人员，也可能面临挑战，因为机场项目很可能位于机场的不同位置、不同的进入点和不同的运输路线布局。当施工人员在非机场地点工作时，他们不担心飞机移动、干扰导航设施、沟渠敞开或不安全材料的危险，运输安全管理处的突然检查，或试图无意或有意地穿过施工区域。机场运行部门应确保所有承包商都要向其人员提供机场施工安全和安保事项的介绍，以及可能产生的后果。

应该对施工活动施加限制，同时要有针对日常施工日程变化的通知和批准程序。天气、材料的可用性和人员都可能影响施工日程安排，如果由于上述任何原因，致使当天计划的工作区域不可用，那么，承包商偶尔会希望移动到机场的不同位置进行工作。在这种情况下，施工人员会把针对计划时间表的任何更改通知给机场运行部门及承包商，使其在重新部署施工活动之前获得批准是非常重要的。还应该在理解许多施工活动发生在晚上和周末的基础上，建立允许的施工活动时间。机场运行部门应准备《安全计划符合性文件》，详细说明承包商将如何遵守《施工安全与分期方案》。

施工安全与分期方案

计划中应详细阐述以下领域：

1. 安全区域和工作限制：

a. 航空运行区区域的保护，活动区和非活动区的活动，跑道关闭通知，重新开放程序；

b. 安全性（现场/进入—控制安保和证照审核）；

c. 机场进入（护送，在航空运行区驾驶）；

d. 空域的保护（即障碍物）；

e. 跑道、滑行道和安全区域的保护；

f. 导航设施的保护；

g. 施工现场安全（停车场、中间集结待运区域、沟渠、坑道、堆存材料、外来物、碎片和灰尘控制、人员安全、路障的使用、警告标志、危险标志、工作区域的人工照明和照明规范、障碍物灯）；

h. 地下设施；

i. 野生动物管理。

2. 特殊情况和紧急情况：

a. 恶劣天气计划；

b. 危险品事件；

    c. 医疗援助；

    d. 低能见度运行；

    e. 除雪；

    f. 遇险飞机；

    g. 飞机事故；

    h. 安全违规；

    i. VPP 或跑道侵入。

    3. 地面车辆运行：

    a. 机场车辆活动；

    b. 飞机安全。

    4. 标志、标记牌和灯光：

    a. 针对关闭、开放的跑道的跑道、滑行道灯光配置；

    b. 标牌计划；

    c. 跑道和滑行目视助航设施；

    d. 跑道警戒灯；

    e. 通往道路的标志和标记牌。

安全区域和工作限制

    安全区域和工作限制涉及各种主题，但重点是施工作业的整体安全和飞机的持续安全运行。

    航空运行区的保护是最重要的，尤其是活动区和安全区域，而且也包括非活动区。应该明确关闭和重新开放跑道、滑行道和航空运行区其他区域的程序，其中应包括检查外来物、使人误解的标记牌和标志，以及对导航设施任何其他危险或违反 139 款的情况。应发布《航行通告》确定机场因施工而无法使用的任何区域。

安保

    施工活动代表了安保弱点——机场周边的围界经常被拆除，并换成防雪围栏。安保或施工人员可能负责监控周边不符合《机场安保计划》要求的标准的区域。在航站楼内，施工会拆除以前作为隔离区①和公共区域之间的屏障的墙壁，并且已知承包商无意中（或有意地②）损坏机场门警报。对于试图非法进入机场的人员，施工活动提供了一个极好的机会，因为机场上有许多通常不在那里的人员，因此，企图非法进入机场的人员不会像他们只是跳过围栏那样明显。已知作为机场安保措施测试的一部

---

    ① 隔离区域是人员及其随身物品必须先过安检的机场区域，视情况由航空器运行人、TSA 或机场运行人员来执行。

    ② 有些电工很熟悉门禁控制系统，能够关闭门禁读卡器。

分，运输安全管理处和机场安全检查人员也试图进入施工现场，通常，用于施工工地的安保人员不是用于在机场进行一般安全执法的人员，不熟悉进入规则。

只要有即将到来的施工项目，机场运行人员必须通知机场安全协调员，其然后必须向运输安全管理处提交修正案以供批准。此外，任何时候只要情况发生了变化，造成了《机场安保计划》中描述的机场的任何部分目前已不是其被描述的状况，那么，机场安全协调员必须在6小时内通知运输安全管理处。如果不这样做的话，可能会导致被运输安全管理处罚款，最高可达11000美元，或者更严重的是违反安保。

安保人员应接受《机场安保计划》相关领域的培训。应经常检查承租人或承包商人员提供的现场安保和出入口安保，确保正确的程序得到遵守，安全人员除了拥有和使用当前的停用标识卡列表外，[①] 还应接受培训，以确定机场财产和施工现场所使用的适当凭据。

空域的保护：障碍物

按照77部的定义，影响可航行空域的机场建造或改建必须通过美国联邦航空管理局表格《建议建造或改建通知书》通知美国联邦航空管理局。这包括建筑设备及该设备（即起重机、平地机、其他设备）的建议停放区域。

跑道、滑行道和安全区域的保护

该计划必须包括在施工期间如何保护无物体区域、无障碍区域、进近和离场道面（或飞机使用的起飞和滑翔角度）及跑道和滑行道安全区域的解释。由于上述区域为虚构的线路，只能在机场布局图上确定，因此，机场运行人员应安装可见的障碍物（低质量的路障、防雪栅栏等），以防止施工人员意外进入这些区域。应使用明语标志代替机场、标志或标记牌标准。在跑道使用期间，跑道安全区内禁止施工。储存的材料和设备不得存放在跑道安全区或无障碍区中。在航空承运人运行期间，跑道安全区内不允许打开沟渠或坑道。注意：在跑道关闭期间，允许使用沟渠和坑道，但在跑道重新开放之前必须充分填充或覆盖。任何覆盖必须符合跑道安全区标准。

任何关闭或部分关闭跑道、滑行道和停机坪区域，关闭飞机救援和消防响应路线，关闭航空公司和机场支持车辆所使用的机场进入路线都必须事先与所有受影响各方协调。只要关闭就要发布《航行通告》。可考虑采用内移跑道入口代替全长跑道关闭。关于跑道和滑行道关闭或部分关闭的标志和标记程序见《咨询通告/15015370－2F》（联邦航空管理局，2011b）。在跑道上点亮的X（在支架上）或喷涂的X是普遍已知的用于关闭道面的机场标记。

---

① 列表中的每个通行证都在安保系统中失效了，但是外观是有效的，直到有效日期为止，这时就会从禁用名单中去掉。持有失效机场通行证的人不应允许进入机场任何非公共或安保区域。

导航设施的保护

应在预计施工区域列出机场导航设施的完整清单，以确定不利影响。美国联邦航空管理局技术运行人员应参与此评估，因为，美国联邦航空管理局运行许多导航设施，他们熟悉运行参数。此外，还应咨询空中交通管制塔台，以确保解决任何可见性问题，因为施工起重机和其他活动有时会妨碍塔台视野。如果导航设施受到影响，《施工安全与分期方案》和《安全计划符合性文件》必须说明对与每个导航辅助设备相关的"关键区域"的理解，并描述它将如何得到保护（联邦航空管理局，2011b）。

如果机场拥有的导航设施将关闭超过 24 小时或在连续几天内每天关闭超过 4 小时，则机场运行人员必须至少提前 45 天通知美国联邦航空管理局。对于美国联邦航空管理局拥有的导航设施，机场运行人员必须在事发前 45 天通知美国联邦航空管理局的空中交通组织，并提前与美国联邦航空管理局协调。此外，机场运行人员必须在实际关闭 7 天前再次通知美国联邦航空管理局。

施工现场安全

施工现场必须包括对承包商车辆停放的考虑、中间集结待运区域、沟渠、坑道、堆存材料、外来物、灰尘控制、人员安全、路障的使用、警告标志、危险标志、工作区域的人工照明、照明规范和障碍灯。承包商员工的车辆停放区域必须提前指定，以防止任何未经授权的人员或车辆进入航空运行区，同时，仍然提供正当的承包商员工进入工作现场（美国联邦航空管理局，2011b）。

承包商员工必须在无障碍区域外的机场运行人员指定的区域内停放，并维修所有施工车辆，绝对不要在使用的跑道或滑行道的安全区域内。如果有必要在晚上将专用设备留在关闭的滑行道或跑道上，则设备必须充分照明。停车区域不得妨碍空中交通管制塔台到空管之下的任何滑行道或跑道的清晰视线，或妨碍任何跑道目视助航设施、标志或导航设施（联邦航空管理局，2011b）。

外来物管理

外来物包括能够对起落架、螺旋桨和喷气发动机造成损害的废料和松散材料。承包商不得将外来物放置在使用的飞机活动区域内或其附近。在施工项目中，必须不断清除能够产生外来物的材料。可能有必要安装围栏（而不是安保围栏），以容纳可以通过风吹入飞机运行区域的材料。还必须要解决减尘问题。

施工人员必须熟悉机场的安全程序和规定。主要联系人负责发起响应，以纠正任何可能对机场运行安全造成不利影响的与施工相关的活动或事项，必须在现场指定。任何时候都应遵守工作场所的安全规则。任何路障、人造照明、警告标志和障碍灯的使用必须符合《施工安全与分期方案》。

包括交通锥在内的路障（加重或牢固地附着在地面），其是用于识别和确定机场施工限制和危险区域的可接受的方法。应该选择对飞机造成的危险最小，但当受到典型风、螺旋桨洗流和喷流冲击时能够保持足够坚固的设备。路障间距必须能够以物理的方式防止违规，阻止故意行为。例如，如果路障用于排除车辆，则路障之间的间距必须小于排除的车辆的宽度，一般为 4 英尺（联邦航空管理局，2011b）。必要时，必须规定飞机救援和消防进入通道。如果路障旨在排除行人，则必须通过使用绳索连续连接，并牢固地连接，以防止外来物。可接受的路障具有较低的质量和高度、加重、反光和易碎（如果连接到地面）。在活动区内不可接受的路障包括铁路枕木、水泥块、高桶或者金属桶、琥珀色危险信号灯、木制锯架、重型金属 A 型框架和混凝土填充桶。

路障灯必须是红色的，无论是稳定发光的还是闪烁的，都必须符合州公路部门的亮度要求。灯光必须安装在路障上，间距不得超过 10 英尺，并且必须在日落和日出之间及低能见度期间，或只要机场开放运行时运行。如有必要，应使用带有标志的附加路障（例如，"禁止进入""禁止车辆通行"）（联邦航空管理局，2011b）。使用路障和标志的最重要的作用应该是，人员能否看到和理解路障和标志，在遇到它们时能做出正确的决定。

地下设施

《施工安全与分期方案》和《安全计划符合性文件》，必须包括定位和保护现有地下设施、电缆、电线、管道和其他地下设施的程序（联邦航空管理局，2011b）。这一要求可能涉及与公共设施和美国联邦航空管理局的空中交通组织、技术运行部门的协调。如果可能的话，应尽量避免中断为消防、机场照明电源或其他关键设施提供水的设施。如果需要中断的话，那么，应有足够的时间提前向受影响各方发出通知。

处罚

《施工安全与分期方案》应描述针对违反机场规章制度的具体处罚措施，包括《施工安全与分期方案》安全标识显示区违规车辆行人偏差等。

野生动物管理

《施工安全与分期方案》和《安全计划符合性文件》应考虑到机场的《野生动物危害管理计划》，承包商必须控制并持续清除吸引野生动物的废弃物或松散物质，并意识到而且避免造成机场野生动物危害的施工活动（联邦航空管理局，2011b）。以下物品吸引野生动物：垃圾、积水、高草和种子。维护较差的围栏和大门或用临时围栏替换机场围栏可能会让野生动物进入航空运行区。此外，施工活动可能会破坏目前的机场生态系统，导致野生动物迁移或被吸引到航空运行区的其他部分。

特殊条件和紧急情况

危险天气计划

危险天气计划必须确定，由于天气或危险的能见度条件将影响施工活动的进行。

施工活动应该在机场达到 1200 跑道视程之前停止，这是执行场面引导与控制系统方案的门槛。在启动场面引导与控制系统之前，施工设备和人员应该远远地避开航空运行区。现场应有一个人与机场运行人员或机场通信中心保持通信联系，当危险天气接近时可以通知他们。施工关闭计划应在机场运行部门的指导下启动。由于这不是一个正常的"日结束时间"关闭，并且危险天气可能会很快到达，因此，注意留在跑道保护区或导航设施净空区的车辆特别重要。

危险品事件

施工车辆的燃油或液压泄漏可能会导致危险品事件。在机场运行施工车辆和设备的承包商必须做好准备，以迅速承装和清理燃油或液压油泄漏造成的溢油（联邦航空管理局，2011b）。在机场运输和处理其他危险品时，也需要在《施工安全与分期方案》中列出特殊程序。程序还应解决燃油供应、溢油回收程序、材料安全数据表的可用性和其他考虑因素。

应制定工作场所相关伤害所需要的医疗援助的请求规定，包括酌情通知飞机救援和消防或紧急医疗服务人员，护送紧急医疗服务车辆到工作场所以及停工。

《施工安全与分期方案》应该论述在遇险归航飞机可能影响施工活动或机场运行的情况下的承包商需要遵守的程序。另外，如果有飞机事故发生，那么，应该有让承包商人员知道采取何种措施的程序（一般情况下，如果离场将不妨碍应急响应则飞离机场，或者在某些情况下，至少停工直到情况变得安全）。

承包商人员必须有报告安全漏洞的程序，并且，必须知道在航空运行区出现安全漏洞时应采取何种措施。一般的程序包括停工、停止进出机场的车辆、向机场公安或安保人员提供识别信息，如果合适的话，使可能的违规者保持在视线范围之内。如果由承包商目击了违规，那么，该人员应该留在现场直到被警方问询并释放。

地面车辆运行

所有交通法规、车辆标志和识别标志必须符合《施工安全与分期方案》。还应对驾驶员进行避免和与喷流、螺旋桨喷流及车辆空速、规则相关的危险方面的培训。应该有针对车辆行人偏差或跑道侵入的程序，通常情况包括停止工作和要求驾驶员留在现场，直至机场运行部门能够做出响应。

标志、标记牌和灯光

《施工安全与分期方案》必须规定路障之间的最大间隙和危险照明之间的最大间隔。还应确定一名人员和至少一名候补人员负责维护危险标志和灯光设备。《施工安全与分期方案》应包括针对关闭（开放）跑道的跑道灯和滑行道灯配置的审查和总体标记牌计划（联邦航空管理局，2011b）。

总结

　　若干的安全计划是机场保持符合急救和心肺复苏第 14 篇第 139 款的核心要素。这些计划包括《野生动物危害管理计划》《冰雪控制计划》，将对飞行的危害或不符合条件的情况通知给机场用户的报告系统，以及解决车辆和行人在航空运行区活动的计划。

　　《航行通告》系统是经过批准的报告方法，机场用于通知用户有关机场内不符合 139 款、或不安全、或与 AED 中另行公布的内容不同的任何情况。《航行通告》由个人，通常是机场运行经理或空中交通管制塔台的管制员发布①，或由美国联邦航空管理局通过飞行数据中心发布②。

　　防止跑道入侵是每个机场的首要任务。尽管没有具体要求单独的"计划"，但第 139 款确实要求机场运行人员解决在活动区内的车辆和行人问题。机场运行人员按照其规章制度，并通过利用机场驾驶员培训计划来实施该计划。防止跑道侵入也是联邦航空管理局的国家级优先事项，对造成入侵的人员的处罚往往很严重。

　　商业服务机场试图在各种天气条件下保持开放，包括在下雪的天气。每年经历降雪的 139 款认证的机场都需要有《冰雪控制计划》。该计划描述了机场运行人员将如何从铺砌的道面除雪和将有关跑道与滑行道的状况通知给机场用户，如航空公司和通用航空运行人。

　　直到全美航空公司 1549 航班水上迫降，139 款认证的机场只有在发生某些触发事件时才被要求实施《野生动物危害评估》。《野生动物危害评估》导致了《野生动物危害管理计划》的制定，其重点放在了改变栖息地和主动控制措施上，以减轻野生动物对飞机运行的影响。

　　尽管没有规定为飞机救援和消防"计划"，但要求 139 款机场保持一定程度的应急响应能力，这就是所谓的飞机救援和消防指标，由每天服务五次或以上的最长航线的航空公司飞机所决定。该指标要求在航空公司运行期间必须可获得最少数量的设备和消防材料。

　　在许多机场，危险品主要由飞机加油作业组成，尽管航空运行人确实做了其他可运输的危险品材料的处理。要求 139 款机场制订计划以检查加油作业和减少火源。

　　施工是每个机场不可避免的一个现实问题。要求进行施工的 139 款机场制定《施工安全与分期方案》，阐明在施工活动期间机场安全的政策和程序。

-----

　　①　ATC 塔台可以要求在 NOTAM 回路中对发布授权有书面协议。

　　②　"虽然机场运行人员主要负责活动区 NOTAM 的起源，但是 ATC 设施管理 NOTAM 系统，负责并有权确保提交的 NOTAM 信息的形式和内容的兼容性。"来自 FAA AC No. : 150/5200 – 28D，参见 https：//www. faa. gov/regulations_ policies/advisory_ circulars/index. cfm/go/document. information/documentID/73588。

机场施工期间的运行安全

Tim Barth, C. M. [1] and Jim Schell, C. M. [2]

无论机场的规模和性质如何，航空安全都是每个机场的首要考虑因素——商业服务与通用航空与海港都是如此。为了在不影响机场运行使其达到经济困难的程度下获得最高的安全水平，要求机场营运人开发一套系统的方法，识别潜在的危险，并有效地缓解或管理它们。

涉及建设项目时，机场是独一无二的，到目前为止，与机场建设相关的安全管理考虑因素的复杂程度远超其他类型的施工项目。例如，用于道路工程的车道封闭只需要最小的标记牌、锥体或路障，也许是一个旗帜，而且在大多数情况下，交通流只是一个方向的，而机场的交通流是各个方向的。同时，不仅仅有车辆，而且还有飞机、拖车、应急设备、行人和电动式桥。

道路工程经常可以绕行，而机场不能。绕道机场，使用另外一个机场，将给机场和航空公司带来收益损失，给旅行的公众带来不便。在施工期间，机场上有许多危险和许多减少危险的技术。例如，不像公路施工或立式结构施工，在机场仅允许某些区域内有堆存的材料、设备和开放的坑道。机场不允许邻接铺砌边缘超过 3 英寸。碎片、故障的灯、野生动物吸引物，都会给运行的飞机带来严重的危险，无论是飞行中的还是地面上的。机场内不危及安全的指定区域外不能有任何施工。所有超过某一高度的起重机、钻孔机、操纵平台和箱体必须被适当地标记，而且在夜间必须有适当的照明。

美国联邦航空管理局、美国机场管理协会、国际民航组织和美国承包商协会[3]都为施工工程提供大量的机场安全资源。其中，许多资源在多数机场集合成一个文件，成为《安全管理体系计划》。在实施和监督方面，该文件被认为是《施工安全与分期方案》。这些计划，尽管对每个项目有所不同，但主要着眼于机场施工项目的五个最常见要素：第一，确定机场上受影响的区域；第二，识别受影响区域内的正常运行；第三，分析最重要的运行，适应对那些运行带来的临时变化，以使对飞机运行的中断最小化；第四，准备施工安全计划来管理风险；第五，沟通、参与和实施计划，重点是沟通。

《施工安全与分期方案》最常见的形式有三个主要目的。首先，《施工安全与分期

---

① 夏延地区机场航空总监。
② 夏延地区机场航空副总监。
③ 参见 https://www.agc.org/。

方案》制定的项目要求以确保和保持施工期间的安全。其次，《施工安全与分期方案》为现场施工行为、检查、咨询和机场人员及设备提供指导。最后，航空安全是机场施工中的首要考虑因素。所有活动都需要提前计划和进行时间安排，以尽量减少飞机正常活动的中断。

除了《施工安全与分期方案》之外，还要求承包商撰写并向机场运行人员提交《安全计划符合性文件》以供审核，不仅承包商在安全过程中"自动参与"，而且也是美国联邦航空管理局《咨询通告 150/5370－2F》的要求。与《施工安全与分期方案》一样，合规性文件的成功关键在于沟通！这份合规性文件必须得到各级工作人员的审查和理解，以最大限度地降低风险。在最基本的形式中，《安全计划符合性文件》是承包商的一份认证声明，表明承包商理解并将遵守《施工安全与分期方案》的安全和操作要求，最重要的是，除非经机场运行人员授权，并且经美国联邦航空管理局针对维护安全计划的完整性必须的任何重新协调工作进行审核，否则不得偏离《安全计划符合性文件》。

几乎每个人都听到过这样的格言："安全是每个人的责任。"这在机场施工环境中比在其他施工环境中更为正确。因此，有必要为《施工安全与分期方案》和《安全计划符合性文件》撰写一份直接、简明和清晰理解的文件。

2014 年 8 月，美国联邦航空管理局更新了《施工期间机场运行安全提示》[①]。尽管该文件提供了一份清单，基本涵盖了与前面提到的相同的五个主题，也提供了与该主题相关的各种咨询通告的参考，但它没有充分地解决关于谁、什么、何地、何时及如何的基本问题。通过保持关于安全问题的简单格式，机场可以更好地确保在机场工作时更全面地了解运行安全参数。机场环境中的人们，往往熟悉在业内人士看来很常见的众多缩略语和对话，对于业界以外的人来说，缩略语和对话可能会造成混淆，容易被误解。因此，在准备这两份文件时，机场运行人员和承包商应以基本的易于理解的语言撰写文件，在文件里明确阐述关键要素。为什么这很重要？简而言之，机场运行人员对机场的施工活动全面负责。

为了使《施工安全与分期方案》和《安全计划符合性文件》真正有效，各方必须充分参与、合作和支持，以预防事故并确保项目中涉及所有人员和财产的健康和安全。《施工安全与分期方案》中有许多参与方，包括但不限于机场承租人（航空公司、固定基地运营商、供油商、机库所有者、空管、飞机救援和消防、餐饮服务商、维护人员等）、工程顾问、承包商、美国联邦航空管理局/州的航空分部、分包商，有时还有媒体。

---

① 参见 http://www.faa.gov/airports/southern/airport_safety/part139_cert/media/airport－construction－safety－tips.pdf。

虽然参与名单可能看起来很广泛，但参与者的数量将根据机场建设项目的类型、范围和性质而有所不同。但是，参与包容性越高，项目成功的机会就越大。为什么这很重要？美国联邦航空管理局的《咨询通告150/5370-2P——施工期间机场运行安全》，阐明了安全计划中需要解决的大约20个关键要素。虽然并非所有要素都会影响机场的每个实体，但肯定会有一个因素影响至少一个实体，以及该实体如何进行日常业务运行。《施工安全与分期方案》的一些最基本的要素，在某些时候会影响机场的每个人。例如，紧急联络信息、受施工影响的区域、基本协调、承包商进入及施工活动和特殊情况的通知，通常都会影响到机场的每个人。不受施工直接影响的个人和实体也可以向其客户或其他实体提供有关该项目的指导或信息。

到目前为止，在任何安全计划中沟通都是最重要的要素。良好的《施工安全与分期方案》和《安全计划符合性文件》的主题是沟通、沟通和再沟通！当机场遇到特殊情况时，这一点尤为重要。这些通常以预先计划的特殊事件、紧急或法律强制措施、不寻常的直升机活动、不寻常的军事活动或机场发生紧急情况的形式出现。

在施工项目期间，如何保持机场承租人和客户了解信息与关键信息本身同样重要。有很多可接受的平台供机场运行人员提供信息所用。很明显，第一步是与那些受影响最大的各方召开施工前会议。该会议通常由机场运行人员连同顾问和承包商来安排。在所有施工计划、更新和《航行通告》中纳入飞机救援和消防至关重要。

展望未来，机场运行人员每周与受影响方召开施工安全会议至关重要。更重要的是，现场工作人员应该有日常安全简报来回顾当天的活动。网站更新、推特、发短信和类似的社交媒体，是到达机场承租人、旅行公众和媒体的有用工具。要保持更新简短并具有相关性。提前72小时发布《给飞行员的通知》，有利于航空公司和通用航空公司的机队协调其日常运行。保持《航行通告》的最新状态和更新，以及确保机场的实际铺砌道面的关闭符合当前《航行通告》的状态，这对任何项目的成功都很重要。最后，确保项目中的所有承包商人员都有机场运行人员、飞机救援和消防与其他人员的重要联系信息，并确保您的工作人员有该领域承包商的相应联系信息。与施工人员一起强化"有疑问时给别人打电话"，始终是确保开放沟通渠道和提高整体安全性的一个好的实践做法。

利用上面列出的各种工具、组件和策略应该能使任何项目都成功。与每个机场的日常运行一样，有许多动态的部分，要求所有部分一起工作，以使整个系统安全高效地运行。这在施工中没有什么不同，实际上更是如此。即使拥有最有经验和"熟悉机场"的施工队伍，机场提供的动态环境也有许多障碍要克服。每个项目通常都会面临着与之前不同的一系列挑战。在保持每个项目按时和按预算执行的压力下，有时可能很容易忽视安全的最终目标。为旅客提供一个安全的机场，同时，尽可能地减少日常运行的延误，这一直是首要任务。安全是每个施工项目的中心主题，与所有承租人和利益相关方的及时协调，对于确保安全永远不受损害是至关重要的。在项目的各个阶段与您的利益相关方进行沟通，将确保取得积极的成果。

大型枢纽机场的运行

San Sprinkle

丹佛国际机场运行副总裁

商业服务机场是一个复杂而动态的商业机器。它们可以成就或破坏任何一个城市，并且是每个交通枢纽的中坚力量。其中，许多由城市市政当局所拥有和经营，为了吸引服务、保持竞争力并在全球范围内展开竞争，它们必须作为精简型企业来进行运行。作为一名管理人员，这意味着，每天都要努力寻找创造性的方式来引导和激励团队降低成本、增加利润并保持员工高度参与。与其他有利可图的业务类似，商业服务机场必须在高度管制的环境中运行的同时竞争有限的资源。它们在试图找到创造性的生存方式的同时，还受制于其他运输系统同样的行业波动。

机场运行

机场运行的角色因机场不同而不同。在较小的机场，人员配备水平可能从3人到30人不等，其中，许多人员在不同学科交叉培训过。例如，您可能有一位机场运行专家，他的主要职责是执行管理机场检查，但也可能获得了操作飞机救援消防设备和编写机场改进计划资助的认证。在大型机场，人员配备水平可能达到数百人，许多机场角色都由高度专业化的人员负责。总的来说，机场运行领域是非常令人兴奋和有益的。该领域的许多职责包括：直接与旅行公众合作，对机场进行监管检查，在整个机场环境中执行安保协议，执行野生动物缓解措施，应对机场紧急情况并直接与机场利益相关方合作（例如，美国联邦航空管理局、航空公司、运输安全管理处、联邦调查局、联邦空中特勤队、警察、消防、医护人员等）。对于那些希望把运行小型、中型或大型枢纽机场作为职业的人来说，机场运行领域是一个很好的起点。您可以获得所需的实践经验，以便做出未来的、复杂而有效的决定。

除雪

商业服务机场除雪需要几个关键组成部分，以便安全有效地运行。首先，你必须有一个计划，每个运行人、主管、经理和利益相关方都清楚地理解并能遵循的计划。甚至在开始计划之前，就需要很长时间与机场涉及的每个人建立关系和信任。制订计划通常是最难的部分。希望以这样的方式来编写，使其涵盖从最小到最大的场景、易于理解，并且所有人都可以实现。其次，你必须将计划与所有相关人员进行沟通。这通常在第一次降雪前24至48小时开始。再次，按照你的计划进行。这包括所有涉及的人员。有时计划没有得到遵守，由于除雪计划制订的不好或培训较差，所有这些都可能需要在风暴后调整。最后，进行风暴后审查，看看你的计划是否有效，是否需要调整或全面修订。持续改进是每个机场都必须争取做到的，因为它有利于客户，并有助于你保持竞争力。在任何机场，除冰雪的首要目标是安全和高效。虽然确保跑道占用时间最短对增加容量很重要，但机场除雪车驾驶员、飞行员、机组人员和乘客的安全至关重要，决不能背离。这需要机场聘请、培训和激励优秀人才。

除雪运行所需的设备和工具的水平因机场的不同而不同，主要是基于其地理位置。有些机场可能关心冰，而其他机场则可能要处理冰、雪和其他污染物。每个机场运行人员使用除雪设备、化学品和方法不同的组合抵挡大自然的力量，所有这些在《机场认证手册》中都可以找到并被美国联邦航空管理局批准。

机场安全

美国联邦航空管理局通过颁布法规、咨询通告、检查和其他方式为机场提供所需的最低安全标准。机场运行人员明白，这些只是运行安全高效机场的起点。各机场经常实施额外的检查项目和内部最佳实践措施，以降低风险，降低事件或事故的可能性和严重性，确保机场使用者受到保护。你可以将机场环境中的安全比作为一条大毯子。政策和程序制定后，机场运行人员确保其工作的每一部分都被覆盖在毯子内。这是永远不能忽视的东西，不能被消除，可以随时调整。不幸的是，有些机场只有在事故发生后才选择实施安全措施。今天的机场运行人员面临的挑战是，在风险发生之前识别风险并实施安全措施，以消除事件或事故，或至少减少风险发生的可能性和严重性。这是安全管理体系发挥作用的地方。安全管理体系不是一个新概念，美国联邦航空管理局的系统内正在开发，以便机场遵守来帮助机场运行人员安全运行。

建设

随着国家机场不断老化和恶化，机场运行人员对未来规划和建设至关重要。这包括对当前基础设施进行定期维护，并为未来的增长进行扩展或建设。在确定建筑项目时，必须进行仔细的规划。资金可以来自各种渠道，包括机场资本预算、旅客机场设施使用费和美国联邦航空管理局的《航空港改进计划》拨款，具体取决于项目。机场与美国联邦航空管理局召开施工前会议（安全管理体系程序），以识别危险并最小化或消除其影响。这可能包括审查承包商现场进入、审查施工安全计划、运输路线、外来物、照明和标记现场，以及供飞行员了解项目边界的《航行通告》。一旦项目获得批准，承包商就可以进入机场，并在项目经理和质量控制专家的监督下工作。机场与项目经理密切合作，确保场地安全，并符合施工安全计划中确定的要求。机场运行人员最关心的事项之一就是安全。因此，培训和强有力的监督非常重要。此外，飞行员必须了解每个施工现场的边界，因此，清晰简明的《航行通告》非常重要，标识和照明项目是强制性的。美国联邦航空管理局就如何协调和管理施工活动提供指导，机场运行人员通常会根据他们的具体情况增加要求。

参考文献

Associated Press (AP). (2007, January 29). Preliminary report: Denver airport was not prepared for big blizzard. USA Today. Retrieved July 23, 2015, from http://usatoday30. usatoday. com/weather/news/2007 - 01 - 29 - denver - airport - blizzard_x. htm.

Belant, J., & Ayers, C. (2014). Bird harassment, repellent, and deterrent techniques for use on and near airports. Washington, DC: Transportation Review Board (TRB), (TRB, ACRP).

Belant, J., & Martin, J. (2011). Habitat management to deter wildlife at airports. Washington, DC: Transportation Review Board (TRB), (TRB, ACRP).

Cardillo, V. (2015, June 10). Winter operations technology and best practices. Lecture presented at American Association of Airport Executives (AAAE) Annual Conference and Exposition in Philadelphia Convention Center, Philadelphia.

DeFusco, R., & Unangst, E. (2013). Airport wildlife population management: a synthesis of airport practice. Washington, DC: Airport Cooperative Research Program (ACRP), (TRB, ACRP).

Federal Aviation Administration (FAA). (2002). AC 150/5210 - 20, Ground vehicle operations on airports. Washington, DC: Federal Aviation Administration (FAA).

Federal Aviation Administration (FAA). (2004). AC 150/5210 - 22, Airport certification manual. Washington, DC: U. S. Department of Transportation, Federal Aviation Administration.

Federal Aviation Administration (FAA). (2007). AC 150/5200 - 33B, Hazardous wildlife attractants on or near airports. Washington, DC: U. S. Department of Transportation, Federal Aviation Administration.

Federal Aviation Administration (FAA). (2008a). AC 150/5200 - 30C, Airport winter safety and operations. Washington, DC: U. S. Department of Transportation, Federal Aviation Administration.

Federal Aviation Administration (FAA). (2008b). AC 150/5200 - 28, Notices to Airmen (NOTAMS) for Airport Operators. Washington DC: Federal Aviation Administration (FAA).

Federal Aviation Administration (FAA). (2009a). AC 150/5210 - 17B, Programs for training of aircraft rescue and firefighting personnel. Washington, DC: U. S. Department of Transportation, Federal Aviation Administration.

Federal Aviation Administration（FAA）.（2009b）. AC 150/5200 – 31C, Airport emergency plan. Washington, DC：U. S. Department of Transportation, Federal Aviation Administration.

Federal Aviation Administration（FAA）（2009c）. National runway safety plan, 2009 – 2011. Washington, DC：Federal Aviation Administration.

Federal Aviation Administration（FAA）.（2010, January 14）. Fact sheet – FAA wildlife hazard mitigation program. Retrieved July 26, 2015, from https://www. faa. gov/news/fact_sheets/news_story. cfm? newsId = 11105.

Federal Aviation Administration（FAA）（2011a）. A quick reference：airfield standards （2nd ed. ）. Washington, DC：U. S. Department of Transportation, Federal Aviation Administration.

Federal Aviation Administration（FAA）.（2011b）. AC 150/5370 – 2F, Operational safety on airports during construction. Washington, DC：U. S. Department of Transportation, Federal Aviation Administration.

Federal Aviation Administration（FAA）.（2011c）. AC 150/5220 – 10e Guide Specification for Aircraft Rescue and Fire Fighting Vehicles. Washington DC：Federal Aviation Administration（FAA）.

Federal Aviation Administration（FAA）.（2012, November）. The strategic runway safety plan. Retrieved July 23, 2015, from http://www. faa. gov/airports/runway_safety/news/congressional_reports/media/The%20Strategic%20Runway%20Safety%20Plan. pdf.

Federal Aviation Administration（FAA）.（2013）. AC 150/5200 – 32B, Reporting wildlife aircraft strikes. Washington, DC：U. S. Department of Transportation, Federal Aviation Administration.

Federal Aviation Administration（FAA）.（2014a）. AC 150/5220 – 30A, Airport snow and ice control equipment. Washington, DC：U. S. Department of Transportation, Federal Aviation Administration.

Federal Aviation Administration（FAA）.（2014b, September 26）. Federal NOTAM system. Retrieved July 22, 2015, from https://notams. aim. faa. gov/#Applications.

Federal Aviation Administration（FAA）.（2015）. AC 150/5210 – 17C, Programs for training of aircraft rescue and firefighting personnel. Washington, DC：U. S. Department of Transportation, Federal Aviation Administration.

General Foam Information. （n. d. ）. Retrieved July 26, 2015, from http://www. chemguard. com/about – us/documents – library/foam – info/general. htm.

Golaszewski, R. , Helledy, G. , Castellano, B. , & David, R. （2009）. How proposed

ARFF standards would impact airports（ACRP Project 11 – 02, Task 11）（TRB, ACRP）. Washington, DC：Airport Cooperative Research Program（ACRP）. Retrieved July 26, 2015, from http：//onlinepubs. trb. org/onlinepubs/acrp/acrp_webdoc_007. pdf.

Oetzell, S.（2014, spring）. Vanquishing the VPD. FAA Airports Division Western – Pacific Region Newsletter. Retrieved 2014, from http：//www. faa. gov/airports/western_pacific/newsletter/media/VPD – q1y14. pdf.

Price, J. C. , & Forrest, J. S. （2014）. Certified member body of knowledge（5th ed. , Ser. 3）. Alexandria, VA：American Association of Airport Executives（AAAE）.

Quilty, S.（2008）. Preventing vehicle – aircraft incidents during winter operations and periods of low visibility：a synthesis of airport practice. Washington, DC：Airport Cooperative Research Program（TRB, ACRP）.

第九章 陆侧和航站楼运行

丹佛国际机场公司主航站楼"大厅"内部和"帐篷"外部
（沙恩·赛德尔伯格拍摄，由科罗拉多州航空部门提供，2014）

丹佛国际机场公司旅客停车和汽车租赁机构
（沙恩·赛德尔伯格拍摄，由科罗拉多州航空部门提供，2012）

虽然美国联邦政府对商业服务机场的空侧区域进行了严格的管理，但机场航站楼和机场陆侧区域的运行主要还是受当地或州立法规的管控，并且在某种程度上由联邦航空管理局的《授权保证》管控。没有与第139款相当的联邦航空管理局文件讨论陆侧和航站楼运行。

陆侧通常是指那些开始于旅客接送机的机场路边延伸到社区高速公路、铁路和其他综合运输交通形式的区域。航站楼是机场的主要旅客设施，从路边开始并延伸至安检通道。此外，安检通道之后的大厅也被视为航站楼运行的一部分。

机场的主要目的是飞机安全和高效地运行，但是，如果旅客不能进入设施，如果货物不能及时到达飞机，如果旅客的行李、机组人员、员工和其他支持机场和飞机运行的人员无法到达他们的工作地点，则飞机就无法高效运行。此外，在某些情况下，航站楼区域甚至是陆侧区域都要受到运输安全管理处通过旅客安检程序和防止未经授权进入机场的隔离和安全区域①的要求的管理。某些航空安全法规还要求，将无人值守的车辆从路边移走，将无人看管的物品从机场的公共区域和隔离区移走。

虽然不受联邦政府的管制，但航站楼和陆侧区域在机场收入结构中起着至关重要的作用。这些领域包括租赁空间、特许经营协议为机场运行人员提供的利润份额、停车场和手续费、陆侧通行费及为机场运行和资本项目融资的其他收入机会。然而，关

———————————

① 未经正确安检，乘客不允许进入机场受保护区域（航空器装卸乘客的空侧），也不允许进入机场隔离区域（乘客和行李通过安检后到登机门的区域）。所有的机场安保区域彻底讲解在实用航空安保：预测和预防未来的威胁（Price & Forrest, 2013）。

于机场航站楼应该如何运作存在着各种各样的理念。以机场为主导的理念，有时被称为欧洲模式，通常意味着机场运行人员提供员工进行航站楼服务，包括停机坪管理及行李和旅客处理服务。航空公司占主导的模式，通常意味着航空公司提供旅客和行李管理服务。大多数主要机场都采用这两种理念的混合模式。

分配到航站楼或陆侧区域的机场运行人员，通常承担着监督员和观察员的角色，对可能影响车辆和客流的事件做出响应，旅客体验以及在某些情况下的机场收入来源，都在公众及更大程度上——世界的注视之下。航站楼管理者应该始终意识到其与公众所打交道可能通过音频或视频被录制，并通过众多形式的社交媒体在几秒钟内传遍全球。

陆侧和航站楼系统

机场旅客航站楼的基本作用是将旅客从地面运输转移到航空运输，然后再返回地面运输。航站楼是机场与航空港其他部分之间的主要接口，将陆侧运行与空侧运行连接了起来。航站楼包括旅客和行李处理、机场维护和运行活动、机场和航空公司管理及货物处理设施。

机场航站楼提供安全、高效和舒适的环境及其行李往返于飞机和各种地面运输方式的转移。为了实现这些目标，需要票务、旅客处理、行李处理和安全检查等基本要素。餐饮服务、汽车租赁、商店、洗手间、机场管理和其他辅助功能也支持这些要素。对于通用航空机场，航站楼设计提供了由服务柜台、餐饮服务、洗手间、飞行员服务、机场或固定基地运营商管理及其他辅助功能（普莱斯和福里斯特，2014）提供支持的公共等候区域。

旅客航站楼系统由三部分组成：进出界面（用于诸如陆侧作业、多式联运、停车和车辆循环、装载和卸载等活动）；旅客处理界面（票务、行李提取、安检和联邦检查服务）；飞行界面（往来于航空器装卸区的交通）（霍龙杰夫等，2010）。

机场运行在陆侧和航站楼区域的责任

监督机场航站楼大厅和陆侧上的运行所需的人员数量直接与机场规模有关。在小型或中型枢纽机场，负责 139 款机场检查的机场运行经理也可能负责机场航站楼和陆侧区域。在大型枢纽机场，机场检查员通常在机场整体运行中只关注 139 款，而其他人充当航站楼运行经理[①]来监督航站楼和陆侧活动，可能还需要额外的人员来确保陆侧区域的合规性。

---

① 虽然这些职位称谓可能在每家机场都不同，但是我们在本文中使用称谓 Terminal Operations Manager（航站楼运行经理）。在某些情况下，称谓 Landside Operations Manager（陆侧运行经理）在大型枢纽机场用于区分工作动态，因为通常由两个或更多人员完成这些工作，每个人被指定负责具体的区域（即航站楼或陆侧）。

航站楼运行经理担任了许多角色，其中至少有一个是机场赞助商大使，通常是问题解决者、事件指挥官、市、县或机场管理局的代表，以及任何其他无数的角色。本质上，航站楼运行经理在机场规章制度的范围内做任何必要的工作，以确保旅客、行李和货物的持续吞吐量。

一个执行力强的航站楼运行经理就是一个很好的关系建立者。在大型商业服务机场，航站楼的运行人员数量有限，在这些情况下，航站楼的运行经理将许多任务委托给下属。航站楼的运行经理应该与机场警察和紧急医疗服务机构保持密切的关系，因为，他们通常会与警察或紧急医疗人员一起以法律和责任的角度代表机场进行响应，以及处理一般物流，包括人群控制和车辆或交通管理，并向机场运行经理通报情况。航站楼运行经理还应该与运输安全管理局的运输安全经理、日常安检通道的高级代表及为航站楼及其承租人提供服务的特许经营商、供应商和承包商保持良好的关系。

考虑到航站楼的运行基本上涵盖了保持旅客移动和机场运行的各种各样的责任，描述航站楼运行人员角色的更好方式是，列举出航站楼运行人员在工作中遇到的问题的事例：

1. 当有人在航站楼内摔倒，航站楼运行人员应确保已通知紧急医疗人员，并为其提供联系信息，以供其跟踪保险和赔偿之目的。

2. 在诸如龙卷风或飓风等恶劣天气事件期间，航站楼运行人员确保将人员引导至避难所。

3. 在机场关闭的暴风雪期间，航站楼运行人员通过与供应商和餐饮供应商合作提供食物、毯子和枕头，以确保滞留在机场的人员得到照顾，并确保厕所尽可能地保持清洁和可用。

4. 在无特定目标的随机犯罪射击[①]、车辆爆炸或大规模伤亡事件期间，航站楼运行人员提供急救服务，建立事件指挥为应急响应人员建立入口和出口位置，建立暂存区域。

5. 对于国际航班，航站楼运行人员要确保将旅客引导至正确的位置，无论是重新检查行李连接到国内航班、去海关或移民检查站，还是去航站楼。此外，航站楼运行人员还要确保国际旅客有充足的行李车。国际旅客往往有很多行李，让他们有一个积极的旅客体验很重要。

6. 如果电梯、自动扶梯或移动通道关闭，航站楼运行人员通知维护人员将其重新投入运行。

7. 如果食品供应商在其租约中注明，需要在保持开放的时间之前提前关

---

① 枪手被击毙后，现场相对安全。大多数航站楼运行（Ops）人员不是武装执法人员，出现随机枪手时，这些人员需要远离枪手或事故征候，直到现场相当安全。如果航站楼运行经理或任何机场工作人员不能逃离，那么他们应协助乘客到达集合点或指定位置（但是在枪手被击毙之后）。

闭，则要求其保持开放，航站楼运行人员通知机场物业办公室跟进，并采取可能的强制措施。

8. 如果一家航空公司声称，它正在使用首选登机口，但其他航空公司声称，该航空公司没有按要求的频率使用该航站楼，则航站楼运行人员需要监控并记录所有航空公司对登机口的使用情况以解决争端。

9. 如果安检通道路线被阻塞并造成了重大的旅客延误，航站楼运行人员要与运输安全管理局合作转移东西、召集更多帮助、开启更多通道（图9.1）。航站楼运行人员也可以与航空公司合作，让他们了解情况，以便航空公司尽可能地做出调整。

10. 如果旅客在航班取消后被滞留，那么，航站楼运行人员应确保实施机场针对停机坪延误的非正常运行计划。

11. 航站楼运行人员协助有功能需求的旅客。

图9.1　航站楼运行人员协助旅客在长长的安检排队中等候
（来源：杰弗瑞·普莱斯，丹佛国际机场，2015）

12. 协助贵宾通过航站楼。名人、政客和其他知名人士可能需要被护送到安检通道的前方。这对他们来说，这并不是因为他们知名度很高而赋予的一种特权，但事实上这样做是有好处的。

13. 协助处理失物招领处的物品和人员。

14. 监督《机场大使计划》。

将139款的安全原则应用于航站楼的运行席位，可起到相似的作用和形成附加责任清单。航站楼运行人员必须：

1. 检查公共区域是否存在维修问题和安全隐患，例如，溢出物、损坏的地板或地毯、不工作的灯具或航站楼地板上存在可能造成绊倒危险的外来物。

2. 监控机场特许经营商和承租人的租赁问题。

3. 与运输安全管理处合作，进行安检通道缓解。

4. 响应安保情况，例如，门铃，或协助安保人员进行警报响应。

5. 确保航站楼标志在必要时被点亮，状况良好且可见。

6. 管理航站楼或陆侧的紧急相关事件或安保相关事件。

7. 向机场警察、消防、紧急医疗服务或其他适当方面报告任何需要响应的事项。

8. 担任航站楼事件的现场指挥，直到妥善解除。

9. 报告或协助经常从机场拍摄航空相关故事的媒体。

10. 协助航空公司、承租人和特许经营商解决如客户服务、旅客功能需求、分歧问题，或其他相关的服务呼叫。

要成为有效的航站楼运行经理，应该具备良好的客户服务技巧；注意细节，以便在小事情运转不良的时候能够察觉到，比如当一天中不寻常时间里警戒线开始断开的时候，有及时决策的能力。总的来说，航站楼运行经理必须意识到，旅客吞吐量的下降对机场运行人员、承租人和航空公司意味着什么。

特许经营的趋势包括，在航站楼增加音乐团体、庆祝文化和假日的地方活动、艺术节目、美化环境、游乐场型游乐设施、电影院、水疗中心、按摩、提供修脚和修指甲的沙龙、冥想和阅读（教会和礼拜场所一直是机场航站楼的一部分）、运动和瑜伽室（国际机场理事会，2013）（表9.1）。互联网接入至关重要。尽管许多用户更喜欢免费的互联网，通过提供免费使用较低级别的互联网服务，旅客发送电子邮件很便利，速度更快的互联网，可以传输视频，需要收费使用，许多机场从中找到了平衡点。

表9.1 典型机场特许经营

食品与饮料	服务	杂货和特产	设施和服务
·自动售货机 ·快餐店 ·休闲餐厅 ·酒吧 ·冰激凌店 ·小吃店 ·咖啡店	·租车公司 ·邮局 ·货币兑换 ·航空俱乐部 ·银行自助取款机 ·擦鞋 ·商务中心	·报刊出售处 ·免税店 ·专业零售 ·书店 ·电子商店	·行李寄存 ·充电站 ·医疗机构 ·宠物救济区 ·旅行者援助 ·欢迎区 ·指定吸烟区 ·航站楼广告 ·发廊和理发店 ·游戏室 ·行李车 ·按摩服务

航站楼设计和运行

机场运行专业往往侧重于"旅客吞吐量建模"。建模在运行和航空管理中非常有用，特别是在帮助开发有效的航站楼设计方面。然而，这个重点实际上放在了与运行有关的航站楼设计概念上了，并未解决商业服务机场确保旅客、行李和货物快速有效地连续流动的日常实际需求。在本节和以下章节中，我们将描述航站楼设计和运行与运行人员实际日常关注的事项之间的关系。

机场类型

使用各种方法对机场进行分类。机场还可以按照主要类型的客运流量进行分类：始发—终到（通常称为始发—目的地①）、转机或通过机场。在始发—目的地机场，70% 至 90% 的旅客在机场开始或结束旅行（霍龙杰夫等，2010）。机场分类将有助于确定对航站楼和陆侧支持行动的需求和类型。

始发—目的地设计的机场必须支持大量的始发和到达客运量，这意味着需要大量的票务和行李提取设施、路边和停车场。始发—目的地机场需要大量的陆侧运行人员来处理车辆交通量。许多始发—目的地机场还为国际航空公司运行提供服务，要经历航班较长的周转时间，这意味着，通常需要更多的航站楼运行人员确保满足国际旅客②的需要。

转机机场拥有着从不同机场到达的大量旅客，连接着另一个航班，以出发去往另一个机场，而无须离开隔离区。③ 通常，有超过 50% 的乘坐飞机转机的旅客的机场被视为转机机场。航空公司进行枢纽运行的机场经常是转机机场，但有些机场兼具始发—目的地机场和转机业务的特点。转机机场设计用来为旅客从一个登机口到达另一个登机口提供更高效的转移，而不必再次通过安检通道。转机机场还必须有高效的行李处理系统，确保来自同一航空公司航班的行李④和来自其他航空公司航班的行李，以最小的损失率从一个航班转移至另一个航班。转机机场需要较少的陆侧作业人员和更少的停车位，除非机场还有大量的始发—目的地交通。

转机机场的始发旅客比例很高，始发航班的比例很低。许多小型枢纽机场和非枢

---

① Origination/Destination（始发/目的地）是美国常用术语。

② 一般来说，国际乘客旅行时停留时间更长、花费更多钱，而且旅行时有更多可用的钱。

③ 隔离区域是从乘客安检通道后延伸到航空器的乘客登机桥。所有在隔离区域的人员必须通过由 TSA、航空器运行人或机场运行人员进行的安检。

④ Intraline（直挂）是一行李从同一家航空承运人的一个航班转运到另一个航班。Interline（中转）是一个行李从一家航空承运人的一个航班转运到另一家航空承运人的另一个航班。很多航空公司有中转行李协议来确保行李转运，乘客不必提取行李再办理托运到下一个转机航班。

纽机场被划分为转机机场，其特点是每天航班运行很少，大多数旅客在经停期间不下飞机。转机机场通常不会面临车辆拥堵的挑战，并且通常有足够的停车位来应对较低的旅客需求。

机场旅客供应链

旅客吞吐量可以分为三个方面：进入接口、旅客处理功能和飞行接口。

进入接口开始于并结束于与机场周围社区的多式联运。该进入接口包括用于装载和卸载旅客的路边、停车设施、公共交通、出租车和豪华轿车服务、用于穿越道路的行人通道，包括隧道、桥梁或自动旅客捷运设备，以及为机场维护、供应商交付、空运和类似的支持活动提供进出的服务道路和消防通道。（霍龙杰夫等，2010）。

旅客处理系统包括航空公司票务柜台、行李提取区、航班信息显示屏、特许经营场所、公共大厅和食物准备区。旅客处理接口还包括旅客通常看不到的区域，例如，行李中转的空间、行李分拣区域（通常位于票务柜台墙壁后面或航站楼下面）、机场管理办公室（入口管制或标识卡、人力资源、机场管理）、维护区域和联邦检查。安检通道也在航站楼的旅客处理区域内。某些非公共区域，例如，在机场工作的人员其子女的日托设施、供应商存储区和员工健身设施，也可以被包括其中（普莱斯和福里斯特，2014）。

飞行接口包括用于容纳中转旅客的大厅和与其他大厅的连接处；旅客等待登机的出发休息区；旅客登机设备，例如，廊桥或登机梯；航空公司运行和行政处所；以及有些情况下的非公共区域，例如，用于维持特许公司库存的供应商存储空间（普莱斯和福里斯特，2014）。

航站楼布局

纵观航空历史，航站楼不断扩大，机场航站楼的设计不断适应增加的旅客需求。机场航站楼的布局影响旅客的体验及陆侧和航站楼的运行方式。

早期的候机大楼是简单的结构，主要由方形或长方形的建筑组成，一侧有停车场，另一侧是空侧运行。栅栏，当存在时，通常沿着空侧区域周边从航站楼延伸出一小段的距离，但主要是为了防止旅客和车辆无意中进入机场。航站楼设有：一些航空公司的售票点；机场管理办公室；可能有一两个某种特许经营商，并且通常位于大楼顶部；美国联邦航空管理局管制塔台。一般来说，航站楼最初是作为旅客候机时的天气保护。早期的航站楼设计将所有活动集中到一个中央位置，这种设计称为"集中式"。集中式设计是基本的布局，飞机通常与航站楼平行停放，以减少对飞机推出程序的需要。

随着越来越多的人开始使用商用航空运输，机场需要增加规模，这通常是通过扩建原来的建筑物来完成的。简单的航站楼被延伸进入所谓的线型航站楼的概念。在某些情况下，由于空间有限，因此就使用了曲线航站楼的概念，在较大的机场，创建了多个航站楼。这个设计被称为机场单元航站楼的概念。单元航站楼表示从所有旅客处理都在一座大厦里进行的集中式航站楼过程，发展到了在分离的大厦中进行，进入了一个分散式的过程。在分散式的过程中，要么被分散到多个建筑物中，要么被分解为某些过程，例如，售票和安检在一个设施中进行，而飞机装载和卸载则在一个不同的设施中进行。分散式过程通过使用自动捷运系统，也意味着可以将与陆侧循环道路相连，以及在某些情况下，与空侧相连的线性航站楼分离开。随着交通量的增加，通常称为大厅的指廊从主楼建造并延伸到机场。飞机开始直接朝大厅方向进入或斜向停机，飞机通过廊桥与大厅相连。但是，较大的航站楼意味着，旅客要走较长的距离。然后机场规划人员开始在机场建设大厅，通过使用旅客自动捷运系统将其与航站楼相连，进一步推行分散的旅客处理理念。

　　随着越来越多的车辆到达机场接送旅客，车辆拥堵也开始成为问题。在9·11之前的日子里，任何人都可以一直走到登机口迎接或送别旅客，因此，必须建造更大的设施以适应增长的旅客需求。随着旅客人数的增加，接送旅客车道上的车辆拥堵程度也随之增加。为了分散旅客和减少车辆甚至飞机的拥堵，航站楼规划者使用了两种旅客分布模型：水平的和垂直的。有四种基本的水平分布模型：线型的；码头式的；卫星式的；中转式的（图9.2）。

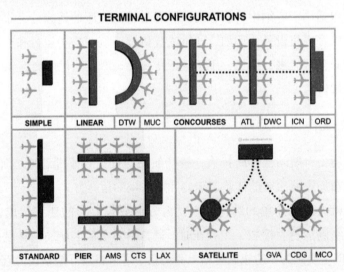

图9.2　航站楼布局与相关实例机场

（来源：https：//commons.wikimediaorg/wiki/File：Terminal – Configurations.png.）

旅客分布模型

　　水平分布模型，旨在将旅客和航空公司分布在机场的整个可用空间内。线型水平分布模型（图9.3），是一个简单的航站楼被加长，以容纳更多飞机流量。如果有空间，并且建筑物的末端没有结构性的障碍，那么，它可以扩展（普莱斯和福里斯特，

2014）。增加航站楼长度会在衔接的航班之间或在登机口与航站楼之间产生更长的步行距离。线型是基本的航站楼概念，旅客可以在大楼的一侧停车，进入设施并办理登机手续，通过安检，然后在另一侧登机。在某些情况下，廊桥将建筑物与飞机相连，而在其他情况下，旅客直接走到停机坪上并进入飞机。这种布局是典型的非枢纽机场，如科罗拉多州的鹰郡机场。一个更大的线性航站楼的例子是，位于密苏里州的堪萨斯城国际机场，它有三个大型曲线（近椭圆形）的航站楼。

图 9.3　洛杉矶国际机场是围绕单元航站楼旅客水平分布模型设计的
（来源：杰佛瑞·普莱斯，洛杉矶国际机场，2015）

线型概念是以车辆与飞机停放位置之间步行距离短为特征的，但通常适用于活动较少的始发—目的地机场。然而，一些机场，如达拉斯—沃斯堡国际机场，也以曲线设计为特征，拥有大量的始发—目的地交通，另外还有很大比例的转机客流量。

洛杉矶国际机场、约翰肯尼迪国际机场和达拉斯—沃斯堡国际机场，都是单元航站楼机场概念的例子。每个机场的特征都是有集中在一个陆侧循环框架上多个航站楼，每个独立的航站楼都是一个集中的独立设施，有一个从中央设施延伸出来的大厅。

可以在简单的或线型航站楼的主航站楼的停机坪区域上构建指廊。该概念允许持续集中旅客流程，同时保持航空公司的运行效率。指廊允许飞机沿其长度停放，但指廊型布局的主要缺点是，旅客的步行距离较长——在某些机场长达 1500 英尺。此外，指廊型概念允许更多地利用空侧空间来建造登机口，但通过容纳更多的飞机，车辆路边空间可能保持不变——这会导致增加进入通道的拥堵，甚至更远的步行距离，因为，停车场被从航站楼延伸了出去。从航站楼运行的角度来看，较长的步行距离可能导致更多的医疗电话，因为，人们因携带沉重的行李而感到疲劳或受伤。这个问题特别容易发生在高海拔地区的机场，在那里，很多游客不习惯于空气稀薄。

在多个指廊的情况下，根据大厅之间的距离，飞机会发生拥堵，只有少数飞机能够立即推出。随着时间的推移，越来越大的飞机开始使用机场，可能曾经拥有足够供同时推出运行的空间变得不足了。这种情况发生在丹佛以前的斯台普顿国际机场。在 1929 年开放并演变成指廊型设计，该机场指廊最终能够适应同时推出，直到 20 世纪 70 年代，随着飞机尺寸的增加，机场不再能在 B 大厅和 C 大厅之间同时推出了，这就造成了航班延误。

从指廊到指廊很长的步行距离，可能会造成航站楼运行人员、警察和紧急医疗服务人员对事件响应的延误，除非他们有车辆从指廊开到指廊。由于机场拥堵，车辆仍然不能保证快速响应，并且在某些机场，由于安全问题，车辆通行受到严重限制。警察、运行人员和紧急医疗服务人员，使用自行车、赛格威和高尔夫球车可能会增加响应时间，不会增加在机场驾驶时产生的额外安全风险。

根据兰德勒姆和布朗等人的论述，指廊型适用于始发—目的地机场和枢纽机场的中型至重型活动。[①] 目前的指廊型机场，包括纽约的拉瓜迪亚机场和弗吉尼亚州的里根国家机场。

卫星型设计概念意味着旅客处理设施，如票务、登机手续和行李提取，位于一个或多个航站楼内，大厅分开位于机场内，在该处进行飞机装卸。这些设施通过自动捷运系统连接。机场使用各种人员捷运系统，包括地下地铁系统、地上铁路系统或像杜勒斯国际机场一样的"移动休息室"，将旅客从主航站楼转移到穿越机场的大厅。[②] 在一些卫星型的机场中，航站楼通过长途客运走廊直接连接到大厅，而不是地下或地上交通工具。在这种设计中，登机口只建造在客运走廊的尽头，而不像指廊型那样建在旁边。通过使用移动的通道减少旅客步行距离。卫星型模式允许旅客登机、零售、食品经营、行李提取和地面运输服务集中在航站楼的中心位置。地面运输和停车服务也可以在旅客离开隔离区时集中在循环的客流附近。

卫星型模式还允许旅客和空侧功能独立发展。随着共用设施的广泛使用，航空公司增加航班或登机口，并不意味着票务和行李提取区将不得不扩大来进行匹配。尽管允许每个区域独立发展可能会降低一些资金成本，但由于资源和人员的重复，运行成本实际上可能会增加。行李必须运送更长的距离，并且需要更多人员来覆盖票务和登机区域。根据兰德勒姆和布朗等人的论述，卫星型布局适用于始发—目的地流量比例大和转机旅客比例大的拥有大量活动的机场。丹佛国际机场、奥兰多国际机场和亚特兰大机场都是以卫星型模式设计的机场范例。

从航站楼运行的角度来看，旅客捷运系统必须持续运行，因为这是在航站楼和飞机登机口之间转移旅客的一种主要方式。机场计划通过旅客自动捷运系统每小时运输一定数量的旅客，但是，当系统发生故障时，就可能会出现明显的延误。在亚特兰大机场，火车系统附近的客运走廊设有移动通道，以便在火车停车时方便旅客的移动。然而，即使在走廊上，旅客运输和转机时间也会明显增加，许多有功能需求的旅客将难以赶上航班。随着走廊上的人员不断增加，移动通道的故障率可能会更高，并且走

---

① 枢纽机场高容量而且高频率运送乘客。
② 杜勒斯机场移动运送车也被认为是运输模式，但是在很多运输模式中，乘客从航站楼直接被运送到航空器登机桥或楼梯，而不是送到登机门候机区。

廊可能会被试图赶上飞机的旅客堵塞。

丹佛国际机场的地下交通系统附近没有人行道，如果火车停驶，旅客必须依靠公交才能到达航班。摆渡给安检带来了麻烦，由于旅客必须首先在航站楼接受安检，然后与机场工作人员一起运往大厅，以确保安检过程的完整性，或在大厅停机坪区域设立临时安检通道。在第二种选择中，旅客必须被运送穿过机场到达大厅门口（设有电梯入口，以满足有功能需求的旅客），并被护送出巴士穿过安全区域，然后通过临时安检区域后，才被允许进入大厅。在任何一种情况下，旅客吞吐量都会下降到每小时几百人，而不是交通系统设计来容纳的每小时几千人。因此，列车运行至关重要，而且任何维护问题都应迅速解决。在任何卫星型的机场，火车运行是航站楼运行经理的首要任务。

应实施关于如果自动化系统①长时间停用，机场应该如何继续转移旅客的应急计划。此外，应针对任何旅客运输系统（例如，火车，包括起火、冒烟或疏散）方面可能发生的问题，制订出具体的应急计划。

安保与卫星型的机场

卫星型机场还有独特的安保风险。1995 年，奥姆真理教的信徒们在东京地铁系统中放置了化学武器——沙林毒气。攻击致 12 人死亡和 1000 人住院。另外，还有 1000 人相信自己已经生病了，也前往医院，使医疗保健专业人员崩溃。袭击发生后，带有运输系统的机场被指示研究机场地铁运输系统发生类似袭击的风险。在 9·11 之前，由于旅客和员工的安检标准较低，机场更容易受到此类攻击。化学武器通过空气传播时最为有效，将化学物质释放到地铁隧道或其中一辆车中，都可以迅速传播到机场的整个交通系统，并进入航站楼和大厅的供暖系统、通风系统和空调系统。现场急救者，可能会将毒气错误地认为是来自着火的烟气并且也会伤亡。此外，区分化学剂（如沙林）或生物制剂（如炭疽病）可能需要一段时间。许多生物制剂可能不会立即出现症状，或者他们可能会出现类似化学袭击的症状。一些机场的地铁通风系统可以"冲入"露天，这就产生了一个道德问题：这是不是一个可以接受的选择。机场运行人员应该冲洗该系统以拯救地下交通系统中的人员生命，然而通过散布致命毒剂会使当地社区面临风险，还是保持系统关闭使里面的人处于危险境地，但不会导致更大的爆发呢？9·11 事件后，旅客和员工的安检标准，降低了机场火车系统发生化学、生物或放射性攻击的概率，但这种可能性仍存在。整个机场，特别是火车系统的生化传感器和放射性传感器的部署，可以更好地向现场急救人员和航站楼运行人员通报威胁的性质。2010 年，国土安全部科学和技术局提出了一项开发可检测化学品的手机应用程序的举措。

转运车型的设计理念是将旅客设施（便利设施）与旅客处理设施（安全检查）

---

① 由于有大量乘客，这些系统必须每天运送，所以很难停止运行系统进行演练。因此，使用游戏/电脑模拟可能是帮助研发并测试应急计划的更好的选择。

完全分离。根据兰德勒姆和布朗（2010）的说法，旅客可以通过离开航站楼登机口直接前往飞机的移动休息室进入飞机，然后依靠飞机提供天气保护。在某些情况下，转运车是一辆公共汽车，它在停机坪把旅客放下，再使用移动登机梯将旅客送入飞机。

最初，这个概念在美国没有得到广泛的接受，但由于有若干好处，近年来获得了一些优势。首先，使用转运车或移动休息室，可以是飞机远程停放在停机坪区域的任何地方——不需要建筑物或大厅，只需要一架飞机可停放的硬面停机坪即可。其次，这个概念使飞机有极好的机动性，减少了大厅和航站楼登机口的拥堵。然而，与其他设计方案相比，其主要缺点是旅客处理时间延长，需要提前结束航班，并需要花费高和劳动密集型操作系统。

许多国际机场及美国的一些机场，包括洛杉矶国际机场和约翰肯尼迪机场，都采用了硬面停机坪或平面停机坪概念。从运行的角度来看，此移动休息室的关闭和彼移动休息室或系统的关闭，其影响可能不一样大，因为每个运输工具都独立于其他运输工具。如前所述，杜勒斯国际机场是首批采用转运车模式的机场之一，其中的变化是，旅客被送到大厅而不是直接送达飞机。

今天的许多机场表现为混合的航站楼设计理念和程序。西雅图—塔科马机场是从集中式线型航站楼发展成指廊型航站楼设计的一个极好的例子。后来，随着大厅的增加和地下交通系统的安装，机场发展成了混合型设计，结合了集中式、线型设计特点和分散式指廊型与卫星型的运行特点。

旅客的意见

1975 年，美国机场每年运送旅客量超过了 1.96 亿人（美国航空公司飞机出发部，付费旅客和计费吨数，2015 年）。然而，在 1978 年，美国政府通过了《放松管制法》，取消了对商业航空交通的经济控制。放松管制以多种方式影响了机场航站楼和陆侧的设计和运行。首先，随着机票价格的下降及新型低成本航空公司进入市场和更多旅行选择的开放，旅客的出行量增加了。其次，航空公司在特定航线上运行不再需要美国政府的许可——航空公司现在可以随意与他们所需的任何机场进行谈判、签署租赁协议，并在他们认为合适的情况下扩大或减少交通量。到 1980 年，旅客人数增加到了 2.8 亿人次以上，5 年内增加 8400 万人（美国航空公司飞机出发部，2015）。到了 1985 年，随着全面放松管制的影响，客运量超过了 3.6 亿人。这些年来，航空货运和飞机运行也出现了显著增长，迫使机场扩大货物处理设施，并增加跑道和滑行道。2014 年 7 月至 2015 年 7 月，美国的定期和不定期国内客运量达到了约 7.1 亿人[①]。

---

① 基于来自美国运输部统计数据的近似值，T－100 市场与细分，参见 http：//www.rita.dot.gov/bts/acts。

除了旅客水平分布之外，机场规划者还发现了垂直分布旅客的方法。单层航站楼在小型活动机场中很常见，所有旅客功能都在一层上进行。双层航站楼在活动稍微多一点的机场使用，票务和旅客出发活动在航站楼上层进行，行李提取和到达在低层进行。通过合用陆侧运行，这样可以更有效地利用空间。行李提取通常位于任何双层或三层航站楼的较低层，以尽量减少旅客在楼上拖运行李的需要。这个双层概念可以扩展到大厅，旅客和飞机装载作业在上层进行，航空公司运行、行李分拣、检查操作和服务区域位于下层。三层航站楼通常在国际机场使用，并将国际到达旅客隔离到顶层，以使他们与国内旅客分开，直到他们通过联邦检查服务区。

一些大型枢纽机场设有垂直分离的陆侧交通。在丹佛国际机场，6层预留给了出发旅客的私家车，5层预留给了商用车辆，4层预留给了迎接到达旅客的私家车。车辆交通还可以通过使用分隔每条车道的铺设的岛进行水平分布，车道被指定用于特定类型的交通，即出租车在一个车道，而巴士在另一个车道，或由机场运行人员决定的其他分布形式。

旅客相关流程：通往登机口的路线

随着旅客从如地铁、公路、轻轨和其他交通系统的多式联运到达机场，他们开始了旅客处理阶段（图9.4）。票务和办理登机手续过程包括两个主要功能：获得登机牌；检查或放下要在飞机货舱内随行的行李（卡西迪和纳瓦雷特，2009）。票务和办理登机手续区域，在过去的15年中发生了重大变化，因为自助服务亭已经取代了许

图9.4　旅客到达的路边
（来源：杰佛瑞·普莱斯，丹佛国际机场，2015）

多航空公司的票务人员。今天，航空公司的机票柜台将有少数几个直接为航空公司工作的人员协助处理旅客票务和登机手续问题。

然后，航空公司通常会增加一些人员，这些人员是航空公司的合同雇员，其主要工作是协助自助旅客在托运的行李上放一个行李标签，并将其移动到行李带上。在办理登机手续的过程中，他们还可以执行各种其他职能，包括预订、更换座位、升级至不同的舱位，例如，头等舱或商务舱，以及出示国际旅行所需的护照或其他文件（卡西迪和纳瓦雷特，2009）。

所有旅客必须为其飞行办理登机手续，以便他们获得登机牌。但是，通过在智能手机上使用电子票务和应用程序，大多数旅客在抵达航站楼之前已经办理了登机手续。酒店的信息亭既有在线办理登记手续和打印登机牌的能力，也有助于加快旅客处理并减少了航空公司机票柜台所需的空间。许多航空公司还为返程航班上的旅客提供了自动办理登机手续。

航空公司为不同类别的旅客建立了独立的登机办理设施，通常会提供单独的航空公司票务代理以服务头等舱和商务舱旅客（图9.5）。航空公司还根据国内航班和国际航班把票务办理的排队分开，因为航空公司需要确保旅客在登上国际航班前带有护照（卡西迪和纳瓦雷特，2009）。国际旅客通常还有大量的行李，因为他们的旅行时间往往比国内旅客长，因此，这里的排队往往更长。

图9.5　旅客票务
（来源：杰佛瑞·普莱斯，丹佛国际机场，2015）

旅客为飞机支付的金额，加上旅客的常旅客状态，会影响个人被处理对待的方式（卡西迪和纳瓦雷特，2009）。购买不可退款经济舱座位的旅客获得最少的优先权，而购买头等舱机票或持有常旅客身份的旅客可享受优先服务。

已经办理了登机手续，并且不必检查行李的旅客不需要在票务柜台停留，可以直接前往旅客安检通道。一些旅客在有行李搬运员的路边办理了登记手续，行李搬运员也处理他们的行李。大多数行李搬运员提供办理登机服务，但他们通常无法更改机票、升舱，或提供通常由航空公司票务柜台提供的其他服务。为能够把行李正好放在路边而无须带到里面而带来的方便，旅客预期要付小费给行李搬运员。今天，许多航空公司对托运行李或其他服务收取费用。有些航空公司提供了一定数量的免费托运行李，另一些航空公司则对随身携带行李和托运行李、带有扩展的伸腿空间的优质座位和优先登机都收取费用。当航空公司对托运行李收取费用时，这种做法会对飞机上的随身行李的空间产生溢价。当前，航空公司旅客的"为空间而竞赛"关系到他们能否在其他旅客登机之前登机，以便在行李空间被占完之前利用头上的行李空间。今天旅行的大多数旅客都意识到，除了提供机票之外，他们可能会被收取额外的服务费用，但仍有一些旅客，其中很多人很长时间没有旅行了，他们可能会对额外的收费猝不及防。这种情况可能会给航空公司和机场运行人员造成客户服务问题。

共用

共用使得航站楼资产可供多家航空公司和服务提供商使用，从根本上改变了航空公司开展业务的方式。包括票务柜台、登机口区域、廊桥、停车场、停机坪和机场休息室、俱乐部设施在内的共用区域，都允许航空公司共享资产。共用代表了专用航空设施的离开。专用，意味着该航空公司被分配专用票务柜台、办公室空间、机口和飞机停放区域，并且，即使在未使用时也要支付该空间的费用。专用模式导致航空公司和机场运行人员都缺乏灵活性（美国认证协会，2013）。在共用模式中，机场运行人员可能负责廊桥、登机口空间和共用设备等资产，从而更有效地利用空间。这种模式通过更有效地利用航站楼空间，并将航班时刻表中的高峰在整个机场中铺开，增强了旅客的体验。在某些情况下，航站楼管理人员或停机坪控制管理人员必须管理优先使用协议，允许对使用特定的登机口或票务柜台空间的优先使用权或优先拒绝权。

通过机场和航空公司之间更灵活的机场使用协议，以及允许多个软件程序连接到单个机场运行数据库的技术，使得向共同使用迈进成为可能。机场运行数据库允许更好地整合登机口管理软件和数字（动态）标牌，更快地更新航班和行李信息。

共用已经形成了自己的词汇表，包括共用航站楼设备（或共用技术设备）、共用自助服务亭和共用旅客处理系统。从运行的角度来看，术语共用包含了所有这些不同的术语。

拥有共用模式的机场还可以利用远程的、路边的登机手续办理和行李托运，从而减少机场路边和航站楼登机办理区域的拥堵（图9.6）。在连接游轮运行或运输队的机场，机场外行李托运设施和度假村运行很常见。有些机场由于靠近主要的旅游景点而拥有特色业务。迪士尼神奇快车，是将旅客从奥兰多国际机场直接带到他们所选择的公园的公共汽车，公园工作人员提取他们的行李并直接送到酒店房间。机场外办理登机手续的设施位于公园内的酒店里，以便出发旅客可以在酒店办理登机行李托运手续，在那他们被送往机场，登上飞机，前往最终的目的地。

图9.6 共用亭，泰德史蒂文/安克雷奇国际机场
（来源：杰佛瑞·普莱斯，丹佛国际机场，2015）

安全检查

在票务、登记手续办理的过程和旅客安检之间是特许经营和航空公司与机场管理区域，或者在某些情况下，除了通往安检的走廊或路线之外什么也没有。在9·11事件之前，旅客安检过程需要的时间很短，任何时间的排队都不常见，任何人都可以通过安检口，而不仅是持票旅客。几乎每一个美国商业服务机场都是基于这种模式建造起来的。但9·11事件后，旅客处理方式发生了重大变化，因为，只有持票旅客及其他少数获批准的人员（陪同儿童到登机口或接他们的父母、协助老年旅客或那些有功能需要的旅客的人员）才允许通过安检。这一事件改变了机场特许经营商的经营。最初，缺少到登机口区域"迎接和问候的人员"被认为是对隔离区特许经营者的不利影

响。但是，由于通过旅客安检通道需要很长的时间，旅客的行为已经发生了变化。转机的旅客会花数小时在隔离区等待其转机航班，而不会冒着被长长的安检排队堵住的风险，而离港的旅客在航班起飞前 90 分钟到两小时到达，以便使其有充足的时间通过安检通道。实践中的这种转变影响了机场公共区域的使用，由于等待旅客抵达的人数减少，位于公共区域的特许经营商经历了业务下滑。手机等候区也减少了机场公共区域的人数，司机有能力在远处等候，直到他们要接的人打电话给他们。

　　安检通道是运输安全管理局人员或飞机运行人实施安检功能的地方，以确保进入隔离区的人员没有携带枪支、爆炸物或任何可能被用作武器而被禁止的物品（图9.7）。9·11 恐怖袭击事件显著地改变了安检过程，对旅客出行的影响超出了过程本身。许多旅客感叹，在 9·11 事件之前，航空旅行既有趣又令人兴奋，而现在它是为了寻求比其他交通工具更快到达目的地的好处而要遭受的一种烦恼。不幸的是，安检过程是机场管理几乎没有影响力的领域，因此，机场运行人员几乎没有能力可以加速这一过程。

图9.7　旅行文件检查站
（来源：杰佛瑞·普莱斯，丹佛国际机场，2015）

　　一些机场运行人员试图通过由合同制工作人员来管理排队，帮助旅客确定他们应该在哪个队上排，来加速排队。小型和中型枢纽商业服务机场可能只有几个安检通道和一两条队列，但大型枢纽机场有多个安检通道和根据旅客类别而分的若干条队列。大多数旅客进入安检通道，并通过普通旅客队列。对于那些常旅客类型、运输安全管理局预检队列①、CLEAR 注册的旅客队列②和机场（航空公司）员工队列也可能存在单独的等待队列。旅客的类别，在一定程度上决定了旅客将要经过的安检级别和通过安检通道的时间。

18 岁及以上的旅客，必须在旅行证件检查站出示证件以便登机。在运输安全管理局的网站上可以找到经批准的身份证件清单，可能遗失了身份证件的人员可以享受住宿，这些程序通常包括运输安全管理局人员对其进行的额外详细审查及二次安检程序。一旦通过了旅行证件检查站，旅客将进入物品剥离台，并开始脱鞋子、移除液体、拿出笔记本电脑或当时运输安全管理局要求的任何礼规程序。安检过程不断发展，以应对各种威胁，并在整个过程中提高旅客的效率。旅客的物品通过 ATX 光机，由运输安全管理局来检查，而旅客通过自动成像技术设备，也称为人体成像仪。自动威胁识别屏幕识别旅客身上需要运输安全管理局人员进行额外检查的任何可疑区域，通常称为"搜身检查"。一些旅客被选择进行额外的检查，称为二次检查，在此期间，他们可能会将行李倒空，并由运输安全管理局检查。运输安全管理局人员可能还用小薄纸擦拭人员或他们的物品，以进行痕量爆炸探测试验。痕量爆炸探测确定个人是否接触过爆炸性元素。

在清除身体成像设备后，旅客拾起重组台上自己的随身物品。许多机场在安检通道外提供了额外的座位，以便旅客可以重新穿戴上鞋子、皮带和外套。

作为运输安全管理处预检计划一部分的旅客，已经进行了犯罪记录检查，并将其身份与恐怖分子检查中心数据库进行了比较。允许他们穿过步行式金属探测器，并且可以将液体和笔记本电脑保存在他们的行李箱中并且不用脱鞋子。有一些旅客仍然会被选中进行随机痕量爆炸探测检查，而 K-9 团队经常在安检通道走来走去，寻找爆炸性元素。

有些旅客是名为 CLEAR 的注册旅行者计划的成员。CLEAR 旅客支付年费以享受队前的特权，甚至可以移到预检旅客前面。CLEAR 应该是最初的"可信赖的旅行者"计划，但以前的运输安全管理处管理人员从未推动开展《2001 年航空和运输安全法案》要求的基于风险的检查。CLEAR 旅客要么通过常规安检流程，要么通过预检，如果他们是该计划的接受成员。

人员通过安检通道的速度以人员从排队移动到重组区所花的时间来衡量。全国范围内的平均时间不同，但旅客通常预期在正常运行期间的安检过程中花 20 分钟或稍多一点时间。对于旅客较多的时期，建议旅客比通常的两小时时间要提早很多到达机场，因为在这段时间内的安检可能需要 30 分钟到 45 分钟或更长时间（美国认证协

---

① 参见 https：//www.tsa.gov/tsa-precheck。
② 参见 https：//www.clearme.com/。

会，2013）。

前往登机口

大厅和登机口区域在安检通道前面，为旅客提供进入飞机的通道。即使飞行时间不长，航空公司的旅客也通常从安检通道直接前往登机口。这种做法似乎是旅客的基本需求，为了确保自己在找到特许经营场所、休息室、购物或其他活动之前有足够的时间到达登机口（美国认证协会，2013）（图9.8）。

图9.8 雕像和艺术品有助于为旅客提供路标信息
（来源：杰佛瑞·普莱斯，丹佛国际机场，2015）

大厅区域有各种特许经营商，如餐馆、礼品店、服装店、书店和出售各种物品的售货亭。大厅还包括卫生间、等候航班的旅客座位区、航空公司行政办公室和航空公司运行中心。有些机场配置了儿童游乐区、游戏或艺术品，以保证旅客在等待飞行离场时能够娱乐。艺术品、雕像和其他物品也可以帮助旅客在整个航站楼内找到方向。随着笔记本电脑、智能手机、平板电脑的普及，在整个大厅内 AC/DC 插座的需求量很大。许多机场都通过购买带额外电源插座的大堂座位或安装充电站来满足这一需求。由于航空公司提供的正餐量很少，机场特许经营也已经跟进，以满足旅客餐食的需求。

联邦检查服务设施位于具有进入美国的入境口岸的国际机场。来自外国的到达旅客首先下飞机并被带到联邦检查服务设施，在那里，移民和海关执法局的工作人员会检查护照和其他身份信息。一旦被移民和海关执法局放行，在被允许进入美国之前，海关和边境保护局的执法人员可能要检查旅客的托运或随身行李。转机国内航班的国际旅客可能不得不在国内票务柜台重新检查托运行李。在一些机场，当还在联邦检查服务中时，复检进程就进行了，这样旅客就不必前往机场的票务区域，可以直接前往安检通道了。

与旅客相关的过程：登机口到路边

飞机停靠后不久，登机口工作人员将打开机舱门，允许旅客下飞机。下飞机的旅客从登机口离开飞机并进入大厅。如果他们要转机到另一个航班，他们将寻找航班信息显示屏幕来确定下一班航班出发的登机口。如果他们的旅行在该机场终止，他们将寻找地标，将他们引导至行李提取区。隔离区的出口通道是回到航站楼公共区域的过渡位置。出口通道对航站楼经理呈现自己的一系列挑战。运输安全管理处最重要的职能之一是，防止没有经过安检过程的旅客或其他人员进入隔离区。

出口通道

尽管难以在没有经过安检过程的情况下通过安检通道，或者至少被发现试图潜入，但无意或故意通过出口通道进入隔离区要容易得多。许多机场的出口通道是没有门或其他出入控制的开放空间，只有一两个人守卫这些区域。未经安检进入隔离区是安保违规行为，可能导致该航站楼立即被关闭。如果没有迅速发现该人员，则可能必须在恢复航班运行之前搜索整个航站楼或大厅隔离区。这种干扰会给航空公司造成数万或数十万美元的损失，并扰乱国家空域系统。在最坏的情况下，整个大厅必须撤离旅客，在恢复航班运行之前必须对可能已经隐藏人员或武器或爆炸物的所有区域进行搜索。所有的旅客必须再次接受安检程序、排长队、航班延误、航班取消及错过航班。

目前，运输安全管理处保护与安检通道相邻的出口通道。如果出口通道与安检通道在物理上是分离的，那么机场运行人员必须保护出口通道，通常通过运营商自己的工作人员或签约人员进行保护。

航站楼运行人员经常在管理大厅的撤离及类似的搜索方面发挥重要作用。旅客不满意度会非常高，并且随着卫生间设施的支持问题和特许经营商的食物卖光，会发生额外的问题。由于拥挤、旅客压力增加，旅客的脾气趋于激增，需要制止斗殴的报警电话会增加，同时，因为旅客经历与压力相关的医疗状况，要求医疗援助的电话也会增加。

机场航站楼专为处理特定数量的旅客而设计，被称为"高峰小时上下机旅客"。卫生间数量、大堂和候机区域、特许经营场所、食品店和其他因素都是基于这个数字，但是，当已经通过了安检过程，并且正在等待启程的数千人必须重新进入航站楼，开始整个过程，附加在已经在航站楼等待开始安检过程的旅客之上，这将迅速超出机场处理旅客的能力。出口通道或隔离区的违规行为会对机场造成严重干扰，重建正常运行可能需要数个小时。

行李提取

一旦到行李提取阶段，旅客会寻找行李信息显示屏，以确定他们的行李将出现在哪个转盘上。离开行李转盘后，旅客寻找他们离开机场的手段，或者通过私人交通或商业运输。没有托运行李的旅客会绕过转盘，直接前往路边，前往他们选择的陆路运输方式（图9.9）。

图9.9　丹佛国际机场的地面交通信息
（来源：杰佛瑞·普莱斯移民和海关执法局，丹佛国际机场，2015）

非公共区域

航站楼运行主要集中在机场的公共区域和隔离区，但许多非公共区域位于航站楼和大厅内。非公共区域包括公用走廊、航空公司和机场行政办公室、供应商和特许经营商的储藏室、机场人员健身设施、儿童日托区及其他机场工作人员的各种办公室。此外，许多机场航站楼都有一个装卸平台，这是一个非安保区域，但被认为是非公用的。考虑到大型卡车驾驶室的视线较差是固有作业的特点，通常制定装卸平台程序以确保作业安全。一些车辆管理对于管理每天运送量和有限的空间可能还是必要的。

没有关于非公共区域的安全或安保的相关定义。这些区域通常在机场安保计划或机场规则和规定中定义并命名。有时称为"限制区域""非公开进入区"或"受控区域"，航站楼运行人员必须在其日常巡逻中包括这些区域中的许多区域。一些非公共区域具有进入安保区域的门，当它们发生报警时，就需要响应。航空公司的运行和行政办公室通常位于隔离区内，但在大厅的非公共区域。航站楼运行人员应该熟悉这些位置，以便在需要响应时解决问题或关心的事项，但关于把这些区域作为"常出入之所"的工作人员应该非常小心，记住它们是私人租赁的场所，在机场拥有租用空间的人员在该财产上拥有所有权权益，并有权安静地享有其财产。安静的享有主要意味着，出租人没有正当理由无权留在其租赁出去的财产上。检查、应急响应及常规巡视以检查租约违规或其他安全或安保相关问题是可以接受的。

较少使用的公用走廊可能成为发生犯罪或其他不当活动的地方，应该定期进行巡逻。机场的一些走廊和楼梯井是臭名昭著的贩毒或卖淫场所。虽然与其他公共场所相比，这些活动发生在一个以其高度安保性而闻名的设施内似乎是荒谬的，但犯罪活动确有发生。有些机场有超过 50000 名在机场工作的戴徽章的雇员，每天有数十万旅客的流动人口。并不是所有 50000 名员工都是遵纪守法的公民，这是一个准确的假设。

一些非公共区域可能包括事件指挥或机场运行中心，并且具有较高的访问需求。机场行政设施通常会设置访客标识程序，以便为该地点提供更高级别的安保。

航空公司运行

航空公司运行办公室通常位于隔离区的非公共区域内。航空公司的业务重点是飞行签派和飞行计划、机组简报、机组休息室和睡眠设施，以及与确保飞机准时到达和起飞有关的其他行政和运行功能。在大型枢纽机场，航空公司可能有重要的业务，称为区域管理。

区域管理是一个配备区域管理员的运行中心，每个区域管理员都有权控制机场的一定数量的登机口。区域管理员负责确保飞机和机组人员拥有使飞机进出登机口所需的一切设施，包括行李、旅客、餐饮、清洁、人员、燃料和维护。区域管理员可以以机场运行区域管理员的头衔出现，航空公司票务人员、机坪人员或登机口人员，使用机场运行代理或机场运行主管的头衔也不鲜见。这些头衔在不用于上下文关联时会引起混淆，因为它们与机场运行人员的头衔相同或相似。这两个群体有完全不同的工作职能，但都有相同的目标，以确保安全、安保和空中交通的准时到达和出发。在大型枢纽机场，主要航空公司通常拥有机坪管制席位，为它们的飞机分配登机口和授权推出。

在较小的机场，区域管理职能可能完全由高级运行代理或站长负责。站长是直接负责航空公司在特定机场运行的人员。在小型机场，站长负责处理各种行政和业务职责，而在大型机场，站长可能主要关注行政职责，而业务主任则关注飞机的到达和出发。

航空公司运行办公室不必禁止机场运行人员的进入。但是，航空公司确实有该空间的租约，确实有权安静地享受其财产，而不受出租人的不当干扰。机场运行、安保和其他相关人员在进入航空公司运行办公室之前应在该办公室拥有合法业务。

较大型机场的航空公司运行办公室可能由飞行签派和飞行计划区组成。飞行签派员主要为航空公司的机组人员计划航班。计划包括对出发机场、抵达机场、沿航线的天气分析和所选的备降机场的天气分析，以备一旦主用机场由于天气或意外情况而无法使用。其他飞行签派的职能包括计算飞机的重量和平衡、确定除旅客行李外还可以携带多少货物、确定起飞和着陆所需的距离及检查与飞行相关的《航行通告》。

飞行员至少在飞行前一小时到达机场，并进入飞行计划室查看飞行签派员收集的材料。飞行员可能决定为航班添加一些燃料，或者他们可能对飞行计划进行其他调整。飞行员还需要检查其被分配飞行的飞机上的任何维修故障或问题，他们检查与其运行相关的任何新的运输安全管理处安保指示或美国联邦航空管理局的通知。通常，机场有机组休息区和睡觉或安静的房间，配有休息椅和沙发，可以在航班间隙休息。一些航空公司的办公室有健身设施和自己的餐厅及各种行政办公室。

旅客体验

航站楼运行的主要作用是保持人员和车辆安全高效地运行。然而，靠近列表顶端的是确保旅客在机场享受愉快的体验。提供良好的客户服务是机场主管的核心目标。良好的客户服务有利于商业活动，并带来压力较小的机场体验。通常，机场是旅客在参观一座城市时所经历的第一件事，而且，这往往是她在离开时看到的最后一件事。到达终点的愉快旅程，可能会在离开机场的糟糕体验中毁掉。研究表明，开心的顾客更有可能在机场花钱，增加非航空收益，良好的顾客评论可以提升机场的形象和竞争力排名（霍龙杰夫等，2010）。

不幸的是，航空公司定价、人员配备和运行模式的变化，给机场管理人员为旅客提供积极的客户体验能力带来了巨大挑战。尽管自助服务亭减少了旅客办理登机手续所需的时间，但它们也导致了航空公司客户服务人员的减少，这些服务人员能找到处理问题和疑问的方法。由于许多航空公司已经效仿了新的定价模式，并且整个机场的人员服务水平较低，旅客对这些决定的消极情感很不幸地传播到了机场，损害了机场提供积极的客户体验的能力。同样，旅客的体验也会受到机场联邦检查服务地区出现的穿制服的武装政府人员以及该过程的命令性和恐吓性的影响。为了应对这些问题，许多机场都雇佣了自己的客户服务人员，并在整个航站楼上配备了信息亭。机场还雇佣了签约人员帮助管理排队线路，他们引入了治疗犬，并在整个候机楼内播放平静的音乐，以帮助缓解旅客压力。除了婴儿食品、尿布、瓶装水和食品之外，航站楼运行人员应始终知道毯子、枕头、临时床或婴儿床的位置，并能为滞留旅客拿到（美国认证协会，2013）。

客户满意度

客户满意度是指产品、服务或体验满足客户期望的程度（美国认证协会，2013）。航站楼和陆侧运行管理人员作为对公众的机场代表，不仅关注旅客的安全、效率和安保，还致力于提供积极的客户体验。

一位美国副总统的机场反馈

在与美国交通基础设施衰退有关的一次演讲中，副总统乔·拜登说："如果我带着你并蒙上你的眼睛，把你带到拉瓜迪亚机场去纽约，你会想'我一定是在某个第三世界国家'"。为回应人群的笑声，拜登回答："我不是在开玩笑！"

航站楼和陆侧管理人员，向机场管理层提供了关于机场达到其基准预期的情况如何的重要反馈，这些预期推动了未来的行动计划，以提高客户满意度。虽然许多机场都希望反馈来自客户，以便判断他们满足客户期望的程度，但许多客户不会提供反馈，不论是正面的还是负面的，因此，客户体验的评估经常来自航站楼和陆侧人员的直接观察。

由于满意的顾客更倾向于在机场花钱，所以满意的顾客增加了"口碑营销"和非航空收益。同样重要的是要看到，航班上的旅客每次飞行时，几乎总是会评判至少两个机场：起飞机场和到达机场（美国认证协会，2013）。

以客户为中心的客户服务将客户的视角融入了机场设计和运行中。整体客户体验，是客户在机场所有体验的综合体现。以客户为中心，通过从客户的角度而不是从机场运营商的角度，来提供有效的航站楼设计、服务设施和通信，将客户置于体验的中心位置。客户服务体验管理侧重于满足整个服务提供链中的客户体验（美国认证协会，2013）。

旅客类型通常包括商务旅客与休闲旅客、国内旅客与国际旅客、转机旅客或中转旅客、有功能需求的旅客，如残疾人或行动不便人士、无人陪伴的未成年人或老年人。了解旅客类型，通过了解他们试图在机场实现的需求可以为旅客提供更好的体验。例如，商务旅客通常会寻找 Wi-Fi 接入点、供他们的电子设备充电的电源插座、航空公司飞行俱乐部或商务中心，以及各种食物选择。国际旅客通常会寻求免税商店、货币兑换点及前往陆侧交通方案的路线。有功能需求的旅客寻找航站楼中的无障碍通道，而所有旅客在整个机场供应链（美国认证协会，2013）中欣赏干净的卫生间、干净的餐厅和设施、清晰的寻路标牌和标志，以及友好、尊重和专业的工作人员。

客户满意度的主要驱动因素包括食品、水、娱乐、休息和放松区域及工作区域。机场运行人员还必须了解最新的趋势，例如，水瓶加注站取代了传统的饮水机。

随着社交媒体的出现，口碑已经发展到了一个重要的全新的水平。以前，一个不满意（或满意）的机场访客在分享客户体验时，只能影响到亲密朋友和家庭相当有限的受众。然而，现在推特、脸书和 LinkedIn 的帖子瞬间将坏消息和好消息传遍全球各地。

根据美国认证协会的定义，机场服务提供链包含所有在机场开展业务的组织和公司，这些组织和公司相互连接、相互依赖，并直接或间接为同一机场客户提供服务（美国认证协会，2013）。这个链条通常通过合作伙伴关系、维持机场客户服务标准、积极的员工参与及开放的沟通渠道来实现。旅客通过机场系统时会接触到各种人员：

1. 航空公司或航空公司承包商票务和行李登机手续办理人员或行李搬运员；

2. 机场客户服务代表；

3. 安检人员；

4. 食品、饮料和零售人员；

5. 航空公司登机口工作人员；

6. 轮椅服务员；

7. 停车场服务员；

8. 保管人员；

9. 队列管理员；

10. 政府雇员。

美国认证协会的《机场服务质量计划》①，是领先的机场客户满意度基准计划，包括了 50 多个国家的 190 个机场。该调查允许所有机场确定最佳的实践做法，并衡量其自身表现，因为这涉及提供有效的客户服务。

在以客户为中心的沟通和客户满意度之间有着直接的联系，随着客户对旅行体验有越多的信息、知识和了解，他们为旅行准备得就会越好，就有更多、更现实的期望（美国认证协会，2013）。客户期望管理是提供良好客户体验的关键组成部分。

客户服务标准是用于指导和监控整个供应链中服务提供的规则和原则的。它们应该仅被视为最低可接受的服务水平。标准通常涉及设施状况和清洁度、运行效率、员工行为、外观、知识和技能、寻路标志和标牌、整个航站楼出入的便捷程度及在机场施工活动期间对访客的最小影响。一些机场已将客户服务置于靠近其价值观的顶端，

---

① 参见 http：//www. aci. aero/Airport - Service - Quality/ASQ - Home。

并建立了客户服务委员会，在机场会议中纳入了关键利益相关方来讨论客户服务问题、挑战和绩效（美国认证协会，2013）。

客户满意度的另一个关键要素是，提供关于机场布局和周转方式的有效沟通，提供关于航班状态、室内外停车场状态及当地天气状况的及时信息。在智能手机出现之前，旅客不得不依靠航班信息显示屏幕、机场寻呼系统及航站楼中的其他视觉参考来获得信息。今天，客户一向使用互联网或应用程序上网来获取过去常常在机场提供的相同信息。然而，由于信息更新的延迟，并非所有的在线信息都是准确的，特别是有关航班状态的信息，重要的是要记住，并不是所有人都依赖互联网或智能手机应用程序。许多不常旅行的人仍然必须依靠机场提供的视觉信息。对于机场运行人员来说，意味着他们必须同时服务两类群体，懂互联网的在线旅客和传统旅客。

五个重要的客户触点影响旅客体验：物理、潜意识、人员、程序和通信（普莱斯和福里斯特，2014）。

1. 物理包括设施本身的布局和设计、易用性，甚至是卫生间的设计，以及厕所门是向外开的（理想的）还是向内开的（不理想的，因为所带的行李在里面的话，旅客很难活动）。

2. 潜意识涉及机场的整体氛围和"感觉"。

3. 人际触点涉及旅客与机场、航空公司和承租人的互动。

4. 程序触点涉及与旅客遇到的过程有关，包括安检通道、票务和行李处理、失物招领或其他机场服务。

5. 通信触点涉及机场网站、小册子和标牌（美国认证协会，2013）。

机场主管面临的一个重大挑战是，整个机场客户将经历许多流程，并且遇到很多人，而机场主管对其中大部分的控制或影响都非常有限。这包括机票和登机口工作人员、安检人员、特许经营员工、停车场和保管人员及各种政府和客户服务人员。已经证明，大机场使用项目对改善旅客体验很有效。机场大使往往是志愿者和退休人员，他们可免费停车并出入机场，并在那里为旅客提供信息和援助（美国认证协会，2013 年）。

当客户在机场拥有良好的体验时，这有助于客户的忠诚度、积极的口碑营销和增加非航空收益。人们在快乐时倾向于购买更多的东西。机场管理人员在与机场利益相关方合作管理客户满意度的过程中，应该发挥领导作用。这种做法提高了安全和安保，因为更有序和高效的机场运行有助于减少旅客的压力，从而减少旅客造成的安全问题（美国认证协会，2013）。

航站楼运行人员必须考虑到内部和外部客户。外部客户包括抵达机场或从机场出发的旅客；访客如"迎接和问候的人员"；从机场购买货物、食品和饮料的机场员工；其他与机场运行人员开展业务的企业。内部客户是从同一组织的其他员工或业务部门接收服务的员工或业务部门（美国认证协会，2013）。

旅客的体验还必须考虑到具有功能需求的旅客，例如，残疾旅客或行动不便人士、带小孩的家庭旅行、老年人，或无成人陪伴的未成年人的旅行。通过这些例子，旅客体验的成功取决于机场团体的不同成员（如航空公司、航空公司和机场承包商及其他人员）之间的关系。具有功能需求的人员住宿问题在下面提出。

关于旅客整体体验，尽管关注航站楼运行人员能够控制的方面很重要，但认识到超出他们控制的事情也很重要，例如，（美国认证协会，2013）：

1. 旅客以前在该机场或其他机场的经历；

2. 高峰期间旅行的旅客，如节假日期间；

3. 旅客的人口学状况，旅客出行的频率及他对机场的熟悉程度；

4. 客户的可动性——没有功能需求的旅客可能能够在没有问题的情况下通过机场供应链，但那些有需求的旅客，如果航站楼设计没有将他们的需求考虑进去，他们可能会感到困难；

5. 旅客的航空公司状态和安保状态。

航站楼运行的总体目标是转移旅客、尽量减少旅客压力、增加特许经营区域的停留时间，以及提高航站楼的非航空收益潜力。旅客们期望航站楼维护良好、具有吸引力、家具状况良好、照明充足，并且有足够的空间供旅客放松和避免拥挤。有效的队列管理有时可以在机场运行人员的控制之下，并有助于提高客户满意度。总的来说，客户希望在机场服务供应链中实现无缝过渡（美国认证协会，2013）。

失物招领处

管理失物招领业务是机场运行人员的一项重要职能。由于每天有数以千计的旅客通过机场旅行，必然有物品会丢失，因此，有效的失物招领追踪系统可以提高客户的满意度。许多承租人和航空公司还有自己的失物招领流程，因此，机场失物招领人员经常不得不协调其他机构，努力找到丢失的物品，并将其返还给旅客或其他人员。一些机场还在隔离区提供存包柜，在公共区域提供存包点。公共区域存包点必须包括存放物品的检查，以确保没有简易爆炸装置藏在里面。1974年，存放在拉瓜迪亚机场的一个公共储物柜内的一枚炸弹发生了爆炸，导致最后去除了机场内的公共储物柜或设施，除非该物品首先被检查。

航站楼分区

有些机场遵循航站楼分区概念，为某些体验画出了不同的区域，例如：儿童游乐区；为想要休息的人员设的独立安静的区域；带电源插座和 Wi-Fi 的工作站区；提供座位的舒适的休息区，让人们可以说话的区域（伯明翰舒特尔斯沃思国际机场就是一个很好的例子）；有各种选择的美食广场。其他区域包括：休闲区，设有舒适的座椅、柔和的音乐、天然的植物或喷泉；展示当地艺术和文化的展览区以及博物馆区域。一些机场候机楼设有联合服务组织区，供军事人员在路上休息和休养。信息的获取虽然在很大程度上被个人手机所取代，但一些旅客仍然需要付费电话和互联网信息亭。有些机场还在试验，以编程的立式全息图为旅游公众提供信息。

有功能需求的人员

根据 1990 年的《美国残疾人法案》，有功能需求的人员必须享有与没有功能需求的人员相同的访问权限和特权。例如，在响应龙卷风警报的就地避难应急期间，不能仅仅因为有功能需求的人的需求就告知他们等到最后被疏散。

《美国残疾人法案》要求，任何提供公共住宿的公共或私人实体必须：确保新建筑和设施的设计和建造不存在限制残疾人访问或使用的建筑和沟通障碍；确保现有的建筑物和设施被改造成最大限度地方便残疾人的进入；提供辅助设施、服务和电信设备以供残疾人交流使用。而且，随着时间的推移，词汇已经从"残疾"或"残疾人"转变为具有功能需求的人。该术语为需要额外帮助的人给出了更准确的描述。一般的《美国残疾人法案》规则是：无论您为对不需要特殊住宿的人做什么或提供什么，您都必须为有功能障碍的人提供。

航站楼运行人员必须明白许多残疾是看不见的，包括脑损伤、心理健康、智力（发育）障碍、非明显的疾病及视力、听力或学习障碍。残疾的影响可能因个人和许多情况而异，例如，情绪、疲劳、记忆、财务状况、家庭、生活方式、住房和自尊等，并可能受到个体可能正在进行的药物治疗的影响。看起来像一个人或行为不端的孩子表现的行为问题，如粗鲁、困难、讨厌、懒惰甚至暴力，可能实际上是一个有功能需求的个体。在评估公众的需求时，记住事情可能并不总是像其看起来的样子，这一点很重要。任何处于公共关系岗位的人都应该接近任何有功能需求的人，或者那些年龄较大的人，并且从这样的角度来考虑：如果你有一个儿子、女儿、母亲、父亲、姐妹或者有功能需要的兄弟，你希望在你不在场的情况下他们受到什么样的对待？

美国运输部已采用《美国残疾人法案无障碍指南》[①] 作为公共和私人实体使用联邦资金购买的所有交通工具或车辆的无障碍标准。州政府和当地政府大楼，包括机场设施，都需要遵守《美国残疾人法案无障碍指南》和 1968 年的《建筑障碍法》，该法适用于现有机场建筑的新建和改建（普莱斯和福里斯特，2014）。

就个人而言，"功能需求"一词是指：严重限制个人一项或多项主要生活活动的身体或精神损害；任何此类损害的记录；视为有这种损害（普莱斯和福里斯特，

---

① 参见 https：//www. access – board. gov/guidelines – and – standards/buildings – and – sites/about – the – ada – standards/background/adaag。

2014）。如果某人符合上述三项测试中的任何一项，则其被认为《美国残疾人法案》覆盖范围内的残疾人。

航站楼管理人员的安全和安保角色

除了注意维修危险、液体溢出和其他与安全相关的问题外，航站楼管理人员在危险的天气条件或就地避难运行期间，可能不得不协调疏散航站楼，例如，在龙卷风或其他需要最近避难所的事件期间。许多临时就地避难事件，要求旅客在事件期间进入机场的非公共场所和安保区域。疏散会严重干扰机场运行，特别是如果有旅客在安保区域内，在重新启动航班运行之前必须给予考虑。航站楼运行管理人员与运输安全管理处、机场警察和安保人员密切合作，以确定机场是否足够安全得以开始运行。此外，在《美国联邦法规》第 14 篇的 139 款中，疏散过程中进入停机坪区域的人员在航班开始运行之前也必须给予考虑。

在极端的情况下，如 2013 年洛杉矶国际机场的无特定目标随机犯罪射击事件，航站楼管理人员仅仅成为另一个企图拯救他们自己的人。教给手无寸铁的机场运行人员在无特定目标的随机犯罪射击事件中奔跑、躲藏、战斗的策略。在袭击事件中，虽然有些人员可能会试图挽救他人或指引他人获得安全，但这显然超出了责任的要求。一旦情况相对安全了[①]，已知枪手或枪手们被执法人员所镇压，航站楼运行管理人员如果受过训练并愿意的话，可以帮助伤员。航站楼管理人员的工作还有协助召集躲起来的其他人，引导他们前往指定的中转区，以便进行相关程序和事后情况说明。恢复正常运行可能需要数小时，管理人员应该经过事件指挥方面的培训，以了解此类事件恢复过程中涉及的各种要素。

机场航站楼自然灾害和人为灾害的增加，包括暴风雪、飓风、地震、龙卷风、结构性火灾、停电、安保违规、炸弹威胁和无特定目标的随机犯罪射击情况，以及传染病的增加及其对航空运输的影响，已经表明，需要更全面的响应来保护旅行的公众。

除了旅客的安全之外，航站楼管理人员还可能有与安保相关的职责。除安检通道由运输安全管理处主要控制外，其他安保规定和程序主要由机场运行人员通过使用非武装的安保官员、警察和机场运行人员执行。当通道门发生报警时，如果该门通往隔离区、安保区域（航空公司停机位置周围的停机坪）或安全标识显示区域，那么，机场代表必须响应并调查报警的原因。在某些情况下，闭路电视摄像机提供了一些有关触发警报人员的身份信息。要求人员对该地区进行"扫描"，以寻找潜

---

① 发生枪击后，在此区域被认为安全前需要一段时间，然而，在已知枪手被击毙之后警方宣布安全之前，乘客、医务人员及其他人可能仍希望协助伤者，有时这被称为"Warm Zone（缓冲区）"，宽泛定义为相对安全的区域，但是没有完全安全。Hot Zone（危险区）是完全不安全的情况，Cold Zone（安全区）是完全安全的情况或位置。

在的侵入者。在许多机场，安保官员或警察负责执行此项任务，但航站楼运行管理人员可能偶尔履行这一职责，或者可能要求他们协助警察或安保人员缓解事件。

很多次戴有机场证件徽章的员工通过无意或有意的行为导致警报，必须签发违规通知①。这与收到交通违章相似，可能引发违规接受者与签发者之间的争执。如果员工违反了一项重要的安保规则②，例如，阻塞了供公共区域或隔离区与安保区域之间自由出入的通道门，那么他们的身份徽章可能会被立即没收，该人员将被送到公共区域。在极少数的情况下，旅客穿过紧急消防通道推杆门进入了安保区域。最常见的原因是旅客，特别是走出国际航班寻找吸烟场所的旅客，但在某些情况下，有人将试图通过进入机场来破坏安保。这种违规行为类似于出口通道的违规行为，航班运行可能不得不停止，直到找到这个人。航站楼运行管理人员通常是有权和负责通知运输安全管理处和机场警察的那个人，并且与联邦安全主管或其指定人员一起决定，是否停止航班运行或对违规并不构成威胁的事件做出判断。

航站楼管理人员的其他与安全有关的职能可能是观察特许经营场所，确保人员不会遗忘在其履行职责期间有权携带的剪刀、刀具或其他被禁止的物品，而被旅客接触到。

旅客会有需要立即援助的医疗状况，并在某些情况下，需要从机场紧急运往医院。可能需要航站楼管理人员协助护送救护车或紧急医疗服务人员到机场，并且在某些情况下协助将医疗救援直升机降落在机场停机坪上。人员应该在直升机运行方面训练有素，以确保他们自身和停在机坪上的其他人员的安全。

陆侧运行

陆侧运行包括从城市到机场的多式联运，包括旅客接送地点、停车场及进出机场的道路。陆侧地面运输或地面运输业务是机场运行人员在客户设施收费方面的重要收入来源，是向通过商业运输进入机场的客户收取的费用以及租车业务的租赁空间和停车场的收入。

在某些机场，陆侧运行经理是一个独立的职位，或者在小机场，陆侧运行经理也可以履行航站楼经理和空侧运行经理的职责。大型枢纽机场倾向于由整个部门从事陆侧运行，并可能在任何给定的时间内由几名陆侧运行经理值班。

旅客期望有一个能够处理机场全年容量的安全和有效的道路运行。虽然许多旅客

---

① 根据不同的机场，使用不同的名字。

② 机场研发自己的安保计划以遵守 TSA 批准的 TSR1542 部规章。有些违规被认为是很严重的，如租借机场 ID 通行证、阻止门打开或故意绕行安保系统。根据机场和过错的严重程度，后果也是不同的。很多过错要求员工对其安保责任接受再培训，但是最严重的后果是立即而且有时是永久撤销通行证。

已经把在运输安全管理处安检的等候时间计入在内，但除非他们对机场非常熟悉，否则他们可能不会计入从联合运输方式进入机场的时间。

机场道路提供了进出机场多种用途的地面的通道，包括：商用和私人车辆的旅客接送服务、室内停车场和地面露天停车场、通往货物区的通道、装卸平台、员工停车场、商业服务机场的通用航空部分、美国邮政设施、机场接入点及位于场外的租赁汽车设施。陆侧运行还为机场提供了重要的收入来源。就本文而言，机场访客指的是迎接和问候及对所接送的旅客提出美好祝愿的人。

旅客用车可以分为两类：私人的和商业的。私人所有的汽车和摩托车将旅客运送到路边区域、停车设施和手机等候区（利费希尔等，2010）。商业运行包括按需出租车、预定的出租车，预先安排和按需使用的豪华轿车，通常可以运送多达 10 名旅客，并在地区酒店设有多个站点，酒店提供的礼仪用车、租用车辆、私人或机场停车场地面运行人员的包车，公交定期巴士及服务和配送车辆。有些机场根据运行的性质和服务的受众，进一步对运行人进行分类。汽车租赁业务也被视为商业运行，但在进入机场时是由私人驾驶的，因此，其与其他商业运行不同。除了定期巴士服务以外，许多机场还有地铁或轻轨系统。

地面运输规则和法规，通常在机场的规则和法规中被找到。该法规确定了各种商业经营者，概述了其运行参数、获得许可证和自动车辆识别标签的程序、与安保相关的问题、人员行为、机动车辆要求及费用结构。

在许多商业服务机场，商用车辆运行都需要支付在机场开展业务的进场费。公共巴士和礼宾车辆，如酒店班车，通常被豁免，但其他礼宾车辆，例如，车辆为私人所有的停车场经营者，仍可能需要支付进场费。这些费用通常是通过自动车辆识别系统，使用安装在商用车辆挡风玻璃上的无线电收发器自动收取的。每当车辆通过与自动车辆识别系统相联的无线电天线时，车辆都会被收取费用，发票通常每月发送一次。

近年来，一种新型商业运行模式给商业车辆收入模式带来了一些挑战。拼车公司正在对出租车和豪华轿车运营商形成竞争，其进入机场接送旅客不用支付商业车辆入场费。尽管有些机场已经就费用问题进行了谈判，并制定了管理拼车公司的框架，但许多机场仍然在为这个问题而努力。

机场道路布局

机场上最重要的道路，是可以使访客进出航站楼的道路，这些道路被称为"通道"。其他道路有各种其他的用途，包括进入机场其他部分和员工交流。大型商业服务机场道路的典型特征在于，把车辆垂直分布到各层，每层指定用于特定类型的运行，例如，私家车辆到达、私家车辆出发和商业车辆运行。一些机场使用通道之间的岛，把交通水平分隔开来，而在最繁忙的机场使用垂直和水平分布两种模式。对于具有双层路边的机场，上层用于航空公司旅客的票务和办理登机手续，而下层通常与行李提取设施处于同一层，用于旅客接机（利费希尔等，2010）。

路边道路，被认为是接送航空公司旅客及其行李的道路，而外侧车道用于机动或绕过交通（利费希尔等，2010）。最里面的车道是车辆停车的地方，旅客在此上下车。1995 年在俄克拉荷马州奥克拉荷马市默拉联邦大楼爆炸事件后实施的安保条例，禁止司机离开车辆使其无人看管。这种监管的变化不仅增加了安全性，并且减少了车载简易爆炸装置的可能性，而且还起到了保持交通流动的双重作用。在 1995 年之前，车辆运行人长时间把车辆停放在路边的现象并不罕见。无论是从监管的角度，还是从车辆流动的角度来看，执法机关或执法人员的强制执行及立即拖离无人看管的车辆都是有必要的。

循环道路的交通量较小，通常在较低的速度下运行，以允许多个决策点（利费希尔等，2010）。循环道路允许车辆驾驶员在路边放下旅客，然后循环回到停车场或出去前往手机等候区。可能需要在机场多个地点接人的商业车辆也大量使用循环道路。在有不止一个航站楼且有陆侧通道的机场，循环道路提供航站楼之间的连接。

服务道路将机场通道与机场酒店、员工停车场、飞机维修设施、货运和空运设施、邮局、军事基地及机场的通用航空区域连接起来。在服务道路上的交通可能由员工和货运车辆组成，并且通常其上的卡车、半挂车和其他重型车辆的比例比主要机场通道上通常出现的要高（利费希尔等，2010）。

机场道路通常称为车辆服务道路，位于机场周围围栏内的飞机运行区域。供服务于飞机的地面服务设备、行李车、机场运行和维护人员、警察、消防和急救医护人员、航空公司管理和承包商车辆及向机场各个大厅运送货物的供应商车辆使用。某些地面服务设备车辆没有被授权或被许可在公共街道上行驶，根据急救和心肺复苏第 14 篇第 139 款，在活动区内运行的任何车辆都必须获得授权，并且运行人员必须接受过驾驶员培训。

由于各种原因，机场道路和运行是很独特的，其中包括不熟悉机场的驾驶员的比例很高，以及有众多的车道和选择。指向标志通常比公共道路提供更多的信息，例如，长长的列表列有：服务于不同航站楼的航空公司、停车设施指示、租车选择、到达和出发及商业车辆的运行。字体、符号、信息和颜色也可能与公共道路上通常使用的不同（利费希尔等，2010）。信息超载是机场旅客常见的问题，人们很容易迷失在地面交通系统中。

当驾驶员在机场周围驾驶时，他们可能会承受更多的压力，因为，他们通常在比常见的道路状况更复杂的环境中，在时间紧急的情况下试图找到正确的地方来放下或接上旅客。一个错误的转弯可能会引发一系列可能耽搁假期、商务会议或其他重要事件的事件（利费希尔等，2010）。此外，很大比例的大型车辆以定期客运巴士、门到门货车和穿梭车的形式在机场周围运转，还有计程车司机和豪华轿车司机，其中，许多人对在机场陆侧系统运行经验丰富，在那些不那么熟悉的驾驶员周围驾驶时可能并不总是有足够的耐心（利费希尔等，2010）。所有这些都增加了开车去机场的压力。

为机场驾驶增加更多压力的是包括交织路段机场道路，这种道路被定义为在没有交通信号或其他控制装置的帮助下沿相同方向行驶的两股或更多交通流的交叉（利费希尔等，2010）。通常，车辆可能沿同一方向行驶，但右侧车道中的人员正在向左侧变道，而左侧车道中的人员正在向右侧变道，这可能导致较高比例的车辆事故。通常情况下，连续决策点之间的距离小于公路设计标准所提出的距离，迫使已经处于陌生环境的驾驶员以比他们习惯的更快的速度做出决定。

机场陆侧运行人员必须学习如何最好地管理已经存在的道路设计，因为最初布局设计通常没有参考他们的意见。对司机的耐心，尤其是那些涉及碰撞的司机，对他们减轻压力会大有好处。在一定程度上来说，来到机场的访客可能需要与车祸或飞机坠毁事件中的心理受到创伤的受害者获得同样的对待，他们心理如此不堪重负，以至于只能理解用直接的词语的基本说明。他们不太可能理解一套复杂的指示，当方向指示清晰简单时，他们更可能遵循指示。

随着车辆进出路边区域，而其他车辆在外侧车道上行驶，同时旅客交织地进出运动的车辆和静止的车辆，并拖着行李还可能试图管着孩子，路边运行可能是特别危险的地点。应该强调要特别小心，并严格执行低速限制。了解人们通常不会以同样的谨慎态度和以与停车场有关的准确程度停车也很重要。驾驶人员在相邻的车辆之间留下空间，以确保在试图离开时他们不会被堵住，并且使他们可以开启车辆的后备箱。他们很少会将他们的车辆平行于路边停放，通常有个角度斜着停放，这会使其他车辆的进入变得更加复杂。一些驾驶员无法找到停车位，可能会停在外侧车道上，造成短时间内严重的交通堵塞。

陆侧运行管理

陆侧运行人员通常规划、监控和监督地面运输区域的功能和活动，通常包括许可和执行过程。人们可能希望他们解决出租车、拼车和豪华轿车运营商之间的冲突，解决客户服务问题，向管理层提出更好的方法来管理交通或正在经历的问题，并将账目计入计算机化的收入管理系统。其他常见职责可能包括人群控制和车辆排队管理、在恶劣天气或其他紧急事件期间疏散车辆和人员、为医疗援助提供第一响应并负责通知相应的应急人员，并为更大规模的事故或事件建立事件指挥部。

陆侧运行人员也可以监督停车场的运行。保安人员承包商和停车场承包商，经常监控停车场的日常活动，包括确保车辆停车不会超过最大允许时间。停车场人员还可以向陆侧运行人员提供信息，以更新机场主要通道上的数字信息标牌，以公布哪些停车场已满、哪些仍然有车位。许多机场还为出现电池耗尽电量或小的维修问题的访客提供免费的汽车启动服务。

默认情况下，陆侧运行人员成为事实上的机场大使，基本上充当着行走的信息亭的角色。机场航站楼的运行指挥、机票柜台的位置、运输安全管理处检查站及访客和旅客在抵达时找寻的其他基本服务都至关重要。

陆侧运行人员可以监督车辆运行，而交通管理人员或警务人员指挥和控制交通运行，或者可能直接参与到交通管理中，这取决于机场的规模。陆侧运行人员还必须报告任何等于或大于可报告数量的有害物质溢出物，或那些进入雨水系统的有害物质溢出物。车辆事故可能会导致溢出的燃料和油类污染环境。

车辆进入

旅客可以乘坐各种交通工具抵达和离开机场，包括私家车、租车、出租车、豪华轿车、礼宾班车、签约班车、包车巴士或车辆、共乘面包车和公共汽车、如 Uber 或 Lyft 的拼车服务和公共交通（包括定期的巴士、轻轨和地铁）。有些机场，甚至可以通过渡轮或直升机进入。

私人车辆运行，包括到达机场人员停车或由朋友或家人等同伴放下或接走。在美国，大多数抵达机场的旅客都是通过私人交通工具抵达的，而在欧洲和亚洲的许多机场，主要途径可能是公共交通。因此，美国机场被设计旨在通过为私家车提供专用车道，以及广泛的停车系统来满足美国飞机旅客人口的偏好（图 9.10）。

图 9.10 威奇托德怀特 D. 艾森豪威尔国家机场陆侧车辆运行
（来源：杰弗瑞·普莱斯，2015）

私家车停在路边的停留时间通常由于安全规定受到限制，但也是为了减少拥堵。不允许人员将自己的车在无人看管的情况下停在接送站车道上。在手机出现之前，"迎接和问候的人员"通常会停在短期停车场，并在航站楼内甚至门口等候。9·11事件后，随着访客不能再在门口等候及手机的出现，司机们会在外边等候，直到他们的乘客提取了行李，然后打电话让去接他。这种情况最初造成了机场道路上的拥堵问题，由于许多车辆停靠在通道的旁边。自那时以来，大多数机场都设置了手机等候区，私人车辆驾驶员可以在那里等候，直到乘客打电话叫他。起初，通常不允许人们在手机等待区离开其车辆，但一些机场，例如，丹佛国际机场，已经配置了特殊的美食广场和停车场作为非航空收入来源。丹佛国际机场的手机等待区位于距航站楼3英里处，被称为最后进近。拥有充足的停车位、有邻近的加油站、五间不同的餐厅、免费Wi-Fi、儿童座位和游乐区配有桌面内置的iPad可以进行游戏、室内厕所和航班信息显示牌。

汽车租赁业务，包括机场内或远程设施内的服务柜台、停车场（车辆出租前存放的地方）及车辆维护设施。有些机场在停车场有汽车租赁业务，而另外一些机场则有一个只有穿梭巴士才能进入的场外设施。由于受到停车场或机场附近的空间限制，有时需要场外设施，并且确实减少了航站楼区域的车辆拥堵，但对于商务旅客而言不太理想。商务旅客希望接站和送站时都能快速进入租车设施，这是机场运行人员的愿望（通过向租赁汽车经营者租赁更多土地来减少拥堵和增加非航空收入）与旅客的愿望相冲突的一个方面。

出租车为许多到机场的访客提供了必要的商业运输。但是，机场路边区域的出租车太多会造成严重的拥堵，因此，在航站楼附近建立出租车停车场（有时称为"等待区"），使距离足够远以避免拥堵。出租车司机待在集结区域，直到出租车引导员召唤。

出租车通常有两种类型的票价：计程票价（称为起步价）和单一（或标准）票价。在计程票价的出租车上，显示车费的计价器显示在仪表板上，乘客可以查看。费用基于时间和距离、通行费、机场通行附加费以及如行李处理的特殊服务。单一票价是固定价格，对于热门目的地来说是很常见的，例如，从纽约和新泽西州港务局到曼哈顿，或者从机场到城市周围的某些"区"的地理区域。

城市通常会为运行出租车的人员发放许可证。这种许可证，有时被称为大奖章形牌照或"黑客"牌照（英国出租车的俗语），只有持有牌照的出租车司机才能进入机场接载乘客。许多机场和城市要求出租车司机接受信用卡，并禁止他们拒绝路程或特定目的地。陆侧运行管理人员经常设法找出无牌或未经批准的出租车经营者，有时被称为"黑车"。

标准车辆标志标识出租车或商业车辆及特定的牌照，通常是一张贴在挡风玻璃或侧窗上的许可证。出租车驾驶员通常必须遵守与机动车维护、清洁、最低保险、向客户提供收据的能力、着装规范和行为有关的机场规定（美国认证协会，2013）。被授权在机场接机的出租车公司被授予特许合同。

共乘服务是一种以营利为目的的交通工具，通常是巴士或大型面包车，将几个人运送到不同地点。车辆可以通过互联网、电话或应用程序提前预订，也可以在机场预订。运输的低成本被到达目的地所需的时间所抵消。通过共乘方式前往机场的旅客，必须考虑在前往机场的途中需要数次停车的额外时间。许多共乘公司根据乘客的航班起飞时间提供估计时间。

城市豪华轿车服务或"汽车服务"，为希望乘坐豪华轿车并愿意为高质量服务支付高价的乘客提供优质的交通服务（美国认证协会，2013）。司机通常将车辆停放在短期停车场，并在行李提取处或预定的门号与乘客会面。司机帮助乘客提行李并陪同他们到车上。豪华轿车司机通常向机场运行人员支付入场费。

礼宾车和巴士，包括前往当地酒店及由机场、私人停车场经营者所运行的机场内或外停车场的车辆、前往汽车租赁设施的班车和游轮的经营者、华特迪士尼世界度假村等的专用车辆，以及运动队、学校、教堂或社区团体的包车。根据机场的规则和规定，有时会向包车运营商收取入场费。

巴士、轻轨和地铁等公共交通系统按固定时间表运行，但成本低于其他形式的商业交通，如出租车或豪华轿车。机场员工及一定比例的航空旅客，是公共交通的主要使用者。

Uber 和 Lyft 等拼车服务，正在挑战着传统商业车辆的运行。虽然出租车、豪华轿车和其他商业运营商都在关心这些业务对其底线的影响，但机场似乎主要关心收取与入场费相关的收入，并顺应机场用户的意愿。在写这篇文章的时候，机场行业仍在制定对拼车经营者的各种收费模式。

陆侧运行管理者的安全和安保角色

与陆侧运行有关的安全问题，包括可能与车辆共享航站楼路边和接送旅客车道的行人。许多机场都使用安保人员或执法人员来管理接送机区域的交通。从停车场或旅客接送站地点到航站楼有高架或地下通道的机场，将减少车辆相撞的可能性。

不幸的是，停车场是发生犯罪的主要地区，包括车辆盗窃和抢劫使用该地段的人。频繁的安全巡逻、闭路电视和良好的照明可以阻止一些犯罪行为。有些机场，根据要求由安保或执法人员提供护送服务。陆侧的其他安保问题，通常涉及竞争票价的陆侧运输供应商之间的激烈争吵，这些争吵偶尔会变成暴力，需要警方介入。

陆侧恐怖分子的安保问题涉及潜在的车载简易爆炸装置（或"汽车炸弹"）在路边引爆。由于 1995 年在俄克拉何马城默拉联邦大楼的汽车炸弹爆炸造成了灾难性的破坏和生命损失，以及以前的 1993 年世界贸易中心的爆炸，导致机场进行漏洞评估，以确定在机场的车辆炸弹的风险和后果。当时，美国联邦航空管理局实施了"300 英尺规则"，在任何机场航站楼①或美国联邦航空管理局控制设施（包括控制塔）的 300 英尺范围内，不允许有无人值守的车辆。

此后，大多数主要机场都进行了漏洞评估，在某些情况下，在航站楼升级过程中纳入抗爆建筑技术，例如，提供隔离距离的护柱、用犀牛衬里加固的结构以及减少玻璃碎片的玻璃釉料。然而，300 英尺的规则仍然存在于机场安保计划中，并且可能会在威胁等级提高时使用。此时，机场可能会被迫大幅减少停车位，甚至搜索和拖曳航站楼 300 英尺区域内的车辆。

陆侧运行人员、警务人员和其他在地面运输区域（路边）工作的人员应该在确定了潜在车载简易爆炸装置的迹象，以及当他们认为发现了车载简易爆炸装置时应该如何接受培训。此外，重要的是要注意，"300 英尺规则"是在理论上可以防止建筑物遭受彻底破坏的一个隔离距离，但永远不要认为这是离汽车炸弹站立的安全距离。酒精、烟草与火器管理局定义针对租用卡车大小的汽车炸弹的建筑物撤离安全距离为 850 英尺，室外撤离安全距离 3750 英尺。陆侧运行人员应该有酒精、烟草与火器管理局的安全隔离距离卡，并且，如果怀疑或确认有车载简易爆炸装置时，那么就需要有按程序采取的紧急措施。

像炸毁默拉大楼的卡车炸弹那样大小的炸弹，可能会导致机场候机楼全面毁坏。虽然一些新的航站楼设计采用了窗户玻璃，但许多没有。与默拉大楼那种较老旧的砖和灰泥的建筑不同，较新的机场航站楼设计包含低密度材料和大量玻璃。1999 年，洛杉矶国际机场的国际抵港大厅成为汽车炸弹的目标，当炸弹袭击者在华盛顿州安吉利斯港渡轮过境点被警戒的海关人员发现时，该企图失败。2007 年，苏格兰格拉斯哥机场的航站楼成为汽车炸弹袭击的目标，这次袭击在某种程度上获得了成功，尽管爆炸没有达到袭击者所期望的强度。

陆侧运行人员还应接受针对炸弹威胁、可疑简易爆炸装置和无特定目标的随机犯罪射击的紧急情况和事件响应的培训。建议进行现场急救员或急救和心肺复苏术的培训。还应该向陆侧运行人员发放创伤工具包或个人急救包，这些工具包至少包括压缩或战术止血带、战地绷带或止血包、护面罩和手套。应在车辆或附近的工作站或急救站提供较大的创伤工具箱。在一个无特定目标的随机犯罪射击事件中，伤员人数可能会迅速超过可用的紧急医疗服务人员的应对能力。工作人员应始终接受有关使用其医疗用品和资源的培训。陆侧运行人员也应接受事件指挥的培训，因为他们可能发现，

---

① 虽然美国联邦政府对商业服务机场的空侧区域进行了严格的管理，但机场航站楼和机场陆侧区域的运行主要还是受当地或州立法规的管控，并且在某种程度上由 FAA 的资助保证管控。

自己是交通事故或人车相撞受伤的第一位响应者。

地面运输收入和拥堵管理

在许多大型枢纽机场，甚至在旅游高峰期的小型机场，交通拥堵都是无法更改的事实。有许多地面交通管理策略，但大多数必须在设计阶段应用，而不是在运行阶段。地面运输设施也是机场非航空收入的重要收入来源，陆侧运行人员通常负责确保收入的收集、协议的执行及不允许未支付入场费人员在机场开展业务。

收益管理

地面运输系统分为开放式、封闭式或半封闭式。在大多数机场中，车辆可以放下乘客，但只有经授权的商业车辆才可以接载乘客。在一个开放的系统中，商业地面运输公司允许在机场接载乘客，机场决定运输服务的提供方式和地点、运输服务收费及在机场运行之前获得许可证的要求，但是，只要运营商遵守机场的规章制度，那么，机场就不限制运输服务经营者的数量（美国认证协会，2013）。

封闭系统规定了允许在机场运行的运输服务运营商的数量。运营商需要经过采购过程的征求建议，并遵守安全、车辆维护、保险和驾驶员培训的最低标准（美国认证协会，2013）。半封闭系统按开放和封闭系统的组合方式操作，但运营商的数量通常在半封闭系统中不受限制。

运营商要么有许可证才能在机场接载乘客，要么成为可以提供进入路边空间的特许协议的一部分，并且有提供某种类型的运输的专有权或半专有权。特许协议通常规定运行时间、强制车辆充足供应及最长等待时间、公布的票价或附加费、某一地理覆盖范围和目的地服务，以及车辆和驾驶员最低标准。地面运输经营者经常与其他运行者竞争乘客，所以，必须建立并严格执行规章制度，这是陆侧运行管理人员的一个主要职责。

拥堵管理

大部分拥堵管理策略已经在本章的各个部分进行了讨论，但在此提出以供参考。这些通常包括按出发和到达的分层、按交通类型（私人的和商业的）划分、有效的寻路标志、机场地面运输中心和陆侧运行控制中心、停车位可用性系统和统一的租赁汽车设施（美国认证协会，2013）。其他的策略包括：

1. 统一的商业和私人车辆等候位置，包括出租车和豪华轿车的分段和调度区域；

2. 手机等待区；

3. 免费短期停车场；

4. 鼓励使用公共交通工具；

5. 在车道上方或下方的人行横道；

6. 路边空间分配；

7. 地面运输服务柜台；

8. 机场服务或信息台，配备客服人员，可以为乘客提供地面交通选项信息，甚至在某些情况下可以预订旅程。

芝加哥奥黑尔机场使用地面运输中心，与客运航站楼完全分离。商业车辆在中心接载和放下乘客，中心还包括厕所和舒适的等待区，有特许经营商、椅子和桌子。

另一个方案是，建立陆侧运行控制中心。与关注航空运行区域活动的机场运行控制中心类似，可以使用陆侧交通中心派遣交通管理人员处理拥堵问题、开放或关闭超载停车设施、更换数字咨询标志、遇到紧急情况时通知警察或消防、监控整个陆侧交通运行，并让机场运行管理人员了解情况。

陆侧运行管理人员无法控制机场的设计方式，往往对如何起草准入协议和征求建议书的影响有限或没有发言权，但他们可以通过有效的关系管理来影响整体运行。地面运输关系非常重要，因为访客和机场官员需要高质量的服务，并会拒绝差的或定价过高的服务，这也会给机场和机场所代表的社区造成负面印象（美国认证协会，2013）。当选的官员和乘客对地面运输的环境影响也越来越敏感，并希望地面交通运营商为减少碳排放的影响做更多的事情（美国认证协会，2013）。可以通过与地面运输提供商建立正式和非正式的业务关系，理解商业地面运输经营者的期望和需求及乘客的期望来管理关系。

机场停车场运行

在商业服务机场，停车场收入通常很重要，并且可能是收入来源的第三大贡献者。停车体验也是第一个可以给乘客留下持久的、积极或消极印象的接触点之一。陆侧运行人员应该明白，到达旅客主要关心的是按时成功登机，因此，通常会承受更大的压力。他们不太能容忍穿梭巴士的漫长等待时间、长时间搜索空的停车位，对于机场员工来说，是从航站楼走很长时间。

停车场人员负责停车设施的安全、礼貌和高效运行，包括收取停车费、维护自动收入控制设备、巡逻停车场以防车辆失窃或损坏、向驾车者提供信息和驾驶方向、报告事故或不安全区域、保持设施清洁（美国认证协会，2013）。

停车场运行通常通过使用闭路电视、大门和围栏、充足的照明及机场安保人员和执法人员的定期巡逻，来重点保持设施及司机和访客的安全和安保（美国认证协会，2013）。为了减少对车辆的损害和后续的责任索赔，道路和停车场应保持清洁和路面维护良好。停车场内不应允许有流浪汉、闲杂游逛者。必须使雪、冰和雨水从停车场排出，并且，必须设计停车场中的铺设区域，以便除雪设备能通过设施。一个机场停车运行以排队长、照明不良、碎片和垃圾堆积为特点，则将对机场形象造成负面影响。

平均来说，离开机场的旅客中超过70%在机场停车（美国认证协会，2013）。在小型枢纽机场，年停车场收入超过了1000万美元，而在大型枢纽机场，收入会超过1亿美元（美国认证协会，2013）。机场运行人员应该努力将停车场作为一条业务线来管理，重点是提高客户满意度并扩大服务范围。这种做法可以通过提供各种停车服务得到极好的实现，例如，机场停留时间的可变费率和预留的停车选项。包括停车服务员、收银员和停放班车司机的职责在内的许多停车场业务都是承包的。停车场业务，通常需要更高的专业技能和专业知识，而且通常可以通过第三方更加有效地以更低的成本来提供（美国认证协会，2013）。

停车选项和服务

大多数机场提供五种类型的停车：短期（每小时）、中期（每天）、长期或延长（每周），以及代客泊车或免费停车。

1. 短期或以小时计的停车时间通常为3到4个小时。短期停车有助于减少路边和道路拥堵，通常是所有停车选项中除代客泊车外最贵的。

2. 中期停车，通常被称为日常停放，通常为希望停车1到7天的乘客设计。费率通常低于短期费率，但高于长期停车。

3. 长期停车，也被称为多日型、经济型或延长期型，可提供一周或更长时间的停车。大多数机场将长期或延长停车限制为最多一个月。长期停车通常是费用最低的选项，但可能会有非常长的步行距离，甚至是从停车场到航站楼要乘长途班车。

4. 代客泊车为客户提供可以选择将车辆停放，通常是停放在路边，并在同一地点提车的选项。代客泊车人员在机场安全的停放设施中停放和提取车辆。代客泊车费通常是机场所有停车选项中最高的。

5. 免费停车在小型机场很常见。在某些情况下，试图减少拥堵的机场可能会在有限的时间内提供免费停车。免费的短期停车，通常为前30分钟免费可以通过，允许访客有更多时间与出发的旅客告别减少路边拥堵（美国认证协会，2013）。由于这些地段通常靠近航站楼，因此，接载到达旅客的访客通常在航站楼中花的时间较少，在地面交通系统中的时间也少。

机场有两种类型的停车选项：地面停车场或车库。一般地，当航站楼在停车场的步行范围内时，使用单层停车场或地面停车场。在某些情况下，离航站楼距离很远的地面停车场可能有循环穿梭巴士。停车费通常与到航站楼的距离成正比——停车越近，付款越多。有些停车场为车辆提供了遮阳或覆盖区域，通常会增加费用。有些机场有专门的员工停车场，也必须进行巡逻，并根据他们与航站楼的距离可能有穿梭巴士通道。机场员工停车场也可能有穿梭巴士，通过机场边界门进入，并将员工直接带到大厅。

多层停车场或车库通常靠近航站楼，一般由客运桥或由通过地面运输车道的停车灯控制装置连接。乘客经常忘记他们停放汽车的位置，因此使用简单的字母和数字系统，但一些机场试图使用更加令人难忘的系统，例如，代表动物的字母。多用途停车设施可容纳乘客、租用汽车和员工，并可由混凝土岛和指定车道划分开来。

在假日季节或高锋旅行时间内，当机场停车的车辆数量超过了机场通常的高峰客流量时，机场可能会使用溢出停车区。短期的临时停车区通常建在机场或相邻的物业上。

有些机场为客户使用机场停车设施提供补充服务，如行李托运、把要洗和干洗的衣物交给洗衣店，以及可提前预定食品、鲜花、糖果和礼品，待乘客返回时放入车内（美国认证协会，2013）。其他服务包括电影租赁、预先安排的机上餐食和车辆维护（如洗车和汽车美容、发动机的调整、加油和换油）。

现在，许多机场为驾驶电动车辆的客户提供充电站，为需要更多空间的车辆提供超大停车位（美国认证协会，2013）。有几个机场提供了忠诚度计划，通过机场（图9.11）提供降低的停车费率，连同贵宾休息室通道或旅客快速处理通过机场的便利，例如，CLEAR会员资格。在一些机场提供宠物护理服务，以便宠物可以

图 9.11　旅客通过 CLEAR 通道
（来源：杰佛瑞·普莱斯，2015）

被带到停车场，并送到一名服务人员手中，这名服务人员将在旅客离开家的时间里照顾该宠物。

其他加快停车的方法是通过智能手机应用程序提供预付费停车位，或允许机场常客购买自动车辆识别标签，类似商业车辆所用的标签。该策略减少了停车场入口和出口处的拥堵。此外，许多机场已经在停车位用自动信用卡机器取代了工作人员，以便离开停车场的人员可以享受完全自助服务的支付功能。这种做法减少了停车场的人员配备数量，并减少了车辆拥堵。

停车位可用性系统，向进场的旅客提供有关机场停车场的状态和可用车位的预先信息和实时数据。有各种可用性系统，从简单的数字标牌向到达车辆通知有关机场停车场和车库状态，到整个车库安装的复杂照明系统，提供每排可用的车位的数量及它们的位置。

许多遇到严重停车挑战的机场，在其网站和移动应用程序上包含了车库和地面停车场的状态。无线电台也广播了与停车有关的信息。经常更新的数字标牌也有助于旅客决定在哪停车，更加复杂的系统可以确定有多少车位可用（ACT，2013）。现在许多机场停车系统采用车牌识别系统，以便更好地控制停车场收入并帮助识别被盗车辆。

更先进的可用性系统包括安装在机场车库的综合照明系统。每个被占用的车位上都会显示一盏红灯，绿灯表示一个未占用的车位。在每排开始的位置，数字标牌为访客提供了该排中可用车位的数量。这些系统在管理停车场交通方面，要远远比让工作人员驾车绕着去数车位并报告给陆侧运行中心更准确和更有效。

由于许多乘客难以记住他们车辆的停放位置，特别是如果他们已经离开了很长一段时间，有些机场设有自动车辆定位器，旅客将车票插入位于主要通道附近的读卡器，读卡器就会显示出停放汽车的大致位置。其中一些系统也可以在人员进入其车辆之前用于收取费用。

小结

总的来说，航站楼或陆侧管理人员必须持续平衡客户和商业运营商不断变化的需求，同时，管理机场路边和道路拥堵、停车区域及在可能的范围内管理联合运输的连接。此外，还要试图增加非航空收入和为旅客提供积极的客户体验。陆侧运行管理人员必须熟悉所有相应的合同、协议、规则和法规，以确保地面交通运行的公平性和透明性，其中，还包括提供具体合同中列出的专有权利。陆侧运行管理人员还必须尽力确保客户不会被试图在机场招揽业务而未经授权的服务提供商利用或恐吓。

机场规划的航空城概念可能会严重影响陆侧和航站楼在机场的运行方式，但需要进一步的研究来确定会发生哪些影响。

夏洛特道格拉斯国际机场的航站楼运行

Martha Edge

夏洛特市的航站楼运行经理，夏洛特市机场运行主管

夏洛特道格拉斯国际机场每年处理大约 4400 万名旅客，平均每天大约有 12.1 万名旅客。多年来，夏洛特道格拉斯国际机场的客运吞吐量一直在稳步增长，因此需要额外的机场资源。2013 年 11 月，其成立了航站楼运行部，旨在为旅客、商业伙伴和机场提供更多的资源。夏洛特道格拉斯国际机场的航站楼运行团队，包括航站楼运行经理、航站楼运行主管、国际到达助理、信息专家，安全预防客户服务代表及失物招领管理员。除了航站楼运行团队之外，还有支持每日客户服务的各种承包商，例如，访客信息团队和辅助自动护照检验系统并且协助国际到达旅客提取和重新检查行李的联邦检查服务工作人员。

航站楼运行经理负责监督机场在票务和行李大厅、联邦检查服务和失物招领部门的日常客户服务工作。除这些方面外，当发生运行不正常的情况时，航站楼运行经理协助和协调过夜设施方面的工作，偶尔包括当旅客夜晚待在隔离区时发放简易床和睡垫。

航站楼运行主管负责监督联邦检查服务工作人员、国际到达助理和处理自动护照检验系统、国际行李的提取和重新检查的联系人员的工作。一旦需要，主管还要参与滞留旅客事件中的过夜设施的协调工作。

国际到达助理被分配到夏洛特道格拉斯国际机场的联邦检查服务区域，并向夏洛特道格拉斯国际机场的国际到达旅客提供翻译和客户服务。国际到达助理，是海关和边境保护局控制的到达程序的关键组成部分。联邦检查服务的许多客户服务职责之一，就是为我们的联邦合作伙伴海关和边境保护局进行翻译。

信息特别清单分配位于票务（出发层）的夏洛特道格拉斯国际机场服务柜台。作为一个由六名员工组成的团体，机场服务部门负责处理所有客流量和机场接线总机。这个经验丰富的员工团队，通过亲自或通过电话向夏洛特道格拉斯国际机场的访客提供高水平的客户服务。在整个机场都能通过有线广播系统听到机场服务人员的声音，被机场员工称为"夏洛特道格拉斯的声音"。

失物招领管理员负责夏洛特道格拉斯国际机场的失物招领部门。像许多其他主要机场一样，在夏洛特道格拉斯国际机场有几个不同的失物招领区。航空公司、特许经营商和运输安全管理处都有自己的失物招领部门。当尝试将客户的物品归还给他们时，夏洛特道格拉斯国际机场失物招领的管理员与机场所有其他失物招领部门合作。

除了航站楼运行团队以外，当发生非正常运行时，夏洛特道格拉斯国际机场内的其他部门是确保旅客体验到最佳客户服务的关键。机场运行管理层、主管和官员还协

助协调和向滞留旅客分发过夜设施。夏洛特道格拉斯国际机场的后勤工作人员随时准备协助分发、收集和清洁简易床与睡垫。他们还了解顾客的需求，并且可根据需要随时提供的基本舒适物品（例如，牙刷、漱口水、尿布、婴儿食品、小填充玩具动物、机场品牌纸牌等）。

现在，我已经提供了航站楼运行团队的概述，当考虑到顾客的相互作用时，我相信机场有一个要面临的问题。当航空公司经历非正常运行时，航空公司的客户服务工作何时结束、机场何时开始？我猜想，这是一个美国和世界各地的许多机场都会经常涉及的问题。所涉及的每个小组关于"下班后"的客户服务是谁的责任问题都有自己的期望，但是，当所涉及的团队没有聚集在一起来分解所有可能的情况，并就航站楼和航站楼非正常运行达成一致的行动计划时会发生什么？最常见的答案是，一个小组通常会最终处理所有的工作，如果所有小组聚在一起并分析每种可能的情况，然后列出将执行的责任（责任清单），那么，不会容易得多吗？随着航空旅行再次增加，航站楼需要更多关注，应该为旅客负责的并不总是航空公司。

与提供客户服务的机场相关的另一个挑战是，为旅客增加自动化和自助服务选项。许多自助服务亭为客户提供在非正常运行发生时变更航班的选项，有时可以取代与客户服务人员的面对面接触，在客户面临这些挑战的时期，通常需求非常高。已知航空公司在有自动化机器的情况下会减少员工人数，但我们非常清楚，当发生非正常运行时，正是面对面的联系才真正给客户带来不同。

我将分享2014年2月夏洛特道格拉斯国际机场经历的多日的非正常运行的一个例子。

2014年2月，许多美国机场遭遇了严冬的天气。夏洛特道格拉斯国际机场出现了降雪和结冰，导致航空公司缩减了运行，并在一天下午和晚上完全停止了航班运行。作为"新美国人"的第二大枢纽及为约80%的中转旅客提供服务的机场，这意味着有大量的滞留旅客。正如你可以想象的那样，由于天气事件持续了大约一周，地区酒店已经满员，并且航班运行是由天气影响的，因此，航空公司根据其内部政策并没有涵盖酒店开支。除了客户支付问题之外，许多主干道都结了冰，班车和出租车不能运行。人们几乎没有选择，被"卡在"机场。外部资源，如红十字会，被要求协助努力满足旅客的需求。他们能够补充机场的简易床和毯子供应，努力为滞留旅客提供尽可能多的过夜设备。部分机场特许经营商继续保持全天候开放，以确保根据需要可获得餐饮选择和便利物品。运输安全管理处的人员通过延长检查时间提供帮助，在正常工作时间以外，为旅客提供穿过非隔离区进入隔离区的机会。整周一直都在与所有机场利益相关方保持沟通，因为在这一点上，我们都需要彼此来维护机场并照顾好客户。这种持续的沟通是我们成功的关键。另一个非常重要的因素是，团体内已建立的良好的工作关系。

参考文献

Airports Council International (ACI). (2013, September 8). Customer experience management: The airport environment, a complex business. (Online learning module).

Ashford, N., Stanton, H. P., Moore, C. A., Coutu, P., & Beasley, J. R. (2013). Airport operations. New York, NY: McGraw – Hill.

Cassidy, M., & Navarrete, J. (2009). Airport passenger related processing rates guidebook (TRB, ACRP). Washington, DC: Airport Cooperative Research Program (ACRP).

Cell Phone Waiting Lot | Denver International Airport. (n. d.). Retrieved August 12, 2015, from: http://www. flydenver. com/parking_transit/parking/cell – phone – waiting – lot.

Homeland Security. (2010). Cell – all: Super smartphones sniff out suspicious substances. Retrieved August 12, 2015, from: http://www. dhs. gov/science – and – technology/cell – all – super – smartphones – sniff – out – suspicious – substances.

Horonjeff, R., McKelvey, F., Sproule, W., & Young, S. (2010). Planning and design of airports [5th ed., (Kindle)]. New York, NY: McGraw – Hill.

Landrum & Brown, Hirsch Associates, Ltd., Kimley – Horn and Associates, Inc., Jacobs Consultancy, the S – A – P Group, TranSecure Inc., Steven Winter Associates Inc., Star Systems, LLC., Presentation & Design, Inc. (2010). Airport passenger terminal planning and design (TRB, ACRP). Washington DC: ACRP.

LeighFisher, Dowling Assoc., JD Franz, WILTEC. (2010). Airport curbside and terminal area roadway operations (TRB, ACRP). Washington DC: Airport Cooperative Research Program (ACRP).

Price, J. C., & Forrest, J. S. (2013). Practical aviation security: Predicting & preventing future threats (2nd ed.). New York, NY: Butterworth – Heinemann.

Price, J. C., & Forrest, J. S. (2014). Certified member body of knowledge (5th ed., Ser. 2). Alexandria, VA: American Association of Airport Executives (AAAE).

U. S. Air Carrier Aircraft Departures. Enplaned revenue passengers, and enplaned revenue tons. (2015). Bureau of Transportation Statistics. Retrieved July 29, 2015, from: U. S. Air Carrier Aircraft Departures, Enplaned Revenue Passengers, and Enplaned Revenue Tons. http://www. rita. dot. gov/bts/sites/rita. dot. gov. bts/files/publications/national_transportation_statistics/html/table_01_37. html.

第十章 机场应急规划

科罗拉多州甘尼森克雷斯特德比特支线机场的航空器救援与消防（ARFF）设备
（沙恩·赛德尔伯格拍摄，由科罗拉多州航空部门提供，2005）

丹佛国际机场飞机救援和消防训练设施
（沙恩·赛德尔伯格拍摄，由科罗拉多州航空部门提供，2012）

据数据统计，航空业仍然是最安全的运输模式，然而，全球每年数以百万计的飞机运行，仍然会发生飞机事故和事故征候。因此，要求经认证的机场制定《机场应急计划》，以及支持计划实施的资源，人员接受过该计划的培训，和实施演练。

2014 年，世界范围内的飞机失事造成的死亡人数是 1320 人（严和马什，2014），同期，有 124 万人死于汽车事故（格雷塞尔，2014）。然而，当一架飞机坠毁，无论大小，坠机事件几乎总是成为头条新闻。机场处理飞机失事的方式，直接影响到可以挽救的生命，也反映了机场管理层的可信度、培训标准和整体专业性。

虽然 9·11 事件改变了航空安保领域，但一系列事件，包括 9·11 事件，卡特里娜飓风，和一些其他自然灾害，连同一些著名的飞机事故，如旧金山机场坠毁的韩亚航空公司 214 航班，都改变了航空应急管理领域。在 2010 年，美国联邦航空管理局修订了关于《机场应急规划》的指导意见，将所吸取的经验教训连同国土安全部带来的变化结合了起来，特别是将国家应急管理系统纳入了所有应急计划功能。机场行业也更加重视应急管理，美国机场高管协会开始了一年一度的国际机场应急管理会议，以及为机场的消防人员实施专业认证。虽然与其他领域相比，美国联邦航空管理局在 139 款下对机场应急规划的要求仍然很低，但是，许多机场运行人员已经采取了把更佳的培训、演练和飞机事故的规划纳入进来的举措。

飞机坠机和机场响应的观点

所有机场都受到应急情况和事件的影响。此外，机场在联邦、州和地方应急情况下也是社区的资产，因此，即使机场没有遇到应急情况，它也可能在联邦、州、地区或地方灾害管理计划中发挥着关键的作用。对任何应急情况的有效响应都需要进行协调、合作和沟通。

客机失事可能会让任何机场的有限资产很快就消耗殆尽，这时，往往是需要机场外的资产援助的时候。即使是大型的枢纽机场，消防设备和人员的数量也很大，通常没有相同级别配置的应急医疗服务人员，或手头上没有其他人员和资源，而这些都是有效处理大规模应急事件所必需的。这一要求也是有弹性的，因为要求较小的商业服务机场具有较低层次的消防能力。虽然在大型枢纽机场坠毁一架 19 座的飞机，可能在机场的能力范围内就可以对该事件做出响应，并有效地通过有限的外部援助进行应急管理，甚至可能还不会关闭机场，但是，如果同样类型的飞机失事发生在非枢纽或小型枢纽机场，那么，机场的资源将很快被消耗殆尽。

在《咨询通告 150/5200－31C——机场应急计划》（联邦航空管理局，2010a）中可以找到定义的完整列表，其中一些与本节的内容直接相关：

1. 航空器事故是与航空器的运行有关的、任何发生在人登上航空器开始飞行意图到下机之间发生的，作为发生的结果，人员遭受死亡或严重受伤，或飞机出现重大损伤。

2. 航空器事故征候是指除了事故，与航空器运行有关的，影响或可能影响持续的安全运行。航空器事故征候不会对人造成严重创伤或对航空器造成重大损伤。

3. 应急事件是一种无论是自然的还是人为的事件，都需要做出响应来保护生命或财产。例如，应急事件可能包括重大灾害、应急情况、恐怖袭击、恐怖主义威胁、内乱、野火和城市火灾、水灾、危险物质泄漏、核事故、飞机事故、地震、飓风、龙卷风、热带风暴、海啸、与战争有关的灾难、公共卫生和医疗应急情况，以及其他需要应急响应的事件（联邦航空管理局，2010a）。

在 2014 年，几架坠机事件引起了公众对机场安全的注意，包括在乌克兰击落了马来西亚航空公司 17 航班，导致 298 人死亡；马来西亚航空公司 370 航班失踪和推定机上 239 名乘客和机组死亡；复兴航空 222 航班在印度洋附近飞行坠毁，造成了 48 人死亡；阿尔及利亚航空公司 5017 航班在马里坠毁，造成了 116 人死亡；亚航 8501 航班在印度尼西亚和新加坡之间消失，造成了 111 人死亡。考虑到 2013 年仅有 265 人在商业航空事故中丧生（严和马什，2014），因此，2014 年这一数字是巨大的。2001 年美国航空公司 587 航班坠毁在纽约皇后区，造成 260 人丧生，加上地面上 5 人死亡，在那之后，美国没有经历过重大的航空事故，没有造成巨大的生命损失。

在前面提到的所有案例中，飞机事故没有发生在机场。虽然飞机冲出跑道、偏出跑道或滑行道，或没有放出起落架着陆，但仍然被认为是事故，美国在过去十年中没有出现巨大的人员死亡情况（托兰、帕特森和约翰逊，2015）。美国近期的事件包括：

1. 南非商业航空公司 5191 航班，飞机上一共有 50 名乘客和机组，2006 年从肯塔基列克星敦起飞后坠毁了，只有第一副驾驶幸存。他奇迹般地生存，主要是医务人员迅速响应的结果。

2. 韩亚航空公司 214 航班，2013 年在旧金山国际机场坠毁，造成了 3 人死亡，其中 1 人可能是被一辆应急响应的消防车碾压致死的[1]（罗伯茨，2014）。美国国家运输安全委员会的报告提到，认证机场需要有合格资质的飞机救援和消防人员，能够符合培训要求，并对这些事件实施过演练（美国

---

[1] 虽然美国国家运输安全委员会最后报告指出，至少有一名受害者被一辆机场消防车碾过，验尸官断定该女孩当时还活着，但旧金山市对此提出异议。无论如何，在飞机救援和灭火响应中，机场消防人员不应碾过任何人，不管是有无生命。不管碾过死者是否存在有明显的道德问题，尸体也代表了可能为飞机事故原因或死因提供线索的证据，这可能是飞机出口系统或座椅连接的设计缺陷，或在子航空公司机组的培训问题。

国家运输安全委员会，2014）。

　　3. 2008 年 12 月 20 日下午 6：18，大陆航空公司 1404 航班在丹佛国际机场起飞时滑出跑道。事故的初步报告表明：是另一架飞机通知了丹佛塔台，空中交通管制、机场运行部门、飞机救援和消防人员之间对于事故的地点产生了理解混乱，导致了响应迟缓。飞机偏出 34R 跑道的西侧，冲过了跑道安全区，从飞机救援和消防 4 号站面前穿过几百英尺然后才停下来。最初，由于空中交通管制提供了错误的指示，响应人员没有前往正确的事故现场（LiveLeak，2009）。响应车辆立刻掉头，但许多乘客已经自我撤离，或由机组协助撤离，这时，飞机救援和消防尚未抵达。飞机上 115 人都幸存，只有 38 人受伤。

这三起事件，都为本书提供了在应对飞机事故方面所吸取的经验教训。除了要为飞机事故事先计划外，机场还需要计划各种可能发生的其他事件，包括危险物质和燃油溢漏、自然灾害、水上救援、安保事件，如炸弹威胁和劫机等。

通用航空机场

虽然通用航空机场不需要遵守 139 款要求，没有法规规定需要其制定一个《机场应急计划》，但《咨询通告 150/5200 - 31C——机场应急计划》第一页（联邦航空管理局，2010a）明确表明：非认证机场（通用航空机场）必须遵循一般的指南。这些指南并不直接涉及机场，但它们确实要求州和地方政府机构制定应对人为的和自然灾害的计划。此外，《斯塔福德法案》（2013）将应急规划的责任放在了州或地方政府民选官员的身上，我们可以假定其中包括由联邦政府资助的公共使用机场。

具有应急响应能力，吸引租户以机场为基地，并在有应急响应能力满足 139 款的机场，由于飞机以此为基地，租户有可能降低负债额，这些都是不错的生意。此外，大多数飞机事故都是在通用航空机场的飞机上发生的，平均每 10 万飞行小时发生近 7 起事故，而与商业服务相比，后者平均每 10 万飞行小时有 0.16 起事故（福勒，2014）。尽管这些猜测的背后有理论支撑，但我们会经常看到，通用航空机场没有制订应急计划。

机场应急管理人员

在机场应急管理行业中发生了一个缓慢的转变，从允许消防部门对所有事件实施响应，到如今是具有专业的机场应急管理人员实施响应。

在整个 20 世纪 80 年代和 90 年代，视事件的性质而定，机场消防或机场警务人员在机场的大多数应急情况下都承担了事件指挥官的角色，尽管对机场运行缺乏了解。在许多机场，这种情况仍然存在，而且在表面上，这种做法的逻辑是有意义的。人们自然会认为，警察或消防人员将是更好的事件指挥官，因为他们有更多的经验来管理应急事件，更适应于经历威胁生命及特殊的事件。部分机场在适当的情况下分别安排消防人员或警察在应急情况第一阶段被任命为事件指挥官。然后，在最初的响应结束后，警察和消防人员将事件指挥职责移交给机场运行部门。在一次重大事故中，所有的运行行动都停止了，消防高级官员承担起了事件指挥的任务，并实施营救人员和灭火的首要工作。一个类似的响应发生在安保事件中，在机场值班的高级警官承担了事件指挥，而机场基本上关闭，每个人都等待事件指挥让机场重新开放。

此管理运行结构可能会出现其他一些问题。当关闭几条街道或者甚至是几个街区，在城市中的消防或警察针对发生的事件采取这样的做法可能是切实可行的，但是，这种做法也是昂贵的，而且，在某些情况下，它是没有必要出于同样的原因而关闭一个机场的。当发生应急情况时，对于机场运行许多重要的事宜被搁置一旁，警察或消防人员来处理这一事件，视关闭的时间而定，这可能会影响到整个国家空域系统。

一个机场如何处理应急管理也取决于它的规模。非枢纽机场、小型和一些中型枢纽机场，以及许多通用航空机场，没有人员来维持设立一个应急管理部门。应急管理通常是一个运行人员或经理的附带职责，他负责起草和确保遵守《机场应急计划》。

一些较大的机场有应急管理部门，人员经历过应急情况管理的认证项目，也参加过联邦应急管理机构——美国联邦应急管理局事件指挥的各种课程。然而，直到最近几年，甚至大型枢纽机场都只有少量的应急管理人员，在一些大型枢纽机场，就如同在较小的机场，一个人将被指派为《机场应急计划》的守护者，第一批响应人员肩负着实施《机场应急计划》的责任。

直到 21 世纪初，在机场可以找到很少的应急管理部门，甚至是更少具有资质①的应急经理。直到如今，在许多机场，情况仍然如此。然而，近年来一些机场采取了新的应急管理办法，将事件指挥职能指派给了机场运行部门，并让不是消防或警察的人员接受应急培训和认证。

在国家应急管理系统和它的事件指挥系统的规范之下，灭火消防或使枪手失效是必须执行的功能。警方在应急情况下提供执法服务；消防员在事件中提供灭火和救援服务。事件指挥不只是以上一个功能，许多机场认为，由机场运行部门承担了事件指挥，那么消防、救援和执法功能可以更好地执行。值班的高级消防官员应该集中关注救援和灭火，不应该担心救世军应该在哪里设立帐篷，或者航空公司在哪里设立受害者援助中心。这些决策可以由事件指挥官或更准确的术语是应急事件经理来处理。

无论机场的规模大小或特征如何，机场管理层中至少应有一个人负责维护《机场

---

① 由国际应急管理人员协会管理的认证应急经理项目是行业的认证流程之一。它不是具体针对航空领域。

应急计划》和整个机场应急管理相关的职责。理想的情况是，这个人不应只关注和保持《机场应急计划》更新，而是还应采取全面的应急管理方法。《机场应急计划》不是一个一次做完就可以一劳永逸的计划。相反，它是一份需要不断更新的文件，必须随着事件的发生而改变，吸取经验教训并加以应用。

对于自然或人为灾害期间严重依赖于机场的社区来说，机场运行人员的另一项考虑是从美国海岸警卫队那里汲取教训，该队已设立了一个《应急准备联络官计划》。9·11恐怖袭击事件和卡特里娜飓风等实例表明，联邦、州、地方、部群和私营部门的组织需要采取更综合和协调的办法，为恐怖主义、主要的自然和人为灾害，以及其他重大应急情况做好准备、预防、应对和恢复。应急准备联络官的任务是促进信息交流，促进合作和沟通，并协调与联邦、州和当地应急准备合作伙伴规划和实施应急计划（美国海岸警卫队，2009）。指定的机场应急情况管理人员可以承担两个角色，即维护和更新《机场应急计划》，以及负责与联邦、州、地方、部群和私营部门组织保持关系，即机场准备联络官，负责协调应急和事件管理计划的规划和实施。

随着越来越多的机场运行部门接受应急事件管理方面的培训，更多的警察和消防人员可以相信，他们的核心任务不会受到损害，事实上反而会得到加强，业界可能会看到更多的"以运行为中心"的事件指挥官。

机场应急管理规划

所有机场都受到应急情况和事件的影响，《美国联邦法规》第14篇139款，《机场应急计划》的每个合格证书持有人必须制订和维持一个应急计划，旨在尽量减少人身伤害和机场财产损坏的可能性与程度。该计划必须包括对139款所列的某些应急情况做出迅速响应的程序，并建立一个包括通知应急人员方法的通信网络。该计划称为《机场应急计划》，必须包含足够的细节，以提供足够的指导，每个人必须实施程序，并在切实可行的范围内提供对航空公司最大飞机在飞机救援和消防指数中的应急响应水平（联邦航空管理局，2010b）。

按照《咨询通告150-5200-31C》（联邦航空管理局，2010a），机场应急事件是任何场合或事例，自然的或人为的，需要采取行动来拯救生命、保护财产和公共健康。《机场应急计划》应处理在机场或机场的权限和责任范围内发生的或直接影响的那些应急情况，因为应急情况的临近可能会对机场造成威胁，或当机场有责任根据地方（地区）的应急计划和相互援助协议需要做出响应（联邦航空管理局，2010a）。《机场应急计划》必须包括响应的指令：

1. 航空器事故和事故征候；

    2. 炸弹事件；

    3. 建筑物火灾；

    4. 燃料区或燃料贮存区起火；

    5. 自然灾害（发生在机场所在区域）；

    6. 危险物品（危险品）事件；

    7. 破坏、劫持事件和其他非法干扰运行的行为；

    8. 航空器活动区域照明系统停电；

    9. 水上救援。

除上述项目外，该计划还应包括通过风险评估确定的任何其他重大应急情况和事件。例如，对于有地下客运或运输系统的机场，在火灾、水灾或其他已查明的应急情况期间，机场应该有计划地撤离该地区的人员，这将是合理的计划做法。

《机场应急计划》还必须提供适当的火灾和医疗响应；在应急情况下指定设施可用于临时医院或停尸房、集结区域等功能；解决人群控制的方法。该计划还必须处理各种响应人员，如警察、机场运行、消防和救援、应急医疗服务、主要租户和机场外应急人员应如何协调行动，以支持计划中列出的应急情况。Ⅰ类机场必须至少每 3 年通过一次演习，以测试他们计划的有效性，并且所有认证的机场（Ⅰ至Ⅳ级）必须每年评审该计划。

美国联邦航空管理局的《咨询通告 150/5200–312C》（2010a）为制定《机场应急计划》提供了指导。《机场应急计划》包括 4 个部分：基本计划、功能部分、危险部分和标准运行程序。这份通告是相当全面的，但存在冗余问题。

除了确定民选官员有责任保护人民和财产免受应急情况和灾难的影响之外，《斯塔福德法案》还规定，必须在国家响应框架内[①]制定应急计划。该框架建立了对事件响应的全危险源方法，描述了联邦政府的资源和响应计划，并描述了联邦政府、部群、州和社区应如何响应。该计划必须遵循国家应急管理系统，在术语词汇和事件指挥功能结构中提供了标准化的做法。国家应急管理系统主要关注：

    1. 建立和使用事件指挥系统；

    2. 机构协调；

    3. 联合公共信息系统。

国家应急管理系统适用于所有领域的应急事件。国家应急管理系统及其应用在第 11 章和其他各个章节都有讨论。

---

    ① 美国联邦应急管理局已经公布了国家响应框架、国家应急管理系统以及州和地方指南（SLG 101）、全危险源应急运行规划指南。国家应急管理系统和 SLG 101 提供应急管理人员和其他应急服务提供者关于发展基于风险的全危险源应急运行规划的美国联邦应急管理局概念信息（联邦航空管理局，2010b）。

全面的应急管理

虽然没有任何计划或标准运行程序可以解决机场可能经历的所有的事件或应急情况，但是应急情况有几个共同点。这些共性允许对应急管理采取全危险源的方法，而不是试图预测和计划所有可能性的方法。全危险源并不意味着要为所有可能的危险做好准备，而是准备响应社区或机场所能预见的非常典型的危险。准备工作包括识别所有危险源共同的必要功能，如起火和救援、执法和安保、人群控制、应急通知等。通过确定这些功能，以及在计划的应急情况中确定其作用，各机构应能够处理其他突发的应急情况或事件。

全面的应急管理是围绕四项单独的行动展开的：缓解、准备、响应和恢复。虽然《机场应急计划》最具体地明确了准备、响应和恢复部分，但并不会完全涵盖应急计划中规划和行动中的所有内容。

缓解措施涉及持久、经常是永久性的减少危险事件的暴露、发生的可能性或潜在损失（美国联邦应急管理局，1996）。缓解措施的目的是防止危险的发生或是减少其破坏性的结果。缓解措施的一个示例是，在靠近机场的进近航路地方划出一个地块，防止建造房屋，这将减少一架飞机撞上住房的可能性。其他缓解措施可能涉及教育企业和公众他们可以采取的方法，以减少在事件中出现损失和伤害。在航空方面的一些其他缓解措施的例子可能包括：

1. 要求在靠近乘客上下车的航站楼窗户上上釉，以减少车载简易爆炸装置或龙卷风造成的破坏；

2. 在整个航站楼建造龙卷风避难所和安装标牌，引导乘客和雇员去避难所的地方，以及在龙卷风的情况下采取什么样的步骤；

3. 缩小附近小山的面积，使抵港及离境的飞机有更多的安全机动空间；

4. 在航站楼建筑中掺入抗爆建筑材料（在某些情况下具有安保益处，如抗爆炸建筑材料，也使结构具有更能抵御自然灾害的安全益处）；

5. 为机场租户提供有关应急事件或灾难发生时所采取步骤的训练；

6. 进行风险评估；

7. 清查现有结构和易受攻击的地方。成本高效的缓解措施是长期减少灾害损失的关键（美国联邦应急管理局，1996）。

美国联邦应急管理局有时在国家防备框架范围内（预防、保护、缓解、响应或恢复）使用"预防"一词，许多机场也采用了这一用语，以配合或取代缓解这一术语。美国联邦应急管理局范围内的预防，是从反恐角度处理应急情况管理的，这一用语涉及旨在防止对某一设施进行攻击的行动。预防的重点是设施或政府机构建立核心能力，包括情报和信息共享、甄别、搜查、侦测、阻截和中断、取证和归属、规划、公共信息和警告，以及运行协调。由于机场运行人员必须为 139.325 条所指明的应急事件及对于 1542.307 条安保事件做好准备，则应将预防措施纳入机场事件规划程序。

准备防备措施是提高应急响应机构能力的行动，包括在应急情况下进行培训、演习、规划和获得所需材料。典型的机场防备措施包括：

1. 修改《机场应急计划》；
2. 进行飞机救援和消防培训演练；
3. 进行全面的、桌面的、功能性的或其他类型的应急演习；
4. 购置新的消防车、设备和雇用人员。

在准备阶段，机场制订一项行动计划，以管理和应对风险，并采取行动，建立执行计划所需的必要能力。

响应要素是具有时效性的行动，可挽救生命和财产，减少初始和二次破坏的可能性，并加速恢复运行。响应要素还包括最初的事件通知、救援人员的派遣及立即处理事件所必需的行动，包括消防、让枪手失效，或应用化学凝固剂防止有害物质溢出扩散到水系统。响应行动有时被称为工作的优先级。

工作的优先级

所有应急计划的重点都是放在了优先工作上，即：

1. 拯救生命；
2. 稳定现场；
3. 拯救财产；
4. 拯救环境；
5. 恢复机场运行；
6. 保护事故现场。

虽然挽救生命是首要任务，但在某些特定情况下，现场必须先稳定下来，然后才能开始拯救生命的工作。一个典型的例子是，在交通事故发生时，可能首先需要封闭交通，以便救援人员安全地行驶前往受害者所在的地方。对于一架飞机起火，必须在救援人员破解机身以挽救生命之前被消防员所扑灭。

第一批响应人员必须在应急事件中做出许多快速的决定，并且通常可以遵循这些工作的优先级来指导决策。机场运行人员通常了解在应急情况下继续飞行的重要性，如果可能的话。即使在 2013 年洛杉矶国际机场枪击事件中，在机场的某些机坪，飞行运行仍部分进行，但不是出于经济的原因。因为许多使用机场的飞机都是进港的国际航班和大型飞机，如波音 777、波音梦幻客机和空客 A380，在太平洋上空飞行后燃油已经消耗差不多了，而附近没有其他安全着陆点。

机场外执法调查员通常会忽视的另一个重要目标是，在联邦航空管理局或美国国家运输安全委员会调查人员到达现场之前，需要保护事故现场。一旦所有可以得救的生命都得救了，现场已经稳定，财产被保存，并且环境问题被解决了，美国国家运输安全委员会希望没有人在事故现场。不幸的是，一些犯罪调查人员不明白，飞机失事与车祸不同，因此他们会在事故现场到处走动，拍照收集证据。机场管理层必须尽一切努力确保当地的调查人员尽可能充分地了解美国国家运输安全委员会的要求①。

恢复行动包括恢复机场运行正常的行动。通常，应急情况的响应和恢复阶段是重叠的。恢复阶段的组件包括短期、中期和长期战略，以恢复运行并协助受影响的人员。短期内的需要可能是为飞机失事中受伤的人提供食物、住所、水和洗手间设施等。中期和长期的恢复项目包括恢复跑道到一个可运行的条件，重新开放机场，并提供抵达机场的家庭成员与他们亲人团聚的地方。长期的恢复行动可能会导致具有机场运行特点的缓解措施。这些可能包括维修跑道、更换机坪标志或模糊的标记，以及为受害者和响应人员提供心理健康的护理等。

起草机场应急计划

《机场应急计划》的基本目标是，将机场从正常运行过渡到应急或非正常运行，并尽可能迅速和有效地恢复正常运行。同时，认识到机场在社区灾害规划中起到的重要作用，《机场应急计划》在撰写时应考虑到州和地区的灾害计划及机场安保计划。这样，机场便可以做好准备响应自己本身的应急情况，以及做好准备支持社区的应急情况。

在草拟应急计划时，机场管理层应了解制订应急应变计划所需的准备活动的范围，而不单是一页纸张计划或只是需要在法规符合性检查中打钩而已。联邦航空管理局提供机场运行人员撰写《机场应急计划》的模板，但负责起草计划的个人应更注重于填补空白，而不是制定一个可行的、侧重于工作优先事项的计划。重要的是要了解，《机场应急计划》将推动必要的培训和演练计划，以支持该计划。培训有助于使响应人员熟悉其职责，并培养执行任务所需的技能（美国联邦应急管理局，1996）。演练提供了一种方法来验证计划，识别计划中的错误，验证或否定假设，并找出关键的差距。前总统艾森豪威尔这一句经常被引用的话，抓住了规划过程的精髓。规划的过程是规划的一个基本要素，该要素在于它能提前发现问题并解决问题。规划使部门能够确定其战略目标及实现这些目标的最佳战术战略。规划提供了对组织的优势、劣

---

① 现场管理和安保可能会有问题，因为当地执法部门有责任保护和控制对现场的访问，而且这些人员也与刑事调查人员一起工作。

势、机会和威胁的洞察力。它允许提前设定目标，使响应人员有明确的任务，清楚地了解实现目标所必需的材料、人员和行动。规划可以解决沟通问题，解决与指挥链相关的问题，识别培训中的不足，并确定测试计划所需的演练工作量和类型。规划也有助于使人们认可该计划。

虽然《机场应急计划》是一份全面的文件，但计划中的指令应该是清晰、简单和简洁的，每个情况都可以使用。详细和较长的句子或极端准确的细节，不是有效计划和行动项目的特点。简短的句子很容易理解，但应该避免产生歧义和混淆的琐碎短语。简单地说，在写《机场应急计划》的时候，写下你想让机构做的事情——具体的。另外，在起草《机场应急计划》时，要明白没有完美计划这样的事情。美国海军陆战队关注的是所谓70%的解决方案，基于70%的可用信息做出果断行动比基于完整信息而采取缓慢的决策要好（胡德森，2013）。事实是，没有人会等到有100%的信息才作出决定或制订计划。因此，有了大多数信息及时地前进，要比等待（直到为时已晚）要好。请记住，一个计划不是一个要逐字逐句遵循的脚本，而应该是灵活的和适应实际情况的。一个有效的计划传递了预期运行的目标和目的，以及实现这些目标所需的行动，但是将计划的实施留给了现场的运行人员。规划必须是基于社区的，代表全体人员了解机场和社区利益攸关者的需要。

制定一个《机场应急计划》的第一批步骤之一是建立一个规划团队。无论机场运行的规模有多大，那些受该计划影响最大的人员，如果没有投入的话，那么任何《机场应急计划》都不会有效，这部分人员即机场利益攸关者，包括航空公司和租户；如果没有首批应急响应人员（包括警察、消防和急救医务员）的认可和支持，那么也就没有任何《机场应急计划》可以得以实施。

团队成员，最低限度应由下列代表组成：

1. 机场运行；
2. 警察；
3. 消防；
4. 应急医疗服务；
5. 空中交通管制；
6. 服务于机场的主要航空公司或货运航空公司，和具有大量飞行运行业务的主要租户；
7. 州、地区和当地应急管理人员；
8. 卫生和医院机构；
9. 政府机构；
10. 动物护理；
11. 军队；

12. 验尸官；

13. 公共信息办公室。

美国联邦航空管理局的《咨询通告 150/5200 – 31C》（2010a）提供了成为《机场应急计划》规划小组其他个人的综合名单（总共 37 人），然而，有 37 个人代表的委员会可能难以管理。为了制订一项更有效的计划，应建立工作组，将重点放在计划的各个领域（通常在其专长领域内），并寻找相互依赖的领域，其中一个实体依靠另一个实体的工作来实现其核心目标。虽然有超过 37 个人的机构在一个委员会可能不切实际，但任何在《机场应急计划》下负有责任的组织或实体，应至少征求他们的意见，并应在计划中为其机构的作用提供批准。

在创建或修改《机场应急计划》时，管理众多机构的一种方法是建立核心成员。

核心成员是在《机场应急计划》之下具有重大或主要责任的机构，例如，机场运行、警察、消防和应急医疗服务等。在每个核心机构之下有相关的功能（表 10.1）。每个核心机构的首席代表负责协调特定子机构的规划工作。

表 10.1 《机场应急计划》核心成员样例

机场运行	警察	消防	应急医疗服务	美国联邦航空管理局/机场地区办公室
美国联邦航空管理局 空中交通管制塔台航空公司 租户 机场出资人 通信和签派 EPA 公共信息官员 航空公司或主要租户* 维护 公共工程 工程 州航空局	联邦调查局 美国运输安全局 爆炸品处置和当地 SWAT 军队	有害物质 机场外消防响应 当地和地区应急管理机构 红十字会 搜索和救援 民用航空巡逻 救世军 互助机构	医院 验尸官 精神健康 动物护理 神职人员	美国国家运输安全委员会 美国联邦应急管理局国家天气服务 美国邮政署

注：美国军方往往对应急规划活动响应灵敏，因此把它们指定作为一个核心机构是理想的做法。此外，上述名单只是组织一个可能方法的建议。机场应急管理人员应该以一种合理运行的方式组织他们的运作。

*航空公司和重要租户都是《机场应急计划》团队中主要组成部分。

关于军事设施，如果一个机场是军民联合使用的机场，意味着美国政府拥有这一设施，并租用一块土地用于民用和通用航空的运行，美军通常会在应急情况下发挥事件指挥的主要作用，甚至是针对民用航空的应急响应。对于共享使用的机场，美国政府拥有机场的一部分，而一个民用组织拥有另一部分，跑道设施是共享的，军队通常担当应急响应的主要角色。然而，两个关键的考虑因素对于联合或共享使用设施的机场管理人员来说是重要的：第一，通过基地调整和关闭，在机场的军事组织可能会失去部分或全部消防和应急响应资源；第二，应急资源可能不符合美国联邦航空管理局下的《机场应急计划》响应要求或飞机救援和消防指数。机场运行人员仍有责任确保机场具有能支持《机场应急计划》的资源、人员和行动。

另一个考虑因素是机场在机坪没有军用站的问题，但可能在附近有军事设施。这些设施可能有资源，比如飞机救援和消防设备或特别行动小组等，其能够对飞机失事或非法干扰事件做出响应。在武装响应方面，一些军事基地有待命人员，可能会比当地联邦调查局或警察更快、更有力量地做出响应，即使是没有消防或救援能力的军事设施、军事人员、空军和国民警卫队在短时间内被动员起来协助响应飞机应急事件。

制定《机场应急计划》的另一个重要步骤是，研究现有的法规、标准和指导指南。当制定一个《机场应急计划》时，没有必要从头开始。如前所述，美国联邦航空管理局提供了一个模板供机场运行人员使用，以建设他们的计划。机场运行人员亦应寻求业内人士的协助，并在可能的情况下，让那些在规模和特点相若的机场工作的专业人士评审他们的《机场应急计划》，并提出他们的建议。还应查阅下列文件：

1. 国家应急管理系统；
2. 国家响应框架（取代国家响应计划）；
3. SLG 101，《全危险源应急运行规划指导》；
4. 国家防火协会 424，《机场（社区）应急规划》；
5. 《美国联邦法规》第 14 条第 139 款，《机场认证》；
6. 适用的州和地方法规；
7. 《国际民用航空组织技术指南》；
8. 国际航空运输协会，《危险品手册》；
9. 运输部，《公共交通系统安保和应急准备规划指南》，2003 年修订；
10. 国家响应团队，NRT‑1，《危险品应急规划指南》。

虽然咨询通告也建议了评审机场安保条例，包括航空器运行人和外国航空承运人条例，这种做法只有有限的益处。《运输安保条例》中的大多数监管引文并没有给应急管理人员提供任何有用的东西。应急管理人员需要的行动项目、事件计划和应急计划，都包含在了《机场安保计划》《飞机运行人标准安保计划》《安保计划范例（针对外国承运人）》和《间接航空承运人标准安保方案》中了。更复杂的事情是，这些项目每一个都被标记为"敏感安保信息"，并只能在需要知道的基础上共享。机场安保协调员可能获取了《机场安保计划》，但不是航空公司的《飞机运行人标准安保计划》，也不是外国空运承运人或间接航空承运人安保计划。因此，除其他因素外，为机场服务的国内航空公司，以及任何外国承运人或货运承运人，应作为《机场应急计划》规划小组的一部分，因为他们有机会获得自己的安保计划。作为制定《机场应急计划》的一部分，要审查的其他程序和文档包括：

1. 《美国海岸警卫队国家搜索救援补充增编》；

2. 《设施运行和管理》；

3. 任何现有的《机场应急计划》；

4. 《机场保安计划》；

5. 《航空承运人应急计划》，重点放在航空承运人对于空难家庭援助法计划；

6. 《租户应急计划》；

7. 《地（区域）应急运行计划》；

8. 当地行业职业安全和健康管理局（环保署）法规遵从性计划；

9. 现有的互助协定（谅解备忘录）、机场协定、地方应急响应协议、私营部门组织协定和军事安装协定；

10. 《业务连续性计划》。

风险分析

制定或修订《机场应急计划》的下一步是进行危险源（风险）分析。如果一个机场有一个健全的安全管理体系并且安保管理体系到位，那么，危险源或风险分析应该已经进行。然而，机场应急管理人员应考虑在机场应急规划小组的所有机构是否都投入进行了风险分析。如果没有，就应征求未参与初步风险评估的机构的意见。

完成危险源或风险分析后，规划团队应制订具体危险源的计划并确定资源需求。但是，不必编写每一个可能出现紧急情况的应急计划。例如，一项针对一架大型客机失事的飞机事故计划，对于小型飞机的事故或事件也同样奏效。然而，飞机在陆地上坠毁不同于在水上或在寒冷的条件下冰冻的水上坠毁，如发生在 1982 年佛罗里达航空公司的一架飞机从里根国家机场起飞坠毁到波托马克河中。在某些情况下，可能会实施两个或多个特定于某些危险源的计划，而不是为单独的情景编写单独的计划。

随着天气模式的变化，通过美国地质调查局和国家气象局，以及任何当地的洪泛区地图或调查，以确定自然灾害的可能性和影响，研究可用的危险源地图是适当的做法。历史数据也可通过联邦、州、县危险源分析和红十字会灾害记录而获得。该地区的长期居民也可以提供关于潜在危险天气事件的轶事信息（联邦航空管理局，2010a）。《机场应急计划》规划者还应考虑到：

1. 有功能需要的个人（听觉受损、视力受损等）；
2. 机场的特殊特点，例如，可能限制跑道使用的周边地形；
3. 社区和机场的道路进出要求；
4. 工作人员人数的减少；
5. 电力或通信中断，可能发生在自然灾害期间，或在人为灾害期间。

机场应急规划的另一个重要组成部分是对资源的考虑。《咨询通告 150/5200－31C》之《机场应急计划》指出规划团队成员应该知道哪些资源可用于应急响应和恢复（联邦航空管理局，2010a）。然而，美国联邦应急管理局使用一个更有效的模式，称为资源类型和准备。

资源管理

人员、设施、设备和用品是应对事件所需的资源。资源类型、认证、培训和演练可以有效地、高效地部署资源，并确保人员能够为其响应角色做好准备。资源类型对每个资源指派一个特定的名称，允许事件指挥官要求和部署资源，而认证确保人员可以进入应急事件区域（表 10.2）。

在国家应急管理系统下，资源首先被分类为第一层和第二层。第一层由当前 120 个资源类型定义组成；第二层是由州、部群和地方管辖和定义的，不是第一层资源，但是具体特定的，限于州之间和区域互助援助。国家应急管理系统分类了 120 个资源（美国联邦应急管理局，2004），是按照类来分的。

资源按类别（如消防、执法、健康和医疗等功能），以及按种类（小组、人员、设备、供应品）和类型（对于执行其功能实施能力衡量）进行分类。例如，一辆消防车按照类别被分为：消防；按照种类被分为：设备；按照类型被分为：Ⅰ到Ⅶ。

在大规模的伤亡事件中，对于地区医院所能处理的受害者的类型和数量来说，资源的类型尤其重要。灾难医疗援助小组明确说明了患者的数量和可用的治疗类型，指定儿科、烧伤科和创伤能力、人员的响应时间，以及在没有补给的情况下单位可以运行多长时间等。

表 10.2　美国联邦应急管理局资源类型

资源：消防车（泡沫）						
类别	消防车（ESF #4）			种类	设备	
最小能力	Ⅰ类	Ⅱ类	Ⅲ类	Ⅳ类	Ⅴ类	Ⅵ类	Ⅶ类
组件　规格							
泵压能力	1000 加仑/分钟	500 加仑/分钟	120 加仑/分钟	70 加仑/分钟	50 加仑/分钟	50 加仑/分钟	50 加仑/分钟

续表

资源：消防车（泡沫）							
类别	消防车（ESF #4）			种类	设备		
容量	400 加仑	400 加仑	500 加仑	750 加仑	500 加仑	200 加仑	125 加仑
软管 2.5 英寸	1200 英尺	1000 英尺					
软管 1.5 英寸	400 英尺	500 英尺	1000 英尺	300 英尺	300 英尺	300 英尺	200 英尺
软管 1 英寸	200 英尺	300 英尺	800 英尺	300 英尺	300 英尺	300 英尺	200 英尺
人员	4	3	3	2	2	2	2
备注	消防车类别需要考虑到Ⅶ。在 FIRESCOPE 和 NWCG 之间有差别，使用 NWCG 消防车和人员标准。NWCG 有 7 种消防车类别。						

一个全面的、进行过很好研究的资源类型的文档允许应急情况管理人员能够从根本上对应急响应能力"按照菜单点菜"。在许多应急演练中，可用资源通常是不缺少的，但通常是资源使用效率低下，因为，事件指挥官在没有精确的资源类型指南的情况下指挥。

培训和演练

当《机场应急计划》接近完成时，应检查它是否符合适用的法规和标准，确保计划尽可能地按照所写的程度发挥作用。其中一些验证，可能会通过与当地社区管理官员和其他参与计划制订的人员一同进行审查，但测试计划最好的方法是通过培训、训练和演练来实施，而不是通过实际的应急情况来验证。

《机场应急计划》最重要的组成部分是第一批应急人员、警察、消防、应急医疗和机场运行部门人员。培训对于确保个人了解自己的角色、确定计划中的差距及确保人员了解如何使用所需的设施、设备、材料和车辆以履行其核心职能至关重要。在应急情况下，第一批响应人员是没有时间去看《机场应急计划》的，至少在重大事件发生前30分钟内。某些行动必须从记忆中完成，应该经常练习，这样就会下意识地去做。消防员应训练有素，知道如何执行基本的职能，去灭火和救援他人。警务人员应训练有素，知道如何响应枪手事件，而无须查询手册。然而，《机场应急计划》的驱动演习、培训和演练，得以确保所有的响应人员可以履行其基本职能。

所有机场内和机场外的人员都应熟悉所涉及的设备和设施。在机场内的人员应该有一个网格地图，经过培训，并能够进入事件可能发生的机场的任何地区。培训通常包括针对特定类型车辆或设备的机坪驾驶员培训，以及如何在甚高频无线电上与美国联邦航空管理局进行通信。机场外的应急响应人员应该知道在应急情况下该如何应对。进出路线和集结区应在响应图或网格地图上清楚地划定，这些地图应该分发给机场外的响应人员。

最初的培训应该集中在标准运行程序上。应向所有机场雇员以及应急响应人员提供一般性的普及培训，并向履行特定具体工作职能的人员提供专门培训（联邦航空管理局，2010a）。在某些情况下，由于缺乏人员，某些应急人员可能被分派到某一职能，例如，被指派担任维护，或办公室行政工作人员成为担架员——这些人也可能因为大规模的伤亡事件情绪创伤而成为"受害者"。一旦所有人员熟悉并能够满怀信心地履行其工作职责了，下一阶段的培训应在《机场应急计划》的特定危险部分进行，以便响应人员能够了解他们在每个特定应急情况或事件中的作用。这些培训课程应包括设施布局、通信设备使用、应急设备使用，以及根据工作职能进行的任何专门培训。

还应进行培训，使响应人员熟悉机场其他人所具有的职能，如空中交通管制，以及可在应急情况下使用的设施，例如，固定基地运行人机库、公司机库、可用作指挥设施的会议室和培训室、家庭聚集地点或媒体联合信息中心等。这也是一个很好的时间来确定这些类型功能的位置，以及可能出现的任何问题，例如，将媒体中心放在家庭聚集中心旁边，就不建议这种做法。

如前所述，机场运行人员亦应向适当的人员提供应急护理训练，可能包括急救及心肺复苏课程、第一批响应人员课程、独立急救箱训练、人群控制及恐慌预防培训、对枪手事件的响应、现场评估和现场安保、基本的灭火器操作，以及疏散和就地避难的应急情况等。重新认证和复训应按需要进行安排，因为当不练习时技能就会退化。培训应尽可能地切合实际。例如，在灭火器的训练课堂中，应安排出各种类型的灭火器，并扑灭受控的实际火灾。不同的灭火器在灭火方式上具有不同的特性——不了解这些特性会对灭火器操作员造成伤害或死亡。

培训还应包括使所有响应人员，包括通信和调度人员等，熟悉机场设备、人员和设施，设施进出口的功能。让机场内、外的响应人员参观机场和参加演习与演练是必要的。某些特定人员，如警察和消防，应熟悉在机场运行的各种飞机，如货运及客运航班、小与大、涡轮与活塞发动机等。

演练有助于确定机构或个人处理事件的准备程度，找出计划和执行之间的差距，并让人员有机会在更现实的情况下演练他们的技能。各种演练包括熟悉性练习、演习、桌面演练、功能性演练和全面演练。

熟悉性练习
熟悉性练习汇集了响应人员和那些在《机场应急计划》中有责任的人，面对面地会面，讨论即将进行的演习，并熟悉彼此的各种角色、程序和能力。应急情况管理人员经常说，在事件发生时不应该交换名片。响应人员之间的关系应该在实际应急事件发生之前就建立好了。阿图尔·葛文德（2010）强调了外科手术小组在开始进行手术前自我介绍时的重要性，巧妙地给予了护士与外科医生相同的地位，以便于发生问题能够大声讲出来。

演习

演习是最低水平的演练，旨在测试一个单一的应急程序。演习可以在讨论的基础上实施，如果两个警察现在收到了枪手在航站楼的报告，那么两个警察可以在航站楼喝咖啡，并讨论他们会怎么处理，或演习可以采取行动为导向，并涉及飞机救援和消防使用消防车，如何扑灭飞机机身消防培训装置中的起火情况。

桌面演练

最常见的演练形式之一是桌面演练。桌面演练是一个比熟悉性练习和演习更高层次的演练，并旨在提供计划和程序的培训和评估。桌面演练可以回答关于哪个机构负责哪些行动，澄清响应单位到达的实际时间，或谁负责，以及如何建立应急事件管理系统。桌面演练通常在会议室进行，没有实际资产的移动。许多机场运行人员每年进行一次桌面演练，以满足 139 款的要求，即每年对《机场应急计划》进行评审。

对于桌面演练，制定一个《情形手册》，其中包括机场的背景和演习的目的。《情形手册》还包括一个场景和一个范围，以及演练目标和假设。请注意，此演练通常模拟实时响应前 30 分钟的情况。《情形手册》通常与与会者共享，以便各机构可以查看其角色并对其响应进行模拟。桌面演练不是要让人惊恐失措，不是要让机构和人员因突发状况而措手不及。它类似于足球练习，在这期间，机场和《机场应急计划》下所有有责任的机构可以确定他们的计划是否发挥作用。在桌面演练中，主持人经常提醒参与者，这不是一个陷阱游戏，主持人不是试图让与会者难堪。测试计划，支持响应人员，这些都是演练主持人的共同口头禅。

桌面演练是在一个非威胁性的环境中进行的，它为各机构提供了机会，讨论对情景的可能响应，提出解决问题方案，确定限制和澄清期望。主持人提出情景，指导各个机构的响应，并征求参与者的反馈。参与者在很大程度上决定了桌面演练的有效性，预计每个机构将回到其总部，并对计划、培训和政策进行调整，从而修改在桌面演练中识别出的差距。所有活动都是通过讨论进行的，没有使用设备，也没有部署人员。桌面演练成功的标志是，政策实际上已经发生改变了，能力的差距也被识别出了，并随后得到了解决。

美国联邦航空管理局已确定桌面演练符合《机场应急计划》评审的要求，但这种决定导致了行业一个共同的误解，即每年需要实施桌面演练。然而，《机场应急计划》咨询通告的规定没有任何有关这种做法的要求——只成为"都市传奇"。根据美国联邦航空管理局的指令，合格证持有人必须提供对《机场应急计划》的年度审查。这可能是一个桌面演练或与计划需要协调的每个机构召开审查会议。应保留有关计划和结果的沟通记录。《机场应急计划》审查是指所有实体碰面，每年都得审查它们的角色作用和责任。无论如何，由于桌面演练可以作为审查方式，因此，这是一个很好的机会，让大家一起演练可能出现的情况。

功能性演练

功能性演练超过了桌面演练的层面，是最高层面的演练，不涉及全面激活机场内、外的人员和设施（联邦航空管理局，2010a）。虽然在性质上与桌面演练相似，需要制定主情形方案事件列表来推动演练。主情形方案事件列表包含了脚本化事件按时间的顺序列表，并在特定功能区域中生成活动以支持演练目标。主情形方案事件列表设置方案和预先建立提示，导致参与者实施演练设计用于测试的计划，或插入变量来确定每个机构将如何响应。理想的情况是，各机构以《机场应急计划》中概述的方式同样做出响应。如果一个机构做出了不同的响应，主持人必须决定，其响应的差异是否是对机构角色作用的误解；机构缺乏能力；其他原因。例如，在一项演习中，位于水域附近的机场，《机场应急计划》要求美国海岸警卫队在指定时间段抵达现场，以协助响应飞机撞击水面的事故，期望是在规定的时间框架内美国海岸警卫队能够完成《机场应急计划》中的任务。如果参与功能性演练的美国海岸警卫队代表认为他们的船不可能在规定时间之内抵达现场，或者是部分船可以抵达，但仅是吃水浅的船而不是更大的船只，则《机场应急计划》应该随后调整来适合这个现实。功能性演练的想法是确定能力和比较计划与现实之间的差距。

一个简短的主情形方案事件列表列出了"注入"、交付时间、简短描述、负责控制人和接收人；较长的主情形方案事件列表包含了详细的描述、精确的引用和格式，以及对预期行动的描述等。一些大的功能性演练可以包含几十个主情形方案事件列表用于各种机构。在功能性现实世界的演练中，资产可能被移动，使用设备和部署人员[1]。例如，如果在指挥中心，警察指挥官说，他可以在10分钟内现场增派警员，可能会要求他打电话给警察派遣部门，并确定有多少人员现在实时可用。如果可能的话，一辆警车甚至可能被从目前的位置派遣[2]到事故位置，模拟测试响应时间，以确定实际的响应时间是否接近指挥官所表示的应该抵达时间。功能性演练可以通过无数方式进行，以测试《机场应急计划》所有的元素。

全面演练

测试《机场应急计划》最全面的就是全面演练。这项演练的目的是评估应急管理

---

[1] "功能性"通常是在实际的指挥中心进行实施。

[2] 当使用此战术，通常警车响应代码1，这通常意味着没有灯光或警报器，遵守所有交通法规。在实际的响应中，代码1和代码3（警示灯和警报器）通常不分开，根据交通拥堵情况和其他因素。

系统在压力环境下的运行能力，并实际进行调动和部署，以显示协调和响应能力。全面演练使用所有资源，如果演习是实际的应急情况，那么就要求设备和人员做出响应。联邦航空管理局要求一类机场至少每 3 年进行一次全面机场演习（通常称为三年期），演习必须模拟与机场指数相称的飞机失事。全面演练必须确保所有根据计划负有责任和职责的人员熟悉任务，并经过适当的培训（联邦航空管理局，2010a）。

全面演练使用演练计划，它提供演练的范围、目的和概要。演练计划包括任务和责任，供参与者和观察员使用。演练计划不应包含详细的方案信息或预期的响应选项，因为参与者可能会提前考虑他们的响应。与桌面演练不同的是，全面演练旨在测试计划和参与者的弱点与能力差距。主情形方案事件列表也制定了，但更多的是作为对实战演练的补充，因为机构的实际响应可能会对方案提出一些问题，或认为根本是不必要的。

此外，还创建了一个《控制员和评估员手册》来补充演练计划，但它包含有关该演练的更详细的信息，以及参与者的角色和责任。参与者不应查看《控制员和评估员手册》，因为它包含了有关参与者遇到场景的详细信息。

《演练评价指南》也是全面演练的一部分。《演练评价指南》帮助评估人员记录演练活动，并确定是否符合目标。虽然使用外部观察员有一定的好处，但每个机构都应该有一位观察员参与这项演练。目标应提前确定，评估人员应"评分"该机构的人员如何达到目标。对于美国联邦应急管理局目标能力列表①中的每一个能力，通常要制定一个《演练评价指南》。虽然它们确实列出了在一次演练中要观察的具体任务和活动，但《演练评价指南》是指导指南，旨在协助评价人员，促使他们专注在演练中可能发生的具体事件。《演练评价指南》在技术上不是一个报告卡，但应被用作查看指南，以协助进行演练评估，并作为制定一致的《行动后报告/计划和改善计划》的资源。为了捕捉最重要的反馈，重要的是在单位遣散和返回基地之前要进行"立即的讲评"。随后进行深入的分析和后续会议评估这项演练，这工作可以在以后进行。

《行动后报告/计划和改善计划》记录了在演练中发生的情况，用于实施更改和改进能力，并向参与机构提供有关其表现的反馈。《行动后报告/计划和改善计划》分析了活动的表现情况，并展示了完成目标能力列表的能力，并提出改进建议。演练后马上实施讲评，参与者可以列出其排名前三强的组织优势、前三个可以采取的组织改进及通常的评论和意见等。

在一座运行的机场进行全面的演练时，机场面临着自身独特的挑战，最重要的是确保参与者的安全，同时继续飞机运行。最常见的危险源包括进入航空运行区，在演练期间人员流动造成的伤害，特别是自愿"受害者"从担架上掉下等出现的责

---

① 目标能力列表描述了与国土安全任务领域相关的四个能力：预防、保护、响应和恢复。

任问题，车辆碰撞和最极端的情况是发生跑道侵入。

作为全面演练的一部分，通常需要进行安保限制修改以封锁机场的部分区域，因为在航空运行区中将会有大量的没有经过认证的志愿人员和机场外的响应人员。此外，对于进出演练场地应使用路障、检查站和特定路线限制，并应指派更多人员监测人员和车辆的移动情况（联邦航空管理局，2010a）。

此外，我们亦应采取有力的公众通知程序或应急活动，以防止惊吓到乘客。通常情况下，媒体可以作为这一公开通知过程的一部分参与进来，它也可发挥双重作用，通过各种传统媒体和社交媒体渠道，行使公众信息官的职能。

应进行受害者层面的培训，以确保自愿受害者显示正确的行为，并了解这些行为的限制。需要一个系统发挥作用，以确定受伤是模拟伤害还是实际伤害，是否需要停止演练，以及如何应对实际出现的医疗应急情况。通常，受害者在执行自愿角色时，会出现中暑、脱水或其他疾病等。同样重要的是，训练受害者表现出他们所模拟的伤害的适当行为，而不是"把事情做得太过火"，响应人员可能因他们的行为而受伤。

虽然每3年进行一次全面演练和模拟飞机失事的概念似乎是有道理的，但这一要求的缺点是，机场运行人员很少测试其《机场应急计划》中的其他元素，例如，建筑物火灾响应、危险物质泄漏、自然灾害响应、储油区起火，或飞机坠毁其他因素超出了响应阶段。同样，3年的时间在演练和保持熟练度之间也太长了。

机场应该进行额外的演练、演习和培训，可以通过培训和演练规划工作坊，并应通过实施美国联邦应急管理局的《国土安保演练和评价计划》超越美国联邦航空管理局法规遵守标准。

国土安保演练与评价方案及培训与演练规划工作坊

《国土安保演练和评价计划》为演练计划提供了一套指导原则，并且为演练计划管理、设计和发展、实施评估和改善计划提供了一个共同的做法（美国联邦应急管理局，2015）。

《国土安保演练和评价计划》的演练和评价原则是具有灵活性、适应性强，供整个社区的利益攸关者使用，并适用于所有任务领域的活动——预防、保护、缓解、响应和恢复。

自从9·11事件和卡特里娜飓风以来，应急管理领域取得了重大进展。美国联邦应急管理局修改了许多事件指挥程序、规范和文档，并创建了大量有关该领域的知识体系。虽然航空业在采用这些做法方面进展缓慢，但数个机场运行人员已带头做出决定，认为只是简单遵守法规并不能为真正的应急响应做好准备。此外，多家机场运行人员已认为：每年进行一次桌面演练，以及每3年开展全面演练的规模，只是"简单符合法规要求"，并没有反映机场实际应急管理的需求。

美国联邦应急管理局建议政府机构决定：在制定一项通过培训和演练规划工作坊

而建立的《培训和演练计划》过程中，要实施什么演习、演练和培训。该工作坊班通常是 1 或 2 天的活动，在《机场应急计划》下有责任的各机构聚集在一起，在《机场应急计划》和《机场安保计划》的所有领域中共同确定能力和不足之处。由美国联邦应急管理局发布的《培训和演练规划工作坊用户指南》，为实施年度培训和演练规划工作坊的组织提供了指导，按照《国土安保演练和评价计划》开发多年期的《培训和演练计划》。

培训和演练规划工作坊指导民选和任命官员与响应人员通过制定一项多年期的培训和演练时间安排表，识别和制定演练项目优先事项。利益相关者利用特定于管辖区的威胁和危险，确定改进的领域，确定核心能力和外部要求及认证标准或条例，以制定或更新多年期的《培训和演练计划》。培训和演练规划工作坊建立了一个演练计划的战略和结构，并为单个演练的规划、实施和评估奠定了基础，而不是设定任意目标，就像每 3 年就要一次飞机失事的全面演练。

培训和演练规划工作坊确定未来可能的演练，如演习、功能性演练、桌面和全面演练，确定必须满足要求的培训机会，并经常最大限度地满足不仅是美国联邦航空管理局而且还有美国运输安全局或联邦、部群、州以及地方其他法规性的演练要求。培训和演练规划工作坊的有效性在于确定核心能力和目标，然后制订一个行动计划，并明确在最后期限前完成具体的目标和目的，以达到预期的标准。

《国土安保演练和评价计划》提供了演练设计和制定的重要指导，这些是基于核心能力的。一个完整的列表可以在 www.fema.gov 找到。演练主持人应该接受《国土安保演练和评价计划》使用的培训，以确保适当地进行演练。美国联邦应急管理局提供广泛的在线和现场课堂培训机会，许多警察和消防机构也提供这种培训。

机场应急计划：基础计划

虽然《机场认证手册》和《机场应急计划》可能是完全独立的文件，但是《机场应急计划》被认为是《机场认证手册》的一部分。像《机场认证手册》一样，美国联邦航空管理局必须批准《机场应急计划》和使用相同的《机场认证手册》修订过程的任何修订案。基础计划提供了机场对于应急运行的方式概览。基础计划一般定义政策，描述各种组织的职责，以及分配关键任务。这建立了机场的权力，实施应急运行和描述机场应急管理责任的范围。它还意味着提供整个应急计划的概要，提供全面的角度，但是不是计划中每个元素的详细细节。除了描述《机场应急计划》所需要的要素外，咨询通告也描述了创建计划的过程和格式（联邦航空管理局，2010a）。《机场应急计划》在前言中需要有以下 6 个项目：文件公布、签名页、日期标题页、变更记录页、分发记录以及内容目录。

文件公布是机场出资方签署的一封信，对于不同组织提供权力和责任，包括机场的管理层队伍，实施所要求的应急管理任务（联邦航空管理局，2010a）。依赖于此信的内容，文件可能分配责任、准备和维护标准运行程序，承诺培训和演练要求，承诺致力于维护应急计划。

对于主要的应急事件，机场运行人员必须依赖于当地社区支持《谅解备忘录》《协议备忘录》及《同意函》等。然而，机场必须注意用于当地响应的自身资源。机场运行人员必须尽可能确保有足够的飞机救援和消防资源留在机场，从而响应机场的应急事件，这是一个不幸和不公平的平衡，但也是必需的平衡。

公布文件可能被用于在机场外事故中提供机场运行人员角色的通用指导。虽然美国联邦航空管理局要求《飞机事故/事故征候响应计划》对在机场中发生的事件要预先到位，但是对机场外发生的事件没有特定的要求。在《斯坦福灾难援助和应急协助法案》中，当地管辖区在地界中负责处理应急事件，包括飞机事故/事故征候。在某些情况下，事件发生时机场可能位于一座城市或县的管辖区内，政策制定者可能自然而然地假设：机场负责响应在市政地界中所发生的任何应急事件。然而，美国联邦航空管理局对在商业运行中机场飞机救援和消防的要求有着严格的规定。美国联邦航空管理局不愿意允许飞机消防设备和人员离开机场，如果这样做，将会降低飞机救援和消防指数，以及降低对机场地界中应急事件的响应，而不管事故发生的管辖区。

有一些案例，做出响应是符合道理的，比如当事故发生在离机场围界几百英尺或几百码的地方。许多机场运行人员设立了一个距离——机场消防和救援设备可以响应的距离，通常的限制是 1 英里，最大不超过 5 英里。一些机场运行人员没有明确这样的距离，但是允许值班的机场运行经理做出决策，是否派遣机场消防车前往机场外事件发生的地方进行援助。

比如，当一架大型商用飞机，不管是始发还是抵达机场，坠毁在机场外很远的地方，机场运行人员通常派遣运行经理、消防指挥官或其他相关支持人员前往现场，并且指导当地的消防和应急医疗服务人员对此进行响应。第一批响应人员不熟悉飞机运行，经常需要得到有此专业技能人员的协助，特别是在处理事故现场，应对受害人的家庭成员，以及等待美国国家运输安全委员会调查团队的到来等方面。

署名页包含每个机构根据计划下的责任需要联盟代表的署名，因而提供法律义务支持《机场应急计划》（联邦航空管理局，2010a）。署名页还可以帮助明确完成协调要求。

日期标题页显示文件公布的日期及其最新版本。

更改记录可以是一个图表，其中包含为任何更改指定的编号、更改的简要说明，以及负责在本组织《机场应急计划》副本中包括更改的人员签名或缩写（联邦航空管理局，2010a）。许多机场现在以电子方式分发《机场应急计划》，因此，任何用于更新电子《机场应急计划》的方法都必须在计划中加以描述。

分发记录被用来提供证据，证明在《机场应急计划》下负有责任的个人和组织已经审查了《机场应急计划》，并了解了他们的责任（联邦航空管理局，2010a）。《机场应急计划》的副本应进行编号，显示发送日期，以及机构或实体收到的日期。

在9·11事件之前，《机场应急计划》是公开的文件，并且相对于《机场安保计划》（被认为是敏感安保信息）来说，大多仍然是公开性的文件。一个非敏感安保信息的《机场应急计划》，是更容易由机场外的响应人员获取的，并且管理和分发应急计划更容易。该计划的可用性是基于这样一个前提，即在应急情况下，最好能够接触到所有可获得的文件，这样很有帮助。但是，在《机场应急计划》内有两个部分直接涉及安保事件，分别是炸弹威胁和管理及破坏或其他非法干扰行为。公众可获得安保响应计划，这对机场或飞机运行人的安保保障并不是最有利的。

139.325（i）表明：

按照美国联邦航空管理局和美国运输安全局适用安保法规下的每一座机场必须确保响应《机场应急计划》的指令与符合机场经过批准的《机场安保计划》。

美国运输安全局要求将炸弹威胁和非法干扰事件管理计划视为敏感安保信息。但是，根据应用敏感安保信息的规则，如果文档中只是有一页被视为敏感安保信息，那么，整个文档必须被视为敏感安保信息。因此，如果机场运行人员在他们的《机场应急计划》之内指定了这两个事件计划，则整个《机场应急计划》成为敏感安保信息。这种分类使得《机场应急计划》的分发更加困难，并可能使机场处于因为未能控制敏感安保信息而被美国运输安全局罚款的境地。

一些机场运行人员已向前迈进，将其整个《机场应急计划》列为敏感安保信息。然而，这种做法使机场外的响应人员更难理解他们在飞机失事中承担的角色和责任。为了弥补机场外机构缺乏信息的情况，特别是那些有《谅解备忘录》和《同意函》的机构，应进行广泛的培训和演练，以便更好地让机场外的人员熟悉他们的责任。

另一个选择要简单得多，因为美国运输安全局和美国联邦航空管理局允许《机场应急计划》的安保事件管理部分从《机场应急计划》中单列出来，并放在《机场安保计划》中。美国联邦航空管理局只要求在《机场应急计划》内，机场运行人员可以参考在《机场安保计划》的这些程序。这样，《机场应急计划》可以被设置为可公开访问的文档，而安保敏感的响应程序则受《机场安保计划》的敏感安保信息指定保护。

内容目录使查找信息更容易，并提供了文档的简要概述（联邦航空管理局，2010a）。《机场应急计划》电子版可以也有内容目录的超链接，这使得信息检索更快。这说明：在实际应急情况下，至少在事件发生的前30至60分钟，任何人是没有时间来仔细翻阅《机场应急计划》的。但是，当计划必须加以参考时，应努力使这一重要信息易于获得。

行政要素

基础计划包含对于在功能附录中各个要素的描述，以及对于关键响应人员基本责任的概述（表10.3）。基础计划的最终关键要素包括：

1. 目的：基础计划内的这个声明描述了《机场应急计划》想做的声明。

2. 情形和假设：这一部分描述了《机场应急计划》所解决的危险源，以及通常的假设（比如在旅客中可能发生混乱，以及可能有具有功能需求的旅客等）。

3. 运行：这部分应对的是整体运行概念，有关于每一项应急情况将如何应对。

4. 组织和责任的分配：这部分描述了哪一个机构执行哪一项任务，没有程序上的详细细节，通常在危险源特定的部分进行涵盖。

5. 行政和后勤：这部分解决了通常性的支持项目，比如互助援助协议、记录保存政策及资源跟踪等。

6. 计划制订和维护：这部分解决了什么时候评审《机场应急计划》，以及什么时候实施培训、演习和演练，这将在基于美国联邦应急管理局的《培训和演练计划》中涵盖。

7. 权力和参考资料：这部分提供了应急运行的法律基础，并且列出了正式的协议、法律、法规、法律条目或者法令，以及当地应急运行计划或其他参考资料，在制订计划中可以使用到。

基础计划的行政和后勤部分解决可获得性和支持所有类型的应急事件，包含如下的通用政策：管理、报告、跟踪资源；提供比如人员扩编和重新分配公职人员实施应急运行等事宜的政策，以及描述基础性的财务记录保存做法（联邦航空管理局，2010a）。

《机场应急计划》必须至少一年评审一次，特别是每12个连续的日历月。这种评审必须确保所有的电话都是最新的，无线电频率经过测试，应急资源经过定期检查，个人任务分配和培训是更新过的，互助援助协议仍然能够由机场外的机构履行。此外，随着实施培训、演习和演练，应该安排有文件记录的反馈回路到位，来证明从中学到的经验教训已经纳入了《机场应急计划》中。

响应机构的核心功能

在《机场应急计划》下负有责任的每一家机构，他们的核心职能在基础计划和功能附录中都有概述。一般而言，这些职责如下文所述。

机场权力、管理

机场运行人员负责响应和恢复运行。在作出响应时，当务之急是评估和减轻对生命与财产安全现有的或潜在的威胁。《咨询通告 150/5200 – 31C》（联邦航空管理局，2010a）注意到，消防主管将是事件指挥官，但如前所述，该行业正在慢慢地意识到职业化的应急管理人员的专业和能力，从而让消防主管专注于救人的行动。这份咨询通告是几年前起草的，当时自然而然的假设是，消防队长最了解如何处理事件，而且，那时机场明显缺乏经过认证的应急管理人员。

机场运行人员还负责维护《机场应急计划》，必要时关闭机场，并发出有关机场状况的《航行通知》。

表 10.3 应急响应组织矩阵
（来源：联邦航空管理局，2010a）

机构 功能	机场经理、首席执行官	消防部门	警察局	健康和医疗协调人员	应急响应管理人员	通讯协调人员	公共信息官员	机场运行和维护	警告协调人员	资源管理人员	自愿组织	其他机构
指挥和控制	P	P/S	P/S	P/S	S	S	S	S	S	S	S	S
通讯	S	S	S	S	S	P	S	S	S	S	S	S
警报和警告	S	S	S	S	S	S	S	S	P	S	S	S
应急公共信息	S	S	S	S	S	S	P	S	S	S	S	S
保护性行动	P	P/S	P/S	P/S	S	S	S	S	S	S	S	S
消防和救援	S	P	S	S	S	S	S	S	S	S	S	S
执法	S	S	P	S	S	S	S	S	S	S	S	S
健康和医疗	S	S	S	P	S	S	S	S	S	S	S	S
运行和维护	S	S	S	S	S	S	S	P	S	S	S	S
资源管理	S	S	S	S	S	S	S	S	S	P	S	S

表例：P：主要责任；S：支持性责任；P/S：依据应急事件的特性和范围，确定是 P 还是 S。

机场租户①

租户可提供设备、设施、用品和人力，以协助响应应急情况。机场租户的资源应进行分类，并列入资源类型清单，任何与使用租户财产或人员有关的法律问题，包括在响应期间对人员的安全，均应提前处理（联邦航空管理局，2010a）。

动物照顾（控制）

越来越多的动物在商用飞机上运输。以前，大多数动物都是作为货物在飞机的加压区域运输，但这个行业看到了在客舱内运载更多动物的重要趋势。重要的是，要包括在《机场应急计划》中动物护理专业人员，应急情况下提供援助和照顾动物，也包括与飞机相撞的野生动物进行搬运和护理（联邦航空管理局，2010a）。

神职人员

神职人员在事件中的主要任务是，为伤亡者和亲属提供安慰（联邦航空管理局，2010a）。飞机事故中神职人员看到事故或在媒体上听到然后在机场实施响应，这已经有相当长的历史了。其他机构，如航空公司、红十字会或美国国家运输安全委员会也可能已经做出安排神职人员参加。不幸的是，一些普通大众甚至媒体可能会试图冒充神职人员，以便进入事故现场或受害者家属援助中心。机场应该实行一个系统来对即将到来的神职人员进行审查，以便那些真正的神职人员和真正有帮助的人能够提供援助和安慰。

海岸警卫队（港口巡逻队）

对于位于水域附近的机场，海岸警卫队或当地港口巡逻机构可提供搜救服务（联邦航空管理局，2010a）。

通讯服务

在任何事件中，通讯都是必不可少的。因此，所有的私人和公共服务机构以及他们可以使用的人员、设备和设施都将被识别出，用来增强机场的通讯能力。需要提前进行协调，建立和识别通讯规范，为应急情况设置频率及维修能力（联邦航空管理局，2010a）。强烈建议实施演习来测试通讯系统的相互可运行性，让频率相互不冲突，并建立无线电网或网络。

验尸官

验尸官负责识别尸体、处理个人随身物品、实施相关的调查活动（联邦航空管理局，2010a）。

---

① 空运承运人的作用在响应航空公司事故中有重大的影响，他们的责任在第 12 章进行描述，空运承运人或飞机所有人（运行人）部分。

应急管理机构

这些机构包括当地的、地区的和州应急规划机构，机场考虑在地区灾难和国家防御中他们具有的具体角色作用和责任（联邦航空管理局，2010a）。

应急医疗服务

应急医疗服务人员在应急情况下提供医疗服务，包括治疗类选法（根据紧迫性和救活的可能性等在现场决定哪些人优先治疗的方法）、初期创伤治疗和基本医疗护理、病人固定和准备运输、运输到医院或其他医疗设施（联邦航空管理局，2010a）。不幸的是，应急护理型设施的发展趋势，对于绝大多数医疗问题已被广泛接受，但还没有得到《机场应急计划》的认可。一些行业专业人员，包括消防、医院和应急医疗服务人员，已经表达了希望把这些应急护理设施纳入计划之中，接收在飞机失事中受伤的特定人员。

州和当地环境机构

该机构响应并支持保护环境免受危险品污染的努力，包括在事故中可能发生的空运货物和燃料泄漏。机场运行人员主要用于处理燃油溢漏，这作为危险品的主要形式。然而，商用飞机携带各种危险品，这可能在飞机事故中会被释放出来（联邦航空管理局，2010a）。

爆炸物处理

根据需要，征调爆炸物处理人员，处理潜在的临时爆炸装置。

美国联邦航空管理局

来自美国联邦航空管理局机场区办公室的人员也被培训为事故调查人员。美国联邦航空管理局人员提供调查服务或支持美国国家运输安全委员会，并确保遵守法规。

联邦调查局

不管是什么原因，联邦调查局人员对重大的飞机事故做出响应。在这一个点上，一位警官前往当地的联邦调查局办公室，假定所有的飞机事故都是由犯罪行为或恐怖活动造成的，除非或直到另有决定，给联邦调查局选择接管事件指挥。然而，联邦调查局一直有这样的选择，被指派到机场的许多探员和机场一同建立沟通和理解——除非有充分的理由相信，这次事故是由破坏或其他犯罪行为或恐怖分子行为导致的，联邦调查局将允许机场或消防部门保留事件指挥的权力，至少在响应的初期阶段（救援旅客、灭火或是分类治疗等）。从调查的角度来看，联邦调查局被要求在罪犯导致的航空灾难中承接领导权（超越美国国家运输安全委员会）。一旦通知了联邦调查局，该机构部署"飞行团队"，其中包括主任调查员，以及24小时值班的人员（联邦调查局，2010）。受害者援助办公室也将抵达现场，建立家庭援助中心以支持受害者的家庭成员，以及建立联合家庭支持运行中心，在不同的联邦机构和当地政府应急服务提供者之间建立协调工作（联邦调查局，2010）。

航空器救援和消防

这些机构提供消防和救援服务。

政府官方

具有附带、支持性或是次级职责的其他政府机构，他们的角色和责任也必须在《机场应急计划》中予以明确，以避免机构之间出现冲突和混淆。

危险品响应团队

该团队响应危险品应急事件。

健康和医疗人员

这些人员在当地医院、应急医疗服务和消防及警察部门、美国红十字会、机场运行人员和其他机构之间协调计划、响应和恢复努力（联邦航空管理局，2010a）。

医院

医院和机场、社区应急运行计划协调医院的灾难计划（联邦航空管理局，2010a）。

精神健康机构

这些机构为幸存者、亲朋好友、目击者及响应人员提供精神健康服务，以帮助应对应急事件产生的后果。

军队（国民警卫队）

如果军队是在机场或附近，军事人员通过提供人员、物资和设备等支持《机场应急计划》。在某些情况下，在联合或共享使用的机场，军队是主要的响应方。

互助机构

这些机构支持互助协议。

国家气象服务

国家气象服务提供天气报告，对于恶劣天气情况提供早期预警。

国家运输安全委员会

美国国家运输安全委员会负责和控制在美国、其领土和财产范围内的所有涉及民用飞机、民用和军用飞机的事故调查。美国国家运输安全委员会是一个独立的联邦机构，由国会授权负责调查交通运输事故，包括与航空有关的事故，以确定可能的原因，并提出建议。美国国家运输安全委员会不是一个规则制定机构，也不是确定过错或责任。然而，该机构确实跟踪其安全建议的状况，对那些没有实施改进的安全建议进行定期后续跟踪。

美国国家运输安全委员会在美国各地有调查人员驻扎，当发生飞机事故时，机场运行人员（或发生事故的当地管辖区）通知美国国家运输安全委员会，并派出调查员。对于大型飞机事故，从华盛顿特区派出"调查团队"。团队由两到四名成员，以及来自不同领域的专家组成。对于航空器事故，这些专业包括：运行（航班过程，以及机组成员在事故之前的执勤情况）；结构（机身残骸、撞击角、撞击前航路）；动力装置（发动机、螺旋桨）；系统（液压、电气、气动和其他飞行控制系统）；空中交通管制（空中交通管制服务、雷达和无线电记录的重建）；天气（从国家天气服务和有时地方电视台的信息）；人的表现（机组人员在事故发生前的表现，如用药、疲劳、酒精、吸毒、训练、工作量、设备设计以及工作环境）；生存因素（撞击力量和受伤、撤离疏散、应急设备、社区应急规划）。机场运行人员对飞机失事的后果影响最大的是在生存因素方面。

美国国家运输安全委员会主任调查员一旦在现场出现，承担调查权力，并保留此权力直到被解除或移交给联邦调查局、联邦航空管理局、当地警察或消防部门的调查人员或机场运行人员。美国国家运输安全委员会还可以将一些事故调查，通常是小型飞机的非致命事故，交给联邦航空管理局负责。美国国家运输安全委员会发布了一个指南①，用于对交通事故做出响应的警察和公共安全人员。

美国国家运输安全委员会运输灾难援助司在事故发生后，立即向受害者和幸存者的亲朋好友提供信息和援助（美国国家运输安全委员会，2015）。运输灾难援助司继续提供信息，数月数年后支持并跟踪与事件有关的纪念日或纪念仪式，并通知受害者家属。

警察（安保）

警察（安保）提供执法和安保服务，控制事故现场的进出访问，指挥交通和保护设施，如家庭援助中心。

美国邮政署

美国邮政署确保邮件的安全，保护邮政财产，以及恢复服务（联邦航空管理局，2010a）。

公共信息（媒体）

公共信息（媒体）人员收集、协调及发布事实信息，通过不同的媒体渠道，比如传统的及社交媒体等渠道。

公共工程（工程项目）

公共工程（工程项目）管理及指挥公共工程资源及运作，包括道路以及机坪维护、残骸和垃圾处理，重新恢复机坪照明，以及修复标识标志等。这也提供基础性的服务，比如向现场提供电力、天然气、水、厕所服务，在必要的情况下，关闭这些公用设施（联邦航空管理局，2010a）。

---

① 美国国家运输安全委员会，《响应运输事故》，参见 http://www.ntsb.gov/tda/TDADocuments/SPC0402.pdf。

美国红十字会

美国红十字会为遇难者、他们的家庭及应急响应人员提供支持服务。1996 年美国通过的《航空灾难家庭援助法案》，赋予了美国国家运输安全委员会监督向商业航空灾难旅客家庭提供支持性服务，美国国家运输安全委员会要求美国红十字会向那些飞机坠机事件的涉及人员协调情绪上的支持性服务（鲍恩坎普，1999）。红十字会的"航空应急事件响应团队"有能力在美国各地旅行，在航空应急事件发生后 4 小时内成行。该团队和当地的神职人员、当地的红十字会及其他人合作，以满足家庭的需要，确保他们有私人空间来悲伤，等待坠机信息，帮助识别亲人的身份信息（鲍恩坎普，1999）。航空公司的坠机事故通常会吸引大量希望提供帮助的志愿者，然而，志愿者能够很快让响应机构不堪重负。红十字会建立了员工处理中心来检查所有志愿者及付薪员工的执照和资质，来审查个人是否能够承担合适的任务分配。

搜索和救援

提供搜索和救援服务的团队通常是为在机场外发生的飞机应急事件提供援助（联邦航空管理局，2010a）。

所有有任务的个人（组织）

除上述之外，所有在《机场应急计划》下负有责任的个人或组织必须：

1. 确保人员通知名册是最新的；
2. 按照标准运行程序保持执行任务的能力；
3. 确定资源（设备、用品）和通信要求；
4. 提供运行的连续性，包括继任链，保护记录，执行和维持应急行动所需的设施和设备，通过提供适当的衣物和设备来保护应急响应人员，确保充分的培训，提供安保，轮换值班和提供工作人员休息，提供压力咨询等（联邦航空管理局，2010a）。

总结

虽然数据显示，航空仍然是最安全的交通运输方式，但是仍然有事故发生。认证机场必须有一个《机场应急计划》，尽可能地应对服务于机场最大的商用飞机。9·11 恐怖袭击事件，以及严重的自然灾害，如卡特里娜飓风，促使联邦政府不仅改善了自己的应急管理和响应能力，而且还改进了所有具有应急管理职责组织的部群、州和地方的应急管理和响应能力。

通过一系列行政命令和国会法案，制定了国家响应框架，促进了全面应急管理的体系。此外，事件指挥系统是经历了 20 世纪 70 年代加利福尼亚山火后而发展起来的，在国家应急管理系统下正式作为要求实施。要求机场运行人员接受国家应急管理系统训练，并能有效地实施国家应急管理系统，以处理大规模伤亡情况或事件。

由于重大的航空公司坠机事件将迅速让响应行动不堪重负，甚至一个主要的商业服务机场资产也是有限的，《机场应急计划》不仅必须要纳入使用国家应急管理系统，而且还必须要依靠机场外的响应人员，这往往是通过《协议备忘录》得到额外的支持。

《机场应急计划》预计将应对飞机坠毁及其他各种可能发生在机场的事件。在所有应急情况下，工作的优先事项首先是生命安全和现场稳定，其次是保护财产和环境，最后是恢复航空活动。《机场应急计划》应与所有在计划中负有责任的机构合作发展和制定。应进行风险分析，以确定机场可能遇到的危险源。资源应该按类型分类，以便在应急事件中便于访问获取。

对《机场应急计划》实施培训，并且进行大量的演练，对有效的应急响应至关重要。国土安全部已经制定了《国土安保演练和评价计划》，以更好地帮助应急管理机构规划和执行全面的培训和演练计划。但是，无论是培训还是演练，都不会改进《机场应急计划》，除非经验教训得以吸取，并且做出变革，人员接受新程序的培训并再次进行演练。

在演练设计中使用灵敏性的项目管理方式

杰森·陶西格
丹佛国际机场培训和演练设计经理

由于缺乏真实的事件，想要设计应急程序和政策，以及培训和演练项目，如果正确实施，那么，这是极佳的方式来评价应急项目。然而，这里面我们需要警惕。正如托尼·科恩博士所言："我们一直以来都在假设：当你培训某些人正确地做某些事时，这也意味着，你正在同时培训他们不要做错。[1]"有效的培训及演练项目必须能够确保：负面学习的非意图结果及形成糟糕的习惯，这些应该最小化。因此，我们需要确保我们的培训纳入现有的计划和程序，以及对于培训实施评价。一项深思熟虑和管理严格的培训和演练项目能够提供应对这样错误的能力，同时提供对于计划及人员行为表现的持续改进的机会。应急管理人员应该开发成为有效培训和演练项目经理所需的知识和能力。

美国联邦应急管理局提供《国土安保演练和评价计划》作为"演练项目的战略和架构[2]"。虽然《国土安保演练和评价计划》的确提供了一个极佳的框架，但是，它在进行演练的时候采取了更为传统的项目方法论。生活永远是以增速前行的。社会观

---

[1] 参见 https：//aiaweb. org/PDF/2015AnnualConference/Kern_ AIA%20Presentation_ copyright%202015. pdf。

[2] 参见 https：//www. fema. gov/media－library－data/20130726－1914－25045－8890/hseep_ apr13_ . pdf。

察家汤姆·海思以及迈克尔·马隆①已经创造了一个术语——用以强调我们正生活在快速变化的世界，应急经理必须具有灵活性以及适应不断变化的世界。系统性的 5 年项目产生很大的益处，但是，这必须适应不断变化的世界和危险源。为了有效应对这些变化，《国土安保演练和评价计划》原则可以和敏捷性项目方法论相互融合，为演练项目产生显著的益处。这篇文章关注敏捷性项目方法论的主要优势，以及应急管理机构如何在《国土安保演练和评价计划》架构之内利用这种优势。本文使用丹佛国际机场所举行的一系列演练作为案例研究。

目前，有大量的资源可以探索敏捷性项目管理以及它的具体运用。由于篇幅限制，为了本文的目的，我们更多的是关注敏捷性方法论的显著优势方面。敏捷性方法论在软件行业中产生，软件行业有显著的需求，要适应快速发展的互联网的演变②。敏捷性方法论的焦点在于澄清目标，其通过迭代而不是传统按照阶段前进。文档变得灵活，记录了必要的内容，并将重点放在团队和客户上。总之，这种方法在制定应急演练中效果很好。

为了有效地做到这一点，项目需要三个要素：第一，透明度——每个人都获知最新信息；第二，频繁检查——凡在这一过程中有投入的人，都能够对过程进行评估；第三，适应——可以根据检查实施调整。想要有效地做到这一点，规划小组必须与客户密切观察日常正式和非正式的会议。

这个策略与《国土安保演练和评价计划》很好地融合在一起。这种迭代性的敏捷过程与《国土安保演练和评价计划》关注于基石演练两者具有很好的关联。《国土安保演练和评价计划》中概述的文档过程为敏捷管理提供了灵活性。最后，以经验为根据的控制方法促进了所需要的团队协作，从而实施成功的演练为组织增加价值。它还确保了非预期的后果得以解释，尽量减少糟糕培训和演练疲劳的影响。

我们看到了丹佛国际机场如何快速地使用这种方法设计了一系列的演练，着重应对枪手威胁事件。极端暴力，如枪手所导致的事件，一直都是包括丹佛国际机场在内的机场长期关注的问题。然而，最近的事件增加了风险，并重新增加了对这个问题实施风险管理的兴趣。丹佛国际机场也加强了对此的关注。在 2014 年中，演练工作人员开始计划系列演练。

---

① 汤姆·海思，M. S.（2009 年 8 月 10 日），十年世纪：变革步伐加快，信任成为至关重要硬通货，华尔街日报。

② 参见 https：//www.pmhut.com/which - life - cycle - is - best - for - your - project。

通过对文献①的回顾显示，在枪手事件中，机场应该集中关注于5个重要的领域：社区复原能力、事件响应、人员管理、指挥与控制和公众的沟通。这5个领域在事件所有阶段都是重要的，并且可能提供最大的改善机会。这些成为了一系列演练的松散理论框架。演练小组使用了一种叫作"心智地图②"的技术，以进一步充分阐明获取事件复杂性所需的演练的数量和类型。这个过程允许团队进一步将项目分类为：培训、基于讨论的演练及运行演练。分析结果显示：至少需要4种不同的培训、7个基于讨论的演练以及两个基于运行的演练。

使用传统型顺序项目管理方法，想要充分完成这项工作将需要接近7年的项目。演练团队被授予的任务是：在7个月内完成这些任务。使用敏捷性方法论，演练团队能够计划和实施所需的培训，必要的演练数目，适应不断变化的战术规范，以及识别出在整个过程中需要的改进，这些在一系列演练完成之前都会被纳入进来。

规划团队由两名全职员工和大约12名兼职志愿者组成。两名全职员工促成了定期的正式会议，以及通过每日的非正式会议进行补充，以确保使用以经验为根据的控制方法③。

在撰写这篇文章的时候，已经有超过2000名人员接受了培训，或是已经参加了机场的演练之一。目前，数据正在进行分析，以提供这种做法有关的实际价值，到目前为止，我们得到的一些反馈表明：整体项目是成功的，缩减了时间轴，但同时并没有牺牲质量，而让参与的每个人全情投入培训和改进的实践中。

面对不断演变的威胁、缩减预算及航空业的动态特性，应急经理必须持续改进他们的准备能力及行政管理流程。面对被压缩的时间轴，丹佛国际机场团队能够使用《国土安保演练和评价计划》框架探索各种选项，同时最大化地提高敏捷性项目方法论的灵活性，这正在证明，其运用在机场的应急管理中是成功的。

参考文献

Bowenkamp, C. (1999). The role of the American Red Cross in aviation disasters. The Internet Journal of Rescue and Disaster Medicine, 1 (2). http://dx. doi. org/10. 5580/1496, available at http://ispub. com/IJRDM/1/2/8296.

① 联邦调查局报告（2013年9月），2000至2013在美国枪手事件的研究，参见 https://www. fbi. gov/news/stories/2014/september/fbi-releases-study-on-active-shooter-incidents/pdfs/a-study-of-actlve-shooter-incidents-in-the-u. s. -between-2000-and-2013；《洛杉矶世界机场》（2014年3月18日），枪手射击事件和导致的机场中断：运行响应概要，参见 https://www. lawa. org/uploadedFiles/LAX/LAWA%20T3%20After%20Action%20Report%20March%2018%202014. pdf.
② Buzan, T. （2015年），关于思维地图，参见 http://www. tonybuzan. com/about/mind-mapping/。
③ 这是使用在敏捷项目计划中的过程控制模型。

Federal Aviation Administration (FAA), Airport Safety Standards. (2010a). AC 150/5200 – 31C, Airport emergency plan. Washington, DC: U. S. Department of Transportation.

Federal Aviation Administration (FAA). (2010b). Part 139 Airport Certification, Washington, DC (Online). Available: http://www. faa. gov/airports/airport _ safety/part 139_cert/.

Federal Bureau of Investigation (FBI). (2010, May 21). Criminal aviation investigations. Retrieved December 13, 2015, from: https://www. fbi. gov/stats – services/victim_ assistance/cid_aviation.

Federal Emergency Management Agency (FEMA). (2015, March 5). Home land Security Exercise and Evaluation Program. FEMA. gov. Retrieved August 20, 2015, from https://www. fema. gov/media – library/assets/documents/32326.

Federal Emergency Management Agency (FEMA). (2004). Resource definitions 120 resources (FEMA). Washington, DC: FEMA. Retrieved August 19, 2015, from http://www. bceoc. org/resource_typing. pdf.

Federal Emergency Management Agency (FEMA). (1996). SLG101: Guide for all – hazard emergency operations planning. Washington, DC: FEMA.

Federal Emergency Management Agency (FEMA). Homeland Security. Retrieved December 13, 2015, from http://www. dhs. gov/publication/homeland – security – presidential – directive – 5.

Federal Emergency Management Agency (FEMA). (n. d. b). Homeland Security. Retrieved December 13, 2015, from http://www. dhs. gov/presidential – policy – directive – 8 – national – preparedness.

Fowler, D. (2014, July 16). The dangers of private planes. Retrieved from http://www. nytimes. com/2014/07/17/opinion/The – Dangers – of – Private – Planes. html.

Gawande, A. (2010). The checklist manifesto: how to get things right. New York: Metropolitan Books.

Gonzales, L. (2014). Flight – 232: A story of disaster and survival. New York: W. W. Norton.

Gresser, E. (2014, July 16). "Traffic accidents kill 1. 24 million people a year worldwide; wars and murders, 0. 44 million. " Progressive Economy. Retrieved from http://www. progressive – economy. org/trade_facts/traffic – accidents – kill – 1 – 24 – million – people – a – year – worldwide – wars – and – murders – 0 – 44 – million/.

Hudson, P. (2013, April 28). 14 Marine Corps traits that translate to your success. Retrieved from http://elitedaily. com/money/entrepreneurship/14 – marine – corps – traits –

that – translate – to – your – success/.

LiveLeak. (2009, February 27). First dramatic moments of DIA (Denver) images/ audio. Retrieved August 16, 2015, from http://www. liveleak. com/view? i = 688 _ 1235775507.

National Transportation Safety Board (NTSB). (2015, August 21). Information for families, friends and survivors. Retrieved from http://www. ntsb. gov/tda/family/pages/ default. aspx.

National Transportation Safety Board (NTSB). (2014, June 24). Board meeting: crash of Asiana flight 214 accident report summary. Retrieved from http://www. ntsb. gov/news/e-vents/Pages/2014_Asiana_BMG – Abstract. aspx.

National Transportation Safety Board (NTSB). (n. d.). The Investigative Process. Re-trieved August 23, 2015, from http://www. ntsb. gov/investigations/process/pages/default. aspx.

Province, C. (1984). The unknown Patton. Bonanza Books.

Roberts, C. (2014, January 31). SF claims Asiana crash victim was not killed by fire truck. Retrieved August 16, 2015, from http://www. nbcbayarea. com/news/local/San – Francisco – Claims – Asiana – Victim – Was – Not – Killed – By – Fire – Truck – 242850231. html.

SETRAC. (n. d.). Exercise templates. Retrieved August 20, 2015, from http:// www. rhpc. us/go/doc/4207/1894222/Exercise – Templates.

Sumwalt, R. , & Dalton, S. (n. d.). The NTSB's role in aviation safety. Retrieved August 21, 2015, from http://www. ntsb. gov/news/speeches/rsumwalt/Documents/Sum-walt_141020. pdf.

Tolan, C. , Patterson, T. , & Johnson, A. (2015, July 28). Is 2014 the deadliest year for flights? Not even close. Retrieved from http://www. cnn. com/interactive/2014/07/trav-el/aviation – data/.

U. S. Coast Guard (USCG). (2009, September 30). USCG emergency preparedness liaison officer program. Retrieved August 19, 2015, from https://www. uscg. mil/directives/ ci/3000 – 3999/CI_3025_1. pdf.

Yan, H. , & Marsh, R. (2014, December 30). Missing plane and air disasters: how bad was 2014? Retrieved from http://www. cnn. com/2014/12/29/travel/aviation – year – in – review/.

Wiley Publications. (n. d.). Agile Project Management For Dummies. Retrieved De-cember 13, 2015, from < http://www. dummies. com/how – to/content/agile – project – management – for – dummies – cheat – sheet. html >.

第十一章　应急管理功能

阿斯彭—皮特金县地区机场通讯控制中心
（沙恩·赛德尔伯格拍摄，由科罗拉多州航空部门提供，2013）

在洛基山都市机场向美国森林服务消防基地的一架 Conair 消防容器装载阻燃剂
（沙恩·赛德尔伯格拍摄，由科罗拉多州航空部门提供，2012）

机场运行安保团队
（由丹佛国际机场提供）

在修订《咨询通告 150/5200 – 31C》之《机场应急计划》时，美国联邦航空管理局区分了功能、职能领域和具体危险的领域（联邦航空管理局，2010）。这种区分造成了一些混乱，并在咨询通告中产生了一些重复之处。《机场应急计划》中的功能领域该如何理解？最佳的理解方式，就是按照"function"这个字的字面意思，而不是将功能和某一个特定的机构联系起来。功能领域解决的是：实际上几乎所有应急事件中必须处理的功能，无论是哪个个人或机构执行了这个功能。根据美国联邦航空管理局要求航空应急事件的核心功能是：

1. 指挥和控制；
2. 通讯；
3. 警报通知和警告；
4. 应急事件公众信息；
5. 保护性行动；
6. 执法（安保）；
7. 消防和救援；
8. 健康和医疗；
9. 资源管理；
10. 机场运行和维护。

虽然没有在《机场应急计划》中明确，其他功能包括：损害评估、搜索和救援、事件缓解和恢复、大规模护理以及化学、生物、放射性核和高能量爆炸保护（联邦航空管理局，2010）。机场运行人员可能希望在《机场安保项目》中更彻底地处理与安保有关的职能，以保护这些信息的敏感性。

如同在机场运行和应急管理的所有领域一样，手头的资源和工作人员决定了机场内还是外的响应人员，或是内外的组合，将承接这些职能。大型的商业服务机场通常有足够的机场内人员、具备专业技能和设备来处理大部分或全部的核心功能，至少用于初始响应阶段。小型商业服务机场可能不得不通过签订《谅解备忘录》的方式大量依靠外部响应人员，同时自己的人员承担多重职责。在小型机场，许多机场运行和维护人员接受了飞机救援和消防的培训，其中一些人还接受了基本医疗护理或成为应急医疗技术人员。

应急运行的基本功能

《机场应急计划》的咨询通告，提供了机场运行人员包括在《机场应急计划》中的各种指令指导。每个功能领域都遵循以下格式：目的、情况和假设、运行、组织和责任的分配、行政和后勤、计划开发和维护、参考资料和职权。这样，它就类似于基本计划。在所有职能、功能领域，与计划编制和维护及参考资料和职权有关的各环节一般都会注意到，该部分应确定负责人，来更新《机场应急计划》这一部分，以及在功能领域所使用的任何参考资料需要在《机场应急计划》中注明。

虽然功能部分的每个元素都包括了情况和假设，但对于大多数事件都有几个有关的核心情况和假设。首先，我们必须认识到，并非所有的应急情况都可以提前预见。约菲夫·普法伊费尔是纽约消防局反恐和应急准备的主管，他指出："从本质上来说，危机往往是随机的、出乎意料的、新奇的，这就要求领导者为各种应急情况做好准备，并且需要快速地决策（普法伊费尔，2013）。"

领导者在极端事件中的决定也可能受到事件性质的挑战，无论是例行的应急情况，还是极端的应急情况，比如极端的应急情况是不属于警察、消防员或机场运行人员习惯看见的范围的。普法伊费尔将其分为三种类型的极端事件：常规例行、危机和灾难。常规例行应急情况下使用一个单一的事件指挥官，并有分层的指挥和控制。一个人负责并发号施令。在危机中，需要有多机构的响应，层次结构分为几个领导者，每个领导者监督自己的网络，并向中央事件指挥官报告。如果某一事件变成了灾难性事件，随机网络的形成随意连接，极有可能没有一个中央领导者控制整个事件（普法伊费尔，2013）。对于第一批响应人员和决策者来说，重要的是要明白：会存在随机性的元素，而且并非所有情况都可以随时控制。

机场应急管理层面是按照一套标准假设来工作的：首先，危险和事件发生在机场，大规模事件可能需要机场以外的援助。有些事件会持续很长的时间，几天或者甚至是几个星期；在此过程中，意外事件会发生，机场仍须做出响应。此外，在《机场应急计划》下，所有负有责任的人员对他们在实际应急情况下应采取的行动都应了解和接受过培训，并确保提供履行这些职责所需的材料和设备，而且这些材料和设备都是可获得的，并且是能正常发挥功能的。

虽然在许多《机场应急计划》中通常没有注意到，但一个现实的假设应该是，在发生应急情况时，并非所有人员都能对其做出响应，因为在整个一天、一周和一年中，我们的人员数量会发生变化。一份编写良好的《机场应急计划》应考虑到这些变化，并有其他可供选择的行动路线，以防万一。对于持续时间长的事件，人员必须在指挥架构中轮班，并需要放松、恢复精力和休息。

指挥和控制

指挥和控制是功能领域部分最大的要素，因为它解决了管理应急事件的许多要素，以及国家应急事件管理系统是如何融入机场领域的。《国土安全总统令–5》之《国内事件管理》，指示创建国家应急事件管理系统，这为联邦、州、部群、地方政府、非政府组织以及私营部门创建了运作模板，让各方组织共同努力，预防、准备、应对应急事件并从中恢复（联邦应急管理局，2008b）。

美国联邦航空管理局认为，指挥和控制是应急管理职能中最关键的部分（联邦航空管理局，2010）。指挥和控制的目的是提供整体指挥结构，包括一条继任链，并且建立应急情况运行中心（关注整体集中化的指挥和控制）和事件指挥岗位（关注现场指挥和控制）① 之间的关系。与外部机构的关系，如和州、地区或当地应急管理机构或政府机构，也可能是整个指挥结构的一部分，应在《机场应急计划》中加以明确。

虽然国家应急事件管理系统应该被整合到机场应急管理功能中，但与它的运输同行相比，航空行业具有独特性。在航空领域之外的许多事件，例如，在当地社区发生的，我们使用一个标准的、现场单一的事件指挥官系统由应急情况的调度员加以支持，并且不需要地方或地区应急情况运行中心的介入。应急情况运行中心只为大规模事件而激活。

然而，许多机场有应急情况运行中心，在现场有通信和调度签派中心。对于大多数机场的应急情况，甚至一些非应急情况来说，如除雪或特殊事件等，机场都会激活应急情况运行中心。由于机场的应急情况运行中心就位于机场，大多数的机场事件发生时，它在物理上更接近实际事件，因此，我们常见的是事件指挥官就位于应急情况运行中心内，使用闭路电视摄影机或眼睛观察事件，从而指挥和控制行动。这种模式挑战了一个长期的原则，事件指挥官从字面上看总是在现场，就在最佳位置对如何管

① 应急管理中心，属于事件指挥岗位和事件指挥中心，二者通常是可互换的。

理事件做出决策。虽然许多机场运行人员很容易做出区分，但是机场外的人员、互助机构和那些从更传统的指挥结构过来的、新分配到机场的人员，就可能需要做出一些调整。随着机场在现场事件指挥官及在应急情况运行中心架构中事件指挥官之间的来回穿梭，机场内和机场外的人员的经常性演练和训练，可以帮助他们更好地适应航空架构。我们知道，机场被称为使用混合结构，具有现场的事件指挥官，以及在应急情况运行中心中安排有应急情况运行中心指挥官。

对于一个大规模的事件，事件指挥官几乎总是会最先出现在现场。事件指挥岗位是由现场的第一批响应人员设立的，直到由响应方自己组织的上级官员，或第一个响应实体对这个岗位进行解除。例如，对于飞机发生的事件，机场运行人员因为他们一般是在机场进行连续自我检查和履行其他与机场有关的任务，通常是第一个到达现场的。抵达事发现场后，机场运行的管理人员将承担事件指挥官的职责，并通过机场的通讯系统进行指挥。不管第一个到达的管理人员或在继任链中个人的经验水平如何，这个人一直在指挥，直到被适当地解除职责为止。如果继任链表明，第一个指挥的是机场消防部门，第二个是机场警察，那么，无论是消防局还是警察局，在他们到达时，都将从机场运行人员那里接管事件指挥权。

重要的是要注意，"指挥"不一定意味着具有运行能力来缓解问题。没有人期望机场运行部门的管理人员，在没有适当的设备和训练的情况下，进入正在燃烧的飞机机身。如果机场运行人员不具有消防责任、没有接受过培训，那么，他们的指挥职能就是在自己作为事件指挥官的基础上的，建立一个事件指挥岗位，并确保响应机构得到通知事件的位置，并建议可进出的路线，如果可能的话。然后事件指挥官在最大可能的限度上确保整体现场安全和安保。此外，在某些情况下，如出现枪手，那么任何手无寸铁的个人，包括机场运行人员，通常被建议避免进入该区域，直到枪手被拿下。如有其他单位抵达，机场运行人员可保留事件指挥官的职责。事件指挥官的职责根据事件类型，可转到当时的适当人员身上，如由飞机救援和消防人员作为飞机失事的事件指挥，而机场警察则会作为破坏、劫持或炸弹威胁事件的初始事件指挥。

在《机场应急计划》下，所有具有指挥职责的人，以及那些主要的支持机构，都列于"指挥和控制①"部分。每个组织的核心职责是：

1. 行政长官/机场经理：激活应急情况运行中心，并提供响应和恢复运行的总体方向，并酌情指定事件指挥官。

2. 飞机救援和消防：响应现场，建立事件指挥岗位，并在必要时实施事件指挥职责。进行消防行动、处理危险物质、现场安全和疏散。

---

① 《机场应急计划》的一些早期版本将此部分称为指导和控制，这些术语在某些《机场应急计划》中仍然使用。

3. 执法：对事件做出反应并提供执法服务，包括现场安保、交通控制和协助疏散。对于与安保有关的事件，作为事件指挥，建立事件指挥岗位并酌情指派人员。

4. 公共工程：酌情对事件做出反应，指导公共工程工作，包括收集和拆除碎片，提供与公共事业损害有关的损害评估，并提供燃料、在应急情况下使用的应急发电机，向应急救援人员提供照明和卫生服务。

5. 公共新闻官员：在必要时除向应急情况运行中心报告外，亦须处理所有传媒的职能。

6. 健康和医务协调员：如果需要，派代表到应急情况运行中心，协调健康和医疗援助，并提供重要的压力管理咨询。

7. 通讯协调人员：支持应急情况运行中心的沟通运作。

8. 动物护理和控制机构：可能需要派一名代表到应急情况运行中心，负责救援和捕获从飞机上逃脱的动物。为受伤的、患病的和流浪的动物提供照顾，并处置已经死去的动物。

当地的验尸官办公室、国家运输安全委员会、联邦调查局和美国红十字会资料也经常被列入"指挥和控制"部分。指挥和控制及国家应急事件管理系统会在"指挥和控制"和国家应急事件管理系统部分中讨论。

通讯

通讯是命令资源和管理事件能力的关键因素。除了日常所需运行机场的通讯外，包括警察、消防和应急医疗服务调度、维护和机场运行人员及空中交通控制，任何大规模的应急情况运行将需要超出一座典型机场正常能力和设备的通讯资源（联邦航空管理局，2010）。在事件发生时，机场的运行人员应假定，在机场和航站楼的繁杂噪声水平会高于正常程度；机场的无线电或手机覆盖范围可能是零星的或不存在的；而且在应急情况下，通讯设备的使用时间将长于通常的使用小时数，从而需要额外的后备设备和备用电池电源。可靠性和互运行性是通讯功能的关键。可靠性是通讯网络或设备在需要时能够正常工作的能力。互运行性允许应急管理人员通过电话、短信文本、电子邮件、视频或其他方式跨机构进行通讯。

机场经理必须确保足够适当的通讯系统到位，以便进行正常和应急的运行。在特殊情况下，比如大规模的社区灾难，一些组织，如无线电业余民间急救服务和无线电应急联合通讯团队可供使用，以便于支持应急通讯。

通讯中心协调人员确保所有必要的通讯系统可用，具有适当的互运行性和备份。协调人员还必须支持媒体通讯，确保应急情况运行中心的通讯站配备适当的人员，能够充分发挥作用。

一个有效的通讯系统应包括具有时间（日期）的记录设备，有足够数量的固定电话（列出和未列出的号码），以及额外的手机和电池。通讯员亦应被编配至应急情况运行中心及流动指挥组，以扩充其他通讯模式（美国消防协会，2013）。在停电和所产生的通讯失效后，通讯员是宝贵的资源，因为他们往往是唯一的传达至关重要信息的手段。

通讯中心人员还负责维护事件的时间顺序日志，并让事件指挥官和其他人员了解与应急情况相关的事件和活动。《机场应急计划》通常识别出由哪些机构使用的、特定的通讯系统和频率，如飞机失事、劫持、炸弹威胁或其他事件，在不安全的频率或公共频率不能广播的，都需要使用包括特殊的无线电代码在内部进行信息传递。所有在《机场应急计划》下负有应急管理责任的机构，必须保持其通讯设备的最新状态和正常工作，各机构必须向机场管理部门报告程序或人员的任何变化。

在通讯功能中的一个核心运行原理是，当有飞机或机场其他应急情况时，响应机构能够有能力得到信息通知。应急通讯系统说明人员如何获得飞机或机场应急情况的通知，以及对警报设备的日常测试要求。飞机应急状态的多数通知，首先会来到空中交通控制塔台，然后激活坠机电话或相似的警报系统，通知机场消防和运行人员（图11.1）。然而，空中交通控制塔台并不总是知道发生了飞机事故，其他情况需要激活消防、警察和其他响应人员，所以，通知系统必须解决如下情况，即当空中交通控制塔台以外的一个机构知道事件后，每个机构将会知道如何激活坠机警报或应急响应过程。通常这是一个呼叫到机场运行的电话，然后可以激活坠机电话或警报系统。根据美国消防协会（2013），下列机构应立即得到飞机应急警报的通知：机场飞机救援和消防、机场警察、医疗服务提供商和机场运行人员。此外，应根据需要通过电话或自动通知系统通知其他机构。

机场运行人员，在与消防部门主管、空中交通控制、有时是飞行员协商后，往往再决定警戒状态的等级。这些功能将跨越到下一个功能区域，即警报通知和警告。

警报通知和警告

在应急情况下，机场管理层必须要有一个系统发挥作用，以提醒公众和建议所采取的行动，也提醒第一批响应人员，针对事件的发生他们应该如何响应。通常，这是通讯部门的工作，通知响应机构、租户和公众，通报对机场的任何事件或威胁，并通常是通过新闻官通知公共机构采取何种行动。

机场运行人员必须在其《机场应急计划》的方法和程序中确认，通知应急响应人员和机场居民，包括旅客、访客、供应商、承包商和租客等。向在机场的人员发出通知，特别是关于恶劣天气的信息，如龙卷风和闪电等，是很重要的，因为机场的噪声水平很大，这种通知也是很有挑战性的。当飞机启动、滑行、起飞和着陆时，飞机引擎的噪声可能让人无法听到龙卷风警报声。一些机场开始向其主要租户发出振铃通

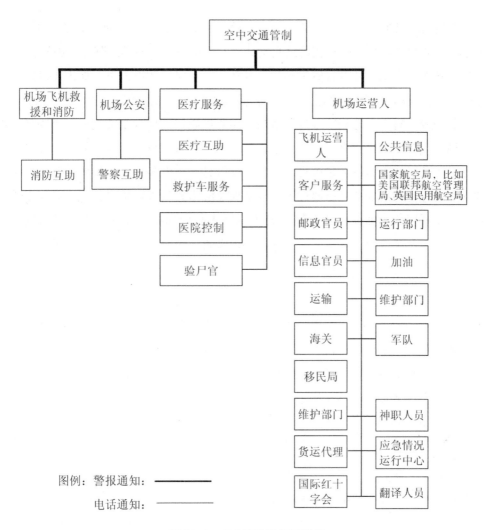

图 11.1 应急事件通知图样例
（来源：美国消防协会，2013）

知，他们可以利用他们的无线电机构或人员，向那些在航空作业区工作的人进行通讯发布危险信息，并采取适当的行动。

在航站楼内部，各种信息公告都在竞争引起公众的注意力。到机场的旅客面对的是不计其数的登机门通告、信息呼唤，比如各类无休止的警告——不要留下无人照看的行李，并向机场警察报告可疑人员等。机场管理人员必须意识到，许多旅客无视公告，当信息开始真正进入旅客心中时，我们需要多次重复，通常是许多次的反复通知才实现的（联邦航空管理局，2010）。此外，有些旅客可能有身体功能帮助上的需要，或可能无法听到或理解所传递的语言。机场可以使用警告音，类似于在当地电视上使用的美国联邦应急管理局应急广播系统的音调，以及视觉寻呼系统以吸引公众的注意。有机场大使计划项目的机场有能力通知他们的大使，他们可以传播信息。

在应急情况下，机场寻呼系统还应能够覆盖任何其他公共广播系统。老人旅客，以及一些有身体功能帮助需要的人士，必须得到疏散路线或前往庇护所路线的通知，这些线路也要提供给那些进入楼梯或自动扶梯有困难的人，而且线路是可用的。

在机场发生应急事件或自然灾害时，也必须通知应急救援人员。如果飞机坠毁发生在一个有控制塔台或飞机救援和消防站的机场，振铃通知线用来通知第一批响应人员。在最初级，对于应急响应人员的通知可以通过通知清单和电话完成，至关重要的是，电话清单总是要保持更新，列出主要联络点、备选联络点、准确的电话号码和电子邮件，以及联系人的电话是否可以接收文本信息等。大多数大中型机场都采用了自动通知和消息传递系统，可以通过手机或平板电脑为人员提供情景信息。类似于手机短信，个人可以从手机中收到天气频道和其他 App 应用中关于恶劣天气的状况和位置，自动通知系统也为机场运行人员提供各种服务（埃弗布里奇，2015），包括：

1. 恶劣天气下的自动消息传递；
2. 能够以多种格式发送消息到多个平台（电话、平板电脑、文本等）；
3. 即时群发通知，允许所有响应人员同时接收信息，而不是通过短信或电话列表——电话通知；
4. 地理信息系统制图明确事件或天气事件的确切地点；
5. 安全通讯；
6. 收到信息后的核实。

性能强大的通讯软件通过确保发给所有各方的信息是相同的，而且该消息未被不当解释或转述，从而减少了人为错误（埃弗布里奇，2015）。消息的一致性不仅对事件响应很重要，而且还有助于在事后维护法律声明。

机场经理还必须草拟应急计划，提供警报和警告，以便在已建立的通讯系统无法正常工作的情况下发挥作用，这可能发生在自然灾害造成电网停电和发射塔无法使用的期间。备份计划通常包括与机场运行部门、警察和维护人员的直接沟通，他们在口头上传播信息。美国运输安全管理局的运输安保官员在这一能力范围内可以非常有帮助，因为所有的旅客交通都要通过检查站和出口道排队。

虽然没有在"警报通知和警告"部分为通讯中心协调人员指定角色，但通常是通讯中心人员直接负责执行发布警报和通知功能。通讯中心协调人员应确保电话清单和关键通讯软件是最新的，并且所有人员都知道激活各种警告和警报的条件。

其他负有《机场应急计划》责任的任何机构通知志愿人员和其他可能参与社区应急响应团队①的雇员，或其他内部响应小组向其执勤地点报告，并在适当情况下，让不必要的人员回家或召回重要人员，并决定是否暂停正常的业务运行。

---

① 虽然社区应急响应团队是一个基于社区的实体，许多机场已经开发了自己版本的社区应急响应团队，使用行政和其他非运行人员，以协助实施应急计划，如就地避难，撤离疏散和违反安保限制。

机场网格地图也应由所有响应人员开发和使用（图11.2）。网格地图有助于那些在应急情况下可能明白机场相关标志和标记有困难的机场内响应人员，但是这些对机场外部的响应人员是必不可少的。比如，在应急情况下，大多数机场外部（和一些机场内部）的响应人员将不会知道 C4 和跑道 35R 号的交叉点在哪里，但是他们都可以查看网格地图，找出 B - 4 在哪里。

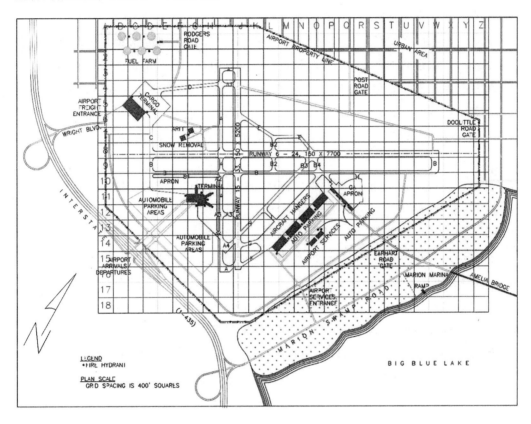

图 11.2　机场网格图样例
（来源：联邦航空管理局，2010）

应急公众通知

在《机场应急计划》内的应急公共信息部分，警报通知和警告以及通讯部分，存在内容交叉，但会更具体地明确向机场外的社区发出各类通知。《机场应急计划》必须说明机场在发生问题、应急情况，或可能影响机场运作或社区的状况时所采用的方法。对于大多数应急情况来说，应急公共信息组织（在机场内，通常是在通讯中心）将最初的重点放在了向公众传播信息，在机场财产范围内谁处于风险之中（联邦航空管理局，2010），然后是传递给在机场范围之外的人员。

在社交媒体出现之前，向公众传递信息的唯一办法是通过媒体的大众传播能力。社交媒体现在允许机场直接与大众沟通，社交媒体也允许面对一个社区的一个人，或者面对的是全世界的观众。这可能会造成混乱，因为旅客和其他参与者，或者在机场目睹了事件的人，通过推特文本电子邮件来展现他们所看到的。在洛杉矶国际机场11月1日的枪手事件中，美国运输安全管理局疏散了枪击事件发生的3号航站楼，通过文本信息通知了在1号和2号航站楼的人员，导致这两座航站楼开始自我疏散（美国运输安全管理局人员关闭检查站后撤离了，大家都跟着走了）。许多人员撤离到了机坪区，在那里，许多飞机运行正在实施之中。

机场运行人员必须建立通讯线路，以便在应急情况下使用，其中要列出路径、要联系的组织、联系的具体方式以及联系信息，电台电视、有线电视的运行时间等，报纸的发送以及涵盖的语言。如果主要路径不可用，我们就需要其他备用的解决方法。媒体一般和机场的公众通知流程合作，媒体因为事件的性质而感兴趣。然而，媒体可以"反复无常"，可能不会以相同的方式将从机场收到的信息进行传送，而且可能不会长久传送。

此外，在自然灾害期间，许多响应机构和社区试图利用媒体来推送信息，机场运行人员可能会发现自己也在争夺公众的注意力。陆侧运行人员、上下旅客的人员，以及那些在停车场或外围停车场的人员也必须得到信息。

许多应急公共通知与机场的状况有关，特别是在恶劣的天气下，如降雪和严重雷暴，这是相当常规的做法。个人想知道航班延误，比如机场是开放还是关闭的以及关闭多久。在飞机失事的情况下，旅客的家人和朋友想知道去哪里获取更多的信息和帮助，而另一些人则想知道机场的状况及他们的航班是否受到影响。

对于一个大规模的天气事件，如马上到来的飓风，以及随之引发的洪水、龙卷风、大风，机场应该有事先准备好的信息脚本，来注意到具体的危险；事件预计覆盖的范围及时间；优先保护措施（沙袋、搬迁飞机、防护设备）；灾害供应设备的建议内容；疏散指示；其他"应该做的和不应该做的"；以及为特定类型的查询信息而使用的电话或社交媒体。其他脚本也可以事先准备，给予机场寻呼或通讯中心人员根据应急情况而使用，比如，发生事故和自然灾害后要做什么、联系谁获得更多的信息，并且对于那些可能有亲人在空难中遇难的人给予支持。应急公众通知的一部分应该是建立实施联合信息中心、媒体中心和家庭援助中心的模拟和演练。

应急公共信息还应在当地政府与机场或其他机构之间进行协调，他们都依赖相同的媒体来源。州法律通常适用于处理应急公共信息的地方和州机构，而且也可能存在有联邦政府参与的情况。

机场主管批准向公众发布的信息，通常与新闻官合作，并因此与其他机构、航空公司、租户和机场外的机构的新闻官一起合作。新闻官安排新闻发布会、发布新闻通稿、监督媒体中心，尽全力处理"谣言控制"。如果可行的话，那么，自愿组织可以安排工作人员负责电话和向公众传播信息。在事件发生过程中和之后，新闻官工作人员将收集有关机场的新闻和情况，评估公众的反应，追查虚假报告，并向指挥人员提供情况总结。

保护性行动

保护性行动一般关注保护旅客和机场雇员的健康和安全。机场主管必须确保对撤离有相关政策，以及对那些不遵守疏散和就地避难命令的个人如何处理。机场航站楼的主要通知方法，通常包括：火灾警报系统、公共广播以及公告系统。机场警察、消防、运行和维护人员，是促成疏散或就地避难行动的主要人员。

保护性行动计划通常集中在两种选择中的一个，即就地避难或疏散。机场应制订疏散计划和地图，在整个机场指定的地方明确路线和标志。机场和航空公司办公室都应该有疏散计划，在机场建筑物之外有指定的集合点。在一些疏散中，人员只是想离开机场，比如，面对即将到来的自然灾害。然而，对于炸弹威胁、枪手或实际引爆简易爆炸装置，那些在每个办公室或办公大楼的人员、在航站楼工作的人员，都需要一个指定的集结点，以及指定楼层安保经理，可以帮助确定在建筑物中的人员是否仍然需要援助。

对于短期的事件，如严重的雷暴或龙卷风，就地避难通常是更好的选择。在某些情况下，就像龙卷风，疏散实际上可能比待在航站楼里面更危险。许多机场，甚至是小型设施，往往配备了隧道、安装行李系统、在线安保行李系统，或维修和公用设施，这些设施在龙卷风或大风期间可以成为相对安全的避难场所。不过，在某些情况下，这些隧道区位于机场的安保区内，所以，在一般情况下机场会在风暴期间关闭，直至所有旅客及未经批准的人员重新安置回到公众区域，以及安保区域已搜索完毕。

机场消防人员应跟踪即将到来的恶劣天气和自然灾害的情况，并应准备提供援助，协助机场运行人员采取保护行动。为了保护在机坪上工作的人员，当机场在指定范围内伴随雷电时[①]，经历狂风暴雨伴有闪电的机场一般会关闭机坪运行（也会相应关闭飞行运行）。在这种情况下，疏散不是个人从航站楼到另一地点，而是从机坪区到航站楼和指廊里面。

在某些情况下，获得威胁警告的人员可能不会采取任何行动。在应急情况下，人们所能具有的一些不合逻辑的响应之一就是未能摆脱伤害范围之内。阿曼达·里普利在她的书《不可思议：谁能幸免于难以及为什么》中写道：人们当被告知如下的警告时，会更好地采取响应行动：具体做什么；为何他们必须做所要求的事情；可能影响他们的潜在威胁（里普利，2009）。

在9·11事件中，人们平均等待了6分钟才下楼，有些人等待了长达45分钟。面

---

① 机场的范围是可变的。

对威胁不采取行动是典型的战斗或逃跑响应。有些人进入了一个暂时的否认状态，实际上对自己说："这没有发生，这不是现在发生的，也不是发生在我身上的（里普利，2009）。"在 1960 年，智利发生了一场地震，引发了向夏威夷群岛涌来的海啸。尽管警报按预期已经响起，但大多数听到警报的人没有撤离，因为他们不知道警报意味着什么（里普利，2009）。

如果里普利的研究被应用到把龙卷风警告信息发送到机场航站楼的用户，那么，消息可能会如下所述："注意，在机场航站楼的所有人员，请立即前往避难所。寻找龙卷风避难所的标志，防止由于玻璃碎片和各种残骸导致受伤。机场暂时关闭，所有航班都需要等待直到警报被取消。"

任何疏散或就地避难程序必须考虑到具有身体功能需要的个人。根据得克萨斯州休斯敦 Arc 公司助理执行主任多利·克拉克的观点，供公众使用的机场将具有身体功能需要的个人提供替代用的疏散点，对于身体不便的人员没有像那些身体功能正常的人员一样提供相同级别保护和相同的疏散速度，这将是非法的（克拉克，个人通讯，2015）。

具有身体功能需求和特殊需求的人员包括：听力障碍、视觉障碍、身体残疾、精神或情绪不稳定、无人陪伴儿童、老年人，甚至是具有诵读困难或不具备阅读能力等这样学习困难的人员。同样重要的是，要了解那些对某一特定病症没有临床诊断的旅客，可能会在拥挤或压力较大的情况下经历严重的焦虑，或产生其他压力诱发的健康问题。许多旅客需要获得药品，在某些情况下，有些药品是需要冷藏的。有些旅客可能携带足够的药物来处理短期就地避难的情况，但对于诸如暴风雪期间延长的情况，机场可能会关闭几天，迫使数以千计的旅客留在航站楼，就必须考虑为药品冷藏，以及由于医疗需要而疏散一些人员。

机场的所有人员都不一定会说英语，特别是在国际机场，因此，公共广播系统也应该事先准备好在该区域使用的其他语言或与承运人国际航线相匹配的语言。例如，如果汉莎航空公司在此机场运行，在公共广播系统预先录制德语是合乎逻辑的做法。如果墨西哥是航空公司的主要服务目的地，那么，在机场有必要用西班牙语预先录制公告。此外，还有可用的应用程序 App，可以帮助客户服务人员翻译各种语言，还可通过电话提供一些服务，使机场或航空公司的客户服务代理能够安排译员，后者可以将信息传递给旅客。机场大使，或机场客服人员，应该有这些 App 应用程序或电话号码。

对于就地避难延长的情况而言，机场经常会保留有额外的毛毯、枕头和婴儿床等供应，并与航空公司的餐饮承办商订立应急合同，提供食物。许多机场供应商和餐馆每日将食物和饮料运送到机场，特别是冷藏食品，因此如果超过一天没有补给就很困难，可能无法维持运行。对于一些希望保持食物供给的机场运行人员来说，军用即食膳食和大量储存的瓶装水可能是一个选择，特别是位于容易发生飓风的地区，那里的运行和社区服务可能会被关闭几天或几周。

保护性行动的另一个重要组成部分是，保护负责实施《机场应急计划》的雇员。当数以百计或数以千计的人员被迫就地避难时，在旅客之间可能会发生冲突、争吵和打斗，这些让机场运行人员可能处于被伤害的范围内。因此，在规划过程中，应事先安排处理好警察执勤的覆盖面和适当部署执法人员到关注区域的问题。

对于一些大规模的灾难，如飓风，或导致大量龙卷风的恶劣天气，如 2011 年在美国整个中西部发生的暴风雨，机场运行往往被迫完全关闭。负责实施《机场应急计划》行动的机场员工也担心他们的家庭和家园。机场管理层必须在《机场应急计划》考虑到这些自然而然的愿望——照顾自己的家庭和家园。那些对家里已经发生的事情更担心的人，那些几天没有回家的人，甚至不知道他们的家人是否还好，他们的工作不会奏效。《机场应急计划》应考虑到：由于无法进入机场而没有出现在工作岗位上的人员，这会降低运行水平，机场管理人员要轮换人员，允许他们回家来照顾个人的需要。

当整个社区受到停电或自然灾难的影响时，如果他们需要步行回家或到另一处庇护所，那么"回家装备"可能会对让员工回家很有用（安德斯，2015）。该装备套件应该是一个背包，而不是一个笔记本电脑包或肩包，因为个人可能要走很多英里的路程。至少，该装备套件应该包含足够的瓶装水、打火机、急救箱、一些高热量的配给或蛋白质棒和手电筒等。如有可能的话，小刀或瑞士军刀或莱特曼也是有用的，但可能在某些工作场所被禁止携带。一些舒适的物品如一卷卫生纸、一套额外的衣服袜子和备用内衣，或者是一双运动鞋或旧的但舒适的靴子，可以绑在袋子的外面，以节省空间。一种聚酯树脂毯子和手调收音机也可以派上用场（安德斯，2015）。如有可能，备用药品及任何其他必需品，如电池、手机电池充电器或备用电池，以及帽子、手套、雨衣等，也可以适合于标准背包。虽然许多人员可能不会一直在他们的办公桌上保存这样的装备包，但如果飓风或其他可预见的自然灾害即将发生时，他们则可能被鼓励准备这样的装备。

虽然《机场应急计划》之咨询通告中保护性行动部分这样阐述，应急计划的这一部分还应该处理人为的和自然性的灾害，咨询通告发布于 2010 年，这是自从 9·11 事件后洛杉矶国际机场第二起枪手事件发生的 3 年前。因此，大多数咨询通告集中在自然的灾害，而不是人为的灾难。一个枪手事件是明显不同于一个即将发生的自然灾害的。大多数自然灾害，如飓风、龙卷风、严重雷暴，或暴风雪，都有预先的警报。一些自然灾害，如地震，可能会几乎或根本就没有警报发生，但位于已知的地震带上的机场通常有这些事件的应急计划，当地民众往往知道如何应对地震。然而，枪手存在的情况是不同的。

虽然一些与自然灾害有关的保护性行动可以在枪手事件中使用，但应该对此有单独的应急计划。撤离通常在某种程度上来说是有条不紊的，跟随事先建立好的撤离路线，并且在机场人员协助下。从撤离中的恢复也是相当有序的，但是从枪手事件中逃生恢复则不同。在一个枪手事件中，本身没有疏散计划，因为主要目标是尽可能快地和有效地摆脱枪击范围。在 2013 年 11 月 1 日洛杉矶国际机场枪手事件中，数以千计的旅客和机场员工通过消防通道尽快地进入了停机坪躲避。从这种逃生中恢复，通常要比从标准疏散中恢复的时间要长得多，因为个人不会遵循既定的疏散路线，而且实际上是四处奔散保住生命。有人朝人群开枪，同时认为他们会遵守标准的疏散流程，这种想法是不合理的。所以，机场管理层应该不太关注逃生的方法，而是把重点放在关闭航空器运行上，通知人们可能存在伤害的方式。保护性行动，特别是枪手事件，需要加强机场运行人员安装恐慌警报和公开张贴电话号码，在应急情况下可以呼叫。

执法和安保

《美国联邦法规》第 14 篇 139 款没有具体的执法要求，然而，许多应急响应计划的行动需要警察或某种类型的安保要素。此外，在《美国联邦法规》1542 款监管下的商业服务机场，要求机场运行人员必须提供执法力量，并且达到如下水平——足够响应安保检查点，支持《机场安保项目》，包括应急情况和事件，并对民用航空非法干扰的事件做出响应。在机场中，警察的主要职能是执法，支持《机场安保项目》，并支持《机场应急计划》和《机场安保项目》内的应急和事件管理计划。

某些事件，如炸弹威胁、枪手、爆炸物实际爆炸和劫持等，将需要警方立即的响应，一些情况可能需要额外的支持，如爆炸性弹药处置和 K - 9 队伍，或是联邦调查局的支持。在自然灾害或飞机失事期间，警察执法主要负责现场安保和出入现场、集结区、家庭援助室等地方的控制或需要保护的其他方面（图 11.3）。

机场外部的警察或其他执法人员可能也需要做出响应，这要视情况而定。这是由在机场的警察机构决策的，以确保机场外的响应人员知道，如何以安全的和适当的方式进入机场。在一些机场应急情况中，据了解，当地警察和执法部门的人员驾驶车辆通过门或栅栏进入机场，在没有获得许可的情况下进入飞机活动区，对他们看到的烟雾或察觉到的事件做出响应（图 11.4）。这些情况可能导致跑道侵入及与飞机潜在碰撞的危险。应向机场外的响应人员提供机场网格地图及简单的说明，内容包括机场内在哪里响应，以及等待有陪同人员护送到事发地点的重要性。向机场外的响应人员提供培训是减少这些不安全事件的一种方法，在应急情况下仍然保留警察存在的好处。

执法人员带头应对在机场发生的安保事件，而且需要得到充分的培训和装备，以应对任何安保事件、飞机事故、建筑物火灾，或其他在《机场应急计划》下的危险情况。在劫机或炸弹威胁期间，联邦调查局的人质响应小组或特别武器响应小组，可能

图11.3 一些机场警察部门有机动X光设备和"突袭"车辆,像这张照片左边的车辆,该突袭车辆允许快速响应和稳定部署登机梯到客机的客舱门。

图11.4 一辆飞机救援和消防车辆在百年机场应急演练中做出响应

需要数小时才能就位。机场警察是在第一线响应,应该知道在发生炸弹威胁的情况下如何封闭场所的程序,知道如何处理飞机上的炸弹威胁,以及处理可能在机场或入境的被劫持飞机的程序。重点说明的是:美国运输安全管理局的联邦安保局长有权在机场对任何安保事件担任事件指挥官,但联邦安保局长通常没有任何可用的武装响应力量。美国运输安全管理局的运输安保官员和运输安保监察员是无武装的,没有受过执法响应程序的培训。

虽然空中警察是美国运输安全管理局的人员，具有武装，并且是得到培训的执法官员，但按照 1542 款，其仍然可以使用自己的警察力量对威胁做出响应。根据基于机场空中警察之间的关系（如果机场是一个联邦空中警察基地的话），当地警方可能会要求空中警察的援助。如果可行的话，一位负责执法的联邦安保助理主管（美国运输安全管理局执法官员）可能有助于促进联邦机构的响应，直到联邦调查局到达现场之后。然而，联邦安保助理主管人员较少，所以，我们需要假设机场警察要承担职权，至少在事件发生后的前 30 至 60 分钟。在某些情况下，机场设在军事基地或就在附近，可能有军事特别行动小组，可以对非法干扰航空的行为做出响应。这种响应应在《机场安保项目》中进行明确，并且向这些机场外的响应小组实施熟悉性的培训。

机场执法人员亦应与本地司法管辖区合作，在适当的情况下，通过航空、陆路、水路等方式提供额外支持，以应对机场事件。机场执法协调人员必须确保：在应急情况下，有一名代表对应急情况运行中心或事件指挥中心做出响应，并必须确保所有设备、无线电和其他材料正常有序发挥作用，并随时准备支持《机场应急计划》和《机场安保项目》。

一些机场使用无武装的安保人员为机场车辆进出门、机坪和航站楼巡逻等提供人员部署，以对安保警报做出响应，并对可能违反机场安保条例的行为实施监视和应对。虽然其他安保人员不能满足美国运输安全管理局对机场执法人员的法规要求，但他们可通过强制执行《机场安保项目》并对警报做出响应，从而作为执法力量的"放大器"，释放警务人员力量转向履行其他职责。

消防和救援

消防和救援人员向机场提供可能影响生命、财产安全的应急服务。139 款要求对飞机事故和事故征候要有一定程度的飞机救援和消防响应，《机场应急计划》需要拓展这些责任涵盖建筑物火灾和危险源、危险物质事件以及应急医疗响应等。《机场应急计划》必须清楚地描述消防能力的水平、人员配备的数量、车辆和支持性设备的位置和数量，以及来自外部机构的支持（联邦航空管理局，2010）。尽管专注于飞机救援和消防响应，一些机场的消防人员经常为航站楼提供响应，包括应急医疗处置。在大型机场，消防部门可能配备了专门的航站楼和陆侧响应的消防救援设备。

一些机场维护有建筑物的消防能力，以及在现场的医务辅助人员或应急医疗人员。在没有这方面能力的一些机场，《机场应急计划》必须解决外部响应人员如何提供服务的事宜，包括他们如何得到通知、如何进入机场。正如上面所提及的，一些机场依赖于军队的消防和救援服务，因此，机场运行人员应该确保军队的飞机救援和消防设备与人员满足 139 款的要求。

飞机救援和消防主管必须确保飞机救援和消防培训标准和法规，以及危险物质标准的所有咨询通告要得以遵守，并确保所有必要设备都是可用的。要求飞机救援和消防人员每年参加一次实操演习，并参加 3 年一次的应急演练。

在大多数机场，消防局长或值班的消防高级官员将承担飞机失事或其他相关事件的应急指挥责任。消防和救援人员负责工作的优先事项（拯救生命、现场稳定、保护财产、保护环境），一旦事件稳定后和恢复行动正在进行时，事件指挥权通常要转移到机场运行部门或机场警察那里。预计消防部门的代表会响应应急情况运行中心，并对大部分机场应急事件实施响应。

消防和救援人员还必须应对危险物质事宜，包括燃油泄漏在内的问题。通常，只有大型机场具有足够的危险物质响应能力。在较小的机场，危险物质的响应往往是机场外单位的责任。消防人员和设备也要应对安保事件，提供救生服务，扑灭起火，并管理任何安保事件可能启动的火灾警报。

在机场驾驶车辆的飞机救援和消防人员，必须经过培训和授权才能在航空运行区中驾驶，在每一辆消防和救援车上应该提供机场网格图。

健康和医疗

机场经常会面对高水平的医疗服务需求。有些旅客在航空旅行中会有更高的焦虑感，一些旅客本来就有的医疗状况可能会因空气稀薄而加剧，这是由于飞机机舱加压，或者由于飞机飞行在更高的高度造成的，以及一些旅客在旅行中可能会生病或受伤。机场运行人员应该有可利用的应急医疗服务，来治疗诸如心脏骤停、腹痛、烧伤、切口、擦伤和传染性疾病以及其他医疗问题等（美国消防协会，2013）。

今天，机场消防员也被训练为应急医疗技术急救人员，或者至少在基本医疗护理方面获得培训，这是非常常见的做法。许多机场的运行人员接受急救训练、心肺复苏和严重创伤护理等培训。一些机场有急救设施，虽然资源有限，但足以治疗旅客所经历的大部分常见的伤害和病痛。自动外部除颤器对某些特定心脏疾病是一个有效的设备，在整个机场应该安排这个设备的位置（美国消防协会，2013）。

《机场应急计划》必须解决机场运行人员将如何调动资产，并对卫生和医疗问题做出响应，以及对负责提供健康和医疗服务的具体机构进行明确的问题。要求任何经过 139 款认证的机场必须至少有一个人值班，通常这个人是消防人员，并受过基本医疗护理培训。然而，这项训练的要求并不等同医护人员或应急医疗技术救护员的水平，在任何大型商业服务机场，一位医生都不足以应付机场人口的健康和医疗需求。

大多数机场在大规模伤亡事故中会超出初始急救和创伤护理能力，无法维持健康和医疗能力，并需要外部实体的援助。《机场应急计划》必须说明，机场在飞机失事或机场事故中提供医疗照顾、治疗和运送受害者的能力，还必须描述机场内或在社区内提供的任何公共与私人医疗设施和殓房服务的能力。这些实体应了解其在《机场应急计划》中的作用和要求，《机场应急计划》应包括同意提供医疗援助和运输的每家医院与其他医疗设施的名称、地点、联系信息与应急能力（联邦航空管理局，2010）。

《机场应急计划》应确定机库或其他建筑物，可以用于集结未受伤、受伤和死亡的人员。资深医疗协调人员应确保健康和医疗代表对应急情况运行中心做出响应，并规定将伤员运送到适当的医疗设施。所有救护车或其他应急医疗车辆都应配备机场网格图，并在有人陪伴的情况下护送到事故现场，或提供明确标明的途径，以确保安全进入该现场，特别是当机场还在继续运行时。资深医疗协调人员，还应了解请求各种灾害医疗援助小组支持的程序，这些医疗队是国家应急事件管理系统资源类型类别的一部分，以及了解灾难丧葬行动响应小组。

医务人员负责对伤员进行分诊，尽快将严重受伤者运送到医疗设施，最好在60分钟内进行，并确定和安排死者的运输事宜[①]。在一次危险品事件中，医务人员应按需负责隔离、消毒和治疗受害者，然而，机场消防人员通常承担初步消毒受害者的作用。此外，亦应委任环境健康官员来监控和评估健康风险，检查受损建筑物是否有健康危险或受到污染，以及确保应急避难场所具有应急的卫生设施。其他重要的医疗功能，包括协调美国红十字会和救世军为救援人员和病人提供食物，协助航空公司通知家属，协助有身体功能需要的人，协助孤儿和与父母分离的儿童，以及与兽医和动物医院协调，根据需要向所涉事件的情况提供协助。

传染性疾病

就像航空允许我们在数小时内周游世界一样，它可以将传染性疾病从地球的一端传播到另一端，而且一样很快。航空旅行减少了可供国家和机场准备干预措施和储存解毒剂的时间。机场运行人员的首要目标是保护旅客、工作人员和一般公众的健康。在2009年，国际机场协会发布了一份公报，内容是关于机场减轻传染病的影响、健康检查的做法，以及如何处理一架携带疑似传染病病例旅客的飞机，这可能造成严重健康风险入境等各类责任（国际机场协会，2009）。

商业航班每日大约有170万人次旅客到达美国，每架大型航空器运载超过300名旅客和机组人员（国际机场协会，2009）。这个数字没有考虑旅客和机组人员。流行性感冒、严重急性呼吸系统综合征、埃博拉，以及其他通过航空运输系统传播的病毒的威胁，已经使机场运行人员开始考虑处理可能被感染和需要检疫的个人，甚至需要隔离一架飞机或整个机场的人群。

许多机场在卫生间和整个航站楼都安装了洗手剂以及各种标志，鼓励旅客和雇员

---

① 飞机事故死亡通常留在原位置上，直到国家运输安全委员会允许尸体处理。

洗手，以防止传染性或感染性疾病蔓延①。为进一步减少传播传染病的风险，国际机场协会鼓励机场制订一项机场准备计划，以解决机场如何与公众沟通传染病暴发或问题的可能性，实施传染病筛查程序，将旅客运送到健康设施的方法，以及手边有必要的设备进行筛查以及个人防护设备，以减少机场工作人员感染疾病。此外，机场应在疫情暴发前与当地、州和联邦公共卫生当局协调应对计划。

沟通是预防传染性疾病暴发或传播的关键。机场应利用他们的通知过程，并在他们的《机场应急计划》中进行描述，以确保我们有可用的快速方法，与航空公司、租户、供应商、承包商以及其他在机场工作的机构，连同旅客和媒体进行联系沟通。通过机场和航空公司的网站，可以在旅客抵达机场之前向他们提供信息，旅客可以拨打专用电话来接收最新的信息，或通过正常的主流媒体途径获知信息（国际机场协会，2009）。

世界卫生组织说，筛选传染病可以减少传播或延迟国际传播的机会（国际机场协会，2009）。有多种筛选方法可供选择，包括目测检查，以寻找明显的疾病症状或特定疾病的征兆，以及使用热扫描仪或其他合适的方法对来自国际目的地入境旅客的体温进行检查。旅客访谈和调查问卷，以及查明已知传染病暴发的国家的航班，都是试图查明有传染性疾病旅客的方法（国际机场协会，2009）。

健康检查通常发生在机场的联邦检查区。机场运行人员应确保至少有一个人在机场被任命安排，获知世卫组织和美国疾病控制中心最新流行病和病毒学发现信息，以及受感染者的地理分布和建议的检查措施（国际机场协会，2009）。在某些情况下，甄别工作是在机场离境区域进行的，但这并非总是可以依赖的。重要的是，旅客在进入机场后必须尽快进行检查、甄别，并在离开联邦检查服务区前完成。作为一项针对大规模流感美国机场入境筛查研究的模拟模型（美国疾病控制中心，2009）发现，外国出境筛查显著减少了受感染旅客的人数，而在美国的筛查又识别出了50%受感染的个体。

在2014年，大约有8万名旅客通过航空方式离开了受埃博拉病毒影响最严重的三个国家：几内亚、利比里亚和塞拉利昂。这些旅客中，大约有1.2万人前往了美国。有一些程序得到了执行，对患病者和报告患埃博拉病毒的高危人群拒绝登机。然而，因发烧或其他症状或报告有接触而被拒登的旅客中，随后没有人被确诊为埃博拉病毒。在那些获准旅行的人当中，没有人知道在旅行中有埃博拉病毒的症状，没有人后来被诊断为埃博拉，但两名到美国的旅客，在出境检查和旅行谁也没有症状，后来

---

① 传染病是由病毒或细菌通过多种不同的传播方式进入人体造成的，如食物中有害的细菌引起食物中毒，或者吸入炭疽杆菌，这是一种感染性疾病，但不是传染性的。传染性疾病是一种感染疾病，从一个人传到另一个人，如天花，这同时是传染性和感染性的，因为它是人传人的（斯坦博、森赛宁、卡萨格兰德、弗拉格和格里蒂，2008）。

因为埃博拉而病倒。美国疾病控制中心通过向海关和边境保护局人员、航空公司、机场当局和机场的应急医疗服务单位提供更多的指导和培训，加强了它在机场对进入美国生病旅客的检测；培训的内容包括，认识到在旅客中可能出现的埃博拉病毒，并向美国疾病控制中心报告疑似病例等（美国疾病控制中心，2014）。

如果在筛选过程中，旅客被确定为有传染性疾病的健康风险，那么，他们应该立即接受由医疗专业人员实施的一个更广泛的评估。应事先指定检疫设施，并应制定处理可能感染个人的规范流程。

如果一架入境飞机携带了可能有传染性或感染性疾病的个人，或有不明原因的病人①，那么应尽快通知机长，并告知他在何处停放飞机比较合适。飞机甚至可能要备降到另一个机场。在理想的情况下，飞机应停在远离指廊或航站楼，即在机场的远机位，并有一个单独的旅客登机桥或廊桥（美国机场协会，2009）。旅客应尽快带离飞机，并提供所发生的信息，以及如果他们之后遇到了症状该如何做。世界卫生组织发布了旅客定位卡，可以用于跟踪在受影响航班上的旅客（图11.5）。所有旅客都必须填写这张卡。还应采用各种方法来处理通过通用飞机进入商业服务和通用机场的旅客检查情况。患病旅客应由穿戴适当防护设备的人员带到隔离区或检疫区，那里有合适的程序 以保存旅客的行李和个人财物，并为海关和移民机构人员提供设备，正确安全处理入境的旅客。

有关于是否检疫整个航班或机场人群的决定必须非常仔细地加以考虑。大规模的检疫将对该机场和整个国家空域系统中飞行运行产生重大的影响。《机场合作研究计划项目（编号5）》的报告，讨论了如何检疫、如何实施的问题（斯坦博、森赛宁、卡萨格兰德、弗拉格和格里蒂，2008）。整个机场的检疫工作将涉及大规模的动员社区和联邦的资源，但《机场合作研究计划项目》的研究是基于一个更基本的假设，为期2周如何有效地检疫国际航班上的200名旅客。这项研究涉及四个阶段的检疫：第一，实施检疫的决定；第二，实施检疫；第三，检疫行动；第四，复员和恢复。

这项研究表明，为完成这种检疫而取得和维持基本用品的估计费用将超过10万美元，这一费用还不考虑检疫所需的空间费用，估计为每月1.5万美元（视当地差异而定）（斯坦博等，2008）。检疫行动将包括建立住宿设施、租用淋浴和便携式厕所，费用可高达2万美元或更多，另加15万美元或更多的钱，来提供住宿、食品、娱乐、通讯、卫生、基本卫生服务、安保和清洁等（斯坦博等，2008）。

然而，对国际旅客实施检疫令的决定在于美国疾病控制中心，而不是机场或航空公司。航空公司有责任报告某些疾病，只有联邦公共卫生官员才有权实施检疫。美国

---

① 病患被定义为发烧、体温为38摄氏度或100华氏度或更高的人，伴有以下一种或多种症状：皮疹、黄疸、腺体肿胀，或发烧两天或更多天，或腹泻严重足以干扰正常的活动或工作（定义为24小时内3次或以上的稀便或超过正常数量的稀便）（斯坦博等，2008）。

Public Health Passenger Locator Form: To protect your health, public health officers need you to complete this form whenever they suspect a communicable disease onboard a flight. Your information will help public health officers to contact you if you were exposed to a communicable disease. It is important to fill out this form completely and accurately. Your information is intended to be held in accordance with applicable laws and used only for public health purposes.　~Thank you for helping us to protect your health.

One form should be completed by an adult member of each family.　Print in capital (UPPERCASE) letters.　Leave blank boxes for spaces.

FLIGHT INFORMATION:　1. Airline name　　2. Flight number　3. Seat number　4. Date of arrival (yyyy/mm/dd)　2 0

PERSONAL INFORMATION:　5. Last (Family) Name　6. First (Given) Name　7. Middle Initial　8. Your sex　Male ☐ Female ☐

PHONE NUMBER(S) where you can be reached if needed. Include country code and city code.
9. Mobile　　10. Business
11. Home　　12. Other
13. Email address

PERMANENT ADDRESS:　14. Number and street *(Separate number and street with blank box)*　15. Apartment number
16. City　　17. State/Province
18. Country　　19. ZIP/Postal code

TEMPORARY ADDRESS: If you are a visitor, write only the first place where you will be staying.
20. Hotel name (if any)　21. Number and street *(Separate number and street with blank box)*　22. Apartment number
23. City　　24. State/Province
25. Country　　26. ZIP/Postal code

EMERGENCY CONTACT INFORMATION of someone who can reach you during the next 30 days
27. Last (Family) Name　28. First (Given) Name　29. City
30. Country　　31. Email
32. Mobile phone　　33. Other phone

34. TRAVEL COMPANIONS – FAMILY: Only include age if younger than 18 years

Last (Family) Name	First (Given) Name	Seat number	Age <18
(1)			
(2)			
(3)			
(4)			

35. TRAVEL COMPANIONS – NON-FAMILY: Also include name of group (if any)

Last (Family) Name	First (Given) Name	Group *(tour, team, business, other)*
(1)		
(2)		

图 11.5　旅客定位卡
（来源：世界卫生组织）

疾病控制中心也可以选择一些不太极端的措施，如自愿的家庭居家检疫接种疫苗或收集旅客信息卡，并由公共卫生官员后续跟进，以确定是否有人出现了症状，如 2003年 SARS 病毒暴发期间发生的情况那样（斯坦博等，2008）。

一旦决定对旅客进行检疫，公共卫生官员必须决定把出现症状的那些人带往何处，以及在何处安置其余的旅客。将旅客留在飞机上很长一段时间是一种不可取的做法。必须明确一个地点，以及运输方法，使旅客和机组人员从飞机运输到该设施中。

车辆运行人和其他涉及运输旅客和机组的人员将必须采取保护措施（斯坦博等，2008）。

我们也必须考虑到有身体功能需求的个人，因此，轮椅和升降机服务可能是必要的，来帮助一些旅客从飞机上转移进入检疫设施。

检疫地点应该有住宿设备，用于睡觉、沐浴、娱乐和通讯，再加上医疗保健，以及安排食物准备、清洁、心理辅导或类似考虑的供给，以及安排工作人员。如果检疫设施在异地，这些责任将转移到美国疾病控制中心，或州和当地的健康提供者，但机场运行人员仍然必须确保飞机，连同涉及的需要检疫人员，都得到妥善照顾。飞机必须得以清洁，参与检疫行动的航空公司和机场人员必须进行筛选以检查症状。从一个机场运行人员的角度来看，这些人员将至少有几天的时间不能工作、不能排班。

如果检疫设施在机场，那么，机场运行人员将很可能更多地介入，为设施提供进出，可能提供检疫行动的支持。此外，美国疾病控制中心可能只是暂时使用机场设施，这将需要转移可能受影响的旅客和机组，随后需要适当地清理所使用的设施。检疫之后，旅客和机组可能仍需要完成他们的旅程，这可能需要提供回到机场的交通，为旅客在其他航班预订旅程。

资源管理

机场运行人员必须确保在事件发生时可向决策者提供的资源清单。机场运行人员必须假定，在发生事件时，特别是在自然灾害期间，电力、饮用水、灭火剂和便携式设备（如电灯和发电机）等将出现严重短缺，而且应急情况将迅速耗尽响应人员的资源。当地的运输系统也可能受到灾害影响，使资源的补充在一段时间内会出现困难或成为不可能。然而，机场确实有好处，因为它们不受高速公路运输方式的限制。机场已在历史上接受过各类救援飞机（固定翼飞机和直升机）的援助，在自然灾害期间继续向社区提供资源。

资源类型对于确保必要的资源被明确识别出，并在需要时可供使用至关重要。此外，还应任命一名资源管理人员，以确保所有机构都能在准备状态下保持资源，并确定关键的联系点、采购合同和订购资源所需的其他要素，所有一切都安排有序。

一份完整的资源清单应包括在《机场应急计划》的附录中，其中包括人员（即志愿者、机场外的响应人员）、通讯设备、车辆、重型设备、便携式水泵和软管、事件后的恢复材料（例如，工具、燃料、沙袋和木材）、便携式发电机和大众护理用品等（急救、饮用水、毛毯和照明）（联邦航空管理局，2010）。任何在机场不可获得的资源，必须由互助组织提供，亦应记录在案。

所有响应机构在事件发生后的前24小时都应自我维持、自力更生，此标准有助于确定需要多少资源。资源类型包括确定所需什么、需要的原因、需要的数量、谁需要、需交付的位置及需要的时间。在事件指挥架构下的供应组将首先尝试用机场资源满足资源需求，然后通知供应商，协商条款，并根据所需安排资源的运输。财务和行政小组应随时注意预算问题，所有交易均应妥善记录（联邦航空管理局，2010）。

应急情况结束后，事件指挥结构内的资源管理人员或后勤单位负责处置过剩库存；向业主偿付财产或使用的设备；感谢供应商、捐助者和自愿机构；探讨今后将更好地促进资源需求的未来协议和合同。

机场运行和维护

尽管每日运行和维护的角色是分开的，但《机场应急计划》在应急响应背景下将它们视为一个单一的组件。然而，在应急情况下，许多机场在运行和维护的角色之间有非常明确的界线。《机场应急计划》的运行和维护内容概述了在应急情况下运行和维护人员的能力与责任的总体说明。

咨询通告承认，机场运行或机场维护人员往往是第一个响应应急情况的人员，这是因为他们的职责性质，这要求他们大部分时间要么在机坪，要么在航站楼。机场运行人员在应急情况的各个阶段都代表机场管理层，他们可能需要在应急情况的最初阶段或其他期间，建立事件指挥和据此的行动能力。在一些小型非枢纽机场，机场运行人员并非一周 7 天、每天 24 小时都在现场，因此，必须做出其他安排，发生应急情况后通知机场的运行和维护人员。固定基地运行人，在机场运行和维护的人员完成了他们的值班后依然运行的持有人，可能有责任通知机场代表，或者可能要联系当地的第一个应急响应人员。

首先，在应急情况下，机场运行部门的作用是根据他们在《机场应急计划》内分配的任务，并且是特定于机场的。一般而言，运行部门确保所有通知都已发出，要么是承担事件指挥或通过提供资源和通讯服务来支持事件指挥官，并就发出《航行通告》或关闭部分机场等做出初步决定。

机场维护人员，如果不需要他们主动参与应急情况，通常会站在旁边，回应来自不同响应机构援助的要求。许多机场维护人员接受过在机场驾驶车辆的训练，对机场外的响应人员可以非常有效地提供护送服务，以到达事件现场。维护人员还可以获得必要的用品和设备，以支持这一事件的响应。维护部门的一名资深成员亦应向应急情况运行中心做出回应，以接收和协调有关资源及协助的要求。维护部门的一名成员还应确保向现场提供的指挥车辆、机动指挥中心、汽车和其他车辆，需要尽快投入使用。在机坪工作的所有维护人员都应得到一张网格图，并应了解在应急情况下通知应急人员和其他机场工作人员的程序。

维护人员应保持资源清单，确保在自然灾难后恢复阶段的设施安全，必要时清理各种残渣碎片，提供卫生服务、饮用水和后备电源，运输便携式应急帐篷到适当的地点，并提供重型设备、锥筒、木桩、旗帜和标志等。许多大型的机场在汽车上配备了尸体袋、毯子、婴儿床、担架和其他物品，在必要的时候对飞机坠机做出响应。

机场运行人员确保在应急行动期间和之后遵守有关规章，并注意到为便利做出响应而发生的任何违反规章的行为。运行部门人员应适当通知联邦航空管理局、美国运输安全管理局、环境保护局或其他适当的机构来跟进任何违规行为。在恢复阶段，机场运行部门如果原本没有事件指挥的责任，就会通常接管事件指挥官的责任并监督恢复阶段，使机场全面恢复运作。

机场应急指挥中心及运行

人们常说，所有的应急管理都是本地的。这一说法反映了美国对当地发生的灾难所采取的做法。最初，本地响应应该处理事件、灾难或事故，但如果本地资源已经入不敷出，那么，本地应请求州的协助。当州的资源已经入不敷出时，就会向联邦政府提出请求。这一概念也反映在机场，大多数应急情况由机场运行部门人员、消防员、警察、安保和急救医务人员来处理，并得到机场通讯或调度中心的支持，无须启动大型事件指挥架构，除了建立单个事件指挥之外。在现场建立一个单一的事件指挥所，通讯中心提供后勤支持、总体通讯和协调。实质上，通讯中心[①]可以作为较小型事件的应急指挥中心。

然而，对于一个大规模的应急或自然灾害，必须协调第一批响应机构的人员和其他人的努力，以确保响应有效。在这些情况下，应急情况运行中心在获取、分配和跟踪资源方面起着关键作用；管理和分发信息；并在许多事件站点中设置响应的优先级（美国联邦应急管理局，2008a）。应急情况运行中心是应急响应链中的关键环节，使事件指挥能够集中关注事件的需要，并充当事件指挥和多机构协调系统之间的信息管道。

在一场大规模的灾难中，许多政府机构激活了他们各自的应急情况运行中心。因此，有可能会有十几个不同性质的应急情况运行中心，如航空公司、联邦调查局、州、国土安全部等都会参与管理事件。一些机构会设立自己的应急情况运行中心，派代表参与机场的应急情况运行中心，并与其上级机构的应急情况运行中心进行协调。一些好的例子是美国运输安全管理局、联邦调查局和航空承运人。美国运输安全管理局，除了建立了自己的指挥结构，并派出代表到现场和机场应急情况运行中心外，也和位于弗吉尼亚州的交通应急运行中心协调和交换信息。联邦调查局将设立多个事件中心，并将与位于华盛顿特区的战略情报行动中心进行协调，同时，航空公司将设立一个当地应急响应中心，为机场的应急情况运行中心提供一名代表，再加上管理家庭

---

① 以国家应急事件管理系统的说法，这将被称为部门应急运行中心。

受害者中心，仍然与他们的网络运行中心合作，一天 24 小时不间断地管理所有的航空公司活动。如此众多的应急情况运行中心、事件指挥所、集结区、家庭援助室、新闻室，无数其他临时单位，多机构协调系统可以帮助解决不同机构之间的分歧（2008a），并提供一个资源库。

应急情况运行中心的作用是提供一个物理地点，在那里可以促成多机构响应协调，以便形成对发生的事件一个共同的运行大局观，获取额外资源，并解脱现场指挥外部协调的负担（美国联邦应急管理局，2010）。一个共同的运行大局观是事件的概述，提供了事件信息，使事件指挥官或统一指挥能够做出有效、一致和及时的决策。首先，应急情况运行中心人员确保那些在现场的响应人员有资源，包括人员、信息、工具和设备，以应对这一事件。其次，应急情况运行中心在最低层面促成了问题的解决，并为事件管理人员提供了策略指引和指南，但应急情况运行中心通常不会在现场事件指挥官上"承担指挥权"。最后，机场应急情况运行中心可以促进多机构沟通通讯，获取和跟踪资源，管理大量的公共信息请求，授权应急支出，并提供法律支持。

应急情况运行中心的工作人员配备来自代表多个管辖区和职能部门的人员组成，可获得各种资源。应急情况运行中心的实际规模、人手和装备将视应急事件管理工作量的大小而定。应急情况运行中心应包括以下核心功能：

1. 通过多个机构的参与进行协调。
2. 通过广泛的无线电、电话和计算机系统进行通讯。
3. 通过资源类型和管理来分配资源。
4. 由不参与现场管理的人员跟踪，可以跟踪资源和成本的使用情况。
5. 通过共享的资讯和信息，实施信息收集、分析和传播。

一旦应急情况运行中心被激活，应急情况运行中心与事件指挥岗位之间应建立沟通和协调，但在大多数情况下，应急情况运行中心并不指挥事件现场的战术层面。应急情况运行中心应具有灵活性和可伸缩性，执行诸如情景评估、决策事件优先级、分配资源、提供政策指导、与其他区域响应协调中心协调，并通过联合信息中心提供公共信息等功能。

应急情况运行中心是机场的一个指定区域，用于支持和协调安全和安保事故、事件等的运行行动。该中心应具备必要的通讯设备，以便与《机场应急计划》下的所有负责机构进行沟通，最重要的是和事件指挥岗位进行沟通（美国消防协会，2013）。虽然本地事件的事件指挥架构指导现场事件管理活动，并维护指挥和控制，但应急情况运行中心在必要时被激活以支持事件指挥的工作（美国联邦应急管理局，2010）。

机场应急情况运行中心对于小型商业服务或通用机场而言，可以简单地在机场运行部门办公室安排一张办公桌，以及根据实际可以投资数百万美元安排面积巨大的、先进的签派，以及通讯和应急协调中心。应急情况运行中心应该位于远离机场主要的公共区域，但仍然可以由机场外响应人员进出，在理想的情况下，响应人员无须通过安检站进入。关键人员应能够在其所需的响应时间内进入应急情况运行中心，而供应商和支持人员也应能够在没有不当延误的情况下进入该设施。出于安保的目的，应构建一个独立的入口，并允许响应人员进行签到和签出。该入口应由一名武装执法人员保护，该名人士除保护应急情况运行中心之外，并无其他职责。一位单独人员应该负责行政程序，使看守应急情况运行中心的警官不用分心填写文件和发放识别徽章。

该设施应设立在一个能够应对爆炸压力的地区，没有窗户或窗户上安装能够减少破碎的材料，并应远离机场确定的脆弱性地区（例如，不要安排在陆侧上下客区，这可能使应急情况运行中心易受车载简易爆炸装置或枪手攻击）。如果应急情况运行中心是在公共场所，它不应该有这样的标识标记，但作为另一种类型的会议室，如使用A会议室的标志或其他标签，使机场外人员可以方便地找到应急情况运行中心，同时，确保该中心不会成为一个明显的被攻击目标。应急情况运行中心应该有充足的暖气、通风、空调、淡水供应、不间断的电源、备用发电机和燃料，以及有线电话等。备用发电机、饮用水、咖啡、食品也在应急情况运行中心中包括，以便人员在长时间内工作。

对于突发的应急情况，并不是每个人都有时间停下来吃东西，第一批到达应急情况运行中心的人员可能会在那里待上很长一段时间。

当主要应急情况运行中心无法运作时，可设立替代应急情况运行中心。替代应急情况运行中心可设置为热站点、温站点或冷站点。一旦人员到达，就可以使用热站点。这一站点是最昂贵的，因为维护和需要建设重复的系统与设备和日常支付的各类公用设施，但这实际上准备好了，当响应人员进入房间就可以使用。一个温站点有关键的系统和设备到位，但设备必须通电，需要几分钟才能启动。一个冷站点是一个空壳，没有任何系统和设备到位，也没有公用设施的安排。冷站点需要最长的启动时间，或者响应人员必须携带自己的设备，或是机场维护部门必须提供设备和材料以使其能够正常工作。如果机场不能负担这样的替代设施，则应考虑与邻近管辖区订立互助协议，特别是在可能影响机场应急情况运行中心运作的自然灾难期间，这是切实可行的做法。

有些应急情况运行中心与机场的通讯中心相结合，而另一些则是分开的，但通常是接近或毗邻通讯中心。在通讯中心旁边设立应急情况运行中心是合乎逻辑的，因为激活应急情况运行中心通常是通讯中心人员的责任。通讯中心的工作人员熟悉如何设置各种技术，包括计算机、电话、闭路电视摄像机与监视器、数字投影仪和其他相关设备。通讯中心的工作人员通常至少有一人在应急情况运行中心，以协助技术运作，并经常有额外的人员在事件期间往日志中输入重大事项，如果有的话。这种运行情况的报告通常会投射到屏幕上，以便进入应急情况运行中心的人员可以看到最新的信息。过去的信息通常是打印出来并分发，或者被合并成简报或摘要表。

各种组织和个人可以使用其他的休息室，以摆脱运行中心的主要活动，协调和讨论信息、政策和计划。为了安保响应，联邦调查局可能会在应急情况运行中心留下一人，对于联邦调查局建立自己的指挥中心是很常见的事，而且，这一中心不在机场的应急情况运行中心，并利用独立的和安全的办公区域进行简报、人质谈判，并为其响应人员提供各类安排。参与事件的航空承运人通常会成立自己的应急情况运行中心，但亦应在机场应急情况运行中心中派有代表。

应急情况运行中心亦可作为本地民选和委任官员的聚集地，他们可能对政策决定负主要责任。不过，应急情况运行中心的指挥官，必须提防应急情况运行中心成为地方官员和其他人士的"聚会场所"，他们想感觉到自己是"行动的一部分"，但却没有司法管辖权或责任。一些了解这种动态的机场管理人员在设计应急情况运行中心时，在其功能区附近安排各种休息室，通常是玻璃隔墙，配备闭路电视摄像机、无线电监测，使各种民选和任命的官员能够观察到行动，并仍然具有专用的地点，在那里他们可以做出决定和讨论事件。

一个典型的应急情况运行中心，其桌子上在每个隔断装备了计算机和互联网和笔记本电脑的电源插座、一个固定电话、额外的电源插座，让个人电子设备，如智能手机和平板电脑可以充电。《机场应急计划》的副本也可以在网上获得，并带有电话簿。有些应急情况运行中心设计有四个主要的桌子，分别代表以下功能：运行、后勤、规划和行政（财务），而指挥功能就在相邻的房间。这种设计允许指挥人员被稍微安排在旁边，但仍然接近工作人员的职能和人员。

可以使用一系列的表来建立一个应急情况运行中心，作为事件指挥的五个领域：指挥、运行、后勤、行政（财务）和规划。应急情况运行中心可按职能组织：警察、消防、机场运行、航空公司、行政司法等。无论如何，设立应急情况运行中心的正确方法是根据该机场最适合的特点来设立。

一个最近的通讯中心和应急情况运行中心的例子是，在洛杉矶国际机场的机场响应协调中心，机场响应协调中心的工作人员配备了来自洛杉矶机场的空侧、陆侧、警察、维护和政府机构，并提供了基本的通讯中心功能。闭路电视摄影机捕捉到机场的大部分活动，人员可以派出现场运行者调查事件并解决问题。在重大事件或机场应急情况下，洛杉矶国际机场可以启动"部门运行中心"，它是处理关键事件的神经中枢。部门运行中心使用组合设置，周围各个领域围绕着事件指挥系统的中心，并在每个领域设置特定的位置。

许多机场的应急情况运行中心设置有标准站，如警察、消防、运行和新闻官。不过，在所有事件中，并非所有人员都是需要的，应急情况运行中心的指挥官亦必须确保只有所需的人员在应急情况运行中心。在应急情况运行中心的人员配置中，要考虑的因素包括：任务、时间范围、执行关键任务所需的知识，以及谁有做出决定的权力。时间表对人员安排间隔要求也很重要，因为人员必须在一段时间后休息。所以要有双重人员安排到位，因为工作人员会轮流上岗工作。

应急情况运行中心的使命是特定应急情况后获得期望的结果，但整体上来说，它的作用是支持事件指挥。除非他们能履行一些其他的角色，否则，不必要的人员就不属于应急情况运行中心。具有必要的知识、技能和执行关键任务能力的人员可能会在应急情况运行中心，而且在理想的情况下，这些个人也将有权力做出重大决定（美国联邦应急管理局，2008a）。虽然许多人员对某一情况了如指掌，或对应采取的措施有想法，但只有少数人有制定政策的权力。不过，可能需要具有技术专长的顾问为决策者提供咨询。

组织应急运行中心

与事件指挥系统不同，应急运行中心由国家应急事件管理系统管理，并具有特定的组织结构，国家应急事件管理系统不要求应急情况运行中心根据事件指挥系统的原则进行组织。美国联邦应急管理局注意到，有四种方式可以来组织一个应急情况运行中心，每个结构都有自身的利弊。在某些情况下，应急情况运行中心的架构可能取决于州法律或地方政策。应急情况运行中心可由"主要管理活动"进行组织；围绕一个事件指挥系统结构，由应急支持功能，或作为一个多机构指挥团队（美国联邦应急管理局，2008a）。

由主要管理活动进行组织的应急情况运行中心，分为四个工作小组：政策、资源、运行和协调。政策小组的重点是关注整体的响应战略，以及总体响应优先事项和政策制定（美国联邦应急管理局，2008a）。资源组包括任何响应机构或组织的代表，它们可以提供诸如运输、公用事业和材料等资源。运行小组包括《机场应急计划》下每个负责机构的代表，通常包括警察、消防、公共工程、应急医疗服务和其他由事件所决定的机构（美国联邦应急管理局，2008a）。协调组收集和分析数据。由活动所管理的优势是组织相对简单，具有沟通的直接链条，以及简单的指挥链。不过，由于现场事件管理人员和应急情况运行中心之间没有一对一的匹配，因此，和现场事件指挥系统的连接可能是不清楚的。

围绕事件指挥系统进行组织是为了让应急情况运行中心的组织结构与现场事件指挥结构保持一致，正是出于这一原因，围绕事件指挥系统进行组织可能会引起谁拥有指挥权的混淆。不过，大型事件的后勤和财政支援，往往更容易与应急情况运行中心而非现场进行协调，在应急情况运行中心与现场事件指挥的功能之间具有明确清晰的连接线。围绕事件指挥系统进行组织有五个层面：指挥、运行、规划、后勤和财务（行政）管理。重要的是要记住，应急情况运行中心的指挥功能不是事件指挥官。围绕事件指挥系统进行组织应急情况运行中心时，可能存在混淆。事件指挥官或统一指挥是现场指挥的结构，而应急情况运行中心的指挥功能则更多的是进行决策的政策组织，建立起响应的总体策略（美国联邦应急管理局，2008a）。运行功能与现场运行响应人员进行协调，包括警察、消防、机场运行、机场维护和应急医疗服务人员等。规划功能服务于相同的目的，因为这在事件现场实施、收集和分析信息，使决策者了解情况，跟踪资源，以及制定《事件行动计划》。《事件行动计划》在设定的时间范围内提出具体的目标和目的。《事件行动计划》可以从指挥功能中获得，后者设定战略目标。规划职能将战略远景分解为可衡量的目标，然后考虑运行挑战和手头的总体情况，以制定《事件行动计划》。在理想的情况下，运行功能然后致力于实现《事件行动计划》的目标和目的。后勤功能从根本上起到了作为事件的"杂货店"的作用，就像这些人所拥有的采购权力，连同必要的资源清单和获得它们的权力一样。财务（行政）管理职能协调事件的财务管理过程，跟踪人员工作的时间，包括机场外响应人员工作的时间，如果有律师在场，那么还可以提供法律建议。在某些情况下，现场事件指挥可能会在事件现场保留某些角色，同时将其他职责推给应急情况运行中心。

由应急支持功能进行组织提供类似事件指挥系统模式的结构，每个应急支持功能分配给一个参谋事务人员岗位。根据美国联邦应急管理局的《事件指挥官-775管理和运行》课程（美国联邦应急管理局，2008a），应急支持功能的机构组织如下：

运行领域包括：

1. 公共工程（应急工程）部门；
2. 消防部门；
3. 公共卫生和医疗服务部门；
4. 城市搜救部门；
5. 公共安全（执法部门）。

规划领域包括：

1. 情景分析单元；
2. 文件单元；
3. 高级规划单元；
4. 技术服务单元；
5. 损伤评估单元；
6. 资源状态单元；
7. 地理信息系统单元。

后勤领域包括：

1. 情景分析单元；

2. 通讯单元；

3. 食物单元；

4. 医疗单元；

5. 交通单元；

6. 供应单元；

7. 设施单元。

财务（行政）管理范围包括：

1. 补偿单元；

2. 成本单元；

3. 购买/采购单元；

4. 时间单元；

5. 灾难财政援助单元。

围绕在应急支持功能组织的优势在于，它与现场事件指挥机构很好地进行匹配。然而，它可能不直接地对应于联邦应急支持设施。此外，配备给应急支持功能的人员需要大量额外的培训，以确保他们能够履行自己的职责。

围绕在多机构指挥团队进行组织

在这一结构中，一个多机构指挥团队由来自各组织的代表组成，被授权承诺投入机构的资源和资金。多机构指挥团队通常可以包括，当地商会、红十字会、志愿者或其他具有专门技能和知识的组织，可能能够使用他们的联系人员、政治影响和技术技能等，以帮助事件的管理。多机构指挥团队协调人员能够对各种单位，如情景评估部门、资源状态信息单元和联合信息中心等进行监督。情况单元收集和汇编多机构指挥完成任务所需的情报，资源单元帮助确定资源的状况，以及它们的可用性和准备状态。

联合信息中心是公共信息单元，负责协调各种机构的新闻官，将信息推向媒体，最终向公众传播。联合信息中心也是应急情况运行中心组织结构其他形式的关键组成部分，并不专属于多机构指挥团队。在没有其他机制存在的时候，多机构指挥能够很好地协调其他多机构指挥实体的工作，提供短期的、多机构的协调和决策，但它们缺乏与其他多机构指挥实体明确的界定和标准化的关系。

在应急管理中，与所有其他形式的组织架构一样，最终，机场运行人员应该建立一个最适合其运作的系统，以履行其关键任务。不过，机场的事件指挥官应该熟悉支持机构可能使用各种不同的应急情况运行中心结构，因为，机场运行人员可能无法决定一个支持性的应急情况运行中心是如何运作的。桌面和定向演练有助于了解其他机构如何执行其应急情况运行中心的功能，以及如何将机场整合到更大规模的运行中。

应急情况运行中心的核心使命是，为灾难或事件提供全面的协调、协同。这一协调功能的核心是，在实时的基础上与各机构进行沟通的能力，以便建立和分享共同的运行情况，并毫不拖延地部署资产和资源。国家应急事件管理系统下通讯的基本要求是，系统可交互运行和具有冗余（美国联邦应急管理局，2008b）。交互运行是指第一批响应人员和支持他们的人相互通讯的能力，具体来说，是能够根据需要实时交换语音和数据的能力。

缺乏冗余或可交互运行的通讯，可能会延迟响应并危及生命。研究发现，缺乏交互运行的 6 个主要原因分别是：设备老化；用于更新或替换设备的资金有限；不同的筹资优先事项和预算周期；有限或零碎的规划；机构不愿放弃对其通讯系统的控制；有限的无线电频谱可用性（美国联邦应急管理局，2008b）。

许多辖区都没有跟上时代的需要，而且还有更旧的设备，维护成本更高，可靠性降低，或者过时，与新的数字通讯系统不兼容。即使是较新的数字系统，也会受到专有软件的阻碍。因为，它可能无法与为其他政府机构安装的专有系统有效地实施连接。

今天的一个重要问题是外部实体，如黑客，甚至是好奇的公民，窃听必要的应急通讯，或在极端情况下真正阻止通讯的能力。30 年前，电子供应商店出售警察和消防部门使用的无线电扫掠器。截断的无线电系统，最终使许多扫掠器变得没有用处，但随后技术进步，现在的扫掠器已经过时，取而代之的是平板电脑和智能手机上的 App 应用程序。网络安全的一个不幸的现实是，在软件系统中投入的安全性越多，它的交互性就越少。

通过确定哪些机构需要相互通讯及如何传输信息，可以解决或至少减轻一些交互运行的问题。各种信息现在可以以无线电传输以外的形式发送，例如，不具有时效性的例行信息可以通过电子邮件发送。时间敏感的信息应由无线电发送，敏感或保密信息由座机发送。如有必要，在应急情况下，可以使用手机发送，但要明白，手机传输可以被截获。文本消息、推特和留言板张贴是用于通讯的其他方法。但是，程序必须到位，以便响应人员知道在整个事件中查看他们的文本消息。

通讯不是技术改变应急情况运行中心运作或应急管理功能的唯一领域。今天，各种软件包可以协助应急管理过程，包括在事件发生之前、期间和之后进行演练和临时计划的软件。此外，软件还可以设置事件通讯，通过多种媒介提醒和通知响应人员，包括电话、电子邮件、短信和推特账户；整合全球定位系统技术来增强情景意识；并用于自动生成通讯记录，进行电子日志活动及从事件指挥系统的数据库生成事件报告。

在应急管理软件中，最重要的一个进步是，当它与地理信息系统技术结合在一起时，由响应人员提供的实时照片，甚至通过参与事件或观察事件的个人通过社交媒体发布，以及如果可用的话，那么可以放置在无人飞行器的摄像头等。一些软件还包括危险建模工具，可以确定化学烟雾的扩散率，或对一个简易爆炸装置的疏散或避开距离，以及设置路障的位置进行确定。

应急情况运行中心通讯的另一组件是向公众推送有关事件的信息。在社交媒体发明之前，机场向公众传播信息的主要方法是通过媒体。但是今天，机场完全有能力通过使用网站、脸谱网、推特、优兔和其他形式的社交媒体直接向公众传播信息，而不是被媒体过滤。媒体仍然是一般公众的主要信息来源，因为它们经常可以提供背景，并可以通过广播电视和社交媒体传送内容。新闻官的职能在公共信息官员部分还将进一步讨论。

启动应急情况运行中心通常是管辖当局的要求，或者可以在事件指挥官的要求下，因为，事件指挥官能够看到事件迅速扩展、扩大或涉及一连串的事件。即将来临的应急情况，例如，飓风警告、洪水或危险天气的预测，也会触发应急情况运行中心的启用。《机场应急计划》应该提供有关何时启动应急情况运行中心的指导，以及连同负责启动的人员。在某些情况下启动应急情况运行中心是不言自明的，例如，大型客机坠毁、枪手或劫机企图或在机场或附近社区发生自然灾难等。

事件指挥岗位和移动指挥单元

事件指挥岗位是在现场的位置，进行各种事件指挥功能的场所，如事件指挥官、运行部门负责人和响应人员等。在机场，第一批在现场响应飞机失事的通常是机场运行部门，机场警察，或者机场消防人员。在大多数情况下，事件指挥岗位是建立在具有事件指挥责任的现场第一批人员身上。在通常情况下，由人驾驶的车辆事实上是移动的事件指挥岗位。机场消防和一些警察指挥车，通常是 SUV 车辆，装备一些事件指挥所需物料，比如广泛的无线电系统，与各种机构通讯，包括甚高频与空中交通控制塔台和飞行员沟通，以及白板标牌指示响应车辆的位置，或建立事件指挥组织结构图，还有应急响应背心，随时识别现场的关键人物等。通常，事件指挥岗位位于现场指挥官设置的任何地方。

许多大型机场使用移动指挥单元用于现场事件指挥。对于一个大规模的事件来说，很常见的是，我们看到类似于休闲车公园，充满了众多机构所驾驶而来的各种移动指挥单元。

移动指挥单元可以作为关键事件的运行基础，提供通讯、闭路电视监视和现场小型指挥中心。许多大型机场有自己的移动指挥单元，而较小的机场通常依靠当地警察和消防部门的移动指挥单元。各种移动指挥单元，无论是自走式的还是拖曳型的，都可以从商用现货采购。这两个车型都有优缺点。虽然自走式驾驶的版本可直接驶往事发现场，但未必足够大，足以满足机场的需要。拖曳拖车能使人员在里面，从外面完全看不见，但是存在的问题是，事态发展要求它重新迁移，就可能会出现较少机动性的情况。即使仍然连接在拖车后面，通常有电源的连接、天线和其他项目，在车辆移动之前可能还是必须断开。

移动指挥单元的类型及其设计、布局和内部取决于机场指挥单元的核心功能。

如果移动指挥单元是为所有有核心责任的机构提供支持，如警察、消防、应急医疗服务和机场运行，那么，应考虑到这些机构的需要。然而，由于大多数机场外的消防和警察机构也有自己的移动指挥单元，机场管理部门可能希望更多地关注他们的核心需求，而不是试图同时关注所有机构的需求。例如，如果机场的移动指挥单元也应该支持应急医疗服务的功能，那么，医疗设备和用品也应该放在这里面，但如果在机场的应急医疗服务有自己的单元，那么，机场运行人员应该使用这个空间用于其他用途。

重要的是，一个机场的移动指挥单元是一个指挥和控制中心，因此，其要包括一个小型的会议空间，连同基本的通讯设备，反映出在机场的通讯和应急情况运行中心设备，这是必不可少的。国家应急事件管理系统在其资源类型目录中包括移动通讯中心，列出了功能、工作站、设备和人员要求。国家应急事件管理系统类型Ⅳ—移动指挥单元（移动通讯中心，或在国家应急事件管理系统术语中，指的是"移动的应急情况运行中心"），典型的是改装SUV车辆或旅行拖车，配备一到两个工作站、标准的无线电频率通讯、蜂窝电话系统，以及一套基本的计算机系统。一个完整的国家应急事件管理系统类型Ⅰ—移动指挥单元，可能是一个53英尺的定制拖车或大型汽车底盘，有6到10个工作站，有许多标准无线电频率收发器，高速互联网接入和卫星能力，电话数据交换办公室风格的电话和蜂窝系统，闭路电视视频，计算机辅助调度，与120V交流保护插座的以太网连接。

移动指挥单元所有的类型，应该能够在一个几乎没有基本服务的环境中运行一段时间，这些基本服务包括电力服务、电话线路或手机发射塔等。移动指挥单元应该能够自己发电和提供燃料供应，在没有加油的情况下，至少能运行3至4天。在理想的情况下，移动指挥单元应该需要最小的设置时间，作为一个前置应急情况运行中心运作，以促进多机构之间的沟通，并满足人员的基本需求，如浴室、迷你冰箱、微波炉和咖啡壶等（美国联邦应急管理局，2005）。虽然大多数机场的应急情况不要求移动指挥单元独立运行很长一段时间，但在自然灾害期间，我们预期机场可能仍然会保持发挥一定程度的最低功能，在这种情况下，移动指挥单元可以满足机场一些运行和通讯要求，直到水、电和其他必要资源的恢复。

在采购移动指挥单元时，机场运行人员应首先决定在现场的移动指挥单元的基本功能，并需要多长时间才能实现这些功能。然后，应该对于其他有移动指挥单元的机场进行研究，以确定这些机场如何使用它们的移动指挥单元，连同它们没有预见到的运行问题和挑战。

国家应急管理体系和应急指挥体系

现场事件指挥的组织是任何有效响应最重要的元素之一。今天，这种响应在国家应急事件管理系统下运作。

国家应急事件管理系统可以是管理事件的一个高效工具，但它本身既不是运行事件管理计划，也不是资源分配计划。国家应急事件管理系统是一套核心理论、原则、术语和组织过程，能够有效地管理应急事件（美国联邦应急管理局，2008b）。最重要的是要记住，国家应急事件管理系统应该是灵活的，适应于特定的情况。国家应急事件管理系统旨在适应情景和情况，而不是让情景和情况来适应国家应急事件管理系统。应急管理从业者被告诫成为国家应急事件管理系统的门徒，这是行业中用来描述那些更专注于国家应急事件管理系统原则和过程在应急事件中被遵守的个人或机构的俚语。

国家应急事件管理系统不仅是在大型事件中使用的响应计划，它还可以用来管理不正常的运行、除雪和特殊事件，如空中表演或大型体育赛事，如即将到来的超级碗橄榄球比赛。国家应急事件管理系统的设计，旨在具有可伸缩性，可用于从日常事件一直到大规模伤亡或自然灾害。

国家应急事件管理系统的核心原则是，每个人都在说同样的语言。一个好的案例是，可以看到飞机应急情况的通知发生了变化。以前，机场会使用各种术语来描述飞机事件或飞机失事，包括诸如黄色警报、红色警报、本地待命等术语。国家应急事件管理系统通过使用咨询通告、《机场应急计划》，美国联邦航空管理局将术语进行了标准化，航空器应急事件将是警报1、警报2、警报3等。尽管如此，还是有部分航空领域没有接受国家应急事件管理系统的术语和原则。航空公司的飞行员不使用警报1、警报2，以及类似描述他们正在经历应急情况的类型，即使这是相同的术语用来确定飞机救援和消防响应的水平。飞行员将描述的是，飞机正在经历或他们有的问题，这是由联邦航空管理局的管制员或机场运行人员来确定应急响应水平。

国家应急管理系统的核心组件

国家应急事件管理系统的核心组成部分是：备灾、通讯和信息管理、资源管理、指挥和管理，以及持续的管理和维护（美国联邦应急管理局，2008b）。

1. 准备工作涉及在具有应急管理责任的机构之间建立关系的概念，以及对应急管理规划采取统一的办法。有效的事件管理早在实际事件之前就开始了。准备工作包括规划、培训、演习、人员资质和认证标准及设备认证的综合组合（美国联邦应急管理局，2008b）。

2. 通讯和信息管理强调必须有一个共同的运行蓝图，以及标准化的通讯和信息管理系统。通讯和事件管理基于通讯和信息系统的互运行性、可靠性、可伸缩性、可移植性、灵活性和冗余性（美国联邦应急管理局，2008b）。

3. 资源管理是确定和分类资源的过程，并有一个系统来请求、支持、跟踪、遣散，并最终对人员和机构进行补偿。资源的流动必须是顺畅的，并适应事件的要求，并且国家应急事件管理系统定义了规范化的机制和建立资源管理过程，来识别出要求；订购和获取资源；调动、跟踪和报告资源状况；恢复和遣散资源；资源使用补偿；和库存资源（美国联邦应急管理局，2008b）。

4. 指挥和管理是国家应急事件管理系统最重要的领域之一，它涉及 3 个核心原则：事件指挥系统、多机构协调系统和联合公共信息过程。每个概念在本节后面会更详细地解释。

5. 日常维护和管理的重点是使国家应急事件管理系统和事件指挥系统与相关联的修订和技术集成到事件管理领域，例如，使用基于软件的通知系统和无人机进行监视、搜救和其他等功能。

小型事件可能只有一个事件指挥官或事件管理者，大型事件有联邦、州和地方机构多个指挥当局。国家应急事件管理系统促进了对事件响应和应急管理的统一方法，通常称为统一指挥。

统一指挥

多机构响应中的一个重大挑战是，每个机构的人员都倾向于在自己的领导架构中听从他们人员的指挥。例如，警察可能只听从警察监督员和指挥官，消防员听从他们的主管等（普法伊费尔，2013）。而不是试图改变第一批响应人员的性质，这是在他们自己的组织结构中响应上级和同行，统一指挥的概念反而是承认和说明了这一现实。

统一指挥适用于涉及多个辖区或机构的事件，使它们能够协调和有效地跨法律、地理范围和职能职责进行交互。统一指挥包括来自不同辖区的事件指挥官，如警察、消防、机场运行和应急医疗服务，共同运行组成一个单一的指挥结构。在统一指挥的范围内，事件指挥官做出联合决定，并以"一个声音"发言。在理论上，任何差异都是在统一指挥中解决的，并且，每个响应人员都继续向响应方专业领域的主管进行报告。在统一指挥中，警察不会告诉消防人员如何做他们的工作，而是在指挥级做出关键决定，每个管辖实体（警察、消防等）通过其适当的指挥链发出指挥（美国联邦应急管理局，2008b）。对极端事件做出响应的另一个动态是，危机管理人员经常限制他们与自己的网络连接，向团队内的人提供信息，并限制向团队以外的其他人提供信息（普法伊费尔，2013）。统一指挥具有一组事件目标、一个单一的规划过程和一个《事件行动计划》。统一指挥的其他功能包括集成多辖区或多机构参谋工作人员进入其他职能领域。

关于国家应急事件管理系统的几个方面，包括通讯和信息管理及资源管理的重要性，已经阐述了很多内容。本节重点介绍国家应急事件管理系统指挥和管理部分——事件指挥系统、多机构协调系统和公共信息——事件管理的根本元素，它们在一起是事件管理中最明显的元素。

事件指挥体

本地通讯调度员和一些应急管理或响应人员可以处理在社区和机场的大多数事件，但当事件要求多辖区、多领域和多机构响应时，事件指挥系统为协调响应提供了灵活的机制。事件指挥系统首先是 20 世纪 70 年代在南加州发生了多起季节大火而被开发出来的。

应急管理（响应）人员包括承担应急管理角色的联邦、州、领地、部群、州内地区及当地政府，非政府组织，私营部门组织，主要的基础设施业主和运行人，以及所有其他组织和个人。（美国联邦应急管理局，2008b）

在《应急管理导论》中，哈多、布洛克和科波拉（2013）注意到，事件指挥系统想要发挥作用，它必须提供在 3 个事件性质层面有效的行动：单个辖区和单一机构；单个辖区有多机构支持；多个辖区或多机构支持。因此，事件指挥系统必须适应各种应急情况，从自然灾难到恐怖袭击到飞机坠毁。

当实施正确时，事件指挥系统维护每个机构的自主权，利用目标管理的方法，并保持有效的控制幅度。事件指挥系统是为了在执行事件之前，解决在许多应急情况下的共同问题，那时有多个机构指派自己的指挥官，导致权力斗争；误解和重复性劳动（哈多等，2013）。事件指挥系统具有几个特征，包括共同的术语，一个模块化的组织，依赖《事件行动计划》、人员和资源的完全责任以及对信息和情报管理，可以根据情况需求而扩展（图 11.6）。

如前所述，事件指挥系统中的 5 个主要功能领域是：指挥、运行、规划、后勤和财务（行政）管理。

指挥

指挥部门包括指导和维持与响应人员和多个机构的沟通和协作，确保现场安全，

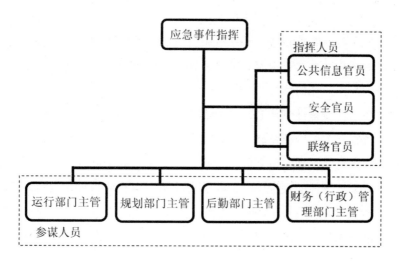

图 11.6 事件指挥系统架构
（来源：美国联邦应急管理局，2008）

并与公众沟通。指挥官可以是一个单一的事件指挥官，负责在任何时候的指挥职能，或是一个统一的指挥人员队伍，由新闻官、安全主任和联络官组成。如果只安排一个单一事件指挥官，则该指挥官负责履行新闻官、安全主任和联络官的职能。

在本节中，术语"指挥"同时是指人和功能。事件指挥官的总体功能包括：

1. 命名应急事件；
2. 立即确定优先事项和事件指挥岗位；
3. 确定应急事件的战略目标，制定、批准和实施《事件行动计划》；
4. 制定适合该应急事件的指挥结构；
5. 评估资源需求和订购资源；
6. 协调全面的应急活动，同时确保采取适当的安全措施来保护响应人员和其他人；
7. 与外部机构协调；
8. 授权向媒体发布信息。

媒体在与公众沟通方面起着主要的作用。即使在社交媒体时代，许多人仍然期待主流媒体和每日印刷媒体的信息。该新闻官收集并发布由事件指挥官或统一指挥批准向媒体发布的信息，并在适当情况下通过社交媒体渠道。该新闻官必须决定本身的人手需求（即需要有多少个新闻官来处理该事件）及监控公众对信息的响应。在多机构的响应中，必须指定一位主新闻官，并且，他是指挥团队中的一员。主新闻官负责运行联合信息中心，并必须协调参与事件的其他机构才发布信息。新闻官准备新闻稿，安排旅行或采访主要关键人员，如机场总监和事件指挥官。

安全主任负责监察事件运行，以确保应急响应人员的健康和安全，并就所有与运行安全有关的事宜，向事件指挥官提供意见。安全主任也具有特别的权力，通过事件指挥官，在应急运行期间阻止或防止不安全行为。安全主任必须实施目视查看事件现场，评估和批准医疗计划，确保所有人员具备个人防护设备，如在合适的情况下，调查在事件过程中发生的任何事故。

联络官是联系在应急计划中负有责任的政府、非政府和私人实体代表的联络点。联络官必须与所有有关机构保持联系，并就有关机构准备《事件行动计划》的规划职能提供信息。联络官必须确定所有的机构代表，并有最新的和完整的联系信息。联络官必须使各机构了解事件的现况，并监测运行状态，以查明可能出现的跨部门冲突和问题。

上述人员包括指挥人员。参谋工作人员包括运行、后勤、规划和行政管理（财务）职能领域的部门领导。

运行

运行部门负责事件现场的战术运行。将运行部分与机场运行部门之间混淆是很容易的事情。但是，运行部分按照特性是功能性的，而不是特定于机构的。运行部分包括警察、消防、应急医疗服务、机场运行、机场维护等方面的人员，在某些情况下包括机场通讯人员，但这绝不是在运行部分一个完整的人员组成名单。运行部分领导和运行部分将重点放在工作的优先事项上（即生命、现场稳定、财产、环境、恢复行动），根据《事件行动计划》启动和监督人员。

对于飞机事故的响应，消防人员通常会承担事件指挥官和运行部分领导的角色，至少在事件发生的最初几分钟内。在机场，运行应急经理总是被指定为机场的事件指挥官，消防部门的领导是响应阶段的运行部分领导。运行部分领导对该事件进行目视侦察，并向人员介绍其职责和分配任务，确保安全的战术行动。他们也帮助开发了《事件行动计划》部分，并根据人员在计划中相应的职责进行了简报。当正常的换班或任务改变时，运行部分领导通常会改变。

国家应急事件管理系统认识到，个体有效的控制范围是 5 至 7 人的个体或团队。随着控制范围的扩大，事件指挥官有多种选择，包括分支机构、分部和团体，特别工作组、突击队或单个资源。当资源数量超过了事件指挥和运行部分领导的控制范围时，就建立了分部或团体（团队）。设立分部是为了将这一事件划分为运行实际的或地理的区域，而团队被用来将这一事件划分为职能领域（消防、警察、应急医疗服务）。当分部或团体的数量超过建议的控制范围，在它下面设置分支机构（美国联邦应急管理局，2008b），并可能是功能性的，或是地理性的，或两者兼而有之。

单个资源是个人或设备以及任何相关的运行人。专项任务组是为特定任务或运行需要而集合的任何资源组合，突击队则具有相同类型的一套资源。例如，出现枪手的区域，可以创建一个由警察和应急医疗服务人员组成的专项任务组，在主枪手被消灭后，专项任务组进入该区域，进行战术性医疗护理。在飞机失事的情况下，拥有三辆飞机救援和消防车辆的突击队可能会被指派实施灭火，比如机身已经破裂，散落在机场的几个位置上。

运行部门可以根据需要为其组织结构中增加分支，以管理应急事件。其他分支机构通常包括消防、应急医疗服务、警察、公共工程和空中运行。每个分支主管负责执行标准运行程序，并执行《事件行动计划》的相关部分。

临时集结区域经理也向运行部分领导汇报。临时集结区域确定并建立临时区域的位置边界。许多机场已经有事先指定集结区，位于机场进出门附近。在大规模的伤亡事件中，可能需要指定多个集结区。执法人员保护集结区，控制出入，确保只有授权人员才允许进入机场。如果机场在应急事件期间继续运行，一位机场运行代表也应在集结区，以确保每一辆进入机场的车辆都能正确地被护送到事发地点。

规划

规划部门收集信息，并与事件指挥官一起合作制定《事件行动计划》。《事件行动计划》提供了一个简明和连贯的方式，捕获和沟通事件的总体优先级、目标、战略和战术，以及运行和支持活动（美国联邦应急管理局，2008b）。

规划部门主管收集、评估和传播有关事件和资源状况的信息。规划部门主管必须很好地了解当前的形势，预测未来事件的可能过程，并准备主要的和替代的策略来管理事件的进展。规划部门主管必须与事件指挥官和运行部分领导紧密合作，开发通用的运行蓝图，并了解事件的总体目标，以建立一个现实的《事件行动计划》。

当事件扩大时，规划部门主管可以增加其他分支，包括情况单元组长、资源单元组长、文件单元组长、解除动员单元组长和技术专家等。各种专家经常协助规划部门主管，包括气象学家、传染病专家、放射学和危险品专家及实地观察员。计划是围绕运行周期构建的，有时被称为"规划P"。

规划P（图11.7）是规划过程中使用的指南，有助于确定可测量和可实现的任务目标。规划P对于事件指挥的短期和长期规划都很有用，它涉及事件指挥系统的5个层面，这样，它支持计划运行的每个要素。在最初的响应阶段，将充分了解情况（获得情景意识）。在最初的响应过程中，《应急事件简报表》（《事件指挥系统201》）用于记录事件的名称和启动时间，以及对事件指挥官有用的地图或概要草图和已知资源。《事件指挥系统201》还包含了迄今为止所采取的行动和与事件有关的其他信息的摘要。规划P的下一个阶段是确定事件目标，通过和事件指挥官、指挥人员和参谋人员的会议。一旦确定了任务目标，运行部分领导就会与参谋人员审查战术（即战术方向），在既定的时间安排中，运行部分领导提议满足响应目标，并做出资源分配。运行部分领导准备该计划，并向指挥和参谋人员提供简报；做出调整，并批准最后的计划。一旦开始执行该计划，调整将按照运行部分领导和运行部门人员

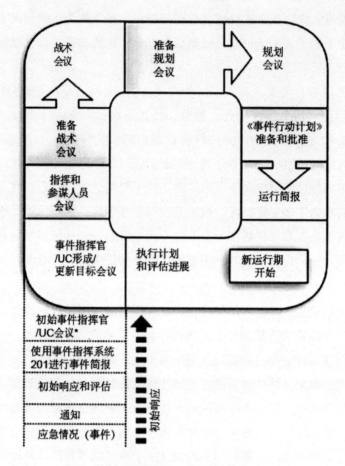

*在这个时间框架中，举行和机构管理者（高管）的会议。

图 11.7　规划流程图"规划 P"

（来源：美国联邦应急管理局，https：//training. fema. gov/emiweb/icsresource/assets/planning. pdf）

的指示进行。规划过程中利用规划 P 作为指南的五个阶段是：

1. 了解情况，包括收集、报告和分析信息，以获得最准确的事件图片；

2. 建立应急事件目标，包括确定有效的战略并优先考虑事件目标和备选方案；

3. 制定战术方向和资源分配，涉及确定战术方向和实施战略所需的资源，针对某一行动通常是 12 或 24 小时。在此期间，要获得指挥人员的意见和支持；

4. 准备和批准计划，包括以适当的格式实际准备计划，向运行人员通报计划，连同相关的任务和命令；

5. 评估和修订该计划，即第五阶段，包括将计划的进展与实际进展进行比较，并在必要时立即调整计划，或在下一个作业期间进行准备。

后勤

后勤部门提供支持这一应急事件的设施、服务和材料。后勤部门主管参与制定《事件行动计划》，根据需要启动服务分支和支持分支。后勤部门主管有必要的采购卡，以及采购权力，以毫不迟延获得所需的物品。服务分支可以包括通讯单元、医疗单元和食物单元。支持分支可包括供应单元、设施单元和地面支持单元。

后勤部门主管确定支持运行的服务水平、预期需要，并与运行部分领导协调，以提供所需的设备。后勤部门主管还必须对要求实施先后顺序优化，并与各种私营合同商和非政府组织，如救世军合作，向响应人员、旅客和其他涉及应急事件的人提供食物和其他必需品。

财务（行政）管理

财务（行政）部门主管在灾害的响应和恢复阶段必须说明资金的使用。财务（行政）部门主管负责扩大组织结构，包括时间单元领导、采购单元领导、成本单元领导，以及补偿和索赔单元领导，或员工补偿专家。在某些情况下，财务（行政）部门主管分支也可能包括一名律师。准确追踪资金的花费是必要的，因为公民、政界人士和政府官员都关心有关使用公共资金的成本效率。此外，在灾难发生后，保险公司和美国联邦应急管理局，对于联邦范围内的灾难可能会对机场进行补偿。财务（行政）部门主管应该与机场行政高管就所有财务事宜保持联系。有些支出可能高于财务部门或后勤部门的购买权力。

信息和情报

根据事件的类型，可能建立附加功能领域通常称为的情报部门或分部。此领域与安保相关的事件相关。情报部门负责根据事件指挥官的指示开发和管理与安保计划和行动有关的信息。这一责任可能包括保护敏感的安保信息、仅供官方使用的信息、执法敏感信息，或国家安保保密信息。情报部门还必须在信息可能影响到运行安保的情况下与运行部分领导协调，特别是在信息影响公众认识的情况下和新闻官协调。

情报职能还可以包括其他分支机构，如调查行动团队，负责整个调查工作；情报团队负责在各个层面获取情报，包括非保密性、敏感安保信息、保密材料和公开数据；法医团队负责收集法医证据和维护犯罪现场的完整性；支持调查团队，以确保在需要时提供调查人员，并提供必要的资源。

在一个重大的安保事件中，情报和调查职能是事故指挥结构的一部分，机场运行人员起着支持作用，提供设施、出入场地和其他必需品，以支持调查团队。机场管理人员不应期望被列入任何情报和调查职能的一部分，除非这一职能影响到机场的运作状况。

应急事件管理团队

应急事件管理团队可以根据需要由指挥人员和参谋工作人员组成以及部署（美国

联邦应急管理局，2008b）。机场应建立应急事件管理团队，并将其部署到机场外发生的飞机坠毁事件，以为社区和响应人员提供支持，在自然灾害期间为其他机场提供支持。虽然应急事件管理团队在被部署到机场外事件时，其可能实际上并不充当指挥权力机构，该事件发生的机构具有管辖职责，但是，应急事件管理团队可以作为支持能力的机构，要么作为应急支持功能，或是提供建议和资源，比如如何维护事故现场的完整性，直到国家运输安全委员会来到现场。在自然灾害期间或之后，机场还可以为其他机场提供支持，比如提供机场管理和运行、资源、材料和设备等方面专家。

伊万飓风在 2004 年登陆佛罗里达州彭萨科拉后，造成了洪水泛滥，龙卷风袭击，对机场和社区造成了广泛的损坏，美国成立了两个组织以协助机场应对国家灾难，分别是美国东南机场灾害行动团队和美国西部机场灾害行动团队。

这些组织是为机场在自然灾害期间协助其区域内其他机场而设立的。《机场合作研究计划项目报告 73 号》讨论了开发《机场—机场互助计划项目》的最佳做法，以及相关于后勤、财务和法律等方面的考虑。

机场在大规模的自然灾害期间经常依赖于互助援助。然而，一些灾害冲击广泛，相互援助可能不可用，机场可能不是互助援助响应人员的第一个优先考虑对象。许多提供电力、卫生、饮用水和其他公用事业的市政和私营非航空工业与其他城市有互助协定。美国东南机场灾害行动团队和美国西部机场灾害行动团队是基于同样的原则而成立的。根据一般的经验，市政当局不应该指望在灾难发生后的 72 小时内，就能获得外部的援助到达社区，但机场必须要更快地恢复业务，以便外部的援助能够到达，以及促成受影响的人群撤离疏散。

机场是其他机场在灾害期间可以依赖的优良资源，因为它们有确切的资产类型和知识丰富的人力资源，以协助机场系统的独特运作要求（《一体化的应急管理体系》，2012）。正如警务人员在重新调配到另一司法管辖区时，会明白执法的基本情况一样，机场的运行部门人员明白机场管理的优先次序，并具备继续运作机场所需的技能（安保、安全、维护和其他需要独特的、特定于机场背景的关键功能）。

来自其他商业服务机场的人员将有适当的安保许可，可以在机场安保区内进行运行。但是，来自通用机场的人可能没有相同的安保许可。通用航空人员可能在没有陪同的情况下，不能进入一个运行的商业服务机坪，但可以执行其他职能。

在一些自然灾害期间，机场将自愿不遵守 139 款，在数小时或数天的时间内停止商业运作。在这一点上，机场在技术上并不是一个商业服务机场，可能不需要遵守《美国联邦法规》第 14 条 1542 部分的内容（机场安保）。机场安保协调人员应与当地的美国运输安全管理局的主管高级官员一起合作，以确定在应急行动中所遵守的监管安保规定的确切状况和要求。

自 2004 年以来，美国东南机场灾害行动团队和美国西部机场灾害行动团队都表现出了比 72 小时窗口更有效和更早地向机场提供援助的能力。然而，虽然许多机场可能有兴趣形成或参与这些团体，但可能会有财政、法律和后勤方面的障碍需要克服。

《机场合作研究计划项目报告 73 号》分类了机场可能需要外部援助的 6 个不同类别的应急需要，其内容如下：

Ⅰ 类的情况是，开始时很小，但随着规模的增加，导致超出机场无法通过其内部资源进行处理，因此，相互援助协议被启动。

Ⅱ 类的情况是，例如，航站楼停电或就地避难情况要延长，以及社区停电或龙卷风袭击的结果，也可能影响当地社区。传统的互助协定通常也在 Ⅱ 类情况下提供。

Ⅲ 类是自然或人为造成的灾难，它损害或阻碍了进入机场的通道，在需要外部援助的情况下让机场重新运行。这是一个《机场—机场互助计划项目》可以发挥的最有用的水平。

Ⅳ 类是一项区域性的灾难，它不会损害机场，但会对机场施加不寻常的运行或特殊的需求，这超出了当地工作人员和资源的能力，而且时间很长。这里也推荐使用《机场—机场互助计划项目》。

Ⅴ 类是机场或机场附近发生航空灾难，对机场恢复到正常的运作有重大影响。机场人员是响应的一部分，可能是非常悲痛和短期无法返回到工作岗位。《机场—机场互助计划项目》可能有助于提供其他机场的补充人员，以履行关键的运行、维护或充当其他角色。其他专门的服务，如悲伤咨询和协助新闻官的职责，也可能是必要的，可以提供《机场—机场互助计划项目》，特别是在没有健全的公共事务或公共信息系统的机场。

Ⅵ 类是基本的设备已经停止运转的情况，例如，消防车导致机场低于其飞机救援和消防指数，或机坪照明中断，《机场—机场互助计划项目》可以临时借给必须的车辆或设备。

在某些情况下，经历了坠机的机场人员，可以临时转移到附近机场，在调查期间可能发生该附近机场已被指定接受转移过来的客流量或备降的空中交通量。

2001 年，在科罗拉多州的阿斯彭—皮特金县机场发生了一项 5 类机场需求的例子，当时包机失事造成了多人死亡。虽然飞机运行在 48 小时内恢复，但机场工作人员没有专门的知识来处理恢复工作，包括事故调查，并与受害者家属合作。因此，机场创建了科罗拉多航空恢复支援团队，提供辅导、支持和指导，以协助机场的恢复，包括传播公共信息，支持和恢复基础设施。该项目由科罗拉多航空局、科罗拉多航空委员会、科罗拉多机场运行人员协会，和科罗拉多机场机构出资，他们允许其工作人员参加这个项目。

设置《机场—机场互助计划项目》需要几个关键元素。首先是明确：受影响的机场管理人员必须保持完全控制，所有的志愿者都应记得他们是提供协助和补充的，而不是来控制的（《一体化的应急管理体系》，2012）。其次，援助团队必须自立，而不是增加当地机场工作人员的负担。他们应该带上自己的食物、水和其他必需品以支持他们自己停留期间的所需（《一体化的应急管理体系》，2012）。团队也应该理解并流畅地使用国家应急事件管理系统和事件指挥系统。任何提供互助的机场，都应假定其费用不会报销。虽然可能有机制来补偿志愿者，那些可能不会适用于《机场—机场互助计划项目》，或一些保险机构或美国联邦应急管理局可能不承认这样的协议，取决于不同的情况，包括联邦援助的性质及总统宣布灾难的声明内容等。

任何机场运行人员在考虑是否参与《机场—机场互助计划项目》时，应探讨将员工、机场设备及物料送往另一机场的法律合法性及责任。然而，在灾难中协助另一机场所遇到的任何障碍都不应成为避免参与的理由，而应加以解决，因为互惠互利值得大家努力工作。

地区指挥和多机构协调

在影响整个社区的大规模的灾难中，市政机构可能设立一个地区指挥部。地区指挥部与多个应急事件管理团队或与覆盖一个大地理区域的许多应急事件管理团队合作，监督大规模或不断演变的应急事件的管理。当发生大量相同类型的事件（如洪水、野火或飓风）时，也会使用地区指挥，导致多个应急事件管理团队竞争相同的资源（美国联邦应急管理局，2010）。

多机构协调系统允许各级政府更有效地协同工作，通过协调现场层面的活动，并优先考虑应急事件对关键或竞争性资源之间的需求（美国联邦应急管理局，2010）。多机构协调系统可以在事件发生过程中基于管辖区之间口头协议的非正式流程，或是更正式的流程，在事件发生前就制定好计划。无论是正式的还是非正式的，多机构协调系统都可以识别设施、设备、人员和程序，将其集成到一个共同的系统中，负责协调和支持应急行动的资源。多机构协调系统的设施通常是应急情况运行中心、通讯中心、移动指挥单元或任何可以协调活动的地点。一些在州和地区层面的应急管理社区将机场的应急情况运行中心视为一个多机构协调系统，可能是准确的，但可能导致混淆，当该术语使用于机场人员时，他们一般不熟悉这个概念①。

---

① 在国家应急事件管理系统训练中，多机构协调系统没有受到重视，大多数机场人员只需要完成基本的国家应急事件管理系统训练，即美国联邦应急管理局的应急管理学院课程，事件指挥系统100/200和700。在国家应急事件管理系统和事件指挥系统方面的更高层次的培训，以及应急演练，通常是必要的，以整合一些先进的概念和术语。

多机构协调系统也可以是某些特定人员，如机构管理人员或主管，他们被授权在协调响应工作中投入机构资源和资金，也称为多机构指挥组，可以是程序性的，例如，定义多机构协调系统活动、关系和功能的业务实践（美国联邦应急管理局，2010）。

多机构协调系统的主要职能是提供情景评估、确定事件优先次序、获取和分配资源、支持政策层面的决策，以及与其他多机构协调系统要素及民选和委任官员进行协调（美国联邦应急管理局，2010）。

地区指挥和多机构协调系统的主要区别是，多机构协调系统提供非现场的协调和支持，但没有直接事件指挥权力，而地区指挥有监督不同应急事件管理团队的权力。在一个大规模的社区灾难中，机场的应急管理人员可能被认为是在城市或县指挥之下的应急事件管理团队。

公共信息官员

新闻官在应急管理中起着重要作用，虽然真正意义上不是第一批响应人员，例如，向公众传播信息，以减少进一步的人员伤亡，防止公众妨碍警察、消防和应急医疗服务人员。对于一个小型的、市级机场来说，新闻官可能直接为市或县工作，代表整个市政府，而不仅仅是机场运行人员。在这种情况下，新闻官可能不太理解航空术语及一般的工作方式。尽管该新闻官可能在该市看到了许多与警察和火灾相关的事件，但他们往往不了解航空领域的差异。机场运行人员必须确保市政新闻官对航空应急事件管理有充分的培训，而有见地的机场职员亦可协助新闻官。

中型规模的商业服务机场，以及更大的通用航空机场可能有一位工作人员把新闻官作为附加的并列责任，而大型商业服务机场通常有一队职员，专职于新闻官的职能。一般来说，新闻官的一些主要挑战来自新闻官自身的组织结构。在指挥或政治结构中有些人将新闻官视为"媒体"，并设法尽量减少给此人的信息。这种做法妨碍了新闻官的工作，禁用了一个对应急情况响应和恢复的强大协助工具。该新闻官可能还会遭遇媒体的不信任，他们认为新闻官可能是一个看门人，阻止他们获得真实的信息。

但是，新闻官必须与媒体一起发展与指挥结构之间的信任关系。这种信任在发生应急或自然灾害之前就开始了，被分配新闻官职能的人员应完成国家应急事件管理系统初学者和高级培训课程。还有，很多新闻官都是前新闻记者，了解媒体所需——他们知道一个好的新闻官学东西很快，有良好的人际交往能力，而且正直。好的新闻官不说谎，具有诚信和信誉——记者和摄影师信任他们（琼斯，2005）。然而，人们不应该假设新闻官的职能完成是很容易的，因为它涉及很少的硬技能（例如，灭火、处理枪支、对受伤的旅客应用止血带），更多的是软技能，如关系建设。今天的新闻官经历了更多的挑战，面对社交媒体的出现、公民记者及无人机技术。

在应急事件管理中心的新闻官

新闻官是事件指挥系统指挥人员的成员，负责告诉事件指挥官或统一指挥与事件有关的公共信息所有事项（沃尔什等，2012）。新闻官是一个重要的角色，其有三个主要原因：第一，向公众发送有关事件或危机的基本信息，让公众知道采取什么行动；第二，使公众和媒体了解情况，这样公众就不会阻碍响应和恢复行动，或者在某些情形下，公众可以支持恢复或响应；第三，建立关于这一应急事件的叙述。如何讲述机场处理事件的故事，通过政治和机构间的余波可以影响短期内的响应行动、近期内的恢复行动、以及未来的长期行动。在《国家应急事件管理系统：原则和做法》一书中，沃尔什等（2012）注意到，除了新闻官的主要作用（保持事件指挥官信息更新）外，新闻官也处理：

1. 媒体、公众及民选和任命官员的询问；
2. 应急公共信息和警告；
3. 谣言的监控和回应：
4. 通常的媒体关系；
5. 其他职能，包括收集、核查、协调和传播与事件有关的准确、可用和

及时的信息，特别是有关公众健康和安全的信息，以及公共保护行动。

新闻官必须能够识别出需要传达给公众的关键信息，并以一种清晰易懂的方式传达信息，这并不会让公众一下子不知所措（美国联邦应急管理局，2008b）。

新闻官的最高目标是减少恐慌，告诉公众应采取什么行动，并向公众提供足够的对事件采取行动的信息，如果合适，告诉公众做了什么样的明智决定。例如，在飞机失事中，许多公众需要来自新闻官的信息，如果没有人在事件指挥结构中被指定和接受培训来处理这些请求，那么，就必须安排临时的系统负责信息发布，一位响应人员或其他人可能未接受过新闻官的工作培训，可能承担了该角色。这种情况可能会立即产生严重的运行影响，阻碍整体响应，以及带来长期的政治、官僚和法律影响。

下面的几项是基于理论上飞机失事的样例，在应急公共通知、保护行动和通讯之间跨越了功能线：

1. 潜在受害者的家庭成员想知道去哪里寻找更多关于他们所爱的人的信息；
2. 那些有航班离开机场的人想知道机场是开放着的还是航班会延误；
3. 住在事发附近的人士想知道是否有危险物质，或他们因任何理由而疏散或就地避难，以及该宗事故是否影响了本地的交通网络，例如，关闭公路或铁路系统；
4. 事件指挥官或统一指挥将希望了解有关事件的任何信息，涉及响应的

有效性或响应人员的安全（例如，一个公民在事故现场飞行无人机，这会造成与医疗救援直升机碰撞的风险）；

5. 对于机场、社区和对响应有责任的民选和任命官员想知道他们应该做出什么响应，并想知道救援人员是否在现场，情况是否正在得到处理；

6. 监管官员，如联邦航空管理局和美国运输安全管理局，想知道发生了什么。联邦航空管理局官员关心的是机场运行的安全；

7. 机场外的应急响应人员在接到初步通知后，将"调"到媒体频道，以了解更多有关该事件的信息，帮助形成一个共同的运行蓝图，因为资产和工作人员都将部署到现场。

上述列表包括事件指挥官、民选和任命官员、监管官员和一般公众，但对于新闻官来说，最重要的观众是他们自己。就像孩子们玩的电话游戏，当一个人低声对某人耳语，然后再对另一人耳语，依次传递，每次传递给其他人的时候，信息就会改变。因此，原始信息必须尽可能准确。

收集信息的过程包括：通过现场指挥和其他机构的新闻官，监测媒体，与民选和任命的官员、社区领导人以及最重要的是事件指挥官密切合作。信息应该通过多重来源进行核实，甚至事件指挥官可能没有准确的事件概况，新闻官必须确保如果事件指挥官说一件事，但是新闻官无法验证，那么新闻官就应该建议事件指挥官采取行动。公共信息的 3 个基本类别是：叙述性信息、咨询建议和警告以及行动信息（沃尔什等，2012）。

1. 叙述性信息提供了应急事件的概述。这种类型的信息通常是原声摘要或视频剪辑，描述了事件的发生图片、其规模和进展。叙事信息的例子可能是，一架飞机坠毁了，在机场发生了枪击事件，或机场宣布为坎昆启动航线服务。虽然所有的新闻官都在努力准确地报告信息，但准确性在叙述信息方面并不重要，因为在向公众发出警告和咨询建议时才重要。此外，在应急事件开始时，信息通常会零星地出现在事件指挥官中，而最初的信息并不总是像以后事件已经整体呈现出来的那样准确。

2. 咨询建议和警告告诉公众所关注担忧的事情，以及公众应该采取的具体行动步骤。咨询建议和警告是时间敏感性的，而且准确性也很重要。这些信息也可能包含技术信息，但仍应使用大多数人可以理解的语言编写，尽量减少缩略语和行话。咨询或警告消息的例子可能包括：机场被关闭请等待进一步通知，致电您的航空公司确定航班状态；所有交通避免机场北部的沿街道路，这是留给应急响应设备的；或是个人被禁止在事发现场操作无人机①，不服从者可能会遭到逮捕。

3. 行动信息促成公众立即采取行动，及时和准确的行动可能是一个生死攸关的问题。行动信息需要媒体的共同突击，当本地电视和电台广播中断时，使用反向9·11系统，并激活公共警报系统，如龙卷风警报。行动消息的例子可能包括：居住在机场北部的居民应该立刻疏散，或者在机场的所有人员应该即刻在指定的龙卷风避难地点寻求避难所。

社交媒体给新闻官带来了更多的挑战，同时也开辟了新的途径，让机场直接向公众传播信息。传统的方法包括举行新闻发布会、发布新闻稿，或媒体直接访谈。这些技术的挑战是，媒体出口然后决定哪些信息发布给公众。虽然有关应急公众通知或保护行动的信息，经常直接沟通，没有过滤，机场可能失去对于整体叙述性信息的控制。

与事件有关的叙述，是讲述机场如何响应应急事件的故事。叙述这个术语类似于新闻官可发送的消息类型，但在这方面，叙述涉及的是机场管理层如何应对整个事件。

在新闻官领域内，有一个普遍的主题，各机构渴望讲述机场的故事。无论在何种情况下，机场和政府机构都希望确保他们的行为是负责任的，他们关心的是所有参与人员的安保和安全；有计划到位，尽可能地遵循计划；此外，还要避免或减轻未来问题的步骤（霍夫曼，2008）。

机场管理人员、民选和任命的官员及其他责任方可能需要管理应急事件时3次或多次辩护自己的行动：第一次向他们的主管或选民；第二次在舆论法庭；第三次在实际的法院，这可能涉及诉讼、证词和证言。

随着科技的发展，新闻领域正在发生变化，新闻官和政府机构必须采取策略来适应和改变。对于当今新闻领域最主要的影响是社交媒体的发明和广泛使用、公民记者的出现及无人机或无人机技术的问世。

社交媒体允许任何人进入互联网，对全世界的观众说出个人的想法。《韦氏词典》将社交媒体定义为：通过电子通讯的形式，这些网络用户创建在线社区共享信息、思想、个人信息和其他内容。

虽然有数以千计的社交媒体渠道可用，但少数渠道占据主要的地位。一些已经成为主流，其他形式的社交媒体在每年已有的基础上要么流行要么不受欢迎；因此，新闻官的部分工作是要跟上当前的趋势，并知道什么样的社交媒体让人关注。

---

① 虽然我们在整个章节中使用的术语是无人飞行器，但是这里使用"无人机"，因为在公众的眼睛里变得更容易识别。

有了社交媒体，一名旅客可以发送推特，面向十万、数十万或数百万人的人群，不仅是叙述发生了什么事，而且有照片和事件的视频链接。即使是一个小社交媒体，也可以有一个信息或视频出现病毒式暴发，因为通过其他社交媒体转发和重新发布。在 2013 年 11 月 1 日洛杉矶的枪击事件中，数以万计的旅客和其他人用他们的手机进行录影和拍摄现场，上传到他们的个人和专业的社交媒体，当所有的人员同时在疏散撤离的时候。

社交媒体产生的另一个动态发展是公民记者，或者说是博客作者的出现。一些博客，如赫芬顿邮报，已扩大到合法的新闻来源，有专业记者、摄影师和摄像师。博客也与其他博客进行了交叉链接，扩展了他们的范围，因此，在一个博客上发帖可能会转发数千次，在几分钟内就能传播到全球观众。博客作者可以成为优秀的调查记者，并经常与主流调查记者合作，因此，他们对机场所说的影响不能被新闻官所忽视。

无人机技术允许空中访问以前仅是新闻直升机领域的事件场景。对于媒体或公众来说，看看发生了什么事情，需要直升机或一个非常长焦距的镜头，或望远镜。然而，无人机提供了近距离通道，一般不受警察设置的界限或机场外围围栏的影响。新闻机构正在向使用无人机的方向迈进，同时还有应急管理人员和公民记者等。美国有线电视新闻网用一架无人机报道了 2015 年在阿拉巴马州塞尔玛发生的事件，无人机的使用开始传遍全国。然而在事件中，新闻机构或私人运行的无人机可能会对空中导航造成危害，侵犯私人的隐私，并干扰救援行动。

新闻官必须监控主流媒体，也必须监控在社交媒体上对机场的报道。社交媒体、每个公民记者和无人机的结合意味着政府必须始终以透明的方式运作，并认为每个人都在观察和判断政府的行为。

正如社交媒体对新闻官的挑战一样，也可以使用它作为一种有效的工具直接向受影响和感兴趣的人群提供信息，而不需要媒体进行过滤。许多应急演习现在有社交媒体的组成部分，社交媒体也被用来向响应人员和其他机构在事件中沟通信息（拉茨，2015）。

机构可以跟踪道路封闭、停电、在航站楼旅客的需求，以及其他信息，这些可以上传和链接到地理信息系统的地图，以帮助确定第一批响应人员的资产应部署在何处（拉茨，2015）。社交媒体，包括群发短信，可以用来与志愿者沟通，这样他们就不必在部署前向应急情况运行中心报告（拉茨，2015）。此外，志愿者可以用来帮助监控和管理社交媒体，并可以从他们自己所处的位置做到这一点，而不是在应急情况运行中心或类似的区域。

运行安保和健康信息

虽然新闻官是向公众传递信息，信息的两个领域必须被保护，不得公开披露。运行安保，包括敏感的安保信息和有关程序的信息；在安保事件中警察、联邦调查局或其他执法力量的部署；关于战术的讨论；某些武器或执法监视工具的录像；战术部署必须防止被公开披露。同样，社交媒体、无人机和公民记者可能自己识别这些信息，但是，机场应该有政策限制他们自己的人员通过任何方法发布这些信息。已经发生了无数的案例，在正式通知死者家属之前，家人朋友已经公开张贴朋友或亲人在伊拉克或阿富汗去世的信息。

此外，1996 年的《美国医治保险携带和责任法案》涉及个人健康状况的隐私，并禁止公开披露。只有某些特定人员，如执法或神职人员，通常会做出死亡通知；医院和医护专业人员必须遵守《美国医治保险携带和责任法案》，并在某些特定情况下才能传播有关个人健康状况的信息。除非得到了医务专业人员、国家运输安全委员会和其他授权实体的批准，机场运行人员不应对受害者的姓名和状况发表声明。此外，航空公司有责任保护旅客和机组的身份，并可能不向应急情况运行中心提供旅客名单①。然而，虽然警察、消防和机场运行部门没有得到旅客名单，但美国红十字会与航空公司和卫生和医院合作，协调受害者和其他参与事件人员的状况和地理位置。

联合信息系统（联合信息中心）

大规模的机场事件将迅速扩大，超越当地响应人员的能力，这会启动相互援助的响应，并扩大新闻官的作用。每个机构都应该有它自己的公共信息流程和人员，在应急事件中的一个关键目标是协调公共沟通的努力，而不是指责其他机构。此外，公共消息传播不应干扰响应和恢复运行，而应设法增强此类运行。

联合信息系统是一个有组织的、综合的和协调的机制，以确保在危机期间跨多个辖区向公众提供可理解的、及时的、准确的和一致的信息。联合信息系统的关键要素是机构间协调、收集、核查和传播一致的信息，向决策者提供资料，并保持灵活性和适应情况（美国联邦应急管理局，2008a）。联合信息中心是一个有利于联合信息系统的位置。这是来自不同机构的新闻官会面和执行新闻官职能的地方，而且跨辖区、私营部门机构（如航空公司）和非政府组织（沃尔什等，2012）。一个单一的联合信息中心是比较好的，但多联合信息中心在提供适应性和必要的事件或应急中覆盖范围也是必要的。当联合信息中心人员收集和协调信息时，发布信息的最终权力在于事件指挥官。

在机场，联合信息中心可以位于媒体中心附近，媒体中心是媒体人员在事件中聚集的地点。伯明翰（沙特思沃斯）国际机场（阿拉巴马州）有一个大会议室，也作为一个媒体中心，设有一个讲台，有照明和座椅以及音响系统，可用于新闻简报会以

---

① 对于航空承运人是否有义务向除了美国红十字会或联邦调查局要求之外的其他实体提供旅客舱单，在行业中对此存在着显著的观点分歧，但是让当地机场警察、运行人员、消防人员感到惊愕的是，航空运承运人通常不会直接将此旅客舱单发布给他们。

及为媒体提供设施。那里可以免费上网，有大量的 AC/DC 电源插座，厨房提供咖啡和小吃，有电视和插入式广播媒体，这些都是一个有效的媒体中心的一些要素。其目标是在事件发生的情况下提供"新闻"，所以，他们不太可能干扰机场运行，在任何情况下媒体中心都不应该靠近家庭援助区。

总结

不管应急事件的类型是什么，几个核心功能，包括指挥和控制、通讯、警察、消防、公众通知、应急医疗、资源管理和机场运行和维护，都必须解决。每个功能在事件中都扮演着特定的角色。

实质上，有效应急响应的 3 个核心要素是指挥、控制和通讯。指挥和控制是通过国家应急事件管理系统在航空领域实施。指挥可以是一个单一的事件指挥官，通常是由机场政策预先确定的，或由事件的性质决定的。指挥是有效地管理他人的能力，包括那些不直接在指挥官下工作的人，控制是有事件指挥系统到位的能力，并且经过训练和测试拥有所需的资源。一个有效的通讯网络可交互运行性和具有冗余度，是执行指挥功能的关键。

许多应急情况，包括自然灾难，都需要应急公共通知，在某些情况下，需要诸如疏散和就地避难等保护性行动。机场管理层应该程序到位，通知机场人群，在空侧和陆侧和航站楼地区躲避，并告诉他们正在发生什么以及采取的行动。

警察、消防和应急医疗服务是应急事件的第一批核心响应人员，这些人员在《机场应急计划》中有许多责任。机场运行和维护人员在应急情况下填补支持或指挥角色，他们都是机场和国家航空系统功能的专家，而且具有操作航空运行区所需的出入通道、车辆和培训。

国家应急事件管理系统是在 9·11 恐怖袭击事件以后被创建的，是美国管理灾害、应急事件和其他事件的标准方法。这是基于 3 个原则：事件指挥系统、多机构协调、公共信息。

事件指挥系统的 5 个功能分别是指挥、运行、规划、后勤和财务（行政）管理。对于某些事件，将增加情报（调查）功能。指挥包括事件指挥官或统一指挥人员、安全官员、新闻官和联络官。运行是执行计划和政策的人员；规划人员制定《事件行动计划》，试图设置和满足应急事件指挥的目标。财务（行政）管理人员跟踪资源和人员的使用，后勤人员获取所需的人员、材料和车辆，以支持应急事件的目标。

多机构协调使许多机构的资源能够汇集起来供响应人员使用。新闻官也在事件管理中发挥着重要作用，既向公众和指挥团队传播必要的信息，也在编写机场关于如何处理事件的叙述。

通过国土安全演习和评估计划创造能力

贾斯汀·超霍尔特，B. S. ，C. M.

丹佛消防局

丹佛国际机场

众所周知，一个遥远的甚至是微不足道的事件会对世界的商业航空系统造成毁灭性的后果。无论是在关键的机场通道一个很糟糕的失速车辆，还是通讯中心的小火灾，就像9·11这样前所未有的恐怖袭击事件，毕竟商业航空运行是一种微妙的平衡。那么，我们如何以一致、有效和可衡量的方式做到这一点呢？

所有航空专业人士，无论角色如何，都要面对安全运输旅客这一主要使命，既复杂而又简单。光是安全运输是不够的。通过开发、维护和改进整个航空系统运行连续性的总体流程，我们才能最好地实现这个使命。这是实施所需演练周期的高层次意图，用以发展、增强和评估安全运输人员所必需的能力，这使人不禁怀疑：在年度桌面演练中，两年一次的航空安保应急计划，和三年一次的坠机演练中，我们是否进步了，以实现我们压倒一切的使命，或只是简单地检查一下是否符合法规遵从？事实是我们真的不知道。

能力开发不是一个神秘的过程。在任何的学习方法论中，它都是直观的，并且被很好的接受，我们必须从个人技能的基础上通过低层次的协调不断进步，逐步发展为更高级的协调。高层次的指挥、通讯和协调如何有效？这应该成为任何能力开发的重点。

在一个理想中的世界中，能力和符合性应该是同义词，一个是另一个的测量方法。然而，在一个一系列标准和最佳实践管制的行业中，我们忽视了最佳实践是为了确保我们符合行业标准，实际产生合法的能力。

我们都沉迷于法规符合性及让每日运行尽可能地平稳顺畅。我们最不希望的事情是贪多嚼不烂，然而，如果我告诉你能够将所有的事情，包括每日的运行，打包装入一个很不错的简单系统，可以保证你的美国联邦航空管理局监察员离开机场的时候惊叹于你令人惊讶的能力，那么，你是否会感兴趣往后继续读下去？如果我告诉你，你不但可以免费获得这个令人惊讶的系统，而且它将具有潜力提升利润及在拨款基金中获得不计其数的资金，这是否让你感兴趣？如果是这样，请继续读下去。

首先是在2002年引入的《国土安保演练和评价项目》呈现了从现有演练项目中所学到的经验教训及最佳实践，可以适用于全面的情景和事件范围。这是经过验证的方法论，如果合适运用，确保能力的开发方式是支持当地、州及联邦的需求，并且这样做是符合国家相应计划及其相关的能力、标准和最佳实践的（比如国家应急事件管理系统、事件指挥系统）。如果你正确地实施并保持简单，这会简化你的生活，极大地改进你的运行。简单地说，如果你遵从系统，你将检查所有打钩的空格，让你看上去像"摇滚歌星"，挑战在于学习它和连贯一致地运用。

随着所有流程的发展，通过定期评价、流程评审及承诺于实施计划中的改进将不断随着时间而进步。《国土安保演练和评价项目》是一种不断进步的基石式的方式，用于识别出核心能力，决定目标能力、开发知识、技能和能力，这是实现、改进和维护核心能力所必需的。如果你利用关键性步骤（比如渐进性的），那么，它可以按照设计是可拓展的，而且非常简单。不幸的是，我经常发现《国土安保演练和评价项目》使用者看见他们面前巨大的工作量而举手投降，因为，他们匆匆忙忙地建设复杂的、全面的演练，而没有考虑到事先第一步是建设所有基础型的基石。小步，让我们迈小步开始。

《国土安保演练和评价项目》基础

基础性的《国土安保演练和评价项目》进展开始于个人技能的发展与培训，以及从演习、桌面和功能性演习进展到全面的演练（图 11.8）。

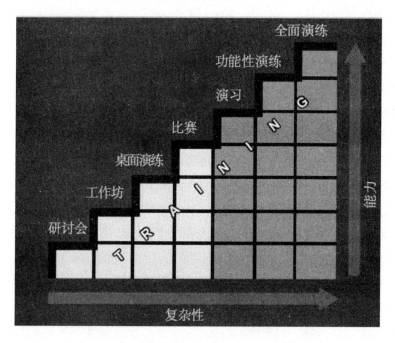

图 11.8 《国土安保演练和评价项目》计划进展
（经贾斯汀·超霍尔特同意后使用）

每个步骤都有评估和改进计划过程。了解《国土安保演练和评价项目》的关键是，培训是针对个人的，演练是为团队进行的（图 11.9）。这是一个重要的区别，因为没有任何陷入演练循环，就如在演练中试图训练和评估个人，或阻碍运行协调和流动，而必要的个人技能发展过程被忽视了。

图 11.9　《国土安保演练和评价项目》培训关注领域
（经贾斯汀·超霍尔特同意后使用）

　　演练本身分为两种基本的类型：基于讨论的和基于运行的演练。你通过讨论实施一个演练，通过实践实施另一个演练。工作坊和桌面演练是最实用的、基于讨论的演练。这两个主要的区别是工作坊产生一个计划，涉及妥协，以达到最终目标。桌面演练应该是参与者对计划知识的口头展示，它适用于给定的场景。好的桌面演练应该是短的，切中要害的，并显示正在实施的计划战略的强项和弱点。工作坊是计划制订的地方，桌面演练是谈话讨论计划的地方。

　　基于运行的演练是"具体实践"，由演习、功能性演练和全面演练组成（图11.10）。你走动得越多，说明演练规模越大。个别团队的演习（例如，飞机救援和消防、应急情况运行中心、应急医疗服务）；一些团队在一起合作实践，以实现更好的互运行性和互动。这些是功能性演练，其范围有限，重点关注于团队之间的互动。

　　当所有团队在一起实时工作时，它被认为是一个全面的演练，但这些并不意味着是"隆重的仪式"，充满了不现实的人工时间轴。这些是由能力驱动的，客观地测量运行性的着装彩排。

　　我们换一个角度来看，想想孩子的足球队。任何球队想要的核心能力都是赢的能力。为了赢球，你必须得分。为了得分，在球场上的每个人都有具体的职责和责任。每个人干得越好，在整个比赛的背景下，球队就越有可能得分，最终赢得比赛。很多依赖个人技能，但是如果不清楚球要朝哪个门踢，那么，掌握再多技术也无法克服这种含糊不清。解决方案就在比赛本身。在比赛过程中，个人和组织的长处和短处都显露出来了，并可以持续或改善。简单的讨论"剧本"（桌面演练）不会显示出踢球的

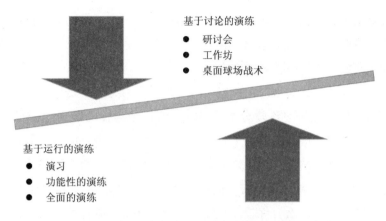

图 11.10　《国土安保演练和评价项目》排练式的演练
（经贾斯汀·超霍尔特同意后使用，2015）

技能，但会提高对策略的理解。练习进攻，或是练习防守，创建一个集成功能，这对赢得比赛是关键的。这强调了角色和职责，赋予教练深刻的洞察力以如何最佳安排整个队伍。

《国土安保演练和评价项目》过程对于孩子球队看上去像是这样：教练决定合理开发和维护技能集，撰写基本的比赛方法（工作坊）；技能集被开发（个人训练）；每一个人聚集在一起学习教练制定的战术（研讨会），每一位球员表明他们理解特别针对于他们的球场战术；当每一个人都有合理理解（能够表明他们理解）后，他们走向球场进行低水平的合作（演习）。当小团队对于所要求的事情开始感到舒适，这些团队被汇集到一起开始演练（功能性演练）。随着能力的增强，开始安排练球，你假装在实时进行一场真正的比赛。这就是全面演练。在整个过程中，你将评估进度，确定要改进的领域以及解决问题。

重要的是要注意，所有的演练——从球场战术桌面演练到全面演练——是按照所撰写的和理解的剧本运行的。这些不是讨价还价、批评或争论的论坛。《国土安保演练和评价项目》为评估和改进计划过程提供了客观评价绩效的工具，这些基于所明确的目标和有针对性的能力。这些评价提供了制定改进计划所需的信息。绝大多数的进展将会是识别出和改进那些防止顺畅运作的小事情，其中的奥秘在于演习和功能性演练。

当你已经完成了前期的工作，并准备好处理全面演练时，这很容易让人建立评估太多目标的欲望。毕竟你要做的就是各种各样的事情，为什么不评价全部的事情呢？虽然一开始看这似乎是合理的，但是，收集太多的数据会很快稀释甚至推翻最积极的改进过程。有太多的数据，我们往往会忽略那些真正重要的事情，对我们来说，这是运行的连续性。每一个由商业机场进行的全面演练都应将重点放在运行的连续性上。在安全、效率和盈利能力方面最大的改进都需要运行的连续性。为了使这些事情保持在我们的视野中，我建议对任何一个全面演练仅使用3个目标。这些目标应涵盖：运行通讯、运行协调和应急情况运行中心运行。这些目标可以与任何目标或核心能力相一致，并确保我们始终保持大局观的视角。

飞机救援和消防员让大型绿色机器喷出泡沫的能力是一个培训的目标，而不是一个演习的目标。护理人员对诊疗分类、分流、治疗和运输的能力也同样可以进行评估，通过技能和演习实施改进的。然而，应急医疗服务提供者能够以协调和良好沟通的方式执行其关键任务的能力，这是全面演练的一个目标，因为他们需要从起火的飞机上汇集撤离者，转移到安全地带。简单地说，如果你不知道如何穿上你的表演服装，不知道你的台词，那么，你就没有做好表演的准备。应该衡量的是，应急情况运行中心所协调的所有这些运行是如何开展、支持运行的连续性，是否以一致和有效的方式实施沟通。

《国土安保演练和评价项目》是一个了不起的工具，代表了演练实施和设计的最佳实践。通过简单使用这个流程，你将确保符合适用的标准，以及开发正规的能力。获得培训，使用《国土安保演练和评价项目》模板，并保持一切都简单。你的培训和演练项目将赋予你方法来改进运行的连续性，而这些方法是你以前无法想象的，同时又可以看见你的美国联邦航空管理局监察员脸上一展笑容。

参考文献

Airports Council International（ACI）.（2009, April）. Airport preparedness guidelines for outbreaks of communicable disease. Retrieved June 1, 2009, from：http://www. airports. org/aci/aci/file/ACI_Priorities/Health/Airport%20 preparedness%20guidelines. pdf.

Anders, M.（2015）. Office escape. Off the Grid, 9, 71–72.

Centers for Disease Control（CDC）.（2009, March）. US public health entry screening of arriving international travelers at airports during an influenza pandemic. Retrieved on June 3, 2009, from：http://ecfr. gpoaccess. gov/cgi/t/text/text–idx? c = ecfr&tpl =/ecfr-browse/Title42/42cfr71_main_02. tpl.

Centers for Disease Control（CDC）.（2014, December 12）. Airport exit and entry screening for Ebola–August–November 10, 2014. Retrieved August 28, 2015, from：http://www. cdc. gov/mmwr/preview/mmwrhtml/mm6349a5. htm.

Colorado Aviation Recovery Support Team（CARST）.（n. d.）. Colorado avia-tion recovery. Retrieved August 28, 2015, from：http://www. coloradoaviationrecovery. org/#home.

Everbridge.（2015, August 26）. The Everbridge suite of products. Retrieved from http://www. everbridge. com/products/.

Federal Aviation Administration (FAA). (2010). Airport safety standards. AC 150/5200 – 31C: Airport emergency plan. Washington, DC: U. S. Department of Transportation.

Federal Emergency Management Agency (FEMA) (2005). Typed resource definitions (pp. 26 – 28). Washington, DC: FEMA.

Federal Emergency Management Agency (FEMA). (2008a). IS – 774 EOC management and operations (US, FEMA, EMI). Washington, DC: FEMA. Retrieved August 24, 2015, from: https://training. fema. gov/is/courseoverview. aspx? code = is – 775.

Federal Emergency Management Agency (FEMA). (2008b). National incident management system. Washington, DC: FEMA.

Federal Emergency Management Agency (FEMA). (2010). Considerations for fusion center and emergency operations center coordination. Washington, DC: FEMA.

Haddow, G. D. , Bullock, J. A. , & Coppola, D. (2013). Introduction to emergency management (5th edn). Waltham, MA: Butterworth – Heinemann.

Hoffman, J. C. (2008). Keeping cool on the hot seat: Dealing effectively with the media in times of crisis (4th ed.). Highland Mills, NY: Four C's Pub.

IEM, Smith – Wooline, TransSolutions (2012). Airport – to – airport mutual aid programs. Washington, DC: Transportation Research Board (ACRP Report 73).

Jones, C. (2005). Winning with the news media: A self – defense manual when you're the story (8th ed.). Anna Maria, FL: Winning News Media.

Merriam – Webster. (n. d.). Social media. Retrieved August 30, 2015, from: http://www. merriam – webster. com/dictionary/social%20media.

National Fire Protection Association (NFPA). (2013). NFPA 424, guide for airport/community emergency planning. http://www. nfpa. org/codes – and – standards/document – information – pages? mode = code&code = 424.

Pfeifer, J. (2013). Crisis leadership: The art of adapting to extreme events. PCL Discussion Paper Series.

Raths, D. (2015, July 23). Social media: The next level. Retrieved from: http://www. emergencymgmt. com/disaster/Social –Media –The –Next –Level. html.

Ripley, A. (2009). The unthinkable: Who survives disaster and why. New York, NY: Three Rivers Press.

Stambaugh, H. , Sensenig, D. , Casagrande, R. , Flagg, S. , & Gerrity, B. (2008). Quarantine facilities for arriving air travelers: Identification of planning needs and costs. Washington, DC: Transportation Research Board (ACRP Report 5).

Walsh, D. W. , Christen, H. , Callsen, C. , Miller, G. , Maniscalco, P. , Lord, G. , et al. (2012). National incident management system: Principles and practice (2nd ed.) (Kindle). Retrieved August 30, 2015, from: http://www. amazon. com/National－Incident－Management－System－Principles/dp/0763781878.

WordPress. org. (n. d.). What is a "blog"? Retrieved August 30, 2015, from: https://codex. wordpress. org/Introduction_to_Blogging.

延伸阅读

U. S. , State of Michigan, Emergency management division. (2013). Design recommendations and criteria for emergency operations centers. http://www. michigan. gov/documents/MSPLocalEOC criteriev2_03final_60263_7. pdf.

第十二章　机场应急方案

Erickson Air Crane 在科罗拉多州落基山大都会机场着陆
（沙恩·赛德尔伯格拍摄，由科罗拉多州航空部门提供，2012）

位于科罗拉多州克雷姆灵麦克尔罗伊机场的自助油库
（沙恩·赛德尔伯格拍摄，由科罗拉多州航空部门提供，2012）

1989 年 7 月 19 日，美国联合航空公司的 -232 航班，在爱荷华州的苏城机场紧急降落时坠毁。飞行员和空中交通管制员的行动非同凡响，为挽救机上 296 名乘客的生命作出了贡献。同时，苏城应急管理人员的反应，已成为如何有效应对飞机坠毁的研究案例。最终，该起事故中共有 184 人幸存，其中许多人之所以能够幸存，是由于苏城消防、警察、治安官和急救医疗服务的专业性和前瞻性思维。

第一批急救人员发挥了他们的想象力，并为从未发生过的事件做好了一切准备。虽然苏城机场从没有大飞机光临过，但是，刚刚上任的应急管理主任加里·布朗知道，这座城市位于一条车水马龙的航线上。布朗觉得可能会有一天，苏城需要为一架满载乘客的客机做好应急救援的准备（冈萨雷斯，2014）。

美国联合航空公司 -232 航班事故发生在 1989 年，即国家事件管理系统出现的前 15 年。而且，苏城一直保持着正常运行，过去几乎没有什么经验教训可以借鉴。1992 年，电影《英雄成千》讲述了美国联合航空公司 -232 航班和第一批急救人员的故事。许多应急管理方面的培训使用这部电影作为教学工具，教导其他人如何应对飞机坠毁。

机场应急管理经常探讨的是，一架大型客机坠毁这样的"大事件"。机场运行的专业人士都希望这种情况永远不会发生，但私下里他们也会经常想，如果真发生这样的事件，他们的表现将会是怎样。尽管机场人员会被要求处理其他机场的事故，但许多人不会被要求处理大规模的飞机失事。然而，《机场应急计划》要求机场应急人员能够应对各种紧急情况，机场急救人员和应急管理人员只能根据自己对"大事件"的防备和反应做出他们自己的决断。

飞机失事是一件非同寻常的事件。这是大多数人一辈子都不会遇到的事情，即使是在机场管理部门的人员，也不一定会遇得到。对于处理一架大型客机的坠毁事件，即使是经验丰富的火警和警察也可能会感到应接不暇，他们经常处理的是车祸、杀人甚至是大规模的枪击事件，从中看到死亡和重伤，但是在一次航空事故中伤亡的人数可能达到数百人之多，并且在飞机坠毁事件中，飞机与地面高速碰撞所产生的强大物理力量所造成的人体伤害是非常恐怖的，并且是触目惊心的。

特定危害部分概述

《机场应急计划》的咨询通告要求 139 款的机场针对某些特定事件制订具体的风险源方案，并制订计划来应对已识别的风险和危害。在《咨询通告 150/5200 - 31C》（联邦航空管理局，2010a）中详述的事件有：

1. 飞行事故征候和事故；

2. 炸弹事件，包括涉及飞机的指定停机坪①；

3. 建筑物失火；

4. 在油库失火或油料储存区域发生失火；

5. 自然灾害；

6. 有害物质（危险品）事件；

7. 蓄意破坏、劫持事件和其他非法干扰行为；

8. 飞行区域灯光失效；

9. 适当的水灾救援。

《机场应急计划》中还应该包括通过风险评估所确定的其他危害，同时，还应对事件相关的情况和假设进行相应的描述。特定危害部分应对与事件相关的操作进行描述，包括：识别应急阶段并描述响应和恢复的行动和程序；互助协议；机场运营商、空中交通管制、消防救援、警察、急救医疗服务的组织机构、职责和他们之间的沟通。还应该包括其行政和后勤信息，并保持方案的最新有效（联邦航空管理局，2010a）。

机场经理有责任和机场应急方案小组面对面地确定，在特定危害部分应包含哪些内容。机场运营商还应当关注机场独特的运行特点、历史气候条件及与该地区相关的自然灾害历史。机场还必须考虑到社区、联邦、州和地方政府的需求和期望，以及他们在自然或人为灾害期间对机场的依赖，还有可能对机场造成威胁的相邻设施。在《机场应急计划》的咨询通告中，美国联邦航空管理局试图通过将相关的特定危害附录与核心功能相关联，从而将功能部分与特定危害部分的主题联系起来，如表12.1所示。

作为政策的总体事项，如果发生任何可能危害机场安全和安保的飞行事故或重大事故征候，机场运营商或美国联邦航空管理局的空中交通管制应立即关闭机场。② 除非满足以下条件，否则，机场不应重新开放：所有飞机的运行区域都是安全的；飞行区域已经过适当的检查，并且能够满足安全运行；飞机的救援和消防设备、人员及材料已经准备就绪，满足可以立即再次响应的需求。此外，机场运营商必须确定，救援和撤离活动不会因恢复飞行运行而受到其他不利影响，并且该事故或事件不会对机场运行造成危害。关闭可能只需要几分钟的时间，以便机场运行人员确定应急情况的范围，但是，当一架大型飞机坠毁时，机场通常会一直处于关闭状态，直到应急响应工

---

① 炸弹事件和蓄意破坏（列表中的第2条和第7条）在咨询通告当中是分开列出的，但在咨询通告的主题部分它们被合并为一个特定的危险源部分，被命名为恐怖袭击事件。

② 虽然机场的开放和关闭是机场运营商的责任，但在很多情况下由于涉及其他职责，机场运行人员可能没有时间或能力发布关于机场关闭的通知。通过与空中交通管制塔台的协议书，空中交通管制塔台可以在一定条件下被授予关闭机场的权力。

作已经有条不紊地开展，并且不会受到其他影响。

飞行事故征候及事故

美国联邦航空管理局对飞行事故征候和事故的定义为：

1. 飞行事故：从任何人登上航空器准备飞行至飞行结束这类人员离开航空器为止的这段时间内，与航空器运行相关的，造成至少一人死亡或受重伤，或者航空器（包括货机）遭受严重损伤的相关事件。

2. 飞行事故征候：是指影响或可能影响运行安全的事故以外的事件。

第 139 款规定了机场运营商应为机场内外的飞行事故或事故征候（包括货机）制定应急救援预案。预案通常还应该延伸到邻近的财产，以及由机场负责响应的其他区域。国家运输安全委员会为机场的和机场外的急救人员提供了如何应对运输事故的指导（国家运输安全委员会，秘密协议）。这本小册子为所有的航空或运输事件确立了核心重点工作。

最重要的是挽救生命，稳定现场，保护财产和环境，减轻有害物质污染。对机场而言，还有第五项重点重新开放机场，因为当机场关闭时，会影响整个国家空域系统。

表 12.1　与核心功能相关联的特定危害附录典型内容

功能部分	特定危害部分的主题
指挥及控制	针对特定时间段和阶段的响应操作
	危险物质评估
	损伤评估
	残骸清除
	设施检查
	紧急救援人员的防护设备
	检测设备和技术
	公共生命救助线的建立
	搜寻及救援
	采取行动确保该地区安全和可靠，以便现场调查人员进入调查
沟通	为确保与特定危害相关的影响不会防止或妨碍紧急救援人员在紧急救援行动中相互沟通做出规定
警报通知及警告	特定危险的公共警报和警告协议
	强制或建议通知特定的应急响应机构，包括地方、州和联邦

续表

功能部分	特定危害部分的主题
公共应急信息	公众（员工和旅客）需要知道对待特定危险的相关信息（例如，特殊疏散路线，就地掩蔽）
	向公众公开这一信息
保护行动	撤离或就地避难的选择，以及它们的耗时
	针对特定危险的特殊禁区［例如，附近核电和主要化工厂的下风和横风区域；受风暴、飓风、潮汐冲击造成洪水泛滥的低注（沿海地区）］
	撤离路线
	支持大规模撤离的运输资源
执法（安保）	特殊的交通和进入控制要求
	特殊或安全的沟通程序
	特殊或特有的资源、设备和耗材要求
消防及救援	特殊或特别反应部队（如危险物质团队）的要求
	特殊或特有的资源、设备和耗材要求
健康及医疗	暴露危险人员的特殊或独特健康状况和治疗选择
	环境监测和净化要求
	特殊或特有的资源、设备和耗材要求
资源管理	对购买、储存或以其他方式获得应急行动所需的特殊防护装备、设备和医疗用品，同时满足灾民迫切需求做出规定
机场运行及维护	特殊或独特的通知要求（例如，《航行通告》、美国联邦航空管理局、国家运输安全委员会等）
	规定进行必要的设施检查

（来源：联邦航空管理局）

应该在事故现场周围建立一个安全的边界，让公共安全人员进入现场以拯救生命。航空器所造成的任何地面伤痕或痕迹都应得到保护和保存，所有证据必须在重新开放机场之前形成文件并拍照留档。还应当记录进入事故现场的人员，并保护现场不被有动机的人员（如航空器运营商）蓄意破坏。应该保护任何可能在事故期间被移除的电子数据或影像，并对其建立一个相应的监管链。

收集有关乘客和送医人员的信息；相关人员要么已经送至医院，要么自行离开。在采集目击者陈述的同时，也要记录其联系方式。与证人进行初步面谈，以确定他们相对于事故现场的位置和他们所看到的。应该收集所有被旁观者拍摄的视频或照片。

任何与坠机相关的信息发布，都应通过新闻官员进行协调。但是，只有国家运输安全委员会可以发布有关调查的事实信息，当地机构不应对原因进行推测。国家运输安全委员会不得公布与事故相关的机组成员、乘客或其他受害者的姓名。

虽然上述程序特别针对于由地方应急管理人员做出的机场外响应，但同时也提供了一般情况下的一些机场内响应。这本小册子的角度主要是针对高速公路事故的，其假设条件是可能在国家运输安全委员会做出回应之前，地方政府必须尽可能快速地开放高速公路。美国联邦航空管理局和国家运输安全委员会通常都能够对机场做出及时的反应，所以这本小册子中的一部分指导方针应被《机场应急计划》所取代。

警戒级别

航空器事故的《机场应急计划》部分应包括飞机救援与消防指数、机场和空中交通管制塔台服务时间、跑道数量和磁方向、按航空器类别划分的日常运行细则，机场通常使用的飞机类型的细则，以及可用的总结：应急反应人员（警察、消防等）（联邦航空管理局，2010a）。《机场应急计划》还应描述低能见度期间对飞机救援与消防设备的任何预先到位要求、描述机场关于启动应急运行中心的政策，并假设所有飞行事故征候或事故都可能包含潜在的有害危险物质事件（联邦航空管理局，2010a）。无论如何，在处理任何一起事件时，都应将危险物质的可能性考虑进去是有重要意义的：在消防救援过程中，这样做可能导致救火行动必须暂停，直至危险物质处置队伍到达。假设飞行事故中涉及危险物质是比较周全的，但这并不意味着，一定要宣布这是一起需要特殊响应的危险物质事件。

《机场应急计划》还应该描述在机场使用的事故征候（事故分类）。但是，如果《机场应急计划》的咨询通告提供了多个响应的描述、响应类别和事件分类的话，就可能会造成混淆。所以机场管理人员和《机场应急计划》方案团队应该就《机场应急计划》中使用哪种官方表达方式达成一致。

国际民用航空组织的《机场服务手册》之第 7 部分，《机场应急方案》和国家消防协会 424 的《机场区域规划指南》列举了事故征候的三个例子：

1. 一级警戒（待命警报）：已知或疑似有操作缺陷的飞机，飞机通常不会有太大的安全着陆难度。这只是一个通知，不要求必须做出响应。所有的相关单位都应配备相应的工作人员，并应在岗位上待命（联邦航空管理局，2010a）。

尽管美国联邦航空管理局称，"不要求必须响应"，但机场应急方案和国家消防协会的 407 文件（第 424—437 页）指出，至少应有一辆飞机救援与消防车辆配备人员并且就位，以便在发生事件时能够立即投入使用。在一些机场，一级警戒的响应只需要飞机救援与消防人员把他们的设备放在消防站里，或者把他们的装备准备好，准备好车辆移动。而其他机场已经完全从

《机场应急计划》中删除了一级警戒，在这些机场，飞机紧急情况仅有二级警戒或三级警戒。

2. 二级警戒（全面紧急警戒）：已知或怀疑有航空器带有可能影响正常飞行运行的操作缺陷，并且有发生事故的可能。所有单位都应到达预先指定位置做出响应（联邦航空管理局，2010a）。机场应急方案和国家消防协会的407文件规定，对于二级警戒，应采取全面响应，应急设备人员应立即到位，启动消防车并打开警报灯，以便能够尽快到达事故现场。持续监控飞行员和空中交通管制员使用的无线电频率，并且飞机救援与消防车辆应该能够在飞机静止时立即启动灭火（机场应急方案和国家消防协会的407文件）。

3. 三级警戒（飞行事故警戒）：机场内或机场附近发生飞行事故征候（事故）。所有指定的应急响应单位都应按照既定的计划和程序进入现场（联邦航空管理局，2010a）。机场应急方案和国家消防协会进一步表明，飞机救援与消防人员应该预见最坏的情况并做相应的准备。在飞机到达之前就可以对事件下达相关指令，建立一个特别事件指挥所，并在飞机到达之后能够迁移至合适的位置。

机场应急部门可以应对各种紧急情况，包括飞行中的紧急情况，飞机或航站楼的医疗情况，涉及飞机在地面时的地面紧急情况[①]，或机场设施出现了结构方面的紧急情况。以上每一种情况都需要不同级别和类型的响应。此外，美国联邦航空管理局还包括一个预计的伤亡人数表，以便事故指挥员根据潜在的伤亡人数（表12.2）来确定针对特定的飞机事件所需要配备的设备数量。

美国联邦航空管理局描述了应急响应、调查和恢复的三个不同阶段，并建议起草针对飞机紧急情况的应对措施，以解决每个阶段所需的措施。响应阶段的活动集中在急救人员的通知和派遣、消防和救援行动以及确定危险物质的状态。根据国家运输安全委员会或美国联邦航空管理局调查人员何时到达现场的情况，调查阶段可能都尚未开始，恢复阶段就已经开始了。恢复阶段的重点在于使机场恢复正常运行，有时可以通过封锁和保护事故发生区域，以及设定合理的边界，同时重新开放机场其他区域的运行，视情况发布《航行通告》。

机场从事件中恢复的能力是衡量其复原能力的一个指标，也就是它抵御灾难造成的损害和迅速恢复到某个可被接受水平的能力（史密斯，肯维尔和索耶，2015）。

---

① 一些机场还设立了四级警戒，其描述为涉及飞机的地面紧急情况。

表12.2 估计的伤亡

乘客人数	伤亡人数	20%伤亡，立即护理Ⅰ级优先权	30%伤亡，延迟护理Ⅱ级优先权	50%伤亡，次要护理Ⅲ级优先权
500	375	75	113	187
450	338	68	101	169
400	300	60	90	150
350	263	53	79	131
300	225	45	68	112
250	188	38	56	94
200	150	30	45	75
150	113	23	34	56
100	75	15	23	37
50	38	8	11	19

这些数字是基于这样一个假设，即在机场内或机场附近发生的飞行事故中，伤亡人数最多约占乘客人数的75%。

（来源：联邦航空管理局）

代理机构对飞行事故的责任

飞机遇到麻烦后的第一个通知通常是来自遇到麻烦的飞行机组，他们通过空中交通管制塔台，利用适当的警报通知系统来进行通知，这个警报系统可能只是一个振铃通知、无线电或者电话通知。否则，飞机坠毁的最初通知将来自公众的渠道，可能是在机坪上目击了坠机事故的机场或航空公司员工，甚至也可能是在候机楼或开车路过时目睹了坠机过程的乘客。在低能见度或在晚上的时候，如果一架飞机突然从雷达上消失不见了，那么，相关的空中交通管制员将会手忙脚乱，不知所措。在空中交通管制员试图重新建立联系的这段时间内，其他人可能已经看到飞机坠毁并呼叫了机场，或者更常见的是呼叫了"9·11"。但不幸的是，当目击者拨打"9·11"报告机场事件时，这一紧急呼叫可能不会立即转达到机场通信或调度中心，而是到达市政"9·11"的呼叫中心。接线员必须将信息传递给机场或重新呼叫机场；这两个选项都需要额外的时间并延迟响应。当通知确实传达到任何一个事故处理相关实体时，该实体应该立即激活应急响应，并通知所有其他急救人员。

空中交通管制

如果是由飞行员将相关情况告知了空中交通管制员，对于初始通知，有几个重要的考虑事项需要注意。首先，航空公司的飞行员不会使用《机场应急计划》中规定的事件词汇。他们不会告诉塔台他们需要一级警戒、二级警戒等。飞行员通常只是向空中交通管制塔台描述他们所遇到的问题，有时可能要求应急设备待命。空中交通管制员或机场运营商经常在同飞机救援与消防主管协商后，确定事件的警戒级别，并决定是否部署响应设备。一旦确定警戒级别后，它也必须随着更多信息的变化而产生变化。

当一架客机遇到问题时，他们公司的飞行运控中心可能已经知道了这个问题。这意味着代表该航空公司在该机场的航站经理也被告知了该飞机遇到问题，并可能已经启动了该航空公司的应急程序。在某些情况下，航空公司可能会通知相关机场这一紧急情况。

美国联合航空公司－232 航班从丹佛飞往芝加哥，在高空巡航阶段，美国联合航空公司－232 航班的机组突然听到一声巨响，随后失去了对飞机的控制。他们很快就通知了明尼阿波利斯的航空交通管制中心，飞机遇到了问题要求改变高度，机组正在努力控制飞机。明尼阿波利斯中心随后通过无线电通知了爱荷华州苏城塔台。美国联合航空公司－232 航班的机长艾·海恩斯在明尼阿波利斯中心的建议下选择准备在苏城进行紧急着陆，机组联了苏城塔台的管制员，再由管制员通知了机场运营商（冈萨雷斯，2014）。机场随即启动了二级警戒。

在遇到紧急情况时，飞机救援与消防和应急响应人员试图获得以下信息：

1. 飞机类型和名称（呼号或尾号）；
2. 机上乘客和机组人员的数量（有时会用"Souls on Board"来进行描述）；
3. 燃料种类及数量（机载燃油）；
4. 紧急情况的性质；
5. 所携带危险品的类型、数量和装载位置；
6. 机上不便行走旅客的数量，以及机上需要特殊服务的旅客数量，如轮椅。

获得飞机的类型的信息是为了让应急响应人员了解事件的规模。许多机场消防员已经对各种飞机机身进行了培训，因此，了解飞机的类型可以让他们知道，相关事件是他们所进行过培训和学习的，否则他们将无所适从。如果飞机到达的时间还不是那么紧急，机场消防员可能会试图在机场找到类似的飞机，以便他们可以研究门锁结构和飞机的内部结构，以便做到心中有数。

机上人员的数量决定了应该准备的紧急医疗反应的程度，并让急救人员知道有多少人需要进行救助。如果飞机发生爆炸或坠毁，机上燃料的数量可以让飞机救援与消防人员了解他们将会面临什么程度的火灾。在预期到可能会超重着陆或发生坠机事故这样的紧急情况下，飞机有时可能会实施空中放油，以便尽量减少飞机重量，并尽量降低可能发生火灾的严重程度（图 12.1）。

紧急情况的性质提供了一些具体的细节，并提供关于飞机可能经历的着陆类型的一些见解。例如，如果飞行员不能将起落架放下并锁定到位，则很可能飞机会利用机腹沿着跑道滑行一段距离——在许多起落架不能放下的着陆事件当中，会对飞机造成某些损坏，并且对乘客造成一些颠簸和身体瘀伤，但很少造成火灾和爆炸事件。但是，如果只有一个或两个起落架放下，从而造成了机身的不对称，那么，这样就增加了飞机在着陆时失去方向控制的可能性，因为飞机可能在着陆过程中遭遇翻滚或者侧翻。

不便行走乘客的数量，以及危险品的类型、数量和装载位置，通常不会在首次应急情况通报时进行通报。虽然飞行员可能太忙或者根本不知道这些信息，但是如果可能的话，应该向飞行员进行一些简单的询问。如果航空公司在当事机场拥有运行基地，则可以通过航空公司的航站经理来获取这些数据。否则，可能只有打电话给航空公司来获取这些数据了。

图 12.1　一辆飞机救援与消防卡车在机场应急演习中向火灾喷射水柱，一些志愿的"受害者"正在观看

（来源：杰佛瑞·普莱斯，2015）

空中交通管制塔台有责任控制飞行及地面运行、机场附近的空域，并关照其他的美国联邦航空管理局的设施设备（联邦航空管理局，2010a）。空中交通管制员还可以安排美国联邦航空管理局、飞机救援与消防、事故指挥员和应急飞机使用独立的应急频率来保证安全通信。

在美国联合航空公司–232 航班抵达之前，爱荷华州伍德伯里县灾难和紧急服务中心的主任加里·布朗①将事件升级到三级警戒以上，这就意味着所需的设备比应急方案最高级别所要求的还要多很多。这一通知被发送到周边的急救人员，互助协议被激活，非政府组织和《机场应急计划》旗下的私人机构都被动员了起来，基本上每个人都开始前往机场。此外，苏城机场是空军国民警卫队（冈萨雷斯，2014）第185战术战斗机联队的所在地，该机场由该战斗机联队配备，并负责维护机场的消防救援设备。空中交通管制人员确保他们可以在单独的频率上与美国联合航空公司－232航班通信，并酌情开始将人员和设备移入或移出相关飞行区域。当一架 A－7 海盗战斗机降落，并从飞行区域撤离之后，塔台就立即进行了相关协调工作，让相关应急响应人员进入应急响应区域就位。

在当时不知道的情况下，－232航班在巡航过程中位于尾部的 2 号发动机发生了非包容性故障。第一级风扇转子组件分离并碎裂，导致控制飞机的飞行控制装置（国家运输安全委员会，秘密协议）的三个液压系统失效。飞行机组必须使用差速推力来操纵飞机，因为飞行控制几乎已经起不到任何作用了。这导致飞行员不得不在改变航向并保持一定程度的控制飞行时，增加转弯半径，进行大幅度的绕圈飞行。虽然这架飞机确实正在飞往机场准备降落，但它的降落速度远比设计的降落速度要快得多。同时，这架飞机还存在着超重的情况，因为它仍然携带着许多计划在正常航线上使用的燃料。飞机在着陆时机翼下沉接触地面，导致飞机侧翻。机上 285 名乘客和 11 名机组人员中，1 名乘务员和 110 名乘客遇难。

当飞机在向机场进近的过程中，负责飞机救援与消防的工作人员了解到飞机将降落在一条已经临时关闭了的跑道上，正好消防救援车也停放在这附近。当－232航班进场时，工作人员立即在跑道附近准备就绪。四架 A－7 海盗战斗机也在跑道附近，因此可能存在如果突然向这些飞机冲来的话，战斗机驾驶员将不得不执行地面弹射来逃生。假设在紧急情况下，当美国联邦航空管理局和其他人尽其所能地对相关区域进行清理后，可能仍有一些其他的飞机会滞留在附近。如果一架飞机在着陆时偏离航线，那么，应急人员可能需要对其他额外的事件做出相应的响应。

－232航班的飞行速度比正常着陆速度快了近 50%，下降率为 1800 英尺/分钟，这些数据超过了起落架结构承受能力的三倍。美联航的飞行教员丹尼·菲奇正好乘坐这班飞机回家，他来到了驾驶室，帮助飞行机组控制油门杆。为了使下降率得到控制（冈萨雷斯，2014），他逐渐少量地增加油门，但是又不能增加得太多而使得进近速度过快。然而，涡轮发动机需要几秒钟的时间才能完成对油门杆的响应。

当飞机进入跑道时，右侧机翼下降超过了 20 度，导致飞机侧翻。飞机继续翻滚

---

① 在此次坠机事件发生的多年之前，加里·布朗为了一个灾难计划进行了多方游说，特别是想要进行一场模拟大型商业飞机坠毁的演习。但是，社区里的人们都当他是在做无用功，都认为这并没有什么意义。

分解，大部分机身从跑道上的冲击点被甩飞，直到数百英尺远，进入了机场周围的玉米地。现场的消防和救援人员认为机上的所有人都难逃厄运（冈萨雷斯，2014）。

消防和救援

消防和救援人员负责飞行事故的最初响应、进行事件指挥、开始消防和救援行动，并在必要时通知公共医疗（联邦航空管理局，2010）。在苏城机场，当飞机及其散落的部件稳定后，应急车辆立即做出了反应，但受到了火灾烟雾、燃烧的残骸、掉落的碎片以及幸存者惊慌失措胡乱奔跑的阻碍。消防队员不得不下车走在消防车前面，移开相应的残骸，让消防设备能够到达机身的主要部分。由于油箱破裂，飞机所携带的燃料起火，温度最高达到1800华氏度。飞机内部的氧气瓶和灭火器相继爆炸，这进一步危及了消防员的救援行动（冈萨雷斯，2014）。

消防队员最初开始在火上喷射泡沫，试图将火势压制，同时，也向飞机后方乘客撤离出口喷洒泡沫，但他们很快意识到，他们不得不进入机身进行灭火才能起到一些作用。一些能够自由行动的乘客自行进行了撤离，由于机身完全倒置，他们中的许多人是从离地12英尺高的座位上掉落到地面的，但实际上是掉落在了飞机的顶板位置。救援人员受到他们面前的恐怖场景的影响，包括看到在坠机中遇难的儿童，同时，他们也意识到，随着火势变得越来越大，机身在他们周围融化，他们必须撤退，并且无法再拯救还留在断裂机身里可能的幸存者（冈萨雷斯，2014）。

附近医院的工作人员已经收到了警示信息，他们正准备接收伤亡人员。讽刺的是，就在2年前，加里·布朗说服了国民警卫队、两大地区医院以及当地社区进行了一次全面的演习，模拟了数十名受伤人员的飞机坠毁事件。演习是在22号跑道进行的，2年后美国联合航空公司-232航班也在同一条跑道发生了坠毁的事故（冈萨雷斯，2014）。

在任何飞机坠毁事件中，都不能草率地认为，所有人都未能幸免。但应急人员在接近现场时仍必须采取一切必要的防范措施，并检查所有的碎片。在-232航班事故当中，碎片横跨了3500英尺的距离，开始于跑道，从机场延伸到玉米地当中。虽然美国联合航空公司-232航班上的驾驶舱在飞机坠毁后已经变成了一团，根本无法辨认出这是飞机的驾驶舱，但是，驾驶舱内的几名飞行员均幸免于难，包括着陆时控制油门的美联航飞行教官，在几名消防员和救援人员经过时，他们被困在了飞机残骸中。让人感到震惊的是，这一段实际上折叠起来的飞机残骸，它里面还有存在呼吸的幸存机组人员（冈萨雷斯，2014）。

四名飞行员一直留在残骸中，直到被灾难和紧急服务的志愿者发现。志愿者是一名当地商人，当时他刚驾驶他的私人飞机在附近的一个机场降落，然后赶回苏城向事发现场报到。加里·布朗派他去检查一堆残骸。他看到消防员和乘客站在一堆无法辨认的残骸旁边，于是他问道："这是什么东西？"一个声音从残骸里传出来："这是驾驶舱，我们四个人在这里。（冈萨雷斯，2014）。"

驾驶舱以每小时超过 100 英里的速度在跑道上翻滚，那些连接至驾驶舱的电线将其缠绕了起来。消防员使用了液压剪、叉车等各种工具来拆解驾驶舱，为的是安全地救出飞行员，而不造成进一步的伤害。更重要的是，消防人员必须准确掌握机上乘客和机组人员的总数，以便在救援行动停止之前，确认所有人员的情况（冈萨雷斯，2014）。

执法和安保

警方负责保护事故现场的安全。在苏城，从响应阶段后过渡到恢复阶段，警方不得不设置一个非常大的边界，这导致机场关闭了数天。他们在玉米地的残骸周围，用犁线建立了一个边界，以方便警察和市民更容易地进行搜寻工作。

保护事故现场并不像看起来那么容易，特别是在机场，因为除了警察和消防人员之外，还有许多人可能需要合法地进入现场。通常来说，一些被授权的在机场运行的实体，例如，航空公司管理人员，在初始阶段通常不被允许接近事故现场。这与许多航空公司建议他们的管理人员尽快到达现场的政策是互相冲突的。在现场是否需要航空公司的人员，可能存在一些利害关系的冲突，但航空公司、发动机制造商和飞机制造商的人员，最终也将成为国家运输安全委员会调查组的成员之一。让航空器拥有者或运营商进入现场，会存在为了掩盖事实而篡改证据的可能性。但同时，让航空公司人员进入现场，可以协助与乘客和解、对受害者的援助以及可能会影响到相应人员安全的相关飞机技术事项。

虽然没有现行的规定禁止特定当事方进入事故现场，但美国联邦航空管理局的《咨询通告 150/5200 - 12C》之《急救人员在飞机事故现场保护证据的责任》建议，除急救人员和执法当局外，任何人员不得进入事件现场（联邦航空管理局，2009）。无论是否有可能为了掩盖事实而篡改证据，机场应急方案和国家消防协会的 424 - 13 文件指出，飞机事故现场可能是危险区域，因为可能存在易燃燃料、危险品、危险物质、生物危害（血液传播病原体）及损坏和散落的飞机残骸（机场应急方案和国家消防协会，2013）。

美国消防协会进一步建议，在任何情况下，媒体及其他不直接参与消防、救援或紧急医疗的人员均不得进入安全线内，直到所有救援行动完成并且该区域被事故指挥员宣布为安全区域为止（机场应急方案和国家消防协会，2013）。但有时候说起来容易做起来难，因为在紧急情况的最初阶段可能会非常的混乱。举例来说，媒体就进入了 - 232 航班飞行事故的现场。

媒体人员的工作方式与急救人员略有不同。虽然媒体通常不希望干预急救人员或挽救生命，但他们肯定希望尽可能地接近整个行动。记者正在寻找故事、拍摄视频、照相或进行重点访谈。那些阻止公众进入机场的标准障碍，例如，用于防止未经授权人员进入事故现场的围栏或警示胶带，都是可以轻易突破的可见障碍。众所周知，媒体人员经常爬上机场围栏或寻找其他方式来接近事故现场，这样做的同时他们还会摘除任何明显地能够证明他们身份的标志，例如，他们的证件或摄像机。虽然这似乎是一个严重的问题，但它并不影响挽救生命、财产等。急救人员要把重点放在挽救生命、扑灭火灾上面，随着人员配备，应该让警察和其他人员处理禁止现场记者和其他未经授权的人员进入现场的这些问题。在坠机的最初阶段，响应飞机坠毁事件的警务人员将很快承担起担架和急救职务，有时还要负责紧急运送机场内外的其他医疗设施。除非现场记者的存在会对安全或安保构成可能导致生命损失的直接危险或威胁，否则，以上这些都是优先于隔离现场记者的事项。

在美国联合航空公司 - 232 航班的坠毁事件中，记者加里·安德森证实，当飞机坠毁时，他正驾驶汽车穿过某户人家的前院，绕过路障进入了机场，出现在了负责机场南端的消防队员身边。他和另外一名记者利用一个没有锁闭的维修车间大门进入了机坪。在被警方发现并赶出机场之前，安德森用照片记录了当天苏城居民工作的缩影，他拍下了美国国民警卫队上校丹尼斯·尼尔森抱着 3 岁的斯宾塞·贝利离开事故现场的照片。一座依据这张照片所制作的铜像，至今仍坐落在苏城河道旁，以纪念这场坠机事故（冈萨雷斯，2014）。

同一天，一名大学生实习生沙里·泽若被派往消防部门为当地报纸撰写一篇专题报道。她乘坐在一名急救人员的一辆 SUV 上，并在坠机事故和救援行动进行时坐在了车子的前排座位上。但是这位实习生按照那名急救人员的命令留在了 SUV 上，如果她是一名有着丰富经验的记者的话，她是不太可能会遵守这个命令的，因为对记者来说，这将是一生都难得遇见的故事（冈萨雷斯，2014）。

另一位记者马克·雷德斯通过翻越机场围栏，并穿过玉米地来到了事故现场。救援人员曾经一度认为他是这次事故的乘客之一，并试图对他进行救治。雷德斯在残骸中行走，看到了死者和幸存者，所以，他讲述了他们的故事——在某种情况下是他们最后的故事。根据作者劳伦斯·冈萨雷斯的说法，雷德斯成为历史和悲剧事件的官方见证人（冈萨雷斯，2014）。

在救援等迫切需求已经得到解决的情况下，第一批到达现场的警务人员应当为应急车辆设置出入口通道，并通知通信中心事故发生的地点及出入口通道的具体位置。应尽快封锁事故现场，清除任何未直接参与救援行动的人员。可以使用锥体、警示带和其他明显的障碍物来帮助封锁工作，事故现场 300 英尺范围内不得使用照明弹，以防止点燃燃油蒸汽。照明弹也不应该在机场的草地上使用，因为它们可能会起火（机场应急方案和国家消防协会，2013）。

与发生在社区或城市街道上的事故不同，会有更多的如机场运行、管理、维护人员需要对事故现场做出响应。但是，除非这些人员接受过消防或紧急医疗培训并负有责任，否则，他们不应该被允许进入事件的中心区域，而必须被允许进入事件现场周围的区域，包括特别事件指挥所区域。因此，必须建立一个系统，给这些必要的人员发放一个袖章、现场识别标签或徽章，表明他们有权进入特别事件指挥所或其他相关场所。识别标签应由机场内外警察和警长人员识别，并且只能在事件发生期间发给需要在特别事件指挥所区域、中转区域、应急运行中心或其他重要区域工作的个人。

在一些商业服务机场，通常会发给员工一个显示安全识别区域的机坪证，并且某些机场已经在机坪证上为授权进入事件现场的人员设置了一个图标。然而，大部分机场以外的人员并不熟悉安全识别区域的机坪证，并且不太了解某些图标代表其授予的进入权限。对于机场外坠机事件或者需要持续很长一段时间调查的机场事故，可以补充一部分执法人员到事发现场，由他们来换班其他警员的现场安全保卫职责。但这存在两个问题值得关注：第一，即使在紧急情况下，对机场安全区域做出反应的机场外警方人员，除非他们有安全识别区域的机坪证，否则，不得单独进入机场；第二，非机场警务人员可能不知道机场内的哪些实体可能在事故现场负有必要的职责，最终可能会拒绝他们的进入请求。

首先，机场管理人员应与机场安全协调员进行协调，机场安全协调员应与运输安全管理局联邦安全局局长或指定官员合作，确定在处理事件的期间，机场的安保状况及应急工作人员的识别要求。一些机场安保计划允许在紧急情况下，仅只在机场的某些安全区域内对应急工作人员的身份进行"核准"识别，同时开放其他区域。

为了防止机场外紧急抽调的警察或警长，拒绝应急运行中心、特别事件指挥所或机场管理或运行维护人员，进入可能需要的其他地区，应在换班期间向他们介绍准入标识看起来像什么样子，还应配备可以进行通讯询问的无线电频率或电话号码，以确定相关的准入权限。

警务人员应分配到任何临时区域、媒体中心、储存药物的医疗设施、家庭援助中心和事故中的未受伤者临时集结区域，以及应急运行中心。安保人员可以配备在上述的某些地方，但在有可能发生暴力事件的地点，或有理由相信对应急人员或事件现场可能构成威胁的情况下，应配备武装警察人员。

一些当事的乘客可能会被发生的事故所激怒，可能爆发不可控制的情绪，指责坠机是由于飞行员的责任所造成的，由此可能做出激烈的反应，所以，警方的职责还包括保护机组人员不受到这些乘客的人身攻击。警方也可能会被指派监控驾驶舱语音记录器和飞行数据记录器，直到国家运输安全委员会到达后将监护权移交给相关调查员（机场应急方案和国家消防协会，2013）。

一旦消防人员已经控制住了现场及现场安保设置，那么，任何进入现场的人员都应该进行登录及注销，同时注意时间、他们的名字、任何特定的识别信息和其所代理的机构。作为后续行动的一部分，应该确定作为第一响应组成部分的其他人员（即消防员和机场运行人员，他们可能在安保设置之前就到达现场），并预估他们到达事发地点的时间和他们可能出发的时间，以及所需要采取行动的概要。

机场和机场警务人员在事故现场进行安保工作所面临的一个重大挑战是，当地消防部门的纵火调查员或消防调查员及当地警察部门的凶杀案调查员也可能到场，并进入事发现场开始自己的调查。虽然警务人员不太可能阻止本身作为其上级部门的调查人员进入事件现场，但是有必要提醒这些当地的调查人员要谨记《美国联邦法规》第830.10节——《飞行事故或事故征候和航空器失踪的通知和报告，以及航空器残骸、邮件、货物和记录的保存》，其中规定：

民用航空器事故调查，通常由国家运输安全委员会或其指定的数名调查人员进行，这些调查人员负责确定可能造成事故的原因。州政府通常负责官方责任，而运行人、飞行员小组、机场管理人员等也可能参与到事故调查工作当中来。

在通常情况下，直到消防和救援行动完成才开始调查，这时候，机场管理部门一般会接管事件指挥部门的职能，并能够对事故地点提供更好的控制，直到国家运输安全委员会或美国联邦航空管理局的相关人员到达。

紧急医疗服务

紧急医疗服务人员负责分诊，并负责对伤者进行初步治疗、跟踪病人情况，并尽快将受伤人员送到适当的医疗地点。急救医疗服务的主要作用是对现场伤亡人员进行初步分诊和治疗，并稳定伤者情绪，运送到适当的医疗地点。美国联邦航空管理局第139款的要求及机场应急管理的咨询通告，对紧急医疗角度准备的描述是相当模糊的（联邦航空管理局，2010a）。

虽然机场应急方案和国家消防协会的424号文件仅提供指导，并且机场不需要符合机场应急方案和国家消防协会的标准，但机场应急方案和国家消防协会的424号文件确实提供了一个参照，可以供机场从紧急医疗反应的角度来衡量他们的准备状况。机场应该备有足够的医疗用品，以应付机场通常承受的最大航班容量，同时亦须备有物资和医疗用品，以应付机场日常运行有关的常规医疗紧急情况（机场应急方案和国家消防协会，2013）。

还应该额外考虑到机场的地理和地形条件，也就是说，位于传统寒冷气候的机场应该为乘客多准备一些毛毯，并确保医务人员配备了大衣、手套和帽子，以便他们可以长时间在室外工作。额外的发电机和室外空间加热器也可能是有用的。机场还应该有公共汽车或拖车，可存放担架、颈领、背板、尸袋、约束带、复苏设备（治疗吸入烟雾的伤者）以及其他必要的设备，以妥善应付紧急情况（机场应急方案和国家消防协会，2013）。

尽快让医务人员参与到事故处理当中可以减少伤亡的程度，因为创伤事故的最开始一段时间是伤者生存的关键时间。亚当斯首次提出了"黄金时间"这一概念。巴尔的摩马里兰大学医学中心的考利医师表示，如果病人在受伤后的 60 分钟内能够得到有效的治疗和护理，那么，病人的生存概率就会提高。尽管多年以来，医学专业人士对"黄金时间"实际上是否为 60 分钟进行了辩论，但这个概念依然存在，并且经常被用作医护人员须将个别人士送往明确的医护地点的基准（艾希尔，2008）。

医务人员进入事件现场后，他们立即开始进行分诊，即对伤亡人员的分类和分级，以确定治疗和送医的优先级（机场应急方案和国家消防协会，2013）。伤亡总共被分为 4 类：

1. 优先 I 级，立即治疗（红色）——大出血；重度烟雾吸入；窒息性胸廓和颌面部外伤；颅脑外伤伴昏迷及快速进展性休克；开放性骨折和复合骨折；大面积烧伤（超过 30%）；挤压伤，包括内脏器官；任何类型的休克；脊髓损伤（机场应急方案和国家消防协会，2013）。

2. 优先 II 级，延迟治疗（黄色）——可包括：非窒息性胸部创伤；四肢闭合性骨折；有限的烧伤（少于 30%）；颅外伤无昏迷或休克；软组织受伤（机场应急方案和国家消防协会，2013）。

3. 优先 III 级，较少治疗（绿色）——未受到伤害或只是轻微伤，不危及生命；这些人可能不会被运送进医院，可能在机场或现场完成治疗。

4. 优先 0 级，已死亡（黑色）。

各种分诊治疗卡上应含有不同级别的信息，例如，受伤的身体部位，以便医务人员可以了解需所关注的部位，以及根据需要可以提供的受伤类型、脉搏血压、呼吸、主要伤、目的地和个人信息。分诊决策的过程是相当迅速的，机场消防或医务人员通常会向事故现场的每个人发出指令，如果他们能自行走动，那么，他们应该走向正在呼叫他们的消防队员或护理人员。这很快就可以识别出那些可能没有受伤的人，或者至少是那些现在可以归类为绿色级别的可行动的伤员。可能会有这样的情况，即当时有些人没有显现出受伤的迹象，但随后一段时间可能出现一些后遗症状，所以，需要观察那些看起来没有受伤的人一段时间之后，再由专业医疗人员对他们进行妥善检查（图 12.2）。

没有呼吸的个人和在呼吸道清除之前没有恢复呼吸或未对其重新评估之前，他们通常被归类为已死亡。如果某个人重新开始呼吸，通常他应该被立即分类为"红色"。无法完成某个简单命令的个人通常也被归类为"红色"，而出血无法被控制的个体也被归类为"红色"。

受伤的人员应该在事故现场稳定住病情，才能开始准备转运至医院。进行分诊工作的总指挥由事故指挥员指定，直到医疗组主管或高级医疗人员到场并妥善接手事故

图 12.2　可行动的伤员，拍摄在机场应急演习期间

指挥员指定人员的相关工作。未受伤人员或可以现场治疗的轻微受伤人员应该被带到适当的庇护所，应该提供食物、水及电话。考虑到现如今基本上人人都有手机的现状，似乎不需要再提供电话，但是在飞机坠毁事故中，个人电话可能会丢失、遗留在事故现场或者已耗尽电池电量。同时，还应该提供各种手机充电器、电源插座和 WiFi 接入点。虽然有些人会打电话，但其中一些人喜欢发短信或电子邮件。个人在创伤事件后的表现各不相同，有时做一些"普通"的事情可以帮助他们稳定住情绪状态。在飞机起火时，机场应急方案和国家消防协会建议建立如图 12.3 所示的场景。

机场应急方案和国家消防协会建议，应持续允许人员和车辆进出事故现场，并且对其进行标准化的设置，以使得应急人员了解事故发生期间所有事情应该怎样处理。然而，在飞机坠毁的早期，可能没有时间正式地建立这种安排，因为此刻的优先事项是首先拯救生命，让人们安全，然后再开始整理所有的事情。在这个设置完成之前，可能会需要一段时间，但即便如此，如果事故现场风向改变，那么，某些要素可能不得不进行一些改动。

受伤人员在送往医院前需要通过四个区域——收集、分诊、排除污染以及护理区域。收集区是大多数重伤员，一旦被从事故现场的危险地带转移出来首先送至的区域。建议在事故现场、货源上风处至少 300 英尺的地点建立分诊站点，必要时建立多个分诊区域。排除污染区是对伤员和其他人员进行去除化学、生物、病因或放射性物质的地方，以防止救护车或直升机受到二次污染（机场应急方案和国家消防协会，2013）。

护理区域根据受伤类别共被分为 3 类（例如，优先 I 级、优先 II 级和优先 III 级，

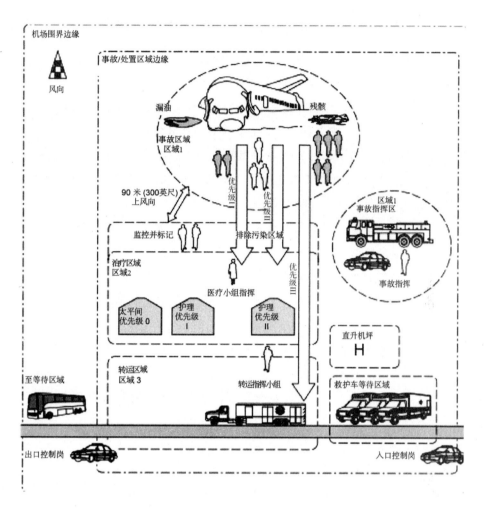

图 12.3　飞机事故现场的分诊和医疗
（来源：机场应急方案和国家消防协会 424 号文件）

每级指示的是受伤严重程度和所需的分诊的紧迫性）。一些消防救援人员携带大型彩色毛毯或布料来区分这些区域，但也可以使用彩色圆锥体、旗帜、胶带及其他物体。转运区域是指由直升机为需要最紧急护理的人员提供运输援助，由救护车将受伤人员送往医院，将轻伤人员送达候机楼（或最近的急救护理设施），以及为未受伤者提供援助的地点。未受伤的乘客也应尽快受到采访，以获取其联系信息，并通知家属、朋友、近亲或其他人。美国红十字会将为幸存者和没有幸存下来人员的家属提供重要援助（机场应急方案和国家消防协会，2013）。

就像飞机坠毁事件是大多数人生活中一件非同寻常的事情一样，对飞机坠毁事件做出反应也是非同寻常的。小型的坠机事故类似于车祸死亡事故，但是，大型的坠机事故可能会在受害者和应急人员身上造成精神上的创伤。在美国联合航空公司 – 232 航班这起事故中，出现了许多令人恐怖的场面，其中，许多场景至今还会对他们造成困扰。此外，飞机失事的受害者可能会表现出各种行为，其中，许多行为是不寻常的和不合理的。以下是在 -232 航班事故中一些乘客展现出的行为样本：

1. 事故中的一名儿童不断地尖叫着父母的地址和电话号码。

2. 一个母亲躺在残骸里，她松开安全带倒在了地上，即使她的大脑不停地告诉她回去找儿子，但她首先莫名其妙地从残骸中逃离到了安全地点外面（她的儿子得到另一名乘客的协助，并在事件中幸存）。

3. 被困在驾驶舱残骸中的艾·海恩斯机长不断地在哀号："噢，我杀了人！"稍后在去往医院的急救车上，由于车辆颠簸，海恩斯开玩笑地说："让司机开回去，我想他刚才错过了某一个大坑。"①

4. 当急救人员接近残骸时，他们看到满地的"尸体"，但仿佛是被一种看不见的力量所唤醒，许多人突然开始坐起来、站起来，让那些以为没有任何人能够在这样的事故当中幸免于难的响应人员感到震惊。

5. 一位穿着西装的乘客站起身来环顾四周，为了找到他的行李而四处乱逛。这种现象并不罕见，在 2013 年韩亚航空 214 航班在旧金山国际机场坠毁事故中，几名乘客在他们前面座位下的档杆及头顶上方的行李架内收集他们的行李（如果他们能找到的话），并在他们跳下应急滑梯时将行李一并带走——有些人即使在死亡即将发生的情况下，他们也不能将物品留下。这种行为可能不合理，但人们经常在经历危险的时候做出不合理的事情。在洛杉矶国际机场枪击事件中，3 号航站楼安检站所有运输安全管理局的人员和乘客都跑开了，但有一名男子淡定地继续将他的皮带和鞋子穿好，这时枪手正在附近胡乱扫射，有两名运输安全管理局的人员返回来帮助此人，最终他们都幸存了下来。

6. 原因仍然是一个谜，美国联合航空公司 -232 航班上有人携带了非常多的美元，坠机后有很多美元钞票到处飞扬。加里·布朗报告说，许多乘客和救援人员都给他带来了一把把数百美元的钞票，他最终不得不锁上他的卡车，因为车上放了太多的现金。然而，有一位乘客携带了笔记本电脑、摄像机、照相机，以及一把钢吉他，最终只有他的照相机和钢吉他回到了他身边②

7. 有几十名乘客坠毁在了玉米地当中，救援人员不得不进入玉米地寻找每一个人——一名乘务员把她的裙子撕开制作成了一面旗子，以便救援人员可以看到她和几名在玉米地里的乘客。

8. 许多幸存下来的乘客都遭受了严重的伤害，有一位女士，她的眼球基

---

① 幸存者和急救人员在创伤事件后还保持幽默的态度来应对的这种情况，是一种很常见的方式。
② 即使在飞机坠毁期间，盗窃仍然会发生。

本暴露在了外面，但她清醒过来后，开始与救援人员交谈起来。

9. 旅客已经开始寻找他们失散的亲人，但他们没有什么可写的东西，许多旅客开始在幸存的空服员衬衫上写下自己的姓名和电话号码。

10. 一位正在与家人一起去看电影的牧师对此事做出了响应，许多人在现场找到他，以获得他的祝福。

11. 一些死亡的受害者没有明显的受伤痕迹，这让一名刑事调查局的调查员感到不安，他在协助太平间工作人员的工作时注意到一个已经死亡的年轻漂亮女子，"她完美无缺，没有任何伤痕"。这让他感到困扰，因为在他看来，这不应该是这样的。

12. 一名男子走向一名救援人员说："你经历过这样的事情吗？我在那架飞机上，这里有酒吧吗？"当急救人员指向候机楼时，这名男子走了过去，好像什么也没有发生，最后发现他在候机楼酒吧里喝酒。

看到死者的尸体可能会对救援人员产生重大的影响。已经死亡的婴儿在残骸中被发现，这对一些人员，特别是也有孩子的应急响应人员有着重大的影响。一位牧师特别感动地看到一个大个子男人抱着一个小男孩，尽他最后的努力保护他——而大个子的父亲和儿子都死了。另一名妇女正悬挂在她的安全带上尖叫着，然而当一名救援人员松开她的安全带时，他发现这安全带确实是唯一能把她身体绑在一起的东西。她死在了他的脚下（冈萨雷斯，2014）。在任何飞行事故的恢复中，最重要的是要考虑到创伤后压力的恢复，并为急救人员提供心理健康恢复的机会。

一旦所有未受伤及受伤人员被转运离开事故现场后，机场就可以着手恢复运行工作，但事故现场仍然应该受到保护，所有的残骸、死者和动物，以及任何与事故有关的其他物品都应该一直保持原状。事故现场一直保持到位。如果有必要移动遗体、残骸或个人物品，则应在移动之前将人员或物品的原状进行视频和照片档案留存。尽管在移动物品之前采取这些措施可能是不切实际的，特别是在当一个人的生命处于危险之中的时候（例如，被困在残骸或其他死者之下），因为此时此刻，最重要的是挽救生命。

机场运营商

根据机场的组织结构，机场运营商主要负责支持救援和安保行动、启动应急运行中心、将移动指挥部移至特别事件指挥所并发出所有相关通知。此外，机场经营商应准备好设施以容纳未受伤、受伤和死亡的人。与有关航空公司（或租借商或固定基地运营商，如果飞机坠毁涉及基地租借商或过境飞机的话）协调、确保应急人员进入事故现场和集结区，并与交通控制塔台协调行动，决定机场是开放还是关闭，或机场的哪一部分开放或关闭，这些都是机场运营商的首要责任。机场运营商将启动《机场应急计划》的公共信息部门，协助媒体查询，指定一名新闻官，并启动联合信息中心（联邦航空管理局，2010a）。

在恢复飞行运行之前，机场运行人员要对机场进行检查，确保飞机运行区域安全可靠，按照139款的级别对运行区域进行检查，确保飞机救援与消防设备做好响应准备（即对卡车进行加油、补给灭火剂、人员就位）。机场维修人员对应急运行中心做出回应，通常亦会在集结区协助护送人员响应前往事故现场或特别事件指挥所，并提供任何可能需要的设备和物料，例如，便携厕所、饮用水、燃料去除剂、便携式公共广播系统、锥、木桩和旗子等材料（联邦航空管理局，2010a）。

机场工作人员也应该准备协助向未受伤人员、仍在现场的轻伤人员和遇难者家属提供救援。虽然在法律上照顾家属和乘客是航空承运人的责任，但航空公司可能需要很长时间才能拥有足够的人手和资源来履行这项职责。同时，人们会去机场寻求履行这些关键的职责。当机场早些时间参与协助照顾家属的话，可以减少他们的压力和创伤，这样做被认为是人性化的，可以提升机场的公众形象。

虽然美国联邦航空管理局的《咨询通告150/5200－31C》建议机场运营商组建一个服务于机场的航空公司联盟，使得他们可以在最初的12个小时内做出响应并提供协助，但许多航空公司已经制订了这样的计划。机场运营商应该确保这些计划已经到位，如果没有的话则提供给他们。有些机场只有一个人员有限的小型航空公司，在数小时或数天内没有其他航空公司的工作人员，这个时间取决于他们的航班情况。机场运营商也要了解（通过《机场应急计划》）航空公司和调查人员在到达时会有什么样的要求，并且应当利用当地紧急服务资源来收集乘客和机组人员的联系信息，特别是对于没有受到医疗照顾的乘客（联邦航空管理局，2010a）。

机场还可以预先决定关键场地的位置，例如，"亲友"接待区和家庭聚集的其他地方。许多创伤治疗方案中一个补充的、值得注意的是，在家庭援助中心增加了治疗犬，因此，应向负责保护或控制家庭援助区进出的机场人员，简要介绍这些团队可能抵达的情况。

家属直接到机场柜台或检查站、到达机场寻求信息是很自然的。警方和安保人员经常在这些地点进行指挥，帮助家人到达正确的地点，并防止媒体和未经授权的人员进入亲友地区。如果机场被关闭，那么，运输安全管理局的工作人员有时可能会被用来向到达机场的朋友和亲属提供信息。事故指挥员应当要求机场运输安全管理局的高级人员提供此类协助。联邦安全局的局长助理是检查站的高级官员，检查站本身由运输安全管理人员负责管理，他们负责机场整体的检查业务。运输安全主管或首席运输安全官通常被分配到特定的检查站。

一旦响应阶段结束（或接近结束），所有参与事故的人员都将从事件中撤离，并在某些情况下将事件指挥部转交机场管理部门，机场必须为来自国家运输安全委员会和美国联邦航空管理局调查人员的到来做好准备。

航空承运人或飞机所有者（经营者）

《航空灾难家庭援助法》第七编，要求航空公司制定飞机事故遇难者家属的处置方案。这项要求包括设立一个家庭援助的地点，为乘客安排服务，例如，运送未受伤人员到达等待点，安排物资物品、电话设施、服装或者其他的医疗服务，以及向受害者或乘客的家人和朋友提供信息并帮助其团聚。

航空承运人将向机场运营商提供关于机上人员数量、运输危险品及任何与航班安全及安保相关的其他信息。在某些情况下，运输安全管理局可能会向机场运营商提供相关资料，说明机上是否有选定名单上的个别人士、机上囚犯及押送囚犯的执法人员。航空承运人也有这方面的信息，以及任何其他武装执法官员的位置，包括联邦空警和驾驶舱联邦飞行官员[①]。应告知现场的警方及消防人员乘客或机组人员是否带有枪械。迄今为止，警方是否应该确保事故现场发现的枪支作为证据之一，目前还没有一个明显的界定；在理想的情况下，除非有明确的安全或安保原因需要移动残骸，否则，所有残骸都应该保留在原位。在某些情况下，枪支的残留物有助于确定事故原因，例如，和太平洋西南航空公司 1771 航班的例子一样，其中被用来射击两名飞行员的手枪扳机上发现了肇事者的指纹。

《航空灾难家庭援助法》还要求航空公司持续对乘客和机组人员进行跟进，提供关键事件压力管理支持，并与机场运营商协调新闻活动，如有需要，可为联合信息中心提供一名新闻官及工作职员。一旦国家运输安全委员会或美国联邦航空管理局授权，那么，航空承运人有责任及时清除残骸。航空承运人通常会与当地的航空器回收服务商签订合同，或者可以迅速获得相关服务。如果机场有当地提供类似服务的公司清单就更好，因为，尽快清理残骸对于机场来说是最好不过的。由丹尼尔·普拉瑟博士撰写的《机场合作研究方案》之综合部分 38《加快机场飞机恢复》[②]，提供了关于及时将飞机从机场撤离的进一步指导和最佳做法。

在通用航空机场发生备降和事件

在某些情况下，例如，在联合航空的 –232 航班中，航空公司必须转移到没有运行基地的事发地机场。在这种情况下，航空公司的支援人员可能需要几个小时才能到达机场开展工作，在此之前对受害者和幸存者护理的责任就应该由机场人员来完成。在这些情况下，航空承运人可以采取各种行动来帮助解决这个问题，直到他们的人员

---

① 联邦飞行官员是有权携带武器的飞行员，其唯一目的是保护驾驶舱免受入侵者的侵害。

② http://onlinepubs.trb.org/onlinepubs/acrp/acrp_syn_038.pdf.

到达现场。

当事航空公司官员可以联系以事发机场作为主运行基地的航空公司，他们还可以联系当地的固定基地运营商，协助处理相关事宜并提供设施和住所。除了与机场当局合作以外，同时与美国红十字会合作，在此期间提供协助。对于备降的飞机，在大多数情况下，该飞机将能够通过无线电或飞机通信寻址和报告系统数据链通知其运行中心，以便航空公司能够派遣一个反应小组到达备降机场。在某些情况下，由于坠机，目的地机场可能会被关闭，所以，附近的商业服务机场或通用航空机场，可能会成为航空公司"先遣队"到达的候补机场。其他人则可以由航空公司预订租赁汽车和旅馆①以容纳他们新来的人员。

当涉事飞机不是商业客机，而是通用航空飞机时，对受害者和幸存者的援助事实上是机场运营商的责任。尽管通用航空机场不需要经过美国联邦航空管理局批准的《机场应急计划》，但任何市政当局都必须对其社区范围内的紧急情况做出响应，以尽可能地处理紧急情况的各个方面。通用航空公司的机场经理应该对四种类型的情况进行准备：坠毁的通用飞机以本场作为基地；坠毁的通用飞机不以本场作为基地；坠毁的备降飞机无法到达原本的目的地的机场；坠毁的军用飞机不以本场作为基地。②

当一架飞机在其本场通用机场坠毁时，响应阶段结束后，处理幸存者和遇难者的过程类似于处理社区中的车祸。可以要求当地首批响应人员（警察、消防员、急救医疗服务、神职人员、验尸官）协助通知受害者家庭和跟随伤者到医院。然而，机场运营商仍然需要为受害者提供设施（为伤者提供急救和临时医疗护理及为死者提供临时太平间设施）以及为幸存者提供统一的聚集地点。幸存者也可能需要媒体的帮助。

当一架飞机未在其本场通用机场坠毁时，响应和初始恢复阶段与本场飞机坠毁类似，但是，通知和跟进可能位于另一个州或国家的飞机所有者或经营者，亦或他们的企业或家庭成员，可能会更加困难。同样，市政当局通常有责任处理这些通知，但机场经营者应准备好处理幸存者和受害者的援助事宜。不过，通常由市政府来负责处理这些通知，但前提是机场运营商应该准备好处理幸存者和受害者的援助（例如，设施、食物、水、电话等）。

尸体回收

在任何大规模伤亡或"群体死亡"事件当中，例如，国家运输安全委员会非正式地提到的一架大型商用客机的坠毁事件，其最困难的事情之一就是死者的尸体回收。

---

① 由于媒体机构已经知道了此事件，所以，他们会在飞机失事地点附近，立即预订尽可能多的可用的酒店房间。

② 一架军用飞机在机场坠毁并不是军事问题，大多数情况下军方都有责任对这起事故作出反应。但是，有军事存在的机场可能没有消防和救援的能力，在这种情况下，机场应该为这样的事件做好准备。

机场应该有足够的尸袋供应，以及为人体器官准备的小一些的生物危害袋。只有在得到国家运输安全委员会的批准后才能将死者的尸体移走。

联合航空-232航班坠毁后，移动死者尸体的批准等待了几天。执法部门必须确保事故现场不让记者、抢劫的人、好奇者及可能以死者为食的野生动物进入。从道德的角度来看，机场管理层应该像对待自己家人遭遇这样的不幸一样，采取相应的更妥当的措施。发电机和灯光应该带到现场，同时派遣一个仪仗队，让神职人员进入现场；如果获得批准，应该尽可能地给尸体盖上毯子或床单。机场运营商也应该意识到，这样的事故对于不习惯看到如此大规模悲剧的机场运行人员有着重大的影响。即使是经验丰富的消防员和警察，这些悲剧也经常会引起人们的情绪反应，因为，这会让他们想起他们遭遇过的其他悲剧（冈萨雷斯，2014）。

派遣一个灾难太平间操作响应小组来协助处理死者的尸体。灾难太平间操作响应小组由志愿者组成，他们是临时太平间设施专家、受害者识别专家、牙科病理学法医及人类方法学法医。这个团队配备了自己的"箱子太平间"，其被称为灾难便携式太平间，它包含了创建一个完整太平间所需的所有物资，以及处理尸体每一步的工作站（冈萨雷斯，2014）。

需要在现场设置临时的太平间，但要选在远离亲属、媒体或普通公众可以进入的地方。应该采取严格的安保措施。应该配备有电力、自来水、封闭的排水系统和足够的地面空间，以适合太平间的运作。机场应急方案和国家消防协会建议，至少应有4000平方英尺的设施。该地区将用于受害者身份识别；个人财物的收集、编目和储存（机场应急方案和国家消防协会，2013）。

美国联合航空公司-232航班事故之后获得的经验教训，为查明飞机失事遇难者的过程做出了重大贡献。早些时候，在记录了死者在事发地点的具体位置以后，尸体被装进尸袋，搬上冷藏车，运到作为临时太平间的机库空地上。通常，都不会让死者家属去识别受害者，即使是那些脸部仍然完好无损的死者，而是由法医们将受害者的牙齿从颌骨上撬下，将这些死者的牙齿与他们的牙齿记录进行匹配。并且，为了使指尖更容易进行处理，死者的指尖也被切断。这些死者识别技术引起的骚动和丑闻，迫使人们改变了利用指纹分析方法和牙科分析法进行尸体身份确定的方式。今天，数字化的X射线可以在没有任何毁容或尸体损坏的情况下获得个人的面部信息，联邦调查局的技术人员不再采用切断尸体手指的方式来获取指纹（冈萨雷斯，2014）。

恢复运行和调查阶段

一旦遇难者已经从事故现场撤离，并且国家运输安全委员会已经清除了机场内的航空器残骸，机场运营商便会开始采取行动，恢复机场的全部运行能力。恢复工作的初期阶段是，确保机场或任何安全区内的所有应急人员和其他人员都被妥当地护送返回公共区域。机场运营商将对所有空中作业区域进行全面的特殊自检，以确保飞机失事的所有残骸都已被清除。虽然大块的碎片很容易被发现，并且可以用绞车和其他设备进行重新安置，但可能会有纸张、珠宝、个人物品、泥土以及一些可能还留在机场内的飞机碎片。

在美国联合航空公司-232航班事故处置后期，国民空军警卫队的人员，爱荷华州公共服务公司及爱荷华国民陆军警卫队的第134步兵部队，参与了清理仍然散落在机场的纸张和其他碎片的工作。他们必须在粉红色的喷漆数字之间履行这些职责，这些数字显示了尸体的位置、血迹及跑道上由飞机座椅所划出的伤痕。另据报告，碎片中也发现了许多小酒瓶，其中许多是事故发生后留下的。对于斯旺斯特罗姆而言，让他的空军卫队人员参与清理过程是非常重要的，斯旺斯特罗姆觉得让他的人参与，他们可以保证他们已经完成了他们所需要完成的工作，并且在某种程度上使得坠机发生地点更加干净了（冈萨雷斯，2014）。

机场负责人应该花时间亲自感谢所有参与飞机失事的响应和恢复工作人员。美国红十字会的作用，以及大量的志愿者，包括协助分诊、初始医疗、协助验尸的当地救生员，那些主动报名全程跟踪死者尸体处理过程的志愿者，这些人们都不应被遗漏。应采取措施确保所有参与响应的人员都获得适当的精神健康支援。

在发生大型飞机事故时，国家运输安全委员会会派出行动小组进行调查，但调查阶段要成功，同时，国家运输安全委员会要对可能的原因做出最准确的判断。为了提出更有效的航空安全改进建议，尽可能地保护事故现场及证据是至关重要的（联邦航空管理局，2010a）。

在国家运输安全委员会或授权代表抵达之前，只有在飞机残骸、邮件[①]或货物可能对移走受伤或被困人员产生干扰时才能移动它们，同时，应保护飞机残骸不受进一步的损害，或保护公众不受伤害。当有必要移动残骸、邮件或货物时，应尽可能地制作草图、描述性的注释和照片，注意残骸的原始状况和位置及任何重要的影响标记（联邦航空管理局，2010a）。

《咨询通告150/5200-12C》之《首批响应人员在飞机事故现场保护证据的责任》（联邦航空管理局，2009），提到了要保护飞机事故现场，而且，《美国联邦法规》第49条第831款的《事故（调查程序）》提到了事故（事故征候）调查程序。除军事出版物，如美国空军消防应急服务技术指令00-105E-9——《航空航天应急救援和灾难响应信息》之外，还有其他涉及飞机救援与消防标准、危险品事件的响应人员及机场消防员资格等文件，这些文件为应对飞机事故提供指导和各种标准。完整的清单可

[①] 大多数商用飞机都会运输邮件——在UAL-232航班事故中，约有900磅的邮件散落在机场各处。邮政局长总是在飞行事故或事故征候的通知名单上。

在《咨询通告150/5200 – 12》中找到。

拯救机上人员的生命是所有其他活动所需要考虑到的最主要的因素，其中包括保护残骸。但是，一旦已经采取了保护生命安全的行动，并且事件正在进入响应的最后阶段，那么，就应该注意要尽可能地保护任何有可能有助于确定事故或事故原因的证据。其中，最至关重要的是飞行数据记录器和驾驶舱语音记录器（图12.4 和图12.5），它们可以帮助确定事故可能的原因。不应该移动或干扰这些物品，除非是为了防止它们遭到进一步的损害。如果必须移动，则应注意他们的位置，如果可能的话，应该进行拍照（联邦航空管理局，2009）。

图12.4　典型的飞行数据记录器　　　　图12.5　典型的驾驶舱语音记录器
　　（来源：联邦航空管理局）　　　　　　（来源：联邦航空管理局）

虽然很多文章一直将美国联合航空公司 – 232 航班事故作为背景来进行案例研究，试图找出大量关于在实际的飞机失事中我们应该如何响应这一现实，但是他们也都明白，每一次坠机事故都会有着些许的不同。然而，许多已经被注意到的事情也还是可以在多起重大的航空事故中看到，比如在美国联合航空公司 – 232 航班坠机事故中旅客和响应人员的表现上与其他事故有着很多相似之处。这种情况在最近的一些事故中也可以看到，例如，2013 年在旧金山国际机场发生的韩亚航空 214 航班事故，在丹佛国际机场发生的大陆航空 1404 航班事故，以及在纽约哈德逊河发生的美国航空 1549 航班迫降的事件。

恐怖主义事件

在《机场应急计划》当中，没有太多如何应对恐怖事件的细节介绍，例如，简易爆炸装置、汽车炸弹、劫机或者枪击。这些事件的具体响应方案被标记为敏感安全信息，并包含在《机场安保方案》① 中。

从 139 款条文监管的角度来看，《机场应急计划》指出应该认真对待所有恐怖威胁，直到可以确定威胁的有效性为止，同时，机场应该有随时待命的爆炸物处置人员和设备，并制订炸弹威胁缓解方案。相关人员也应该接受假设机场发生炸弹威胁的培训，呼叫中心的所有人员都应该接受如何处理炸弹威胁的培训。可通过国土安全部在交流中心和网上查阅炸弹威胁处置程序清单（联邦航空管理局，2010a）。

任何可能遭到非法干扰行为的飞机都应该被引导到机场的被隔离位置，通常称为隔离停机位。然而，就像飞行员不知道飞行事件中使用的术语（一级警戒、二级警戒、三级警戒）一样，飞行员通常也不熟悉"隔离停机位"这样的术语。空中交通管制员（熟悉这些术语及隔离停机位的位置）应该指挥飞行员滑行到机场的某个位置，飞行员通常称之为禁区或等待区域。机场警察将在该地点做出响应，并根据威胁启动适当的程序：潜在劫持可能、潜在炸弹可能等。

2012 年 9 月 18 日，在纽约肯尼迪机场的两架飞机，怀疑有恐怖分子藏在飞机轮舱内，并且怀疑机上有爆炸物。这两架飞机都被引导到隔离停机位（管制员称其为"安全区"），但其中一名飞行员在没有被告知原因的情况下，他的飞机被警方包围了起来，他变得非常激动。他威胁说除非得到答复，否则，他要停下飞机并使用滑梯撤离飞机上的乘客。当空中交通管制员要求其更换其他频率来对其进行解释时，飞行员表示了拒绝，并要求管制员就在当时的公开频率立刻提供相关信息（美联社，2012）。

对于当时的飞行员和乘客来说不幸的是，执法机构正按照某种适当的方式来处理此类事件，并且将来也将继续以类似的方式进行处理。当发生潜在的劫持事件时，有一种假设是：进行无线电通讯的飞行员或个人，可能并不是真正的机长，也可能是正在被劫机者②胁迫下的机长，所以，此时驾驶舱传递出的信息将是有限的，直到当局可以确定通话者的实际身份和其真实状况。对于许多商业航空公司的飞行员来说，这是一个很痛苦的事情，他们都接受过这样的训练，即他们需要了解飞行安全、空防安全或者其他影响飞行操作要求重要问题的所有方面。

在这种情况下，飞行员使用威胁的语气并且不愿意用单独的频率（或通过塔台打来的电话）来讨论这个问题，很可能表明他并没有完全控制飞机，也就是说，他可能正处于被严重胁迫的状态下。这时，作为机长最好的解决方案可能是，在采取极端行动或使情况变得更糟之前，顺应事情的发展。这架飞机正处于地面上，那么，此时可以由执法部门来决定飞机是否可以安全起飞。但如果飞机在空中的话，那么，事件的处理方式可能就会有所不同了，因为这时飞机可能会成为某种武器，而且，这时飞机

---

① 一些其他的公开信息可以在另一本名为《航空安保实践：预测和预防未来威胁》第二版（2013 年）的书中找到。

② 指的是类似劫机者用枪指着他们的头或者其他类型的威胁。

周围也没有警察。最终，劫持者和爆炸物的消息是假警报，同时，飞行员也从未下达撤离飞机的指令。如果当时飞行员下达了撤离飞机的指令，那么，这一行动将进一步造成航班延误，并且可能会有乘客在滑下应急滑梯时受伤。

虽然事件已然如此，但做出响应的执法人员可能继续将这种情况视为潜在的人质情况。在这种情况下，可能需要机场运行人员对执法人员所提出的要求提供协助，随时准备增加控制人群的人手、提供公共汽车以及提供帮助解决类似情况的其他人员和设备。

建筑物、油库和燃料储存区火灾

139款条文要求机场满足飞机救援与消防中要求的最低能力，但没有规定应对建筑物火灾的最低要求。机场运营商应与当地消防部门密切合作，进行风险评估以确定应对机场或邻近配套设施发生建筑火灾时所需的设备类型和人员数量（图12.6）。

图 12.6　机场的建筑消防队
（来源：杰佛瑞·普莱斯，2015）

在全国范围内，应对机场建筑火灾的程序各不相同。即使是通报程序，也可能因不同地区而存在一定差异。对于有些机场来说，候机楼或大厅内的火灾警报信息可以直接发送到中央调度设施上，而不用由机场通信中心将信息中转至当地消防局，再由他们派出需要进入机场的灭火车。一些机场本身就具有建筑物消防的能力，而另一些机场则需要依靠机场外的响应。

《机场应急计划》规定了机场应如何准备处理结构性火灾，并规定了自动喷水灭火装置和报警系统、响应机构的位置，确定了调度机构及负责建筑物或燃料灭火的消防部门大致的反应时间，还规定了供水系统、消防栓位置及建筑物火灾的响应操作（联邦航空管理局，2010a）。

建筑物火灾的通报程序类似于飞机起火的情况，但它可能来自各种来源，包括空中交通管制塔台、机场建筑物中的火警、通信中心的电话或其他方式。一旦任何机构接到关于建筑物火灾的通知，通知系统将通过批准的方式运转。有些机场不愿意使用通知飞机事故的电话专线进行通知，而只是将此电话用于飞机坠毁事故或一级警戒至三级警戒的通知。

在接到通知后，控制塔上的工作人员应将相应的响应设备从机场的各个位置集中移动到事件发生的位置，并且将建筑物附近的飞机转移到其他的地方。机场运营商在机场外围或机场内对公众和员工采取保护行动，消防人员对事件做出响应，警方和安保人员根据需要进行人群疏散和交通管制，而急救医疗服务人员则提供紧急医疗服务。机场运营商可以为大规模事件决策启动应急运行中心，例如，油库火灾或大型建筑物火灾。一开始，往往由消防队长担任事故指挥员并负责灭火，同时启动一切可能的互助协议。

机场维护人员提供各种设备操作支持，如在必要时切断油料供应或确保消防用水的持续性。维护人员也可以协助安全检查和恢复设施。机场新闻办公室可以发布新闻稿，并可在整个候机楼进行广播，让乘客知道发生了什么，会影响什么，应该采取什么保护行动。通过传统媒体和社交媒体报道事件，也可以减少民众对机场的询问，因为当人们在机场看到烟雾时，他们通常可能会认为是有飞机坠毁。

斯泰普尔顿油库火灾

1990 年 11 月 25 日，一个距离科罗拉多州丹佛市斯泰普尔顿国际机场[①]航站楼1.8 英里的燃料储存设施发生了火灾。大火持续了大约 48 小时，扑灭这次大火共出动了 634 名消防队员，47 个消防单位，使用了 5600 万加仑水，以及 2.8 万加仑的泡沫浓缩物。储存在油罐中的 518.5 万加仑的燃料，有 300 万加仑燃料因油罐泄漏而被火烧或损失，损失总计在 1500 万美元至 2000 万美元之间（国家运输安全委员会，1990）。

由于大火造成的烟雾和灭火所需的响应行动，飞机运行受到了干扰，联合航空公司因缺乏飞机燃料而受到严重的运行干扰。国家运输安全委员会（1990）的调查报告确定了引起火灾的可能原因是，承包商没有检查出电机螺栓松动，这使得三号机组的电机泵轴偏离，随后的损坏导致燃料泄漏并着火。

调查报告也为可能经历油库或大型建筑物火灾的机场运营商提供了宝贵的经验教

---

① 现在已关闭并被丹佛国际机场所取代。

训。一名餐厅的员工首先注意到设备里冒出的烟雾，但是，该名员工至少延误了 20 分钟才将此情况通知消防部门。此时，机场的许多人员，包括安保人员和塔台人员都注意到了烟雾。消防部门通知科罗拉多州的公用事业公司，要求终止对油库的电力供应，但此工作大约需要 45 分钟才能完成，在首次发现火情大约一个小时后才开始进行灭火工作（国家运输安全委员会，1990）。

飞机救援与消防人员迅速喷洒了一种与水混合的泡沫浓缩物，但是由于燃料从破裂的燃料管线中喷出，泡沫层被迅速冲走，燃料被再次点燃。在开始灭火的最初的 3 分钟之内，机场消防队员耗尽了整个供水，并开始从附近的消火栓进行水源补充（国家运输安全委员会，1990）。

市消防单位在 10 分钟后到达现场，并开始向相邻的油罐喷水，以防火灾爆炸。由于消防工作持续到了晚上，除了保留符合美国联邦航空管理局对机场的必需要求以外，丹佛市的所有库存泡沫材料都已消耗殆尽。西雅图、休斯敦、费城和芝加哥的消防部门都向丹佛市源源不断地空运泡沫材料（国家运输安全委员会，1990）。

阵风和寒潮造成了风向变化，不断地将泡沫层吹走，这迫使消防员不断地调整灭火战术。11 月 27 日，来自一家专门从事大规模油料火灾扑救工作的私营公司（WBC）代表赶到现场，并得到了丹佛市消防部门的许可，展开了扑救工作。这家私营公司承担了消防行动的责任。美国大陆航空公司批准了该公司的服务，并最终支付了费用，因为大陆航空公司担心大火可能会蔓延到也位于该油库的大陆航空储油罐。在接管灭火扑救工作后的 45 分钟内，WBC 公司通过使用他们公司的特殊泡沫（浓缩水比例喷洒装置）扑灭了大火（国家运输安全委员会，1990）。

当时，139 款条文并没有要求执行季度检查的消防部门的检查员在检查过程中接受培训，只有持证人（即机场运营商）须有足够的合格人员，以符合《机场认证手册》的规定（国家运输安全委员会，1990）。当时，美国联邦航空管理局的规定也涉及，关于与加油作业有关的机场运营商进行油料储存、防火、培训和检查的内容，但 121 款和 135 款条文则没有相应的规定要求航空公司达到相同的标准。

此外，美国联邦航空管理局也没有明确哪个办公室，机场办公室还是飞行标准办公室应该负责检查航空承运人所属的油料业务。美国联邦航空管理局随后发布了一份政策备忘录，试图解决这个问题，并澄清美国联邦航空管理局内的哪个组织来负责检查和监督燃料储存设施。美国联邦航空管理局的机场办公室于 1990 年 6 月对斯泰普尔顿国际机场进行了认证检查，并注意到该机场不符合 139.321 款要求机场遵守防火防爆燃料标准、对燃料储存设施进行季度检查，并保持加油用户的年度培训①认证的

---

① 139 款条文要求对加油操作人员进行培训，但当时并不需要对培训燃料检查人员进行检查。执行季度检查的消防部门检查员在 1988 年按照 169.321 款条文的要求参加了为期一周的课程。

规定（国家运输安全委员会，1990）。

国家运输安全委员会进一步得出结论认为，尽管机场和当地的消防部门不可能有足够的泡沫剂来应对这么大规模的火势，但事故调查委员会认为，丹佛市及其消防部门没有考虑过这种类型的火灾，并且没有相应的程序或应急方案。只有在美国大陆航空公司担心其油库受到威胁之后，才要求 WBC 公司提供现场灭火支援。在调查报告的结论中，事故调查委员会指出，丹佛市缺乏程序或应急方案来应对这种规模的火灾，因此造成了该次紧急情况持续时间的延长。同时指出，美国联邦航空管理局没有指定负责检查航空公司运行此类设施的具体责任部门。国家运输安全委员会还指出，机场没有拨出足够的资源对机场的加油机进行彻底的季度检查（国家运输安全委员会，1990）。

自然灾害

机场在应急管理中起着至关重要的作用。人们常说，机场可以承担很多职能，但只有机场才能承担飞机运行的职能。在遭受人为灾害和自然灾害时，机场可以作为医院、庇护所、疏散区、医疗点、集结区域①、特别事件指挥所、应急运行中心、基地②或营地③、直升机坪、直升机库、或接受伤亡或接受外部援助的基地、物资分发点④、太平间、教堂和政府中心。

《机场应急计划》列出了 5 个独立的自然灾害，包括飓风、地震、龙卷风、火山和洪水。机场不仅被要求在他们的《机场应急计划》中包含其所在地区相关的自然灾害处置方案，而且被要求应包括解决《机场应急计划》的咨询通告中未列出，但是在当地可能发生的其他自然灾害处置方案。其他自然灾害可能包括：

1. 雷暴和闪电；

2. 冬季风暴、极端寒冷和暴风雪；

3. 极端炎热；

4. 山体滑坡和泥石流；

5. 海啸；

6. 野火。

---

① 这是一个事件指挥系统术语。集结区域是在事件中规定的地点，是指等待技术评估时放置资源的地点。

② 这是一个事件指挥系统术语。基地是协调和管理突发事件的主要后勤职能地。每个事件只有一个基地特别事件指挥所可能与基地分布在同一区域。

③ 这是一个事件指挥系统术语。营地是一个地理位置，其位于一般事件区域内，但又独立于事件的基地，配备有相关设备和工作人员，为处理事故的人员提供睡眠、食物、水和卫生服务。

④ 物资分发点是联邦紧急事务管理局的一个术语，它描述了灾难发生后公众领取紧急物资的区域。

自然灾害可能涉及大面积的地理区域，可能会影响相当大的人口，并且经常需要实施大规模的疏散或就地避难，以及大规模的护理行动。自然灾害往往不只有一个事故指挥员，包括机场在内的交通设施等资源可能由联邦、州或地方政府直接控制。机场运营商应做好应急预案，使机场能够在自然灾害中幸免于难，包括减灾措施、备灾工作及应变和重建方案，同时也要了解机场在该地区可能发生的各种自然灾害期间所扮演的社会角色。

飓风

飓风是一种严重的热带风暴，有时被称为热带气旋，形成于热带或亚热带水域，持续风速达每小时74英里或以上，主要发生在大西洋沿岸、美国墨西哥湾沿岸、太平洋西海岸、夏威夷和加勒比地区（联邦航空管理局，2010a）。太平洋的飓风通常被称为台风，但其所有定义都与飓风相同。飓风可覆盖600英里的范围，风速可达每小时200英里。它在开阔的海洋上以每小时10至20英里的速度移动，通过接触温暖的海洋水来收集热量和能量，但它在登陆时会逐渐失去能量。

"飓风季节"通常在每年的6月1日开始，到11月30日结束，然而，飓风也有可能发生在这个时间段之外。国家飓风中心平均每年在大西洋上要追踪12次飓风。飓风起始于热带低气压，它是一个由云和雷暴组成的有组织的系统，有明确的海面环流，最大持续风速为每小时38英里或更少。当最大风速超过每小时73英里，时速超过39英里时，它将成为热带风暴。飓风的等级是使用萨菲尔—辛普森等级，根据持续的风速和估计潜在的财产损失将其分为从"1"到"5"的等级（国家海洋与大气管理局，2015a）（表12.3）。

国家海洋与大气管理局将暴风潮定义为暴风所造成的海平面异常上升，超过所预测的天文潮。更简单地来说，当飓风的风力将海水推向岸边时，就会发生暴风潮。暴风潮可以使海平面增加30多英尺，并且向内陆移动，也可能导致湖泊和河流泛滥。最高的暴风潮发生在"最大风的半径"附近或飓风中风力最强的地方。暴风潮不应该与风暴潮相混淆，风暴潮是由风暴潮和天文潮共同造成的暴风雨期间海平面的上升。

暴风潮往往是飓风过境过程中对生命和财产的最大威胁，它超出了飓风带来的强风、相关的龙卷风及其他相关破坏。在2005年卡特里娜飓风期间，至少有1500人丧生，许多人因为风暴潮而死亡。墨西哥湾沿岸的许多地区易受暴风潮的影响，并且对于斜坡海床的海滩地区，比悬崖边或海堤地区，遭受暴风潮的破坏更为严重（国家海洋与大气管理局，秘密协议）。

表12.3　萨菲尔—辛普森等级

级别	持续风速	飓风造成的破坏类型
1	74—95 英里/小时 64—82 节 119—153 公里/小时	非常危险的风，会造成一些破坏：可能会破坏结构良好框架房屋的屋顶、木瓦、乙烯基壁板和排水沟。树枝的大分枝会嘎嘎作响，浅根的树木可能会倒塌。电力线路和电线杆的大量损坏可能会导致持续数天的停电
2	96—110 英里/小时 83—95 节 154—177 公里/小时	极度危险的风，会造成广泛的破坏：可能会破坏结构良好框架房屋的部分屋顶和侧壁。许多生根较深的树木会被折断或连根拔起，阻塞大量的道路。预计将几乎全部停电，并且将持续数天至数周
3 （强烈）	111—129 英里/小时 96—112 节 178—208 公里/小时	将发生破坏性的损坏：可能会对结构良好框架房屋造成严重损坏，或部分屋顶和山墙被刮飞。许多树木会被折断或连根拔起，堵塞许多道路。风暴过后的几天到几周内，电力和水将无法使用
4 （强烈）	130—156 英里/小时 113—136 节 209—251 公里/小时	将发生灾难性的损失：结构良好框架房屋可能会遭受严重损坏，大部分屋顶结构和一些外墙都会损坏。大多数树木都会被折断或连根拔起，电线杆被击倒。倒下的树木和电线杆将隔离住宅区。停电将持续数周至数月。大部分地区将无法居住数周或数月
5 （强烈）	157 英里/小时或更高 137 节或更高 252 公里/小时或更高	将会发生灾难性的损失：高比例的框架房屋将被破坏，屋顶被完全破坏并且墙壁倒塌。倒下的树木和电线杆将隔离住宅区。停电将持续数周至数月。大部分地区将无法居住数周或数月

（来源：美国国家海洋和大气管理局）

以前，用于衡量飓风强度的萨菲尔—辛普森等级也与暴风潮有关。然而，在最近的几次飓风中，发现风速与暴风潮的大小没有直接的关系，所以，现在这些条件已经不再相关。国家飓风中心的预报员使用一种称为 SLOSH（飓风途经的海、湖及陆上涌浪）的计算机模型来预测暴风潮高度。模型通过评估飓风的轨迹、强度和大小，并利用海水深度、海岸海拔高度和障碍物来确定哪些区域可能需要撤离（国家海洋与大气管理局，秘密协议）。

由飓风所产生的龙卷风将对社区和机场造成重大损害。龙卷风有单独的应急方案，但机场可能不得不将飓风、龙卷风和洪水应急方案中的诸多元素综合执行，以准备、响应并从飓风中恢复。

机场对飓风的防备、响应和恢复

机场运营商应进行风险评估，以确定机场是否容易遭受飓风袭击，并确定该地区典型的飓风级别，机场应准备哪些级别的应对。应准备好洪水地图，以显示机场可能遭受洪水的地区，并确定可能存在风险的任何设施。候机楼和机场大厅通常有大片的玻璃，这些玻璃可能在飓风中变成弹片。必需的设备、工具和重要的记录应存放在不容易受到洪水影响的安全地点。机场运营商还应该确定在飓风期间撤离的任何设施。机场应该确定不间断电源的可用性，并且还应该有现成的辅助发电机，为基本设备和关键设施供电（联邦航空管理局，2010a）。

强烈飓风将影响广泛的地理区域，这些地区可能会限制发电机、胶合板和升降式卡车（有时也称为动臂装卸卡车）等资源的可用性，以及限制食物、淡水和其他必需品。机场通道也可能受到洪水、树木和电力线路不畅的影响，限制机场本身的人员进入机场，所以，飓风的应急方案应包括考虑何时派遣员工回家，如何以最少的人员运行，什么时候关闭机场的商业运行，什么时候完全关闭机场。

应该在《机场应急计划》中阐述"机场关闭"的各种定义。虽然一些小型机场可能完全关闭，但是，一些大型机场声称他们永远不会"关闭"，尽管他们可能已经停止了飞行运行。其他活动，如特许经营、飞机服务、机场维修和除雪作业，可能仍在进行。公共紧急通知消息应该清楚地说明机场关闭的状态（史密斯等，2015）。这些定义与自然灾害特别相关。大多数机场的"关闭"意味着，商用飞机已经停止运行，但在自然灾害期间，"机场关闭"可能意味着，所有人员都要从机场撤离，并要求在机场重新开放供公众使用之前不要返回。

机场运营商应该让专家对机场结构进行审查，以证明每个结构都有能力承受风的荷载；确定通信能力及其他通信方案，并假定可能没有无线电塔、手机塔和其他正常形式的通信；并考虑最坏的情况。飓风不会没有警告地发生。它们需要数天时间才能形成，然后向岸边移动，这给了机场运营商足够的时间来实施应急预案，但这些评估的工作应该提前几个月或几年进行。

风暴的轨迹可能会在短时间内改变，因此，认为飓风不会影响到机场的机场运营商可能会突然就感受到它的全部力量。机场运营商可能只有几个小时来执行一些最后阶段的应急方案，例如，关闭机场的商业运行，疏散所有乘客和非必要人员。

机场运营商也必须考虑到在撤离期间有许多乘客可能需要转机，并且可能没有地面运输工具离开机场。当地的酒店可能已经订满了，也有可能正在进行撤离。应急方案应包括将临时人员搬迁到当地撤离中心的程序。在飓风到来之前，消防和执法人员可以响应紧急医疗援助、石油泄漏和其他危险物质问题。机场维护人员可以协助进行沙袋作业，必要时关闭天然气、电力和供水系统，并确保所有通讯设备已经过测试并准备就绪。由于乘客的压力，急救医务人员可能会遇到更大的工作量。在疏散计划中也应考虑有特殊需求的乘客。空中交通管制员和机场运行人员应继续就机场状况发布《航行通告》（联邦航空管理局，2010a）。

对于一个商业服务机场来说，在风暴到来之前的几天，机场运营商应该开始与航空公司和主要租户举行会议。在风暴到来之前的一两天，航空公司通常会开始取消飞往该机场的航班，这取决于风暴轨迹、天气预报和管理层的最佳判断。机场运营商应了解航空公司计划何时取消所有运行，这一点很重要，因为它可能会使机场不必要履行其 139 款条文的责任，并使机场工作人员能够更好地准备迎接风暴。

许多机场租户也想保存自己的个人飞机，所以可能会有飞机在短时间内试图起飞。但特殊的情况是，一些以该机场作为运行基地的老板们会把他们的飞机留在机场，希望飞机在风暴中被损坏，从而获取保险金。许多易受飓风影响的机场会制订一项与《机场认证手册》分开的独立的天气灾难方案。这个计划更加灵活，因为它不需要经过美国联邦航空管理局的批准就可以进行更改或修订。只要机场运营商已将机场管理局所规定的基本资料报送机场管理局，以证明其有方案应对飓风，则其他计划亦可使用。实际上，美国联邦航空管理局的咨询通告建议机场制订《飓风响应计划表》，为即将到来的飓风和其他活动（按优先顺序）确定每一阶段需要完成的工作（联邦航空管理局，2010a）。

虽然在各个机场可能会有不同的叫法，但根据飓风的预计到达时间，《飓风响应计划表》可以被分解成很长的时间线。该计划应包括 4 个要素：

1. 警觉：在大风（每小时 35 至 54 英里）到来之前的 3 至 5 天，描述各种机场实体要采取的行动。热带风暴监测通常在这个时间或之前发布。

2. 待命：大风到来前 48 至 60 小时发生。可能会发布热带风暴监测，或者可能已经形成了完整的飓风。

3. 响应：在大风到来的 48 小时内发生，机场运营商、消防和救援人员、空中交通管制塔台、执法机构、航空承运人等采取针对性行动。

4. 恢复：风暴发生过后，处理所有机场实体的恢复行动和时间表。

在飓风期间和之后，在机场进行准备时做出的关键决定包括：

1. 机场什么时候启动其灾难行动方案或飓风响应方案？

2. 机场什么时候关闭商业运行？

3. 机场什么时候关闭所有运行？

4. 什么时候进行候机楼疏散撤离，机场按照最低限度进行人员配备？

5. 空中交通管制塔台什么时候关闭？

6. 应急运行中心什么时候启动？

7. 有哪些程序保护那些必须留在机场现场的基本人员？

8. 机场最低限度需要多少工作人员，才能开展足够的恢复工作，并作为抵达资源的中转区或后勤协调中心？注意：这与恢复商业服务运行不一样。

风暴过后，救援行动包括营救因倒塌建筑物而被困或受伤的人员、清理残骸、检查机场受损情况，以及确定塔台、消防站和公用设施等关键设施的状况。然后，可以为恢复飞行运行和商业服务确定时间表。机场人员也应该预料到，机场将变成一个"空军基地"，为社区的恢复工作服务，可以预见各种民用和军用飞机的抵达。

商业服务机构和通用航空机场都应该预计到，在该地区有业务的通用航空公司可能会到来。如果进行了预先协调，那么，这些通用飞机中的许多飞机可以带来救援人员和物资，以及撤离自己的人员或进行医疗运送。来自海岸警卫队、空军和陆军国民警卫队的直升机，以及当地的医疗服务提供商，也可能将机场作为运输伤员和为飞机加油的定位点。直升机不需要太大的区域就可以实施着陆，并且可能比固定翼飞机更早到达。一旦跑道被清空、检查并准备好可以使用，更大的固定翼救援飞机才可以到达。注意：供军用和通用航空器使用的跑道可以不一定必须符合139款条文的标准，但机场运营商应在《航行通告》中通知这一点。

来自空军国民警卫队和陆军国民警卫队的外部援助也有可能对机场做出响应，并在机场设立一个营地①。国民警卫队具有很强的自立能力，他们通常都会携带自己的食物、饮用水、卫生服务及其他基本需求，不会给社区造成任何其他负担。机场运营商应该通过培训、演练和演习，做好机场经历一场灾难并在救灾情况下运行一段时间的准备，这将提高所有应急人员的效率。

机场运营商也应该认识到，在该地区的无人机将会得到很高频率的使用，因为新闻机构、公民、企业和救援人员将会使用无人机评估损失、为新闻报道记录下损坏现场及搜索失踪人员。也有无人机用户只是想看看损失，除了好奇之外别无其他用意。这些无人机的运行可能会对进行救援及灾后恢复的航空器运行通航空域造成危害。机场可能也会想要使用自己的无人机进行类似的活动。无人机还可以作为信使，通过内部SD芯片向其他响应和灾后恢复人员提供物理消息、手写消息（即类似瓶中信的消息）和视频图像。联邦航空管理局或机场运营商可能会要求在救援行动期间在该地区申报临时飞行限制，并建立一个系统来对希望使用该机场的航空器进行批准。

2004 年的伊万飓风，佛罗里达州彭萨科拉

2004 年 9 月 16 日，飓风伊万在阿拉巴马州和佛罗里达州西北部登陆，全力袭击了彭萨科拉市。虽然飓风眼在彭萨科拉以西的阿拉巴马州莫比尔附近登陆，但是这座城市却遭受了最严重的风暴，因为它受到了飓风风力最强的右前象限的袭击。飓风摧毁了爱斯坎比亚湾东部 10 号州际公路四分之一英里的部分，同时卷走了房屋和厂房。由于风暴所产生的龙卷风和洪水造成了数百万人受伤。

---

① 这是一个事件指挥系统术语。

暴风雨开始在几天以前，在向墨西哥湾上空移动，一度达到了萨菲尔—辛普森等级的第 5 级。它在登陆时已发展成为三级飓风，带来了持续每小时 120 英里的风速及历史性的风暴潮。这场风暴造成了 60 多人死亡，其中包括在佛罗里达州的狭长地带死亡 8 人，[①] 财产损失估计近 140 亿美元。虽然卡特里娜飓风造成的人员伤亡数字更大，但是，彭萨科拉湾海岸地区机场（现在的彭萨科拉国际机场）的工作人员的应对行动，确定了机场在处理类似这种风暴中可采取的策略和战略标准。

飓风到来的准备工作从 2004 年 9 月 10 日，即星期五的租户简报会开始。机场工作人员专注于尽可能长时间地保持机场开放，以使那些需要离开彭萨科拉的人离开城市。机场工作人员与航空公司场站的经理密切合作，以确定航空公司什么时候停航。一些机场的工作人员也利用这个机会将城里的家人尽快撤离，以便他们可以将精力集中在机场运行上。机场还对航站楼将会成为临时住所表示了关切，因为它们没有应对和支撑大批撤离者的经验和资源。然而，还有一件意外的事件是，在风暴之前发生了租用汽车的退租热潮，因为人们试图减轻自己对租用车辆的赔偿责任（普莱斯，2005）。

9 月 13 日，机场实施了《破坏性天气方案》。该方案与《机场认证手册》是分开的，因此可以在不需要美国联邦航空管理局批准的情况下进行修订。《破坏性天气方案》的主要目的是为机场职员及公众提供有关机场状况的通知程序，建立预期危险和破坏性天气的准备状态，负责机场人员和财产的保护。《破坏性天气方案》在机场运行中心内指定了一名风暴防备协调员，该中心每天 24 小时配备工作人员，机场运行中心负责机场的所有通信和监控活动，包括播报破坏性天气警报和机场状况。

9 月 15 日，候机楼向所有公众和非必要人员关闭，在所有道路和警察人员检查站部署了混凝土路障以控制通行。天气情况持续恶化，已无法保持 139 款条文的标准。然而，飞行运行仍在继续，许多通航飞行员一直在将飞机飞离风暴路径，甚至在空中交通管制塔台和美国联邦航空管理局终端雷达进近控制中心因强风关闭后，仍有飞机继续运行。下午三点半，机场发布《航行通告》，因大规模的洪水和四处乱飞的碎片而被迫关闭。实际上，很早就需要维修人员来保护廊桥，重新连接应急发电机，清除堵塞雨水系统的碎片，但他们在实际风暴到来之前就已经被送回家了。机场警察则被派去保护设施设备的安全（普莱斯，2005）。

当傍晚时分风暴来临时，航站楼的屋顶开始漏水，机场上的两个机库垮塌；三架小型飞机可能被风暴所造成的龙卷风所毁坏。出乎意料的是，机场运行中心收到了位于空中交通管制塔台基地终端雷达进近控制中心的疯狂呼叫。机场工作人员认为该设

---

① 大部分死亡发生在整个加勒比地区直至马萨诸塞州，风暴在墨西哥湾海岸登陆，继续作为一个严重的风暴席卷了整个美国。

施几小时前就已被疏散，但一些管制员认为，该建筑足够坚固以应对风暴，所以他们带来了家属、配偶、孩子和宠物，并选择在终端雷达进近控制中心里就地避难，然而，机场管理者并不知情。尽管机场助理主任和机场警察试图对该设施内的人员进行救援，但114英里/小时的风速阻止了任何的救援尝试——虽然空调机组从屋顶掉下来了，并且终端雷达进近控制中心的部分屋顶开始坍塌，但管制员及其家属还是安然地渡过了风暴（普莱斯，2005）。

9月16日凌晨2点之前，暴风雨登陆，无数的龙卷风和猛烈的风吹过城市。在机场，候机楼的部分屋顶坍塌，候机楼约有30英尺的墙面倒塌在机坪上。工作人员把垃圾桶放在漏水处，玻璃门和金属门从铰链处被破坏，外面的路标、灯柱，甚至屋顶上的砾石都变成了飞机场上的空中投射物。到第二天早上，两个公司机库和四个小型机库遭受了重大损坏，机场指示标志被毁坏，大部分围界也被毁坏。所有的手机线路中断，机场无线电通信系统也只能进行间歇性的通讯（普莱斯，2005）。

彭萨科拉市的电力中断，堤道和桥梁被冲走，切断了彭萨科拉海滩和微风湾的通道。随着整个城市的对外道路都被障碍物阻断，在一段时间内机场成了唯一出入城市的方式。当时，城市规划要求将彭萨科拉海军航空基地作为主要空军基地和临时区域来接收恢复资产，并从中协调灾难，恢复工作。但是，海军基地和附近一些较小的军事设施也遭到了广泛的破坏，使得该地区的机场发挥了至关重要的作用。一名机场工作人员乘车前往应急运行中心，作为应急方案的一部分，该县以前没有设置机场代表。县行政官员命令机场尽快重新开放，以促进救援行动（普莱斯，2005）。

9月16日凌晨，机场恢复了直升机的着陆平台，海岸警卫队的直升机开始带着第一批救援人员抵达。下一波飞机包括军用C-17和C-130带来了食物、水和补给，以及300名协助救灾的士兵。机场能够使用先前关闭的跑道的一部分来容纳飞抵当地的飞机（普莱斯，2005）。

机场管理人员这样做的一个重要考量因素是，一些军用飞机具有短距起降能力，可能不需要商业服务跑道的全部长度就能运行。运行人员应该配合军方人员事先确定机场的需求，以及需要帮助的人员（他们有自己的食物、水、住所等）的需要。

机场还要作为数百辆半挂卡车的中转站，这迫使机场工作人员为司机和工人准备食物、水和厕所设施。为了使半挂卡车能够进入机场，机场大门被迫拆除，150名国民警卫和空军人员征用了机场卸货区，并在封闭的跑道上扎营。机场卫生间里没有水，最终由机场特许经营商提供食物，但这样的情况只能够持续3天（G. 多诺万，个人通讯，2005）。

空中交通管制员开始重新协调入境救援的飞机，因为机场仅对重要的飞机开放运行。意料之外的是，美国的一些企业界派来了一波救援飞机，艾伯森、沃尔玛和其他大公司开始运进救援物资。由于临时飞行限制，机场工作人员不得不建立一个系统，以决定哪些飞机将被允许进入，而哪些不允许进入。此外，其他 7 个机场也派人员和设备协助彭萨科拉机场的工作，这就是美国东南机场灾害行动团队和美国西部机场灾害行动团队的起源（普莱斯，2005）。

弗吉尼亚州空军国民警卫队 70 多名成员乘坐重型设备抵达，并开始清理机场和陆地上的残骸。佛罗里达州国民警卫队的部队，连同全州的执法人员抵达，维护和保卫机场 9 英里长的边界，因为大部分的围界已被破坏。机场部署了应急发电机来为油料库供电。由于机场有可用的跑道、建立了直升机着陆区、有可用的燃料和地面支援，而且有一个安全的边界，所以，机场迅速成为彭萨科拉所有的空中和地面救灾物资后勤中心（G. 多诺万，个人通讯，2005）。

作为恢复行动的一部分，来自机场合同工程公司的结构、机械、电气和土木工程师及屋顶专家小组从杰克逊维尔动员起来，在风暴发生一天后就开始了全面的损失评估。该团队全天候地工作了 2 天，以验证候机大楼、终端雷达进近控制中心、消防站和维修大楼的结构安全。机场每天损失近 5 万美元的收入，同时承担了恢复行动的全部费用。9 月 24 日，恢复方案迅速启动，开始了商业运作。从 9 月 20 日开始，机场停车库里车辆的主人可以开始取车，9 月 21 日机场重新开放通用航空运行，机场恢复满足了 139 款条文的标准。货运航班于 9 月 22 日开始抵达，9 月 24 日，餐馆和礼品店恢复了正常的运行，运输安全管理局部署了额外的应急人员配备，所有的检查设备功能正常，乘客也没有遇到任何延误（G. 多诺万，个人通讯，2005）。从伊万飓风事件中吸取的一些关键经验教训包括（普莱斯，2005）：

1. 制订一个《破坏性天气方案》（或类似名称的计划），并经常对其进行审查；确保该方案是在利益相关者的参与下制订的，并包括机场在地区应急运行中心运行过程中的作用；

2. 做好几天的自我维持准备，储存够食物、饮用水和卫生设施；

3. 不要以为每个人都会做他们应该做的事情——例如，由于很多人同时还车而造成的意外交通堵塞，美国联邦航空管理局人员忽视了发布疏散令；

4. 具有备份通讯功能，如卫星电话（或无人机[①]）；

5. 跟踪所有费用、人事、车辆和设备。美国交通部部长米内塔在风暴发生几天后抵达，提供了 250 万美元的自由支配补助金，以帮助支付部分不在保险范围内或联邦应急管理机构（联邦紧急事务管理局）没有支付的部分恢复工作费用；

6. 考虑人员需求——并非需要所有人员都在场；送非必要人员回家，并轮调（如果可能的话）必要人员到场；

---

① 尽管当时的机场运行层级上不存在无人机功能，但它们可以用于消息传递功能。

7. 将协议书从政府机构扩大到当地企业，优先提供供应品和设备；风暴之前和之后的日子里，胶合板成为一种珍贵的商品。

2005 年，卡特里娜飓风造成的破坏继续将机场的运行能力和多功能性推向更高的层次，新奥尔良的路易斯·阿姆斯特朗国际机场和其他机场成为野战医院、临时停尸间和实现政府连续性的应急运行中心。在飓风事件方案中获得的另一个经验教训是，假定通常在机场提供执法保护的当地警察可能被重新调回市区，但机场仍需要一些执法人员，因为机场可能是拥有某种权力和住所的地方之一（布罗德里克，2005）。急救医疗服务人员也可能供不应求。机场本身可能处于灾难地带，没有水或自己的人员避难场所，更不用说接待响应人员，所以，机场应该至少准备好满足 3 天用量的不易腐烂的食物和饮用水。优先考虑恢复任务是重要的，恢复跑道、滑行道和通勤道路通常位于优先列表的首位。这将使人员能够通过陆路和空中进入机场（布罗德里克，2005）。

如果可以提前做一些事情来尽量减少损失，那么，这些项目应该提前确定并完成。减灾和备灾措施可包括将重要车辆移动到坚固的避难场所，储存以后需要的设备和工具（如额外的围墙、锤子和螺丝起子、屋顶材料、电线和车辆燃料），并将物品固定在一个或多个拖车中，以便在需要时立即得到并进行部署。其他可确保自给自足的物品包括不易腐烂的食物、工作手套、睡袋、备用发电机、重力式制冰机，以及一个可在紧急情况下用作避难所的流动指挥中心（布罗德里克，2005）。

在地区应急运行中心的运行和方案中应该给机场运营商提供一个"席位"。在得克萨斯州博蒙特市遇袭的丽塔飓风期间，市政府官员没有考虑机场在早期规划会议中的作用。当风暴来临时，机场主任关闭了机场，让工作人员放假回家，但随后接到一位市政官员的电话，要求他重新开放机场，以接收医疗人员。这个机场之所以能够很快重新开放，是因为几个星期前他们刚刚紧急接待了 15000 名由于卡特里娜飓风流离失所的人。在第二天，机场运送了 1500 名非住院人员和 6000 名流动人员。这强化了机场救灾和疏散应得到认真对待的观念，机场应进行桌面演练，讨论疏散方案和可能发生的地区紧急情况（布罗德里克，2005）。

地震

地震是由于地球岩石最外层的地壳板块突然断裂和移动而引起的地面突然震动。它可以发生在世界的任何地方，但也有地区经常发生地震。在美国，地震最常见于加利福尼亚州、阿拉斯加州和美国中部地区（图 12.7）。然而，2011 年在弗吉尼亚发生了一场 5.8 级的地震。东部沿海机场的航班被不同程度地延误，其中包括肯尼迪国际机场、纽瓦克自由国际机场、罗纳德·里根国家机场和杜勒斯国际机场（麦克唐奈和罗西耶，2011）。

地震的主要危害是地面震动的影响，它可以通过震动或沉降建筑物本身来破坏建筑物。在地震过程中，由于沙子或土壤与地下水混合，可能使它们发生液化，使土壤像流沙一样流淌（地震停止后土壤重新变硬，但可能变形）。地震的第二个主要危害是沿断层的地面位移，这会导致建筑物被撕裂。其他危害包括火灾、危险物质的释放、山体滑坡、大坝失效和洪水。

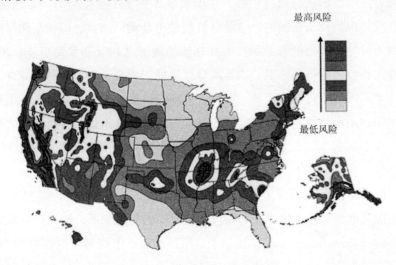

图 12.7　美国的地震危害
（来源：联邦紧急事务管理局）

地震的测量方式有很多种，包括里氏震级和改良麦加利烈度等级。里氏震级衡量地震的震级，震级是由地震仪记录的震波幅度的对数来确定的，用整数和十进制分数来表示。一次震级为 5.3 级的地震可能被计算为中等地震，强烈的地震可能被评定为震级 6.3 级以上的地震（美国地质调查局，秘密协议）。

改良麦加利烈度等级测量地震的烈度。这个规模由一系列的关键反应组成，比如人们的觉醒、家具的移动、烟囱的损坏或者完全破坏。麦加利烈度等级值是在地震后分配给某一特定地点的，它对非科学家来说是一种比震级更有意义的严重程度衡量，因为烈度指的是在那个地方实际经历的影响（美国地质调查局）（表 12.4）。

据联邦航空管理局的数据显示，美国有 39 个州面临着破坏性地震的威胁，被认为是地震危险地区。机场的风险评估应包括危险源分析，以确定机场是否位于其中一个区域，以及确定可能容易受到地震影响的设施、财产、设备，等等。风险评估还应确定可能更容易受到地震损害的机场设施，如空中交通管制塔台（联邦航空管理局，2010a）。

表 12.4　改进的麦加利烈度等级表

烈度	震感	描述/损害
I	无感	只有少数人在某些特殊条件下才会倒下
II	微感	只有少数人在休息时才能感觉到，特别是在建筑物高层的人
III	微感	人们在室内能够非常明显地感觉到，特别是在建筑物高层的人。许多人不认为它是地震。停止的汽车可能轻微地摇晃。类似于轻型卡车通过时产生的震动
IV	轻感	白天在室内都能感觉到，室外很少能感觉到。晚上一些人会被摇醒。盘子、窗户、门被震响；墙壁发出裂开的声音。感觉就像重型卡车撞击建筑物。停止的汽车感觉明显摇晃
V	中等	几乎每个人都能感受到；许多人惊醒。有些盘子、窗户被打破。不稳定的物体被推翻。钟摆可能会停止
VI	强烈	所有的人都感到害怕。一些沉重的家具被移动；少数情况下涂在墙上的水泥会脱落。轻微损坏
VII	非常强烈	在设计和建造良好的建筑物中，损伤可忽略不计；在建造得当的普通结构中，会有轻微到适中的损伤；在建造不良或设计差的结构中，会有相当大的损坏；一些烟囱破裂
VIII	严重	特殊设计的建筑物会有轻微损坏；某些普通建筑物存在部分倒塌损坏的情况；建筑结构较差的建筑物损坏严重。烟囱、工厂的大烟囱、柱子、纪念碑、墙壁倒塌。重型家具翻倒
IX	猛烈	在特别设计的建筑物中有相当大的损伤；设计上未考虑水平方向力类建筑物严重破坏。水平方向抗力弱类建筑物倒塌。建筑物可能脱离地基
X	极端	一些木造建筑物毁坏，大多数建筑物连同地基毁坏。铁轨弯曲

（来源：美国地质调查局）

　　与飓风不同的是，地震没有发生预警，而且地震的影响在不同的地震中变化很大。地震造成的大部分伤亡不是地球运动的结果，而是由于碎片下落和部分或全部建筑物倒塌造成的。就像任何自然灾害一样，机场可能会受到多方面的影响，机场人员预计机场将成为社区恢复的一个关键因素。虽然生活在地震频繁地区的人通常知道在地震发生时该采取什么行动，但机场却挤满了可能不熟悉基本安全程序的临时乘客。可以在一定程度上向乘客告知逃离的路标，所有机场人员都应充分了解和培训在地震期间应采取的行动。

　　室外人员应该远离建筑物、路灯和公用设施；室内人员应该躲在坚固的办公桌、桌子或者长凳下面或者靠在内墙上面。如果没有掩体，应该用手捂住脸和头，蹲在建筑物的内角。直到晃动停止或者必须移动以避免碎片掉落，才能从掩体中出来。机场或陆地上的车辆应该停下来，直到地震停止。飞行运行也应该停止，直到地震停止，并确定机场是否运行安全。当第一次地震发生以后，还应当注意余震，虽然这是后续事件，但仍然可能会造成严重的后果。一旦地震结束，公共事物可能会受到破坏，例如，可能会发生燃气泄漏，因此，不应点燃火柴；下水道可能会被阻塞；人员可能会被困在废墟下，受伤并且无法呼救。

机场应该采取通常的步骤来应对紧急情况，包括考虑道路和桥梁在地震破坏下的脆弱性，以及如果部分或全部无法使用会产生什么影响。《机场应急方案》还应涉及机场的功能，如果地震发生在机场的高峰期、夜间运行期间或人员配备不足的时期。机场也应有备用通讯计划，以防天线设施无法运行。机场营运人员、机场消防及警务人员、新闻办事处人员及机场租户所履行的职能，与准备、响应或从飓风及其他自然灾害中恢复的职能相同（联邦航空管理局，2010a）。

地震过后，机场维修人员应进行评估，以确定候机楼和机坪的哪些要素需要进行修复。这些要素包括电力、卫生、水、机场照明和无线电通信系统。可能需要清理碎片，并进行搜救和灭火行动，特别是在建筑物倒塌的情况下。应向公众发出警告，注意火灾、不安全地区和余震的持续威胁，以及饮用水的状况、公用设施的使用和整体卫生条件等（联邦航空管理局，2010a）。

机场运营商应制定人员统计标准操作程序，并鼓励机场租户也这样做，以便在地震后可找到或对人员进行统计。机场还应该维护应急发电机，添补摆放灾害物资的专用储物柜，并进行地震专项培训、演习和演练（联邦航空管理局，2010a）。在恢复期间，应对所有人员进行清算统计，并在适当的情况下对所有设施都酌情评估损坏的情况，包括照片和录像。应尽快评估塔台的状况，一旦宣布安全使用，人员应立即返回设施。要进行专门的自检，以确定机场是否能够安全运行，要特别注意道面状况和机场标识、标志和照明情况。如果白天发生地震，应在晚上进行额外的检查，以确定灯光和机场标志的状态。

从近期的几次灾害中可以看出，这些机场设施检查即使没有发生损坏，也会延误机场运行，机场跑道、航站楼和其他设施也会受到影响，特别是易受损害的空中交通管制塔台。在影响到社区的大规模的紧急情况下，机场运营商可以预期会经历以下四类业务的需求：航空货运；航空客运航空公司；灾难服务提供商；商业用户（通航）（帕金斯，2013）。

地震和机场：历史回顾和经验教训

1989 年 10 月 17 日，在旧金山湾和蒙特利湾地区发生了洛马·普雷塔地震。该地震震级 6.9 级（里氏），并持续了大约 15 秒，造成了 63 人死亡，超过 3700 人受伤。地震造成了整个地区的大规模停电，同时还损坏了几条天然气管道，由于道路和桥梁关闭，地面运输受到干扰（帕金斯，2013）。

旧金山国际机场在距离断层线 35 英里的地方，机场暂停了一个晚上的运行。机场没有遭到重大设施或跑道的损坏，然而，塔台有窗户和非结构性损坏。但是，机场关闭的主要原因是由于旧金山—奥克兰海湾大桥的关闭，塔台没有足够的管制员可以安全地进行运行。由于旧金山巨人队和奥克兰运动家队在机场附近的烛台公园球场进行棒球比赛，球迷们的离场更加剧了交通的拥堵，使得机场人员难以通勤上班。在机场方面，一座航空货运大楼和一个电力变压器受到一些损坏，但机场附近的通道或高速公路的关闭没有问题（帕金斯，2013）。

在奥克兰国际机场，尽管距离震中40英里，机场10000英尺的主用跑道受到了严重的液化损坏，跑道的3000英尺处有裂缝，宽约一英尺。跑道上和相邻的滑行道上出现了大量的沙砾，宽达40英尺。由于电话服务和可用无线电频率迅速超载，恢复运行的行动受到阻碍。塔台失去了三个窗户，候机楼之间的一条通道被损坏，并且水管破裂，导致服务性道路坍塌（帕金斯，2013）。虽然在当时手机已经被发明了出来，但并没有被推广使用。今天，在大多数自然灾害期间，手机运行仍然受到严重的限制，原因要么是手机塔受损，要么是太多人试图同时使用该系统。但是，在手机的语音功能不起作用的时候，短信往往会更有效地工作。

圣何塞国际机场距离地震断层仅15英里。机场立即关闭，并检查了所有设施、跑道、滑行道、塔台和导航设施，以及停车场和陆上通道。地震发生40分钟后，机场重新全面投入了使用，仅受到了一些外表的损坏。商业电力已经当机，但是备用发电机仍然在运行（帕金斯，2013）。

由于本次地震，相关机构提出了候机楼设施、大厅和旧金山国际机场的空中交通管制塔台需要符合现行的抗震规范。在旧金山国际机场，机场进行了一项海岸线保护可行性研究，以评估其在洪水、海平面上升和海啸事件中所能承受的影响。在奥克兰，机场改善了周边的堤防系统，以防止旧金山湾的水倒灌淹没，并减少地震引起的液化。在圣何塞，由于跑道位于古老的、自然发生的、河道沉积和局部填埋场上，所以液化对于跑道来说是首要的危险源。此后，机场进行了重大的物理改进，重建并延伸了两条跑道，并在跑道内加入了设计元素，以缓解潜在的液化土壤条件。候机楼设施也得到了改善，一个储存容量是原来10倍的新建油料场已经完工，此举减少了机场对油罐车运输的依赖（帕金斯，2013）。

珍妮·帕金斯根据与湾区政府协会签订的合同，对其他几次地震进行了分析，指出机场典型的地震破坏范围从破碎的玻璃，特别是控制塔、停电、天花板瓷砖和灯具掉落，到由于液化造成的跑道和路面损坏。2001年发生在西雅图的地震，塔台遭受了严重的破坏，以至于塔台进行了人员疏散，并在卡车上搭建了临时塔台。由于地震，西雅图—塔科马国际机场在紧急协调中心建立了独特的岗位，包括一个连续作业位置和一个恢复运行的第二个位置。作为自愿互助协议的一部分，西雅图—塔科马国际机场也与美国西部机场灾害行动团队分享了其经验（帕金斯，2013）。

地震的其他影响包括机场周边围界的损坏、机场门禁控制和资格认证系统的停电，以及可能影响机场运行所必需的检查设备和其他基本安保和安全系统的停电。

在美国发生地震的过程中，机场在协助社区恢复方面发挥的作用较小，机场对于全球发生的多次地震，包括 2009 年的萨摩亚群岛地震和海啸及 2010 年的海地地震的灾后恢复工作至关重要。由于更繁忙的时刻限制，特别是在国际机场，地震所造成的破坏是更加巨大的。国际机场航班的延误或取消会在全球的空域系统中产生广泛的蝴蝶效应。2011 年，日本东北地震和海啸暂时关闭了东京成田国际机场和东京国际机场，造成了客机航班的严重中断，其中，包括至少 11 个航班备降到了附近的横田空军基地。大约有 13000 名乘客在成田机场被滞留，超过 290 个航班被取消，影响超过了 6 万人（帕金斯，2013）。

虽然帕金斯（2013）的报告侧重于旧金山湾地区的五个商业服务机场，但这些建议对任何商业服务或通用航空机场都是相关的。报告指出，由于航班取消和相关的维修费用，机场的收入可能会大幅下降。这份报告鼓励所有机场应该得到民选官员和地区组织的大力支持，并与其他交通区，自来水和电力公司，美国红十字会，美国海岸警卫队以及其他相关组织进行更频繁的培训、演习和演练。最终，报告中有一个有趣的观点是："如果在互联网上公开分享，《机场应急计划》就会得到最好的利用，以提高透明度，并为公众和公司提供机会，为改进计划作出贡献（帕金斯，2013）。"

《机场应急计划》并不要求标记为敏感安全信息，[①] 联邦航空管理局和运输安全管理局都提供了一个程序，使机场安全计划保持为公共文件，并实现上述的益处，虽然运输安全管理局和机场安全相关的程序可以在敏感安全信息保护的机场安全计划中解决。帕金斯报告中另一个有趣的说明是，通航机场将受益于其所在地区商业机场的《机场应急计划》的审查，并应参加市政培训和演习，以提高他们对其机场的期望，同时定期测试其应急计划（帕金斯，2013）。

龙卷风

龙卷风是由低气压涡旋组成的暴雨风暴，伴有漏斗状云，它们通常与雷暴和飓风等恶劣天气有关。它们可能具有极大的破坏性，龙卷风的平均宽度在 300 至 500 码之间（最大的测量值是 2.5 英里宽），它们的路径可以延伸到 50 英里意外，地面速度在 10 至 50 英里每小时之间。据估计，漏斗内的风速在每小时 100 至 500 英里每小时之间。大约 2% 的龙卷风被归类为"剧烈的"，风速超过每小时 300 英里，平均宽度为 425 码或更长，平均长度为 26 英里。龙卷风可能发生在美国境内的任何一个州，但最常见的是在得克萨斯州、俄克拉何马州、佛罗里达州、堪萨斯州、内布拉斯加州、爱

---

① 航空应急管理界的一些人认为，《机场应急计划》应该被标记为敏感安全信息。

荷华州、南达科他州、伊利诺伊州、密苏里州、密西西比州、路易斯安那州、科罗拉多州、威斯康星州、阿肯色州、格鲁吉亚、北达科他州、明尼苏达州、印第安纳州和密歇根州（联邦航空管理局，2010a）。

平均每年有 75 人死于龙卷风。2011 年的死亡人数为 553 人，这是自 1950 年开始记录以来龙卷风死亡人数最多的一年。这一数字包括在密苏里州乔普林龙卷风中丧生的 158 人。在美国，龙卷风可能会常年发生，但龙卷风的季节通常在三月到八月之间，四月到六月之间是活动的高峰期。增强的藤田级数被广泛地认为是龙卷风破坏力的测量指标。F 等级风是从建筑物和树木损坏中估算出来的。该系统得到了加强，纳入了 28 项损害指标，并根据风速和损坏情况将龙卷风分为六类（联邦航空管理局，2010a）。

要将涡旋归类为龙卷风，它必须与地面和云底同时接触；否则，涡旋通常被认为是漏斗云。漏斗云对飞机运行依然是危险的，并且可以警告机场运行人员可能很快会出现龙卷风。虽然飓风提前几天就能够预测，而地震则无法预测，同样，龙卷风也可能得到预测。龙卷风不会在没有某种预兆的情况下发生，例如，严重的雷暴或飓风。冰雹、雨、风和闪电可能会伴随龙卷风到来，使飞机和机坪运行发生危险。

与所有其他自然灾害一样，机场应进行风险评估，以确定机场易受龙卷风袭击的方面，确定可能需要转移到安全区的必要设备、工具和重要记录，并确定应撤离的任何设施。此外，机场应确定适合作为龙卷风避难所的建筑物和地点，并准备标志和保护行动公共信息，以提醒乘客即将发生龙卷风。机场人员还应接受保护行动方面的培训，以便他们不仅可以自我保护，还可以协助乘客进行疏散或避难（联邦航空管理局，2010a）。机场的运行和维护、消防、警察、急救人员、航空公司和租户人员的责任与为准备飓风而应承担的责任和行动基本相同。龙卷风恢复行动类似于地震恢复行动，可能包括损害评估、搜索和救援，以确定建筑物倒塌和被困人员的区域、机场通道控制系统、清除碎片以及在机场重新开放之前对机场进行特别的自我检查（联邦航空管理局，2010a）。

乔普林龙卷风，2011 年

2011 年 5 月 22 日，密苏里州乔普林市发生了 EF - 5 级龙卷风，造成了 158 人死亡，1000 多人受伤。风速超过了每小时 200 英里，龙卷风在地面上行进超过了 22 英里，从开始到结束持续了大约 38 分钟。7000 间房屋被摧毁，对商业和公共建筑造成了巨大的破坏。圣约翰医院严重受损，钢筋混凝土门廊和车道被抬起和抛掷，一些车辆被扔进家中或被完全粉碎。富兰克林技术中心，以及乔普林高中新区，还有一家银行，除金库以外，都被摧毁了（惠特利，2013）。

龙卷风还摧毁了该镇两架医疗飞行直升机中的一架，由于其中一家医院被摧毁，临时医疗设施在当地的一个社区中心建立了起来，医生们在篮球场上进行手术。被破坏地区 95% 的主要街道和二级街道无法通行，由于地标的被破坏，人员和工人都不知道他们在哪条街道上。试图接触到需要帮助的人的急救人员也遇到了健康和安全危险（施托克艾姆，2015）。

乔普林地区的机场处于一个特殊的位置，因为它的工业园区成为联邦紧急事务管理局的临时住房设施，为 586 个家庭提供了临时住房，所以，所有这些家庭都在 3 年内搬到了永久住房。龙卷风过后，唯一起作用的通讯形式是短信，不过，机场与当地广播电台合作，向公众通报情况（施托克艾姆，2015）。

作为恢复行动的一部分，机场有八个直升机停机坪，还有许多喷气式飞机运行，将人员送往受损地区以外的医院。就如同其他自然灾害一样，往往会出现一些意想不到的事情，就乔普林机场而言，通用航空飞行员在龙卷风袭击后不久就返回机场亲眼看到了龙卷风的威力，不是以官方身份，而是为了个人的好奇心。机场让联邦航空管理局建立禁飞区，帮助处理所有必要的空中交通（施托克艾姆，2015）。

风暴过后，机场将其龙卷风警报测试程序从每天一次修订为每月一次。由于之前每天一次测试程序，人们已经变得毫不在乎，真的警报变成了像《狼来了》一样的故事。机场还增加了公共安全房间以处理机场及乘客的需求，同时改变了飞机救援与消防的机场外响应程序，以允许飞机救援与消防设备和人员在场外对社区进行协助（施托克艾姆，2015）。

重大自然灾害发生后，政界人士和政府官员等重要人物往往希望参观慰问受损的地区。乔普林机场必须在龙卷风过后的几天之内准备好接收"空军一号"。必须在机场安排演讲看台，并与美国特勤局协调安保。机场询问总统是否愿意飞往密苏里州的斯普林菲尔德机场，但是这个要求被拒绝了。美国总统的决定有时是由政治所驱动的，但在其他情况下则是由安保问题所驱动的，当时美国特勤局决定在乔普林降落比在邻近的机场降落更为安全，然后再让总统乘坐地面交通工具或"海军一号"直升机进行运送。机场经营者必须保持灵活性，并尽量利用任何可以利用的情况，因为他们并不总是能够控制与社区和联邦需要有关的决定。

火山

大约有 70 个活火山位于美国，主要在西海岸，从加州到华盛顿州，还有阿拉斯加和夏威夷。火山是岩浆从地球表面下面升起，聚集在一个叫作岩浆室的储藏室形成的。有时，岩浆也会喷溅到地表上。火山还可能引发地震，它可以将火山灰喷入大气中超过 10 万英尺，影响到数千英里的地区。

国际民航组织关于《火山灰、放射性材料和有毒化学云的 9691 号文件》（国际民航组织，2001）介绍了火山事件期间和之后的机场程序。火山灰掉落是火山活动的主要危害，只要几毫米的积聚就足以迫使机场暂时关闭（古方蒂、梅贝瑞、卡萨德瓦尔、伟门，2008）。火山灰对飞机运行特别有害，因为火山灰的粒度小、硬度高、耐磨性好，它能承受静电电荷，也有吸收水分的能力，而水中也含有腐蚀性酸的水滴。和所有其他自然灾害一样，机场应该进行风险评估，以确定它们是否在受火山活动影响的地区（联邦航空管理局，2010a）。

火山活动已经对世界各地的机场造成了重大危害。自1990年以来，平均每年有五个机场受到火山活动的影响。大多数事件是由机场附近的火山灰引起的，但在少数情况下，机场本身也会受到熔岩流、气体排放、没有熔岩喷射的蒸汽爆发和火山碎屑流的影响。火山碎屑流是热气和岩石快速移动的产物，在离开火山时可达到每小时450英里的速度。在美国，特德·史蒂文斯·安克雷奇国际机场是最容易受到附近火山持续活动影响的机场之一，美国的火山数量位居世界第二，这些火山造成了机场的混乱（古方蒂等，2008）。

虽然对飞机的大多数威胁来自空中的火山灰云，但火山活动对机场的实际破坏也是对机场运行的重大威胁。机场面临的主要危害是降尘，这会降低能见度，造成道面失滑，影响通信和电力系统，中断地面服务，损坏建筑物和停放的飞机。火山灰含有少量的玻璃、锯齿状的岩石和矿物。火山灰云是无害的烟雾，这种认识是错误的。与比如燃烧木材、树叶或纸后所产生的烟不同，火山灰很硬、不溶于水且具有极强的磨蚀性和轻微的腐蚀性（美国地质调查局，秘密协议）。小于几厘米的积聚就可能导致机场临时关闭。灰尘堆积必须在机场恢复正常运行之前被清除，并且与雪不同，灰尘不会融化或吹走，而是必须以在清理过程中防止灰尘再次吹回机场的方式进行处理（古方蒂等，2008）。

火山灰很容易渗透到所有密封最紧密的区域，包括小型电子元件、机库和维修区域，以及冷却、润滑和过滤系统。在极端情况下，湿火山灰具有和湿水泥一致的性质，当它们沉积在机库顶部时，可能导致建筑物倒塌，就像1991年菲律宾克拉克空军基地皮纳图博火山爆发期间发生的那样。大量的湿火山灰也可以附着在飞机上的机翼或水平安定面上，从而造成飞机侧翻（国际民航组织，2001）。

通常，世界各地的各种机构都会对火山活动进行测量。一般情况下，火山即将爆发之前都会有相关通知，让机场运营商有时间采取缓解措施。所有负有机场运行责任的机构，包括机场运行、警察、消防员、机场维修、空中交通管制、急救医疗服务及航空公司和租户，根据火山应急计划负有与其他应急计划（例如，应急运行中心代表、确保设备经过测试和准备就绪、培训和演习、警报系统和无线电系统测试等）相似的责任（联邦航空管理局，2010a）。

火山活动由世界各地的各种机构进行常规测量，通常会有即将爆发的通知，使机场运行人员有时间采取缓解措施。所有负责机场运行的警察、消防员、机场维护、空中交通管制、应急运行中心、航空公司运行人和租户的机构，在火山应急计划下的职责与其他应急计划相同（例如，应急运行中心代表，确保设备测试和准备去训练和演习，测试警报系统和无线电系统等）（联邦航空管理局，2010a）。此外，机场还应有储存的胶带和塑料薄膜，以覆盖和密封飞机和车辆发动机、战略性建筑物和电子设备上的开口，以及收集和倾倒火山灰的重型设备及倾倒和覆盖灰的指定区域，离开机场（国际民航组织，2001）。

在火山爆发之前，可以将飞机从机场移走以避免损坏，这也减少了可能滞留在机场的乘客人数。剩余的飞机和所有地面车辆和设备应尽可能地得到保护，必须对必要的部件进行覆盖和密封。在火山爆发时，机场管理部门和空中交通管制中心必须对是否继续开放机场运行做出决定。火山爆发后，飞机着陆时应限制反推的使用，因为反推可能会使发动机吸入火山灰；飞机运行应避免飞进可见的火山灰当中（国际民航组织，2001）。

在某一时刻，地面车辆将不得不重新进入机场清除灰烬，没有一项单一的技术能完全有效地去除火山灰。人们发现，各种技术的结合，为管理和去除火山灰提供了最佳效果。业界一些人认为，应该用水来帮助清除灰烬，而另一些人则注意到，水会使灰烬变硬。国际民航组织文件提出了一些基本的清除技术：

1. 用水车将火山灰弄湿；
2. 将火山灰晾干使其结成块；
3. 用传送带或装载机将它们捡起；
4. 运输至垃圾区域；
5. 清扫并冲洗残留物；
6. 首先清扫、利用真空吸走火山灰，然后再用水冲洗（最好用于机坪等操作）；
7. 将火山灰推至跑道边缘，用粘结剂（如 Coherex 或液体木质素）进行覆盖；
8. 沿跑道边缘安装洒水喷头，以防止飞机发动机或翼尖涡流将残留的火山灰再次吹起；
9. 在滑行道和机坪上保持湿润。

地面支持设备需要不断地清洗和维护。设备应该被抽真空，油和其他过滤器应该更频繁地更换。但是，不应该用水来冲洗设备，因为水会将火山灰变成污泥，然后冲进设备。计算机系统、雷达和光学系统也必须受到保护，然后在火山爆发后进行清理（国际民航组织，2001）。

减轻和降低火山灾害影响的一个重要步骤是制订具体的机场作业计划，说明清理的方法和可用设备，将火山爆发预报机构的最新信息纳入运行决策的程序，并制定关闭机场的协议（古方蒂等，2008）。国际民航组织文件（国际民航组织，2001）列出了阿拉斯加领空火山爆发的应急计划，为其他可能受到火山活动影响的机场和国家提供了指导。

洪水

洪水就是在正常情况下旱地被水淹没，通常是由于自然水体溢出其堤坝、大坝破裂、飓风造成的风暴潮或地震引起的海啸（联邦航空管理局，2010a）。当大量雨水在短时间内下落，超过雨水系统处理水流增加的能力，也会发生洪水。洪水能够破坏建筑物和桥梁，侵蚀海岸线和河岸，冲刷通道，造成人员伤亡。洪水泛滥在美国非常普遍，因为洪泛区的人口数量发展很快（哈多、布洛克和科波拉，2013）。

和其他自然灾害一样，机场经营商应该进行风险评估，以确定机场洪水的风险并采取相应的缓解措施。国家气象局有存在潜在山洪问题的社区名单。此外，《国家洪水保险计划》还有洪水保险费率图和洪水灾害边界图（联邦航空管理局，2010a）。

所有负责机场运行的警察、消防员、机场维护、空中交通管制、应急运行中心、航空公司运行人和租户的机构，在洪水应急计划下的职责与其他应急计划相同（例如，应急运行中心的代表，确保设备测试和准备去训练和演习，测试警报系统和无线电系统等）。此外，机场应该确定洪水对社区的影响，以及机场在协助减轻灾害方面的潜在作用。重大洪水可能影响公用事业，包括电力、水和下水道设施。减灾工作应包括绘制可能被洪水淹没的地区图，确定可能需要安置临时堤防的位置，并安排劳动力来执行诸如填沙袋等抗洪任务（联邦航空管理局，2010a）。

美国的大多数洪水警报都是由国家气象局负责的，对于大型河流系统，河流预报中心则使用水文模型。对于许多小型河流系统，国家气象局开发了一个名为实时自动本地评估的系统。实时自动本地评估是一个地方机构（市或县）的洪水预警系统，包括传感器和水桶。每次，水桶由于装载了一定量的水而倾斜时，它会向基站发送相关的无线电信号，以提供实时的降水累积数据。机场运营商应留意本地区的洪水警告，当然，任何可能直接影响机场的洪水情况都需要留意（联邦航空管理局，2010a）。

当洪水发展缓慢时，机场运营商应该有足够的时间来确定其对机场的影响，并决定是否撤离或安置机场居民。在洪水迅速发展的情况下，必须迅速做出保护行动决定，当不能对人员进行疏散时，应提供前往高地设施的指示。就像在所有自然灾害中，机场运营商应考虑到基本的个人需要，如食品、水、卫生设施，以及需要轮椅的人。保健和医疗专业人员应向人们提供关于洪水可能造成健康和卫生危害的信息，包括未经处理的污水、死亡的动物、浮出的尸体和危险品（联邦航空管理局，2010a）。

机场应储存必要的防洪工程，如沙袋、填料、聚乙烯薄膜和水泵，并配备必要的燃料、安装人员、操作人员和油管/管道。应监测供水情况，监测消防栓的水压力，并为机场应急工作人员购置和储存食物和干衣。机场也应及时进行洪水专项培训、演习和演练。和所有的自然灾害一样，应该发布《航行通告》，通知用户机场状态，通过新闻官发布公众通知，告知当地社区机场状况（联邦航空管理局，2010a）。

危险品事件

在日常生活中使用的各种危险品，增加了在整个危险货物分发系统所有点的应急准备需求。危险品的泄漏或释放对生命、健康或财产构成了重大风险，可能影响少数人甚至整个社区。美国交通部的《应急响应指南》（美国交通部，2012）是急救人员的主要指南，用于确定事故和保护阶段所涉危险品的具体或一般分类（联邦航空管理局，2010 a）。

《应急响应指南》包含对被认为是危险材料的描述，以及材料的物理描述、同义词和商品名称、危险程度、隔离距离、暴露或保护、相关民航运输条例及所提出的危险程度（例如，极端危险、有害、腐蚀性）。《应急响应指南》还列出了接触危险品的预防措施，如隔离泄漏、防护服、疏散距离和特定物质的急救（美国交通部，2012）。标识牌有助于识别危险品的类型：

- 第 1 类：爆炸物；
- 第 2 类：压缩气体；
- 第 3 类：易燃液体（易燃、可燃、汽油等）；
- 第 4 类：易燃固体；
- 第 5 类：氧化剂；
- 第 6 类：有毒物质（吸入危险、毒药、毒气等）；
- 第 7 类：放射性物质；
- 第 8 级：腐蚀性液体；
- 第 9 类：杂项。

在散装标语牌上发现的 UN/NA 编号（四位数字）是指特定化学品或化学品组，由联合国和美国交通部指定。国际民航组织和国际航空运输协会都有与危险货物有关的操作指南（在两种情况下都称为危险品）。机场的大部分危险品都由航空公司处理，但航空燃油除外。机场运营商还应了解使用化学、生物和放射剂的犯罪或恐怖行为，这种情况涉及沸腾液体膨胀蒸汽爆炸，如果危险物质是液化石油气，那么就可能发生这种情况（美国交通部，2012）。

除了航空燃油外，机场货运大楼、飞机装载机坪及飞机货舱内都可能会有危险品包裹。与其他紧急事故一样，机场经营者应进行风险评估，以确定可空运的危险品、机场可能已使用的危险品，以及机场附近的任何设施。可空运的一般危险品包括炸药、压缩气体或液化气体，可能是易燃或有毒的液体或固体、氧化剂、有毒物质、传染性物质、放射性物质及腐蚀物。空运货物也可包括许多其他物品，例如，食物、人类遗骸及活体动物——货物运输条例规定了哪些物质可以进行空运，哪些物质可以在飞机上运载，但不能在另一种物质旁边运输。应确定构成威胁的区域，并采取适当的应急措施（联邦航空管理局，2010a）。

有些危险品不能空运，还有一些只能在全货机上运输。机场运营商应参照《美国联邦法规》第 29 条 1910 款和《美国联邦法规》第 40 条 311 款，以获取响应危险品事件时，有关紧急情况下雇员的保护、安全和健康指南。

任何可能遇到或目睹危险品释放的人都应接受培训，以便通过通知有关当局来启动应急响应行动。应对发布响应的人员进行培训，使他们能够以防御的方式做出反应，而不是试图阻止发布响应信息。危险品技术人员和专家都受过专门训练来防止危险品释放。消防人员的首要责任是遏制，而不是不必要地暴露自己。

化学、生物、放射性、核或爆炸物攻击的迹象

注：可能发生化学事件的指标包括（美国交通部，2012）：

1. 不明气味；
2. 大量动物、鸟类、鱼类死亡；
3. 昆虫数量剧减；
4. 死亡、患病人数异常，特别是有病样的，如从某一地点逆风而下；
5. 水疱或皮疹；
6. 局部地区的疾病；
7. 不明液体降水；
8. 与现有天气情况不符的低云；
9. 特殊的金属碎片（即炸弹状弹药）。

可能的生物学释放指标包括（美国交通部，2012）

1. 特殊的病人或垂死的人和动物；
2. 不定期和不寻常地散发喷雾；
3. 废弃的喷雾装置。

可能的放射性释放指标包括（美国交通部，2012）

1. 附近容器上的辐射符号；
2. 特殊的金属碎片（即炸弹状弹药）。

机场的脆弱性评估应包括对机场或附近被视为危险品物质的说明、机场附近的运

输走廊、指定对机场做出响应的危险品响应小组的名称和地点、向机场人员提供的危险品培训水平，以及对飞机上的危险品事件的应急响应（联邦航空管理局，2010a）。机场应与航空公司合作进行有关应对危险品事件的培训、演习和演练。

在危险品事件中，事故指挥中心的行动（即特别事件指挥所）可能会被修改，以保护应急响应人员。所有不必要的人员都应该离开特别事件指挥所，只有有资质的人员才能参与响应工作。应急响应人员应该拥有并穿着适当的防护装备和衣服——通常，应该建立一个保护行动区，在那里人们可以被认为有遭受有害接触的危险。机场运营商应与机场消防指挥部、航空公司和空管公司密切合作，以决定是否在事故期间继续运行机场（联邦航空管理局，2010a）。

机场运营商可以在事故现场周围设立多个管制区。在危险品事件中的管制区，是根据安全和危险程度而设定的，并分为危险、缓冲及安全区。安全区，亦称为支援区，是一个无污染的区域，建立在缓冲区周围，那里有紧急行动的指导和支持。安全区通常是建立在辐射水平处于自然水平或低于自然水平的地区。缓冲区，也称为减少污染区，是在危险区周围设立的，目的是在危险区和安全区之间提供缓冲，也是进行净化去污的地方。危险区，或在某些司法管辖区的禁区，是建立在材料泄漏或事件现场附近的地区。必须对危险区的准入权限进行控制，以确保责任、安全和污染控制。

维护现场安全的工作，包括确定风向、指挥所的位置、集结区、修复区[①]和出入控制点。所有区域应位于危险区的上风侧，应为危险品响应团队进入机场提供住宿。撤离路线也可能由响应团队和紧急疏散程序确定，这可能需要机场消防和救援人员的额外支持。

机场运营商必须根据危险品的性质，建立紧急公共信息传递和考虑疏散或住所的选择。应对危险品事件的材料可以在机场储存和维护。机场运营商应当清楚，危险品事件与机场内可能发生的许多其他事故不同。危险品事件可能会严重扰乱飞机运行数小时或数天，并且根据事件的严重程度，可能会使机场的某些区域长时间无法运行。此外，危险品事件并不局限于航空货运区，因为可能有乘客故意非法地或在不知情的情况下将危险品运送到托运行李或随身携带的行李中。因此，还应对可能发生在候机楼、安检检查区、行李存放和分拣区的危险品事件，进行培训、演习和演练。

机场活动区照明电源故障

机场需要对活动区照明系统的电力失效给予应急处理。所有飞行员都接受过夜间

---

① 消防和救援人员在响应过程中为消防和救援人员准备的，用于补充水、休息和接受少量医疗护理的区域。

着陆训练，甚至在紧急情况下，只使用飞机上的着陆灯就能着陆。然而，当飞行员能够看到跑道照明时，着陆就会安全得多。跑道照明提供的不仅是跑道的位置，还包含着与可供着陆的可用路面距离和滑行道出口位置的有关信息。活动区照明的主要电力供应商应在《机场应急计划》中进行标识，并附上所有二级或备用电源、应急备用发电机的描述，以及主用电源失效后多久备用发电机会进行自动切换（联邦航空管理局，2010a）。

《机场应急计划》应当包括塔台和机场运营商对外通告机场照明系统故障的程序。作为机场安全自检的一部分，每天都要对机场照明系统进行检查，并定期进行主用电力和备用电力的切换检查。

水上救援

位于主要水域或其附近的机场，或者进出机场的航线必须跨越重要水域或沼泽地的机场，必须制订水上救援的应急计划。根据美国联邦航空管理局要求，如果传统陆地救援车辆穿越的面积不能超过四分之一平方英里，则该地区属于水体或沼泽区域。上述重要水域位于机场跑道尽头至少2英里的范围内，则应包括在应急计划的响应区域内。机场运营商还需要假设，如果重要的水体是机场以外的财产，机场可能不是主要的响应机构。在此种情况下，可能是美国海岸警卫队、港口巡逻队或其他具有水上救援能力的联邦、州或地方执法机构的响应责任。

机场应计划提供综合能力的救援车辆，其综合能力应相当于机场可合理服务的最大航空运输机的最大载客量。此外，《咨询通告150/5210 - 13》之《水上救援计划、设施和设备》对位于水体附近的机场提出了要求（联邦航空管理局，2010b）。在许多方面，水上救援计划与飞机事故应急计划类似，除了事故发生在水面上之外，所有响应机构的责任均类似。机场可能仍然需要承担与家庭援助、支持国家运输安全委员会及与事件响应没有直接关系的其他活动的相关角色。

《机场应急计划》包含与机场周围水体类型（海洋、河流、湖泊、沼泽等）、潮汐条件、平均大小、深度、水温、结冰条件、波浪高度和盛行风有关的信息。《机场应急计划》之咨询通告建议，对涉及水上飞行事故的处理应采取与危险品响应相同的预防措施。当飞机在水中坠落时，溢出的燃料是危险品的主要来源（联邦航空管理局，2010b）。

机场运营商、机场维护、消防和救援、警察和应急运行中心人员的职责与飞行事故相似。机场消防部门应该进行评估，以确定哪些类型的设备和培训是必要的，以便能够对在结冰的湖泊和河流以及水上的坠机事件做出响应。应与其他具有水上救援能力的机构建立互助协议，如联邦、州和当地海港警察和消防人员等，以及私人承包的船只和直升机运营商。培训、演习和演练也应与所有相互响应的兄弟单位共同进行。

救援人员到达飞机坠毁水上位置所需的时间，可能会大大超过他们对陆地事件做出反应所需的时间。从历史上看，对坠毁在水中飞机的"急救人员"是当地的居民。其中，包括目睹坠机事件的游船上的游客和居民，他们可能会驾船靠近或游泳靠近事故的受害者，或者直接把受害者拖到岸上。应最大限度地利用空中资源，例如，有能力迅速应变的直升机；机场亦应集中力量，向游船人士及其他已在现场的人士提供资料，并指挥将获救人士送往何处进行分诊及治疗，或前往指定的集结地。紧急新闻发布的职能，可从向公众通报机场状况转到试图向参与搜寻和找回沉入水中的飞机上的平民发出通知。

水上事件的特别事件指挥所可能不在事故现场附近，而是在事故现场附近的岸上，提供了进入事故现场和医院应急路线的通道。如果事故发生在机场旁边的水域，那么，特别事件指挥所可能就位于机场或机场附近，具体取决于坠机的位置。机场运营商应根据机场飞机救援与消防人员是否能够应对将可能发生的另一起事件，而考虑是否继续机场的运行，以及响应活动是否会因继续运行而受到阻碍。

其他机构，包括美国海岸警卫队、美国海岸警卫队辅助队和民用航空巡逻队，应包含在任何的水上救助计划响应中。所有上述三家机构都要承担水上救援和搜救职责。在水上救援中，要考虑的另一个因素是，飞机是国内航班还是国际航班。国内航空公司通常只配备有充气座垫和滑动或浮筏浮动装置，而国际航班则配备有充气救生衣、大型浮筏和其他浮漂装置。在这两种情况下，如果事先通知乘客可能出现水上迫降，浮动装置就会发挥很大的作用。然而，1985年国家运输安全委员会的一项内部研究《航空公司的水上应急设备和程序》指出，对1959至1984年航空公司水上坠机事故的调查表明，大多数水上事故都是无意间发生的，没有准备时间，飞机损坏严重，乘客受伤的可能性很大。大多数水上救援事故并非发生在宽广水域的飞行中，而是发生在进近和起飞阶段，许多事故发生在外指点信标和跑道物理末端之间。这些区域应该成为水上救援计划的首要关注点（联邦航空管理局，2010b）。

飞机坠毁在水中时，人可能受到撞击造成的大火、燃料或蒸汽吸入、水的吸入、体温过低、碎片带来的伤害、溺水和海洋生物的攻击等威胁。水环境中的生存可能性取决于坠机碰撞时的减速力、安全带和座椅结构保持完整的能力、占用区域保持相对完整以防止乘客弹出并为乘员提供生存空间、训练有素救援人员的快速反应及救援艇的可用性（联邦航空管理局，2010b）。

水温在生存性方面起着重要作用，因为水体中存在体温降低及蒸发燃料引起身体冷却速度增加的可能性。救援人员应该假定所有幸存者都可能体温过低，直到医务人员做出另外的决定，水上救援计划应包括从幸存者身上，特别是从他们的眼睛中清除燃料的条款，所有水上救助艇都应带有足够的羊毛毯。其他复杂因素可能包括冰冻的河流或湖泊、湍急的水流和诸如鳄鱼、毒蛇及鲨鱼等海洋生物（联邦航空管理局，2010b）。

在水上救援行动中，应急计划人员必须考虑特别事件指挥所的指示，以及中转区和乘客或机组人员集结区的位置。集结区域必须考虑到码头的高度，并确保水道的深度足以容纳救援行动中使用船只①的吃水。此外，还应建立救援责任制，以追踪"危险区"的（靠近飞机的）潜水员和进入机身的潜水员。《咨询通告 150/5210 – 13》之《水上救援计划、设施和设备》包含有关于船只操作及训练、救援游泳训练、体温过低及冷水溺水、飞机附近的海洋动力学、通讯系统及救援艇能力的其他资料来源，以提供额外的指引（联邦航空管理局，2010b）。

无论机场是否具备水上救援的能力，机场运营商和事故指挥员们都必须了解急救机构使用的各种船舶的能力。

1. 常规船只可用于将救援人员和设备运送到现场，部署漂浮设备和抢救幸存者。有些船只可能具有灭火能力（联邦航空管理局，2010b）。

2. 救援船只是玻璃纤维或铝制的，装有内、外引擎，速度可达60英里/小时。有些船只装有可移动干舷以方便进出水面，还有保护幸存者不受撞击的设施（联邦航空管理局，2010b）。

3. 筏或漂浮平台是大型充气筏，两边有网，可让10至45人在水上漂浮，直到救援设备到达为止（联邦航空管理局，2010b）。

4. 充气艇是一种浅海吃水船，分为硬质和充气两种，具有喷气式推进能力。可容纳15人，即使被淹没仍可支撑幸存者（联邦航空管理局，2010b）。

5. 浅吃水船"空气船"由飞机或汽车发动机推动，类似螺旋桨飞机似的交通工具。大型船只可载运超过2000磅的人员和水上救援和医疗设备，并且他们可以以高达每小时50英里的速度运行。它们可以在浅水、潮滩、沼泽和雪中作业，但是如果船体破损它们就会沉船。浅吃水船不能倒退，也永远不能完全停下保持在某一位置上（联邦航空管理局，2010b）。

6. 气垫船是一种可用于地面、水和沼泽的两栖交通工具。它们在浅水和泥滩上特别有用，但往往会从容器中推出喷气燃料，当与飞机坠毁时的燃料结合时会引起混合物爆炸（联邦航空管理局，2010b）。

7. 直升机和一些固定翼飞机可用于运送和部署救援人员，提供聚光灯和进行区域搜索。一些直升机还配备了红外线、闭路电视、视频下行功能。然而，旋翼的噪音和下洗可能会让幸存者感到迷惑和恐惧，并可能将碎片吹到空气当中。在受到障碍物、树木、桥梁和电力线路限制的狭窄河流中，直升

---

① 吃水是衡量船体延伸到水线以下的距离。如果某艘船的吃水深度不足，则该船将会搁浅。

机运行是极其危险的。一些水陆两栖飞机可以降落在平静的水域，提供救援行动（联邦航空管理局，2010b）。

8. 无人机可用于对事故区域进行快速响应，作为搜救平台，并且具备视频功能，也可以侦察伤员的聚集地点、特别事件指挥所和临时区域的位置。它们也可能为事件指挥建立现场画面。

机场还应储存、提供并随时可获得区域地图、导航图、救生桶、水泵、毯子、扩音器、通讯设备、应急灯、照明弹、强行进入工具、海上夜视望远镜、救生筏、医疗包、导航设备、医疗设备、便携式 500 瓦或更大的泛光灯、救援网、担架、救生袋和锚。美国联邦航空管理局提供了一个水上救援计划示例，机场应将水上救援纳入其培训演习和演练计划。

佛罗里达航空 90 号航班

哈德逊河奇迹，2009 年美国航空公司 1549 号航班撞向哈德逊河事件，是未来在机场外进行水上救援的一个很好的例子。现场的第一批人大多是当地居民，乘客的生存可能最初主要取决于机组人员和其他乘客的行动。最初的官方响应是来自纽约、新泽西州港口管理局和美国海岸警卫队的港口警察。然而，对规定机场有水上救援计划的优先次序和重要性的标志性事件，就是佛罗里达航空公司 90 号航班的坠机事件。

1982 年 1 月 13 日，佛罗里达航空公司的 90 号航班，一架波音 737 飞机在华盛顿国家机场①起飞时坠毁。飞机直接坠毁在横跨波托马克河的第十四街大桥上，压碎了四辆汽车，造成了五人死亡。之后，飞机撞进了冰冷的河水并迅速沉没。只有四名乘客和一名乘务员从冰冷的水中被救出。

当时，开车经过并目睹事故发生的居民们停下车，跳入水中营救了一些乘客。一架警用直升机，由于能见度低，飞行员主要沿着公路行驶，帮助救出了更多的幸存者。对坠机事件的调查得出的结论是，机组人员使用反推使飞机退出廊桥②，并且未启动发动机防冰系统，从而造成大量冰雪被吸入发动机，并一直留在了发动机里。

包括桥上的人员在内，有 74 人在事故中丧生，但事件表明，机场应具备水上救援能力。今天，罗纳德里根华盛顿国家机场设有特别行动部门的河流救援组，该救援组负责水上救援的各个方面。该单位目前拥有六艘船只和一个船只支援小组，配备有相关的防寒救援服装及个人漂浮装置，以及额外的救援人员。此外，该部门还有 12 艘 10 人救生筏和 4 艘 30 英尺的救生筏，另外还有手动工具、急救医疗服务设备、救生毯及基本的飞机和船只回收设备。

---

① 该机场之后被重新命名为罗纳德里根国际机场。
② 这次尝试没有成功，飞机最终是通过拖车才推离廊桥的，但这次尝试导致大量碎片吸入了发动机进气道。

分配到该单位的人员必须接受 80 小时的内部培训，学习海上航行规则和导航、使用个人漂浮设备和其他个人防护设备、航海绳索技巧、基本的水上生存能力、船只下水和回收、船只拖船作业、船只操纵、导航、雷达操作、海图绘制和阅读、受害者急救、船只拖曳和地区航道的熟悉（华盛顿大都会机场管理局，2015）。

拥挤控制

人们聚集在机场有各种原因，由于事故或自然灾害，或出于敌对原因，举行和平集会。人群聚集也有许多是显而易见的原因，例如，飞机坠毁、安全漏洞、贵宾或名人抵达机场，或候机楼里的假日乘客过多。在人群可能无意或故意扰乱机场运行的情况下，机场应急方案应包含解决人群控制问题的章节。

控制方法根据人群聚集的性质而不同。和平集会可能是临时的，例如，当一个贵宾、名人、知名运动员或其他公众人物在机场出现时。其他的和平集会还可能是欢迎机场的新航空承运人、社区航空展，以及机场开放日，包括飞机的静态展示或公众观看。人群也可能由于破坏性或敌意的原因而聚集在一起，例如，当一个有争议的人或团体抵达机场时，在全国、地区或地方内乱时期，或在工会或工会支持的罢工期间（联邦航空管理局，2010a）。

对于一个友善的人群，特别是当机场运营商事先得到通知的情况下，可以采取适当的措施，尽量减少机场控制人群工作，例如，指定的通道和观看地点，并封锁人群观察事件或活动的区域。对于恶劣的情况，可能很难确定对机坪、候机楼或航空器运行的干扰程度。有些人受过训练或有处理内乱的经验，他们可以在机场人群和当地人群中秘密操作。执法部门制定的高级情报信息，可能有助于机场运行人员应对此类干扰（联邦航空管理局，2010a）。

尽管干扰可能会扰乱机场候机楼的乘客运行，但优先考虑的是，将未经授权的人员排除在安全区域之外并趋离机场。如果搞破坏的人也是机场员工，并且可以进入机场控制安全区，那么，这就很难办了。在内乱期间，应该受到额外关注的脆弱地区包括机场入口、油料库、候机楼停车场区域、紧急入口和机场大门（联邦航空管理局，2010a）。

有些机场在骚乱期间选择激活应急运行中心。机场警察承担人群控制行动的主要责任，并启动任何互助协议以支持这些工作（联邦航空管理局，2010a）。机场还雇用非武装安保人员在这段时间内提供更高级别的安保。消防、急救医疗服务和其他响应机构应意识到机场通道可能被关闭或阻塞，要么由机场运营商控制人群，防止人群进入安全区域，或者是抗议者自己封锁了一些区域。

总结

美国所有拥有经批准的《机场认证手册》的商业服务机场都必须将《机场应急计划》作为手册的一部分。《机场应急计划》包括特定危险部分，其中涉及需要响应一个特定的突发事件和事故，包括发生在机场内外的飞机坠毁、自然灾害、火灾、人群控制及危险品事件。

危害的主要响应人员是空中交通管制、机场运行和维护、消防、警察。机场租户和航空公司也可能会根据事件的不同而发挥作用。机场应该有足够的应急能力来处理经常使用机场的最大商业服务飞机。虽然飞机救援与消防指数涉及消防设备和人员的要求，但《机场应急计划》应包括与最大飞机上乘客人数有关的急救医疗服务的要求。

在飞机失事期间，工作的重点是拯救生命、稳定现场、挽救财产、拯救环境和恢复飞机运行。在对飞机坠毁事件做出初步反应后，消防人员和救援人员的主要职责是拯救幸存者并扑灭火灾。警方负责现场安全，并控制进一步事故发生的可能性，而机场运行和维护人员则专注于支持响应工作并准备接管恢复运行。航空承运人有法律责任照顾事故遇难者的家属，但在初期可能需要机场的帮助。

机场应该准备好应对可能发生在他们地理区域的各种自然灾害。准备应对飓风或地震的许多步骤与准备应对其他自然灾害相似，各机构的作用和职责基本保持不变。机场运营商应该为可能发生的一系列危害做好准备，并且应该对所有可能的事故进行培训、演习和演练。

近期机场紧急情况的教训

约翰·帕奇科夫斯基
高级副总裁、项目管理专家

2001 年 9 月 11 日发生的恐怖袭击事件震撼了航空公共安全界，并将关注重点聚焦在了机场安全和应急管理上。自那时以来，机场管理人员日益认识到，除了短期的飞机相关紧急情况以外，还存在着一系列的风险。9·11 事件的遗留问题是，机场现在运行在一个更复杂的外部公共安全框架中，对风险的更多认识，民众日益增长的期望，使得确保公共安全的责任日益增加。

尽管大多数运营商已经为机场应急准备做出了相当大的努力，但在两个世界级机场发生的两起截然不同的紧急事件应该让机场高层停下来，考虑自己的备灾工作有多有效，以及是否有必要对其设施的备灾情况进行更严格的审查。这些事件似乎凸显出一种看法，即简单地遵守运输安全管理局和美国联邦航空管理局的规定，并不足以有效地管理机场的风险。

应急管理方案必须针对最可能的威胁和危害进行调整，并与机场合作伙伴很好地结合在一起。计划、流程、设备和人员必须接受考验直到出现失效，因为机构间的关系、培训和在压力下的表现比计划文件本身更重要。将这些项目捆绑在一起的纽带是强有力的行政领导、兴趣和持续的支持，这是一个重要的业务优先事项。

韩亚214航班在旧金山国际机场坠毁——2013年7月6日

一架韩亚航空公司的波音747飞机从韩国首尔起飞；在旧金山国际机场着陆时，在28L号跑道上坠毁。飞机在撞击时发生了翻滚，发动机脱落并且尾部折断，最终停在了跑道的中间位置。在应急撤离过程中发生了火灾，造成了数十人受伤，并造成了一人在坠机后死亡。机场所有跑道都关闭了4个小时，航班备降到了其他西海岸机场。尽管机场在飞机坠毁后几个小时内重新开放了机场的一部分，6天后重新开放了10R/28L跑道，但关于暴露出的应急管理问题，促使机场领导层与所有做出响应的机构，以及机场社区利益攸关方进行了坦率的回顾总结。

回顾总结发现，由于先前在应急准备方面的努力，有相当多的事情是正确的。各机构之间的现场合作是有效的，主要是基于机场运营商和急救人员之间的合作关系。警察、消防员和紧急救援系统很好地执行了个别的任务，使机场能够迅速恢复。机场的恢复工作起步较早，计划周密，并以尽量减少机场关闭时间的方式进行。在所有媒体中都开展了一场积极主动的公共宣传运动，充分利用了社交网络的作用。机场高层领导始终高度参与其中，强大的管理文化和踏实肯干的态度，是及早发现并解决问题的一个重要因素。

回顾总结还发现，事件处置过程中仍然存在着不足，表明需要更仔细地评估机场动员和协调应对复杂紧急情况的能力。第一个令人关切的领域是业务通信。最初的警报和对急救机构的通知是零碎的且不完整的。虽然机场对无线电通信进行了重大投资，但地方机构并未升级其相应的系统，因此，通信不能有效衔接。此外，现场信息的分享是在各个机构之间进行的。事件指挥没有完全发挥作用，机场应急运行中心也没有发挥其支持特别事件指挥所或在领导决策方面的潜力。急救医疗服务在事故指挥结构中没有得到很好的整合，缺乏一个标准的受害者分类系统，在向区域医院运送幸存者的责任上存在问题。

洛杉矶国际机场枪击案——2013年11月1日

一名运输安全管理局的官员在洛杉矶国际机场3号航站楼被一名持枪歹徒杀害，另有三人受伤，这一事件引发了洛杉矶地区历史上最大的多司法部门联合执法行动之一。大约有4500人从现场自行撤离，另有2万人在紧急情况的最初几小时内进行了紧急躲避。虽然7小时后机场恢复了部分运行，中心航站楼航道在9小时内重新开放，但整个事件处理持续了近 2 天，影响了 1500 个航班和近 171000 名乘客。

就像韩亚航空在旧金山的坠机事故一样，洛杉矶机场管理层也在事件结束之后，很快就所有公共安全机构、设施管理和机场合作伙伴参与的此次应急响应行动，发起了全面的第三方回顾总结。在这方面，在响应行动的协调方面也有很多工作是正确的。洛杉矶国际机场的优势在于建立了一个包括所有利益相关者的完善的应急管理、治理和规划框架。机场警察和他们的合作伙伴洛杉矶警察局，都以出色的战术技巧做出了英勇的回应，共同进行了积极的射击战术训练。整个区域的公共安全机构立即做出了实质性的反应，并在整个过程中建立并维持了一个统一的多机构指挥部。

就像旧金山国际机场对韩亚坠机事件的响应一样，该起事件最初的警报和通知也是脱节的。洛杉矶国际机场也投资了先进的无线电通信系统，但依然缺乏与响应机构的有效衔接，而且与旧金山国际机场一样，洛杉矶也缺乏一项机构间的沟通计划，以缓解这一差距。虽然在事件初期建立了统一的指挥系统，但事件指挥结构并没有完全建立起来，以支持动态的紧急情况。尽管机场投资了最先进的应急运行中心，但在活动期间的任何阶段都没有与事故指挥员对接，因此，它没有达到预期的作用。在事件管理、通信互通性和应急运行中心或特别事件指挥所接口方面的不足，对响应工作产生了负面影响。周边的安保不够灵活，无法适应不断变化的情况，执法部门进行的候机楼清理工作缺乏与机场文职人员的协调，乘客援助和信息发布缓慢而不完整。

对旧金山坠机事件和洛杉矶机场突发事件的一般观察

事件指挥系统的工作需要培训和合议伙伴关系。机场文职人员、租户和合作伙伴必须通过培训和实际运行来融入事件指挥系统的框架。明显的个人领导能力或缺乏此能力，对紧急情况下的成败起着关键的作用。不要以为系统和流程（警报、无线电等）会按照所宣传的方式工作。挑战通常发生在机构和系统接口之间的对接处。尽管事件指挥系统在整个机场社区的使用正在稳步改进，但有关整合、联合行动和危机决策的问题仍然存在。信息共享、通信的有效衔接及利用对大型机场电子设备的投资仍然需要关注。

机场管理人员不能"再当鸵鸟"，仅依靠当地公共安全机构对涉及这些问题的假设。更高的公众和政治期望值使这些高管必须直面自己的责任，洛杉矶国际机场和旧金山国际机场的领导者明智地认识到了这一点。机场公共安全的行政管理始于健全的管理、有重点的准备和持续的风险管理。

机场首席执行官的应急准备清单

机场管理人员只需采取以下几个基本步骤，就可以为促进应急准备事业做更多的工作：

1. 应急管理是领导的优先事项和共同责任。强调公共安全的综合方法，并打破各部门之间的隔阂。

2. 按照条例来召开沟通会议是不够的，要认真地寻找不足；挑战自己，问自己是否准备好了，是否知道自己的角色，并问别人同样的问题。

3. 确定是否明确指派下级责任以进行应急管理，以及是否有一个强有力的、协作的和持续的备灾框架。

4. 鼓励所有机场伙伴参与备灾活动，并确保有足够训练有素的人员，扩大事故指挥规模，以应付一系列的紧急情况。

5. 强调伙伴关系和协作，找到共同分享风险的共同点。严格测试和评估响应系统和流程，确定不足之处并推动持续改进，以填补所发现的任何空白。

通用航空机场的应急管理

在一个美丽的夏日早晨，太阳当空照，花儿对我笑，一切都是那么美好。但是，一件不可思议的事情发生了。一个如此响亮而不寻常的声音在耳边响起，这是一个类似于装满扳手的工具箱被倒入了一个巨大的发出呜呜声的搅拌器中的声响。环顾四周，看到一架飞机的发动机在跑道滑跑时撞到了一群加拿大鹅。这架飞机的挡风玻璃和机翼的前缘被撞坏，并且发动机还吸入了一些鸟类，发生了灾难性的发动机故障。幸运的是，这架飞机能够在到达跑道尽头之前停下来，但机场工作人员看到，飞机发动机的残骸散布在3000英尺的范围内，跑道上散布着鹅毛。飞机发动机撒了一地机油，这是我以前在一家通用航空机场作为菜鸟员工所看到的紧急情况的一个例子。

当你对一个我所描述的事件进行响应时，会有一百万个问题在你脑海中飞驰。是否可以做些什么来防止这种情况的发生？是否有应急响应计划？有什么资源可用？你可以打电话给谁？在紧急情况下做出快速决策是紧急情况下的关键，因为，现场的机场代表可以为你的机场节省时间，并确保业务和运行的连续性，如果处于这种情况，你会怎么做？

根据其规模和位置，通用机场可以看到范围广泛的交通。通用机场可以容纳各种规格和运行能力的飞机，从滑翔机到波音公务机。因此，紧急情况可能会有很大差异，这取决于许多因素，例如，紧急情况的类型、涉及的飞机、急救人员到达的类型及利益相关者的参与程度。你可能是现场唯一的机场代表或第一位做出响应的机场代表，了解你拥有什么及与之合作的最佳方式是成功处理不良情况的关键。

永远记住，你的机场是社区的重要组成部分。在机场发生紧急情况时，可能需要消防员、警察或急救医疗服务等资源的帮助，但在社区或地区性紧急情况期间，机场可能会成为应急运行中心或应急住所。尽可能安全有效地恢复机场的正常运行，作为一种社区资源是非常重要的。

根据《美国联邦航空条例》139款的条文，通航机场并不像认证商业机场那样受到严格监管。这些机场除了其他计划之外还需要执行《机场应急计划》以维护日常运行。文章开头的例子就说明了花时间准备潜在紧急情况的重要性。虽然不是每个紧急情况都可以预见，但制订计划和实施计划可以挽救生命、履行机场的责任，并确保有效地恢复正常运行。

作为通用航空机场的好处之一是，可以使用为认证机场提供的指导，如法规、咨询通告和业界接受的实践。这允许机场保持其可能没有的灵活性。还可以随时从NTRB《机场合作研究方案》和国家事件管理系统及其他州和当地资源中获得更多的资源。通过使用所有这些资源的组合，可以创建一个适合该机场需求的《机场应急计划》。如果通航机场有任何问题的话，那么从《机场应急计划》提供的场景中可以找到答案。

通用航空机场基本的《机场应急计划》的一些重要部分包括通信（包括联系人名单及通知警报程序）、指挥和控制、资源清单，包括能够做出响应的设备和人员，以及任何相关的机场地图。通过这些内容基本上可以知道：谁是团队的一员，他们将如何交谈，他们将去哪里？你还需要考虑与机场用户和媒体的外部沟通。如果你能够对特定类型的事件和事故做出响应程序，那么，你的计划会更好。《机场应急计划》可以包括诸如：飞机事故、飓风和龙卷风等自然灾害及恐怖事件。此外，还应包括实际测试计划的方法，然后根据需要合并任何修订。

尽管不同的机场必须遵守许多相同的规则和规定，但他们会以各种方式来满足要求，从而使每个机场的情况都不同。对利益相关者进行培训并让他们参与，以便他们了解您的运行和计划也很重要。一些必需的利益相关者是当地的政治家、机场董事会、当地急救员或社区应急响应小组、任何租户或用户协会、州或当地社区团体及美国联邦航空管理局。利用会议或设立委员会来创建一个机场团队，重点是安全、拯救生命、运行的连续性和《机场应急计划》责任。它将帮助你制订一个计划，以满足机场、急救人员、机场用户和社会的需要。

创建这个机场小组来规划紧急情况，将为所有人创造一个安全的环境。你也应该对《机场应急计划》与这个小组和其他急救人员进行测试，无论是通过现场演习还是桌面演练。通过这样做，每个人都可以相互见面，熟悉他们的个人角色，以及在紧急情况或事件发生时如何进行有效沟通。

在任何机场进行应急管理时都需要考虑最后一个因素：预防。这涉及这样一个问题："是否有其他人可以采取措施来防止这种情况发生？"不仅机场的《机场应急计划》具有重要的意义，而且还有机场检查、野生动物管理和一般安全方面的计划和程序，可以帮助完全防止出现这些紧急情况。您甚至可以使用创建《机场应急计划》的同一组成员利益相关者中的一些人来规划机场的这些其他方面。

尽管在鸟击发生前不到半小时就对跑道进行过检查，但事件还是不幸发生了。使我们得以在安全的条件下，节省了一天的时间就重新开放机场的原因是我们有一个计划。通知了适当的人员并对事件做出了响应，我们利用所有可用的资源及时对碎片和机油进行了清理。之后，我们能够把这件事当作一个整体进行评估，并从中吸取教训，这是我们做好下一次事件准备的重要一步。

虽然通航机场可能没有根据139款条文认证的机场的所有规章和资源，但它们仍然是国家交通系统和地方社区的重要组成部分。不幸的是，事故和紧急情况随时都可能发生，机场需要负责在现场做出响应或支持当地或地区的响应。无论机场的大小，制订一个计划并成功地实施它，都能使拯救生命和恢复正常运行得到一些改变。

参考文献

Associated Press (AP). (2012, September 18). Pilot threatens to evacuate plane at JFK after not being told about threat (VIDEO). Retrieved from：< http://nj1015. com/pilot – threatens – to – evcauate – plane – at – jfk – after – not – being – told – about – threat – video/ >.

Broderick, S. (2005, November/December). Mission：Possible. Airport Magazine.

Eisele, C. (2008, August 31). The golden hour. Retrieved from： < http://www. Jems. com/articles/2008/08/golden – hour. html >.

Environmentalchemistry. com. (n. d.). U. S. DOT hazmat placards. Retrieved September 7, 2015, from：< http://environmentalchemistry. com/yogi/hazmat/placards/ >.

Federal Aviation Administration (FAA). (2009). Advisory . Circular 150/5200 – 12C, First responders responsibility in protecting evidence at the scene of an aircraft accident. Washington, DC：Federal Aviation Administration.

Federal Aviation Administration (FAA). (2010a). Airport safety standards. AC 150/5200 – 31C：Airport emergency plan. Washington, DC：U. S. Department of Transportation, Federal Aviation Administration.

Federal Aviation Administration (FAA). (2010b). Advisory Circular 150/5210 – 13, Water rescue plans, facilities, and equipment. Washington, DC：Federal Aviation Administration.

Gonzales, L. (2014). Flight – 232：A story of disaster and survival. New York, NY：W. W. Norton & Company. Guffanti, M., Mayberry, G., Casadevall, T., & Wunderman, R. (2008, March 7). Volcanic hazards to airports. Retrieved September 7, 2015, from；< http://pubs. er. usgs. gov/publication/70035662 >.

Hurricane Ivan (Telephone interview). (2005, April 1).

Haddow, G. D., Bullock, J. A., & Coppola, D. (2013). Introduction to emergency management (5th edn). Waltham, MA: Butterworth Heinemann.

International Civil Aviation Organization (ICAO). (2001). Manual on volcanic ash, radioactive material, and toxic chemical clouds. DOC 9691 – AN/954. Montreal, Canada: ICAO.

Kilroy, C. (n. d.). AirDisaster. Com: Special report: Air Florida Flight 90. Retrieved September 7, 2015, from : < http://www. airdisaster. com/special/special – af90. shtml >.

McDonnell, T., &. Rossier, A. (2011, August 23). The great east coast earthquake of 2011 explained. Retrieved September 6, 2015, from: < http://www. motherjones. com/blue – marble/2011/08/earthquake – dc – explainer >.

Metropolitan Washington Airports Authority. (2015, July 30). River rescue. Retrieved September 7, 2015, from: < http://prod. mwaa. com/about/river – rescue >.

National Fire Protection Association (NFPA). (2013). NFPA 424, Guide for airport/community emergency planning. < http://www. nfpa. org/codes – and – standards/document – information – page? mode = code&code = 424 >.

National Oceanic and Atmospheric Administration (NOAA). (2015a, September 4). Saffir – Simpson hurricane wind scale. Retrieved from: < http://www. nhc. noaa. gov/aboutsshws. php >.

National Oceanic and Atmospheric Administration (NOAA). (n. d. a). Hurricane storm surge. Retrieved September 5, 2015, from: < http://oceantoday. noaa. gov/hurricanestormsurgel >.

National Oceanic and Atmospheric Administration (NOAA). (n. d. b). Introduction to storm surge: What is storm surge? Retrieved September 5, 2015, from: < http://www. nws. noaa. gov/om/hurricane/resources/ surge_intro. pdf >.

National Oceanic and Atmospheric Administration (NOAA). (n. d. c). Storm surge ovel1liew. Retrieved September 5, 2015, from: < http://www. nhc. noaa. gov/surge/ >.

National Transportation Safety Board (NTSB). (1990). Rep. No. AAR – 91 – 07, Fuel farm fire at Stapleton International Airport. Washington, DC: National Transportation Safety Board.

National Transportation Safety Board (NTSB). (n. d. a). How to respond to an aviation accident. Retrieved August 31, 2015, from: < http://www. ntsb. gov/tda/TDADocuments/SPC0402. pdf >.

National Transportation Safety Board (NTSB). (n. d. b). United Airlines Flight – 232

McDonnell Douglas DC – 10 – 10. Retrieved August 31, 2015, from: < http://www. ntsb. gov/investigations/AccidentReports/Pages/ AAR9006. aspx >.

National Transportation Safety Board (NTSB). Air Carrier Overwater Emergency Equipment and Procedures. Retrieved December 13, 2015, from: < http://www. ntsb. gov/safety/safety – studies/Pages/SS8502. aspx >.

Perkins, J. B. (2013, January 13). Roles of airports in regional disasters (Rep.). Retrieved September 6, 2015, from Association of Bay Area Governments website: < http://resilience. abag. ca. gov/wp – content/documents/Cascading Failures/Role – of – Airports – in – Disasters_2015. pdf >.

Price, J. C. (2005, July/August). Ivan the terrible: Lessons in disaster. Airport Magazine.

Smith, J. , Kenville, K. , & Sawyer, J. (2015). ACRP Synthesis 60: Airport emergency post – event recovery practices (U. S. , Federal Aviation Administration, TRB). Washington, DC: Airport Cooperative Research Program (ACRP).

Stockam, S. (2015, June 23). Aviation disaster planning for off – airport events. Speech presented at the American Association of Airport Executives (AAAE) International Airport Emergency Preparedness Conference in Westin Oaks Houston at the Galleria Hotel, Houston.

United States Department of Energy (USDOE). (n. d.). Model procedure hazardous materials incident response (United States Department of Energy, Office of Transportation and Emergency Management). Retrieved September 7, 2015, from: < http://energy. gov/sites/prod/files/em/TEPP/2 – b – 2Hazardous Materi-alsincident Response. pdf >.

United States Department of Transportation (USDOT). (2012). Emergency response guidebook (United States Department of Transportation, Pipeline and Hazardous Materials Safety Administration). Washington, DC: Department of Transportation.

United States Geological Survey (USGS). (n. d. a). Measuring the size of an earthquake. Retrieved September 6, 2015, from: < http://earthquake. usgs. gov/learn/topics/measure. php >.

United States Geological Survey (USGS). (n. d. b). Properties of volcanic ash: Volcanic ash hazards and ways to minimize them. Retrieved September 7, 2015, from: < http://volcanoes. usgs. gov/ash/properties. html >.

United States Geological Survey (USGS). (n. d. c). The modified Mercalli intensity scale. Retrieved September 6, 2015, from: < http://earthquake. usgs. gov/learn/topics/mercalli. php >.

UPSeis. (n. d.). What are earthquake hazards? Retrieved September 6, 2015, from：< http://www. geo. mtu. edu/ UPSeis/hazards. html >.

Weather. com. (n. d.). States with the most tornado deaths in 2014. Retrieved September 7, 2015, from：< http:// www. weather. com/news/news/tomado – deaths – 2014 – vilonia – pilger >.

Wheatley, K. (2013, May 22). The May 22, 2011 Joplin, Missouri EFS tornado. Retrieved September 6, 2015, from：< http://www . ustomadoes. com/2013/05/22/joplin – missouri – ef5 – tornado – may – 22 – 2011/ >.

延伸阅读

U. S. , State of Michigan, Emergency management division. (2013). Design recommendations and criteria for emergency operations centers. http://www. michigan. gov/documents/MSPLocalEOCcriteriev2_03final_60263_7. pdf.

第十三章　机场运行、安全和应急管理中出现的问题

由 Falcon Unmanned 制造的带摄像头的 "Falcon Hover" UAV（无人机）
（沙恩·赛德尔伯格拍摄，由科罗拉多州航空部门提供，2015）

由 Multirotor 制造的带摄像头的 MULTIROTOR G4 测量机器人
（沙恩·赛德尔伯格拍摄，由科罗拉多州航空部门提供，2015）

维珍银河的航空船，专为航空旅游而设计

　　机场运行人员面临着各种新技术和新问题的挑战，包括无人驾驶飞行器、垂直起降飞机、商业航天运行、高超音速飞机运行以及实施监管程序的实际情况等。未来航空器可能会变得越来越大，也可能变得更小。但可以肯定的是，在 18000 英尺以上的商业空域会有更广大的运行空间。这些技术的发展也将进一步加剧空域的拥堵。随着该行业从陆基导航系统向卫星导航系统的转变，网络安全也将是一个首要的问题。

　　自然灾害不断发生，并且在安全和安保方面还受到了新的威胁，例如，在接近灾区的过程中机组会受到激光的干扰，机场可能会受到装备简易爆炸装置无人驾驶飞行器的袭击。尽管有着良好的安全记录，但仍然不时地会发生飞机坠毁事故，机场运营商必须解决一些其他问题以使得机场能够有效运行，其中包括接受在多机构或多司法机构管辖下执行事件指挥，对经历应急响应后产生并发症人员的心理疏导和调节，以及每一次事故发生后所面临繁杂的审查和诉讼这些情况。如果机场运营商希望保护机场免受赔偿责任的索赔，并向旅客、航空公司、租户和其他利益相关者提供所期望的服务，则应加强培训，并进一步重视演习和演练。

　　今天，机场运营商所处理的问题，可能会随着无人驾驶飞行器和航天运行的增加而扩大。然而，最重要的问题是，大部分的机场运营商还不知道这些挑战意味着什么。是必须做出抉择的时候了，否则可能会对以后的运行产生负面影响，可能无法跟上时代的步伐，亦或要为此付出更加昂贵的代价。此外，商业航空界的许多成功经验尚未推广至商业航天行业。航空运行公司对其专有信息进行了严格的保密，造成了航空运行公司始终在闭门造车，无法建立最佳的运行方式，甚至外界都难以了解他们的运行方式究竟是什么。

　　本章概述了与当今机场安全、运行和紧急管理有关的一些关键问题，并提出了明确的警告，也许当你一觉醒来时就会发现，变革的新时代已经到来。在机场运行的下一个黄金十年开始时，机场运营商应持续地了解该行业的最新信息。

应急响应心理：响应者与受害者

在应急响应中，经常被忽视的部分是紧急情况可能对急救人员所造成的心理影响。另一个重要的问题是，需要培训响应人员，以处理那些参与创伤性事件的个人情绪。当个人对紧急情况做出反应时，各种心理因素都会发挥作用，包括参与紧急情况的个人，例如，乘客和机组人员以及急救人员。当事件指挥官忽视不同的急救机构之间的动态变化时，会出现更多的问题，这些机构会降低整体响应的效果。机场急救人员可能在紧急情况和创伤事件方面的经验水平差异很大，这使得协调工作难度很大。

与警察和消防人员相比，机场运行人员的日常急救经验通常要少一些，这并不是一个安全的假设，这取决于机场警察和消防人员部门的结构。来自城市消防和警察部门的消防和警察人员可能有更多的紧急情况经验，而那些只在机场工作过的消防和警察人员在紧急情况或创伤事件方面的经验可能会少一些。然而，即使是这种假设，在所有情况下都可能并非如此。洛杉矶消防部门负责飞机救援与消防工作站，所以，消防队员可以给机场带来各种各样的经历和经验。机场管理人员和事件指挥官必须明白，每个机场的情况都是独特的，响应团队成员的心理反应也是如此。

有效的事件指挥

军方有句俗语："没有计划能够先与敌人接触（因为敌人也会投票）。"尽管这只是一种军事说法，但在紧急情况管理领域也一样适用，因为"敌人"有很多变数，其中许多变数在事故发生前是无法预计的。即使是最精心设计和最佳布局的计划，也可能因变数而无法完美实现，包括程序的错误解读；缺乏训练、演习或演练，或缺乏对以前事件或演习的后续行动；通信或设备故障；天气；关键人员在事件发生时无法起到作用；还有许多意想不到的情况，可能会影响响应。许多组织错误地认为，他们已经准备好了应对极端事件——现有的分级系统、标准操作程序和分配资源的充足时间足以应付任何情况（普法伊费尔，2013）。

事件指挥官和应急规划者必须认识到在多机构、多管辖响应、大规模伤亡事件中的心理问题。有效的事件指挥官和规划者，应该让个人和组织在大压力、动态和出其不意的情况下自然地采取行动，使计划适合人，而不是试图使人来适应计划。

虽然本节重点介绍极端事件期间的效果，但这些信息也可用于机场的日常运行管理。有许多例如突发危机之类的相关因素，在机场运营商层面，可能不会危及生命和财产，但是会影响机场的飞行运行流程。无意中违反安检检查程序；由于飞行运行区出现了小动物，机场不得不暂时关闭，造成了 30 架飞机在地面等待，直到小动物被适当赶出之后才能顺利起飞；在龙卷风警报期间，数千名旅客在机场进行避难，这些情况都可能导致机场运行出现小型的危机局面。

在纽约消防局反恐和应急准备主任约瑟夫·普法伊费尔写的《危机领导力：适应极端事件的艺术》一书中，他将极端事件定义为：一个多司法管辖领域，一个组织没有能力单独处理的事件。许多警察、消防、紧急医疗服务和机场运行人员都习惯于处理日常紧急事件。日常紧急事件的特点是，具有单一的事件指挥官，分级的指挥和控制结构，良好的信息获取，以及使用标准的操作程序（普法伊费尔，2013）。并非所有的人都有处理极端事件的经验。

美国国土安全部的《国家应对框架》（美国国土安全部，日期不详）对极端事件做出了以下定义："任何自然或人为事件，包括恐怖主义，造成了大量伤亡、破坏或毁坏，对人口、地下结构、环境、经济、国家士气和政府职能造成了严重影响的事件。"极端紧急情况迫使组织需要进行超常发挥，需要比单一机构提供更多的技能；超越其能力，比该机构所能获得的更多资源；超出其按需迅速交付资源的能力。如果不了解这些运行的局限性，危机期间的领导力将无法起到效果（普法伊费尔，2013）。

极端危机往往在没有预先警告的情况下发生，无论在白天还是在夜晚，每个实例都有其独特的情况。通常在紧急情况下，即使有更多有经验的急救人员，比如警察和消防人员，他们在这种情况下也可能会在心理上受到影响。虽然他们可能已经习惯对一系列"正常的"紧急情况做出反应，但或许他们正在经历的是异常事件。当个人面临新情况时，他们会试图将此情况纳入正常的经验范围之内。这种现象被称为正常偏差，这反而可能会抑制其响应的效果（卡纳曼，2011）。

要做到有效，事件指挥官必须了解急救人员面临环境的物理挑战，例如，火灾或枪击事件的枪手，以及环境条件本身的挑战，例如，穿着掩体装备的消防人员或在极端高温或寒冷时在室外工作的人员。事件发生期间的其他因素还包括每个响应者的社会结构，例如，响应者可能倾向于将信息控制在"内部"，而不是与其他响应小组分享；政治因素也在其中发挥着作用，因为响应机构在如何处理危机方面会存在一些差异（普法伊费尔，2013）。许多机构通常是被动地卷入大规模的飞机失事或灾难当中，人们都有逃避责任（这不是我们的错）并提高公众看法的自然倾向。不同人员和机构的目的可能会相互冲突，造成彼此妨碍。

当联合航空 -232 航班坠毁时，联合航空公司的几名高管在晚上抵达以后，要求立刻处理死者尸体。[①] 但这些高管的要求被拒绝了。在事故指挥中心，应急管理部主

---

① 有一段试图保护公司品牌的历史。在 -232 航班事故之前，航空公司的员工经常被派去掩盖失事飞机上的标识，早在 1912 年，泰坦尼克号的幸存者和救生艇一起被带到纽约时，白星公司就派出人员将救生艇船头上的泰坦尼克号字样抹去。

任加里·布朗从他的上司和县长那里听到了这些情况，他被告知有人称斯蒂芬·沃尔夫（当时的美国联合航空公司首席执行官）坚持将这些尸体运走。根据《–232航班》的作者劳伦斯·冈萨雷斯的说法，布朗冲进了航站楼的一个房间，那里是美国联合航空公司高管们的所在地，并要求与斯蒂芬·沃尔夫见面。沃尔夫认出了他，布朗对沃尔夫说："你这是在雪上加霜，你必须停下来。"这时，沃尔夫指派了一名雇员在事故指挥所担任联合行动联络人。"之后就非常顺利了"，布朗说（冈萨雷斯，2014）。在事故指挥中心有合适的人员可以帮助解决现场运行人员之间的冲突，并在任何可能的情况下在事件发生前建立关系。

在机场领域，急救人员是警察、消防员、紧急医疗服务人员，空中和地面的机场运行或候机楼管理人员。人们期望急救人员解决他们的问题。无论这意味着挽救他们的生命或亲人的生命、找到一个失踪的孩子或者追查他们认为被盗的遗失行李，急救人员都应该知道该怎么做。在大多数日常或常规的情况及紧急情况下，大部分急救人员都面临着挑战，但都还在他们的控制范围之内；然而，在一次自然或人为的灾难中，急救人员可能经常长时间地工作并处于紧张状态，目睹在飞机失事或自然灾害中可能发生的身体破坏、心理破坏、暴力伤害及有时可能发生的死亡事件（鲁特考盖博和林克斯，2011）。

美国卫生和公共服务部的药物滥用和精神卫生服务管理局出版了一本小册子，可帮助急救人员与曾经历过创伤性事件的人员交流沟通。小册子可以在其网站上找到，但总的来说，急救人员应该做到以下几点：

1. 平静而轻松地说话；使用眼神交流，并站立或坐在旁边，而不是直接站在人的前面；

2. 使用柔和的声调，适当地微笑，并允许该人指定他们舒适的个人空间；

3. 介绍你自己并询问应该怎么称呼他们——不要在未经许可的情况下缩短他人的姓名或使用名字；

4. 尊重他人。

撤离中的个人也可能会经历某种程度的恐惧。紧急人员不应该为被疏散者提供复杂的方向，而应该使用最简单的命令或指令。请记住，人们需要食物、水、住所和卫生设施来满足他们的基本需求。急救人员应该努力提供这些信息和服务。即使信息没有变化或没有收集到进一步的信息，人们也希望获得准确的信息并定期更新。人们不应该被迫分享他们的个人故事，除非他们自己想要分享，也不要简单地提供保证，比如"一切都会好起来的"。

急救人员也可能在看到那些在事件中受伤或死亡的人，或者在事后处理事件时面临重大的心理挑战并经历心理压力。研究表明，急救人员在事件发生后数月甚至数年后的抑郁症、压力障碍和创伤后应激障碍的发生率都有所增加。与一些如同灭火或射击之类的技能型培训不同，极端事件的培训并不能真正复制灾难，大多数试图解决此问题的培训都没有包含足够关于心理健康和自我恢复的内容（鲁特考等，2011）。

心理健康的状况往往难以确定，急救人员往往不愿意自己寻求帮助。这样做可能会减少将来的法律和责任问题。虽然许多机构在就业前进行了精神健康检查，但急救人员还应能在救灾期间或在恢复阶段接受精神健康检查，因为，筛查可以增加及时诊断和治疗的机会（鲁特考等，2011）。

在紧急情况下，应提供持照许可的医疗保健者，即使他们必须从外部管辖区请过来。机场管理人员应确保在事故发生前，或至少在事故进入恢复阶段后，立即实施《豁免和互惠协议》（鲁特考等，2011）。最后，应扩大对精神卫生治疗的工人赔偿，使之包括在灾难或事件期间自愿提供服务的人员。支持急救人员的其他方式可包括，在与急救人员的精神卫生相关的领域制定法律保护，并为急救人员确定优先的精神卫生服务。

急救人员也会经历恐惧：害怕在物理环境中受到威胁而受伤或死亡（如火灾、子弹、建筑物倒塌），害怕因错误行为或错误决定而受到报复，以及对未知事物的恐惧。许多人暗自担心在极端情况下他们会如何反应，比如在飞机残骸中看到几十个死亡和毁容的尸体。事件指挥官们必须明白，几乎每个人，即使是训练有素的军事特种作战人员、警察和消防员都会感到恐惧，只是人们以不同的方式来处理这种恐惧。

恐惧是一种原始的本能，旨在保护我们免受伤害。当大脑感受到恐惧时，它会让身体做好行动的准备，通常是通过隧道视觉减少看到威胁物体或区域。身体在遭受恐惧时会进行自我保护。血液的化学成分会发生变化，血液会更容易凝固，以便在人受伤时减少流血量，并且皮质醇和肾上腺素在整个系统中激增，从而使粗壮的运动技能得到某种仿生的力量提升（里普利，2009）。事件指挥官们必须明白，当地警察、消防员和其他急救人员多次冲到事故现场，因为他们会抢救生命或履行类似功能所带来的兴奋和肾上腺素，但同样，他们也会与恐惧进行斗争。

里普利认为，任何恐惧必将会带走人们某方面的能力，比如降低我们推理和感知周围环境的能力，降低我们应对复杂事物的能力，减少精细动作的使用，或者在某些情况下，导致膀胱或括约肌失去控制。许多卷入创伤性事件的人会有置身事外的感觉，比如时间放慢，或者从远处看事件，就好像他们在从高处看着自己一样。在飞机失事中，人们报告忘记了如何操作座椅安全带，许多人忘记了在离开飞机并进入水中之前给他们的救生衣充气（里普利，2009）。里普利引用的一项研究发现，能够保持更清醒的个体（即没有走神的个体）在生存或死亡情况下表现得更好，并在之后保持更强的适应能力。许多美国海军海豹突击队和军事特种作战部门的人，经常谈论如何将他们的恐惧、他们的家庭想法和他们的疑虑放在一个盒子里，当他们执行任务时他们就会心无旁骛，以便更有效地关注手头的任务。海豹突击队的成员接受训练，以增强他们的心理韧性，其最终目的是控制他们的恐惧，并能够在恐慌的情况下做出适当的反应。这也证明了这种类型的弹性可以随着时间的推移而建立起来，不是"天性过度培养"，而是来自实践所建立起来的信心。

许多经历过恐惧的人会完全避免恐惧的根源，并在事件发生时找到创造性的方法来避免出现在事件发生地附近。其他人可能会出现在灾难或事件中，或许他们会过分担心控制自己的恐惧而不是解决问题。

对于一个"正常"的人来说，当一个异常事件发生时，就会出现这样的情况：发生了什么？大脑会试图将事件融入过去经历过的情况当中；然后，会有这样一瞬间让你觉得：这是真的吗？因为这时大脑会试图验证它看到的是独特的东西；再然后是：面对正在发生的这一切，我该怎么办？在这期间大脑会试图找出应该给身体发出什么样的指令。减少此循环所需的时间对于有效的第一响应至关重要。资深的警察、消防员和机场运行人员能够快速识别威胁情况。在 19 世纪，第一批现代军事战略学术研究的作者，卡尔·冯·克劳塞维茨用法国术语 coup d'oeil（扫一眼）来描述伟大的指挥官们用来识别如何提前打赢一场战斗的直觉。克劳塞维茨说，这个表达意味着"快速发现一个真理，对普通的人来说，要么根本发现不了，要么需要经过长时间的检查和思考后才能得出结论"。事实证明，凭借经验能够改善人的直觉。

消防员和其他类似身份的人员必须在短时间内做出决定，通过使用包括视觉、听觉、运动知觉在内的线索来识别正在发生或即将发生的情况，以及根据以往的经验来确定如何进行处理。他们不会停下来比较所有可能的选择，而是选择对他们更有意义的首要行动。如果一个选项不起作用，则立即选择另一个选项，因为大多数突然发生的事情都不会使人有足够的时间思考或评估选项。这使得人员能够快速适应，而不会遭受通常所说的"分析瘫痪"（普法伊费尔，2013）。这一过程很不幸地会产生一个"马后炮"的副作用，即由那些有充足时间评估其他人的选择来判断他们的行动，并根据响应者的决定了解实际结果。为了减少恐惧感，或者至少让大脑在面对可能产生恐惧的情况下做出更好的决定，个人必须多次经历类似的情况——反复地进行灾难训练；格罗斯曼认为，影响中脑的唯一因素是：经典的操作性条件反射。

然而，许多警察、军事特别行动人员和第一反应领域的其他人员已经制定了减少恐惧反应的方法。操作性条件反射已经被用作航空、执法、紧急医疗服务和消防方面的培训工具。在航空领域，操作性条件反射被用来训练飞行员处理危及生命的紧急情况，例如，发动机停止工作。飞行员学员不能单独飞行，除非证明他们能从记忆中理解这些基本的紧急程序，并正确地演示它们操作性条件反射的前提是：做某事的人越多，它就越深深地扎根于他们的心理或肌肉记忆中。经过一段时间后，个人就可以在没有意识的情况下完成这项技术。

警察们花时间在靶场上射击他们的目标，他们花费更多的时间进行空发练习；消防员练习在受控环境中灭火，并研究其他人所经历的火灾；军事特别行动人员练习城市攻击技能，进入可能有人质、坏人或二者兼有的房间；当飞行员第一次学习飞行时，他们会被告知几个应急程序，例如，如何设置飞机构型，使其在发动机停止工作时保持最佳的滑翔速度和角度，在飞行中发生火灾时该怎么办，以及如果无线电通信中断时他们应该做什么。

对于某些人来说，简单地思考一下情况可能会有助于实际应对。这是咖啡店演练的前提，在这个过程中，响应者们围坐在一起，谈论可能发生的情况和事件，并确定要采取的适当行动。响应可视化的效果越好，在实际响应期间人们可以做出更好的反应。德怀特·卡恩斯和简·格罗斯曼进行的一项研究——《认知干预对大学篮球运动员罚球成绩的影响》，结果表明，可视化技术与放松技术相结合，可以比单纯的身体训练有着更高效的提高。此外，放松技术为个体提供了更好的激励控制，从而可以更好地完成任务（卡恩斯和格罗斯曼，1992）。

航空公司大量使用飞行模拟器对飞行员进行应急程序演练。航空公司的飞行员被给予了一系列紧急情况，他们必须证明其能够做出适当的反应。飞行员必须记住几个项目，称为"记忆项目"，并且要能够在不查阅《飞行员操作手册》或《紧急程序指南》的情况下执行。这些程序一遍又一遍地钻入了飞行员们的脑中，直到他们能够不假思索地进行反应。当发生紧急情况时，飞行员需要执行必要的任务以保持飞机正常飞行，然后，他们才可能有时间去参考《应急程序手册》，并通知其航空公司运行基地或空中交通管制寻求进一步的协助。飞行员称之为飞行、导航、通讯——首先控制好飞机，导航到最近的机场或合理的降落地点，然后告诉大家你遇到了问题。

培训机场运行人员和其他急救人员的方法是使用比赛、模拟、训练和演习的方式——越逼真越好。此外，训练、比赛和演习必须经常进行，每三年进行一次全面的锻炼，每个人都会记得该做什么和如何做。机场训练练习部门的人员（或负责监督训练和练习的人员）应该使用《国土安全演习和评估方案》模型来制定演习、桌面演练、全面演练和功能练习的时间表，以保持熟练程度高于监管标准。丹佛国际机场开创了一些使用灵活项目管理规划的方法，全年进行数十次练习，其具有成本低、对机场运行影响很小的优点。关键是打破了传统演习的模式，并学习了如何以新的和更有效的方式进行演习。

在事件发生期间，事件指挥官们的另外两个考虑事项是：首先要认识到，在大规模的事件中，应急小组将匆忙组建网络，基本上是由各类反应人员组成的临时团队。关键的问题在于，有效的领导者可以将现场的应急人员、紧急行动中心和政府官员黏合在一起，以实现共同的目标，并且还可以共享技术。在美国航空公司的坠机事件中，当消防和警察部门、卫生保健人员、美国海岸警卫队，甚至是私人公民组建了自己的工作组来协作和协调救援工作时，就证明了这一点（普法伊费尔，2013）。

其次，领导者不能允许自己在微观上专注于他们最相关或最有经验的问题。如果事件指挥官是消防队长，则指挥官倾向于只关注与火灾相关的问题，并忽视其他问题，例如，对现场的准入控制、安全和执法方面的挑战以及传统消防领域之外的其他挑战。如果事件指挥官是警察局长，指挥官可能倾向于只关注与执法有关的挑战。事件指挥官们必须从整体事件的大局出发，与其他关键决策者保持紧密联系，并利用视频等技术来提高情景意识并形成共同的运行场景。

有效对策的总体解决办法是找出差距：是否存在培训问题、技术问题或缺乏资源或人员？制定预算以获取所需的资源，并制订培训计划，以培训应急人员在事故期间所需的技能。不幸的是，培训往往是在预算紧张的情况下首先被消减，还有随之而来的人员休假情况，慢慢地越来越少的人了解、熟悉应急方案，这可能是将事故或自然灾害变成一场重大悲剧的良方。

无人驾驶飞行器

无人驾驶飞行器行业的突然增长给机场和飞机运营商及监管机构带来了挑战，其有无人机、无人驾驶飞行器、无人驾驶飞行系统和遥控驾驶飞行器等多种名称，无人驾驶飞行器的技术和可用性正迅速超过监管机构保持监管的能力，而机场运营商目前还不确定这对他们的设施意味着什么。本节概述了无人驾驶飞行器技术及其对机场运营商可能意味着什么，但并没有详细地研究所有存在的各种类型的技术及它们的功能。

无人驾驶飞行器的任何解释都应该建立在一个通用的词汇表上，并对无人机、无人驾驶飞行器、无人驾驶飞行系统和遥控驾驶飞行器之间的相似性和差异性有清晰的认识。根据法尔斯特罗姆和格里森撰写的《无人驾驶飞行器系统介绍》，除了导弹之外的三种无人驾驶飞行器分别是：

1. 无人驾驶飞行器；
2. 遥控驾驶飞行器；
3. 无人机。

许多人会将"无人驾驶飞行器"和"遥控驾驶飞行器"这两个术语弄混，遥控驾驶飞行器严格的定义是：由远程站点的驾驶员实际驾驶操作一架"真的"遥控驾驶飞行器；一架"无人驾驶飞行器"可能既被驾驶员驾驶，也可能由程序控制以执行自主任务。"无人驾驶飞行器"这一术语用以描述飞行的实际飞行器，而"无人驾驶系统"这一术语则描述了操作无人飞行器所需的所有组件，例如，地面控制站、有效载荷、数据链路和飞行器。然而，"无人机"这个词已被广大公众和媒体广泛采用，而这两者都可能会继续使用它。然而，对于机场运营商而言，了解无人驾驶飞行器技术的差异非常重要，因为它涉及无人驾驶飞行器对机场运行所造成的影响（法尔斯特罗姆和格里森，2012）。

尽管绝大多数美国公众和全世界，都通过阿富汗和伊拉克的战争认识到了无人驾驶飞行器，在这些战争中，无人驾驶飞行器主要被用作监视和武器平台，但最早的无人驾驶飞行器可以追溯到第一次世界大战。查尔斯·凯特林为陆军信号兵团开发了一架无人驾驶双翼飞机，称为凯特林空中鱼雷。该无人驾驶飞行器载有 180 磅高爆炸药，通过预先设定的控制装置被引导至目标上空，当飞机到达目标时，将可拆卸机翼释放，将飞机变为一个重力炸弹。在整个 20 世纪 30 年代和 40 年代，美国和英国都开发了各种形式的无人驾驶飞行器，德国以其致命的 V1 和 V2 火箭的形式进行发展（法尔斯特罗姆和格里森，2012）。

到 20 世纪 60 年代，无人驾驶飞行器被广泛用于军事领域，但仅用于侦察，并且只能由中央情报局使用。美国中央情报局首先研制了 D－21 无人机，该无人机搭载在 SR－71 "黑鸟" 飞机上，速度可超过 3 马赫。无人机也经常被美军用于目标练习，在 20 世纪 70 年代末和 80 年代期间进行了一些试点项目。在 1991 年的 "沙漠风暴行动" 中，使用了 5 架无人驾驶飞行器，其中三架由美国部队使用，一架由法国部队使用，一架是由英国军队使用的无人驾驶直升机。"沙漠风暴" 行动证明了，无人驾驶飞行器可能成为潜在武器系统的必要性，并且此后，它们在 "反恐战争" 中被广泛使用（法尔斯特罗姆和格里森，2012）。到了 2011 年，美国空军训练的遥控驾驶飞行器飞行员[①]比战斗机和轰炸机飞行员的总和还要多（本杰明，2013）。

遥控飞机在民用方面并不是一个全新的概念。几十年来，模型飞机操作者一直在建造和飞行缩放的复制飞机，甚至在某些情况下还会将静态照相机和电影摄影机放在它们上面。然而，这个行业在很大程度上是受到了一定限制的——驾驶一架遥控飞机首先必须要制造它，或者至少要掌握远程驾驶飞机的技能。模型飞机也受到操作者所能控制距离的限制。如果距离太远，飞行员可能会无法目视飞机（或直升机），或者失去无线电频率连接。今天的许多无人机非常容易飞行，并且任何拥有平板电脑的人都可以操作它们。

无人驾驶飞行器的类别和豁免

三种类型的无人驾驶飞行器系统操作是：民用；公用；模型飞机。每一类都有自

---

① 在整个行业中，无人驾驶飞行器操作员是实际的飞行员还是 "操作者" 仍存在争议，本文将不会试图解决这一争论。

己的放宽标准或豁免计划。第一次豁免是提供给使用模型飞机的人。1981 年 6 月，联邦航空管理局在《咨询通告 91 - 57》中发布了操作标准。咨询通告设置了安全标准，此后已被修改（联邦航空管理局，2015b）：①

 1. 在 400 英尺以下飞行，并且避开周围的障碍物；

 2. 将飞机始终保持在视线范围内；

 3. 保持距离并且不干扰载人飞行器的运行；

 4. 除非在飞行前联系机场和塔台，否则不要在机场 5 英里内飞行；

 5. 不要在人群或体育场附近飞行；

 6. 不要驾驶重量超过 55 磅的飞行器；

 7. 不要对你的无人驾驶飞行器粗心或鲁莽——你可能因危害人员或其他飞机而被罚款。

美国联邦航空管理局在模型飞机和无人飞行器之间的技术区别是，重量不超过 55 磅，因此，如果个人不是为了商业目的而进行飞行的话，个人可以根据本规则操作小型无人驾驶飞机（福里斯特等人，2015）。美国联邦航空管理局被国会要求，在 2015 年之前制定规则以解决无人机的使用问题。美国联邦航空管理局还制定了《飞行须知》，这是一个无人机运营商的网站，该网站提供了关于无人机安全运行的信息（联邦航空管理局，2015a）。2015 年 2 月 15 日，联邦航空管理局发布了《小型无人驾驶飞行器规则制定建议通知》。当独立机构希望添加、删除或更改规则或作为规则制定过程一部分的监管时，《规则制定建议通知》是作为依法发布的公告。它不会改变任何现有的准则、规则、法规或政策，但它为公众评论和规则制定程序的开始打开了大门（联邦航空管理局，2015a）。

下一个豁免是针对民用飞行器的运行。民用运营商是非政府实体，它们通常为某种商业目的运行无人机。在这类运行中有两种可能的豁免：《专用适航证》和《第 333 条豁免》。运行人可以通过联邦航空管理局或指定的适航代表在测试现场进行测试以获得《专用适航证》（福里斯特等，2015）。

目前，《专用适航证》仅适用于实验类。这只允许无人机制造商进行研究和开发、演示该系统及培训飞行人员。具体的运行规则是通过向联邦航空管理局的申请和讨论来确定的。当国家空域为所有小型无人机制定最终规则后，第 333 条的豁免很可能会取消（福里斯特等，2015）。

公共或政府飞机，各机构可凭《放宽标准或授权证书》驾驶无人机作研究用途达 2 年之久。因为《放宽标准或授权证书》将由公共组织运行，因此，这是最相关的豁

---

① 参见 http：//www.faa.gov/documentLibrary/medial/Advisory_ Circular/AC_ 91 - 57A.pdf.

免。联邦航空管理局通过在线申请程序授予《放宽标准或授权证书》，在该申请过程中，组织要求允许飞行某一特定的飞机，用于某一特定的目的，并在特定的地区飞行。联邦航空管理局与各机构合作为《放宽标准或授权证书》制定其他的限制（福里斯特等，2015）。已经有几个执法机构和其他紧急响应机构使用无人驾驶飞行器的成功事例。

其他限制包括：

1. 无人驾驶飞行系统必须指定为公共用途，并且有"N"开头的机号，不得用于任何商业目的。

2. 公共组织必须执行自己的适航程序，并向联邦航空管理局证明无人机是适航的。适航性测试必须基于四项军事标准之一，而适航声明必须包括对无人机部件及其维修计划的详细描述。

3. 在 B 类空域以外的区域，技术上可以准许运行。然而，大多数公共组织仅限于 D、E 和 G 类。

4. 《放宽标准或授权证书》将列明某些有权运行无人驾驶系统的人员。通常，无人驾驶飞行器的运行需要三名人员：一名操纵驾驶员、一名观察员和一名地面控制人员。在某些情况下，操作人员可能需要通过联邦航空管理局地面学校或拥有私人飞行员证书。

5. 根据运行区域及其与运行机场的接近程度，《放宽标准或授权证书》可能要求操作人员在进行任何飞行之前与联邦航空管理局或机场运营商进行联系，还可能需要发布一份《航行通告》。

6. 所有《放宽标准或授权证书》方案必须包含《咨询通告 120－92》中概述的航空服务提供商的安全管理系统。虽然这在技术上没有要求，但《放宽标准或授权证书》方案应制定政策来描述其自身对机体和责任保险的要求。

无人驾驶飞行器用途

无人驾驶飞行器的使用看似无穷无尽，公司和个人几乎每天都在探索使用无人驾驶飞行器的新方法，包括（无人驾驶飞行器协会，2015）：

1. 安保及执法：

a. 安全巡逻；

b. 监视和侦察；

c. 嫌疑人或嫌疑车辆搜查；

d. 监视人群；

e. 交通监视；

f. 拦截毒品和非法入境①；

g. 海关和边境巡逻；

h. 化学、生物、放射性和核元素的检测。

2. 消防、搜索和救援：

a. 海上和山地搜索和救援；

b. 救生筏、水泵部署；

c. 救援点标记；

d. 搜寻及救援；

e. 荒野消防和巡逻。

3. 监视：

a. 土木工程场地；

b. 水道和航运；

c. 石油和天然气管道；

d. 森林；

e. 电力线路和电话线路；

f. 渔业保护；

g. 污染控制和空气采样；

h. 海滩及公园内的垃圾；

i. 野生动物和野生动物研究；

j. 环保规范；

k. 铁路。

4. 灾害管理：

a. 灾害影响管理；

b. 救援和清理工作监督；

c. 灾害损失估计。

5. 农作物管理：

a. 农村与农业；

b. 农业活动；

c. 农作物撒药；

---

① 在为期两周的美国海岸警卫队的无人驾驶飞行器巡逻期间，一架 ScanEagle 无人驾驶飞行器协助拦截了近 600 公斤可卡因，这是海岸警卫队首次在拦截行动中使用无人驾驶飞行器。这架 ScanEagle 无人机被美国海岸警卫队派去监视一艘可疑的快艇，它在空中飞行了近 90 多个小时。当无人驾驶飞行器找到这艘船时，它就一直在现场进行监视，直到 MH-65D 直升机和小型武装快艇抵达，拦截并逮捕了该船上的船员（卡罗尔，2013）。

d. 农作物生长情况。

6. 通讯：

a. 电信；

b. 电信中继和信号覆盖调查。

7. 勘探：

a. 石油和天然气勘探生产；

b. 矿物勘探；

c. 地球物理勘探；

d. 郊区规划；

e. 遥感。

机场运营商可能会发现，无人驾驶飞行器可能会对机场的安全运行构成挑战，但亦可能会发掘出无人驾驶飞行器的其他用途，例如：

1. 利用无人地面车辆技术进行机场围界巡逻；

2. 野生动物管理，类似于今天一些机场使用猛禽进行驱鸟的方式；

3. 灾害管理——能够提供传回给紧急行动中心的视觉场景。

无人驾驶飞行器的两个主要飞行类别是固定翼和垂直起降。根据总起飞重量和机身类型将无人驾驶飞行器进行分类。美国军方已经将无人驾驶飞行器划分了等级，以更好地描述它们的功能、物理尺寸、起飞重量、升限（它们能飞多高）和航程（它们能飞多远）。下面的表 13.1 给出了普通无人驾驶飞行器类别和层次的代表性例子。该层级系统主要适用于固定翼无人驾驶飞行器。

表 13.1 无人驾驶飞行器类别及分级样例

类别/分级	无人驾驶飞行器/无人驾驶系统代表例子	规格	无人驾驶飞行器类型
小型或微型无人驾驶系统	AirVironment – Raven 公司 加州情报监控、扫荡、视感，热感	长度：3 英尺 翼展：4.5 英尺 续航时间：60 分钟 升限：15000 英尺（平均海平面） 巡航速度：35 英里/小时 重量：最大 4.2 磅 有效载荷：6.5 盎司 动力：电力 航程：6.2 英里	固定翼

续表

类别/分级	无人驾驶飞行器/无人驾驶系统代表例子	规格	无人驾驶飞行器类型
		长度：3.5 英尺 翼展：4 英尺 续航时间：50 分钟 升限：未公布 巡航速度：60 英里/小时 重量：3 磅 有效载荷：2.2 磅 动力：电力 航程：未公布	固定翼
小型无人驾驶系统	MLB – Super Bat 公司 加州圣克拉拉情报监视，扫荡、监控火灾风速/风向测绘夜间运行	长度：5.3 英尺 翼展：8.5 英尺 续航时间：10 小时 升限：10000 英尺（平均海平面） 巡航速度：60 英里/小时 重量：最大 35 磅 有效载荷：5 磅 动力：2 冲程发动机，26 毫升 航程：400 英里	固定翼
分级Ⅰ （同时也归类于分级Ⅱ）	Insitu – Scan Eagle 公司 华盛顿州宾根情报监视侦察扫荡	长度：5.6 英尺 翼展：10.3 英尺 续航时间：24 小时以上 升限：19500 英尺（平均海平面） 巡航速度：69 英里/小时 重量：最大 48.5 磅 有效载荷：5 磅 动力：活塞发动机	固定翼
分级Ⅱ （同时也归类于 Tier I）	Textron – Shadow M2 Intelligence 公司 监视侦察、扫荡、夜间运行	长度：12 英尺 翼展：25 英尺 续航时间：14 小时 升限：15000 英尺（平均海平面） 巡航速度：69 英里/小时 重量：最大 493 磅 动力：活塞发动机	固定翼
分级Ⅲ	General Atomics – ERMP 公司（掠食者 A、B 型） 美国国家航空和宇宙航行局——情报监视侦察、扫荡、夜间运行	长度：28 英尺 翼展：56 英尺 续航时间：32 小时 升限：29000 英尺（平均海平面） 巡航速度：170 英里/小时 重量：1075 磅 动力：活塞发动机 – 航空涡轮发动机燃料	固定翼

续表

类别/分级	无人驾驶飞行器/无人驾驶系统代表例子	规格	无人驾驶飞行器类型
小型/微型无人驾驶系统	Aeryon – Sky Ranger 公司 加拿大安大略省滑铁卢、四轴无人机、情报监视、扫荡	直径：3.5 英尺 续航时间：50 分钟 升限：未说明 动力：电力 耐风能力：40 英里/小时，阵风 55 英里/小时 有效载荷：可搭载光电/红外线设备 高分辨率照相机	垂直起降
小型	Pulse Aerospace – Vapor 公司 堪萨斯州劳伦斯情报监视侦察、扫荡	旋翼直径：65 英寸 续航时间：1 小时 升限：15000 英尺（平均海平面） 航程：5 英里 重量：30 磅 动力：电力 有效载荷：12 磅 有效载荷：可搭载各种光电/红外线、激光雷达、多光谱和高光谱、热感设备	垂直起降
	CybAero APID 60 公司 情报监视侦察、扫荡、运送货物	旋翼直径：27 英尺 续航时间：6 小时 升限：未说明 重量：最大 400 磅 动力：喷气发动机 耐风能力：40 英里/小时，阵风 55 英里/小时 有效载荷：110 磅，可搭载各种光电、红外线设备	垂直起降
	Northrop Grumman 公司 美国 MQ–8B 全球火力侦察兵无人机，情报监视侦察、扫荡、运送货物	旋翼直径：27 英尺 续航时间：5 小时以上 升限：20000 英尺（平均海平面） 航程：130 英里 重量：3150 磅 动力：喷气发动机 有效载荷：可搭载各种光电、红外线、激光测距仪设备、运送货物	垂直起降

续表

类别/分级	无人驾驶飞行器/无人驾驶系统代表例子	规格	无人驾驶飞行器类型
	Lockheed Martin 公司美国 K–Max 全球自主飞行无人机，情报监视侦察、扫荡、送送货物注释：可自主飞行或飞行员操纵飞行	续航时间：2.75 小时升限：15000 英尺（平均海平面）航程：112 英里重量：5145 磅动力：喷气发动机有效载荷：货舱(6000 磅)	垂直起降

（来源：福里斯特、科扎特、怀特和奥，2015）

美国国防部还根据最大起飞重量、正常运行高度和速度制定了无人驾驶飞行器的非官方分类（表 13.2）。

表 13.2　美国国防部无人驾驶系统组描述

无人驾驶系统分组	最大起飞重量（磅）	正常运行高度（英尺）	速度（节）	无人驾驶系统代表	
第 1 组	0–20	<1200 距离地面高度	100	大乌鸦（RQ–11）WASP	
第 2 组	21–55	<3500 距离地面高度	<250	扫描鹰	
第 3 组	<1320			影子(RQ–7B)分级 II/小型战术无人飞行系统	
第 4 组	<1320	<高度层 180	任何速度	火力侦察兵(MQ–8B,RQ–8B)掠夺者(MQ–1A/B)天空勇士 ERMP（MQ–1C）	
第 5 组	>1320	>高度层 180		收割者(MQ–9A)全球鹰(RQ–4)BAM(RQ–4N)	

（来源：美国国防部，2011）

无人驾驶飞行系统和机场运行

尽管无人驾驶飞行器不太可能很快在繁忙的商业服务机场运行，但它们很可能很快就会在通用航空设施内运行，特别是活动水平较低的机场。2013 年，美国联邦航空管理局完成了为期 10 个月的遴选程序，为无人驾驶飞行器应用选择了 6 个测试点——所有测试点均为通用航空机场。每个机场都被选定参加研究的一个特定组成部分，包括：无人驾驶飞行器类别标准；交通管制程序和 NextGen；感知和避免碰撞技术与空域的整合；不同的气候、适航性和可靠的数据链路；无人驾驶系统失效模式测试。

绝大多数无人驾驶飞行器用户都在 55 磅的限制范围内使用无人驾驶飞行器，因此这些用户被认为是模型飞机用户。这些无人驾驶飞行器操作者不需要机场来进行基地运行。小型无人驾驶飞行器不需要长跑道，或在某些情况下不需要任何跑道来飞行，当不使用时，它们可以储存在一个小空间内。需要接近机场运营商、寻找机库和维修空间、装载储存设施和进入跑道（滑行道）系统的无人驾驶飞行器，是那些需要足够宽度和长度、符合某些安全标准跑道的无人驾驶飞行器。

关于在全国各地机场附近运行的无人驾驶系统报告正在增加，甚至在美国联邦航空管理局的规定下，无人驾驶飞行器数量在增加，并不可避免地会接近载人飞机，这就需要对确保载人和无人飞机安全运行的系统和方法给予极大的关注和评价。冲突大都会发生在机场附近。相反，机场也提供了开发运行概念和技术的机会，以便将无人驾驶飞行器整合到国家空域系统中。机场运营商应通过多种形式，包括社交媒体、社区会议、新闻稿及举办"安全无人机运行"课程，协助向社会推广无人机的安全运行。

对于要在机场运行的大型无人驾驶飞行器，必须考虑以下几个因素，如装载物的类型发射和回收过程，以及防止无人机与载人飞机发生冲突所需的空中交通管制和安全许可。在一定程度上来说，在运行水平较低的通用航空机场，或者在尚未运营商业服务飞机的低水平商业服务机场，可能会合并无人机业务，类似于一些机场的跳伞运行业务。当跳伞者在空中时，他们通过高性能通用通信宣布，他们将要使用的特定降落区域。对于飞行运行水平较高的机场，最好采用单独的无人驾驶飞行器跑道，就像许多有滑翔机运行业务的机场为滑翔机建造和指定了单独的跑道一样。独立的跑道让无人驾驶飞行器的操作人员远离载人飞机所使用的主用跑道。从设计的角度来看，美国空军出版了《工程技术信函 09 - 1》之《无人驾驶系统的机场规划和设计标准》，该标准为建造无人驾驶飞行器跑道奠定了基本的设计指导，并且还补充了《UFC 3 - 260 01》之《机场和直升机场规划和设计》。

机场运营商如果正考虑引入无人驾驶飞行器运行，那么，应在本地飞机运营商内建立支援基地，并确保了解及解决有关问题。虽然给予保证防止了机场运营商拒绝向用户提供机场的航空用途，但在无人驾驶飞行器的使用方面，该行业还处于未经测试的阶段。在联邦航空管理局进行的空域研究中已有先例表明，从安全的角度来看，某些航空业务（例如，在繁忙的商业服务或通用航空机场进行超轻型飞机运行或跳伞）

可能会受到限制。但是，无人驾驶飞行器的兼容问题尚未得到解答。

除了无人驾驶飞行器的运行外，机场运营商还应考虑：发射和回收无人驾驶飞行器时所需的地面人员数量；无人驾驶飞行器数据链路系统对机场或空中交通通信的干扰；无人驾驶飞行器装载的物品可能涉及危险品；如果无人驾驶飞行器在机场坠毁应如何处理。针对无人驾驶飞行器坠毁而不是飞机坠毁，应该有特别的响应程序吗？它还会被认为是第三级警报吗？还是会有不同的警报分级？因为在无人驾驶飞行器坠毁事件中，一般不会造成对人生命的威胁，除非它坠毁时撞上了机场建筑物或与另一架飞机或车辆相撞。

失效测试是无人驾驶飞行器运行的关键组成部分——当无人驾驶飞行器和地面控制站之间的数据链路断开时，大多数无人驾驶飞行器都具有自动归航功能，无人驾驶飞行器将自动返回其启动点。需要考虑的一些问题是：如果无人驾驶飞行器失去信号并在人口稠密的地区坠毁，那么，机场运营商是否需要承担坠机的责任？这种现在基本上不受控制的飞行会对其他机场或飞机的运行产生什么影响？机场无人驾驶飞行器运行的最低标准是什么？规则和条例是什么？航空用途的定义如何适用于财产租赁？最重要的是，还有哪些与未来机场和国家空域系统的无人驾驶飞行器运行相关问题尚未被提出？可能的选择是，将无人驾驶飞行器的运行与机场分割开来，建造一个特殊的"无人驾驶飞行器机场"或"无人机机场"。

无人机机场或无人驾驶飞行器机场

2014 年，美国军方宣布将在得克萨斯州埃尔帕索的布利斯堡军事基地，为"灰鹰"和"阴影"无人驾驶飞行器建造一个专门的机场。无人机场将有两条跑道，一条跑道长 5000 英尺，另一条跑道长 1000 英尺，以及一座面积达 50000 平方英尺的机库，内有办公和辅助建筑，一个指挥和控制中心，一个热弹药装载设施，以及一个危险品仓库。无人机机场将在 5000 英尺长的跑道的两端分别设置一个 1000 英尺长土质地面的安全、缓冲、净空区（即安全区域），其周边设有安全照明和围栏。

根据美国空军无人驾驶飞行器作战的规划标准，跑道的大小和长度取决于将使用该设施的无人机尺寸和飞行特性——即"为无人驾驶飞行器所设计"。对所有的翼展、轮距①、重量、着陆速度、起飞距离、转弯半径和归航方式进行了考虑（图 13.1）。

图 13.1 显示，操作一个更大的无人驾驶系统所需的设备可不止一台平板电脑就够了。无人驾驶系统的任务计划和控制功能（地面控制站）包括发射、飞行和回收车辆，该车辆从其内部传感器接收（并发送）飞行系统和有效载荷的数据。发射和回收可能是飞行中最困难的阶段，尤其是在湍流期间，因为，飞行员只能根据仪器来确定无人驾驶飞行器正在做什么，而不是依靠感觉来判断（法尔斯特罗姆和格里森，

---

① 无人驾驶飞行器也给出了飞机分类编号的路面等级号码。

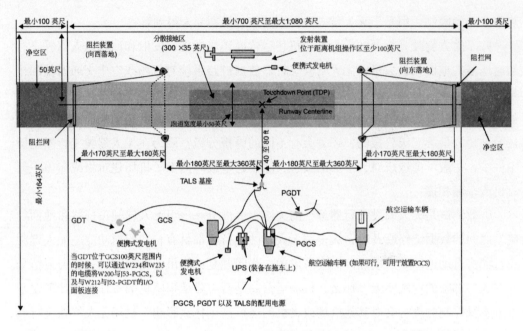

图 13.1 "阴影"200 无人驾驶飞行器的发射和回收点示意图
（来源：美国空军）

2012）。操作人员不在飞机内，在接近着陆点时无法感觉到飞机的俯仰和滚动。有一些自动系统在执行着陆功能，但操作员仍应时刻准备好接管控制装置，以启动"归航"功能，或在无人驾驶飞行器威胁到客机、建筑物或人员的情况下启用降落伞。

发射无人驾驶飞行器取决于无人驾驶飞行器的类型。一些无人驾驶飞行器很简单；有些则非常复杂，需要多名人员操纵。最简单的方法是采用手掷的方式，有时称为"手掷式无人机"。这种方法适用于重量小于 10 磅的小型无人机。对于任何轮式起飞方式的无人机，都需要为之铺设跑道等预制表面。一些较大的无人驾驶飞行器，尤其是那些对于手掷起飞来说过重，或需要较高起飞速度的无人驾驶飞行器，可以通过轨道进行发射。橡皮筋动力发射、轨道发射器及依靠压缩气体的气动发射，都可以发射出相对重量小的无人驾驶飞行器，而液压或气动发射器则可以成功地发射重达 1225 磅的无人驾驶飞行器（法尔斯特罗姆和格里森，2012）。垂直起降无人机几乎不需要发射或回收设备。

如果无人驾驶飞行器有起落架或滑块装置，则可以通过常规着陆的方式来回收。拦截装置可以与尾钩一起来使用，类似于航空母舰上舰载飞机的着陆方式。其他形式的回收包括垂直阻拦网系统，基本上就是在两个杆子之间拉上一张阻拦网，让无人驾驶飞行器飞向这张网被网阻拦。降落伞回收在无人机和无人驾驶飞行器中有着悠久的使用历史，是一种可行的替代其他方式的着陆方式，但是需要无人驾驶飞行器内部有空间容纳降落伞和绳索系统。滑翔降落伞也曾被使用于回收无人机（法尔斯特罗姆和格里森，2012）。

联邦航空管理局继续与各行业的商业伙伴合作开展各种方案，以确定如何以最佳的方式对无人驾驶飞行器进行监管并将其纳入国家空域系统。可以肯定的是，无人驾驶飞行器将留在这里，很快，机场运营商将不得不做出关于如何最佳地将他们的运行整合到机场环境中来的决定。

航天港

在电影《2001：太空漫游》中，电影制作人斯坦利·库布里克和编剧亚瑟·克拉克设想了他们认为是下一代的空中交通工具——太空飞机。这部电影于 1968 年 5 月首次亮相，距离阿波罗 11 号降落在月球的"宁静基地"只有 2 个月。

早在影片《泛美航空》上映之前就有了太空飞机的概念，1964 年就已经有人在该航空公司预订了第一次登月的机票（《太阳先驱报》，1989）。然而，在将近 40 年后，商业空间运输的概念才被认为是可行的，并且能够负担得起。当美国国家航空航天局结束航天飞机计划时，商业、太空发射行动才有了光明的前景。美国国家航空航天局仍在将卫星和有效载荷送入轨道，并继续在执行着外层空间的任务，如洛克希德公司的猎户座载人探索飞行器，但下一步的工作正在逐渐往私人航天发射工业领域发展。

作者克瑞斯·英庞在他的著作《超越：太空中我们的未来》（英庞，2015）中指出，我们正处于历史上的一个重要时刻，技术将很快使我们能够将太空旅行视为常规。虽然机场行业的一些人声称，我们距离常规的商业太空旅游业务还有 15 至 20 年的时间，但全国各地的十几家机场运营商已经拥有向联邦航空管理局提交的航天站许可证或申请。今天，包括伯特·鲁坦、理查德·布兰森、彼得·戴曼迪斯和埃隆·马斯克在内的几位业界先锋，都在商业空间领域取得了长足进步。这些亿万富翁中的一些人是在互联网上起步的，因为在某种程度上来说，商业空间的开始与商业航空的起步有一定的相似之处，但更准确的比较是互联网的诞生。

与太空计划一样，互联网也依赖于军事工业综合体的投资才能走向成熟。军方需要在发生核攻击时保持关键基地之间的通信。不久，国防部创建了 DARPANET[①] 并将其作为最终成为互联网的技术核心和事实上的测试实验室。在 20 世纪 80 年代，国家科学基金会和学术界继续使这一技术成熟，到 1990 年，随着私人因特网服务提供商的出现，个人可以拥有一个电子邮件账户，普通公众也可以使用羽翼未丰的因特网。1995 年，美国国家科学基金会取消了对互联网商业的所有限制，也就是在这一年，雅虎、易趣网和亚马逊成立了（英庞，2015）。

---

① 这个名字是国防高级研究计划局的衍生名称，该机构建立了第一个实时的"互联网"链接。

1993 年，互联网占电信流量的 1%，而今天则占到了 99%。英庞（2015）认为，太空旅行将遵循同样的轨迹，逐渐非军事化，并开始大规模的商业化。对私营部门的第一次重大成就之一是"巨龙太空舱"，由亿万富翁埃隆·马斯克的 SpaceX 公司制造，并于 2012 年实现了与国际空间站的对接。"巨龙太空舱"是由一家拥有 3000 名员工的公司制造的，相比之下，美国航空航天局有 18000 名员工和 60000 名承包商。

航天飞机怎么了？

1968 年，约翰·肯尼迪总统的国家登月目标实现后不久，美国航空航天局的资金开始缓慢减少。登月任务的主要目标是美国和苏联之间"冷战"——太空竞赛的一部分。一旦美国达到了太空的制高点，甚至苏联也放弃了登月，那么，当阿波罗 17 号完成最后一次登月任务返回地球后，阿波罗计划就被终止了，资金被转到了天空实验室空间站项目上，土星 5 号火箭将天空实验室送上太空之后也结束了它的使命（英庞，2015）。不久后，资金又转移到了美国在太空的下一个巨大努力项目上，即航天飞机。

航天飞机的第一次飞行发生在 1981 年 4 月 12 日。航天飞机由两个固体火箭助推器，以及一个位于中间的外部燃料箱进行助推发射组成。在 1981—2011 年，航天飞机共飞行了 135 次，将 300 名宇航员送入了太空。航天飞机执行了数个关键的航班，其中包括哈勃太空望远镜、天空实验室、数次太空行走、为国际空间站提供服务，以及将第一位美国女性宇航员萨利·莱德送上了太空。不幸的是，实际发射率比原计划低了 10 倍，五艘轨道器中有两艘遭遇了灾难性的故障，造成了机毁人亡的事故，并且在大多数常规发射中发射航天飞机的费用远远大于其他选择（英庞，2015）。

在航天飞机项目的发展过程中，平均每次发射的费用约为 10 亿美元，相当于每公斤物品送入轨道的费用为 80000 美元。大多数商业实体只能在政府提供大量补贴的情况下使用航天飞机，航天飞机每两至三个月飞行一次，而不是最初美国航空航天局计划的每周飞行一次。美国军方的发射要求超出了航天飞机所能提供的水平，因此，最终开始发展自己的重型运载能力（从加利福尼亚范登堡空军基地发射），以及军方自己的无人驾驶航天飞机——小型的 X-37 无人机（英庞，2015）。

航天飞机计划遭受了两次重大损失：1986 年的"挑战者号"和 2003 年的"哥伦比亚号"。1986 年 1 月，"挑战者号"升空的失败也让美国太空教学计划的第一名成员克丽斯塔·麦考利夫丧生。这次事故使得美国国家航空航天局将例如教师、艺术家和诗人等这样非专业航天员送入太空的计划迅速而安静地叫停了，尽管最终麦考利夫的备选人员还是飞上了太空。2003 年，"哥伦比亚号"在返回时的爆炸解体，标志着美国太空计划的结束。所有剩余航天飞机的飞行都集中在完成国际空间站供给的任务上，而许多科学任务则被取消（英庞，2015）。

2011 年 7 月 8 日，"亚特兰蒂斯号"航天飞机从美国国家航空航天局的肯尼迪航天中心起飞，越过佛罗里达州的太空海岸，向国际空间站运送物资。"亚特兰蒂斯号"于 2011 年 7 月 21 日在肯尼迪航天中心 15 号跑道降落，从而结束了美国的航天飞机计划。在最后一次飞行之前，美国宇航局已经发布了裁员通知，就在"亚特兰蒂斯号"着陆后的一天，美国国家航空航天局就发布了数千份《裁员通知书》。今天，美国国家航空航天局的工作重点，主要是探测太阳系、小行星和离地球最近行星的机器人探测器，以及训练宇航员乘坐俄罗斯火箭前往国际空间站。

1968 年，只有两个国家可以把人送上太空：美国和苏联。2015 年，只有两个国家能把人送入太空：俄罗斯联邦和中国。虽然现在美国宇航员是乘坐俄罗斯火箭（由美国政府出资）升空的，同时，俄罗斯的火箭和发动机被用于美国的一些航天器上，但这种关系是脆弱的。美国空军的 X – 37 无人机在第一阶段使用俄罗斯的 RD – 180 发动机，2014 年由于乌克兰局势紧张，俄罗斯国防部长宣布俄罗斯将不再为美国的军事发射供应火箭发动机[①]。除了美国航空航天局的航天飞机外，俄罗斯的"暴风雪号"航天飞机仅在 1988 年进行了唯一一次飞行任务。目前，最常进入太空的是伯特·鲁坦私人建造并资助的"太空船一号"，在 2003 至 2004 年，它共飞入太空多达 17 次（英庇，2015）。

新的开拓者

伯特·鲁坦曾经是美国空军的一位民用测试工程师，他引领了非常规飞机的设计。今天，他的"旅行者号"飞机，是第一架不用加油就可以环游世界的飞机，现在该机被停放在史密森美国国家航空航天博物馆永久展览，它的旁边是"阿波罗 11 号"的太空舱和林德伯格的"圣路易斯精神号"。另外，还有他设计的其他四架飞机，也被美国国家航空航天博物馆所收藏。2004 年 6 月，鲁坦发射了"太空船一号"，这是第一部可以达到 100 公里高度的载人民用飞行器[②]。三个月后，鲁坦在两周的时间内两次将它飞到 100 公里的高度，从而获得了"安萨里 X 大奖"。

媒体大亨（亿万富翁）理查德·布兰森，他是旗下拥有 400 多家公司的维珍集团创始人，于 2004 年创办了维珍银河公司。布兰森和鲁坦共同成立了一家公司，以扩大"太空船一号"来满足太空旅游的需求。"太空船二号"可以携带两名飞行员和六名乘客。与所有其他型号的航天飞机通过绑在火箭上垂直发射至低地球轨道并采用滑

---

①　波音公司制造的 X – 37 无人机正在转变为使用美国制造的 Delta 系列火箭，以推动 X – 37 无人机进入太空。

②　地球的大气层和太空空间没有明确的界线，它是一个渐进的过渡，所以通常定义平均海平面高度 100 公里（62.13 英里）以上是太空界线——卡门线。卡门线还是美国飞行员获得晋升宇航员资格的一条标准线，有数名 X – 15 飞机的试飞员由于飞行超过了 100 公里的高度，即使他们中的一些人从未坐过火箭或航天飞机，他们也由于这一点最终成为宇航员。

翔式着陆不同，它由"白骑士二号"母舰搭载升空，大约在离地 52000 英尺的高度，"太空船二号"将脱离"白色骑士二号"同时点燃火箭，最终飞上离地大约 100 公里或 60 英里的高度。总飞行时间预计为 2.5 小时，有 6 分钟的失重时间，并能看到地球的曲率。乘坐"太空船二号"的费用为 250000 美元。而截至 2013 年，报名人数已超过了 650 人，包括演员布拉德皮特、汤姆·汉克斯、歌手凯蒂·佩里和著名物理学家斯蒂芬·霍金（英庇，2015）。

就像任何冒险的努力一样，灾难总是有可能发生的。2007 年，鲁坦的斯凯尔德复合材料公司工厂发生爆炸，造成了 3 人死亡，3 人受伤。2014 年 10 月，"太空船二号"在飞行过程中发生了故障，造成了一名飞行员死亡，另一名受重伤（英庇，2015）。

彼得·戴曼迪斯，他曾经读过查尔斯·林德伯格的回忆录，并受到这位著名飞行员的启发。林德伯格最初只是一个驾驶双翼飞机周游全国的江湖艺人，后来他花费了一年的时间培训成为美国陆军的邮件运输机飞行员，最后成为第一位独自不间断飞越大西洋的飞行员。一年来他一直担任美国陆军邮件运输机的飞行员，最终赢得了"奥泰格奖"，他是第一位完成这样一项壮举的飞行员。另外 6 名飞行员为了获得该项奖励而牺牲了生命。就在林德伯格获奖后的 3 年之内，选择航空运输的旅客数量增加了 30 倍。在阅读完林德伯格的报道后，戴曼迪斯发现了他的商业模式。他最终说服了安萨里家族基金会出资 1000 万美元①来刺激创新，这些奖金最终成为伯特·鲁坦获得的 X 奖（英庇，2015）。

埃隆·马斯克是另一个互联网亿万富翁（其中包括建立 PayPal 品牌），他是一个有远见的人，他创建了特斯拉汽车、SolarCity、SpaceX。马斯克的公司获得了美国宇航局的合同，成为第一家将卫星送入地球轨道的私人投资公司，也是第一家与国际空间站对接的商业公司。马斯克略微有些悲观，对未来有着反乌托邦的愿景，他认为，人类应该避免对我们生存的威胁进行投注，包括小行星撞击地球、超级火山、工程病毒、全球变暖或一些尚未确定的未知威胁②。SpaceX 公司还建造了"猎鹰 9 号"和"猎鹰 1 号"火箭，它可以将 15 吨的载荷送到低地球轨道，5 吨的载荷送至同步转移轨道。

这些人，以及其他企业家，比如亚马逊的创始人杰夫·贝佐斯（他也在推动联邦航空管理局制定对无人机的条例，以便无人机可以用于快递产品），决心使商业太空旅行不仅只是一个梦想，而且也能尽快成为一种生活方式。甚至，在不久的将来还有商业登月计划。随着美国航空航天局在联邦预算中所占的份额从 5% 缩减到 0.05%，

---

① 戴曼迪斯最终与谷歌首席执行官拉里·佩奇接洽，将 X 奖推广到健康、能源和环境领域。

② 一名作家安德鲁·克里皮尼维奇在他的著作《七种致命场景：一位军事未来主义者探索二十世纪的战争》中探讨了几次可能降临在我们头上的灾难。

太空计划的实施正在转移到私人和商业组织手中，它们在争夺政府合同，最终政府可能会沦为监管机构，就像航空业一样（英庇，2015）。

看来，阻碍商业空间发展的许多因素不是技术或能力，而是官僚作风。从《国际武器管制条例》开始，要求火箭系统的出口必须要有许可证，如果火箭是由非美国公民制造的，或者甚至是展示给非美国公民的话，那么就必须要获得许可证。伯特·鲁坦指出，出口法规（包括《国际武器管制条例》）导致成本超支，增加了测试飞行员的风险，并且没有降低对公众的风险，它们实际上失去了创新安全解决方案的机会，并造成了"太空船二号"的发展推迟了几年（英庇，2015）。

另一个难题是保险。目前，无法对太空旅行的确切风险进行保险，但不幸的事实是，人们在太空旅行中丧生，而且还将继续死亡。到2013年底，估计有540人进入了太空，其中有21人死亡，死亡率为3.9%。将此与商业航空相比，在2008年每1亿英里有1.3人死亡，这意味着飞行运输死亡的可能性是每2万人中死亡1人，也就是0.005%的死亡率。然而，1938年的航空死亡率是今天的10倍（英庇，2015）。

"不要相信任何一个告诉你，太空旅行会如同现代航空运输一样安全的人"，伯特·鲁坦如是说。"太空船二号"可以达到的最高时速为2500英里，乘客将会经历6个Gs的加速度，乘客需要戴头盔穿宇航服。如果太空船失去压力，那么，乘客会死亡，或者至少是脑损伤，可能会在短时间内发生（英庇，2015）。想象一下，一艘宇宙飞船从亚轨道返回时发生了差错，将会有几名永久性脑损伤的乘客被送回机场，这仅仅是一个例子，说明了航天港的运行与机场的运行有着很大的不同。

联邦航空管理局在商业空间中的作用

美国联邦航空管理局商业空间运输办公室的使命是，确保美国在商业发射或回收活动中的公共财产、国家安全和外交政策利益得到保护，并鼓励、促进并推动美国的商业太空运输（联邦航空管理局，2015c）。

商业空间运输办公室[①]成立于1984年，同年还通过了《商业空间发射法》。该办公室负责管理发射地点、发放许可证，并对规则制定及其他与商业航天产业有关的政策提出建议。自1984年以来，大多数发射都是垂直发射，使用的是一次性运载火箭。垂直发射噪音大、危险系数高、价格昂贵，并且不太适宜建造在一些机场的附近。然而，最近技术的发展使得水平起飞能够进入低地球轨道运行，这使得泛美航空公司最初的愿景成为可能[②]。美国航天运输业在美国几乎有一半的州都有业务，世界各地有几家公司为付费乘客提供轨道商业发射服务或亚轨道服务。近年来，商业发射约占全

---

① 请注意，是由联邦航空管理局负责管理商业空间，而不是国家航空航天局。美国国家航空航天局是联邦政府的民事研究和开发机构，没有监管责任。

② 泛美航空公司在1991年宣布破产，部分原因是1988年泛美航空103次航班在苏格兰发生的洛克比空难。

球发射总量的三分之一（联邦航空管理局，2013）。

直到最近，美国只有少数几个火箭发射基地仍在运行，最著名的是佛罗里达州的卡纳维拉尔角①，这是航天飞机的发源地，也是许多民用载人飞船和无人飞船的发射地点。然而，有几个社区在发展私人或国家执行的发射、回收和加工方面处于领先地位，这些基地被称为商业航天港。截至 2010 年，在阿拉斯加、加利福尼亚、得克萨斯州、新墨西哥州、俄克拉何马州、弗吉尼亚州和佛罗里达州（杰克逊维尔的塞西尔油田）批准了更多的航天港。另外，两个火箭发射基地位于太平洋，一个位于马绍尔群岛，另一个位于太平洋上的赤道附近（一个海上发射平台）。这些火箭发射基地由美国空军和美国国家航空航天局替政府进行发射。其他发射场和火箭发射基地被提议建在：阿拉巴马州、科罗拉多州、佛罗里达州、佐治亚、夏威夷州、印第安纳州、得克萨斯州、华盛顿州、威斯康星州和怀俄明州（联邦航空管理局，2013）。在航天港的发展、它们建成什么样子及它们如何运作上，仍然存在着巨大的不确定性。人们很自然地会试图将机场和航天港进行类比，但其实，它们之间仍存在着重大差异。

航天港申请程序

该程序首先是与联邦航空管理局进行申请前协商，以便申请人和联邦航空管理局确定潜在的问题，使申请人熟悉许可程序，同时使联邦航空管理局熟悉申请人。这一程序没有形成正式的体系，但是联邦航空管理局建议申请者应及早与联邦航空管理局协商，以避免后续产生重大的延误或费用。可通过电话、电邮、面对面或其他方式进行咨询。提交申请后，联邦航空管理局将进行审查，并可能需要更多的文件。申请人必须记住，他们对提供给联邦航空管理局资料的准确性和完整性负有责任，并在发生任何实质性的改变时及时向联邦航空管理局提供。经过审查，联邦航空管理局将颁发许可证或拒绝申请。

申请程序要经历几个阶段，包括政策审查、安全审查、环境审查，以及在颁发许可证后的符合性情况监控。作为政策审查的一部分，联邦航空管理局将审查许可证，以确定是否有任何问题可能会影响到美国的国家安全、美国的外交政策利益或美国的国际义务。联邦航空管理局还将与国防部、国务院、美国航天局和其他联邦机构合作共同进行审查（联邦航空管理局，2006）。

安全审查，是查明运营商是否能安全地进行所建议的运行，证明运营商对所涉及的危险有清楚的认识，并说明如何安全地进行运行。作为安全审查的一部分，必须进行的一项分析是，商业空间发射和返回大气层任务的预期伤亡计算。1986 年，"挑战者号"航天飞机在发射过程中解体；2003 年，"哥伦比亚号"航天飞机在重返大气层时解体。这两起令人遗憾的事件证明了这种研究的必要性。设立许可证申请程序的主

---

① 卡纳维拉尔角发射场包括肯尼迪航天中心和卡纳维拉尔角空军基地。

要目的是，将风险控制在公众的健康和安全以及财产方面安全之内。由于所涉及的高度和速度影响，在高层大气中的航天器坠毁、解体或爆炸可能造成比商用飞机坠毁范围更广的损害①。

相比商业航空来说，宇宙飞行的发展仍不成熟，因此，亚轨道飞行比商用飞机有更多的变数和风险，这是可以理解的，但进行商业太空飞行任务的人想确定，已经采取了所有合理的安全防范措施（联邦航空管理局，2006）。"预期伤亡"一词用于太空运输行业，作为衡量某一特定任务对公共安全所产生的风险，并用于确定任务是否可以进行或应授予许可证。预期伤亡是每次商业空间任务的预期平均伤亡人数，伤亡包括致死或重伤（联邦航空管理局，2006）。

其他文件，包括在空旷区域因坠落碎片撞击而造成的伤亡的有关文件。有关导弹或空间飞行器的风险研究表明，其中很大一部分风险来自坠落的碎片。美国空军的一份报告，给出了估算空旷地区碎片坠落造成人员伤亡面积的方法和程序，但不包括房屋、办公楼或其他建筑物中的人。该报告是基于已经退役的亚特兰蒂斯 IIAS 航天飞机和德尔塔 GEM 运载火箭，以及之前在 2003 年"哥伦比亚号"航天飞机坠毁所产生的，但从本质上来讲，影响伤亡人数的主要因素是运载火箭的横截面、路径角、碰撞速度等。

《国家环境政策法案》（国家环保局，1969）构成了适用环境审查要求的基础。根据商业空间运输活动许可证/许可的环境审查，美国联邦航空管理局分析了拟议的许可证和许可行动对环境的影响，包括发射和回收活动的许可证发放、发射和回收地点的运行，以及亚轨道可重复使用火箭许可证的发放。这就需要根据国家环保局的要求采取适当的行动。一旦满足环保要求，美国联邦航空管理局将准备进行环境检测，例如，成为许可证或实验许可证评估一部分的没有重大影响的调查结果或决策记录（联邦航空管理局，2006）。

成为一个航天港的思考

不幸的是，由于这些商业的空间运行——即 SpaceX、太空冒险等——的保密程度之大，对关于机场应如何成为航天港，我们所知或分享的甚少。我们所知的，多是关于垂直发射设施，自从第一个人造卫星进入太空以来，这样的方式已经成为日后发射火箭的主要方法。然而，关于亚轨道飞行器如何通过水平起飞的方式到达低地球轨道、从 100 多公里的高空滑行、穿过商业空域返回机场，如何安全可靠地做到这一切，我们知之甚少，能找到的材料也不多。整个概念和它的挑战可能是一个很好的例子，边开展工作边学习。

---

① 在一起 X－15 飞机坠毁事件中，飞机在 60000 英尺的高空进入了高超音速旋降并解体；造成的碎片散布在 50 平方英里的范围内。"哥伦比亚号"航天飞机的碎片遍布得克萨斯州到路易斯安那州。

由于很难预测尚未开发的东西会出现什么问题，因此，本文从 139 款条文的角度来探讨作为航天港运作的机场可能面临的挑战。一般的理解是，亚轨道飞行的航天港很可能由通用航空机场来担任，这些机场不需要遵守 139 款条文，但 139 款条文确实为安全标准提供了基础。

要成为一个好航天港的关键是，先成为一个好的机场。除了申请发射许可外，机场还应努力坚持 139 款条文的标准。此外，航天港的运行有可能会受到严重的安保威胁，所以，机场运营商还应该设法坚持 1542 款的《机场安保条例》。虽然目前还没有涉及航天港业务的运输安全条例，但一旦航天港建设方案接近现实，这些条例很可能会在今后很快制定生效。美国国防部或美国航空航天局应该假设，一些初始发射将需要一定程度的安保保障，特别是在一些尚未成为机场的航天港，比如理查德·布兰森新墨西哥州建造的美国航天港。

可以肯定的是，无论如何，现有的机场条例都将会扩大范围并增加航天港的业务。真正认真思考成为一个航天港的机场运营商，应首先通过参加研讨会议、阅读期刊和文本及会见业界领袖，并最终成为该行业的领导者。

机场应有一套可靠的最低航空运行标准和规章制度，只要强制执行这套标准制度，任何希望进行商业太空业务的有关方面都将认为机场既安全又有保障。必须解决日常违反安全程序的行为，如跑道侵入或机坪上出现未经授权的人员，或其他安保事件，如未经授权的人员进入航行区域。实施安全管理系统和安保管理系统对灌输积极的安全文化有着很大的益处，可以更好地保证潜在的火箭发射基地的客户。

机场道路应该处于良好的状态，如果可能的话，在机场总计划中加入为适应航天器运行，而需要的加强道面和其他相关项目的资金。所有的机场标志、标识、照明、助航设施、交通和风向指示器都应处于良好的状态，并进行定期的维修。机场应该具备能够满足现有运行规模的消防能力，以及最新的除雪、防止野生动物、车辆和行人进入跑道的设施设备，并拥有《机场应急计划》。

不幸的是，许多通用航空机场没有围界或大门，而这些肯定是太空运行场地的最低要求。另外，机场可能需要大大改进的另一个领域是，对有害物质释放的反应，由于作为其建造和运行的一部分，许多航天器运载的各种推进剂和危险材料，远超出了标准航空燃料的范围。机场运营商也可能需要提高他们的紧急救援消防能力，以及他们的应急医疗响应，特别是对高空快速释压，导致在着陆时有严重脑损伤的个人的情况做出及时响应（假设飞行员能够将飞机安全飞回航天港）。

航天港运行的主要设计考虑因素包括：保证发射活动将是长期的；扩大的潜力；人身和财产安全；公共健康和环境的保护；设施安全，对其他设施没有危险（在一个设施内发生的灾难或爆炸不会对其他设施引发这种灾难，也不会对关键网络造成损害，如附近的道路、铁路、化工或发电厂等关键设施）（斯句巴、阿拉哈达蒂、隆吉耶和怀尔德，2013）。

许多这样的保证对机场运营商来说是困难的，特别是在人口稠密地区的机场，或有重大噪声问题的机场，这可能导致机场被关闭或被限制飞行运行，包括限制航天器运行的威胁。从运行的角度来看，至少在最初的几年，发射商业航天器可能会导致临时机场在整个运行期间被关闭。一个商业飞船的发射，至少在最初的几年，可能会导致机场临时关闭，也有可能在整个飞行运行期间关闭机场。随着商业太空运行成为定期运行，可能不再需要关闭机场，但任何一个考虑成为航天港的机场运营商都应该明白，即使只是暂时关闭机场，也可能会引起现有机场租户的恐慌。

商用航天器也可能会产生各种影响，例如，航天器或发动机表面散发的热量，到达亚轨道飞行时排放的有毒化学物质，空气动力效应（音障），或者其他问题，这些都取决于航天器的类型及其运行特性。除了航天器的运行外，还可能会存在着有效载荷的问题，因为，当商业活动必然会从空间旅游转向更常规的发射卫星或携带其他材料的飞行，例如，科学实验。甚至，航空港的租户也会不同于机场的租户。可能需要更多训练进入太空人员的设施、飞行任务控制设施、气象安全设施和人员、观察设施、更大的飞机机库和维修设施，甚至是与机场安保计划分开的额外安保系统。最后，联运是十分重要的，以便有效载荷和乘客能够方便地在各种运输方式之间转运，特别是对附近商业服务机场抵达的空间游客而言。

在航空港成为现实之前的其他挑战，将是亚轨道飞行与商业空中交通的融合。虽然对空中交通管制来说，定期指挥航天飞机降落并不是那么困难，但每天在美国和全世界范围内都有数次这样的飞行时，这种挑战将大大增加。然而，其中一些挑战不属于机场运营商的控制范围。联邦航空管理局、商业空间开拓者及其他人，将不得不在航天器运行成为常规之前解决许多问题。为此，机场运营商应专注于成为一流机场，并着眼于其总体规划，以便将航天港规划和运行准则结合起来。

机场的新兴安全和安保挑战

除了无人机运行外，机场运营商还面临着其他各种问题的挑战，包括机场周围的激光干扰，保护设施运行网络免受网络攻击，以及制订在被网络攻击时的响应方案。下一代的技术也会对飞机、导航系统、机场的运行产生影响。非正常运作和停机坪延误问题，也将继续对机场的顺利和高效运作构成挑战。机场运行面临的其他挑战，还包括在机场周围的激光干扰，这可能会有致盲的危险，对飞行员来说无疑是一种安全隐患。新型飞机，如垂直起降飞机和高超音速商务喷气式飞机，也将继续推动机场以适应这些独特的航空业务。

总结

机场运行、安全及紧急管理等方面在不断发展和扩展。虽然无人机和商业空间旅行的形式带来了新的航空用途，但机场经营者必须认识到，应急管理领域的不断扩大继续带来处理事故的新方法，如果他们要成功地处理事故，那么就必须意识到这一点，同时减少对机场的责任。

本文的大部分内容都致力于应对机场突发事件所需的技能和知识，但能否成功，均取决于一个关键因素——人的因素。为了有效地进行处置，事件指挥官们必须了解处于极端危机中的个人、群体和组织层面的心理动力。急救人员也是人，他们也经历恐惧，他们会看到大多数人永远都看不到的东西。他们的恐惧反应可能不会在一开始就被触发，但可能在极端事件中被触发。持续的训练和演练有助于减少相应人员的恐惧反应，使他们能够控制自己的情绪。这些做法可以减少事故发生后的赔偿责任，从而节省机场资金，并可能有助于响应者更好地应对事故的后果。

在过去几年中，无人机几乎淹没了美国领空，其发展速度远远超过了行业的监管速度。虽然在某些方面，无人机可能对航空业造成了一些危害，但它们的用途非常广泛，而且运行成本低得令人难以置信。因此，不可否认，无人机的发展将会继续。

机场运营商将会在无人机运行方面面临着挑战和机遇。挑战将以无人驾驶小型无人机的形式出现在机场附近，这些无人机飞行员不理解或不遵守有关此类飞行的条例。这些类型的无人机具有可能碰撞飞机的风险，但也可能为机场运营商提供某些机场所需的特定功能，例如，野生动物控制，或在事故响应时提供同步画面。大型无人机对机场和飞机的运行带来了挑战，但同时它们也可能是机场未来的收入来源之一。大型无人机的拥有者将需要一个地方来存储他们的飞行器和飞行器所需的相关硬件。一些机场可能能够以现有的运行方式来容纳无人机，其他的机场可能会为无人机运行建造或指定单独的跑道，在不久的将来，甚至可能会拥有成为商用无人机机场的潜力。

航天飞机的停止运行及其所带来的技术为商业太空运输打开了大门。已经有一些专为航天港而设计的机场和设施，也有专为亚轨道观光飞行而设计出的航空器成功进行了数次飞行试验。商业发射设备已经成功地为国际空间站提供了服务，尽管偶尔遭到挫折，但该行业仍在继续高速发展。

机场运营商也看到了商业空间行业所面临的挑战和机遇。挑战来自能够制造出超越地球大气层的新型飞行器，但在其返回大气时可能会带来危险物质，或者在返回过程中发生情况急需医疗救治的人员，这都超出了通常在机场所能处理的情况。而机遇来自可以向新一代水平起飞、低轨道航空器行业的发展。

我们还将面对其他的挑战，如激光照射飞行器的安全问题，对新一代交通管制系统的网络攻击，以及许多其他的未知问题，特别是机场运行全球化。

火箭发射基地和无人驾驶飞行器
（火箭发射基地和机场）

戴维·鲁佩尔
锋范机场公司经理

一次典型的太空发射，需要关闭发射场周围30至50英里的空域，这样做对吗？太空发射，意味着使用类似宇宙神 V 型运载火箭吗？其实，并不完全是这样的——而且，对于公共航天港及航天港是如何发展演变的还存在着很多认知误区。通常，航天发射需要强大的垂直升力火箭，需要关闭广阔的空域。但现在，已经发展出了其他的选择和更新的技术，比如近几年已经取得商业许可证的水平发射航天器。一个机场就可能成为一个航天港，并且可以看到，这些航天器在目前供传统飞机所使用的跑道和设施上运行，这种状态正逐渐被接受为一种长期战略。这些航天器具有与常规飞机类似的风险，通常需要与常规飞机非常相似的飞行走廊，且不需要关闭大片空域，而且能够在国家空域系统内安全运行——它们都使用目前供常规飞机使用的同一跑道。

根据2011年的《商业航天发射法案》和《美国联邦法规》，正在进行许可证的发放，联邦航空管理局负责支持这些项目。而不幸的是，并非所有联邦航空管理局的机构都以同样的方式看待这一机会。联邦航空管理局商业空间办公室负责为航天港和空间飞行器发放许可证，并努力帮助申请者通过这一过程。联邦航空管理局机场办公室和空中交通组织分别负责常规机场和国家空域系统的安全，他们认为，这些变化对机场有限的可用资金构成了威胁，并对国家空域系统也有着巨大的威胁。许多机场和空域官员仍然认为，所有的太空发射活动都与旧的宇宙神 V 型火箭一样危险，而且，它们很难接受世界正在发生着变化这一现实。联邦航空管理局的各部门，不愿就航天港和空间发射的共同定义达成一致，更不用说将它们视为航空活动。

虽然水平空间运载火箭从机场跑道起飞，其飞行剖面大部分时间像飞机一样，最后也像飞机一样返回并降落在机场跑道上，但大多数联邦航空管理局的官员仍然将其视为非航空活动。因此，获得航天港许可证的过程非常具有挑战性也就不足为奇了。

美国联邦航空管理局将水平运载器分为三个类型——概念 X、概念 Y 和概念 Z——并将这些航空器统称为"可重复使用运载器"。概念 X 运载器使用空气喷射发动机和火箭发动机。概念 Y 运载器仅使用火箭发动机，所以它被称为"单级入轨"运载器。概念 Z 运载器使用"捆绑携带"系统，火箭运载器需要依靠常规飞机将其带到尽可能高的空中，并在离开常规飞机后点火，依靠火箭推进而进入太空。所有以上三种运载器都可以从常规机场发射或回收，这三个都代表了水平发射空间的未来。

对于锋范机场来说，当我们在考虑扩大机场运行之外的延伸运行机会时，航天港许可证是一个令人兴奋并且有趣的额外业务。科罗拉多州长将锋范机场选为科罗拉多州航天港，这可不是每一个机场都会有的机会。商业航天产业是一个价值几万亿美元的产业，与其他航空航天相关产业一样，这是一个非常适合机场扩展的产业。锋范机场位于丹佛国际机场附近，距离美国航天及商业空间经济实力最强的主要城市之一很近，而且有能力安全地处理水平空间发射活动，因此，建立科罗拉多州航天港是一个合乎逻辑的航天业务延伸，也是对日益增长的商业发射产业的一个重要补充。

无人驾驶飞行系统和机场

无人驾驶飞行系统给机场带来了另一个难题。在常规飞机系统、商业空间系统及无人驾驶飞行系统之间产生了越来越多的交叉。随着无人机行业成为世界上增长最快的行业之一，它将对机场造成更好或更坏的影响，机场管理人员需要注意总统备忘录：在维护隐私、公民权利和国内使用无人驾驶飞机系统公民自由的同时提高经济竞争力；以及《公共法112-95》第三篇 B 部分——《无人驾驶飞行系统》（联邦航空管理局，2012年现代化和改革法）中确立，须有联邦航空管理局确定无人驾驶飞行系统将如何在机场和周围运行的责任。机场经理有责任参与这场讨论，并确保无人驾驶系统的运行方式对我们的机场来说是合理的，我们可以得到支持并受益。

所面临的挑战是显而易见的：无人机在美国及海外地区的快速增长；操作者的培训和知识水平差异很大；如何在机场和周边及常规飞机周围健康地发展、可行地互动。主要是要回到教育方面——不仅是为了我们自己，也是为了我们的社区。机场往往是人们看到的任何飞行信息的来源，我们希望保持这种状态，所以，我们需要准备好谈论无人驾驶飞行系统的运行以及它们对我们机场和社区所带来的影响。

此外，还有很多非常聪明的人参与到无人驾驶飞行系统的开发和管理中，如果我们与他们合作寻找解决方案，那么，无人驾驶飞行系统就可以成为机场航空业务合法和安全的一部分。

机场主管应参与到当地的工业团体中，如科罗拉多州、科罗拉多大学和科罗拉多机场运营商协会，以及美国机场管理人员协会等全国性团体。当联邦航空管理局发布《无人驾驶飞行系统指南》时，要确保你对所有机场用户进行了通知，并邀请他们以建设性的姿态参与进来，包括无人驾驶飞行器运营商。将链接放在机场的网站上，链接到联邦航空管理局网站中关于无人驾驶系统运行的部分和联邦航空管理局的B4UFLY① 应用程序，该应用程序列明了无人驾驶系统的运行规则。让运营商尽可能容易地与机场取得联系，并帮助他们理解无人驾驶系统的运行要求，特别是在机场附近的要求。这是一项迷人的技术，如果处理得当，可以安全地与《美国国家飞机标

---

① 参见 https://www.faa.gov/uas/b4ufly/。

准》的其他合法用户一起操作。

让它尽可能方便运营商与您联系，并帮助他们了解操作无人机的要求，特别是在机场附近。这会是一项有极大吸引力的技术，如果处理得当的话，那么，就可以与国家空域系统中的其他合法用户一起安全地运行。

结论

航天站和无人驾驶飞行系统都对机场运营商提出了挑战，但如果能够正确地理解并得到正确的处理的话，那么，这将会提供一个除了传统的机场活动外，能够让人兴奋的潜在收入。作为新兴的产业，无论我们是否追求上马这个项目，它都很可能对我们的机场产生影响，我们需要确保我们的参与，并寻求每一个机会来影响我们的机场将如何与这些技术互动。就像我们作为机场而所做的大多数事情一样，如果我们制定了适当的程序，仔细考虑了我们应如何处理这些业务，在考虑到它们所带来危害的同时，也能够考虑到它们的好处。努力并告诉我们自己、我们的工作人员和我们的社区，我们能够安全可靠地处理这些令人兴奋的技术和运行，并在飞行行业和航空业界的下一个重大进步中占据有利的位置。

参考文献

Act of Valor. Dir. Mike McCoy and Scott Waugh. Perf. Roarke Denver and Alex Veadov. Eagle Pictures, 2012. Film.

Benjamin, M. (2013). Drone warfare: Killing by remote control. London, UK: Verso.

Carroll, J. (2013, December 6). The future is here: Five applications of UAV technology. Retrieved September 10, 2015, from: http://www. vision – systems. com/articles/2013/12/the – future – is – here – five – applications – of – uav – technology. html.

Clausewitz, C. [1968(1832)]. On war. London, UK: Penguin Press.

Fahlstrom, P. G. ; & Gleason, T. J. (2012). Introduction to UAV systems (Nook). http://www. barnesandnoble. com /w/introduction – to – uav – systems – paul – fahlstrorn/1119704934.

Federal Aviation Administration (FAA). (2006, November 17). Office of Commercial Space Transportation. Retrieved September 11, 2015, from: https://www. faa. gov/about/office_org/headquarters_offices/ast/licenses_ permits/.

Federal Aviation Administration (FAA). (2013, February 12). Office of Commercial Space Transportation. Retrieved September 11, 2015, from: http://www. faa. gov/about/office_org/headquarters_offices/ast/industry/.

Federal Aviation Administration（FAA）.（2015a）. Know before you fly. Retrieved September 10，2015，from：http://knowbeforeyoufly.org/.

Federal Aviation Administration（FAA）.（2015b, March 4）. Model aircraft operations. Retrieved September 10，2015，from：https://www.faa.gov/uas/model_aircraft/.

Federal Aviation Administration（FAA）.（2015c, April 25）. Office of Commercial Space Transportation. Retrieved September 11，2015，from：http://www.faa.gov/about/office_org/headquarters_offices/ast/.

FEMA.（n.d.）. National Response Framework. Retrieved December 13，2015，from：http://www.fema.gov/national－response－framework.

Forrest, J., Cozart, J., White, D., & Ormen, M.（2015）. A technical assessment &feasibility analysis for UAV/ UAS operations based in Garfield County & serving as a COE in aerial firefighting（Rep.）. Denver, CO：MSU Denver.

Gonzales, L.（2014）. Flight －232：A story of disaster and survival. New York, NY：W.W. Norton & Company.

Grossman, D.（1996）. On killing. New York, NY：Back Bay Books.

Impey, C.（2015）. Beyond：Our future in space. New York, NY：W.W. Norton & Company.

Kahneman, D.（2011）. Thinking fast and slow. New York, NY：Farrar, Straus and Giroux.

Kearns, D.W., & Grossman, J.（1992）. Effects of a cognitive intervention package on the free－throw performance of varsity basketball players during practice and competition. Perceptual and Motor Skills, 75（3f）, 1243－1253. Available from：http://dx.doi.org/10.2466/pms.1992.75.3f.1243.

Keller, J.（2014, December 9）. Anny to build special UAV airport at Fort Bliss for Grey Eagle and Shadow unmanned aircraft Retrieved September 10，2015，from：http://www.militaryaerospace.com/articles/2014/12/bliss－uav－airport.html.

Krepinevich, A.F.（2010）. 7 Deadly scenarios：A military futurist explores war in the twenty－first century. New York, NY：Bantam Books.

Lord, W.（1955）. A night to remember. New York, NY：Holt.

Montgomery, R.（1995, April 13）. Casualty areas from impacting inert debris for people in the open.（Rep.）. Retrieved September. 11，2015；from USAF website：https://www.faa.gov/about/offiee_org/headquarters_offices/ ast/licenses_permits/media/99may_inert_rpt.pdf.

Pfeifer, J.（2013）. Crisis leadership：The art of adapting to extreme events. PCL

Discussion Paper Series. http://www. hks. harvard. edu/programs/crisisleadership/publications/articles.

Ripley, A. (2009). The unthinkable: Who survives disaster and why. New York, NY: Three Rivers Press.

Rutkow, L. , Gable, L. , & Links, J. M. (2011). Protecting the mental health of first responders: Legal and ethical considerations. Journal of Law, Medicine & Ethics, 39, 56 – 59. Available from: http://dx. doi. org/10. 1111/j. 1748 – 720x. 2011. 00567. x.

Sgobba, T. , Allahdadi, F. A. , Rongier, I. , & Wilde, P D. (2013). Safety design for space operations (Kindle). http://www. amazon. com/Safety – Design – Operations – Firooz – Allahdadi/dp/0080969216.

SunSentinel. (1989, September 3). 93000 Passengers waiting for First Pan Am moon flight. Retrieved September 11, 2015, from: http://articles. sun – sentinel. com/1989 –09 – 03/features/8903010181_1_moon – flight – requests.

Unmanned Aerial Vehicle Systems Association (UAVSA). (2015). Unmanned Aerial Vehicle Systems Association commercial applications. Retrieved September 10, 2015, from: https://www. uavs. org/ commercial.

U. S. Department of Defense (DoD): (2011). Unmanned Aircraft System Airspace Integration Plan. Retrieved September 16, 2015, from: http://www. acq. osd. mil/sts/docs/DoD_UAS_Airspace_Integ_Plan_v2_% 28signed% 29. pdf.

U. S. Department of Health and Human Services (DHHS). (n. d.). Psychological aid for first responders (Brochure). Washington, DC: Author.

Practical Airport Operations, Safety, and Emergency Management:Protocols for Today and the Future
Jeffrey C. Price, Jeffrey S. Forrest
ISBN: 9780128005156
Copyright © 2016 Elsevier Inc. All rights reserved.
Authorized Chinese translation published by China Worker Publishing House.

机场运行、安全和应急管理实务：当今和未来的方法
茹毅，倪海云，孙佳译.
ISBN: 978-7-5008-7483-6
Copyright © Elsevier Inc. and China Worker Publishing House. All rights reserved.

注意

本书涉及领域的知识和实践标准在不断变化。新的研究和经验拓展我们的理解，因此须对研究方法、专业实践或医疗方法作出调整。从业者和研究人员必须始终依靠自身经验和知识来评估和使用本书中提到的所有信息、方法、化合物或本书中描述的实验。在使用这些信息或方法时，他们应注意自身和他人的安全，包括注意他们负有专业责任的当事人的安全。在法律允许的最大范围内，爱思唯尔、译文的原文作者、原文编辑及原文内容提供者均不对因产品责任、疏忽或其他人身或财产伤害及/或损失承担责任，亦不对由于使用或操作文中提到的方法、产品、说明或思想而导致的人身或财产伤害及/或损失承担责任。

图书在版编目（CIP）数据

机场运行、安全和应急管理实务：当今和未来的方法 /（美）杰弗里·普林斯，（美）杰弗里·福里斯特著；茹毅，倪海云，孙佳译.
—北京：中国工人出版社，2020.9
书名原文: Practical airport operations, safety, and emergency management
ISBN 978-7-5008-7483-6

Ⅰ.①机… Ⅱ.①杰… ②杰… ③茹… ④倪… ⑤孙… Ⅲ.①机场管理－安全管理
②机场管理－突发事件－应急对策 Ⅳ.①V35

中国版本图书馆CIP数据核字（2020）第172906号

著作权合同登记号：京权图字01-2018-4694

机场运行、安全和应急管理实务：当今和未来的方法

出 版 人	王娇萍
责任编辑	安　静　许小凡
责任印制	栾征宇
出版发行	中国工人出版社
地　　址	北京市东城区鼓楼外大街45号　邮编：100120
网　　址	http://www.wp-china.com
电　　话	（010）62005043（总编室）　（010）62005039（印制管理中心）
	（010）82075935（工会与劳动关系分社）
发行热线	（010）62005996　82029051
经　　销	各地书店
印　　刷	北京市密东印刷有限公司
开　　本	787毫米×1092毫米　1/16
印　　张	35.25
字　　数	710千字
版　　次	2020年10月第1版　2020年10月第1次印刷
定　　价	108.00元

本书如有破损、缺页、装订错误，请与本社印制管理中心联系更换
版权所有　侵权必究